영상 탐측학 개관

Concept of Imagematics

공학박사 **유복모** • 공학박사 **유 연** 공저

東 明 社

Preface

인류에게 주어진 천연적환경(지구, 대기권, 천체 등)과 생활향상을 개선하기 위하여 조성하여가는 인공적인 환경에 대한 특성을 이해하고 개발하는 과정에서 영상의 매체(媒體)를 이용하지 않고는 거의 불가능할 것이다. 개개의 대상이 센서에 의하여 비쳐서 단순히 나타낸 상태(가시화)가 협의의 영상(image)이고, 개개의 영상에 처리과정을 거쳐 대상이 집합적으로 가시화된 상태를 광의의 영상(imagery)이라고 한다. 영상을 면상(面狀: screen)으로 가시화 시킨 상태를 영상면(映像面 : image plane or imagery)이라 한다. 영상면을 정제(精製)하여 종이(paper)나 판상의 물체에 나타낸 것이 사진(寫眞 : photograph)이다. matics(探測學)은 search(탐사:探査)와 exploration(헤아림 : 測)을 뜻한다.

현재 영상은 일상생활(사진제작, 각종 사항발표, 영상회의, TV, 각종 통신장비에서 가시화 등)에서부터 자원, 토지, 환경 및 우주개발에까지 필수적인 매체로써 활용되고 있다. 영상에 관한 특성, 생성과정 및 취득방법, 처리 및 활용에 기여할 수 있는 분야 등을 숙지하는 것이 문화인의 과제가 되어가고 있는 현상이다.

이에 영상의 중요성을 감안하여 영상의 특성 및 활용의 가능성에 관한 기본개념을 4편으로 구성하여 영상탐측학을 출간하게 되었다. Ⅰ편은 영상탐측의 기본개념, Ⅱ편은 영상의 기하학적 특성과 비지형 영상탐측, Ⅲ편은 영상좌표 조정 및 보간법, Ⅳ편은 부록으로 편성되었다. Ⅰ~Ⅱ편은 학부과정에서 수업할 수 있는 내용이고, Ⅲ편은 연구과정(대학원, 영상분야종사자)에서 다룰 수 있는 내용이다.

Preface

위치결정, 지형해석, 도면제작, 면 · 체적산정 및 사회기반시설 마련 및 유지관리에 필요한 자료취득에 관한 사항, 측지에 관한 내용과 우주개발, 에너지자원, 재해예방, 주거환경개선 및 위생관리, 국토관리기반구축 및 건설관리에 관한 사항, 지형공간정보에 관한 자료의 구조, 생성, 해석 및 활용에 관한 사항에 대하여 자세한 내용은 "측량학개관(박영사 간)", "지공탐측학개관(박영사 간)", "지형공간 정보학개관 2판(동명사간)"을 참고하기 바란다. 독자여러분께서 좋은 자료를 주신다면 내용들을 참조하여 조속한 시일 내에 보완수정을 할 것입니다.

본서 집필에 계기를 마련하여 준 내자 최연순, 원고정리에 도움을 준 석곡연구원 홍재민 이사, 동명사 김급태 상무님을 비롯한 동명사 관계자 여러분에게 감사의 뜻을 전합니다.

碩谷관측과학기술연구원에서

2012.4.24

저자 씀

Contents

Contents

Contents

제1편

영상탐측의 기본개념
(Basic Concept for Imagematics)

Concept of Imagematics

1 영상탐측학 개설 (Introduction for Concept of Imagematics)

1) 개요

영상(image)은 대상물이 센서(sensor)에 의하여 비쳐서 나타나는(가시화)형상이다. 영상탐측학(映像探測學: imagematics)은 전자기파를 이용하여 대상물(토지, 자원 및 환경 등)에 대한 크기, 위치, 형상을 알아내는 정량적(定量的)해석과 특성 및 현상변화를 도출하는 정성적(定性的)해석을 하는 학문이다. 여기서 matics는 라틴어에서 유래된 탐측학(探測學)이라는 학문용어로 search[탐사(探査)]와 exploration[헤아림(測)]의 뜻을 내포하고 있다.

개개의 대상이 비쳐서 단순히 나타낸 상태가 협의의 영상(image)이고 개개의 영상에 처리과정을 거쳐 대상이 집합적으로 가시화된 상태를 광의의 영상(imagery)이라고 한다. 영상의 가장 작은 단위(cell)는 영상소(映像素, pixel or picture element)이며 영상을 면상(面狀, screen)으로 가시화 시킨 상태를 영상면(映像面, image plane or imagery)이라한다. 영상면을 정제(精製)하여 종이(paper)나 판상의 물체에 나타낸 것이 사진(寫眞, photograph)이다. 적절하지 않게 표현되어 사용된 외래어를 그대로 수입한 이래 시정하지 않고 사용되고 있는 화소, 화면, 정지화면, 화상회의 등의 용어를 본서에서는 영상소, 영상면, 정지영상, 영상회의(imagery conference or video conference) 등으로 정정하여 사용하기로 한다.

일반적으로 사용되는 사진은 비스캐닝(non-scanning)센서체계인 광학카메라 영상이고, 인공위성사진은 스캐닝센서 체계의 수치영상이다. 일반적으로 사진측량(photogrammetry)은 카메라에 의하여 취득된 광학영상을 정제하여 사진을 만든 다음 행하는 탐측방법이며 원격탐측(remote sensing)은 관측대상물에 직접 접근하지 않고 센서를 이용하여 멀리 떨어진 거리에서 관측한 정보를 추출해내는 탐측방법이다. 또한 영상면판독(imagery interpretation)은 영상의 정성적 정보를 판별해 내는 기법이다.

과거에는 사진을 제작하여 각종 관측과 연구가 이루어졌지만 최근에는 각종센서(수동적 센서, 능동적 센서 등)가 개발됨에 따라 사진이 이루어지기 전인 영상을 직접 처리하여 정성적 및 정량적 해석을 하였다. 사진은 일반생활에서 가시화가 필요한 사항(지도제작, 대상물 형상 표현 등)에 주로 활용되어 왔지만 최근 영상은 지도제작은 물론, 토지, 자원, 환경, 의료, 통신, 디자인, 우주개발 및 각종 대상에 관하여 정성적 및 정량적 해석을 할 수 있는 기법으로 급성장하고 있다. 이에 영상이 사진의 기본요소일 뿐만 아니라 대상물에 대한 탐측(探測)이 사진보다 더 포괄적으로 활용되어가는 추세이므로 영상탐측학(imagematics)이라는 용어가 제안되었다.

2) 연혁

영상탐측학은 1839년 프랑스인 Daguerre가 사진술을 발명한 이후 1840년경 영상탐측학의 비조라 불리는 프랑스인 Laussedat가 지형도 제작에 영상면을 이용하면서 시작되었다. 그 후 Laussedat는 기구(氣球, 당시 kite ballon)를 이용해 항공영상을 촬영하고, 해석법에 의해 중복 투시상을 정사투영(正射投影)으로 변환시켜 지형도 제작을 시도하였다.

이후 1892년 입체영상탐측의 창시자인 독일의 Pulfrich가 부점(浮點, floating mark) 이론을 제시함으로써 영상면에 의한 관측 및 도화(圖化)를 할 수 있는 기법 개발에 크게 기여할 수 있게 되었다.

제 1 차 세계대전을 계기로 항공기의 비약적인 발달과 각종 고성능광학기계의 제작이 이루어지면서 항공영상의 이용도가 점차 증대하였으며, 이에 따라 유럽 여러 나라, 특히 영국과 네덜란드의 미개발지역측량과 미국의 TVA 계획에 영상탐측이 크게 공헌하게 되었다.

또한 영상탐측학은 각종 센서의 개발, 촬영과정의 자동화, 필름의 해상력 증가, 초광각(超廣角) 렌즈 및 자동도화기의 개발 등으로 발전을 거듭했으며, 더불어 전자공학의 이용이 증대됨에 따라 고속도계산기 및 자동처리, 해석적 항공삼각측량(analytical aerial triangulation), 영상해석 및 특수영상, 정사영상기법(正射寫眞技法) 등이 개발되었다.

원격탐측은 1, 2 차 세계대전 중에 주로 군용정찰을 위한 기술로 발달되었으며, 이후 비군사적인 목적의 적용 가능성이 증대되었다. 토목기술자들은 20세기 초반에 측량과 도면제작방법에 이용함으로써 원격탐측을 평화적인 목적에 최초로 사용하게 되었다. 원격탐측의 발달은 크게 1960년대를 기준으로 전후 두 시대로 나누어 볼 수 있다. 1960년 이전에는 항공영상이 원격탐측에 이용된 거의 유일한 체계(system)였다. 그러다 1960년대 초 Mercury 계획이 실시되고 첫 우주영상이 나오면서 원격탐측이 급격히 발달하게 되었고, 그 이후에는 거의 인공위성에 의해 이루어지게 되었다.

항공기에 사진기가 탑재되어 본격적으로 원격탐측에 사용된 것은 1913년 리비아의 Bengashi 유전지질조사 시기로써 영상집성에 의한 지질도(地質圖)를 작성하기 위해 항공영상을 촬영하였다. 이때부터 항공영상은 지형해석(地形解析)에 관한 응용분야로 급속히 발전해 지구표면에 대한 지물의 형태와 지구내부의 해석 및 지리적 상호관계와 그 변천과정의 파악에 이용되었으며, 최근에는 지리, 토양, 수리, 빙설, 도시의 대기 및 수질오염 등 지구표면에 관한 학문분야에서 항공영상을 적용하지 않는 분야가 거의 없다.

1957년 10월 4일 인류 최초의 인공위성 스푸트니크(SPUTNIK) 1호가 지구궤도를 비행하였고, Apollo 11호(1969년 7월 16일 발사, 7월 21일 달에 도착)에 의해 인류가 달 표면에 착륙하기까지 우주개발이 급속하게 진행되어 과학기술위성, 군사정찰위성, 기상위성, 통신위성 및 측지위성 등이 발사되기에 이르렀다.

미국에서는 1972년 7월 23일 ERTS(후에 LANDSAT-1로 개명)에 이어 1975년 LANDSAT-2, 1978년 LANDSAT-3, 1982년 LANDSAT-4, 1984년 LANDSAT-5를 발사함으로써 토지, 자원 및 환경에 관한 해석이 활발해졌고, 1973년에는 아폴로 응용계획의 하나인 SKYLAB 계획으로 장기간 우주생활이 인체에 미치는 영향 및 지구자원조사 등에 대한 연구가 실시되었다. 그 외 1978년 해양관측을 위해 SEASAT-1호가 발사되었고 NOAA 등의 기상위성이 1979년부터 1983년 사이에 발사되었다. 일본에서는 1987년 MOS-1, 1990년 MOS-2가, 프랑스에서는 1986년 SPOT-1, 1990년 SPOT-2가 발사되었다. 독일의 MOMS-02/P는 1993년과 1996년에 발사되었다. 한국에서도 지구관측위성으로 1999년 아리랑(KOMPSAT) 1호, 2006년 2호 및 2010년 COMS가 발사되어 각종 분야에 자료를 공급하고 있다.

우리나라의 경우 영상탐측학이 소개된 것은 1945년 미군의 진주 이후로, 한국전쟁 중 1910년에서 1918년까지 얻은 기성 기준점(既成基準點)을 이용해 북위 40도까지 항공영상을 촬영하여 1/50,000 군용도를 수정, 제작하였다. 그 후 1966년부터 우리 기술진에 의한 영상탐측이 본격화되었으며, 국토지리정보원에서 1/25,000(1966~1974)과 1/5,000(1975~1998년 휴전선 부근 이외 완성)의 국토지형도를 제작하였다. 최근 영상탐측학은 토목공학, 도시계획, 지적측량(地籍測量), 교통, 농업, 인간공학, 의학, 삼림, 지질, 자원 및 환경의 관측과 개발을 위한 계획과 우주선에 의한 달 표면의 정찰, 화성, 금성 등 유성의 표면관측 등에 크게 이용되고 있다.

영상탐측학의 역사를 4세대로 나누어보면 〈**그림 1-1**〉과 같다.

▶ **제 1 세대(영상탐측의 개척)**

19C 후반(1830~1900) 프랑스의 Louis Daguerre가 1839년 사진기술을 발명하여 실질적인 영상면의 결과를 최초로 프랑스 예술과학학회에 발표해 인정받았다(1840). 1840년경 프랑스의 Laussedat가 영상면을 이용한 지형도 제작을 시도하였으며, 1858년 프랑스의 Tourmachon가 열기구에서 첫 항공영상을 촬영하였다. 최초의 영상탐측에 관한 책은 1889년 독일의 Koppe에 의해 출판되었다.

▶ **제 2 세대(기계적 영상탐측학)**

기계적 영상탐측(analogue imagematics)은 20세기 전반(1900~1950) 제 1 차 세계대전 후 항공기를 이용한 영상취득, 기계적 편위수정기와 입체도화기의 소개, 그리고 영상탐측학 이론의 진보로 널리 쓰일 수 있게 되었다. 기계적 영상탐측학의 시대는 제 3 세대인 해석적 영상탐측학과 함께 1970년대까지 발전하였으며, 이후에도 모든 영상탐측학의 결과물이 여전히 기계적 방식으로 생산되고 있다.

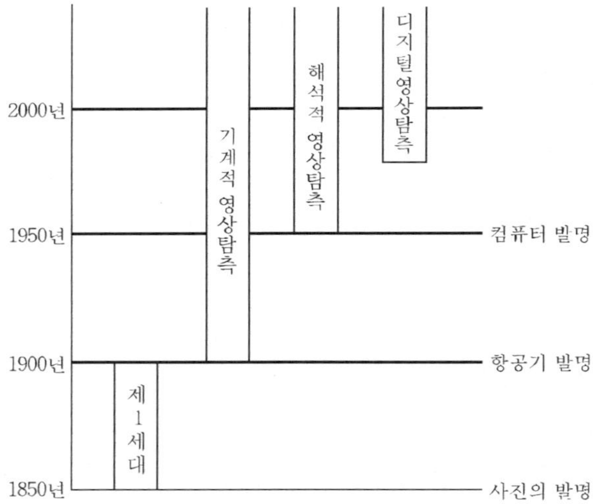

그림 1-1 영상탐측학의 세대

▶ **제 3 세대(해석적 영상탐측학)**

1957년 8월 캐나다 Helava 대학의 연구와 해석적 도화기의 개념이 도입되면서 해석적 영상탐측학(analytical imagematics)이 본격화되기에 이르렀으며, 1976년 헬싱키 ISP

(International Society of Photogrammetry or Imagematics)의 해석적 도화기의 소개로 인해 획기적인 발전을 이루게 되었다.

이러한 해석적 도화기의 발전과 병행하여 다음과 같이 항공삼각측량의 발전이 이루어졌다.

- strip의 다항식조정(G. H. Schut)
- 독립모형조정법(F. Ackermann)
- 광속조정법(H. Schmid)

1960년대에 항공삼각측량의 연구가 시작되면서 1970년대에 이르러 많은 연구가 진행되었으며, 그 활용도가 급증되었다. 영상탐측학의 제 3 세대는 컴퓨터지원 영상탐측시대라 할 수 있는데, 이는 영상탐측의 처리와 작품의 표현에서 컴퓨터의 지원을 받게 되었기 때문이다.

▶ 제 4 세대(수치영상탐측학)

수치영상탐측학(digital imagematics)은 입력과정에서 영상을 기계적, 해석적 및 컴퓨터지원 영상탐측학에 대응하여 수치영상처리에 의해 이루어진다.

수치센서(digital sensor)를 이용하여 대상물공간을 디지타이징(digitizing)이나 스캐닝(scanning)해 직접적으로 수치영상을 취득하거나, 기존의 항공영상을 디지타이징이나 스캐닝해 간접적으로 수치영상을 취득할 수 있게 되었다. 또한 수치영상, 수치영상탐측의 이용은 새로운 처리기법을 적용하는 것이 특징이나 CRT에 수치영상을 출력하는 것과 전통적인 기법에 의한 수치영상의 전처리는 수치영상탐측에 포함되지 않는다.

수치영상탐측은 1950년부터 연구가 시작되어 Hobrough(1959)에 의해 연구의 기틀이 마련되었다. 그러나 1980년 초가 되어서야 컴퓨터과학(computer science)의 진보로 복잡하고 시간이 많이 소요되는 수치영상처리기법의 연구가 활발히 진행되게 되었다. 동시에 신뢰성이 있고 사용하기 쉬우며 상대적으로 값싼 수치사진기(digital camera)의 도입으로 인해 수치영상탐측기법이 빠르게 확산되었다. 필름 대신 수치영상을 이용해 분석하는 영상탐측기법의 이론개발은 1988년부터 활발하게 이루어졌다.

수치영상탐측의 작업흐름도는 〈**그림 1-2**〉와 같다.

수치영상탐측학을 일명 연성사진측량학(softcopy photogrammetry)이라고도 한다. 한편, ISPRS(International Society of Photogrammetry & Remote Sensing) Intermission Working Group Ⅱ/Ⅲ은 「수치영상탐측체계란 수동화(manual) 또는 자동화된 기법을 이용해 수치영상으로부터 영상탐측의 결과를 이끌어내는 하드웨어와 소프트웨어다」라고 정의하였다.

수치영상탐측이 이용되는 이유는 첫째, 다양한 수치영상의 이용가능, 둘째 하드웨어와 소프트웨어의 발전, 셋째 실시간처리의 필요성, 넷째 비용절감, 다섯째 작업속도 증가, 여섯째 자동화, 일곱째 일관된 결과물의 산출이 가능하기 때문이다.

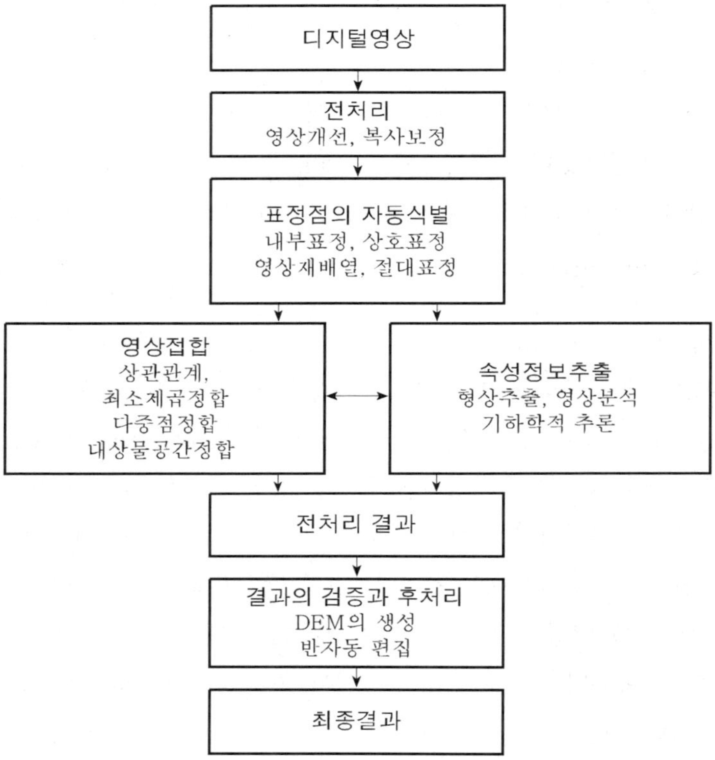

그림 1-2 수치영상탐측의 작업흐름도

3) 영상탐측학의 특성

(1) 종래 지상측량과 차이점

영상탐측학은 그 효용성이 증대되고 광역화되는 추세에 있으나 이제까지 검증된 특성을 종래의 일반측량과 비교해 기술하면 다음과 같다.

장점으로는 첫째, 정량적 및 정성적 관측을 할 수 있다.

종래의 측량이 정량적인 관측, 즉 지형(지모·지물)의 위치, 형상, 크기만을 정하는 데 비해 영상탐측학에서는 정량적인 관측은 물론 대상물의 특성까지도 해석하는 정성적인 관측이 가능하다. 즉, 영상탐측학은 자원조사, 대기 및 수질의 오염조사, 각종 재해 및 기상조사, 지질 및 토지이용조사, 삼림조사, 대상물의 미세한 부분의 형태분석, 의학 분야의 영상진단, 도시의 발전상황 등을 연구할 수 있다.

둘째, 동체관측(動體觀測)에 의한 보존이용이 가능하다.

종래의 측량은 대상물의 정적인 것을 관측하는 데 그쳤으나 영상탐측학은 대상물이 움직이더라도 그 상태를 정확히 분석할 수 있다. 즉, 파도(波濤) 및 구름의 동태, 하천의 흐름, 구조물의 변형, 교통량 조사 및 교통사고의 조사, 비행기의 비행경로 추적, 미사일 등의 관측, 홍수, 화재 등의 관측 및 당시 상황을 기록 보존할 수 있다.

셋째, 정확도의 균일성이 있다.

종래의 측량은 골조측량(骨組測量)으로부터 세부측량에 이르기까지 현장측량의 횟수가 증가함에 따라 개인오차 및 기계오차가 누적되어 정확도가 균일하지 못했으나 영상탐측은 일반적으로 1~2회의 현장측량 이외에는 실내에서 일련의 연속작업으로 처리하므로 정확도가 균일하다. 즉, 상대오차(相對誤差)가 양호하고, 일반적으로 허용되는 정확도는 수직위치[또는 높이(height), Z 또는 H]의 경우 촬영고도의 1/10,000~2/10,000, 수평위치(planimetry: X, Y)의 경우 영상면축척 분모수에 대해 10~30㎛ 정도이다.

넷째, 접근하기 어려운 대상물의 관측이 가능하다.

재래식 측량에서는 교통량이 격심하거나 고층가옥이 밀집된 대도시의 중심부, 군사적 및 정치적인 이유로 입장이 불허되는 구역, 극한지방, 열대지방 등 장기간에 걸쳐 체재가 곤란한 지역 등의 관측이 어려웠으나 영상탐측학에서는 관측대상에 접근하지 않고도 관측이 가능하다.

다섯째, 분업화에 의한 능률성이 있다.

영상탐측학에서는 촬영과 일부 현장의 작업 이외에는 전 공정이 실내에서 전문분야별로 세분되어 분업적으로 처리되므로 능률적인 작업을 할 수 있다. 그러나 재래의 측량에서는 외업(外業)이 많아 현장의 장애물과 비, 바람, 눈 등의 기상조건에 의해 많은 지장을 받는다.

여섯째, 축척변경(縮尺變更)의 용역성이 있다.

특정 구역을 측량할 경우 재래식 측량에서는 관측자가 축척 1/1인 대상물의 상태를 일단 자기의 이해에 맞도록 머릿속에 상을 묘사한 뒤 이것에 의해 소요축척(所要縮尺)과 목적대상을 정해서 도면화하므로 만일 소요축척과 목적대상물이 변경되면 측량을 다시 해야 한다. 이에 비해 영상탐측에서는 최초에 정한 축척으로 촬영한 영상면과 이미 측량된 기준점을 이용하여 일정한 한도 내에서 소요축척에 따라 대상물을 도화기(圖化機)로서만 도화할 수 있다.

일곱째, 경제성이 있다.

영상탐측은 넓은 지역이라도 신속히 관측할 수 있기 때문에 축척 및 대상지역의 넓고 좁음에 따라 소요경비가 다르나, 일반적으로 중축척 이하의 측량에서는 종래의 지상측량보다 약 50% 정도 경비가 절감되며, 특수한 기법, 즉 좌표조정기법의 하나인 항공삼각측량(AT: Aerial Triangulation)을 적용할 경우에는 80% 이상의 측량경비가 절감된다. 일반적으로 영상탐측은 축척이 작을수록, 그리고 광역일수록 경제적이다.

여덟째, 4차원 측량이 가능하다.

영상탐측은 3차원 공간의 점 $P(X,\ Y,\ Z)$를 2차원 공간의 점 $p(x,\ y)$로 표현된 영상면을 광학적 또는 수학적 방법으로 다시 3차원 공간의 점 $P(X,\ Y,\ Z)$로 재현하는 것이다. 2차원의 공간에 시간(t)을 추가한 점 $p(x,\ y,\ t)$에서 4차원 측량으로 $P(X,\ Y,\ Z, T)$를 구할 수 있다. 예를 들어, 낙석의 추적을 들 수 있다.

영상탐측학의 단점은 첫째, 소규모의 대상물에 대해서는 시설비용이 많이 든다는 것이다. 영상면에 의한 관측을 할 경우 각종 센서(사진기, 레이더 등), 항공기, 정밀도화기, 편위수정기(偏位修正機) 및 부대시설(system) 등이 소요될 수 있으므로 경우에 따라 많은 비용이 소요될 수 있다. 둘째, 영상면에 나타나지 않는 대상물은 식별이 난해하므로 행정경계, 지명, 건물명, 음영에 의해 분별하기 힘든 곳 등의 관측은 현장작업으로 보완하지 않으면 안 된다.

(2) 지상영상탐측과 항공영상탐측과의 차이점

① 항공영상탐측은 촬영당시 사진기의 정확한 위치를 모르고 촬영된 영상면에서 촬영점을 구하는 후방교선법이지만 지상영상탐측은 촬영사진기의 위치 및 촬영방향을 미리 알고 있는 전방교선법이다.

② 항공영상이 감광도에 중점을 두는 데 비하여 지상영상은 렌즈왜곡에 많은 고려를 하고 있다.

③ 항공영상은 한 번에 넓은 면적을 촬영하기 때문에 광각영상이 바람직하나 지상영상은

여러 번 찍을 수 있으므로 보통각이 좋다.

④ 항공영상에 비하여 기상변화의 영향이 적다.

⑤ 지상영상은 시계가 전개된 적당한 촬영지점이 필요하다.

⑥ 지상영상은 축척병경이 용이하지 않다.

⑦ 항공영상은 지상 전역에 걸쳐 찍을 수 있으나 지상영상에서는 삼림, 산등의 배후는 찍히지 않아 보충촬영을 할 필요가 있다.

⑧ 항공영상에 비하여 평면 정확도는 떨어지나 높이의 정확도는 높다.

⑨ 작업지역이 좁은 곳에서는 지상영상탐측이 경제적이고 능률적이다.

⑩ 소규모 지물의 판독은 지상영상 쪽이 유리하다.

4) 영상탐측학의 적용

영상탐측의 적용범위는 지구에 존재하는 모든 것이라 해도 과언이 아니나 크게 토지, 자원, 환경 및 기타로 나누어보면 다음과 같다.

첫째, 토지에 대해서는 국가기본도 및 지형도 작성, 토지이용도 및 도시계획도 작성, 지적도 재정비, 해안선 및 해저수심조사, 임야도 및 토양도 작성 등이다. 둘째, 자원에 관해서는 지질(단층 및 구조선)조사 및 광물자원(광맥 및 유맥)조사, 농작물의 종별, 분포 및 수확량조사, 삼림의 수종 치산조사 등 삼림자원조사, 관개배수조사, 어군의 이동상황, 분포 등 수산자원조사이다. 셋째, 환경에 있어서는 대기오염, 수질오염 및 해양오염조사, 식물의 활력조사, 토양의 함수비(含水比) 및 효용도 조사, 수온, 조류, 파속(波速) 등 해양환경조사, 기상(태풍, 구름, 풍향 등)조사 및 일기예보, 홍수피해, 병충해, 적설량, 해수침입, 삼림화재, 연약지반조사 등의 방재대책 및 피해조사, 도시온도조사, 도시발달과 분포상태조사, 인구분포조사, 건축물 단속 및 적정재산세 과세, 경관분석 등이다. 넷째, 기타로는 고고학(고적발견), 문화재보존과 복원, 토목, 건축의 시설물 위치, 크기 및 변위량 파악, 의상 및 인체공학, 영상처리에 의한 의학[X-선 단층촬영(CT), 핵자기공명영상기법(NMRI), 치열교정 및 구강내 조사, 생체 각 부위의 미세조사 등]에 적용, 교통량, 차량, 비행물체의 추적, 주행방향 등의 교통조사, 교통사고 및 도로상태조사, 산업생산품설계 및 제품조사, 관망설계, 각종 대상물의 비파괴 검사, 천체 관측 및 인공위성에 의한 우주개발, 군부대와 무기의 배치 · 움직임 및 군작전 정보에 이용, 범죄조사 등의 사회문제연구 등에 필요로 하는 각종 정보를 취득하고 해석할 수 있게 함으로써 생활개선방향에 많은 기여를 하고 있다.

연 습 문 제

다음 사항에 대하여 답하시오.

1. 영상탐측학의 개설

1) 영상탐측학의 의의

2) 영상 및 영상소, 영상면 및 사진, 사진측량, 원격탐측, 영상판독

3) 영상탐측의 연혁을 4세대로 분류 및 그에 따른 내용

4) 영상탐측과 종래 측량과의 차이

5) 항공과 지상영상탐측의 차이

6) 영상탐측학의 적용

2 영상의 일반사항 (General Particulars for Imagery)

1) 전자기 파장대

전자기파는 광파와 전파를 뜻한다.

파장대(波長帶)는 전자기파의 진동수에 따라 나눌 수 있다. 진동수가 아주 높은 전자기파는 우주선과 방사성물질로부터 발생하는 γ선, X선 등이 있으며 각각의 파장은 0.03nm(1nm=10^{-9}m)~3nm 정도로 아주 짧다.

사람의 눈은 일곱 가지 색의 색채감으로 물체를 판별할 수 있으나 가시광선(0.4~0.7μm) 파장대에서만 육안으로 식별할 수 있다. 전자기 파장역은 $10^{-10}\mu$m의 짧은 것에서부터 $10^{11}\mu$m(100km) 이상의 긴 파장을 포함한다. 각 파장역은 명칭이 정해져 있으며 특징에 따라서 파장영역이 달라지지만 파장대 명칭에 의해 명확하게 구분되지는 않고 어느 정도 중복되어 있다.

예를 들면, 극초단파의 가장 짧은 파장대는 적외선영역과 엄밀히 구분하기 어렵다. 일반적으로 전자기파를 파장대로 나누면 〈**그림 2-1**〉과 같고 파장대별 특성을 요약하면 〈**표 2-1**〉과 같다.

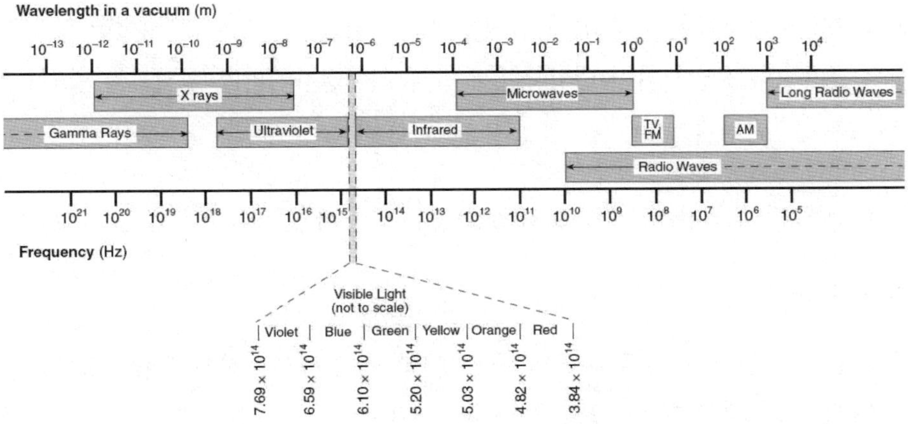

그림 2-1 전자기 파장대

표 2-1 전자기파의 파장별 특징

밴 드	파 장	비 고
감 마 선 (gamma ray)	< 0.03 nm	방사성 물질의 감마방사는 저고도항공기에 의해 감지됨 (태양으로부터의 입사광은 공기에 흡수)
X선	0.03~3nm	방사광은 공기에 의해 흡수되어 원격탐측에 이용되지 않음
자 외 선 (UV)	3 nm~0.4μm	입사되는 0.3μm보다 작은 파장의 자외선은 공기상층부 오존에 흡수됨
영상면자외선	0.3~04μm	필름의 광전변환기에 감지되나 공기산란이 심함
가시광선	0.4~0.7μm	필름과 광전변환기에 감지됨
적외선(IR)	0.7~1,000μm	물질의 상호작용으로 파장이 변화함
반사적외선	0.7~3μm	주로 태양광반사로 물질의 열적 특성은 포함되지 않음
열적외선 (thermal IR)	3~5μm 8~14μm	광학적인 감지기를 이용해 얻어짐
극초단파	0.01~1,000cm	구름이나 안개를 투과하며 영상은 수동이나 능동적 형태로 얻어짐
레 이 더	0.1~100cm	극초단파 원격감지기의 능동적 형태

2) 영상면 취득체계

영상면의 취득은 센서(sensor)에 의하여 이루어진다. 센서는 전자기파를 담는 기기로써 수동적센서와 능동적센서로 대별된다.

수동적센서는 대상물에서 방사(放射)되는 전자기파를 수집하는 방식이며, 능동적센서는 센서에서 전자기파를 발사하여 대상물에서 반사되는 전자기파를 수집하는 방식으로 〈그림 2-2〉와 같이 구분된다.

(1) 수동적센서(passive sensor)

① 사진기체계

항공사진기를 용도별로 분류하면 측량용사진기와 판독용사진기로 대별된다. 이들을 구조의 차이에 따라 분류하면 〈**그림 2-3**〉과 같다.

가) 프레임사진기(frame camera)

프레임사진기에는 단일렌즈방식과 다중렌즈방식이 있다. 단일렌즈방식 중에서 가장 많이 사용되고 있는 항공사진기에는 Wild의 RC형이나 Zeiss의 RMK 등이 있다. 다중렌즈방식은 여러 개의 렌즈로 되어 있으며, 렌즈의 앞부분에 각각 다른 필터를 장치하여 동일지역을 동일시각의 각기 다른 파장역(波長域)의 영상으로 기록하는 방법이다.

나) 파노라마사진기(panoramic camera)

이 사진기는 약 120도의 피사각(被寫角)을 가진 초광각(超廣角)렌즈와, 렌즈 앞에 장치한 프리즘이 회전하거나 렌즈 자체의 회전에 의해 비행방향에 직각방향으로 넓은 피사각을 촬영하는 사진기이다. 1회 비행으로 광범위한 지역을 기록할 수 있는 장점이 있으며 판독용으로 사용된다.

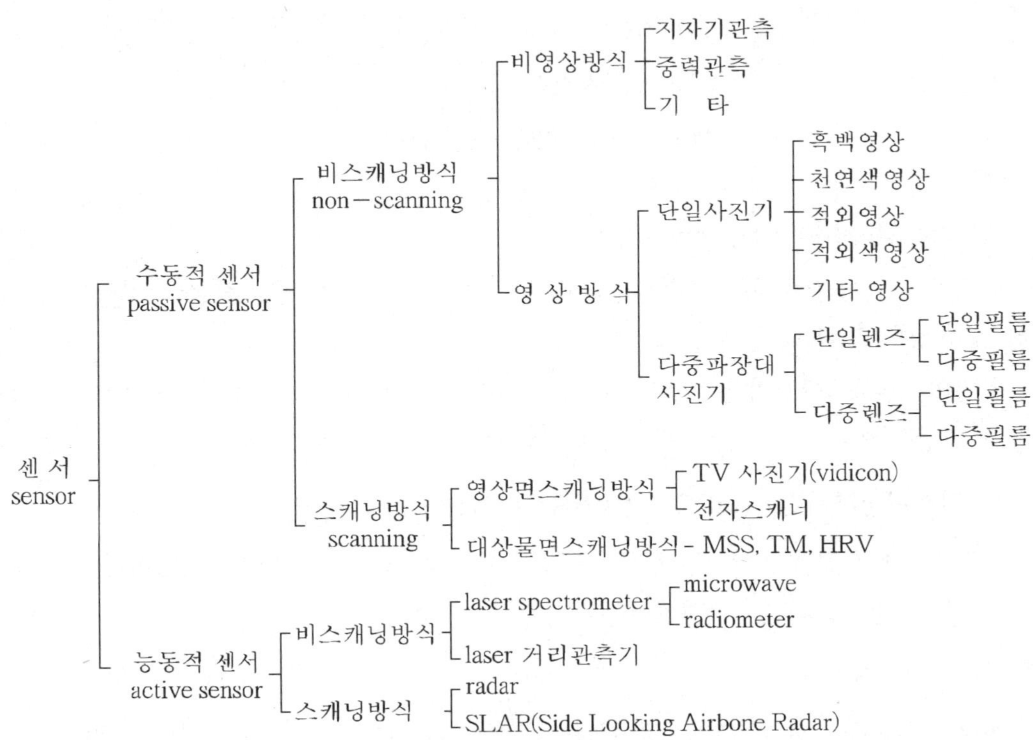

그림 2-2 센서의 종류

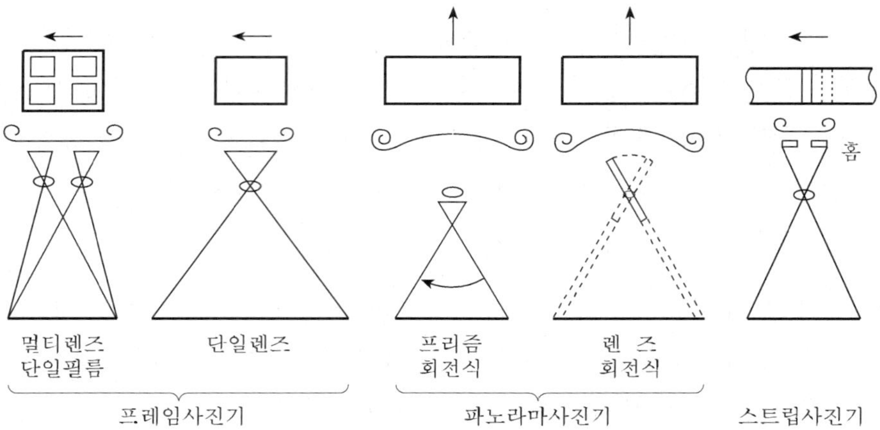

항공사진기
- 프레임(frame)사진기
  - 단일렌즈방식 ― 측량용
  - 다중렌즈방식 ― 판독용
- 파노라마(panoramic)사진기
  - 렌즈회전방식 ― 판독용
  - 프리즘회전방식 ― 판독용
- 스트립(strip)사진기

그림 2-3 구조에 의한 사진기의 분류

다) 스트립사진기(strip camera)

항공기의 진행과 동시에 연속적으로 미소 폭을 통해 멀어진 영상을 롤(roll)필름에 스트립(strip)으로 기록하는 사진기이다.

촬영의 원리는 항공기에서 바라본 지형의 이동속도에 맞추어 필름을 움직이고, 렌즈를 통한 영상을 가는 홈(slit)의 필름에 분광(分光)하도록 하는 것이다.

② 다중파장대사진기(MSC : MultiSpectral Camera)

다중파장대 사진기는 필터와 필름을 이용하여 여러 개의 파장영역에 분광하여 여러 밴드의 흑백영상을 촬영하는 사진기이다.

가) 다중사진기방식

여러 대의 사진기를 사용하는 방법으로 각각의 사진기에는 각각 다른 필터와 필름이 구비되어 있다. 이 방식은 사진기의 수와 필터, 그리고 필름을 목적에 따라 선택할 수 있는 이점이 있다.

나) 다중렌즈(multilens)방식

이 방법은 단일사진기에 여러 개의 렌즈와 필터를 조합시키고 1대의 큰 필름 상에 각각 다른 파장대의 흑백영상을 촬영하는 것이다. 이 방식의 이점은 1대의 필름에 다른 파장대의 영상이 함께 촬영되어 있으므로 현상처리(現象處理)를 동시에 할 수 있다는 것과 보존이 편리하다는 점이다.

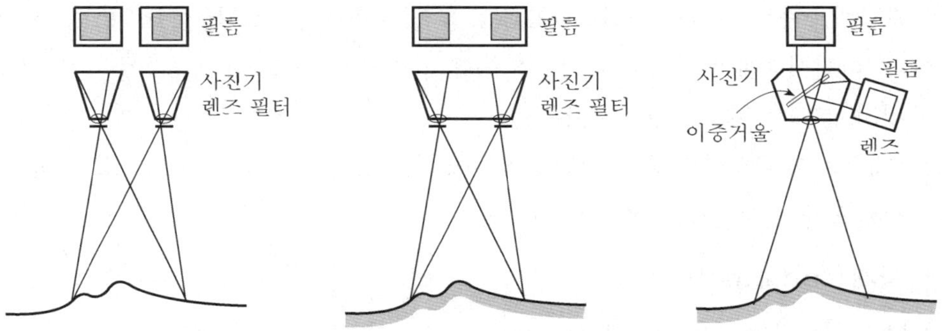

(a) 다중사진기방식 (b) 다중렌즈방식 (c) 빔 스플릿방식

그림 2-4 다중파장대사진기

다) 빔 스플릿(beam split)

이 방식은 1개의 렌즈를 통한 빛을 사진기의 내부에서 이중거울(dichronic mirror)을 사용해 여러 파장대로 나누어 흑백영상을 촬영하는 것이다. 이 경우 여러 필름에 영상을 맺게 하는 것과 1대의 필름 상에 여러 개의 상을 맺게 하는 방식이 있다.

③ 비디콘사진기

영상면필름 대신 비디콘(vidicon)과 같은 축적형(蓄積形)의 촬상관(撮像管)을 사용한 광전(flaming)방식의 탐측기이다. 광학계의 구성은 영상면방식과 비슷해 다중파장대로 만들기 위해서는 다중사진기 배열방식이 사용된다. 광전변환면(光電變換面)에 기록된 상은 전자빔(beam)에 의해 스캐닝 되며 영상신호로 변환된다. 전자적인 영상신호는 직접 지상에 무선신호로 전송되며 수치적으로 전산기에 입력할 수 있다는 점 등이 영상면필름과 기능적으로 다른 특징이다.

RBV(Return Beam Vidicon)는 광전면(光電面)에 축적된 상을 읽어내는 것으로, 읽는

데 사용한 전자빔을 굴절시켜 2차 전자기증폭기에서 고감도의 신호검출을 하는 방식의 비디콘이다. 공간해상력은 40×40m이다.

④ **전자스캐너**

실리콘 등의 전자(solid-state)광감응소자 여러 개를 선상 또는 면상으로 매우 고밀도로 배열하고 그 위에 맺어진 광학적 상을 전자신호로 변경하도록 하는 형식의 스캐너이다. 전자스캐너는 대상물의 면을 주사하지 않고 대상물에서 광학계를 통과해 얻어진 상을 여러 개의 전자감광소자로 광전 변환한다. 이와 같은 방법을 푸시-브룸(push-broom)스캐너라고 한다. 따라서 1개의 검지소자(檢知素子)에 입력되는 자료가 1영상소에 대응하므로 분해능은 검지소자의 수에 따라 결정된다.

전자스캐너는 기계적인 가동부가 없고 전자빔(beam)을 사용하지 않으므로 신뢰도와 기구상의 정확도가 비디콘사진보다 우수하다.

⑤ **방사계(radiometer)**

방사계는 시야 내에 있는 물체로부터 방사 또는 반사되는 것을 입력하여 정해진 파장역의 전자기파강도를 관측하는 장치이다. MSS나 TM 등도 넓은 의미에서는 방사계로 볼 수 있으나 주로 기상위성에 탑재되는 가시 · 적외영역의 주사형 복사계를 복사계로 호칭하고 있다.

⑥ **다중분광 및 초미세분광영상(multispectral & hyperspectral band imagery) 취득체계**

인공위성이나 항공기를 이용하여 지구를 촬영할 경우 일반 카메라처럼 일정한 대상을 촬영하는 방법과 비행방향과 같은 방향에 순차적으로 촬영해가는 방법이 있다.

고해상도의 영상면을 취득할 경우 비행방향과 같은 방향으로 따라가면서 촬영 폭이 좁은 영상을 여러 개를 모아 넓은 구역의 영상면을 취득하여야 되기 때문에 다중분광 및 초미세분광 방법을 이용하고 있다. 이 방법에는 휘스크브룸 방식과 푸쉬브룸 방식을 이용하여 영상면을 취득하고 있다.

가) 자료취득 방법

(ㄱ) 휘스크브룸(whiskbroom) 방식

탑재체의 비행방향 축에 직각방향으로 회전가능한 반사경(scanning mirror)을 이용하여 일정한 촬영폭(swath width)을 유지하며 넓은 폭의 영상면을 취득한다. 반사경이 회전하는데 따른 복잡한 기하구조를 가지므로 기하보정이 쉽지 않다. 영상취득 시간이 짧으며 영상면의 해상력은 반사경의 각도에 따라 달라지며 영상면왜곡도 크다〈그림 2-5 (a)〉. LANDSAT의 ETM$^+$, NOAA의 AVIRIS 등이 이용하고 있다.

(ㄴ) 푸쉬브룸(push broom) 방식

카메라 본체는 움직이지 않고 선형센서를 이용하여 띠 모양의 영상을 취득하는 방식이다. 휘스크브룸에 비해 영상폭이 좁으며 기하구조도 단순하여 기하보정이 쉽다. CCD 배열로 영상을 취득하므로 휘스크브룸에 비해 영상왜곡이 적은 긴 영상을 취득할 수 있다〈**그림 2-5** (b)〉. SPOT의 HRV, 아리랑위성의 EOC, Quickbird 등이 이용하고 있다.

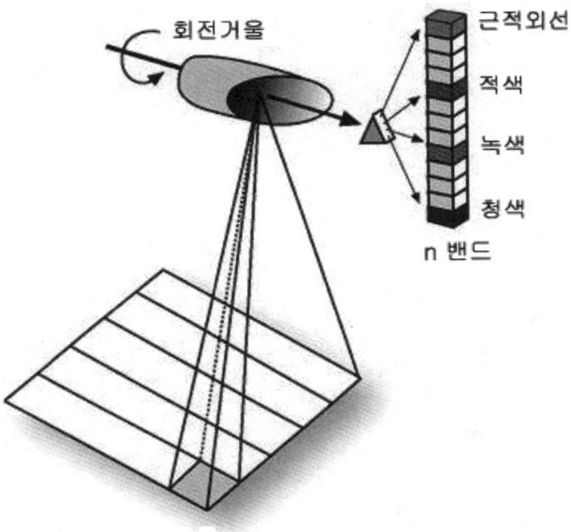

(a) whisk broom

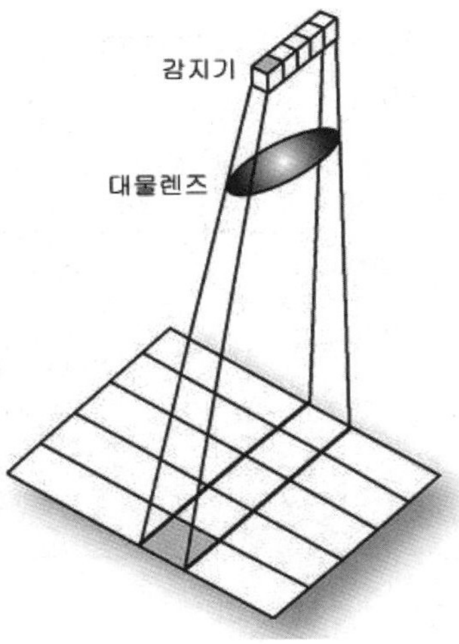

(b) push broom

그림 2-5 whisk broom과 push broom 방식

나) 다중분광 영상

LANDSAT의 TM(Thematic Mapper)나 SPOT의 XS와 같은 다중분광(multispectral band) 영상면은 3~10개의 분광밴드로 형성되어 있다. 〈**표 2-2**〉와 〈**표 2-3**〉에서 표시한 바와 같이 LANDSAT의 MSS, TM과 SPOT의 HRV 등과 같다.

(ㄱ) 다중파장대스캐너(MSS : Multi Spectral Scanner)

다중파장대스캐너(MSS)는 지표로부터 방사되는 전자기파를 렌즈와 반사경으로 집광하여 필터를 통해 분광한 다음, 파장별로 구분해 각각 영상을 테이프에 기록하는 것으로 관측도는 〈**그림 2-6**〉와 같다.

비행방향에 직각으로 회전하는 반사경을 이용하여 지표면을 대상으로 관측하는데 이것을 스캐닝이라고 한다. 자료를 기록하는 최소관측시야단위를 순간시야(IFOV : Instantaneous Field Of View)라 하며 밀리 라디안(milli-radian)으로 표시한다. 이것에 대응하는 지표의 관측최소단위면적을 영상소(pixel : picture element 또는 photo element)라 하며 이것은 광학사진기의 분해능(分解能)에 상당한다. 항공기에 탑재하는 MSS는 일반적으로 4밴드 〔MSS-4 : 0.4~0.5 μ (청), MSS-5 : 0.5~0.6μ (녹), MSS-6 : 0.7μ (근적외), MSS-7 : 07~0.9μ (적외)〕 가 많으나 가시근적외역을 10 파장대 정도로 나누고 열적외역(熱赤外域)을 1~2 파장대 더 추가한 것도 있다. MSS의 영상소는 80×80m이다.

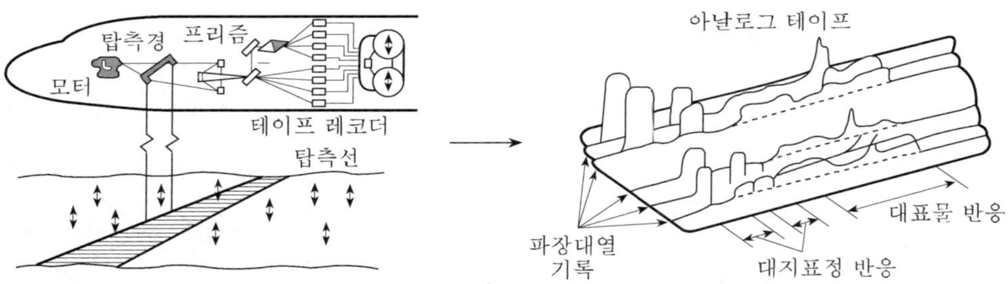

그림 2-6 MSS 관측도

(ㄴ) TM(Thematic Mapper)과 ETM+(Enhanced Thematic Mapper plus)

지표면의 고분해능 관측을 목적으로 LANDSAT-4호와 5호에는 TM이, LANDSAT-7에는 ETM+가 탑재되었다. TM과 ETM+의 지상스탠밴드는 기본적으로 MSS와 동일하지만 밴드수와 검출기수가 더 많으며 위성고도가 낮다. LANDSAT 1-7 특성은 〈**표 2-2**〉와 같다.

표 2-2 LANDSAT의 특성

Satellite	Launch	회수시기	궤 도	Sensor	Bandwidth(㎛)	Resolution[m]
LANDSAT 1	1972.7.23	1978.1.6	18일/900㎞	RBV	(1) 0.18~0.57	80
LANDSAT 2	1975.1.22	1985.2.15	18일/900㎞		(2) 0.58~0.68	80
					(3) 0.70~0.83	80
				MSS	(4) 0.5~0.6	79
					(5) 0.6~0.7	79
					(6) 0.7~0.8	79
					(7) 0.8~1.1	79
LANDSAT 3	1978.3.5	1983.3.31	18일/900㎞	RBV	(1) 0.505~0.75	40
				MSS	(4) 0.5~0.6	79
					(5) 0.6~0.7	79
					(6) 0.5~0.6	79
					(7) 0.8~1.1	79
					(8) 10.4~12.6	240
LANDSAT 4	1982.7.16	-	16일/705㎞	MSS	(4) 0.5~0.6	82
LANDSAT 5	1984.3.1	-	16일/705㎞		(5) 0.6~0.7	82
					(6) 0.5~0.6	82
					(7) 0.8~1.1	82
				TM	(1) 0.45~0.52	30
					(2) 0.52~0.60	30
					(3) 0.63~0.69	30
					(4) 0.76~0.90	30
					(5) 1.55~1.57	30
					(6) 10.4~12.5	120
					(7) 2.08~2.35	30
LANDSAT 7	1999.4.15	-	16일/705㎞	ETM^+	(1) 0.45~0.52	30
					(2) 0.52~0.60	30
					(3) 0.63~0.69	30
					(4) 0.76~0.90	30
					(5) 1.55~1.57	30
					(6) 10.4~12.5	60
					(7) 2.08~2.35	30
					PAN 0.50~0.90	15

(ㄷ) HRV(High Resolution Visible)

HRV센서의 제원은 〈**표 2-3**〉와 같으며 다중파장대형(multispectral code: XS형)과 흑백형(또는 전정색 panchromatic code: P형)으로 분류되며 각각에 따라 파장대, 영상소의 크기 및 수가 다르게 된다.

표 2-3 HRV 센서의 제원(초점거리 : 1082mm)

항목 \ 형	다중분광대형 (XS)	흑백 (전정색)형(P)
파장대	녹색 (0.50~0.59 μm) 적색(0.61~0.68 μm) 근적외(near~infrared)(0.79~0.89)	0.51~0.73 μm
시야범위	4.13°	4.13°
영상소 크기(위성직하)	20m×20m	10m×10m
line당 영상소수	3000	6000
관측폭(위성직하)	60km)	60km

다) 초미세분광(hyperion)

(ㄱ) 위성 및 항공기에 탑재된 초미세 분광센서

하이퍼스펙트럴(hyperspectral)영상은 일반적으로 5~10㎜에 해당하는 좁은 대역폭(bandwidth)을 가지며 36~288 정도의 밴드수로 대략 0.4~14.52㎛ 영역의 파장대를 관측하여 자료취득 방식에 따라 pushbroom센서와 wiskbroom센서가 있다.

표 2-4(a) 위성에 탑재된 초미세 분광센서

소유국	위성명	센서명	밴드수	밴드폭(㎛)	해상도(m)	촬영폭(km)	발사연도
미국	EO-1	Hyperion	220	0.43~2.4	30	7.6	2001
미국	Terra(EOS-AM)	MODIS	36	0.405 ~14.385	250~1000	2330	1999
미국	Aqua(EOS-PM)						2002
미국	NEMO	COIS	210	0.4~2.5	30~60	30	2002

표 2-4(b) 항공기에 탑재된 초미세 분광센서(pushbroom 방식 센서)

센서명	밴드수	밴드폭	파장범위	탑재방식	분광 해상도	관련 기관
CASI	228개	1.8nm	0.43~0.87μm	항공기	12bit	캐나다 ITRES
HYDICE	210개	10nm	0.4~2.5μm	항공기	12bit	미국 Hughes Danbury Optical Systems, Inc.
AISA	186개	1.6nm	0.45~0.9μm	항공기	12bit	핀란드 Spectral Imaging Ltd.
AAHIS	288개	2.5nm	0.39~0.84μm	항공기	12bit	미국 SETS Technology Inc.

표 2-4(C) 항공기에 탑재된 초미세 분광센서(whiskbroom 방식 센서)

센서명	밴드수	밴드폭	파장범위	탑재방식	분광 해상도	관련 기관
AVIRIS	224개	9.6nm	0.4~2.5μm	항공기	12bit	미국 NASA JPL
DAIS	79개	0.9~45nm	04~12.6μm	항공기	15bit	독일 GER & DLR
HyMap	126개	10~20nm	0.45~2.5μm	항공기	12bit	호주 Integrated Spectronics
MAS	50개	20~1,500nm	0.52~14.52μm	항공기	12bit	미국 NASA GSFC
Probe-1	128개	20nm	0.44~2.5μm	항공기	12bit	미국 ESSI

(ㄴ) 초미세분광 영상 특성

초미세분광 영상은 가시광선, 근적외선, 열적외선(0.4μm 에서 2.5μm) 파장대에 해당하는 범위에서 좁은 분광밴드 폭을 가지면서 수십에서 수백(36~288)에 이르는 분광밴드의 수를 가진다.

초미세분광 영상은 많은 분광밴드를 가지고 있어 물체 특유의 반사 특정을 잘 반영하여 물체를 식별하거나 구분하는 것이 용이하다. 여러 기관 (USGS, NASA JPL, Johns Hopkins, the Australian government)에서 다양한 물질의 분광특성을 정리한 초미세 분광 라이브러리(hyperspectral library)를 제공하고 있다.

한 영상소의 분광은 순수한 물질의 분광특성의 경중률(weight)을 고려한 선형 결합으로 나타난다. 여기서 경중률은 순수한 물질의 한 영상소 안의 영역의 비율과 정확히 일치한다고 간주하고 영상소보다 작은 크기의 분류가 가능하다. 가령 경중률이 0.9가 나왔다는 것은 경중률에 해당하는 물질의 함유량이 영상소에 차지하는 비율이 90%라는 것을 의미한다.

서로 인접한 파장대의 분광은 높은 상관관계를 가지고 있다. 그러므로 정보의 손실을 최소로 하면서 영상처리하는 밴드수를 줄이는 연구가 시도되고 있다. 이와 더불어 연구목적에 맞는 밴드 조합을 찾는 연구도 진행되고 있다.

(2) 능동적 센서

극초단파(microwave)는 능동적이고 전천후 형으로 시간과 지점을 중요하게 여기는 정보수집에 이용되며 가시 · 적외역의 영상취득이 가능한 장점을 갖고 있다.

극초단파 중 레이더 파를 대상면에 스캐닝해 그 반사파로부터 2차원 영상면을 얻는 감지기로 SLR은 일반적으로 항공기에 탑재되어 사용되므로 SLAR(Side Looking Airborne Radar)라고도 한다. SLAR에는 실개구(實開口)레이더(RAR : Real Aperture Radar)와 합성개구(合成開口)레이더(SAR : Synthetic Aperture Radar)가 있다. SLAR는 실개구레이더를 주로 사용하며 항공기의 진행방향에 직각으로 전파를 발사하며 안테나빔(antenna beam)은 진행방향으로는 폭이 좁고 직각방향으로는 폭이 넓은 부채꼴모양을 이룬다. 대상지역에서 반사되는 반사파의 시간차를 정밀하게 관측해 대상지역의 형태를 판독하여 빔 폭(beam width)을 작게 하면 해상도를 높일 수 있다.

고해상영상 레이더는 해상도가 높은 영상면을 얻기 위한 것으로 저해상영상 레이더와 다른 것은 반사파강도 이외의 위상도 관측하며 위상조정 후에 해상도가 높은 2차원영상면을 작성한다. 고해상영상 레이더는 해상도가 높은 영상면을 얻기 위해 수신신호를 비행방향과 비행방향에 직각인 방향으로 분해하여 처리하는 방법을 사용하고 있다.

3) 영상면의 기록방식

영상면의 형으로 기록하는 방식을 크게 나누면, 인쇄복사(hard copy)방식과 영상면복사(soft copy)방식으로 분류된다. 인쇄복사방식은 일반 사진과 같이 손으로 들고 볼 수 있고 장기간 보존 할 수 있는 복사방식이며, 영상면복사방식은 TV영상과 같이 눈으로는 볼 수 있지만 손으로 잡아보거나 오래 보존할 수 없는 방식이다. 기록방식을 분류하면 〈**그림 2-7**〉와 같다.

- 기록방식
  - 인쇄복사방식
    - 광학적 방식
      - Coated Paper Copy(CPC)
        - 은염영상면
        - 전지영상면
        - diazo 영상면
        - photochromism
        - 감열영상면
      - Plain Paper Copy(PPC)
        - 전자영상면(제록스)
        - 광전기영동법
        - 은염영상면(EBR, LBR, CRT data 등)
    - 전자기적 방식
      - Coated Paper Copy
        - 정전기록
        - 방전기록
        - 전해기록
        - 정전기록(dot printer 등)
      - Plain Paper Copy
        - ink set
        - platter(line printer 등)
  - 영상복사방식
    - 영상형
      - 투사형
        - 영상(영사기 등)
        - 색합성상(multispectral view)
      - 음극선관형
        - CRT
        - storage 관
      - panel 형
        - 액정
        - plasma display
        - laser display
        - LED(발광다이오드)
        - 기타
    - 비영상형
      - 자기형 : 자기, tape
      - 광학형 : video, disc
      - 기계형 : video, disc
      - 전기형 : 반도체 memory

그림 2-7 기록방식의 분류

4) 영상의 전송

영상은 여러 종류의 대상물로부터 필요로 하는 정보를 얻기 위한 모체인데, 자연물 또는 인공물 모두 정보원이 될 수 있다.

영상의 형성, 기록 및 이 과정의 반복을 영상의 전송이라 하는데, 영상은 항상 각 단계마다 이상적으로 전해지지는 않는다. 여기서 발생하는 오차나 노이즈(noise)에 의해 최종자료에 이상을 가져오므로 영상의 전송을 정확히 기술하고 평가하는 것이 필요하며, 또한 색(色)과 왜곡(歪曲)이 포함되어 있는 영상으로부터 정확한 정보를 얻기 위해 신뢰도를 높이거나, 경우에 따라서는 필요한 부분정보를 강조하는 기술이 필요하다. 이것이 영상처리 분야이며 영상전송의 정확한 이해와 기초응용을 통해 이루어진다.

(1) 전송의 분류

여기서 전송이라 하는 것은 공간적으로 영상의 어떤 위치로부터 다른 위치로 이동하는 모든 경우를 가리킨다. 영상전송에는 전송(transfer), 변조(modulation), 변환(transformation) 등이 있는데 이를 그림으로 나타내면 〈**그림 2-8**〉과 같다.

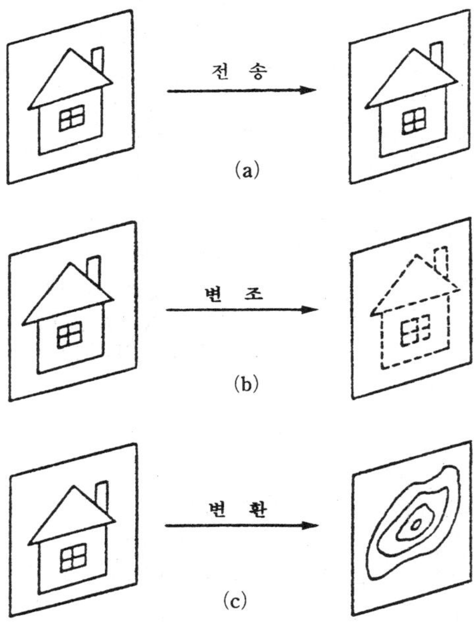

그림 2-8 영상의 전송

〈**그림 2-8** (a)〉에서와 같이 영상 또는 넓은 의미의 2차원 분포가 분포 그대로 전송되는 것을 전송이라고 하며, 렌즈에 의한 결상이나 밀착인화에서의 영상전송 및 점광원에 의한 투영 등이 그 예이다. 〈**그림 2-8** (b)〉의 분포는 본질적으로는 비슷한 모양이지만 점 또는 선 등에 의해 분해되어 있는데, 이렇게 전송되는 것을 변조라고 하며 2차원 영상의 스캐닝에서 스캐닝라인의 반복이나 격자점의 인쇄 등이 이에 속한다.

〈**그림 2-8** (c)〉는 원영상(原映像) 또는 그 분포가 어떤 법칙으로도 정리되지 않고 매우

다른 것이 되어 전송되는데 이를 변환이라고 하며, Fourier 변환이 그 예이다. 모든 영상전송은 3가지 방법 중 1가지이거나 그 조합으로 생각할 수 있다.

(2) 변조

변조(modulation)는 영상의 전송에 이용되는 것으로 인쇄에 있어서의 격자점 활용이 그 예이다. 변조의 기본이 되는 것은 표본화하는 것으로 어떤 방식(가령 1차원, 2차원, 주기적, 비주기적)에 따라서 영상상의 이산적(離散的)인 점의 값에서 갖는 영상을 의미한다. 예를 들면, 순수한 수치적 표본화영상을 계산기에 입력할 경우 주기적 표본점에 주어진 강도와 분포를 사용하며, 나타내는 방법에는 각각을 점으로 나타내는 경우와 표본화한 영역을 일정한 강도의 선 또는 작은 사각형으로 나타내는 경우가 있다.

또한 섬유(fiber)의 인쇄면(face plate)을 이용하면 입구 및 출구의 형에 따라 표본화로 나타나는 표본화방식과 잉크가 묻지 않은 것을 사용해 망판(half tone)을 재현하는 격자망을 이용하는 방식, TV나 전송사진 등 2차원의 영상정보를 1차원의 전자적 · 시간신호로 변화시키는 영상의 스캐닝방식이 있다. 그리고 영상면의 인화에 있어서 격자와 영상을 중첩 인화를 통해 다른 영상의 색 및 입체의 정보 등의 영상면에 담는 반송파영상면을 이용한 방식, 빛의 간섭선(干涉性)을 이용해 영상에서의 복소 진폭(complex amplitude)을 기록하는 간섭성 변조(coherent modulation)인 레이저영상(LiDAR)방식 등의 변조계가 있다.

(3) 변환

영상의 전송방식에서 변환이 문제되기 시작한 것은 비교적 최근의 일이다. 특히 레이저영상탐측기술의 발전과 전자계산기에 의한 영상처리가 발전함에 따라 중요하게 여겨지기 시작하였다. 어떤 분포를 Fourier 변환한 것은 그 분포의 분광인데 여기서 분포로부터 분광으로 한번 변환해 보존해 두고, 필요시에 분광 그대로 또는 원래의 영상으로 역변환하는 단계가 변환이라는 영상전송방식이다.

(4) 노이즈

영상 본래의 분포, 즉 기댓값이 명확하지 않은 상의 흐림에 의한 변위를 오차라 부른다.

여기에 본래의 분포를 변화시키는 것 중의 하나로 노이즈(잡영 : noise)가 있다. 노이즈에는 크게 나누어 2가지 형이 있는데 그 하나는 전자기파 본래의 성질, 즉 입자성에 의한 것이고, 다른 하나는 그밖에 성질에 의한 외래 노이즈이다. 아주 감도가 높은 형태로 영상밀도(적외, X선) 등이 문제가 되며 따라서 원격탐측에서는 그다지 중요하지는 않다. 후자는 필름의 입상성이나 스크린표면의 거칠어짐 또는 전자계를 지나는 경우의 수광기나 전자회로의 노이즈로 각각의 경우에 문제가 된다. 종래에는 이 같은 노이즈는 영상과 무관하다는 전제로 취급되었으나 단순히 독립된 노이즈인 경우는 오히려 드물어 신호와 상관이 있는 것으로 생각할 수 있다.

5) 영상처리 및 판별

영상의 해상력은 단위길이당 포함되는 선을 식별할 수 있는 한계를 나타내며 일반적으로 단위는 선/㎜(line pair/㎜)로서 해상력이 50선/㎜이면 1㎜당 흑선 50개, 백선 50개가 포함되어 있는, 즉 흑백선의 합 100개가 구별되는 것을 뜻한다. 영상소의 크기는 이 해상력의 역수를 취해 사용한다. 예를 들면, 해상력 50선/㎜인 영상의 영상소 크기는 1/50 ㎜=20㎛이며, 흑백선 하나하나의 영상소 크기는 1/(50×2) ㎜=10㎛가 된다.

원격탐측에서 한 영상의 해상력을 증진시키기 위해 영상질의 저하원인이 되는 노이즈(noise)를 제거하거나 최소화시키고, 영상왜곡을 보정하며, 영상을 강조해 그 특징을 추출하고 분류해 영상을 해석할 수 있게 하는 작업을 영상처리라고 한다.

(1) 영상보정

원격탐측에서 얻어지는 영상에는 여러 가지 왜곡이 포함되는데 이 왜곡은 크게 방사량에 관계되는 것과 기하학적 왜곡으로 나누어진다.

① 방사량 보정

방사량의 보정은 영상면 내의 위치에 관계가 없는 보정(shift-invariant correction)과 위치에 관계되는 보정(shift-variant correction)이 있다.

센서에 입사하는 방사량에 관계되는 것은 파장에 따른 감지기의 응답특성, 대기 중의 투과율, 반사율, 방사율, 흡수 · 산란 및 태양의 고도각 · 방위각 그리고 센서의 고도와 대상물이 이루는 각도 등이다. 영상면 내의 위치에 관계없는 방사량 보정은 센서의 응답특성보정과 대상물 고유계수인 반사율 등 각 계수들의 추정에 대한 체계(system)보정으로 나누어진다.

영상면 내의 위치에 관계되는 방사량 보정은 렌즈계의 주변부 감광과 대상물표면의 방향성 반사에 따른 밝기의 차이, 그리고 센서의 위치에 따른 불규칙한 변화 등에 대한 보정이다. 렌즈 주변부 감광은 이상적인 단일렌즈에서 광축과 이루는 각을 θ 라 할 때 $\cos^4\theta$ 에 비례해 감소하며 피사각이 90° 정도인 항공영상탐측용 사진기 끝부분의 광량은 중심부의 약 1/4이다.

② 기하학적 보정

영상면에 포함되는 기하학적 왜곡의 보정은 그 발생원인 및 성질에 관한 자료를 이용해 계통적으로 보정하는 방법과 지상기준점을 이용해 좌표변환 시키는 방법이 있으며 경우에 따라서는 이 두 가지를 조합해 보정하기도 한다.

가) 계통적 기하왜곡보정

얻어진 영상면의 계통적 기하왜곡보정(幾何歪曲補正)에는 영상면이 직교좌표계에서 1 영상소의 종축과 횡축의 축적비가 다른 경우의 종횡비보정, 한 축이 직교상태에서 경사진 각(skew angle)이 있을 때의 skew 보정, 중심투영에 의해 스캐닝라인 상에서 시야각 θ 에 따라 생기는 tangent 보정 및 촬영방향과 위치에 따라 생기는 왜곡에 대한 편위수정 등이 있다.

나) 지상기준점을 이용한 기하학적 보정

지상기준점을 이용한 기하학적 보정은 격자삽입법(格子揷入法)과 지도투영영상(地圖投影映像)에 의한 방법으로 나누어진다. 격자삽입법은 기하학적 왜곡이 포함된 영상면을 그대로 두고 지리적 좌표를 나타내는 격자(grid)를 삽입함으로써 영상면의 지리적 위치관계를 구하는 것이며, 지도투영영상면의 작성은 기하학적 왜곡을 포함하는 영상면을 지도좌표와 일치하도록 변환해 기하학적 왜곡이 없는 영상면을 만드는 방법이다. 이때 지상기준점의 기하학적 배치를 한곳에 편중되지 않게 적절히 배치하고 좌표변환식의 선정에 유의해야 한다. 좌표변환식으로는 Helmert 변환, 부등각사상(不等角寫像)변환, 의사 부등각사상변환, 2차 사영변환, 고차 다항식변환 등이 이용된다.

(2) 영상개선

영상개선(image enhancement)처리는 영상면에서 불필요한 요소를 제거해 사람의 눈으로 보기 쉬운 영상면을 만드는 것으로 강조하려는 대상물에 따라 다르게 된다. 일반적으로 영상을 처리하는 방법에는 광학적 자료처리에 의한 기계적 방법과 전산기를 이용한 수치적(digital) 처리가 있다. 수치적 처리는 기계적 처리에 비해 정밀도, 융통성, 재현성(再現性)이 좋지만, 처리속도가 늦고 비용이 많이 든다. 원격탐측에 이용되는 영상면의 종류에는 항공영상 등의 기계적 자료와 LANDSAT 영상 등의 수치적 자료가 있으며, 이 자료를 입수하는 비용도 가지각색이므로 기계적 처리와 수치적 처리 중 하나를 선택하는 데는 영상자료의 종류, 사용목적, 정밀도, 처리속도, 비용 등을 종합적으로 고려해 결정해야 한다.

영상개선법에는 영상농도의 대조를 변화시키는 간단한 방법에서부터 어떤 주파수성분을 증폭시켜 고주파잡음을 제거시키는 복잡한 방법까지 여러 가지가 있다.

(3) 영상처리체계

① 기계적 영상처리체계

영상의 기계적인 처리법은 영상면적 처리법, 광학적 처리법, 전자적 처리법의 3종류가 있다. 기계적 처리는 처리법, 처리장치 등이 수치적 처리에 비해서 한정되어 있다.

가) 영상면적 처리

영상면적 처리는 색조의 증감, 밝기의 증감 등과 같은 전처리와 파장대처리에 해당하는 색분해 및 색합성이 있다. 색분해법은 인쇄 등에 이용되는 다색분해와 3색분해방법이 있는데 원격탐측에 이용되는 것은 3색 분해법이다. 이것은 천연색 또는 위색(false color)이며, 천연색필름에서는 적 · 녹 · 청 3파장대(band)의 영상면이 얻어지고, 적외위색(赤外僞色) 필름에서는 녹 · 청 · 적외(G, B, IR) 3파장대의 영상면이 얻어진다.

색합성방법은 다음에 설명하는 광학적 합성과 같은 형태의 결과를 얻을 수 있는데 크게 나누어 2종류의 방법이 있다. 하나의 색분해와 역과정으로 3장의 흑백음화에서 필터를 이용해 천연색필름상에 합성영상면을 얻는 방법, 그리고 또 하나는 색조변환기(dye transfer)상에서 2장의 R, G, B 등의 영상면을 만들어 이것을 1장의 필름 위에 전사시킨 합성영상면을 얻는 방법이다. 또한 간단히 색합성을 하는 방법으로 3장의 흑백음화에서 각각 적 · 녹 · 청의 디아조(diazo)필름을 작성해 이것을 중합시켜 보는 방법이 있다. 제 2의 방법은 농도분할에 의한 법이다.

나) 광학적 처리

광학적 영상처리체계에는 간섭성광(干涉性光)을 이용한 것과 비간섭성광(非干涉性光 : incoherent light)을 이용하는 2종류가 있다.

간섭성광은 위상이 일치된 빛으로 일반적으로 광원으로는 센서가 이용되며 센서 이외의 광원은 일반적으로 비간섭성광으로 생각하는 것이 좋다. 이 2종류의 체계를 비교해보면 간섭성광을 이용한 처리체계가 응용범위가 넓고 실용성도 높다는 것을 알 수 있다.

간섭성 광학처리체계에는 여러 방법이 있으나 원격탐측영상처리체계의 응용에 Fourier 변환광학계가 주로 이용된다.

다) 전자적 처리

전자적 영상처리체계는 일반적으로 영상입력부, 영상기억부, 연산처리부, 해석부, 영상표시부의 과정으로 처리한다. 영상기억부가 없는 체계(system)는 다차원영상을 취급하는 경우 복수의 입력계를 필요로 한다.

(ㄱ) 영상입력

영상입력장치는 비디콘 등의 촬상관(撮像管)이 현재 주류를 이루고 있는데, 현재 사용되고 있는 비디콘 위치에 관한 정확도 및 휘도변동 등을 표시하는데 어려움이 많아 개량이 요구된다. 더불어 영상축적관 등을 사용해 입력하므로 그 정확도에 관한 처리방식도 고려해야 한다. 또한 감도에 있어서도 촬상관에 문제가 있으며, 특히 색영상입력을 색촬상관을 이용해 색분해하는 경우에는 감도의 향상이 더욱 요구된다.

(ㄴ) 영상기억부

기계적인 영상기억방식에는 비디오테이프와 비디오디스크의 2종류가 있다. 비디오테이프가 많이 이용되지만 원격탐측의 경우에는 정지영상이 필요하고, 여러 영상면을 동시에 분석할 필요가 있어 여러 개의 파장대가 필요하기 때문에 최근에는 비디오디스크를 많이 이용하고 있다. 이러한 기억방법에는 기계식, 자기식, 광학식 등이 있다.

(ㄷ) 연산처리

전자적 연산처리에는 2개 이상의 영상을 가감승제하는 방법이 있다. 이 경우 계수연산, 즉 2개의 영상농도를 x, y 라 할 때 $ax \pm by$ 또는 $cx \times (\div) by$ 의 연산도 가능하며 실제 해석할 경우는 감산 및 곱의 연산이 많이 사용된다. 기타 영상에 대한 처리는 +, −의 변환, 대조의 증감, 휘도(輝度)레벨의 조정, 미분 등이 필요하다.

(ㄹ) 해석

해석에는 색합성 과정과 농도분할과정이 있는데, 색합성은 광학적 색합성과 원리는 같으나 +, −의 반전 및 가감승제 등의 연산을 한 영상을 합성하는 것도 가능하고 단순한 광합성에 비해 자유도가 크며 출력에는 일반적으로 음극선관(CRT)을 이용한다. 해상력은 광학적 합성에 비해 나쁘고 영상의 질도 나쁘며, 농도분할에 의해 1장의 영상에서 대상물을 정할 때 연속적인 농도를 가진 영상면은 정량화하기가 어렵다. 이 결점을 보완하기 위한 방법이 농도분할방법으로 대상영상면을 적당한 수, 즉 16단계의 농도단계로 분할 표시하는 것이다. 이 경우 좀 더 간단히 하려면 영상소당 농도정보를 4비트에 한정하는 것이 좋다. 이 농도분할법에 의하면 농도를 정량화할 수 있고 등농도의 면적계산이 용이하다.

(ㅁ) 농도관측

전기적 처리에 의한 농도관측은 일반적으로 입력부분의 휘도신호레벨을 농도의 환산으로 이용한다. 광학적 관측에 비해 정밀도는 1/10 정도 떨어지지만 커서(cursor) 등을 병용하면 관측속도를 대폭 향상시킬 수 있다.

② 수치영상처리체계

수치영상처리는 영상면의 명암을 수치화하는 영상면처리방법이다. 일반영상면기법은 대조와 색조에 의해 판독하지만 수치영상처리기법은 반복성 · 다태성, 영상의 정밀도 유지 등과 같은 이점이 있으며, 1970년대 중반부터 발전을 거듭해 현재는 의학, 군사, 농학 및 자원탐사 등에 널리 이용되고 있다. 이와 같은 수치영상처리의 정보처리기기(hardware)와 정보처리기법(software) 체계를 개략적으로 소개하면 다음과 같다.

가) 수치영상처리의 정보처리기기

일반적인 수치영상체계의 정보처리기기는 다음과 같다. 영상처리에 필요한 자료로는 센서로부터 얻은 필름, CCT(Computer Compatible Tape), 기계적 자기자료 등이 있고, 수치자료입력기(scanner나 digitizer)로부터 얻은 자료매개변수(data parameter)와 프로그램 등이 있다.

자료수집장치는 수치영상처리체계의 구성요소는 아니지만 수치영상처리에 커다란 영향을 미친다.

계산기에 수치영상처리에 필요한 자료를 입력시키려면 모든 자료를 수치화해야 한다. 필름의 경우에는 스캐너를 통해 수치화하고 CCT로 변환해야 하고, 기계적 자기자료의 경우에는 AD(Analogue/Digital)변환기를 통해 수치화하며, 고밀도 수치자기자료는 테이프레코더를 통해 디스크에 기록해 CCT로 변환한다.

전산기에서는 수치영상자료를 처리해 보정하고 정보추출을 한다. 또한 출력변환장치에서는 수치영상자료를 출력시키는데, 출력자료는 CCT, 필름, 프린트, 라인프린트, 디스플레이 또는 TV 등에 의해 출력된다. 필름에 의한 출력은 가장 고분해능(高分解能)을 갖고 있으며 기하학적 정밀도도 높다. 일반적으로 출력은 드럼레코더, 전자빔레코더, CRT, 레이저빔레코더 등의 4가지 테이프가 이용되고, color inkjet recorder와 같은 색인쇄복사(color hard copy)를 할 수 있는 레코더가 있다.

나) 수치영상처리의 정보처리기법

일반적으로 수치영상처리에 필요한 정보처리기법을 정리하면 다음과 같다. 우선 수치영상면자료의 빈도를 조정하고 다중파장대(multiband) 자료인 경우 다차원의 막대그래프를 작성한다. 또한 수치영상의 크기를 표시한 눈금 또는 격자를 삽입해 행렬좌표를 얻는다. 그 다음 밝기눈금(gray level scale : 백색에서 흑색까지의 밝기를 0~255, 즉 256 단계로 분류한 것을 gray level이라 하며 gray level의 상대적 밝기눈금을 gray level scale이라 함) 통계계산 등의 프로그램을 통해 계산처리시간 및 경비 그리고 기하학적 정밀도와 분산정밀도 등을 출력시키고 자기자료 및 디스크에 기억된 자료를 관리한다.

다음 단계로 영상면의 확대 및 자료의 압축을 포함한 영상면 축소, 2차원 영상면과 지도투영좌표와의 좌표변환, 영상면의 회전, 2개 이상의 중복영상면의 연결에 의한 기하학적 보정을 한다.

또한 비행렬(比行列, ratio matrix)의 보정 및 자료의 무차원화, 영상면의 조작, 면적 및 거리의 계산에 대한 프로그램을 작성하고, Fourier 변환 및 여과(filtering), 영상면자료의 노이즈(noise)제거, 작동기(operator)의 적용, 파장대비(band ratio)에 대한 프로그램을 작성해 영상을 강조한다.

마지막 단계로 다중파장대자료(multi spectral data)의 직교화와 차원의 감소, 다중파장대자료의 분류, 균질의 영상면집단분리 등에 의해 정보를 추출한다.

(4) 영상의 판별

원격탐측영상으로부터 정보를 얻기 위해 영상면을 판별하는 데는 사람의 눈으로 판독하는 것과 기계적인 처리에 의한 영상의 해석으로 나눌 수 있다. 사람의 눈으로 볼 수 있는 영상에는 주로 항공영상, 스캐너, 레이더 등의 영상을 영상면화한 것도 포함되며 간단한 소도구를 이용해 판독할 수 있다.

① 영상면의 구별

판독은 영상면을 통해 사물을 구별하고, 그 중요성을 판단하는 작업으로 판독자는 원격탐측자료를 연구하고 논리적인 과정을 통해 사물의 형태와 그 공간적 관계의 중요성을 찾아 확인하고 관측하며 평가한다. 원격탐측영상은 다음과 같은 성질을 이용해 환경연구에 적용할 수 있다. 첫째, 넓은 지역을 나타내는 영상면으로부터 사물의 관계를 알 수 있다. 둘째, 특정 영상면 형태는 지형이나 사물에 대해 3차원적 상을 나타내고 있다. 셋째, 인간이 볼 수 없는 사물의 특성을 알 수 있다. 넷째, 영상면을 통해 임의의 시간에 사물이나 환경 사이에 존재하는 관계를 알 수 있다.

영상면 판독요소에는 크기, 형상, 음영, 색조, 질감, 모양, 위치, 상호관계, 해상력 등이 있다.

② 파장대의 구별

다중파장대 해석의 필요성을 이해하기 위해 간단한 예를 소개하면 다음과 같다.

〈**그림 2-9**〉는 공장오염수와 맑은 하천수의 다중파장대(또는 분광) 특성곡선이다. 오염수와 하천수의 상대반사율은 0.55μm 부근에서 거의 같으며, 0.55μm 보다 짧은 파장역(波長域)에서는 오염수가 하천수보다 반사율(反射率)이 적고 반대로 0.55μm 보다 긴 파장역에서는 오염수가 하천수보다 크다. 그러므로 0.4㎛에서 0.7㎛까지의 감광역(感光域)을 가진 흑백영상에서 총 반사량 0.55μm 부근에서는 반사율의 대소 관계가 없어져 거의 같게 되며 영상농도차가 없어진다. 그러므로 다중파장대 스캐너를 사용해 반사율이 큰 경우, 같은 경우, 적은 경우의 미소한 파장대역(波長帶域)으로 나누어 영상을 취하면 표 〈**표 2-5**〉에 표시한 바와 같이 영상의 농담관계가 확실히 얻어진다. 이와 같이 여러 개의 파장대역으로 나누어 촬영된 영상을 다중파장대영상이라 하며, 이를 이용해 판독이나 분류를 행하는 것을 다중파장대해석이라 한다.

일반적으로 다중파장대영상의 분할파장대역의 수가 많을수록 정보량이 많아지지만, 반대로 파장대(band)수 또는 채널(channel)수가 많아져도 그렇지 않은 경우도 있다. 목적이나 대상의 다중파장대 특성에 따라서 필요한 최소의 파장대(band)수로 최대의 정보가 얻어지도록 하는 것이 중요하다.

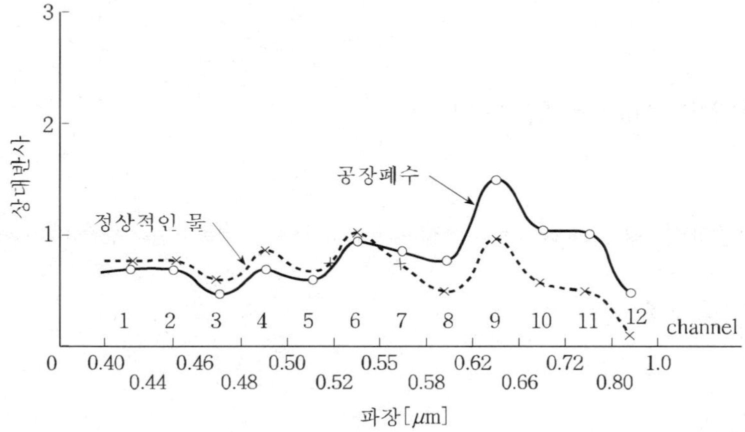

그림 2-9 정상수와 공장폐수의 다중파장대 특성

표 2-5 영상의 농담관계

파 장 대 역	반사율의 대소 관계		영상의 농담관계	
	공 해 수	하 천 수	공 해 수	하 천 수
0.40~0.44㎛	적 음	큼	어두움	밝 음
0.55~0.58㎛	같 음	같 음	같 음	같 음
0.62~0.66㎛	큼	적 음	밝 음	어두움

③ 질감의 구별

질감(texture)은 영상면 중의 구성요소가 나타내는 형상이나 분포밀도, 방향 등의 성질이 균질한 영역을 가지는 영상면의 특징을 말한다. 질감에 따라 영역분할을 할 경우 어떠한 특징을 추출하는가가 문제가 되는데, 질감의 특징을 추출하는 방법에 대해 나누면 구성요소 특징의 추출에 의한 해석, power spectrum을 이용한 해석, 확률밀도함수에 의한 해석, 선형예측법을 이용한 해석이 있다.

연습문제

다음 사항에 대하여 답하시오.

2. 영상의 일반사항

1) 영상의 취득체계

2) 센서의 종류

3) 다중파장대 사진기(MSC)와 다중파장대스캐너(MSS)

4) 초미세분광과 HRV센서

5) 휘스크브룸방식과 푸쉬브룸방식

6) 영상의 기록방식

7) 영상의 전송

8) 영상의 보정 및 처리체계

3 사진기 체계에 의한 영상면 (Imagery for Camera System)

센서 중 관측용 사진기를 이용한 영상면의 처리과정에서는 촬영방향, 관측방법 및 도화축척 등에 의해 분류하면 다음과 같다.

1) 촬영방향에 의한 영상면

(1) 촬영방향에 의한 영상면의 분류

① 수직 영상면(vertical imagery)

광축(光軸)이 연직선과 거의 일치하도록 공중에서 촬영한 영상면(경사각 3° 이내)이다.

② 경사 영상면(oblique imagery)

광축이 연직선 또는 수평선에 경사 촬영한 영상면(경사각 3° 이상)으로 지평선이 영상면에 나타나는 고각도 경사 영상면과 지평선이 영상면에 찍히지 않는 저각도 경사영상면이 있다.

③ 수평 영상면(horizontal imagery)

광축이 수평선과 거의 일치하도록 촬영한 영상면으로 일반적으로 지상에서 촬영한 영상면이다.

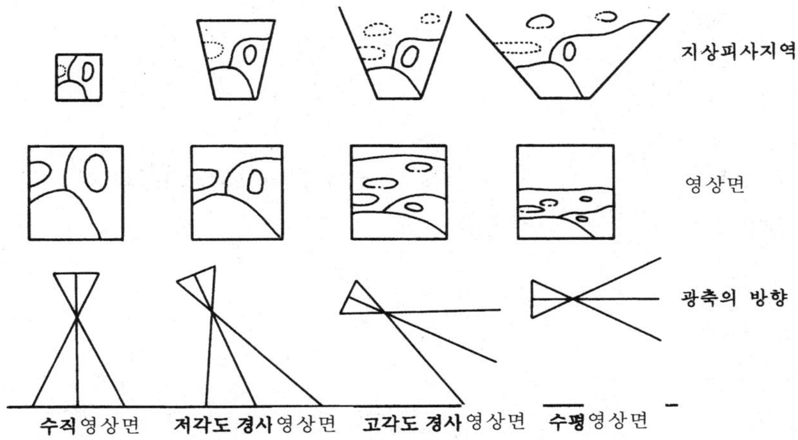

그림 3-1 촬영방향에 의한 영상면의 분류

(2) 지상영상탐측의 방법

지상영상탐측은 그 촬영방법에 따라 다음의 세 가지로 나누어진다.

① 직각수평촬영

양사진기의 촬영축이 촬영기선에 대하여 직각방향으로 향하게 하여 평면촬영을 하는 방법으로 도화계측의 절단면은 촬영기선과 평행인 평면으로 결정된다.

② 편각수평촬영

양사진기의 촬영축이 촬영기선에 대하여 일정한 각도만큼 좌 또는 우로 수평편각하여 촬영하는 방법으로 이 경우에 쓰이는 사진기에는 각도를 정확히 읽을 수 있는 장치가 달려 있다.

③ 수렴수평촬영

양사진기의 촬영축을 촬영기선에 대하여 어느 각도만큼 내측으로 향해 수평수렴상태에서 촬영하는 방법으로 사진기의 광축은 서로 교차한다. 이와 같이 하면 촬영기선이 길어진 것과 같은 결과가 되므로 높은 정확도가 얻어진다. 이 경우 기선에 대한 광축방향은 정확히 관측해 두어야 한다.

직각수평촬영인 경우, 절대좌표의 정확도와 영상면좌표의 정확도와의 관계식은 다음과 같다.

$$\sigma X = \frac{H}{f} \cdot \sigma x \qquad (3\text{-}1)$$
$$\sigma Y = \frac{H}{f} \cdot \sigma y$$
$$\sigma Z = \sqrt{2}\frac{H}{f} \cdot \frac{H}{B} \cdot \sigma x$$

여기서 σX, σY, σZ는 절대좌표의 정확도, σx, σy는 영상면좌표의 정확도, H는 촬영거리, f는 초점거리, 그리고 B는 촬영기선길이

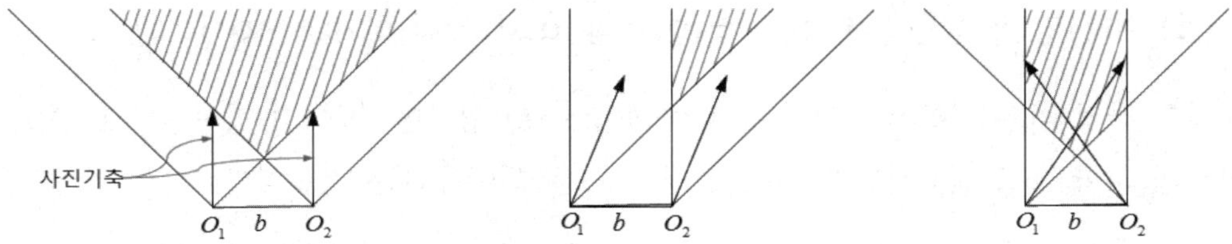

(a) 직각수평촬영법 (b) 편각수평촬영법 (c) 수렴촬영법

그림 3-2 지상영상의 촬영방법

2) 관측위치 및 방법에 의한 영상탐측

(1) 항공 영상탐측학(aerial imagematics)

항공기 및 기구 등에 탑재된 측량용 사진기로 촬영된 영상면(또는 중복 촬영한 영상면)을 이용해 대상물의 크기, 위치 및 형상해석의 영상면 판독(imagery interpretation)에 의한 환경 및 자원해석 등을 한다.

(2) 지상 영상탐측학(terrestrial imagematics)

지상에서 촬영한 영상면을 이용해 건조물 및 시설물의 형태 및 변위관측과 고산지대의 지형해석을 한다. 촬영거리가 짧은 경우(일반적으로 300 m 이내)를 근거리영상탐측(close-range 또는 short-range imagematics)이라 하며 공학적으로 널리 이용하고 있다.

(3) 수중 영상탐측학(underwater imagematics)

수중영상탐측은 해저영상탐측이라고도 한다. 이는 수중사진기에 의해 얻어진 영상면을 해석함으로써 수중자원 및 환경을 조사하는 것으로 플랑크톤의 양 및 수질조사, 해저의 기복상황, 수중식물의 활력도, 분포량 등을 조사하는데 이용하고 있다.

(4) 원격탐측(remote sensing)

관측대상물에 접근하지 않고 먼거리의 대상물에서 반사 또는 방사하는 각종 파장의 전자기파를 센서로 수집 처리하여 토지, 환경 및 자원문제에 이용되는 영상탐측 기법 중의 하나이다.

(5) 비지형 영상탐측학(non-topographic imagematics)

지도 작성 이외의 목적으로 X선, 모아레(moiré) 영상면, 레이저 영상면(LiDAR) 등을 이용해 의학, 고고학, 문화재조사, 변형조사 등에 이용하는 기법이다.

3) 항공영상면의 특성

(1) 항공영상탐측용 사진기

항공영상탐측용 사진기를 일반사진기와 비교하면 다음과 같은 특징이 있다.

① 초점거리가 길다(80, 150, 210, 300㎜ 등).

② 렌즈의 지름 및 피사각(angular field)이 크다(60°, 90°, 120° 등).

③ 렌즈왜곡(lens distortion)이 극히 적으며, 왜곡이 있더라도 역의 왜곡을 가진 보정판을 이용하면 왜곡을 없앨 수 있다.

④ 거대하고 중량이 크다(사진기의 중량 80㎏의 것이 있다).

⑤ 셔터의 속도는 1/500~1/1,000초이다.

⑥ 필름은 폭 24㎝(또는 19㎝), 길이 60m, 90m, 120m의 것을 이용한다.

⑦ 파인더(finder)로 사진의 중복도를 조정한다.

⑧ 주변부라도 입사하는 광량의 감소가 거의 없다.

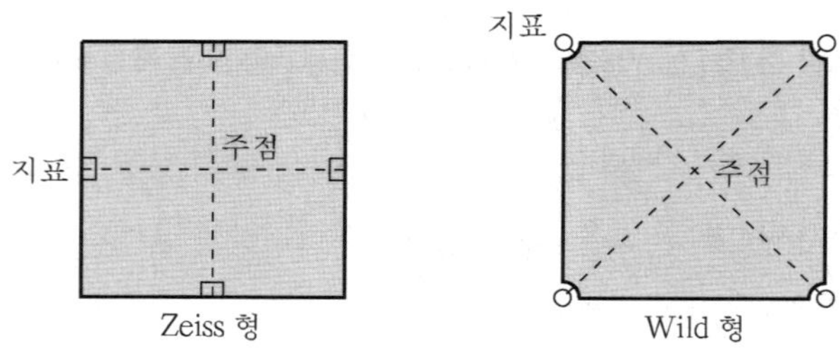

그림 3-3 영 상 지 표

항공영상촬영용 사진기를 렌즈의 피사각에 따라 분류하면 〈**표 3-1**〉과 같다.

표 3-1 항공영상탐측용 사진기의 종류

종 류	렌즈의 피사각	초점거리 [mm]	사진의 크기 [cm]	필름의 길이 [m]	최단 셔터간격 [초]	사용목적
보통사진기(NA) (Normal Angle)	60° (50°)	210 (300)	18 × 18 (23 × 23)	120 (120)	2 (2.5)	산림조사용 (도시지역조사 및 측량)
광각사진기(WA) (Wide Angle)	90°	152~153	23 × 23	120	2	일반도화, 판독용
초광각사진기(SWA) (Super Wide Angle)	120°	88	23 × 23	80	3.5	소축척 도화용

(2) 촬영 보조기재

① 수평선사진기(horizontal camera)

주된 사진기의 광축에 직각방향으로 광축이 향하도록 부착시킨 소형사진기이다.

② 고도차계(statoscope)

U자관을 이용하여 촬영점간의 기압차관측에 의해 촬영점간의 고도차를 환산 기록하는 것이다.

③ APR(airborne profile recorder)

APR은 비행고도자동기록계라고도 하며, 항공기에서 바로 밑으로 전파를 보내고 지상에서 반사되어 돌아오는 전파를 수신하면서 촬영비행 중의 대지촬영고도를 연속적으로 기록하는 것이다.

④ 자동평형경(gyroscope)

회전하는 자이로(자동평형, gyro)의 원리를 이용해 항공기의 동요 등이 사진기에 주는 영향을 막고 영상면상에 연직방향을 촬영과 동시에 찍히도록 함으로써 사진기의 경사를 구해 보정하는 데 이용된다.

⑤ 항공망원경(navigation telescope)

접안 격자판에 비행방향, 횡중복도가 30 %인 경우의 유효폭 및 인접촬영경로, 연직점 위치 등이 새겨져 있어서 예정촬영경로에서 항공기가 이탈되지 않고 항로를 유지하는 데 이용된다.

(3) 중심투영(central projection)

영상면은 피사체로부터 반사된 빛이 렌즈중심을 직진하여 평면인 필름 면에 투영되어 축소 또는 확대대어 나타난다. 이와 같은 투영을 중심투영이라 하며, 영상면은 중심투영상이다.

항공영상의 원리 및 수직영상면에 있어서 지표면과의 상관관계를 나타내면 〈**그림 3-4**〉와 같다.

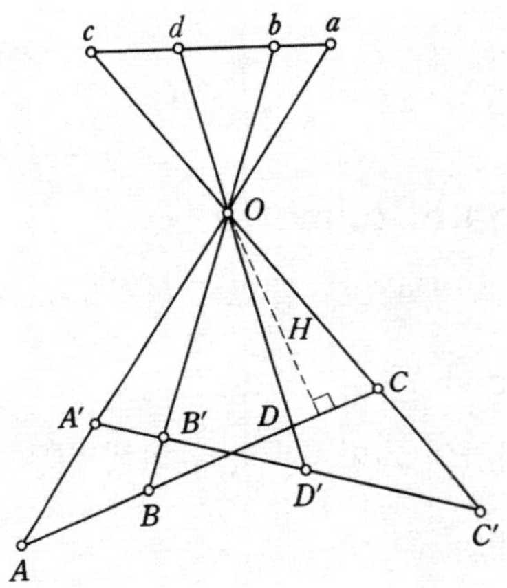

그림 3-4 직선의 중심투영

영상면원판(음화면, negative film)은 도입실상(倒立實像)이므로, 영상탐측에서는 이를 밀착 인화시켜 정입실상(正立實像)인 투명양화(透明陽畵 : diapositive : glass diapositive, film diapositive)로 만들어 사용한다. 이 투명양화를 확대해 〈**그림 3-5**(c)〉와 같이 대상물의 크기와 같도록 했다고 가정하면, 지형도상에서 a 로 나타나 있는 A 점의 중심투영상이 a' 로 나타남을 알 수 있다.

이와 같이 지표면이 평탄한 경우는 지도와 영상면이 같으나, 기복이 있는 지형에서는 정사투영인 지도와 중심투영(中心投影, central projection: 〈**그림 3-5**(b)〉)인 영상면에 차이가 생긴다.

정사투영(正射投影, ortho projection: 〈**그림 3-5**(a)〉)은 기준면으로 일정한 축척으로 재현되나 카메라인 경우 중심투영은 중심투영점을 지나 투영중심 뒤쪽에 축소 또는 확대되어 음화(또는 양화)가 재현된다.

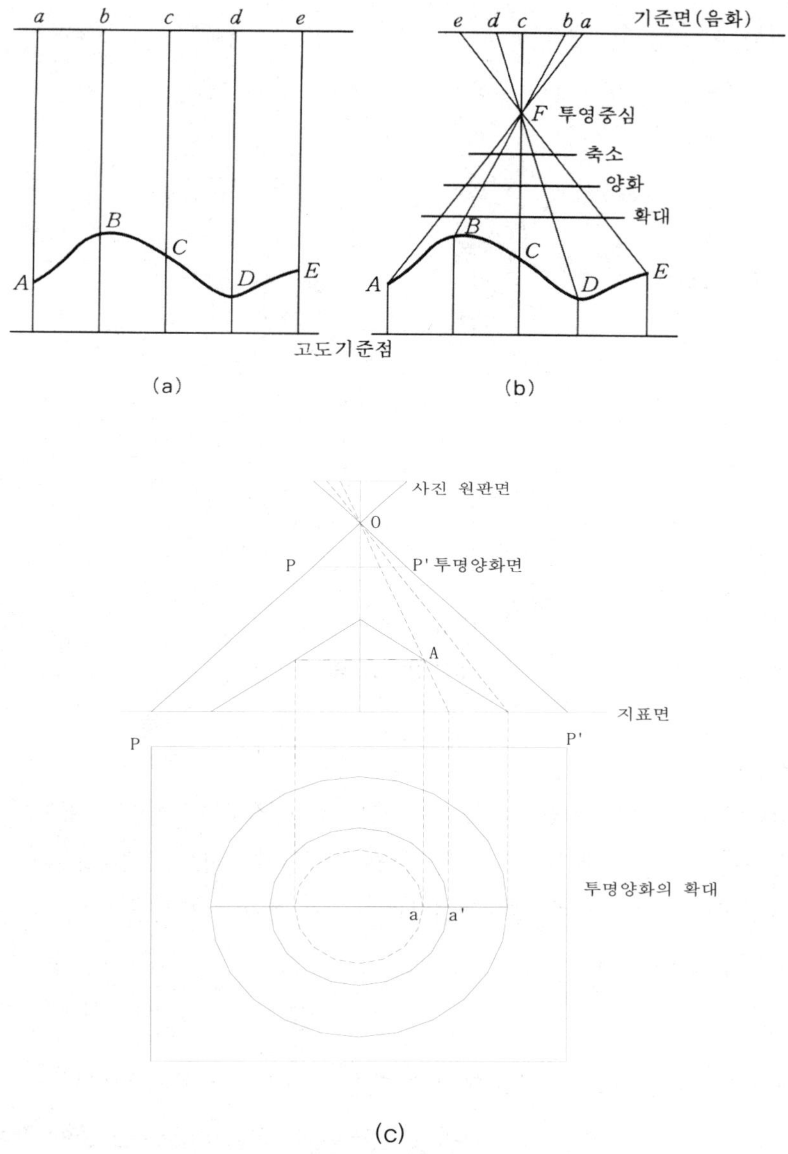

그림 3-5 정사투영과 중심투영

(4) 항공영상면의 특수 3점

영상면의 특수 3점(specific 3-point)이란 주점, 연직점, 등각점을 말하며, 영상면의 성질을 설명하는데 중요한 점이다. 수직영상면에서는 주점을, 고저차가 큰 지형의 수직 및 경사영상면에서는 연직점을, 평탄한 지역의 경사영상면에서는 등각점을 각 관측의 중심점으로 사용한다.

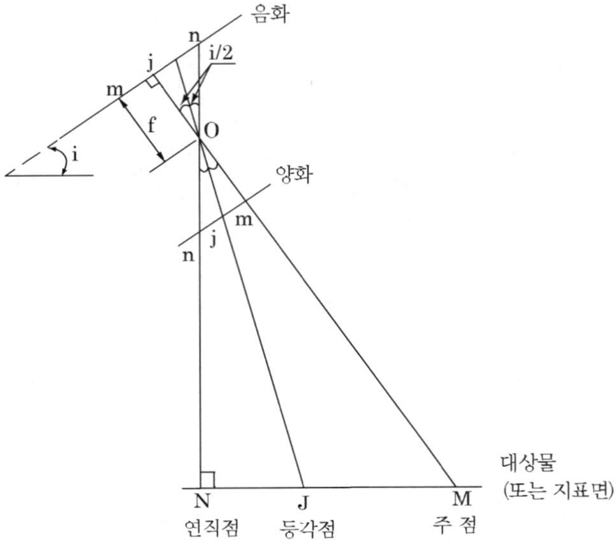

그림 3-6 특수 3점

① 주점

주점(principal point, m)은 영상면의 중심점으로서, 투영중심으로부터 영상면에 내린 수직선이 만나는 점, 즉 렌즈의 광축과 영상면이 교차하는 점으로 〈**그림 3-6**〉의 m 점이다. 일반적으로 항공영상에서는 마주보는 영상면지표의 대각선이 서로 만나는 점이 주점의 위치가 된다〈**그림 3-6** 참조〉.

② 연직점

〈**그림 3-6**〉와 같이 렌즈중심으로부터 지표면에 내린 연직선이 만나는 점 N을 지상연직점이라 하며, 그 선을 연장하여 영상면과 만나는 n 점, 즉 렌즈중심을 통한 연직축과 영상면과의 교점을 연직점(nadir point, n)이라 한다.

연직점의 위치는 〈**그림 3-6**〉과 같이 주점으로부터 최대경사선상에서 만큼 떨어져 있으며, 영상면상의 비고점은 연직점을 중심으로 한 방사선 상에 있다.

$$\overline{mn} = f\tan i \tag{3-2}$$

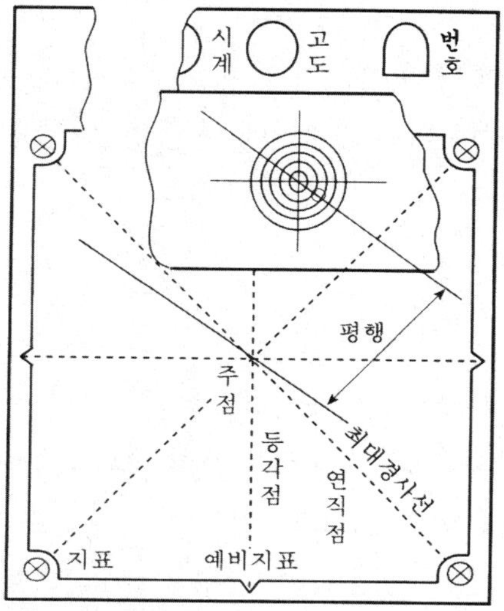

그림 3-7 최대경사선 방향

③ 등각점

등각점(isocenter point, j)은 영상면과 직교하는 광선과 연직선이 이루는 각을 2등분하는 광선이 교차하는 점, 즉 〈**그림 3-6**〉의 j 점이다.

등각점의 위치는 주점으로부터 최대경사방향선상으로 만큼 떨어져 있으며, 등각점에서는 경사각 i 에 관계없이 연직사진의 축척과 같은 축척으로 된다.

$$\overline{mj} = f\tan\frac{i}{2} \qquad (3-3)$$

4) 항공영상 촬영계획시 고려대상

(1) 촬영계획

촬영계획(撮影計劃, fight planing 또는 design)을 세울 때는 우선 촬영기선길이, 촬영고도 및 C계수, 등고선간격, 촬영경로, 표정점의 배치, 영상면 매수, 촬영일시, 촬영사진기 선정, 촬영계획도 작성, 지도의 사용목적, 소요의 영상면 축척, 정확도 등을 고려한 작업이 되도록 해야 한다. 여기서는 위의 사항 중 몇 가지만 설명하기로 한다.

① 영상면 축척

렌즈 중심에서 영상면면에 내린 수선의 길이를 주점거리(f), 기준면으로부터 렌즈 중심까지의 높이를 촬영고도(H)라 하면 기준면에 대한 영상면축척(imagery or photo scale : m 또는 s)은 다음과 같다.

$$M = \frac{1}{m} = \frac{l}{s} = \frac{f}{H} \tag{3-4}$$

여기서 m은 영상면 축척 분모수, l은 영상면상의 길이, s는 실제 거리이다.

지표면은 고저차가 있으므로 영상면 축척은 지형의 고도에 따라 달라진다. 따라서 항공영상탐측에서는 평균고도를 촬영기준면으로 한다.

◆ 예제 3-1

고도가 400 m인 지형을 초점거리 150 ㎜인 사진기로 촬영고도 3,100 m에서 촬영한 항공영상에서의 영상면 축척은 얼마인가?

풀이 축척 $= \dfrac{f}{H-h} = \dfrac{0.15}{3{,}100-400} = \dfrac{1}{18{,}000}$

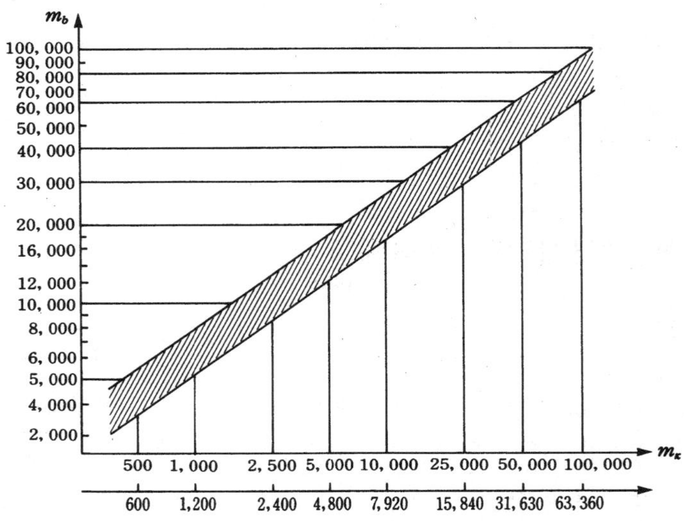

그림 3-8 영상면축척($1/m_b$)과 지도축척($1/m_x$)의 관계

항공영상으로 제작하려는 지형도의 축척($1/m_\kappa$)와 영상면축척($1/m_b$)과의 관계는 〈**그림 3-8**〉과 같다. 그림에 나타난 범위는 필요한 지도의 정확도, 지형, 기준점의 상황 및 사용하려는 입체도화기 등을 고려해 결정한 것이다.

② 중복도 및 촬영기선길이

항공촬영은 동일 촬영경로 내에서 인접영상면간의 종중복(end lap) p는 입체시를 위해 최소한 50 % 이상이나 일반적으로 60 %의 중복도(over lap)를 주며, 인접한 촬영경로(course) 사이의 횡중복(side lap) q는 최소 5 % 이상이나 일반적으로는 30 %의 중복도를 주어 촬영한다.

산악지역(한 입체모형 또는 영상면상에서 고저차가 촬영고도의 10 % 이상인 지역)이나 고층빌딩이 밀집한 시가지는 10~20 % 이상 중복도를 높여서 촬영하거나 2단 촬영을 한다.

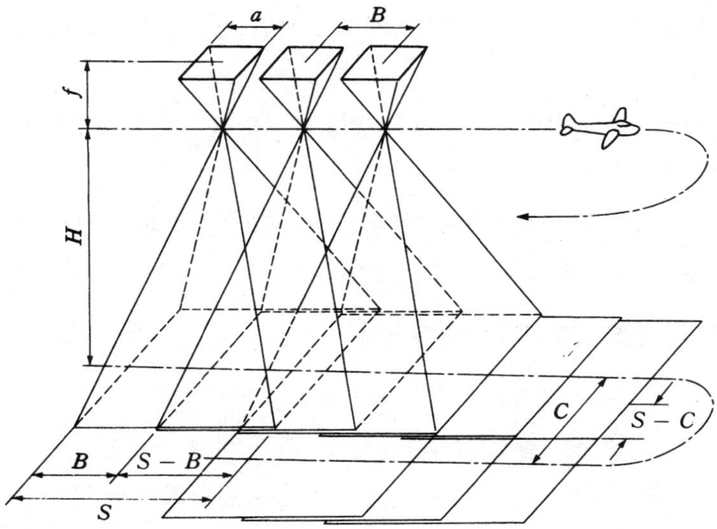

그림 3-9 중복촬영

이는 영상면상에 가려서 보이지 않는 부분인 사각부분(dead area)을 없애기 위함이다. 〈**그림 3-9**〉과 같이 1촬영경로의 촬영 중 임의의 촬영점으로부터 다음 촬영점까지의 실제 거리를 촬영기선길이(air base) B라 하며, 촬영경로간격을 나타내는 C를 촬영횡기선 길이라 한다.

$$B = \text{영상면크기의 실제 거리}(s) \times \left(1 - \frac{p}{100}\right) \tag{3-5}$$

$$C = \text{영상면크기의 실제 거리}(s) \times \left(1 - \frac{q}{100}\right)$$

여기서 영상면크기의 실제 거리 s는 영상면 한 변의 크기 a에 축척 분모수 m을 곱한 것이므로 다음과 같다.

$$s = ma = \frac{H}{f}a$$

대축척도면 제작시 기복 변위량(또는 偏位量)을 작게 하기 위해서는 중복도를 증가시킨다. 주점기선길이는 인접하는 중복영상면에서 첫째, 영상면의 주점(主點)과 둘째, 영상면 주점간의 영상면상에서의 길이이다.

- 모형(model): 50% 이상 중복된 한 쌍의 영상면으로 입체시 되는 모형으로 입체모형이라고도 한다.
- 스트립(strip): 영상면이나 model이 종방향(촬영 진행방향)으로 접합된 형태로 종접합모형이라고도 한다.
- 블록(block): 영상면이나 model이 종횡으로 접합된 형태이거나 스트립이 횡으로 접합된 형태로 종횡접합모형이라고도 한다.

③ 촬영경로 및 촬영고도(또는 촬영거리)

촬영경로는 촬영지역을 완전히 덮도록 촬영경로 사이의 중복도를 고려해 결정한다. 도로, 하천과 같은 선형물체를 촬영할 때는 이것에 따른 직선 촬영경로로 촬영하며 일반적으로 중축척(영상면축척이 약 1/20,000 정도)인 경우 촬영경로길이는 약 30 ㎞를 한도로 한다. 이는 한 촬영경로를 10~15 입체모형(model)을 기준으로 하는 통례에 따른 것이다. 또한 넓은 지역을 촬영할 경우 일반적으로 동서방향의 직선촬영경로를 취하지만, 남북으로 긴 지역에서는 남북방향으로도 계획한다. 촬영고도(또는 촬영거리, H : fight height)는 영상면축척과 사용사진기의 초점거리가 결정되면 계산할 수 있으며, 촬영기준면을 계획지역 내의 평균기준면(또는 저지면)을 기준으로 하여 촬영고도를 결정한다. 또한 지도제작에 이용하려는 도화기와 요구하는 등고선의 간격에 의해 촬영고도를 결정할 수도 있다.

$$H = C \cdot \Delta h \tag{3-6}$$

여기서 C는 American C-factor로서 도화기 정밀도에 따른 상수이며 1급은 1,600~2,000, 2급은 800~1,200, 1,200~1,600, 3급은 600~800이다. 그리고 Δh는 최소등고선 간격이다.

표 3-2 영상면축척과 비행고도 및 다른 제원(諸元)

영상면축척	초점거리 [mm]	촬영고도 H [m]	촬영기선 길이 B [km]	촬영경로 간격 [km]	한변의 실제거리 [km]	지형면적 [km^2]	입체모형 유효면적 [km^2]
1 : 5,000	21	1,050	0.36	0.63	0.90	0.81	0.23
	15	750	0.46	0.81	1.15	1.32	0.37
1 : 10,000	21	2,100	0.72	1.26	1.80	3.24	0.91
	15	1,500	0.92	1.61	2.30	5.29	1.48
1 : 15,000	21	3,150	1.08	1.89	2.70	7.29	2.04
	15	2,250	1.38	2.42	3.45	11.90	3.34
1 : 20,000	21	4,200	1.44	2.52	3.60	12.96	3.63
	15	3,000	1.84	3.22	4.60	21.16	5.92

④ 유효(대상, 피복, 포함, 포괄)면적(A)의 계산

가) 유효면적계산

영상면 한 변의 길이가 a(영상면이 정사각형인 경우), 또는 a, b(영상면이 직사각형인 경우)일 때 m은 영상면이 축척

(ㄱ) 영상면 한 매의 경우

$$A_0 = (a \cdot m)(a \cdot m) = a^2 \cdot m^2 = \frac{a^2 H^2}{f^2} = \frac{ab}{f^2} H^2$$

(ㄴ) 단촬영 경로(single course, strip : 영상면이 종방향으로 접합된 모형)인 경우 유효입체모형면적

$$A_1 = (m \cdot a)\left(1 - \frac{p}{100}\right)(m \cdot a) = A_0\left(1 - \frac{p}{100}\right)$$

(ㄷ) 복촬영 경로(courses, block: 영상면이 종횡방향으로 접합된 모형)인 경우 유효입체모형면적

$$A_2 = (m \cdot a)\left(1 - \frac{p}{100}\right)(m \cdot a)\left(1 - \frac{q}{100}\right)$$

$$= A_0\left(1 - \frac{p}{100}\right)\left(1 - \frac{q}{100}\right) \tag{3-7}$$

나) 입체모형수 및 영상면매수

(ㄱ) 안전율을 고려한 경우

$$\text{영상면매수}(N) = \frac{F}{A} \times (1 + \text{안전율}) \tag{3-8}$$

여기서 F는 촬영대상지역의 면적이나 단촬영 경로인 경우는 촬영종방향길이, A가 단촬영 경로일 때는 B, 복촬영 경로일 때는 A_2를 택한다. 안전율을 고려한 경우 영상면매수(N)와 입체모형의 수(N_m)는 같은 값으로 간주한다.

(ㄴ) 안전율을 고려하지 않은 경우

단촬영 경로의 입체모형수(D) = (촬영경로의 종방향의 길이 ÷ B)

촬영 경로수(D') = (촬영경로의 횡방향의 전체길이 ÷ C)

단촬영 경로의 영상면 매수(N) = $D+1$ (3-9)

복촬영 경로의 영상면 매수(N) = $(D+1) \times D'$ (3-10)

복촬영 경로의 입체모형수(N_m) = $D \times D'$ (3-11)

여기서 B는 촬영종기선길이, C는 촬영횡기선길이(횡중복에 있어 주점간의 실제 길이)이다.

다) 지상기준점측량의 작업량

작업량은 수평위치기준의 점수와 수직위치기준측량에 대한 거리 [km]를 계산하면 된다.

수평위치기준점수 = 입체모형의 수×2

수직위치기준측량 = [촬영경로의 종방향길이×{2(촬영경로의 수)+1}
+촬영경로 횡방향길이×2] km

단, 항공삼각측량일 경우는 별도로 작업량을 계산한다.

◆ 예제 3-2

초점거리 300 mm인 보통각 사진기로 촬영고도 750 m에서 종중복도 60 %, 횡중복도 30 %로 가로 2 km 세로 1 km인 지역을 촬영해 1/500 지하시설물도를 작성하려고 한다. 영상면 크기가 23×23 cm일 때 안전율을 고려한 경우의 영상면매수와, 안전율을 고려하지 않은 경우의 기준점 측량작업량을 구하시오. 단, 안전율은 30 %이다.

풀이 영상면축척 $M = \dfrac{1}{m} = \dfrac{f}{H} = \dfrac{0.03}{750} = \dfrac{1}{2{,}500}$

촬영기선 $B = m \cdot a\left(1 - \dfrac{p}{100}\right) = 2{,}500 \times 0.23 \times \left(1 - \dfrac{60}{100}\right) = 230\,\mathrm{m}$

촬영경로 $C = m \cdot a\left(1 - \dfrac{q}{100}\right) = 2{,}500 \times 0.23 \times \left(1 - \dfrac{30}{100}\right) = 382.5\,\mathrm{m}$

(i) 안전율을 고려한 경우

유효입체모형면적 $A_0 = m^2a^2\left(1 - \dfrac{p}{100}\right)\left(1 - \dfrac{q}{100}\right)$

$= B \times C = 0.088\,\mathrm{km}^2$

영상면매수 $N = \dfrac{F}{A_{0 \times 1.3 = 29.5}} \rightarrow 30$매

(ii) 안전율을 고려안한 경우

단촬영 경로의 입체모형수 $D = \dfrac{2}{0.23} = 8.7 \rightarrow 9$ 입체모형

촬영 경로수 $D' = \dfrac{1}{0.39} = 2.6 \rightarrow 3$ 촬영경로

입체모형수$= D \times D' = 27$ 입체모형

영상면 매수 $N = (D+1) \times D' = 30$매

삼각점수 입체모형수$\times 2 = 27 \times 2 = 54$점

수준측량거리$= 2 \times (2 \times 3 + 1) + 1 \times 2 = 16\,\mathrm{km}$

(2) 항공영상촬영

항공영상촬영은 일반적으로 운항속도 180~200 km/h 정도의 소형항공기를 이용하는데, 최근에는 도시의 대축척지도 제작에 100 km/h의 항공기도 이용된다. 높은 고도에서 촬영한 경우는 고속기(高速機)를 이용하는 것이 좋으며, 낮은 고도에서의 촬영에서는 노출 중의 편류(偏流)에 의한 영향에 주의할 필요가 있다. 촬영은 지정된 촬영경로에서 촬영경로 간격

의 10 % 이상 차이가 없도록 하고, 고도는 지정고도에서 5 % 이상 낮게 또는 10 % 이상 높게 진동하지 않도록 직선상에서 일정한 거리를 유지하면서 촬영한다. 또 앞뒤 영상면간의 회전각(즉, 편류각)은 5° 이내, 촬영시기 사진기 경사(tilt)는 3° 이내로 해야 한다.

1 촬영경로의 촬영에 요하는 시간은 일반적으로 15~20분이며 1일 촬영시간을 3시간이라 할 때 8~10 촬영경로의 촬영이 가능하다. 또 1일 촬영가능면적은 촬영지역의 형상과 촬영축척에 의해 달라진다. 항공영상촬영은 태양각이 45°이상으로 구름이 없는 쾌청일이 최적이나 30° 이상이면 촬영이 가능하며, 이 경우 시간은 오전 10시부터 오후 2시경까지이다. 또한 우리나라 연평균 쾌청일수는 80일 정도이다. 대축척영상면은 저고도이므로 구름이 어느 정도 있거나 태양각이 30° 이상(산악은 30° 이상, 평야는 25° 이상)인 경우에도 촬영이 가능하다.

① 노출시간

촬영할 때 문제가 되는 것은 노출시간(exposure time) 조리개의 결정이다. 이는 영상촬영할 때, 사용하는 필름의 감광도, 필터의 성질, 촬영목적물에서의 반사광 분광(分光, spectral)분포 등으로 고려해야만 하는 사항 등이다.

여기서 최장 및 최소노출시간의 계산식은 다음과 같다.

$$T_l = \frac{\Delta Sm}{V} \tag{3-12}$$

$$T_s = \frac{B}{V} \tag{3-13}$$

여기서 T_l : 최장노출시간 [s]

T_s : 최소노출시간 [s]

V : 항공기의 초속

ΔS : 흔들리는 양 [mm]

B : $B = 0.23 \times \left(1 - \frac{p}{100}\right) \times m$ (단, p는 종중중복)

m : 축척 분모수

② 영상면처리

촬영을 마친 필름은 될 수 있는 한 빨리 현상하고, 다시 밀착양화(密着陽畵)를 만들어 촬영의 좋고 나쁨을 검사한다. 영상면의 검사는 그 이용목적에 따라 판정의 주안점이 다르나, 일반적으로 다음 사항을 검사한다.

영상면의 중복부분에 필요한 검사구역의 공백부가 없고, 구름이나 구름의 그림자가 찍히거나 수증기나 스모그영향이 없으며, 영상면축척이 지정된 촬영경로와 중복도(최소한 종중복은 50 % 이상, 횡중복은 5 % 이상)를 만족해야 하고, 영상면의 경사는 3° 이내, 편류각은 5° 이내여야 하며, 영상면에 헐레이션(halation)이 없어야만 영상을 재촬영하지 않는다.

(3) 표정도

항공영상의 표정도(標定圖, orientation or index map)란 영상면에 촬영되어 있는 구역을 기존의 지도상에 표시한 것이다. 표정도의 축척이 너무 작으면 표정구역이 부정확하게 되며 너무 크면 표정도 매수가 너무 많아 불편하므로 일반적으로 영상면축척의 1/2 정도의 지형도가 적당하다. 촬영 전에 만드는 촬영계산도(flight map)도 영상면축척의 1/2 되는 지형도를 이용한다. 우리나라에서는 1/25,000, 1/50,000의 국가지형도 등이 이용되고 있다.

① 표정도의 작성순서

우선 각 영상면상에서 대응하는 지표를 연결하고 그 교점(주점)을 붉은색 연필 등으로 ○ 표시한 다음 지도상에서 각 주점의 위치를 구한다. 이때 주점 부근의 명확한 지물을 찾아서 그 위치를 표시하고 영상면번호를 기입한다. 또한 이 주점 위치를 연결해 촬영경로를 정하고 촬영경로 번호 등을 기입한 다음, 영상면의 네 모퉁이 위치를 지도상에서 구하고 이들을 연결해 각 영상면의 촬영범위를 기입 한다.

② 표정도에 기입할 사항

표정도에 기입할 사항은 각 주점의 위치(촬영범위), 각 촬영경로의 번호와 각 영상면의 번호, 촬영사진기의 종류(사진기번호 등도 기입)와 렌즈의 초점거리, 촬영연월일, 촬영고도, 영상면축척, 기준면의 높이, 그 밖의 촬영목적, 촬영기관, 필름의 보관 장소, 필름번호 등이다.

(4) 촬영영상면의 성과검사

항공영상이 영상탐측학용으로 적당한지의 여부를 판정하기 위해서는 중복도(重複度) 이

외에 영상면의 경사, 편류, 축척, 구름의 유무 등에 대한 검사를 하고 부적당하다고 판단되면 바로 전부 또는 일부를 재촬영해야 한다.

다음은 재촬영을 해야 할 경우이다.

첫째, 촬영필요구역의 일부분이라도 촬영범위 외에 있는 경우. 둘째, 종중복도가 50 % 이하이고 연속영상면 중 중간의 것을 제외한 그 영상면상에 중복부가 없는 경우. 셋째, 지역촬영의 영상면에서 두 인접 촬영경로 사이에 횡중복도가 5 % 이하인 경우. 넷째, 촬영시 음화필름이 평평하지 않아 영상면상이 흐려지는 경우. 다섯째, 스모그(smog), 수증기 등으로 인해 영상면상이 선명하지 못한 경우. 여섯째, 구름 또는 구름의 그림자, 산의 그림자 때문에 지표면이 밝게 찍혀 있지 않은 부분이 영상면의 상당한 면적을 차지하는 경우. 일곱째, 일반적인 경우 적설 등으로 인해 지표면의 상태가 명료하지 않은 경우 등이다.

항공영상에 대한 좋고 나쁨의 판정은 미묘하고 어려운 문제로 좋은 영상면상이 갖추어야 할 조건은 다음과 같다.

첫째, 촬영사진기의 조정검사가 완전히 되어 있을 것. 둘째, 사진기 렌즈는 왜곡차(曲收差)가 작고(일반적으로 0.05 ㎜ 이하), 해상력이 50 선/㎜ 이상(0.02 ㎜ 이하), 흑백선 하나하나의 영상소 크기는 1/(50×2)=10㎛= 0.01 ㎜ 이하일 것. 셋째, 노출시간이 짧고(일반적으로 1/250초 이하), 노출시간 중항공기의 운동에 의한 영상에 대한 변형이 분해능 이하일 것. 넷째, 필름은 신축, 변질의 위험성이 없고 특히 종횡 불균일한 신축이나 변위가 작을 것. 다섯째, 필름의 유제(乳劑)는 미립자이고 현상처리 중에 입자가 엉키지 않을 것. 여섯째, 도화(圖化)하고자 하는 구역이 공백부 없이 영상면의 입체부분으로 찍혀 있을 것. 일곱째, 구름이나 구름의 그림자가 찍혀 있지 않을 것. 또한 가스나 연기의 영향도 없을 것. 여덟째, 적설, 홍수 등 이상상태일 때의 영상면이 아닐 것. 아홉째, 영상면축척이 미리 지정된 축척에 가까우며 각각의 영상면축척의 차가 적을 것(일반적으로 종중복은 50 %), 또한 각 촬영경로 사이에 공백부가 없고 그 중복도가 지정된 값(일반적으로 횡중복은 30 %)에 가까운 것일 것. 열한 번째, 각 촬영경로(course)의 편류각이 3° 이내 일 것. 열두 번째, 미리 지정된 표정점이 전부 촬영되어 있을 것. 열세 번째, 영상면상에 부분적인 흐름이나 얼룩 또는 극히 강한 농담 및 명암의 차, 헐레이션이 없을 것.

이밖에도 지도의 목적이나 토지의 상황에 따라 여러 가지 조건이 부가되어야 한다.

(5) 영상탐측에 필요한 점

① 표정점

영상면상에 나타난 점과 그와 대응되는 실제의 점과의 상관성을 해석하기 위한 점을 표정점(orientation point) 또는 기준점(control point)이라 한다.

가) 표정점의 선점

표정점(標定點) 선점(選點)시에 주의할 사항은 다음과 같다.

표정점은 X, Y, H가 동시에 정확하게 결정될 수 있는 점이어야 하며 영상면상에서 명료한 점을 택해야 한다. 촬영점에서 대상물이 잘 보여야 하며 시간적으로 변하지 않아야 한다. 가상점을 사용하지 않아야 하며 경사가 급한 대상물면(또는 지표면)이나 경사변환선상을 택해서는 안 된다. 헐레이션이 발생하기 쉬운 점을 택해서는 안 되며 표정점은 되도록 원판의 가장자리에서 1 ㎝ 이상 떨어져서 나타나는 점을 취하는 것이 바람직하다. 또한 표정점은 대상물에서 기준이 되는 높이의 점이어야 한다. 영상면의 색조가 전반적으로 흑색이나 회색이 함께 있는 곳 보다는 기선에 직각방향의 일정한 농도로 되어 있는 편이 바람직하며, 영상면상의 표고 표정점 주위에 적어도 약 10 ㎝ 정도는 평탄해야 하고 급격한 색조의 변화가 없어야 한다.

나) 표정점의 종류

(ㄱ) 자연점

자연점(natural point)은 자연물로서 영상면상에 명확히 나타나고 정확히 관측할 수 있는 점으로 선택되어야 한다.

(ㄴ) 기준점

기준점(지상기준점, control point 또는 GCP : Ground Control Point)이란 대상물(또는 지상)의 수평위치(x , y)와 수직위치(z)의 기준이 되는 점을 뜻하는 것으로 그 선점에 있어서 주의할 점은 다음과 같다.

첫째, 확실한 기준점으로 표지(또는 대공표지)되는 점으로서 촬영 전 반드시 점검(또는 야외정찰)해야 하며 영상면상에서 확실히 알 수 있도록 뚜렷이 표시해야 한다. 둘째, 확실한 지상기준점으로 촬영 전에 대공표지(對空標識)가 되지 않은 점은 야외측량사에 의한 스케치 점을 이용하거나 현지측량도면 등을 이용해 영상면상에서 구별할 수 있게 해야 한다. 셋째, 확실한 지상기준점이나 영상면상에서의 구별이 곤란한 점은 지상기준점으로부터 영상면상에서 쉽게 구별이 되는 다른 자연점 또는 대공 표지점 가까이로 관측해야 한다. 넷째, 확실한 지상기준점이 없는 경우(촬영 전의 야외작업이 없을 경우)의 수평위치기준점의 조건은 주위에 대해 대비가 되는 것이어야 한다. 또한 높은 지역의 수직위치기준점은 그 점(또는 기준면)에 관측표를 놓을 때 최대정확도를 갖도록 평탄지역 내에 있어야 한다. 따라서 하나의 기준점이 수평위치기준점과 수직위치기준점에 동시에 적합할 수는 없다.

② 보조기준점

가) 종접합점

종접합점(pass point)은 좌표해석이나 항공삼각측량 과정에서 접합표정에 의한 스트립 형성(strip formation)을 하기 위해 사용되는 점으로 두 입체모형(model) 사이의 중복부에서 선택되며 연속된 세 영상면상에 나타난다. 종접합점은 상접합점(a), 중심접합점(c), 하접합점(b)으로 나누어지는데, 상하접합점은 Ω의 조정이 잘 되도록 입체모형의 모서리 가까이에 선택한다. 점 a, b는 wing point라 하고 c는 central point라고도 한다.

항공삼각측량의 결과로 얻어진 좌표값은 좌표를 필요로 하는 과정(도화작업, DTM, 절대표정)에 이용된다.

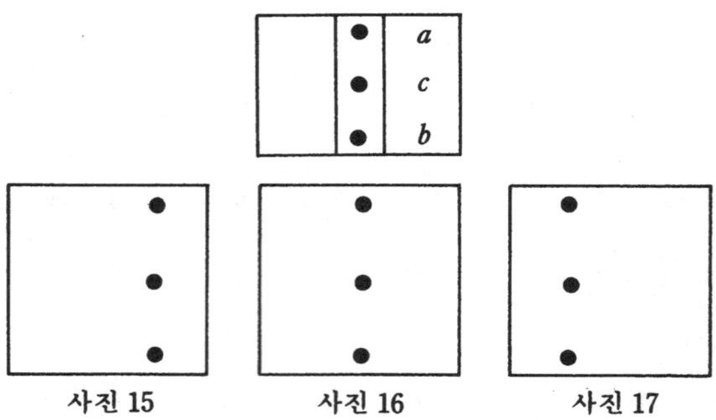

그림 3-10 종접합점

나) 횡접합점

횡접합점(tie point)은 좌표해석이나 항공삼각측량 과정 중 종접합점(strip)에 연결시켜 블록(종횡접합모형, block)을 형성하는 데 사용된다. 이 점들은 스트립(종접합모형, strip) 사이의 횡중복 부분의 중심에 위치하며 일반적으로 입체모형(mode)당 한 점씩 택하지만, 경우에 따라 수 개 입체모형당 한 점씩 택할 때도 있다. 높은 정확도가 필요하지 않은 경우에는 입체모형당 2 개의 횡접합점이 필요하다. 입체모형이나 종방향, 또는 횡방향의 접합시 이용되는 접합점을 tie point라고도 한다.

③ 자침점

이상의 점들에 있어서 이들의 위치가 인접한 영상면에 옮겨진 점을 자침점(刺針點, prick point)이라 한다. 자침점은 정확히 분별할 수 있는 자연점이 없는 지역, 예를 들면 산림지역이나 사막지역에 특히 유용하다.

좌표해석이나 항공 삼각측량 및 도화를 위해 종접합에 대하여 점이사(點移寫)가 행해지고, 또한 스트립에서 세 영상면 중 가운데 영상면에서 한 번 자침되는데 이들 점을 인접영상면에 옮길 필요는 없다. 횡접합점의 자침점은 각 스트립(strip)에서의 관측을 동시에 할 수 없으므로 인접 스트립에 이사하는데, 이와 같이 인접영상면에 점(주점, 표정점, 접합점 등)을 옮겨 자침점을 만드는 작업을 점이사(點移寫, point transfer)라고 한다. 자침의 정확도는 영상면상에서 0.2㎜가 한도이다.

1/20,000 영상면에서 자침의 정확도는 지상에서 약 4 m이며, 이 영상면에서 1/500 지도를 만들 경우 도상의 정확도는 0.8㎜가 된다. 정밀 자침은 영상면상에서 0.01㎜의 정확도를 유지하도록 자침되어야 한다.

(6) 표지

표지(標識)란 영상탐측을 실시하는 데 있어 관측할 점이나 대상물을 영상면상에서 쉽게 판별하기 위해 영상면촬영 전에 설치하는 것이다. 일반적으로 기준점의 위치, 길이, 폭 등을 나타내기 위해 이용되며 영상탐측의 종류 및 목적에 따라 표지의 형태, 모양, 색, 밝기 등이 다르지만 그 주변물체에 비해 뚜렷이 나타날 수 있는 것으로 한다. 표지는 항공영상탐측의 표지와 지상영상탐측의 표지로 나눌 수 있다.

① 대공표지

항공삼각측량과 세부도화 작업시에 자연점으로 소요정확도를 얻을 수 없을 경우 필요한 지상의 표정기준점은 그 위치가 영상면상에 명료하게 나타나도록 영상면을 촬영하기 전에 대공표지(對空標識, air target, signal point)를 설치할 필요가 있다.

항공영상탐측의 대공표지는 주로 합판, 알루미늄판, 합성수지판 등으로 내구성이 강해 후속작업이 완료될 때까지 보존 가능한 것을 사용하며, 영상면상에 명확하게 보이도록 주위의 색상과 대조를 이루는 색과 형을 결정해야 한다. 즉, 주위가 황색이나 흰색인 경우에는 녹색이나 검정색을, 주위가 녹색이거나 검은 경우에는 회백색이나 황색 등을 택하는데 표지의 표면은 무광택이어야 한다.

대공표지의 설치장소는 천장으로부터 45° 이내에 장해물이 없어야 하고, 대공표지판에 그림자가 생기지 않도록 지면에서 약 30 cm 높게 수평으로 고정한다. 대공표지는 일반적으로 영상면상에서 영상면 축척분모수에 대해 30㎛ 정도의 크기이다. 또한 정밀도화기나 정밀좌표관측기로 대공표지의 위치를 관측할 경우 정사각형 대공표지의 한 변의 최소크기 (d[m])는 $d[\mathrm{m}] = \dfrac{M}{T}[\mathrm{m}]$이다. 여기서 T는 축척에 따른 상수, M은 영상면 축척분모수 d[m]은 meter 단위이다.

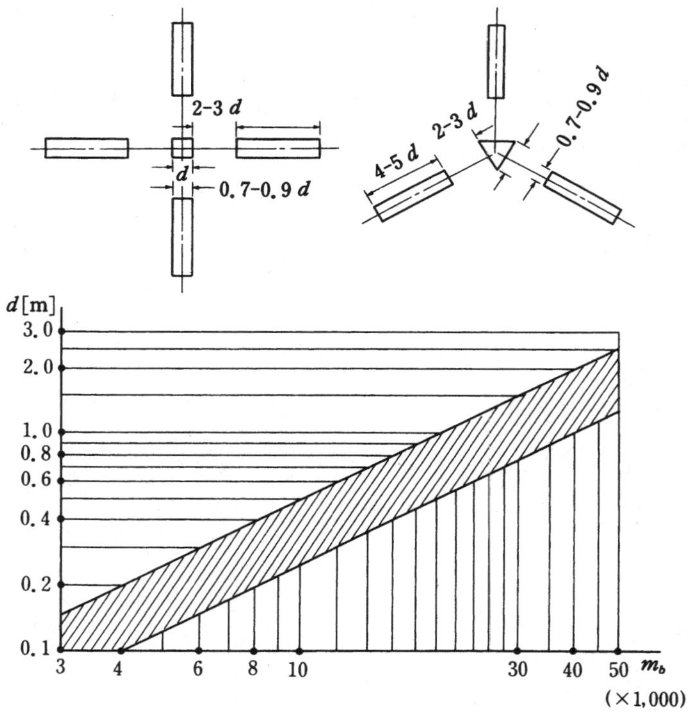

그림 3-11 대공표지의 형상과 크기

한편, 촬영축척이 1/20,000인 경우는 T가 40,000이고, 그 이하의 소축척에서는 T를 30,000으로 택한다. 정사각형 대공표지 외의 대공표지형상과 크기는 〈**그림 3-11**〉와 같다.

대공표지를 생략하는 경우는, 첫째 자연점(自然點, natural point)으로도 영상면상에 명료하게 확인되는 점이 있는 경우, 둘째 촬영 후 다른 점으로부터 편심관측에 의해 쉽게 확인되는 경우, 셋째 촬영 후의 자침작업(prick)으로도 소요의 정확도를 확보할 수 있는 경우 등이다.

② 지상영상탐측용 표지

지상영상탐측용 표지(terrestrial target)는 사용목적 및 촬영방향 등에 따라 다음과 같은 여러 형태가 사용된다.

〈**그림 3-12**〉의 (a)는 특히 붕괴지 및 원석채취장 등의 지형영상탐측에 이용되며, 영상면축척에 따라 십자폭을 결정하는데 일반적으로 십자는 적색이나 검정색이다. (b), (c), (d)는 일반적으로 지상영상탐측에 사용되는 표지로 영상면축척에 구애받지 않고 영상면상에서 확인할 수 있는 크기면 되며 관측중심을 나타낼 수 있는 이점이 있다.

(e)는 관측점을 한쪽에서 표시할 수 없을 때, 그리고 (f), (g)는 좌표를 관측하는 장치의 관측표가 원형일 때, (h), (i), (j)의 구형 및 원추형의 표지는 여러 방향에서 영상면을 촬영할 경우에 유용하다. (k)는 대상물과 기준점과의 광로차가 큰 경우(예 : 끓고 있는 용광로) 기준점을 광점으로 하여 관측하는 데 사용된다.

또한 추를 늘어뜨려 연직선을 기준으로 하거나 격자를 새긴 평면유리판을 이용해 기준점으로 사용하기도 한다.

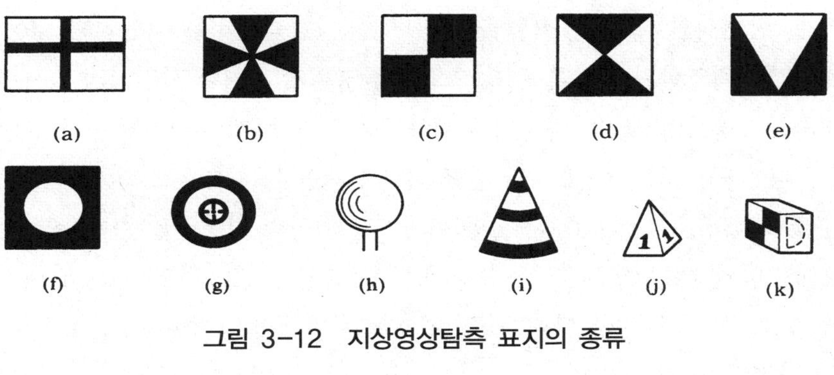

그림 3-12 지상영상탐측 표지의 종류

(7) 기준점측량

표정점은 최소한 입체모형(model)의 축척을 결정하기 위한 수평위치기준점(planimetric control point 또는 삼각형 : x , y) 2점과 경사를 조정하기 위한 수직위치기준점(height control point 또는 수준점 : z) 3점이 필요하므로 이에 맞게 표정기준점을 설정한다.

기준점으로 이용하려는 점이 기설(旣設)의 삼각점이나 수준점으로 그 촬영경로 내에 있다면 기준점을 설정하기 위한 측량은 필요하지 않으나, 토목공사의 목적으로 쓰이는 비교적 대축척의 영상탐측인 경우, 소요로 하는 많은 기설점이 대상범위 내에 있지 않는 것이 일반적인 경우이다. 따라서 이와 같은 점을 설치하기 위한 기준점측량으로 삼각측량, 다각측량, 수준측량 등의 지상측량방법이 행해진다.

항공삼각측량을 할 경우의 표정기준점(標定基準點)은 기법에 따라 다르나 단 스트립조정(strip adjustment)의 경우는 일반적으로 촬영경로 내 최초의 입체모형(model)에 3~4점, 마지막에 2점, 중간에 4~5 입체모형마다 1점을 둔다. 블록(block)인 경우 평면기준점은 블록 가장자리에 배치, 즉 외곽배치(perimetry)하고 수직위치기준점은 블록의 횡방향으로 일정간격 횡방향 설치점 간격(bridging distance)을 두어 배치한다.

5) 항공영상의 표정

(1) 표정의 의의

표정(標定, orientation)은 영상취득시 기하학적 조건에서 가상값으로부터 최적(最適)값을 구하는 단계적인 해석 및 작업을 말한다. 영상탐측에서는 사진기와 영상면촬영시의 사정으로 엄밀수직영상면을 얻을 수 없으므로 촬영점의 위치나 사진기의 경사 및 영상면축척 등을 구해 촬영시의 사진기와 대상물좌표계의 관계를 재현해야 하는데, 이를 영상면의 표정이라 한다. 영상면의 단위에 따라 한 장의 영상면만 이용해 좌표를 해석하기 위한 단영상면표정(orientation of single imagery)과 2장 이상의 영상면을 중복촬영해 3차원 좌표(X, Y, Z)를 얻기 위한 입체영상면표정(또는 중복영상면표정, orientation of stereo imagery)으로 크게 나누어진다. 표정의 처리에는 기계적 방법(analogue method)과 해석 및 수치적 방법(analytical or digital method)이 있으며, 표정의 종별에는 내부표정

(inner orientation)과 외부표정(exterior orientation)이 있다.

(2) 내부표정과 외부표정

내부표정에서 기계적 방법은 입체도화기의 투영기에 촬영 당시와 똑같은 상태로 투명양화를 정착시키는 작업으로 영상면주점(寫眞主點)을 도화기의 투영중심에 일치시키고 촬영사진기의 초점거리를 도화기의 눈금에 맞추는 작업이고, 해석적 또는 수치적 방법은 기계좌표(machine coordinate)로부터 영상면좌표(imagery coordinate)를 구하는 작업이다.

외부표정은 영상면의 좌표계를 소요의 좌표계로 전환시키는 표정으로 다시 상호표정(相互標定, relative orientation), 접합표정(接合標定, successive orientation), 절대표정(絕對標定 또는 對地標定, absolute orientation)으로 세분된다.

기계적 상호표정은 입체도화기에서 내부표정을 거친 후 상호표정인자(b_y, b_z, κ, φ, w)에 의해 종시차(P_y : y-parallax)를 소거한 입체시를 통해 3차원 가상좌표인 입체모형좌표(model coordinate)를 구하는 작업이다. 해석적 상호표정은 영상면좌표(imagery coordinate, 좌우영상면좌표)로부터 해석적으로 입체모형좌표를 얻는 작업이다. 상호표정의 경우 최소한 영상면상에서 5점의 표정점이 필요하다. 접합표정은 입체모형간, 스트립간을 접합해 좌표계를 통일시키는 작업으로 기계적 접합표정은 만능도화기(base in과 base out이 되는 입체도화기, universal instrument, 예: A-7, C-7 등)에 의한 스트립좌표계(strip coordinate system)를 구하는 것을 뜻하며, 해석적 접합표정은 입체모형(model)을 종방향으로 접합시켜 스트립좌표계(strip coordinate system)나, 스트립을 횡방향으로 접합시켜 블록좌표계(block coordinate)로 만들기 위한 λ, κ, φ, ω, S_x, S_y, S_z 인자의 해석적 처리를 의미한다. 절대표정은 가상좌표(2차원 및 3차원 영상좌표)를 대상물의 절대좌표로 환산하는 작업이다. 기계적 절대표정은 입체도화기상에서 내부, 상호표정을 마친 후 대상물의 좌표값[한 입체모형당 수평위치(X, Y) 기준점 2 개, 높이(Z) 기준점 3개]을 이용해 경사와 축척을 조정하여 대상물 좌표계로 환산하는 작업이고, 해석적 절대표정은 2차원(X, Y)이나 3차원(X, Y, Z) 가상좌표를 대상물좌표계로 환산하는 작업으로 외부표정요소인 7개 인자(7-parameter: λ, κ, ϕ, ω, C_x, C_y, C_z)를 이용하여 최확값을 구한다.

- 내부표정
  - 영상면주점을 투영기의 중심에 일치
  - 초점거리(f)의 조정
  - 건판신축 및 대기굴절, 지구곡률, 렌즈왜곡의 보정
- 외부표정
  - 상호표정
    - 5개의 표정인자($b_y, b_z, x, \varphi, \omega$) 사용
    - P_y(종시차)소거
  - 접합표정 : 단입체모형인 경우는 생략, 좌표변환시에만 필요
    - 7개의 표정인자($\lambda, x, \varphi, \omega, S_x, S_y, S_z$) 사용
    - 입체모형간, 스트립간의 접합요소 (축적, 미소변위, 위치 및 방위)
  - 절대표정
    - 7개의 표정인자($\lambda, x, \phi, \Omega, C_x, C_y, C_z$) 사용
    - 축척의 조정, 경사의 조정 — 위치결정

(3) 직접표정과 간접표정

최근에는 영상의 위치와 자세를 GPS, INS 센서의 조합에 의하여 지상기준점이 이용하지 않고 실시간으로 최확값을 구하는 과정을 직접표정(DO: Direct Orientation)이라 한다. 지상기준점을 수를 줄이거나 사용하지 않으므로 시간과 비용면에서 효율을 기할 수 있어 지상기준점이 적거나 설치하기 힘든 지역에도 적용할 수 있다. 이 방법은 GPS 신호와 INS 관측값의 신호 동기화 센서간의 정확한 거리와 각도의 관측 등의 관측체계(영상센서, GPS, INS)간의 관계보정이 필수적이다.

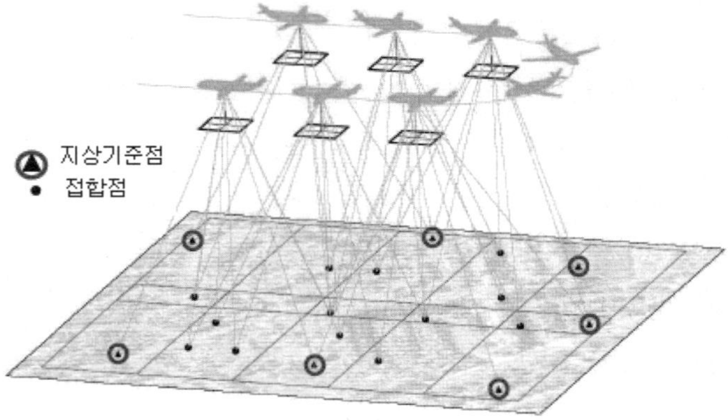

그림 3-13 간접표정

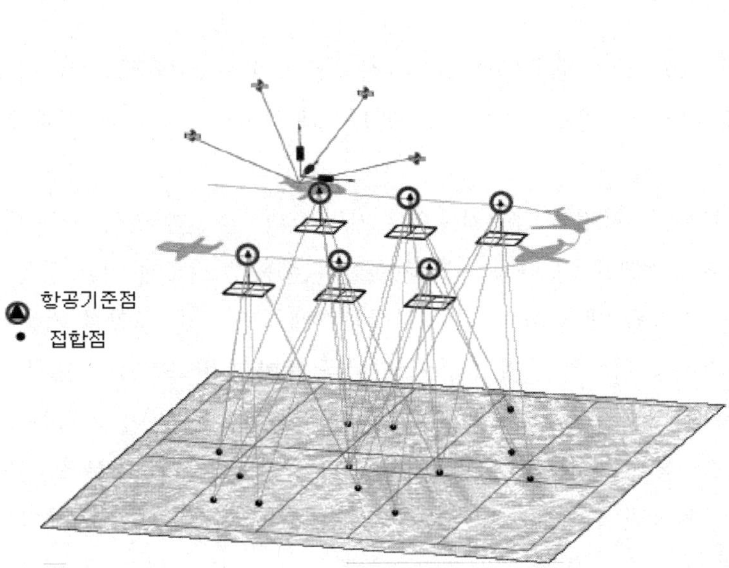

그림 3-14 직접표정

간접표정(IO: Indirect Orientation)은 지상기준점을 이용하여 외부표정요소를 구하여 최확값을 구한다.

내부표정에 오차가 있는 경우 간접표정 방법을 적용하면 외부표정값이 광속조정에 의하여 내부표정의 오차가 처리되어 정확한 지상좌표를 얻을 수 있다. 그러나 직접표정의 경우 GPS와 INS에 의해 외부표정이 정해지므로 내부표정의 오차가 있다면 지상좌표 결정시 오차가 전파되어 정확한 지상좌표값(최확값)을 얻을 수 없다. 직접표정인 경우는 반드시 정확한 내부표정을 해야 한다.

(4) 수치적 표정(digital orientation)

투명양화를 관측장치대에 정치하고 모형(model)에 대한 시야의 조정이 이루어지고 난 후에 표정이 진행된다. 이 과정은 기계 및 해석적 영상탐측과 수치영상탐측 양쪽 모두의 체계에서 중요한 것이다. 수치영상탐측체계에 관련되는 표정을 설명하기 위해 전통적인 항공영상면 입체쌍을 가정한다.

① 내부표정

내부표정(interior orientation)은 건판과 영상면좌표계간의 관계를 처리하는 과정으로 이동지지대의 양화를 정확하게 위치 설정시키는 것이다. 수치영상탐측체계상에서의 내부표정은 수치영상과 관련되어 있으므로 수학적인 모형이 스캐너의 기하학적 특성이나 정오차에 대해 고려되어야 하고, 그런 다음 영상소와 영상면좌표 간에 변환계수가 고려되어야 한다.

해석도화기는 내부표정과정을 처음으로 거친 후에 첫 번째 영상면지표를 도출한다. 조작자는 체계가 자동적으로 그 다음 지표를 찾아가는 동안 지표에 대한 정확한 위치를 결정하고 이에 대한 기록을 해야 한다. 수치영상탐측체계도 이와 동일한 기능을 갖고 있다. 이 경우 영상면건판을 이동하지 않고 단지 커서나 표현의 변화만을 이용해 이루어져야 한다. 수치영상탐측체계는 건판이나 광학기기의 이동이 없다는 것이 특징이다.

어떻게 조작자의 관찰 없이 일괄적인 작업만으로 자동적인 내부표정을 할 수 있는가는 수치화된 항공영상면에 대한 영상면지표의 일치화로 형태인식학적인 기법에 의해 해결할 수 있다. 이러한 경우 동일한 체계 환경 내에서 스캐닝한 후에 바로 내부표정을 실시할 수 있으므로 수치영상은 변환계수를 가지게 된다.

② 상호표정

상호표정(relative orientation)에서 모형(model)을 형성하기 위해서는 5개의 표정요소(b_y, b_z κ, ϕ, ω)를 이용해 공액점의 시차를 제거함으로써 이루어진다. 해석도화기체계에서 시차는 고정된 하나의 영상면건판에 대해 다른 영상면건판을 움직임으로써 제거할 수 있다. 수치영상탐측체계에서 이러한 과정은 하나의 커서를 움직이는 동안 다른 하나의 커서를 고정시켜서 달성할 수 있다. 수치영상탐측체계에서 공액점은 조작자가 양질의 초기 근사값을 제공한다면 자동적으로 찾을 수 있음을 예상할 수 있다.

현재의 수치영상탐측체계는 좌표관측형식에서 입체모형형식으로 변환하는 과정에서 많은 시간이 소요되는데, 이것은 영상면이 공액기하상태를 만들기 위해 재배열과정을 거쳐야 하기 때문이다. 따라서 실제영상면을 표준화된 위치로 변환해 행방향이 기선과 평행하도록 해야 한다. 이런 경우 공액점은 동일한 열에 놓이게 된다. 이것은 영상정합의 과정을 신속하게 하고 영상이동을 손쉽게 할 수 있도록 하는 탐색영역의 범위를 축소할 수 있게 한다.

상호표정은 자동적인 일괄작업과정을 수행함으로써 어느 정도 자동화할 수 있다. 공액기하에 대한 영상재배열은 표정 이후 바로 실시할 수 있기 때문에 매우 유용하다고 할 수 있다. 더욱이 이 일괄작업과정은 비용을 절감할 수도 있다.

표 3-3 해석도화기와 수치영상탐측체계의 비교

해 석 도 화 기	수치영상탐측체계의 기능
영상면처리	수치영상면처리
사진기, 지상기준점 등의 자료입력	사진기, 지상기준점 등의 자료입력
투명양화를 운반대에 장착	영상입력
기준점식별 · 투명양화에 밝기 조절 · 부점관측 · 확대축소가 연속적이고 빠름 · 도브프리즘 이용	· 영상면강조(유연화, 히스토그램 평활화) · 커서(모양, 크기, 색상) · 영상면의 재표현 느림 · 영상면회전
내부표정 · 영상면지표 관측 · 내부표정요소 계산	· 영상면지표관측 · 내부표정요소 계산(반자동)
상호표정 · 영상면이동 및 회전 · 시차소거 · 상호표정요소 계산 · 모형에서 자유롭게 이동	· 커서이용 영상이동 · 상호표정요소 계산(자동) · 공액영상 재배열 · 모형 내에서 이동
절대표정 · 지상기준점 식별 · 대상물 관측 · 절대표정요소 계산 · 2장 이상의 영상면을 볼 수 있으나 번거로움 · 공액점을 찾기 위해서는 조작자가 항상 필요	· 지상기준점 식별 지원 · 절대표정요소 계산(반자동) · 여러 개의 윈도를 통해 다중으로 볼 수 있음 · 자동적으로 영상정합수행
수치고도모형 · 수치고도모형 생성방법 정의 · 불연속선(breakline)을 디지타이징 · 점진적 표본화	· 수치고도모형 생성방법 정의 · 반자동에 의한 불연속선(breakline) 디지타이징 · 생성자동화
항공삼각측량 · 점선택 · 점이사 · 블록조정	· 점선택 · 반자동에 의한 점이사 · 자동블록조정

③ 절대표정

절대표정(absolute orientation)은 모형공간과 실제 대상공간 사이의 관계를 이용해 실제 대상공간을 기준으로 조정하는 작업으로 영상면에 대해서 이와 상응하는 실제대상공간에 대한 기준점(또는 절대좌표)의 관측값을 필요로 한다. 종종 기준점의 식별문제가 대두되는데, 이것은 점들이 부분적으로 보이고 배경과의 대조가 잘 이루어지지 않기 때문이다. 만약 수작업에 의해 점들을 찾아내기가 어려운 경우 이를 전산기를 통해 식별한다는 것은 더욱 어려운 일이므로 자동적인 기준점의 인식은 향후 계속적인 연구가 이루어져야 할 것이다.

해석도화기와 수치영상탐측체계 사이의 비교에 있어 중요한 관점은 〈**표 3-3**〉에 요약되어 있다.

6) 항공삼각측량

항공삼각측량(aerial triangulation)은 입체도화기 및 정밀좌표관측기에 의하여 영상면상에서 무수한 점들의 좌표를 관측한 다음 소수의 대상물(또는 지상) 기준점의 성과를 이용하여 관측된 무수한 점들의 좌표를 전자계산기, 종횡접합모형(block) 조정기, 도해적방법 등에 의하여 절대 혹은 측지좌표로 환산해 내는 경제적 기법이다.

입체영상탐측에서 하나의 입체모형의 절대표정을 위해서는 최소한 3점의 기준점성과, 즉 표정점의 좌표를 알아야 하며, 소요되는 점수는 입체모형수에 비례하여 증가하게 된다. 이 점들을 증설하는데 드는 시간과 경비를 대폭 절감시켜 높은 정확도와 경제성을 도모할 수 있는 것이 항공삼각측량이다.

(1) 항공삼각측량의 분류

① 촬영경로 수에 의한 분류

항공영상에서 전후영상면이 입체시가 가능하도록 중복되게 일직선상으로 촬영된 지역(또는 영상면)을 촬영경로(course)라 한다.

〈**그림 3-15** (a)〉와 같이 하나의 촬영경로영상면들을 이용하여 항공삼각측량을 하는 경우는 단촬영경로 조정 또는 스트립 조정(종접합모형 조정, strip adjustment)이라 하며, 〈**그림 3-15** (b)〉와 같이 여러 촬영경로의 영상면을 이용하여 항공삼각측량을 하는 경우를 블록조정(종횡접합모형조정, block adjustment)이라 한다.

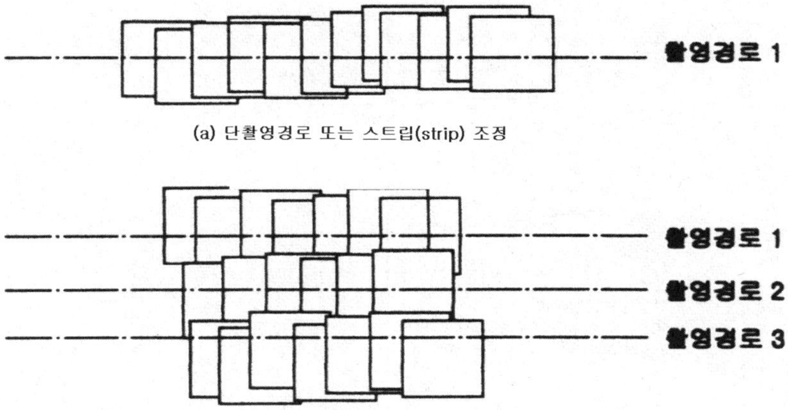

(a) 단촬영경로 또는 스트립(strip) 조정

(b) 블럭 (block) 조정

그림 3-15 촬영 경로수

② 조정기본단위의 종류에 의한 분류

항공삼각측량에는 조정의 기본단위로서 영상면(imagery), 입체모형(model) 및 스트립(strip)이 있으며, 이것을 기본단위로 하는 항공삼각측량방법을 각각 광속조정법, 독립모형법, 다항식법 항공삼각측량이라 한다.

스트립은 단촬영경로의 입체모형들을 전부 연결시킨 것을 의미하며 원칙적으로는 스트립조정(strip adjustment)이라 해야 하지만 다항식을 이용하므로 다항식조정법이란 명칭을 사용하고 있다.

가) 다항식법

다항식법(polynomial method)은 스트립좌표(strip coordinate)를 기본 단위로 하여 절대좌표를 구한다. 촬영경로마다 접합표정 또는 개략의 절대표정을 한 후, 복수촬영경로에 포함된 기준점과 접합점(tie point)을 이용하여 각 촬영경로의 절대표정을 다항식에 의한 최소제곱법으로 절대좌표를 결정하는 방법이다. 미지수는 다항식의 계수와 접합점의 좌표에 의하여 일반적으로 수직위치와 수평위치의 조정을 나누어 실행한다. 이 방법은 다른 방법에 비해 필요한 기준점의 수가 많게 되고 정확도도 저하된다. 단, 계산량은 다른 방법에 비해 적게 소모된다.

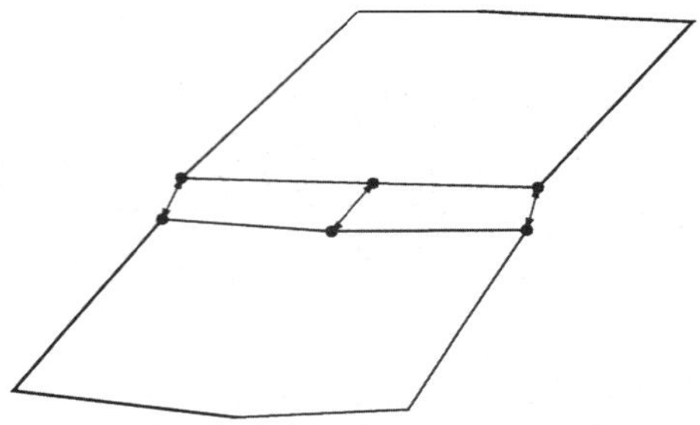

그림 3-16 다항식법

나) 독립모형법

독립모형법(IMT: Independent Model Triangulation)은 입체모형좌표(model coordinate)를 기본단위로 하여 접합점과 기준점을 이용하여 여러 입체모형의 좌표들을 절대좌표로 환산하는 방법이다.

조정방식은 첫째 수평위치좌표와 수직위치좌표(X, Y, Z)를 동시에 조정하는 방법과, 둘째 수평위치좌표와 수직위치좌표를 분리하여 조정하는 방법으로 나눌 수 있으나, 후자의 방법이 미지수가 적어 계산시간이 짧은 이점이 있다.

입체모형좌표로부터 절대좌표로의 변환기본식을 세우는 방법에는 삼각함수를 이용하는 방법과 로드리게스(Rodrigues)의 직교행렬을 이용하는 방법이 있다.

독립모형법에는 정밀입체도화기를 이용하는 기계적 방법과 정밀좌표관측기를 이용하는 해석적 방법으로 이분된다.

PAT-M 43(Photogrammetric Aerial Triangulation Model)은 독립모형법에 의한 프로그램의 일종이다.

다항식법에 비해 기준점의 수가 감소되며, 전체적인 정확도가 향상되므로 큰 block 조정에 이용되었다. 그러나 광속조정법이 개발됨에 따라 다항식법과 독립모형법은 별로 사용하지 않고 있는 실정이다.

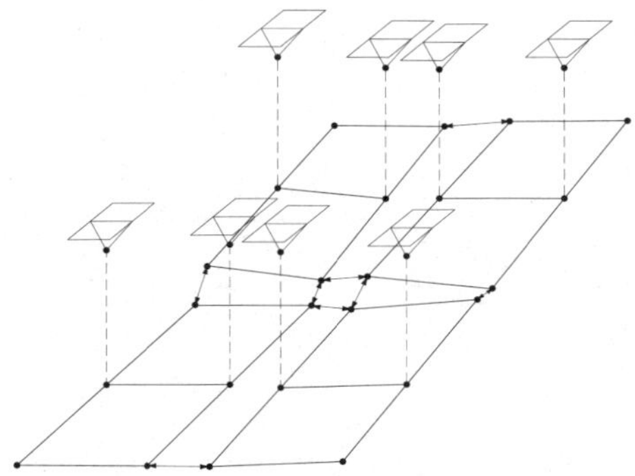

그림 3-17 독립입체모형법

다) 광속조정법

광속조정법(bundle adjustment)은 영상면좌표(imagery coordinate)를 기본단위로 하여 절대좌표를 구한다. 이 경우 기계좌표를 영상면좌표로 변환시킨 다음 영상면좌표로부터 직접절대좌표(absolute coordinate)를 구한다. 블록(block) 내의 각 영상면상에 관측된 기준점, 접합점의 영상면좌표를 이용하여 최소제곱법으로 각 영상면의 외부표정요소 및 접합점의 최확값을 결정하는 방법이다.

각 점의 영상면좌표가 관측값으로 이용되므로 다항식법이나 독립모형법에 비해 정확도가 가장 양호하며 조정 능력이 높은 방법이다.

광속조정법에서의 기본적인 수학모형식(mathematic model)은 앞에서 기술한 공선조건을 이용한다. 영상면좌표 x와 y에 관한 공선조건식은 외부표정요소(λ, κ, φ, ω, X_0, Y_0, Z_0) 중 (κ, φ, ω, X_0, Y_0, Z_0)와 지상좌표(X, Y, Z)의 9개 미지수의 함수로 표현된다. 외부표정 요소 뿐만 아니라 주점거리, 주점위치변위, 렌즈왜곡 및 필름신축 등에 관련된 내부표정요소를 미지수로 조정하는 방법을 자체조정에 의한 광속조정법 또는 부가변수에 의한 광속조정법(self calibrating bundle adjustment or bundle adjustment with additional parameter)이라 한다. 자체검정을 한 광속조정법은 정확도를 향상시킨다. m매의 영상면으로 지상의 n개 관측점을 포함하는 블록조정(block adjustment)에서의 미지변수는 $(6m+3n)\times(6m+3n)$ 크기의 계수행렬을 위하여$(6m\times 6m)$크기의 축약정규방정식(reduced equation)으로 만들어 일반적으로 가우스 소거법(Gauss elimination method) 또는 촐레이스키분해법(Cholesky decomposition)에 의해 해를 구한다.

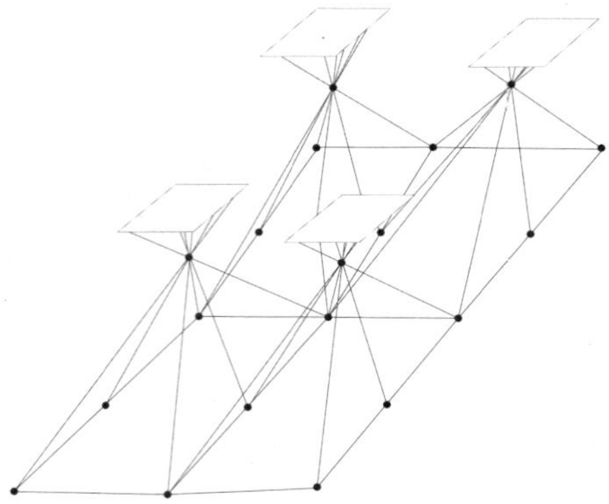

그림 3-18 광속조정법

③ 기타의 분류

일반적으로 항공삼각측량에서는 영상면 및 입체모형에 왜곡이 없는 것으로 가정하고 조정하지만, 보다 높은 정확도를 위해서는 조정계산에 이들 영상면변형과 입체모형변형의 보정식을 도입해 조정한다. 이와 같은 조정을 자체검정(自體檢定, self-calibration)에 의한 조정 또는 부가변수(附加變數, additional parameter)를 이용한 조정이라고 한다.

또한 촬영시 항공기의 고도에 관계되는 정보(고도차계 및 APP 등의 자료)를 얻어 수직위치의 정확도를 향상시키는 항공삼각측량방법이 있는데, 이를 보조자료를 이용한 조정방법이라고 한다.

(2) 항공삼각측량의 작업공정

항공삼각측량은 지형도 작성과정 중 세부입체도화작업의 1단계에서 행해지는 작업이며, 지상측량에 있어 평판측량의 앞 단계에 행하는 도근점측량에 해당하는 것으로 작업 공정은 다음과 같다.

측량의 대상이 결정되면 소요목적에 타당한 계획을 수립하고, 촬영해 얻은 음화필름에 의해 양화필름, 양화영상면을 제작하고 소요의 점들을 영상면상에 표시(소요점)한다. 이때 소축척인 경우에는 도로의 교차점, 독립가옥의 지붕 끝, 특징 있는 장소 등 자연점을 택하는 경우가 있으며, 중축척, 대축척에서나 또는 높은 정확도를 요하는 점들을 영상면에 명시하기 위해서는 대공표지(對空標識)를 하고 촬영한다. 대공표지는 영상면상에서 0.025~0.030 ㎜의 백점으로 표시되도록 하고 앞으로 촬영될 영상면의 각 입체모형을 고려하여 평탄하고 적합한 장소나 기존 기준점 상에 설치한다.

선점이 끝나면 인접영상면에 점들을 이사(移寫)한 후 표정도를 만든다. 준비단계가 끝나면 입체도화기나 정밀좌표관측기로 표정해 좌표를 관측한다. 관측한 좌표를 전자계산기나 좌표조정기(예: analogue computer)를 사용해 절대(또는 대지, 지상)좌표로 환산한다.

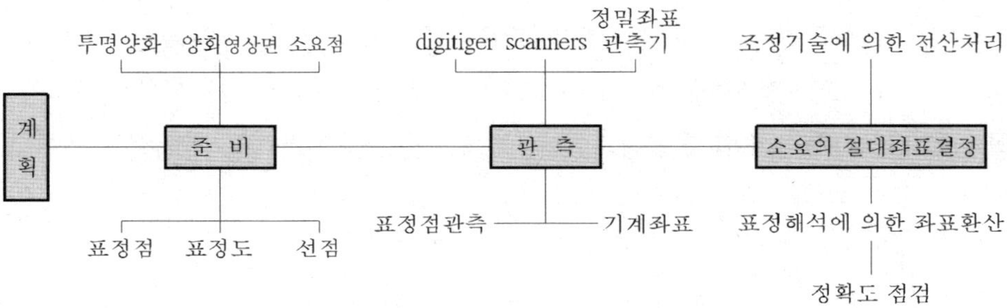

그림 3-19 항공삼각측량 작업공정

(4) 항공삼각측량의 계획(표정점의 배치 및 표정점의 선점과 자침)

좌표의 소요정확도와 항공삼각측량의 조정기법에 따라 다르나 일반적으로 다음과 같다. 작업규정에서는 1 촬영경로(course)의 입체모형도(model)와 표정점(orientation point) 수 및 배치를 다음과 같이 규정하고 있다.

① 기계적 항공삼각측량의 경우

1 촬영경로의 입체모형수는 10 입체모형을 표준으로 하고 15 입체모형 이내로 한다. 여러 촬영경로(블록, block)로 항공삼각측량을 하는 경우에는 1 촬영경로에 입체모형수 10~15 이내로서 10 촬영경로 이하를 1 블록의 표준으로 정한다.

표정점의 수는 10 입체모형(model)마다 7점으로 한다. 절대표정에 필요한 표정점은 출발입체모형에 3점, 폐합입체모형의 폐합에 2점, 그리고 촬영경로 중간에 2점을 배치한다 〈**그림 3-20** 참조〉.

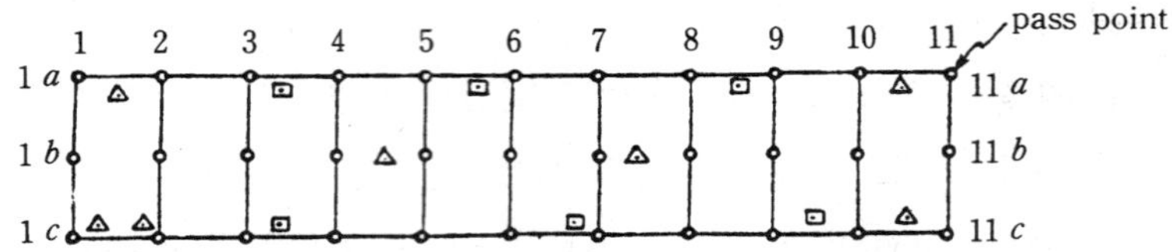

그림 3-20 기계적 항공삼각측량 표정점 배치의 원칙

② 해석적 항공삼각측량의 경우

1 촬영경로의 입체모형수는 10 입체모형을 표준으로 하며, 표정점의 수는 10 입체모형당 7점 이상으로 하고 표정점 배치는 조정계산에 더욱 유효한 배치가 되도록 한다.

1 촬영경로의 입체모형수와 표정점의 수 사이에는 일반적으로 다음 관계식이 쓰이고 있다.

$$\text{표정점의 수} = \frac{n}{2} + 2 \quad (\text{단, } n \text{은 입체모형수}) \qquad (3\text{–}14)$$

종접합점(pass point)은 우선 각 영상면의 주점 부근에 점 b를, 그 상하 양측에 대체로 주점기선길이와 같은 길이인 장소에 점 a, c를 선점한다. 이점 a, b, c는 항공삼각측량에서 X, Y 좌표값이 관측되고 항공삼각측량의 입체모형접합이나 촬영경로(course)의 접합에 사용된다. 또한 도화할 때 각 입체모형마다 절대표정의 기준으로 되며 도화된 도면의 접합기준점으로도 사용된다〈**그림 3-21** 참조〉.

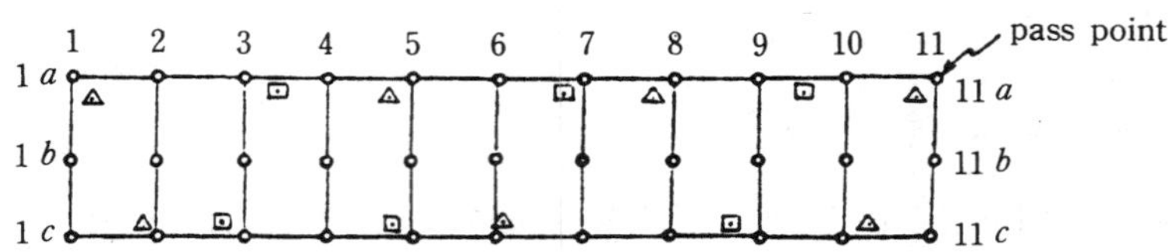

그림 3-21 해석적 항공삼각측량 표정점 배치의 원칙

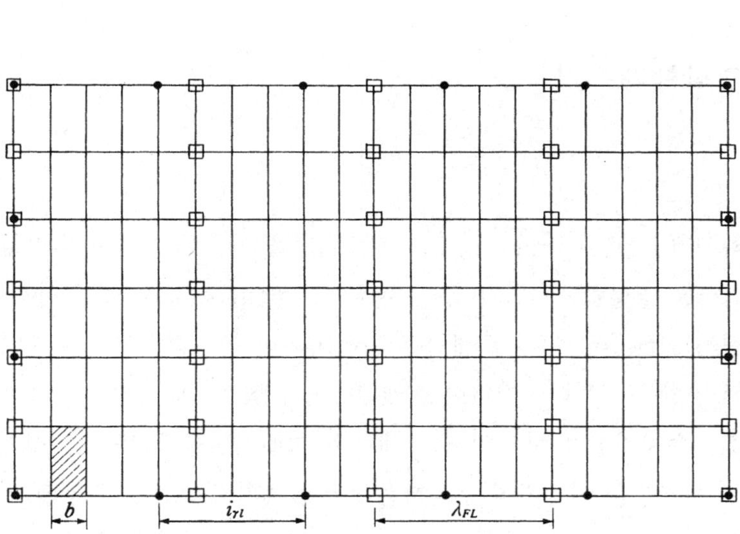

그림 3-22 블록조정(block adjustment)의 표정점 배치

항공삼각측량을 위한 고저기준점(高低基準點) 또는 수준점(水準點)은 수직위치에 요구되는 관측정확도에 따라 촬영경로 비행방향에서의 높이의 만곡, 직각방향의 비틀림 등을 조정하기 위해 필요에 따라 적당한 위치에 설정한다.

블록(block) 조정에 있어서 표정점 배치는 일반적으로 다음과 같다. 우선 수평위치와 수직위치의 정확도는 각각 수평위치기준점(planimetric or horizontal control point)과 수직위치기준점(height or vertical control point)에만 종속되어 서로 독립적인 관계이며, 수평위치의 기준점은 블록 주변부에 설치, 즉 외곽배치(perimetry)하는 것이 가장 좋다. 수직위치기준점의 경우는 촬영경로의 종방향과 촬영경로의 횡방향으로 최소한 처음, 중간, 마지막에 횡방향설치점 간격(bridging distance)을 두고 설치한다. 즉, 촬영횡방향설치(撮影橫方向設置 , bridging)를 한다〈**그림 3-22** 참조〉.

이러한 표정점 배치와 중복도, 블록, 사진기의 피사각, 점이사, 자체검정의 유무 등은 항공삼각측량의 정확도에 미치는 영향이 크기 때문에 이들 요소를 고려해 계획해야 한다.

7) 수치영상체계

(1) 개요

수치영상탐측학(digital imagematics)은 필름을 이용하지 않고 수치영상을 이용하여 대상물을 처리하는 영상탐측기법이다. 수치센서(digital sensor)를 이용하여 대상물 공간을 디지타이징(digitizing)이나 스캐닝(scanning)하여 직접적으로 수치영상을 취득하거나 기존의 항공영상을 디지타이징이나 스캐닝하여 간접적으로 수치영상을 취득할 수 있다. 또한 수치영상, 수치영상탐측의 이용은 새로운 처리기법을 적용하는 것이 특징이다.

필름 대신 수치영상을 이용하여 분석하는 영상탐측기법이 1988년부터 이론개발이 활발해지자 수치영상탐측학(imagematics)이라고 하였으면 일명 연성사진측량학(softcopy photogrammetry)이라고도 하였다.

지난 몇 연간 저장기능이 방대해지고 새로운 소프트웨어와 하드웨어의 증가로 수치영상탐측학이 괄목할만한 발전을 이룩하게 되었다. 영상탐측학적인 문제를 해결하기 위한 정부기관 및 개인 업체에서 기능이 좋은 제품들을 만들었다.

영상탐측체계의 설계개념은 체계구조, 컴퓨터, 자료취득 공유영역, 그리고 GIS와 인간공유 영역을 포함하고 있다. 수치영상탐측체계의 본질이 되는 세 성분은 다음과 같다.

① 수치영상의 이용

② 사용자에게 상호작용 제공

③ 영상탐측학적 기능사용

체계의 자동화는 인간생활의 필수조건으로 되어가고 있다.

자동화된 수치영상탐측체계의 연구목적은 영상을 처리하는 데 더 낳은 안정성과 정확성을 보장과 인간의 노동을 배재함으로써 생기는 비용효과의 창출이다.

Gülch는 수치영상탐측학의 발전에 대한 관점을 3가지 단계로 나타내었다. 첫 째 단계는 1955연에서 1981연까지의 기간이다. 이 시기는 수치영상탐측학 환경의 기본적인 개념과 흐름을 기술한 것이 특징으로써 소프트웨어와 하드웨어의 부적절성과 수치영상의 부재, 실제 전산체계의 뒷받침이 없었다. 둘째 단계는 Helava에 의해서 해석도화기가 개발됨으로서 사람의 손에 의해서 이루어지던 작업을 자동적으로 처리할 수 있는 계기를 마련되었다.

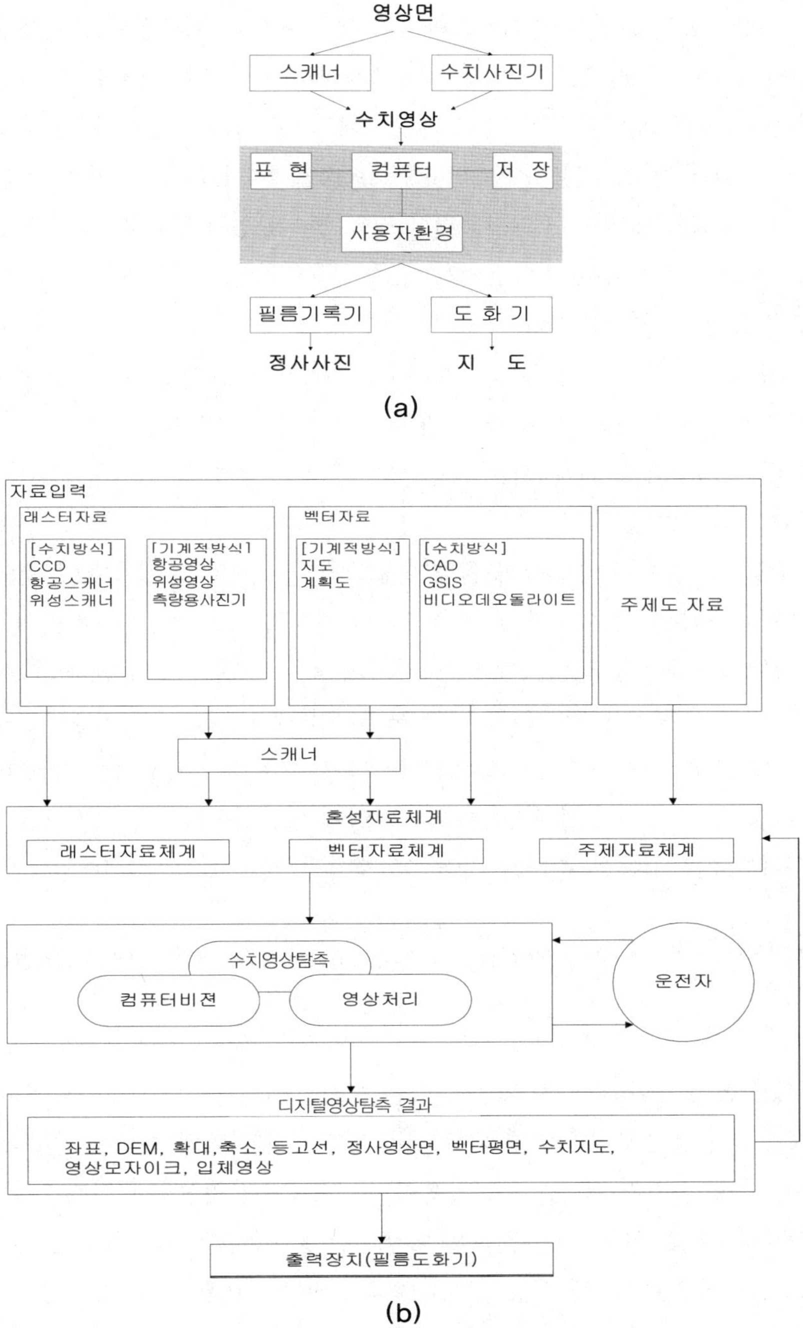

그림 3-23 일반적인 수치영상탐측학 환경의 구조도

셋째 단계는 Sarjakoski에 의해서 최초로 수치입체도화기에 대한 논리적 세부개념이 제시되었는데 기능적인 면에서는 해석도화기와 매우 비슷하나 영상이 수치영상으로 대치되는 차이점이 있었다. Case는 수치영상 개발체계의 또 다른 기초개념을 제공하였다. 제안된 이 체계는 수치고도모형을 생성할 수 있는 해석도화기의 가능성에 관한 것이다.

이러한 2가지 설계개념을 이용하여 Gülch는 1982연에서 1988년 사이에 수치영상탐측체계의 발전을 위한 길을 열었다. 1988년 일본 교토에서 있었던 ISPRS 총회에서, 처음으로 상업적인 수치영상탐측체계(KERN DSP1)가 소개됨으로써 원격탐측과 수치영상탐측학의 체계개발에 중요한 계기가 되었다.

또한 이 ISPRS 총회의 연구팀(WG : Working Group) Ⅱ/Ⅲ 공동위원회에서 현존하는 수치영상탐측학 체계의 기능 및 수행에 관한 작업을 착수하였다.

계속해서 많은 영상탐측기관에서는 자신들의 생산 환경에 적합한 수치영상탐측체계를 연구개발하고 있다.

〈**그림 3-23**〉에는 수치영상탐측학 환경의 구조를 나타내고 있다. 입력부분에서는 항공영상을 처리할 수 있는 수치사진기 또는 스캐너를 가지고 있어야 한다. 처리의 핵심부분이 수치영상탐측체계이다. 출력부분에서 격자형 자료를 처리하기 위한 필름기록기(film recorder)나 선추적 형식을 처리하기 위한 도화기가 필요하다. 수치영상은 수치사진기를 이용하여 직접적으로 취득하거나, 스캐너를 이용하여 기존의 영상면을 스캐닝하여 간접적으로 얻을 수 있다. 대부분의 전문가들은 몇 년 안에 항공영상탐측용 사진기를 혁신적으로 대체하여 수치자료를 취득할 수 있는 기술이 개발될 것으로 예상하고 있다.

(2) 수치사진기와 수치영상(digital camera & digital imagery)

① 개요

수치사진기(digital camera)는 필름이 없는 사진기(film-less camera)로서 대신 2차원배열의 CCD가 필름면에 위치하게 되는 것이 일반 사진기와의 주요한 차이점이다. 렌즈는 외부로부터 빛을 감지기 저장소에 모아주며, 감지기의 각 영상소에 비춰지는 빛에너지는 입사되는 방사에너지의 양에 따른 전하를 발생시킨다. 이러한 기계적(analogue) 신호는 일반적으로 전기적으로 추출되며, 8bit(0-255)에서 10bit(0-1023)범위의 수치적(digital) 밝기값으로 변환된다. 기계적-수치적(AD: Analogue/Digital) 변환에서 얻어지는 밝기값은 사진기 내의 메모리나 플래쉬카드에 저장된다. 일반적으로 CCD(Charge

Coupled Device) 사진기를 수치사진기로 간주하며 CCD는 일반 사진기에 비해 보다 민감한 분광반사변화를 나타낼 수 있다.

수치사진기는 70년대 초부터 영상탐측학에서 특수한 목적으로 사용되었으나 그 당시의 vidicon-tube 사진기는 영상 tube가 불안정했기 때문에 정확도면에서 많이 떨어졌다. 이러한 단점은 80년대 초 전자 사진기의 등장으로 많이 감소되었다. CCD는 높은 안정성을 제공하였으며 오늘날의 수치사진기에 이 장치가 채택되고 있다.

대부분의 수치사진기들은 렌즈와 입력장치, 즉 사진기의 접속장치인 C-mount를 사용하며 대개 폐쇄회로 TV렌즈(CCTV-lens: Close Circuit TeleVision lens)를 사용한다. C-mount와 영상면 사이의 거리는 17.525mm이다. IR(infrared) 필터의 역할은 0.7㎛보다 큰 파장을 제거하기 위한 것이다.

수치사진기는 내부에 청색, 녹색, 적색(RGB: Red, Green, Blue)의 필터휠이 있어 촬영 시 이러한 필터를 이용하여 세 가지 형태의 영상을 기록하며, 그 결과로 지형으로부터 반사된 청색, 녹색, 적색 광에 근거한 각각의 영상을 생성한다. 이러한 세 개의 각 흑백영상은 가색 이론(additive color theory)을 이용하여 컬러 합성되어 천연색 컬러사진을 생성할 수 있으며, 근적외선 영상을 사용한 위색컬러영상도 생성할 수 있다.

가) 장점

종래의 필름 사진기보다 수치사진기가 갖는 가장 큰 장점으로는 촬영 이후의 처리와 해석에 영상이 바로 이용될 수 있다는 점이다. 이것은 실시간으로 처리할 수 있으므로 로봇이나 특수한 산업 등에 적용할 수 있다. 또한 수치사진기는 파장대를 변조하기가 쉽다.

나) 단점

주요 단점으로는 수치적 영상 처리 기술을 사용하여 세 개의 각 영상을 등록(register)하는 것이 필요하다. 일반적인 지상영상의 경우 고정된 사진기를 통하여 취득되는 데 반하여, 항공영상은 촬영하는 동안 항공기가 빠르게 움직이기 때문에 연속적인 각 영상(예: 청색, 녹색, 적색)이 약간 다른 시점에서 취득되게 되므로 각 영상에 기록된 지리적 영역이 서로 다르게 된다. 또한 해상도와 시계가 한정되어 있다. 공간해상도면에서도 기존의 23×23cm의 항공영상을 대체하기 위해서는 약 20,000×20,000영상소 감지기의 3개 저장 공간이 요구된다(Light, 1996). 현재 최고품질의 수치사진기는 약 2,000×3,000영상소이며, 가격이 고가이다. 그러나 수치사진기의 가격은 기술발전과 함께 계속적으로 낮아지고 있으며, 요구되는 20,000×20,000영상소의 CCD가 개발되기까지의 문제점과 등록 문제는 카메라를 탑재하는 탑재체(예, 비행선, 동력 글라이더 등)를 저속, 저고도를 유지함으로써 해결 가능할 것이다.

② 수치자료 취득체계

가) 조명체계(illumination system)

실시간으로 영상을 처리하는 데 중요한 요소이며, 수치사진기 체계 요소 중 가장 핵심이 되는 부분이다.

나) 신호전달(signal transmission)

사진기와 영상취득면(frame grabber) 사이를 연결해주는 것으로, 신호는 기계적(analogue)인 것과 수치적(digital)인 것이 있다.

다) 영상취득면

사진기의 출력을 받아들이는 것으로 필요할 경우 기계적 신호를 수치적 신호로 변환하며, 영상이 영구적으로 저장되기 전까지 영상을 일시적으로 저장한다.

③ 사진기의 종류

가) CCD 사진기

CCD 사진기는 반도체(소자)에 빛을 쪼이면 전하를 발생하거나 저항 값이 변화하는 소자를 많이 나열하여 대상물의 광학상을 전기신호인 영상신호로 변환시킴으로써 수치영상을 얻을 수 있다. 이러한 방법에는 전기신호로 변환하는 과정에서 진공관식으로 전자빔을 사용하는 촬상관과 전자빔을 사용하지 않고 반도체소자만으로 구성된 전자(solid-state) 촬상소자가 있다. CCD는 최근에 많이 사용되고 있는 것으로 전자 촬상소자 중의 하나로 공간적 위치가 확실하고 영상의 신뢰도가 높으며 가격이 저렴하고 저전압에서 작동하기 때문에 널리 이용되고 있다.

CCD는 sensor의 나열방법에 따라서 1차원 사진기와 2차원 사진기로 나뉜다. 1차원 사진기는 소자를 일렬로 나열한 것으로 이것을 이용하여 2차원인 넓은 영상을 1차원 사진기로 취득할 경우 사진기 또는 피사체를 이동시킬 필요가 있다. 이 1차원 사진기를 사용한 사진기를 라인 스캐너라고 한다. 2차원 사진기는 수많은 작은 소자를 2차원 평면에 나열한 것이다. 렌즈를 통해 사진기에 투영된 광학상을 각 사진기에서 직접 영상소자마다 전기신호로 변환한다.

나) CCD 사진기의 해상력

사진기의 해상력은 얼마만큼 세밀한 영상을 표현할 수 있는가를 나타내며 해상도(resolution: 선/mm)는 1개의 영역에 얼마나 많은 소자로 가득 채워져 있는가에 따라 결정된다. 2차원 사진기에서는 수평방향으로 배치된 소자의 개수로서 수평해상도가, 수직방향으로 배치된 소자의 개수로 수직해상도가 결정된다. 1차원 사진기는 1개의 고밀도 집적회로(LSI: Large Scale Integrated circuit) 안에 2차원으로 소자를 나열하지 않기 때문에 그만큼의 많은 소자를 1개의 열(line)에 채워 넣을 수 있으므로 해상도가 높다.

1차원 사진기는 한 열의 해상도를 높일 수 있지만 결점으로 사진기 또는 피사체를 기계적으로 움직일 필요가 있으므로 큰 영상을 입력할 경우에는 그만큼 시간이 걸려 정지영상의 입력에 한정되어 사용하고 있다. 한편 2차원 사진기는 해상도를 높이기는 어렵지만 실시간으로 영상을 다룰 수 있는 장점이 있다.

다) 1차원 CCD 사진기(라인 스캐너)

CCD 라인 스캐너(line scanner)에 의해 2차원의 정지영상을 얻기 위해서는 사진기 자체 내지는 피사체를 움직일 필요가 있다. 예를 들면 고정밀도의 영상입력용 장치는 펄스모터에 의해 사진기를 이동시키나 휴대 스캐너(handy scanner) 등 간단한 것은 사람 손으로 움직인다.

라인 스캐너는 움직임의 속도가 여러 가지 조건에 따라 다르다. 구체적인 예로 전송 시간 주파수(clock frequency) 사진기의 영상축적시간이 어느 정도로 제한되어 있다.

라인 스캐너(line scanner)는 3열 방식(3-line: 전방, 후방, 연직방향) 사진기가 가장 널리 쓰인다. 3열 방식 사진기는 영상면에 설치되는 3개의 열을 갖게 된다. 이것으로 인해 3개의 적용범위를 얻을 수 있다. 3열 방식 사진기가 적용된 예로는 MOMS가 있다. 이와 달리 변형된 형태가 있는데, 독일에서 개발되어 독일 우주계획에서 사용하였다.

1열 방식(1-line) 사진기의 적용으로 가장 잘 알려진 예로는 SPOT이 있다. 6,000개의 탐측요소(sensing element)가 선형으로 배열되어 있으며 인접한 궤도의 중복되는 영상으로 입체시가 가능하여 입체영상을 얻을 수 있다.

표 3-4 차원 CCD 사진기의 적용 종류 및 기능

센서명	활용연도	비고	
		stereo기능	분리된창
MEIS	항공기, 1978년 Ⅰ호기, 1983년 Ⅱ호기	○	
MOMS	1983년 우주왕복선 1호, 1993년에 우주왕복선 2호, 1997년 이후 Priroda에서 쏘아올린 우주왕복선	○	○
HRV	1986년부터 SPOT위성		
JERS-1의 OPS	1992년부터 2년간 운영	○	
MEOSS	1993년 실패한 인도의 IRS-1E 계획		○
HRSC	1989, 1997년 실패한 화성계획	○	○
WAOSS	1997년에 실패한 화성계획	○	○
WACC	항공기, WAOSS에서 유래, 1995년부터 시험	○	○
DPA	MOMS-02 시험 이전의 항공기, 1992년 말에 시작	○	○

먼저 영상축적의 시간을 너무 짧게 할 수는 없다. 그 이유는 광의 조사(irradiation)시간이 짧으면 출력전압이 낮아져 잡영(noise)에 큰 영향을 받은 영상이 되기 때문이다. 이로 인해 사진기의 감도를 제한한다. 감도는 1ℓx의 광이 1초간 탐측(sensing)될 경우 출력에 몇 V가 나오는 가로 표현하고 있다.

전송 시간주파수는 영상소 수에 따라서 결정된다. 영상축적시간의 사이에 영상소 수만큼 전송하지 않으면 안 되며 전송주파수는 축척시간을 1열로 나눈[축적시간÷1열(line)] 값으로 영상소 수를 결정한다.

라인 스캐너에서는 될 수 있는 한 큰 영상을 단시간에 취입시키기 위해 사진기의 고감도화 작동의 고속화가 필요하다.

라) 2차원 CCD 사진기

2차원 CCD 사진기(CCD 센서라고도 함)의 동작기능은 가로와 세로로 바둑 눈금과 같이 나열된 사진기에 의해 광은 전기로 변환되어 각각 전하의 덩어리로 되어 순차 텔레비전의 탐측에 맞추어 전송된다.

1차원의 CCD 사진기와 기본적으로는 같지만 다른 점은 신호의 속도이다. 라인 스캐너는 일반적으로 수백㎑ ~ 1㎒ 정도로 동작하고 있으나, 대부분의 2차원 CCD 사진기는 9~14㎒ 정도로 동작하고 있다. 그러므로 신호를 얻어내는 방법이 다르다.

사진기와 기억장치의 접속(interface)장치로 흑백사진기나 RGB(Red, Green, Blue)

출력의 3판식 사진기를 사용할 경우 단순히 연결만 한다. 그러나 정밀한 기하학적인 영상처리를 할 경우 사진기와 A/D(Analogue/Digital) 변환 및 기억장치의 시간을 같게 동작시켜야 한다. CCD의 영상소의 수와 기억장치의 수를 맞추면 CCD 영상면상 영상의 X-Y 위치가 그대로 기억장치의 위치에 해당되므로 가하학적인 오차가 적게 처리된다.

표 3-5 차원 CCD 사진기의 적용 종류 및 기능

센서명	비스캐닝 장치 내역
Kodak DCS420	$14 \times 9mm^2$, 1536×1024개의 영상소
Kodak DCS460	$30 \times 20mm^2$, 3060×2036개의 영상소
Rollei ChipPack	$31 \times 31mm^2$, 2048×2048개의 영상소
Rollei Q16 Metric Camera	$60 \times 60mm^2$, 4096×4096개의 영상소

④ 수치카메라의 영상처리 및 체계

가) 수치영상의 처리과정

측량 분야에서 활용하는 수치카메라는 지표면의 사물을 면으로 관측할 수 있기 때문에, 이러한 자료의 처리는 극히 일부를 제외하고는 영상처리의 범주에 속함으로 자료처리의 대부분이 수치영상처리계로서 수행한다.

(ㄱ) 관측자료의 입력: 수집자료에는 아날로그 자료와 수치 자료의 종류 2종류가 있다. 영상과 같은 아날로그 자료의 경우, 처리계에 입력하기 위해 필름 스캐너 등으로 A/D변환이 필요하다. 여기서 설명하는 수치 자료의 경우, 일반적인 수치 컴퓨터로도 읽어 낼 수 있는 범용적인 미디어 포맷을 사용하여 변환할 필요가 있다.

(ㄴ) 재생 · 보정처리: 처리계에 입력된 관측자료에 대해, 먼저 광학적 왜곡 및 기하학적 왜곡을 보정한 후 처리목적에 따라 변환, 분류 처리를 수행한다.

(ㄷ) 변환처리: 변환처리는 어떤 공간으로부터 다른 공간으로의 영상을 표현하는 것으로서 관측자료에 포함되어 있는 정보의 일부를 강조한다. 따라서 변환처리의 결과는 강조된 영상인 경우가 많다.

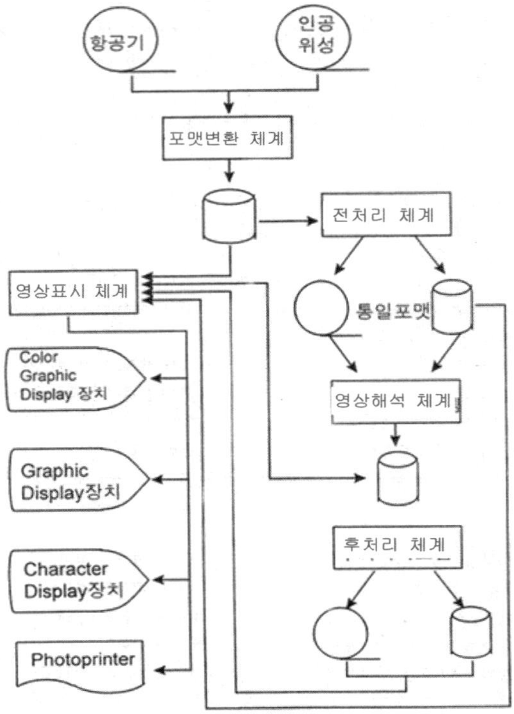

그림 3-24 처리계에 있는 영상 자료의 흐름

(ㄹ) 분류처리: 분류는 특징공간의 분할을 중심으로 한 처리 이지만, 최종적으로는 영상자료와 범주(category)와의 대응관계가 결정된다(영상처리 분야에서는 일반적으로 레벨이라고 부른다). 따라서 분류처리의 결과는 주제도의 형태를 취하는 경우가 많다.

(ㅁ) 처리결과의 출력: 처리결과는 D/A 변환됨으로써 표시장치나 필름에 아날로그 자료로 출력되는 경우와 지형공간정보체계 등 다른 처리계의 입력자로로 되도록 수치 자료로 출력되는 경우가 있다.

나) 영상처리체계

(ㄱ) 하드웨어 구성

일반적으로 영상처리는 어떠한 컴퓨터 체계를 이용해도 되지만, 영상처리를 쉽게 처리할 수 있는 것이어야 한다. 이들 하드웨어체계에 영상처리용 소프트웨어를 장착한 체계를 영상처리체계라 부른다.

영상처리체계는 하드웨어의 구성을 고려하여 다음과 같이 2종류로 크게 나눈다.

i) 전용 처리형

주된(host) 컴퓨터에 영상처리기를 접속한 형식이다. 영상처리기는 몇 영상면 정도의 프레임 버퍼와 연산처리 전용 프로세스를 장치하고, 영상간의 연산이나, 적분상승(convolution) 등의 기본영상처리가 고속으로 행해지는 장치이다. 접속하는 호스트 컴퓨터는 개인용컴퓨터(PC), 워크스테이션(WS), 미니컴퓨터, 범용기 등, 처리목적에 따라 달라진다.

ii) 범용 계산기형

호스트 컴퓨터에 영상표시장치만을 내장, 혹은 접속시킨 형식이다. 전용 프로세스가 아니기 때문에 영상 간 연산들을 모두 소프트웨어로 실현해야 한다. 소프트웨어에 의존하기 때문에 유연성이 높고, 체계의 이식성은 좋으나 소프트웨어 규모는 커진다. 주된 컴퓨터로서는 PC, WS 등이 적합하다. 더구나, 최근에는 전용 처리형 또는 범용 계산기형을 확장해, 네트워크로 접속한 체계 구성도 많다.

(ㄴ) 주변장치

영상처리 체계는 여러 가지 주변장치가 필요하다. 이러한 주변장치에는 먼저 기술한 영상표시 장치 외에, 아날로그 영상을 수치영상으로 변환, 입력하는 영상입력장치, 수치영상을 종이나 필름에 출력하는 영상출력장치, 대량의 영상자료를 기록해두는 영상자료의 저장장치가 있다.

(ㄷ) 소프트웨어

영상처리 소프트웨어의 내용은 체계에 의해 다르나, 주요한 기능으로는 다음과 같은 것을 들 수 있다.

자료수입출력(기기로부터 자료를 읽고 입력하는 것 등), 영상면표시, 조작(영상표시, 좌표관측, 색조변경 등), 재생, 보정처리(기하보정, 복사량보정 등), 영상출력(하드카피 출력 등), 해석처리(각종 변화처리, 분류처리 등) 등이 있다.

광의의 영상입력장치에는 센서도 포함되지만, 여기서는 수치 카메라에 한정해서 다루기로 한다. 영상입력장치를 이용하면, 농도나 색 등의 정보를 수치정보로 표현해서 컴퓨터 처리가 가능한 자료로 바꿀 수 있다.

(ㄹ) 영상입력장치의 성능을 비교하는데 필요한 항목

원고의 크기는 35mm 필름~A0 등 입력가능한 원고의 크기 범위, 공간분해능은 1영상소의 원고상의 크기, 농도분해능은 입력 후 1영상소가 갖는 농도수, 신호대잡음비(SN: Signal Noise)비는 신호와 잡영의 크기비, 색재현성은 입력된 영상의 색 재현성, 영상등록은 색분해 된 영상간의 위치 어긋남, 입력속도는 입력영상의 수치화에 필요한 시간, 기하학적 정확도 입력된 자료의 기하학적 정확도, 가변적 범위(dynamic range)는 변환될 수 있는 입력화 사이 최소, 최대농도, 입력영상의 종류는 필름(투과형), 인화지(반사형) 등이 있다.

다) 수치사진기(CCD 사진기)의 기계적 기능

CCD 사진기의 기능을 크게 나누면 광을 받는 수광부, 광에 따라서 출력된 전하를 전송하는 전송부, 전하를 전압으로 출력하는 출력부 3개로 나누어진다.

수광부에서는 광의 세기에 비례하여 전하가 발생한다. 수광부는 영상 다이오드, 금속산화물 반도체(MOS: Metal Oxide Semiconductor) 용량에 의한 축적전극 및 이동통로(shift gate)로 구성된다. 입력광은 영상 다이오드로서 광전교환에 의해 광전류로 되며 축적전극에 축적되어 신호전하가 된다. 이 신호전하가 이동통로를 통해 전송부로 옮겨지고 이동통로를 제어하는 이동펄스에 의해 전송부로 옮긴 신호전하는 전송펄스에 의해 순차적으로 전송된다.

전송로를 통한 전하는 출력부에 있는 표현능력장치(plotting capacitor)에 흘러들어간다. 이 신호의 전하 Q는 표현능력장치의 전압을 $\Delta V=Q/C$분(C: 용량계수)만큼 변화시키므로 프리 앰프에 의해 전압이 신호로 출력된다.

⑤ 수치영상체계에 의한 성과 활용

가) 일반적 활용

수치사진기를 이용한 측량 성과의 이용은 토지, 자원, 환경 및 기타로 대별된다.

(ㄱ) 토지: 국가 기본도 및 지형도 작성, 토지이용도 및 도시계획도 작성 및 정비, 해안선 및 해저수심조사, 임야도 및 토양도 작성, 부분적인 지적 재측량 등

(ㄴ) 자원: 지질 (단층 및 구조선) 조사 및 광물자원 (광물 및 유맥) 조사, 농작물의 종류별 분포 및 수확량조사, 삼림의 수종 및 치산조사 등 삼림 자원조사, 관개배수조사, 수자원조사 (어군의 이동상황 분포) 등.

(ㄷ) 환경: 대기오염조사, 수질오염 및 해양오염조사, 식물의 활력조사, 토양의 함수비 및 효용도 조사, 해양환경 (수온, 조류, 파속 등) 조사, 기상 (태풍, 구름, 풍향 등) 조사

및 일기예보, 홍수피해, 병충해, 적설량, 해수침입, 삼림화재, 연약지반조사 등의 방제대책 및 피해조사, 도시온도조사, 도시발달과 분포상태조사, 인구 분포 조사, 건축물 단속 및 적정재산세 과세, 경관분석 등.

(ㄹ) 기타: 고고학 (고적발견), 문화재 보존의 복원, 토목, 건축의 시설물 위치, 크기 및 변위량 파악, 의상 및 인체공학, 영상처리에 의한 의학에 적용, 교통량 차량 주택 방향 등의 교통조사, 교통사고 및 도로상태조사, 산업생산품설계 및 제품조사, 우주개발, 범죄조사 등의 사회문제 연구 등.

나) 보전적(保全的) 이용

수치사진기를 이용하여 촬영한 지역에 문제가 발생할 경우, 보유하고 있는 영상을 이용하여 조사한다. (홍수피해상황 조사, 화재피해상황 조사, 산림성장상황조사 등)

다) 영상지도 (imagery map)

현재까지 영상지도 제작은 항공영상을 모자이크하거나 편위수정(rectification)을 하여 영상지도를 제작하였다. 그러나 최근에는 수치도화기(digital plotter)를 사용하여 확대 축소가 가능한 영상지도를 수치지도제작과 동시에 작성 할 수 있다. 따라서 일반지도에서 묘사 및 판독이 곤란한 지형 및 기타 세부사항까지도 판독할 수 있고 3차원 (X, Y, Z) 영상지도를 제작할 수 있어 조경, 단지조성, 도시계획 등 여러 분야에 활용할 수 있다.

라) 군사적 이용

수치사진기를 이용하여 얻은 영상은 군용지도 제작에 이용됨은 물론, 영상을 판독 해석하여 적의 상황을 파악하는데 이용된다.

마) 항공기에 의한 이용

(ㄱ) 항공 RGB 영상

GPS/INS 체계를 이용한 항공 RGB 영상 취득시와 지상 RGB영상 취득시, 이러한 기술들의 장점과 수치카메라 사용시의 장점이 합쳐져 정확도 향상, 작업 간편화, 비용절감, 시간단축 등의 효과를 볼 수 있다.

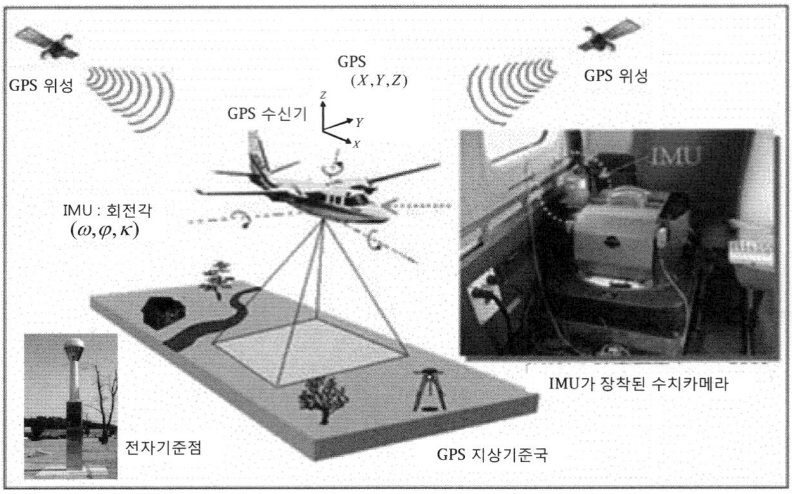

그림 3-25 GPS/INS 항공영상탐측

(ㄴ) 근적외선 영상

항공레이저측량을 통해 얻어진 자료는 무수히 많은 점들이 모여 지상의 대상물을 나타내고 있다. 그러나 점밀도가 좋지 않은 곳의 대상물 식별이나 정성적 특성파악을 위해서는 영상의 도움이 필요할 경우 그 자체로만으로도 지형의 표현을 직관적으로 알 수 있는 장점이 있으며, 특히 수치영상은 컬러 영상뿐 아니라 적외선 영상을 제작 가능하여 기존의 항공영상보다 더 많은 정보를 제공할 수 있다. 또한 수치 방식으로 기존의 항공영상보다 더욱 빠르고 간편하게 결과물을 확인 할 수 있다.

그림 3-26 RGB 영상(좌)과 근적외선 영상(우) 비교

연 습 문 제

다음 사항에 대하여 답하시오.

3. 사진기체계에 의한 영상

1) 사진기의 촬영방향에 의한 영상

2) 지상 영상자료취득방법

3) 중심투영 및 정사투영

4) 항공영상의 특수 3점

5) 항공영상촬영 계획시 고려사항

6) 표정의 의의와 내부표정 및 외부표정의 차이

7) 직접표정과 간접표정

8) 수치적표정

9) 항공삼각측량의 의의와 대표적인 3가지 방법

10) 수치영상체계의 본질 및 장 · 단점

11) 수치영상체계에 의한 성과활용

4 스캐닝(센서) 체계에 의한 영상 (Imagery for Scanning System)

1) 원격탐측(RS: Remote Sensing)

(1) 개요

원격탐측 분야는 인공위성에 탑재된 다양한 센서를 통하여 취득되어진 영상을 이용하여 지형공간정보의 자료들을 구축하는 탐측기술이다. 원격탐측은 실제 관찰하고자 하는 목적물에 접근하지 않고 멀리 떨어진 거리에서 관측된 값으로부터 정보를 추출하여 내는 기법이나 학문을 포괄적으로 의미한다. 인공위성의 관측 대에 탑재된 관측기기를 사용하여 여러 가지 파장에서 반사 또는 복사되는 전자기파 에너지 등의 매개체를 통하여 대상물을 관측 기록한 후 이를 분석하여 필요한 자료를 추출하여 내는 기술로 관찰되는 대상이 관측자와 직접적인 접근이 없이도 관찰 대상에 대한 정보를 보다 신속하고 광역적으로 취득할 수 있으며, 이러한 자료를 활용, 분석하여 토지, 환경, 도시 및 자원에 대해 필요한 정보를 얻을 수 있다.

(2) 이용현황

원격탐측은 과거에 위성센서의 한계로 인하여 측량분야에서의 활용도가 매우 낮았으나 현재 고해상도 인공위성의 등장으로 각광받고 있는 측량 기술이다. 위성측량을 이용한 3차원 공간정보 취득에 대한 연구는 현재까지도 지속적으로 이루어지고 있으며, 최근 우리나라에서 해상도가 1m, 4m급의 고해상도 인공위성인 아리랑 2호의 발사로 위성분야가 크게 발전할 것으로 기대되고 있다.

원격탐측은 동일한 지역을 서로 다른 기하학적 조건에서 촬영한 두 장 이상의 고해상도 영상을 이용하여 입체모형을 구성함으로서 항공영상을 이용하는 경우와 유사하게 입체도화나 DEM 추출, 정사영상 지도제작 등을 수행할 수 있고 이를 통해 보다 현실감이 뛰어난 3차원 공간정보를 취득할 수 있게 되었다. 원격탐측은 기본적으로 수치(digital) 센서를 사용하여 영상을 취득하므로 필름기반의 항공영상에 비해 영상 자체의 기하학적, 분광학적 정밀도가 낮으나, 다양한 스펙트럼 밴드에 대한 정보취득이 가능하고, 항공기나 사람이 접근하기 어려운 비 접근 지역 또는 대규모 지역 또는 대규모 지역에 대한 신속한 자료취득이 용이하다는 특징을 가지고 있다. 그러나 항공영상과 마찬가지로 구름이나 기상상태 등 대기의 영향에 민감하고, 제한된 궤도상에서만 관측이 가능하다는 점에서 양질의 위성영상의 취득에 많은 어려움을 내포하고 있다. 또한 항공영상에 비하여 넓은 지역을 포함하지만 상대적으로 낮은 공간 해상도로 인하여 지형(지모와 지물)에 대한 엄밀한 판독과 정확도 유지가 어려운 실정이며, 정확한 자료처리를 위해 높은 기술력과 고해상영상 등이 소요된다. 입체영상을 이용하는 경우에도 대상물의 옆면에 대한 정보는 사실상 취득이 불가능하며, 고해상도 위성영상에 대한 제반 기술에 대한 정보 부족으로 정확한 입체모형 구성 및 3차원 공간정보 취득에 상대적으로 어려움을 내포하고 있는 실정이다. 이런 원격탐측의 기법에는 원격탐측에서 얻어진 영상의 영상질 개선, 특징 추출을 위한 특수처리 등을 수행한 영상처리 기술이 사용되어 왔으며, 1960년대 이전에는 항공영상이 원격탐측 활동에 주로 사용되었고, 그 후 Mercury 계획에 의해 위성영상이 나옴으로써 급격한 발전과 함께 위성영상이 원격탐측 활동의 중요한 자료 취득기법으로 대두하게 되었다. 고정밀 위성영상(HPSI: High Precision Satellite Image)은 인공위성 탑재센서(sensor)에 의해 취득된 영상을 처리한 후, 지상해상도(ground resolution)가 대체로 1m보다 작은 영상소(pixel : picture element)의 범위 안에서 지형적 오차를 갖도록 형성된 영상이다. 미국의 상업위성 IKONOS가 1999년에 발사되어, 지상해상도 1m급인 영상들이 2000년부터 민간에 보급되기 시작하면서, 고정밀 위성영상의 활용이 각광을 받고 있다. 이로 인해 이들 고해상도의 영상을 처리하여 고부가가치의 위성영상 결과물의 도출연구가 활발해지고 있다. 이전까지는 미국의 안보기관에서 10m보다 정밀한 해상도의 위성영상이 민간에 보급되는 것을 극도로 제한해 왔기 때문에 고해상도의 위성영상을 처리하거나 활용하는 기술개발이 민간에게는 한계가 있었다.

최근 위성영상 처리기술의 발전 추세는 크게 네 가지 측면으로 나누어 볼 수 있다. 첫째는 영상소의 지상 분해능의 고도화, 둘째는 관측 파장대역의 다중화, 셋째는 관측 파장대역이 긴 파장 쪽으로의 확장, 넷째는 자료의 높은 비트(high bit)화이다. 위성궤도와 같이 지표면 상공 수백 km 이상의 높은 고도에서 사용되는 센서체계기술은 고도의 첨단 우주기술에 속하는 분야이기 때문에 선진국을 선두로 극소수의 나라에서만 기술개발이 진척되어 왔다. 특히 1m급의 고해상도 위성영상은 각 영상소에 포함된 지상면적이 $1m^2$ 정도로 작아, 지상의 건물이나 유사한 표적물들이 여러 조각으로 나누어지기 때문에 기존의 분류방법에 의한 분석으로는 컴퓨터에 의한 자동분류 시 만족스런 결과를 얻을 수 없기 때문에 고해상도 영상들에 대한 새로운 분류방법론이 제기되고 있다.

(3) 영상취득의 특징

최근에 개발되고 있는 위성들에 의해 취득되는 영상은 고해상도와 더불어, 관측파장대의 다중화로 인해 많아지는 분석 밴드(band) 수와 기술의 첨단화로 인한 수치영상의 높은 샘플링(sampling) 수(high bit data rate per channel per pixel) 때문에 대상 목표물의 관측자료량이 폭증되고 있다. 기존의 영상 처리방법으로는 다량 자료의 전산 처리효율이 급격히 떨어지므로, 이와 같은 고해상도의 영상을 적시에 분석하고 유용한 결과를 도출하기 위해서는 자료처리의 효율을 극대화시키는 기술이 필요하다. 또한 관측 파장대역이 광파에서 긴 파장쪽으로 확장되어 초단파까지 가게 되면서, 분석 영역이 가시광 영역 밖으로 전개되었기 때문에 보이지 않는 파장 영역의 분석기술이 요구되고 있다. 최근에는 지구관위치관측성의 증가와 함께 다양한 사양을 갖춘 위성영상자료의 취득이 가능하게 되었고, 센서에 따라 서로 다른 공간해상도(spatial resolution)와 파장영역을 가진 영상들의 장점을 함께 활용하고자 하는 관심이 증가하고 있다. 일반적으로 센서에서 감지되는 신호는 공간해상도, 파장폭, 감지 시간 등의 인자에 의하여 제한을 받게 되므로, 어느 하나의 인자에 우선하여 영상을 촬영하면 다른 인자는 그만큼 희생되어야 한다. 즉 공간해상도가 높은 영상을 얻기 위해서는 파장 폭을 상대적으로 넓게 해야 하고, 반대로 파장 폭을 좁게 하여 여러 파장대의 영상을 얻기 위해서는 공간해상도를 낮추어야 한다. SPOT 위성영상에서 10m 해상도 자료는 광역의 파장 폭으로 흑백영상을 얻는 데 반하여, 공간해상도를 20m로 낮추면 여러 파장대의 영상을 얻을 수 있다. 이와 같이 공간해상도와 분광 영역을 달리하는 영상 자료를 융합하는 연구가 활발히 진행되고 있다.

원격탐측의 영상융합에서는 동시에 또는 서로 다른 시간에 두 개 또는 그 이상의 센서들에 의해 얻어지거나 서로 다른 시간대에 얻어지는 특정 지역의 지표면 정보를 취급할 수 있다. 즉, 단일 센서에서 취득할 수 없는 지역에 대한 특성을 분석하기 위해 영상융합이 이용된다. 다음으로 중요한 과정은 적절한 융합수준을 결정하는 것이다. 융합수준에 따라 필요한 전 처리과정이 달라진다. 다른 센서들로부터의 영상융합은 몇 가지 추가적인 전 처리 과정을 요구하고 일반적인 영상분류 기법에서는 해결할 수 없는 여러 어려움들이 제기된다. 개개의 센서는 자신의 고유의 특성을 가지고 있고 영상 수집과정은 수정되거나 삭제되어야만 하는 다양한 인공적인 요소들을 포함한다. 또한 원격탐측 영상들은 기하학적 보정이 필요하고 영상융합을 위해서 서로 다른 센서로 관측된 영상들 간의 공간적 연결성을 보여줄 공통 공간 참조(common spatial reference)가 필요하다. 예를 들어 영상소별 정보의 결합에 근거한 영상 융합에서는 영상들이 같은 공간해상도를 갖고 있지 않으면 그들이 같은 크기의 영상소 크기를 가지도록 재표본추출을 하여야 하며 정확한 영상간의 상호등록(co-registration)이 필요하다.

영상 융합은 발달된 영상처리기술을 이용하여 다양한 자료의 영상을 결합하는 도구이며 영상에 분명히 존재하는 정보를 개선시키고 영상으로부터 얻을 수 있는 정보에 대한 해석의 신뢰성을 증가시키기 위하여 서로 별개이면서 상호 보완적인 자료를 통합하는 것이 목적이다. 영상융합을 통하여 자료는 더욱 정확한 정보를 가지게 되고 자료의 효용성은 증가되므로 융합자료는 매우 효과적인 운영상의 기법이다. 영상융합을 통하여 자료에 대한 확신의 증가, 모호함의 감소, 신뢰의 개선, 분류의 개선 등을 기대할 수 있다.

(4) 원격탐측의 분류

원격탐측은 이용하는 대상 분야에 의한 분류, 자료취득방법에 의한 분류, 탑재기에 의한 분류, 관측파장영역에 의한 분류 등으로 나눌 수 있다.

원격탐측을 이용하는 대상 분야는 지구상에 존재하는 모든 것이라고 해도 과언이 아닐 정도로 다양하다. 식물의 분광특성을 이용한 농업 · 산림 · 초지 등의 원격탐측, 지하자원 탐사에 이용되는 지질판독에 의한 원격탐측, 해양상의 수온, 해류분포, 어족조사 및 수질오염조사 등을 위한 해양원격탐측, 대기오염, 도시환경변화 등에 대한 환경원격탐측, 그리고 기상원격탐측, 군사정보수집을 위한 군사원격탐측 등 많은 분야가 있다.

자료취득방법에 의한 분류는 정보를 수집하는 센서(sensor)에 의해 크게 수동적 센서(passive sensor)에 의한 것과 능동적 센서(active sensor)에 의한 것으로 나뉜다.

그리고 탑재기에 의한 분류는 지상탑재기, 기구, 항공기 및 인공위성으로 나누어지는데 이들을 고도에 따라 분류하면 정지위성, 궤도위성, 고고도항공기(고도 20~40 ㎞), 저고도항공기(고도 5~10 ㎞), 헬리콥터(고도 0.2~2 ㎞) 및 지상관측기로 나누어지며, 위성은 고도에 따라 다시 저고도(150~200 ㎞)인 단기간(1~3주)위성, 중고도(350~1,500 ㎞)인 장기간(7 년 이상)위성, 정지궤도(35,800 ㎞)위성으로 나누어진다.

원격탐측은 정보를 획득할 수 있는 파장영역이 매우 넓으며 각 파장대에 따라 자외선,

가시광선, 적외선 및 극초단파 등으로 나누어진다. 또한 원격탐측은 각 파장을 관측하는 장소에 따라 지상관측과 항공기관측 및 인공형성관측으로 나누어지는데 그 특성을 보면 다음과 같다.

지상관측에 의한 정보수집방법은 정량적인 관측이 가능할 뿐만 아니라 정성적인 정확도가 높지만 넓은 지역을 대상으로 하거나 동시자료를 얻는 것은 거의 불가능하다. 항공기관측에 의한 정보수집방법은 정성적인 해상력이 우수하고 지상관측보다는 신속하게 정보를 얻을 수 있지만, 주기적 관측이나 수량적 정확도를 높이는 데 너무 많은 경비를 필요로 한다.

인공위성에 의한 원격탐측은 짧은 시간 내에 넓은 지역을 동시에 관측할 수 있으며 반복관측이 가능하다. 또한 일반적으로 다중파장에 의해 자료를 수집하므로 원하는 목적에 적합한 정보취득이 용이하고 관측자료가 수치적으로 기억되어 판독이 자동적이며 정량화가 가능하다. 관측은 매우 먼 거리에서 행해지고 관측시각(view angle)이 좁아서 얻어진 영상은 정사투영영상에 가깝고 탐사된 자료가 즉시 이용될 수 있다. 즉, 자료수집의 광역성(廣域性), 광역동시성(廣域同時性), 수량적(數量的)인 정확도 등이 가장 큰 장점이며 정성적이나 정량적인 해석능력도 보조자료를 이용하면 더욱 효용성을 높일 수 있다. 단, 회전주기가 일정하므로 원하는 지점 및 시기의 관측이 어렵다. 따라서 이런 결점을 보완하기 위해 원하는 시기와 지점에 즉시 이용할 수 있는 가변궤도를 채택하려고 시도하고 있으며, 극지방은 극궤도형성을 이용해 자료를 수집한다.

(5) 지구탐측위성

토지, 자원 및 환경관측을 위한 인공위성은 수없이 많으나 대표적인 것만 연거하면 다음과 같으며 좀 더 자세한 것은 부록에 수록하였다.

① LANDSAT

미국 NASA에서 1972년 7월 23일 1호(발사 당시는 ERTS), 2호(1975.1.22), 3호(1978.3.5), 4호(1982.7.16), 5호(1984.2.1)발사하였으며 센서로는 해상력 80m인 MSS, 30m인 TM등이 있다. 1999년 4월 15일에 발사된 LANDSAT-7의 ETM^+는 15m(P)와 30m가 있다.

② SPOT

프랑스의 SPOT-1호는 1986년 2월 22일, 2호는 1990년 1월 22일, 5호는 2002년 5월 3일에 발사하였으며, SPOT-5호의 HRG(High Resolution Geometric) 센서는 해상력 2.5m와 5m인 P형(전정색 또는 흑백영상), 10m와 20m인 XS형이 있다.

③ RADARSAT

캐나다 우주국에서 발사된 SAR탑재위성으로 fine 형식은 10m, 표준형식은 30m의 해상력이 있다.

④ SPIN-2에 장착한 KVR

소련의 위성으로 2m해상도의 panchromatic 영상을 제공한다.

⑤ IKONOS

미국위성으로 1999년 9월 24일 발사되어 해상도 1m(전정색, P), 4m 다중파장대의 영상을 제공한다.

⑥ 아리랑호(KOMPSAT)

한국위성으로 KOMPSAT-1호는 1999년 12월 21일 발사되어 해상도 6.6m의 영상을 제공하였으며 KOMPSAT-2는 1m 해상력의 영상을 얻을 수 있으며 KOMPSAT-3는 2012년 5월 18일 발사되어 0.7m의 영상을 얻을 수 있다.

KOMPSAT는 KOrea Multi-Purpose SATellite의 약자로 다목적 관측위성인 아리랑 위성을 뜻한다.

⑦ 천리안위성(COMS)

한국위성으로 2010년 6월 27일 발사되어 가시 및 적외선 탑재기가 적재되었고 기상, 해양, 통신 등에 활용된다.

COMS는 Communication Ocean and Meteorological Satellite의 약자이다.

⑧ IRS-IC

인도에서 1995년 12월에 발사한 위성으로 고도 917㎞, 해상도 5m(Pan)의 영상을 제공한다.

⑨ QuickBird-2

미국 지구관측 위성으로 2001년 10월 18일에 발사되어 해상도 0.61m(P형), 2.44m(XS)

의 영상을 얻을 수 있다.

(6) 자료처리체계 및 자료처리

① 자료처리체계

원격탐측자료를 처리하여 이용하려면 먼저 조사지역과 탐측목적을 설정하고 이에 따른 판별항목, 실험지역, 표본추출, 지상검증(ground truth) 등의 기본작업을 행한다. 인공위성이나 항공기의 센서에서 얻은 자료를 자기테이프 등에 기억시켜 전처리하고 지상검층자료를 참고로 하여 공간적 해석처리. 다중파장대(multispectral)의 자료처리 등을 행한다. 이와 같이 처리된 자료를 영상면이나 프린터에 의해 출력하거나 필름에 기록한다.

② 원격탐측자료의 처리

가) 컬러표시방식

수치원격탐측자료는 RGB(Red, Green, Blue: 적색, 녹색, 청색)컬러좌표체계를 사용하여 가법컬러이론으로 색소혼합에 의해 표현된다. 8비트 영상인 경우 가법컬러이론에서 255, 0, 0 의 RGB 밝기값은 밝은 적색영상소로, 255, 255, 255의 RGB값을 가진 영상소는 밝은 백색 영상소로, 0, 0, 0의 RGB값은 흑색영상소를 만든다. 이와 같은 방법으로 총 $2^{24} = 16,777,216$가지의 컬러조합을 표현할 수 있다.

나) 수치영상자료포멧

수치영상자료는 BIP(Band Interleved by Pixel), BIL(Band Interleaved by Line), BSQ(Band SeQuential)과 같은 다양한 형태로 제공된다. BIP자료는 각각의 영상소의 밝기값을 밴드순서에 따라 순차적으로 정렬한 자료형태이고, BIL자료는 각각의 열과 관련된 밴드의 밝기값을 순차적으로 정렬한 자료형태이며, BSQ자료는 각각의 밴드안의 모든 개별적인 영상소의 분리된 파일에 위치시킨 자료형태이다.

다) 대기의 방사보정

원격탐측자료의 대기보정하는 방법으로 절대보정과 상대보정이 있다. 절대보정은 원격탐측에서 기록된 밝기값을 비율표면 반사도로 바꾸는 것이며, 상대보정은 단일원격탐측영상내의 밴드들 사이의 강도를 정규화 하는데 이용하거나 다중시기 원격탐측자료의 강도를 분석기에 의해 선택된 표준영상에 맞춰 정규화 하는데 이용된다.

라) 기하보정

기하보정에는 영상대지도보정과 영상대영상등록이 일반적으로 이용되고 있다. 영상대지도보정은 영상의 기하학적 조건을 평면으로 만드는 과정이고, 영상대영상등록은 동일한 지역의 비슷한 기하학적 조건을 가진 두 영상에서 동일한 물체들이 서로 같은 위치에 표현되도록 두 영상을 변환 및 회전시키는 처리과정이다.

마) 영상강조

영상강조 알고리즘은 사람의 시각적 분석을 용이하게 하거나 기계를 이용한 일련의 분석을 하기위해 이용한다. 원격탐측 자료의 시각적 분석 및 일련의 기계 분석에 필요하다고 알려진 다양한 영상강조 방법들 중 점연산(point operation)은 영상에서 이웃하는 영상소의 특성에 관계없이 각각의 영상소 밝기값을 수정하는 과정이며, 지역연산(local operation)은 한 영상소를 둘러싸고 있는 영상소들의 밝기값을 참조하여 영상소 밝기값을 하나씩 수정하는 과정이다.

바) 자료추출방법

자료를 분석하여 주제정보를 추출하기 위한 방법 중 패턴인식기법(pattern recognition)이 널리 쓰인다. 자료추출은 감독분류(supervised classification), 무감독분류(unsupervised classification)방법으로 나뉜다. 일반적으로 산림, 농지등과 같은 이산적인 항목으로 분류된 지도를 만들기 위해 범주형분류(hard classification)논리를 사용하며 이질적이며 불균일한 자료의 경우 퍼지분류(Fuzzy classification)가 쓰이기도 한다. 감독분류는 도심지, 농경지, 습지 등의 토지피복 형태와 현장확인, 항공영상면의 판독, 지도분석, 개인의 경험 등 기존자료의 조합이 가능한 경우에 적용되며, 무감독분류는 지상의 참조정보가 부족하거나 영상면상의 표면구조물들이 정상적으로 정리되어 있지 않아 토지피복 형태를 선험적으로 알 수 없을 경우 이용한다.

2) 레이저와 레이더 영상

(1) 개요

레이저(LASER: Light Amplification by Stimulated Emission of Radiation)는 고준위에 있던 물질에 적당한 파장을 가진 빛을 입사시키면 그 원자는 자극을 받아 저준위로 떨어지게 되고, 이 때 발생하는 단일 파장의 빛을 말한다.

레이저는 짧은 주기의 고에너지 펄스를 생성해 낼 수 있다는 점과 작은 개구(aperture)를 통해 고도로 밀집된 파장의 빛을 만들 수 있다는 장점이 있어서 정밀한 거리 관측에 많이 사용되고 있다. 또한 센서 자체에서 레이저를 발사하는 능동센서이므로 일광이나 기상의 영향을 적게 받는다. 관측점의 밀도는 단위시간당 송신할 수 있는 펄스의 수, 촬영 각도, 항공기의 고도, 비행속도 등에 따라 결정되며, 일반적으로 레이저에 의한 측량인 LiDAR(Light Detection And Ranging)는 INS의 우연오차로 인해 수직방향오차보다 수평방향오차가 약 2~3배 크게 나타난다. 일반적으로 관측결과 값은 수직정확도가 15㎝, 수평정확도는 30㎝로 나타나고 있다.

LiDAR에 이용되는 레이저펄스의 파장대는 1㎛ 이상의 적외선영역이나 항공수심측량(bathymetry)에는 청 · 녹색영역(0.4~0.6㎛)의 빛을 이용한다.

LiDAR 체계의 장점으로는 첫째, 기상조건 · 주야 · 계절에 관계없이 관측이 가능하다. (단, 구름이 비행고도보다 위에 있을 경우에만 관측이 가능). 둘째, 지형 · 고도자료를 신속 · 정확하고 저렴하게 취득할 수 있으며 한 번의 측량으로 X, Y, Z 좌표를 취득하게 되고 광범위한 기준점 망 없이 30㎞의 대하여 지역에 단지 1개의 지상 기준국으로도 관측값 취득이 가능하다. 셋째, 라이다는 좁고 긴 지역의 지도제작에 이상적이며, 연안선에 대한 정확한 정보를 제공할 수 있고, 넷째, 일정 정도의 밀집한 숲을 투과할 수 있어 LiDAR에 의한 점 자료의 취득값으로 순수한 지상의 지형을 제작할 수 있다.

단점으로는 첫째, 라이다 센서는 비, 안개, 연무, 스모그, 눈보라 등 상황에서는 사용이 불가능 하며, 둘째, 수체에 반사된 자료는 신뢰할 수 없다.(적외선 파장은 물에 잘 흡수됨) 셋째, LiDAR 자료는 점밀도에 따라 경계선의 관측이 용이 하지 못하며, 넷째, 수직오차에 비해 수평오차가 약 2~3배 가량 크다. 다섯째, 과밀한 식생지역에서는 레이저펄스가 지면까지 투과할 수 없다.

LiDAR는 RADAR와 동일한 원리를 이용하는 관측방법으로 목표물을 향하여 발사된 레이저파는 목표점에서 일부는 반사되고 일부는 흡수되고 흩어지는 반사특성을 이용해 목표물의 특성을 알아내고, 레이저파가 돌아오는 시간을 이용해 목표지점까지의 거리를 관측하게 된다. 라이다는 다음과 같이 크게 3가지 종류가 있다.

① Range Finders

가장 간단한 LiDAR로 거리를 관측할 수 있는 장비이다.

② DIAL(DIfferential Absorption LiDAR)

대기 중의 오존, 증기, 오염물 등의 화학적 특성을 관측할 수 있는 장비이다.

③ Doppler LiDARs

도플러 원리를 이용해 움직이는 물체의 속도를 관측할 수 있는 장비이다.

레이저에 의한 라이다관측은 정밀하고 빠르게 물체의 3차원 형상을 관측할 수 있다. 라이다는 기본적으로 종전의 레이저 관측의 기능을 갖고 있으며, 초당 최대 5,000~500,000점까지 레이저파를 대상체 표면에 발사하여 대상체 표면의 지형공간위치정보(x, y, z)를 갖는 무수한 관측점군(point-cloud)으로서 표현한다.

(2) 라이다의 종류

① 항공 LiDAR 체계

항공레이저 측량은 광범위한 지역의 DEM을 적은 비용으로 효율적으로 구축하기위해서 개발되었다. 항공 LiDAR체계는 레이저 스캐너와 GPS관성항법장치(GPS/INS: GPS/Inertial Navigation System)로 구성되어 있고 레이저 스캐너는 거리관측부와 스캐닝부로 다시 구분되어진다. LiDAR 체계는 움직이는 비행기에 탑재되어 사용되어지는데 정지상태가 아닌 항공기에서 관측을 할 경우 지상좌표 나타낼 항공기의 정확한 위치를 알기위하여 항공기의 초기 위치값은 GPS/INS로부터 제공받고, 레이저 스캐너에 의해 레이저펄스를 지표면에 주사하여 반사된 레이저파의 도달시간을 이용하여 물체의 3차원 위치좌표를 계산할 수 있다.

항공 LiDAR를 이용해 취득되는 자료로 첫 번째는 지표면의 3차원 좌표이다. 좌표계는 UTM WGS84로 국지좌표계로의 변환이 필요하며, 고도는 GPS를 이용하는 다른 방법들과 같이 타원체고로 지오이드(geoid)를 고려한 정고도로의 전환이 필요하다.

두 번째로 , 입사하는 레이저펄스와 반사되는 레이저펄스의 강도비를 나타내는 반사강도(intensity) 자료를 이용하여 토지피복분류와 지표상 건물추출 등에 적용되고 있다.

셋째로, 입사하는 레이저펄스와 반사되는 레이저펄스의 강도비를 나타내는 반사강도(intensity) 자료는 토지피복분류와 지표상 건물추출 등에 이용되고 있다.

넷째, 레이저펄스가 수관층을 투과하는 성질을 이용하여 식물과 지표면의 상태를 모두 기록한 다중반사(multiple return) 자료를 LiDAR로 취득한다. 다중 반사중에서 물체에 도달하는 빔의 일부는 지붕의 끝부분에 부딪히고 나머지는 지상에 도달하므로 지붕에서의 반사와 지상에서의 반사가 다르게 나타남으로써 단일펄스에 의하여 두 개의 다른 고도값이 제공된다. 지붕에서 계산된 고도를 "선 반사(first return)", 지상에서 계산된 고도를 "후 반사(last return)" 라고 부른다. 만약 레이저 펄스가 나무에 충돌한다면, 첫 번째 반사는 나무의 고도를 제공할 것이고 두 번째 또는 세 번째 반사는 중간에 있는 나뭇가지의 고도를, 마지막 반사는 나무 아래 지상의 고도를 제공하게 된다. 이러한 특성으로 LiDAR는 표면 거칠기 정보와 수관층의 두께 및 생체량(biomass) 등을 추정하는 자료로 활용될 수 있다. 또한 지표면의 정보와 지상물의 정보를 동시에 취득할 수 있다.

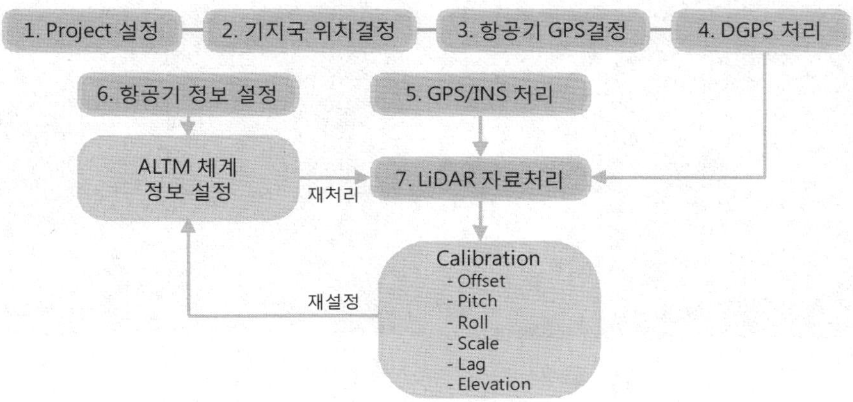

그림 4-1 항공라이다 작업공정

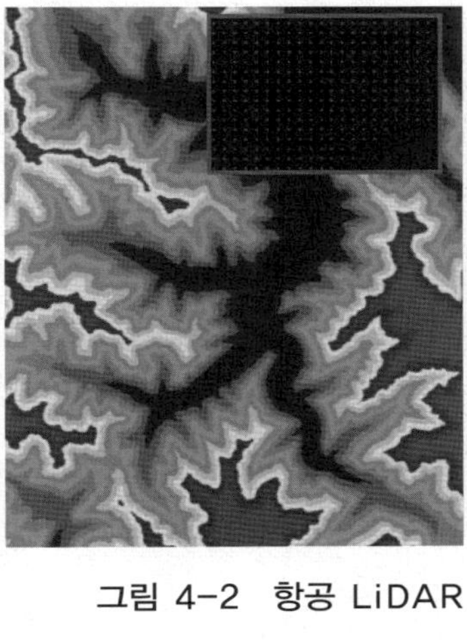

```
231539.00 331489.00 102.52
231540.00 331489.00 101.91
231541.00 331489.00 101.35
231542.00 331489.00 100.78
231543.00 331489.00 100.21
231544.00 331489.00 99.64
231545.00 331489.00 99.07
231546.00 331489.00 98.49
231547.00 331489.00 97.84
231548.00 331489.00 97.63
231549.00 331489.00 97.20
231550.00 331489.00 96.82
231551.00 331489.00 96.40
231552.00 331489.00 96.00
231553.00 331489.00 95.63
231554.00 331489.00 95.09
231555.00 331489.00 94.53
231556.00 331489.00 94.96
231557.00 331489.00 95.45
231558.00 331489.00 95.92
231559.00 331489.00 96.56
231560.00 331489.00 97.25
231561.00 331489.00 97.99
231562.00 331489.00 98.55
231563.00 331489.00 98.96
231564.00 331489.00 99.35
231565.00 331489.00 99.88
231566.00 331489.00 100.40
231567.00 331489.00 100.87
231568.00 331489.00 101.28
231569.00 331489.00 101.77
```

그림 4-2 항공 LiDAR 자료로 제작한 DEM

항공 LiDAR의 해석은 제11장에서 다루기로 한다.

② 지상 LiDAR 체계

지상레이저측량을 하기 위한 3차원 레이저스캐닝체계(3D laser scanning system)는 정밀하고 빠르게 물체의 3차원 형상을 측량할 수 있는 체계로써 대상체면에 투사한 Laser의 간섭이나 반사를 이용하여 대상체면상의 관측점의 공간정보를 취득할 수 있다. 3차원 레이저스캐닝체계로 대상체의 표면으로부터 상대적인 3차원(X, Y, Z) 지형공간좌표를 각각의 점 자료(point data)로 기록하며, 관측방법에 따라 일정량의 굴절각 증분을 주기 위해 하나 또는 두 개의 거울(mirror)을 사용하거나, 장비 전체가 회전하여 3차원 지형공간좌표를 얻을 수 있다.

그림 4-3 지상 LiDAR로 스캔된 영상

(3) 라이다의 활용

LiDAR 체계의 등장으로 과거에는 할 수 없었던 지형공간정보 분야에 대한 다양한 응용이 가능해졌다. 정확하고 정밀한 수치고도자료를 이용한 3차원 도시모형화(city modeling)가 가능해짐에 따라 도시계획, 조경, 무선통신분야의 기지국설치 및 전파확산모형 분석 등에 응용되고 있다. 또한 홍수피해 예측, 해안선관리, 산림관리, 수목량 추출 등 식생상태 도면화(canopy & forest mapping), 송전탑 위치분석, 전선위치의 모형화, 철도 및 도로의 관리, 군사전략사업, 환경분석 및 계획 등 다양한 분야에서 활용되고 있다.

라이다 측량은 종래의 기존 측량보다 시간과 비용면에서 효율적으로 3차원 자료를 얻을 수 있어 다양한 분야에서 활용되고 있다. 산악지역에 대한 항공라이다측량으로 이루어진 수치지도모형(DEM)은 〈**그림 4-4**〉과 같다.

그림 4-4 라이다 자료로 생성한 산악지역의 수치고도모델

레이저는 좁은 지역에서 반사되는 여러 관측값을 이용하여 나무의 높이와 분포상태의 산림자원 정보를 구할 수 있을 뿐만 아니라 전력선, 도로, 파이프, 터널 등의 사회기반시설 추출에도 유용하게 활용할 수 있으며〈**그림 4-5, 6, 7**〉, 라이다 측량으로 생성된 수치고도모형은 토목공사시 성토량과 절토량 계산에 유용하게 활용되고 있다.

항공 LiDAR 및 항공 LiDAR와 고해상영상 자료에 의한 산림의 탄소흡수량 산정, 임상별 분포, 수고, 흉고, 산림울폐도(일정한 토지면적 중 나무가 차지하는 비중) 등 각종 산림정보를 추출하고 있다.

또한 해안선 추출과 관리, 호수나 강의 관리를 위해 얕은 수심을 투과하는 특화된 라이다 장비(bathymetric LiDAR)도 개발되어 이용되고 있다〈**그림 4-8**〉.

그림 4-5 라이다 자료로 얻은 산림지역 수목의 높이와 분포

그림 4-6 라이다 자료를 이용한 전력선 추출

그림 4-7 지상 라이다 장비를 사용한 터널의 단면 추출

그림 4-8 라이다 자료를 이용해 해안선을 청색선으로 추출

최근 유형문화재에 대한 라이다측량으로 3차원자료를 수집하여 문화재의 실체, 수리 및 복구에 많은 기여를 하고 있다〈**그림 4-9**〉

그림 4-9 라이다로 복원된 문화재

(4) 위성 및 달 레이저 관측(SLR & LLR)

위성 측량방법으로 영상에 의해 위성의 방향을 관측하는 광학적 방향관측법이 일찍부터 실시되었으나 대기의 영향에 의해 정확도면에서 만족할 만한 값을 얻지 못하였다, 따라서 지상측량에서 삼각측량이 삼변측량으로 대체되는 것과 같이 위성이나 달 측량에 있어서도 방향관측에 대신하여 거리관측이 등장하게 되었다. 인공위성이나 달까지 거리를 관측하는 방법에는 전파를 사용하는 방법이 있으나 대출력의 레이저 펄스를 이용하는 방법이 정확도면에서 유리하므로 현재는 레이저 거리측량방식이 주류를 이루고 있다. 위성 또는 달 레이저 거리측량은 위성 또는 달을 향해 레이저 펄스를 발사하고 위성 또는 달로부터 반사되어 돌아오는 왕복시간으로부터 위성 또는 달까지의 거리를 관측하는 방법이다.

① SLR

SLR(Satellite Laser Ranging)은 지상관측소와 인공위성 사이에 레이저파의 소요시간을 관측하여 두 점간의 거리를 산정할 수 있는 시스템이다. 이는 지상관측소에서 단파장

($\lambda = 10\ 150ps$)의 레이저를 인공위성을 향해 발사하게 되면 정밀한 시간관측장치(TIC: Time Interval Counter)를 작동시킨 후 레이저파가 인공위성의 역발사체(retroreflector)에 의해 발사되어 지상의 관측소로 복귀하면서 시간관측장치를 중단시킨다. 이때 관측된 소요시간에 속도를 곱하여 얻은 거리를 이등분하면 지상관측소와 인공위성사이의 거리를 산정 할 수 있다. 현재 전 세계적으로 약 58개의 SLR 지상관측소가 운영되고 있다.

SLR의 활용분야와 기술현황은 ①지구회전 및 지심변동량관측, ②해수면과 빙하면을 관측, ③지형 및 평균해수면의 높이를 직접관측, ④지각변동연구 및 기초물리학의 연구자료 제공, ⑤지구중력장에서 시간에 따른 변화량의 관측, 지구의 수직운동 등을 감시(monitor)를 할 수 있어 SLR관측망을 통하여 지구중심의 움직임을 ㎜단위로 감시하는데 이용, ⑥일반상대성이론을 실험 할 수 있는 유일한 기술로 이용, ⑦ SLR관측소는 VLBI, GPS 시스템을 포함하여 국제적 우주측지관측망을 형성하는데 중요한 역할을 한다. 이로써 SLR은 지상과 위성간의 거리관측, 지구중심의 변동량모니터, 표면의 관측, 해수면의 관측, 일반상대성이론의 실험 등 지구물리학분야에 중요한 관측방법으로 이용되고 있으며 국제지구기준좌표계(ITRF: International Terrestrial Reference Frame)의 유지에도 크게 기여하고 있다.

② LLR(Lunar Laser Ranging)

LLR는 1969년 아폴로Ⅱ호의 달 착륙이 성공되면서 이때 설치한 달 역반사체를 이용하여 달까지의 거리를 관측할 수 있다.

(5) 레이더 영상의 특성 및 왜곡

① 레이더 영상의 특성

1950년 Carl Wiley가 Doppler Beam Sharpening 이론을 제시한 후 이를 발전시킨 기술을 이용하여 1970년대에 항공기에 SLAR(Side Looking Airborne Radar)를 탑재하여 영상을 취득함으로써 민간 및 국방 분야 등에 걸쳐 다양한 응용분야가 개발되었다. 저해상 영상 레이더인 RAR[Real Aperture Radar, 실개구(實開口) 레이더]와 고해상 영상 레이더인 SAR[Synthetic Aperture Radar, 합성개구(合成開口) 레이더]는 극초단파 중 레이더(RADAR: RAdio Detection And Ranging)파를 지표면에 발사하여 돌아오는 반사파를 이용하여 2차원 영상을 취득하는 센서이다, 대부분의 광학영상 체계가 수직

(nadir) 영상을 취득하는 반면 레이더영상의 경우 파의 왕복 시간으로만 거리(위치)를 파악하는 특성으로 측면촬영(side-looking)방식을 취하고 있다. 이는 레이더로 수직영상을 얻기 위한 수직촬영(down-looking)방식을 택할 경우 수직축을 중심으로 좌 · 우의 레이더파 왕복 시간값을 구분할 수 없기 때문이다. RAR의 경우 촬영고도가 고정되어 있을 때 레이더의 특성상 입사각(incidence angle)이 클수록 측면방향 해상도가 증가하지만 센서의 진행방향의 해상도는 감소하게 되는 특성이 있다. 그러나 입사각에 따른 센서 진행방향의 해상도의 문제점을 해소시킨 SAR를 사용함으로써 이 문제점을 해결 할 수 있다. RAR는 물리적으로 매우 큰 안테나 배열을 사용하나 SAR는 이러한 RAR의 안테나 배열을 수신파의 특성을 이용함으로써 물리적으로 매우 작은 안테나를 이용하여 고해상의 2차원 (X, Y)영상을 취득할 수 있도록 신호를 합성하여 처리하므로 합성개구 레이더로 명명되었다.

② SAR 영상의 왜곡

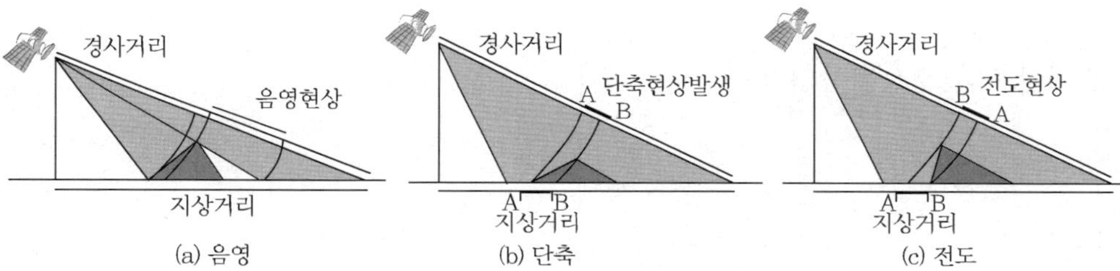

그림 4-10 SAR 영상면의 왜곡

측면촬영방식으로 인한 SAR 영상면의 왜곡은 크게 음영(陰影, shadow), 단축(短縮, foreshortening), 전도(顚倒, layover)로 나타낼 수 있나. 음영은 지형의 특성으로 인하여 센서에서 발사한 극초단파가 도달하지 못하여 영상면에서 그 지역이 매우 어둡게 나타나는 현상이다. 단축은 레이더 방향으로 기울어진 면이 영상면에 짧게 나타나게 되는 왜곡을 의미하며 전도는 고도가 높은 대상물의 신호가 먼저 들어옴으로써 수평위치가 뒤바뀌는 현상을 의미한다〈**그림 4-10**〉.

③ SAR 영상의 활용

해상의 기름유출시 오염 모니터링, 능동센서(active sensor)의 특징을 이용한 홍수 모니터링, 간섭기법(interferometry)기법을 이용한 정밀한 수치고도모형(DEM)생성, 빙하의 이동경로 관측, 지표의 붕괴 및 변이관측, 화산활동의 관측 등에 이용되고 있다.

연 습 문 제

다음 사항에 대하여 답하시오.

4. 스캐닝(센서)체계에 의한 영상

1) 원격탐측의 의의 및 이용현황

2) 원격탐측의 영상취득의 특징

3) LANDSAT, SPOT, RADARSAT, KOMPSAT, COMS, Quickbird-2

4) 원격탐측자료의 자료추출방법 중 감독 및 무감독분류

5) 지상 및 항공 LiDAR

6) LiDAR의 활용

7) SLR와 SAR

5 영상면 입체시(Stereoscopic Vision for Imagery)

1) 영상면 입체시의 원리

〈**그림 5-1**(a)〉는 사람이 물체 $\overline{PQ}$를 위에서 보고 있는 것으로 이 경우 P 쪽이 Q 쪽보다 가깝게 보일 것이다. 이것은 시차각(또는 수렴각, parallax angle) r_1과 r_2의 값이 다르기 때문이다. 또한 P와 Q는 각각 안구에 있는 렌즈의 중심 O_1, O_2를 통해 망막상의 p_1', p_2'와 q_1', q_2'에 사상(寫像)되는데 이 $\overline{p_1' p_2'}$와 $\overline{q_1' q_2'}$를 각각 점 P 및 점 Q의 시차(parallax)라 한다. 따라서 원근을 느끼는 것은 점 P와 Q의 시차 차이며 이것을 시차차(視差差, parallax difference)라 한다.

〈**그림 5-1**(a)〉를 항공기에서 중복영상면 촬영하는 것으로 고려해 O_1, O_2가 사진기 렌즈의 중심이라면 굴뚝 PQ는 필름 상에 각각 $\overline{p_1' q_1'}$와 $\overline{p_2' q_2'}$의 길이로 찍힌다. 이와 같이 찍힌 영상면을 (b)처럼 두고(영상면상의 굴뚝꼭대기와 밑을 각각 $P_1 Q_1$, $P_2 Q_2$라 한다), 왼쪽 눈으로 왼쪽영상면, 오른쪽 눈으로 오른쪽영상면을 바라보면 그 상은 망막 상에 $\overline{p_1'' q_1''}$과 $\overline{p_2'' q_2''}$로 나타나므로 원근감을 얻을 수 있다.

입체감을 얻기 위한 입체영상면의 조건은 다음과 같다.

첫째, 한 쌍의 영상면을 촬영한 사진기의 광축이 거의 동일평면 내에 있어야 한다.

둘째, B를 촬영기선길이(base line)라 하고, H를 기선으로부터 피사체(대상물)까지의 거리고 할 때 기선고도비(B/H)가 적당한 값이어야 하며, 그 값은 약 0.25 정도이다. 영상탐측에서는 대상에 따라 다르지만 대략 1/40~1/20 값이 이용된다.

셋째, 2매의 영상면축척은 거의 같아야 한다. 축척차가 15 %까지는 어느 정도 입체시(立體視)될 수 있지만 장시간 입체시할 경우에는 5% 이상의 축척차는 좋지 않다.

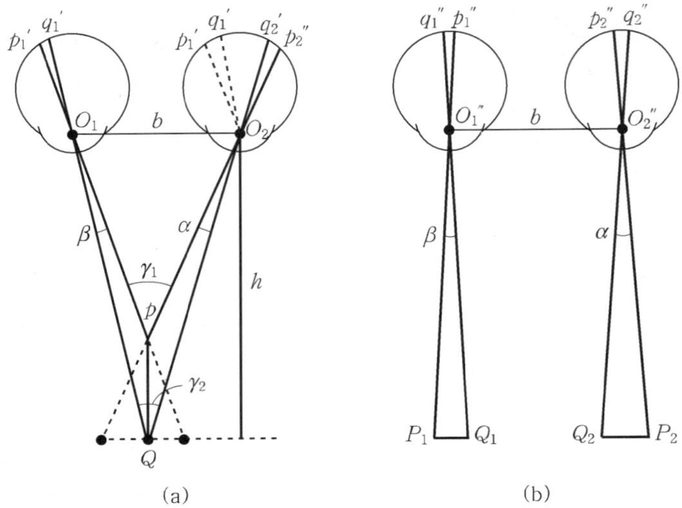

그림 5-1 망막상의 상과 입체감

2) 영상면 입체시의 방법

입체시(stereoscopic vision)에서 정입체시(orthoscopic vision, 고저가 있는 그대로 보임)와 역입체시(pseudoscopic vision, 고저가 반대로 보임)가 있으며 정입체시 방법에는 자연입체시와 인공입체시(육안식, 렌즈식, 반사식, 여색식, 편광식, 순동식), 컴퓨터상에서의 입체시, 컬러입체시 등이 있다.

(1) 육안입체시(binocular stereoscopic vision)

중복영상면을 명시거리(明視距離, 약 25 ㎝ 정도)에서 영상면상에 대응하는 점들이 안기선의 길이보다 조금 짧은 약 6 ㎝(중복도가 60 %인 경우이나 중복도에 따라 거리가 달라진다)가 되도록 떨어뜨려 안기선과 평행하게 놓는다. 왼쪽 눈으로 왼쪽영상면을, 오른쪽 눈으로 오른쪽영상면을 보면 좌우의 영상면상이 하나로 융합되면서 입체감을 얻게 된다. 이런 현상을 입체시라 하며 눈의 훈련을 통해 기구를 사용하지 않고 눈만으로 입체시를 할 경우 이를 육안입체시(肉眼立體視, binocular stereoscopic vision)라 한다.

(2) 기구에 의한 입체시

① 입체경(立體鏡)

가) 렌즈식 입체경(stereoscope)

〈**그림 5-2**(a)〉는 2개의 볼록렌즈를 사람의 안기선(眼基線, eye base) 평균값 65 ㎜ 간격으로 놓고 조립한 것이다. 이와 같은 렌즈를 통해 영상면을 볼 때는 렌즈의 초점이 영상면에 닿아 시차각이 자연상태에 가깝기 때문에 입체시가 평상입체시에 가까워져 쉽게 입체감을 얻을 수가 있다. 더구나 렌즈의 배율로 영상면의 세부까지도 알 수 있다. 그러나 렌즈 왜곡(distortion) 때문에 상이 기울어져 수평면은 완곡면(緩曲面)으로 보인다. 또한 시야가 좁기 때문에 일부분은 잘 보이지만 그 이외의 부분은 굴절되어 보이는 단점이 있다.

나) 반사식 입체경

이 형식은 영상면의 시야가 넓어 렌즈왜곡에 의한 완곡감도 적게 느껴진다. 렌즈식 입체경의 결점을 보완한 것으로 영상면에서 눈에 이르는 광로(光路)가 길기 때문에 그만큼 입체시가 좋게 된다. 〈**그림 5-2**(b)〉에서 명백히 알 수 있듯이 영상면상의 기선이 안기선의 수배인 25~30 ㎝ 정도가 되므로 입체시가 넓은 범위에서 한 번에 이루어진다.

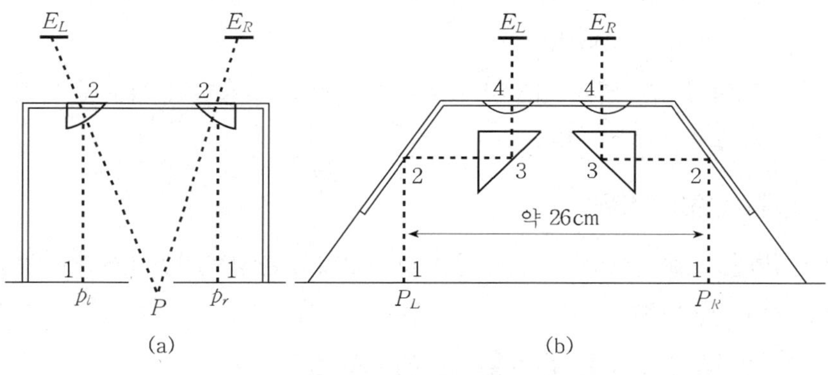

그림 5-2 입체경에 의한 입체시

② 여색입체시(餘色立體視)

여색입체시법에는 2종류의 방법이 있는데, 하나는 여색인쇄법(餘色印刷法)이고 다른 하나는 여색투영광법(餘色投影光法)이다.

가) 여색인쇄법

입체영상면 1쌍의 오른쪽은 적색, 왼쪽은 청색으로 현상해 겹쳐 인쇄한 것으로, 이 영상면을 여색안경(오른쪽은 청색, 왼쪽은 적색으로 만들어진 안경)으로 보면 흑백입체상을 얻을 수 있다. 이것을 애너글리프(anaglyph)에 의한 입체감이라 하는데 일반적으로 여색입체시라 하면 이것을 뜻한다.

나) 여색투영광법

암실 내에서 여색필터를 끼운 투영렌즈에 입사된 좌우의 투영대에 얹어진 흑백투명양화(黑白透明陽畵)를 통해 백색판상에 투영시키면 적색광과 청색광의 중첩효과가 나타난다. 한 쌍의 투명양화를 좌우의 투영대에 장착시키고 여색관계가 있는 필터를 통해 백색광을 투영시키면 착색영상면이 생긴다. 이때 적색광영상면은 청색안경으로, 청색광영상면은 적색안경으로 보면 착색영상면은 명확히 흑색이 되고, 영상면 이외의 투과부(여색인쇄법 인쇄지의 백색부에 해당하는 부분)는 착색광이 되어 투영되기 때문에 같은 색안경에 흡수되어 버린다. 그래서 투영광과 반사필터 쪽은 앞에서와 같이 영상면부분이 흑색이 되고 투통광(透通光) 부분도 필터의 여색광이 차단되어 똑같이 흑색이 된다. 이 때문에 영상면부나 투과부는 흑색이 되므로 영상면은 전혀 보이지 않는다. 이상과 같은 이유로 왼쪽영상면은 왼쪽 눈에 오른쪽영상면은 오른쪽 눈에 보여 지게 되어 정상입체감이 얻어진다. 이 원리를 이용한 도화기가 켈시 플로터(kelsh plotter)이다.

여색입체시는 지금까지 널리 이용되고 있으나 여색을 이용하기 때문에 색영상면에는 불리한 큰 결점이 있다.

③ 편광입체시(偏光立體視)

편광입체시법은 서로 직교하는 진동면을 갖는 2개의 편광광선이 1개의 편광면을 통과할 때, 그 편광면의 진동방향과 일치하는 진행방향의 광선만 통과하고 여기에 직교하는 광선은 통과하지 못하는 편광의 성질을 이용하는 방법이다.

④ 순동법

순동법은 영화와 같이 망막상의 잔상을 이용해 입체시각을 얻는 방법이다. 투영광선로 중간에 격판을 설치해 좌우영상면의 광로를 교대로 보내고 이에 대응하도록 좌우의 눈앞에도 동일한 격판을 설치한 후, 왼쪽영상면이 투영될 때는 왼쪽격판을 열고 다음 오른쪽영상면이 투영될 때는 왼쪽격판은 닫히고 오른쪽격판이 열리게 한다. 이 개폐를 1/16초 정도로 급속히 진행하면 입체시각을 얻을 수 있다. 이 방법의 결점은 다른 방법에 비해 기구적인 문제점, 즉 급속개폐에 따른 진동으로 인한 관측의 불안정성 및 진동음에 의한 장시간 관측의 곤란 등이 있다.

⑤ 컴퓨터상에서의 입체시

많은 응용분야에서 영상면의 분석을 쉽게 할 수 있게 해주는 입체시는 필수적이다. 많은 관측점에서 y 시차가 소거되도록 입체영상면의 표정요소를 이용해 입체영상면으로부터 정규화된 영상면(normal imagery)을 얻을 수 있다. 이러한 계산과정들은 많은 양의 계산을 필요로 하기에 전처리과정에서 일괄처리하게 된다. 입체시는 입체쌍(stereo pair)의 2개 영상면을 분리하는 것이 필요하다. 분리(separation)에는 일시적 분리(temporal separation, 2개 영상의 교대 출력), 방사분리(편광, 역입체시 원리), 공간분리(분할영상면 및 입체경) 등의 방법이 있다. 현재 가장 일반적인 방법은 수동 또는 능동형식에 의한 일시적 분리와 편광의 조합이다.

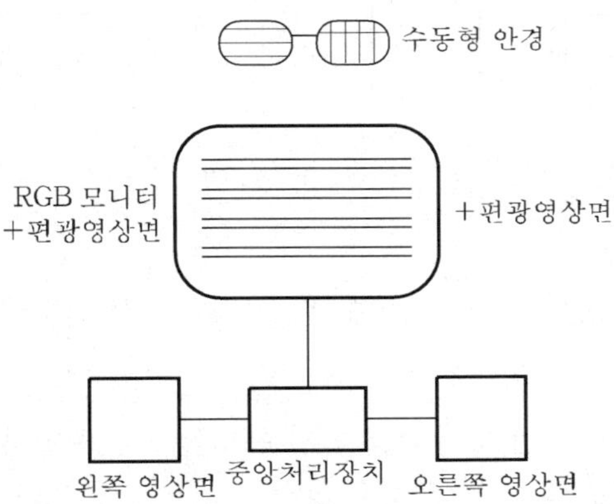

그림 5-3(a) 수동편광에 의한 입체시

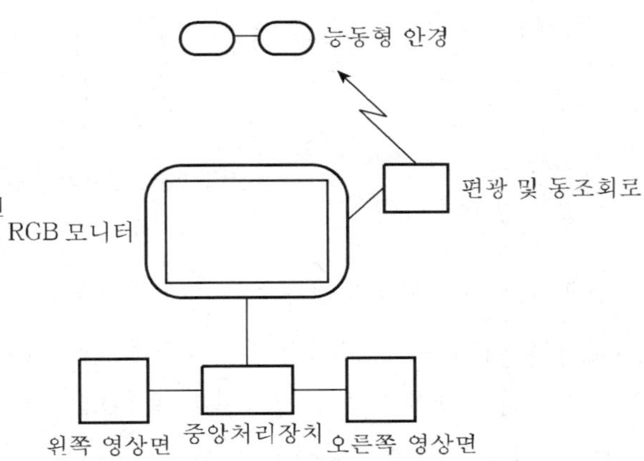

그림 5-3(b) 능동편광에 의한 입체시

수동적 편광의 경우 편광영상(polarization)이 모니터의 앞에 탑재된다〈**그림 5-3**(a)〉. 영상면들이 120 Hz의 간격으로 연속적으로 출력이 되며 편광영상면은 출력되는 영상면과 동조되어 편광을 바꾸게 된다. 사용자들은 수직 또는 수평적으로 편광화된 관측안경을 사용한다. 능동편광의 경우에서는 편광영상면은 〈**그림 5-3**(b)〉에서 보는 바와 같이 조망경

(viewing glasses)과 결합된다. 영상면들은 120 Hz의 간격으로 연속적으로 출력이 되며 입체안경은 LCD(Liquid Crystal Display)기술에서 출력되는 영상면과 동조되어 빛을 편광화시키는 크리스스털셔터(crystal eyes shutter)를 사용한다. 동조화(synchronization)는 무선통신에 의해 가능하다. 이러한 종류의 안경들은 LCD 셔터와 공급전원 때문에 무게가 많이 나간다. 이 두 가지 방법의 장점은 여러 사람들이 동시에 자유롭게 입체영상면을 볼 수 있는 것이다. 또한 이 방법들은 컬러영상면과 중첩을 가능하게 한다.

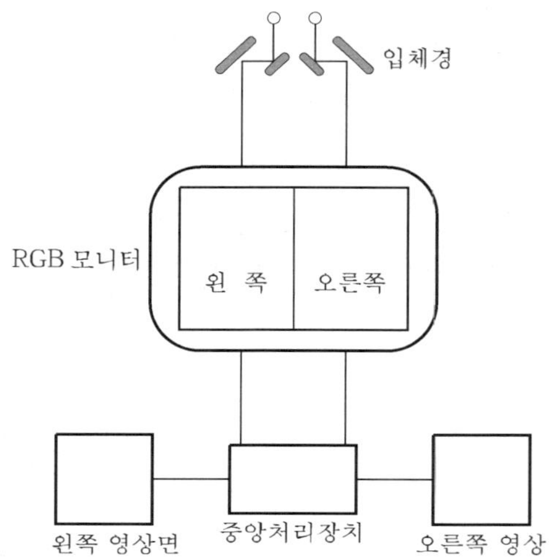

그림 5-4 광학분리에 의한 입체시

반면 가장 큰 단점은 이중주파수와 편광영상면 또는 LCD 셔터에 의한 빛의 흡수 때문에 일반 모니터에 비해 밝기가 상대적으로 떨어진다는 점이다.

공간분리의 경우 반사식 입체경은 모니터 앞에 탑재되며 입체쌍의 왼쪽 또는 오른쪽영상면의 부분들이 〈**그림 5-4**〉에 보이는 바와 같이 대응되는 영상면에 반씩 출력된다. 모니터 출력영상면 분할기법은 관측모형(model)면적을 줄여주지만 해석적 도화기에 사용할 수 있는 환경을 사용자에게 제공해준다. 또한 표준모니터(60 Hz)와 도형해석 장치(graphic adapter)를 사용 가능하게 해준다. 이와 유사한 해결방법은 2개의 영상면을 이용하는 방법인데, 그 중 한 영상면은 관측모형면적을 증가시키기 위한 것이다. 컬러영상면의 컬러중첩의 출력은 가능하지만 주어진 시간에 오직 한 명만이 입체시를 볼 수 있다.

⑥ 컬러입체시

컬러입체시(chromostereoscopy)로 알려진 효과를 이용해 컬러도심의 3차원(chromodepth 3-D) 처리에 기본을 두고 있다. 기본개념은 색상(color)에 의해 심도(depth)를 영상면에 부여한 다음 심도지각(depth perception)을 생성하는 광학에 의해 다시 색상을 얻는 것이다. 색상은 심도정보를 나타내는데 이용되기 때문에 단일 영상면의 생성이 필요하다. 인공적 심도는 고도계나 중력계와 같은 정량적 관측과 연관될 수 있다. 칼라심도 안경은 두꺼운 안경프리즘처럼 작용하는 얇은 광학을 만들기 위해 굴절과 회절을 결합한다. 각의 색상은 서로 다르게 미소 각 시차(differential angular parallax)를 생성하면서 이동된다. 전방에 위치한 물체는 붉은색을 띄게 되고 후방의 물체는 파란색을 나타내며, 그 사이에 있는 물체는 전자기파분광(spectrum)의 위치에 따라 색을 나타내게 된다. 그러므로 오렌지색 물체는 붉은색보다 뒤에, 초록색보다 앞에 위치하게 된다. 이러한 과정은 안경을 사용하지 않을 때는 편평한 표준정규컬러영상면으로 보이지만 컬러심도 3차원 안경을 사용하면 3차원 영상면으로 보인다. 컬러심도에 의한 영상면은 프린트, 필름, 비디오 텔레비전, 컴퓨터그래픽, 또는 레이저쇼 등에 이용된다. 이 영상면은 고해상도의 심도지각을 위한 디자인이 가능한 이산컬러(discrete color)로 구성되어 있다. 컬러심도 과정은 위성영상에서 나타나는 연속적 색조(tone) 영상면에서도 적용시킬 수 있다.

⑦ 역입체시(逆立體視)

역입체시(pseudoscopic vision)란 입체시과정에서 본래의 고저가 다음과 같은 두 가지 원인에 의해 반대가 되는 현상을 말한다. 즉, 높은 것은 낮게, 낮은 것은 높게 보이는 현상이다.

가) 한 쌍의 입체영상면으로 정입체시 되는 영상면위치에서 좌우의 영상면을 바꿔 놓을 때(단, 이 경우 주점기선길이는 같게 한다)

나) 정상적인 여색입체시 과정에서 색안경의 적과 청을 좌우로 바꿔서 볼 경우

3) 입체상의 변화 및 과고감

(1) 입체상의 변화

입체상의 변화는 기선고도비$\left(\dfrac{B}{H}\right)$에 영향을 받는다.

① 기선의 변화에 의한 경우

입체상은 촬영기선이 긴 경우가 촬영기선이 짧은 경우보다 더 높게 보인다.

② 초점거리의 변화에 의한 경우

렌즈의 초점거리가 긴 쪽의 영상면이 짧은 쪽의 영상면보다 더 낮게 보인다.

③ 촬영고도의 차에 의한 경우

같은 사진기로 촬영고도를 변경하여 같은 촬영기선에서 촬영했을 때, 낮은 촬영고도로 촬영한 영상면이 촬영고도가 높은 경우보다 더 높게 보인다.

④ 눈의 높이를 달리 할 경우

눈의 위치가 높아짐에 따라 입체상은 더 높게 보인다.

⑤ 눈을 옆으로 돌렸을 경우

눈을 좌우로 움직여 옆에서 바라볼 때 항공기의 방향선상에서 움직이면 눈이 움직이는 쪽으로 비스듬히 기울어져 보인다.

(2) 카메론 효과

입체영상면 위에서 이동한 물체(예: 자동차의 속도를 관측할 경우)를 입체시하면 그 운동 때문에 물체가 상의 시차를 발생한다. 그 운동이 기선방향이면 물체가 뜨거나 가라앉아 보이는데 이 현상을 카메론효과(cameron effect)라 한다.

(3) 입체시에 의한 과고감

과고감(過高感, vertical exaggeration)이란 인공입체시하는 경우 과장되어 보이는 정도를 뜻한다. 항공영상면을 입체시해 보면 평면축척에 대해 수직축척이 크게 되기 때문에 실제도형보다 산이 더 높게 보인다.

〈그림 5-5〉에서 사람의 양쪽 눈 간격 $\overline{AB} = b = 65\,\text{mm}$에 대해 촬영고도 H는 매우 크므로 수렴각 γ_p, γ_q가 대단히 작아 P와 Q는 고도감 없이 평평하게 보인다. 일반적으로 사람 눈의 수렴각 차($\Delta\gamma = \gamma_p - \gamma - q$)의 분해능력은 10~25° (거리 500~1,300m에 해당) 정도이므로 아주 먼 거리의 물체는 수렴각이 거의 0° 에 가까워져 고저차 및 원근을 구별할

수 없다. 그러나 Ⅰ의 상공에서 A에서 촬영하고, 촬영기선 B만큼 떨어진 Ⅱ의 상공 C점에서 촬영한 두 장의 영상면을 입체시하면 수렴각 γ_P, γ_Q가 커지므로 항공기상에서 직접 내려다 본 감각보다 더 명료한 고도감, 즉 과고감을 느낄 수 있다. 촬영기선길이 B와 안기선 b(52~78㎜ 정도)의 비를 부상비(浮上比) n이라 하며 과고감은 촬영고도 H에 대한 촬영기선길이 B와의 비인 기선고도비 B/H에 비례한다.

$$n = \frac{B}{b} \tag{5-1}$$

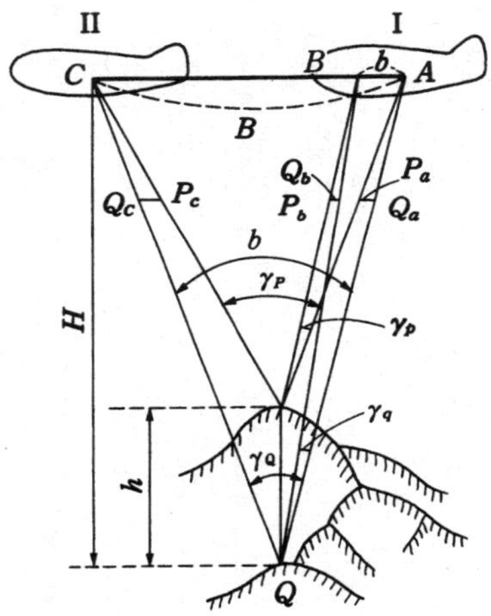

그림 5-5 과고감

4) 시차와 시차공식

두 투영중심 O_1과 O_2에서 나온 대응하는 광선이 평면 r과 만나는 점 A'와 A''가 **〈그림 5-6〉**와 같이 일치하지 않는 경우 평면 r 상의 벡터 $\overline{A''A'}$를 시차(parallax) p라 하며, 시차 p의 x 성분을 횡시차(橫視差, x-parallax) p_x, Y 성분을 종시차(縱視差, y-parallax) p_y라 한다.

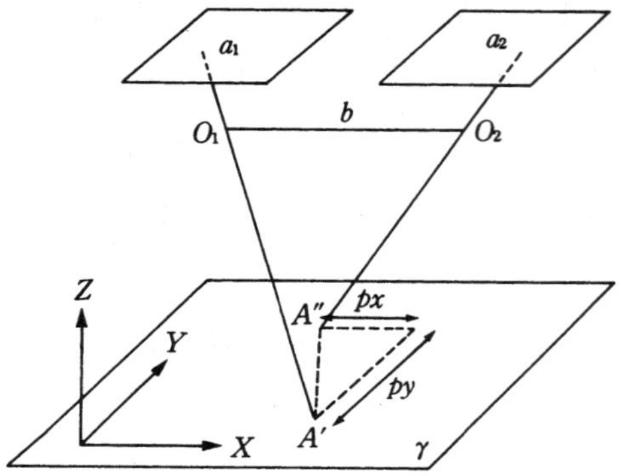

그림 5-6 시차

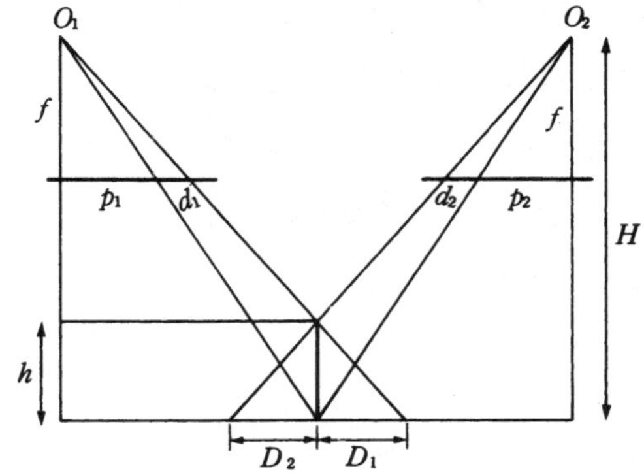

그림 5-7 수직영상면의 기하학적 관계

〈**그림 5-7**〉은 정확하게 연직인 2매의 영상면이 같은 고도에서 h 인 탑을 촬영한 관계를 나타내고 있다.

이때

$$D_1 = (d_1 + p_1)\frac{h}{f}, \qquad D_2 = (d_2 + p_2)\frac{h}{f}$$

이므로

$$D_1 + D_2 = \frac{h}{f}(d_1 + d_2 + p_1 + p_2) \tag{5-2}$$

$d_1 + d_2 = \Delta p$ (시차차), $p_1 + p_2 = b$ (주점기선길이)라 놓으면

$$h = \frac{f(D_1 + D_2)}{\Delta p + b} = \frac{f}{\Delta p + b}\cdot\frac{H}{f}(d_1 + d_2) = \frac{\Delta p}{\Delta p + b}H \tag{5-3}$$

의 시차공식(parallax formula)을 얻을 수 있다.

Δp 가 b 에 비해 무시할 정도로 작을 경우 다음과 같은 간략식을 쓸 수 있다.

$$h = \frac{\Delta p}{b}H \tag{5-4}$$

◆ **예제 5-1**

촬영고도 6,000 m 영상면 Ⅰ을 기준으로 입체모형(model, 한 쌍의 중복된 영상면으로 입체시 되는 부분)화한 주점기선길이가 80㎜, 영상면 Ⅱ를 기준으로 입체모형화한 주점기선 길이=81㎜일 때, 시차차 1.0㎜ 그림자의 고저차는 얼마인가?

풀이 $h = \dfrac{\Delta p}{b}H = \dfrac{6,000}{\dfrac{80+81}{2}} \times 1.0 = 74.5\,\mathrm{m}$

별해 P_A : 관측하고자 하는 점의 시차값

P_R : 관측하고자 하는 기준점의 시차값

H : 촬영고도

$\Delta P = P_A - P_R$

$\triangle O'O''R' \quad \triangle O''n''r''$

$$\frac{P_R}{B} = \frac{C}{H} \rightarrow H = \frac{B \cdot C}{P_R} \tag{5-5}$$

$\triangle O'n''a'' \quad \triangle O'O''A'$

$$\frac{P_A}{B} = \frac{C}{h_A} \rightarrow h_A = \frac{B \cdot C}{P_A} \tag{5-6}$$

식 (5-5), (5-6)에서

$$h = H - h_A = B \cdot C\left(\frac{1}{P_R} - \frac{1}{P_A}\right) = B \cdot C\,\frac{P_A - P_R}{P_A P_R} \tag{5-7}$$

이다. 따라서 $\Delta P = P_A - P_R$에서

$$h = \frac{B \cdot C}{P_R}\,\frac{\Delta P}{P_R + \Delta P} = \frac{H \cdot \Delta P}{P_R + \Delta P} \tag{5-8}$$

$$\therefore h = \frac{H}{P_R + \Delta P}\,\Delta P \tag{5-9}$$

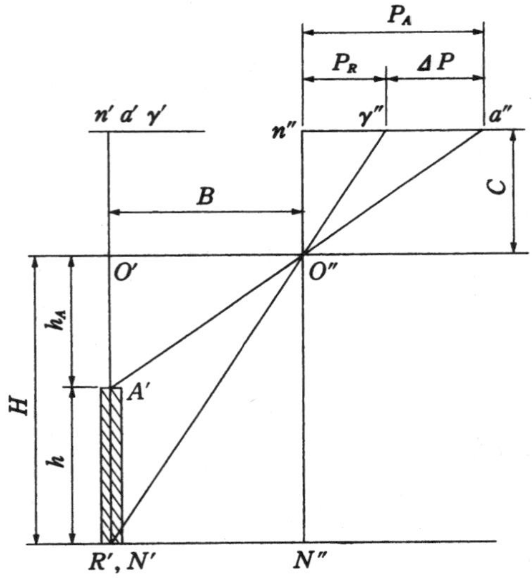

그림 5-8 연직영상면의 기하학적 관계

◆ 예제 5-2

영상면에 나타난 건물의 정상 시차값이 16.00 ㎜, 건물기준 밑 부분의 시차값은 15.96 ㎜이었다. 이 건물의 높이는 얼마인가? 단, 이때 촬영 고도는 6,000 m이다.

풀이 $h = \dfrac{H}{P_R + \Delta P}\Delta P = \dfrac{6{,}000}{15.96 + (16.00 - 15.96)} \times (16.00 - 15.96) = 15\,\text{m}$

5) 시차관측

(1) 시차관측기

시차관측기(parallax bar)는 입체관측기(stereometer)라고도 하며 1 ㎜의 1/10까지 정확하게 마이크로미터로 읽을 수 있고 목측을 적용하면 1/100까지도 읽어 낼 수가 있다. 일반적으로 입체시용의 영상면을 정상적인 입체시가 되도록 영상면을 놓은 경우 저지보다 고지 쪽이 시차의 길이가 짧게 되는 것이 일반적이다. 시차관측기는 양관측점 사이의 시차를 읽은 눈금이 시차길이 신축의 역수로 40 ㎜ 사이에 ㎜ 단위로 새기고 1 ㎜ 이하는 마이크로미터로 읽는다.

〈**그림 5-9**〉의 유리판에는 ○, ●, +의 세 관측표(觀測標)가 새겨져 있으므로 그 중

잘 보이는 것을 사용해 왼쪽영상면을 관측할 때 시차점에 왼쪽의 관측표를 일치시켜 입체시하고 오른쪽영상면의 시차점에 오른쪽의 관측표를 일치하도록 하면 영상면상에 대해 관측표가 뜨거나 가라앉는 것이 전혀 없이 면상에 관측표가 정착된 것처럼 보인다. 이때 마이크로미터의 읽은 값이 시차 p 이다. 영상면의 두 점, A, B 의 비고는 p_a, p_b 로 구한다.

이와 같이 시차가 같은 점은 눈으로부터 같은 거리, 즉 같은 높이에 있는 것 같이 보인다. 이것을 등시차라하며 등고면은 등시차면과 일치하므로 등고선을 그릴 수 있다.

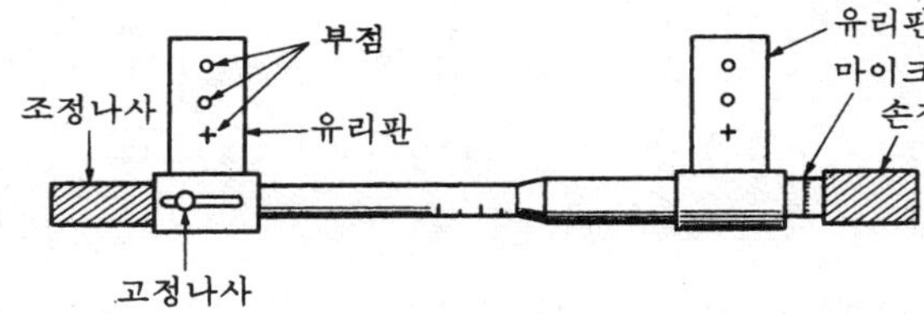

그림 5-9 시차관측기

(2) 부점

부점(floating mark)은 영상면상에서 대상물의 위치를 관측하거나 도면화하기 위해서 사용된다. 〈**그림 5-10**〉에서 Ⅰ, Ⅱ의 정사각형을 평행하게 놓고 그 위에 똑같은 2개의 삼각형판 M_{I}, M_{II} 를 그림에서처럼 y 방향의 거리가 같게 해서 O_l, O_r 의 점에서 입체시하면 공간상에 1개의 점 p 가 생긴다. 지금 M_{II} 를 그대로 두고 y 를 일정하게 하고, M_1 을 M_2, M_3 로 움직이면 그 상의 위치는 $\overline{OP}$ 의 연장을 따라 $M_{(2)}$, $M_{(3)}$ 로 원근이 자유로이 변화한다. 따라서 Ⅰ, Ⅱ의 정사각형판을 영상면으로 바꿔 놓고 M_{I}, M_{II} 에 있어서 간격의 변화량을 관측하면 원근도가 관측된다.

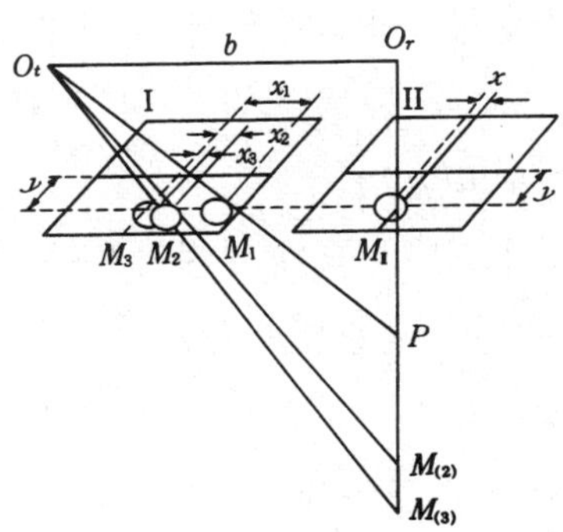

그림 5-10

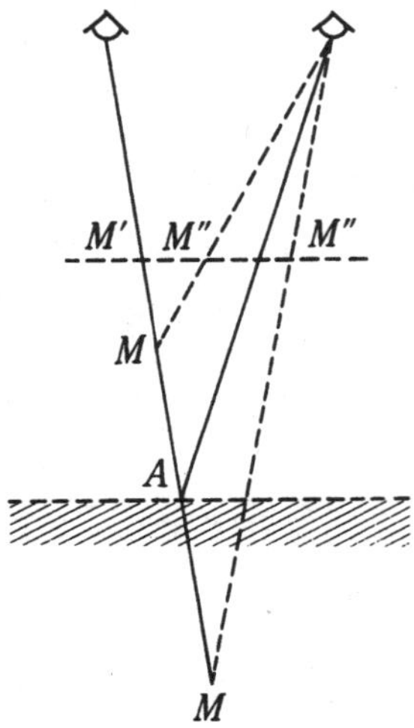

그림 5-11 부점의 위치

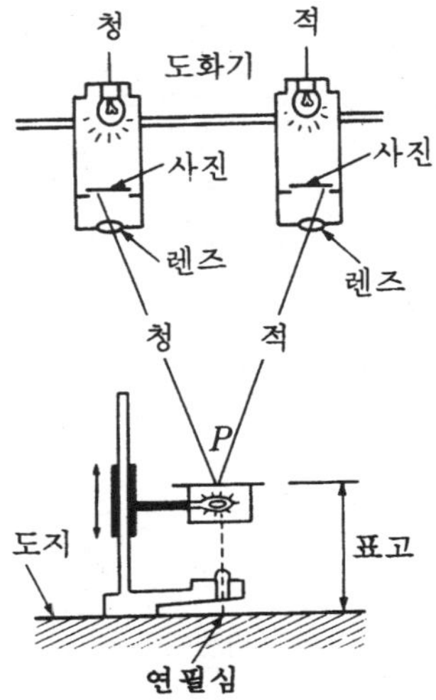

그림 5-12

여기서 M_{I}, M_{II}의 이동 등을 항상 x 방향과 y 방향이 자유로이 움직일 수 있도록 하면 영상면입체상이 어느 곳에서나 관측될 수 있다. 이처럼 관측할 수 있는 역할을 하는 점을 부표(floating) 또는 관측표(觀測標, measuring mark)라 하며 흑(黑) 또는 적의 환형(環形)이나 십자형(필터에 의해 자유로운 색으로 착색광이 됨) 등이 있다.

〈**그림 5-11**〉에서 보는 바와 같이 A를 볼 때는 1점으로 안착되어 보이는데, 이때를 부점정위(浮點正位, on the ground)라 하고, M을 볼 때는 떠 보이거나 가라앉아 보이는데 이때를 각각 부점상위(浮點上位, over the ground), 부점하위(浮點下位, under the ground)라고 한다. 여기서 떠 보이거나 가라앉아 보이는 것은 편위에 의한 것이므로 관측 시에는 쓸 수 없으며 반드시 부점정위상태 아래에서 관측을 실시해야 한다.

여색이나 편광의 이용에 의해 영상면을 투영하고 〈**그림 5-12**〉에 나타난 바와 같이 입체상을 관측하는 도화표로부터 알게 된 것처럼 부점 바로 밑에 연필로 위치를 표시한다. 또한 이것에 의해 표고를 알 수도 있다.

만약 광선이 관측점에 대해 위 또는 아래에 부점이 있을 때 투영판상에는 같은 점의 광선이 좌우 2개로 분리된다. 단, 광선이 평면상에 없는 경우 투영판상의 교점을 모아도 종시차(또는 종변위)가 생기고 입체상은 흩어져서 입체시가 되지 않는다. 이 종시차(y-parallax)를 없애는 작업은 상호표정(相互標定)이다.

연 습 문 제

다음 사항에 대하여 답하시오.

5. 영상면 입체시

1) 육안입체시, 여색입체시, 역입체시 및 컴퓨터상에서의 입체시

2) 입체상의 변화 및 과고감

3) 시차의 부점

6 영상에 의한 도면제작 및 조화미 해석

(Mapping and Analysis of Harmonious Beauty by means of Imagery Processing)

1) 영상지도의 개요

촬영 당시 카메라(또는 센서)의 자세에 따라 영상면에 포함된 변위(경사 및 축척에 의한 변위)를 제거하는 편위수정(偏位修正, rectification)과정을 거쳐 정사영상(正射映像, orthoimage)]을 만들고 이를 지도규정에 의해 지도처럼 만든 것을 영상지도(image map)라 한다. 기계적인 방법에서 편위수정기〈**그림 6-1**〉를 이용할 경우, 일반적으로 X, Y를 알고 있는 최소한 3점의 기준점을 이용하지만 정밀을 요하거나 해석적인 방법일 때는 4점의 기준점을 이용하여 편위수정을 거친 후 정사영상 지도를 만든다.

수치적인 방법의 경우 수치형상모형(數値形象模型, DFM : Digital Feature Model)을 이용하여 정밀 수치편위수정을 수행함으로써 정사영상을 만들 수 있다. 정사영상으로부터 지도의 제 규정을 참고하여 영상지도를 제작한다. 이때 대상을 선(line)단위인 선추적 방식으로 표현한 일반지도를 선지도(line map) 또는 vector map이라 하고, 영상소(pixel)단위인 raster 방식으로 표현한 지도를 영상지도 또는 raster map 이라고 한다.

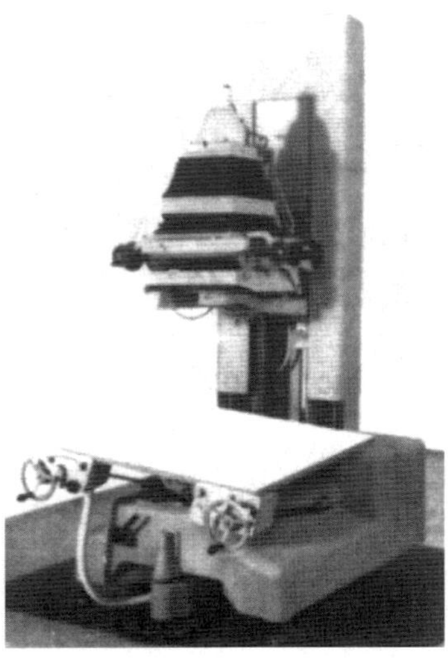

그림 6-1 편위수정기

2) 영상지도의 종류 및 활용

(1) 영상지도의 종류

① 집성영상지도

가) 약조집성영상지도(uncontrolled mosaic orthoimage map)

사진기의 경사에 의한 변위, 지표면의 비고에 의한 변위를 수정하지 않고 영상면을 그대로 모아 집성한 영상지도로 등고선이 삽입되어 있지 않다.

나) 반조정집성영상지도(semi controlled mosaic orthoimage map)

편위수정기에 의한 편위 중 일부만 수정해 집성한 영상지도로 등고선이 삽입되어 있지 않다.

다) 조정집성영상지도(controlled mosaic orthoimage map)

편위수정을 거친 영상면을 집성한 영상지도로 등고선이 삽입되어 있지 않다.

② 정사영상지도(ortho orthoimage map)

가) 기계적 방법

정밀입체도화기와 연동시킨 정사투영기(ortho projector)에 의하여 영상면의 경사 및 축척에 의한 변위를 수정하고 등고선을 삽입한 영상지도이다.

나) 수치적 방법

(ⅰ) 정사영상 생성

항공영상을 스캐너(scanner)에 의해 변환시킨 수치영상 혹은 수치영상과 수치형상모형(DFM)을 이용하여 상응하는 좌표에 영상면의 밝기값을 부여(또는 할당)함으로써 정사영상면을 얻는다. 수치적 정사영상면 형성방법의 구체적인 내용은 다음과 같다.

ㄱ) 영상면의 스캐닝(영상의 수치화)

ㄴ) 공선조건식에 의한 후방교선법으로 외부표정요소(ω, φ, κ, X_0, Y_0, Z_0)를 결정(영상면좌표와 지상기준점 활용)

ㄷ) 외부표정요소와 내부표정요소(x, y, f)를 이용한 전방교선법으로 영상면의 중복영역에 대해 지상좌표(X, Y, Z)를 결정한 후 보간법을 통해 정규격자형인 수치형상모

형 DFM(DEM, DSM, DTM) 생성

ㄹ) DFM에서 후방교선법으로 임의의 점 지상좌표 X, Y, Z에 대한 영상면좌표(x, y)를 결정한 후, 영상면좌표의 영상밝기값을 상응하는 격자에 할당(또는 부여)하여 정사영상을 생성한다.

(ii) 정사영상지도 제작

정사영상에 요구되는 좌표계에 통일시킨 후 주석을 기입하여 알맞은 축척으로 인쇄 복사함으로써 정사영상지도를 제작할 수 있다.

(2) 정사영상지도의 활용

종래의 지도는 대상물을 기호로 표시하므로 일반인들이 판독하기가 쉽지 않았다. 정사영상지도는 대상물을 영상면의 형태로 표현하고 있으므로 일반지형도에서 표현할 수 없는 여러 가지 사항의 현실감을 높이고 판독을 용이하게 할 수 있으므로 향후 새로운 형태의 지도로써 조사 및 계획분야에서의 활용성이 증대될 것이다. 따라서 공학적인 용도의 지도는 물론 행정도, 관광안내도, 등반용 지도 등으로 활용될 경우 종래의 지도에 비해 보다 높은 유용성을 보인다.

정사영상지도는 최근 많이 활용되고 있는 지형공간정보 분야의 기본자료로 직접 이용할 수 있으며, 이를 처리하여 각종 정보를 추출할 수 있는 것은 물론 지형과 관련된 다양한 정보체계에서 응용이 가능하므로 정보화시대에 있어서 필수적인 자료로 활용될 것이다.

3) 영상에 의한 지형도 제작

(1) 항공영상에 의한 지형도 제작

항공영상에 의한 지형도제작은 일반적으로 다음과 같이 촬영, 기준점 측량과 세부도화(細部圖化)의 세 과정으로 이루어진다.

먼저 촬영은 능률적이며 경제적으로 소요의 정확도에 의한 촬영기선길이, 촬영고도, 소요영상면축척 등을 고려하여 촬영계획을 세우고 촬영해 음화필름을 얻는다. 촬영에서 얻어진 음화로부터 세부도화에 필요한 양화필름과 지상기준점측량에 필요한 밀착인화영상면 및 현지조사에 쓸 확대인화영상면을 제작한다.

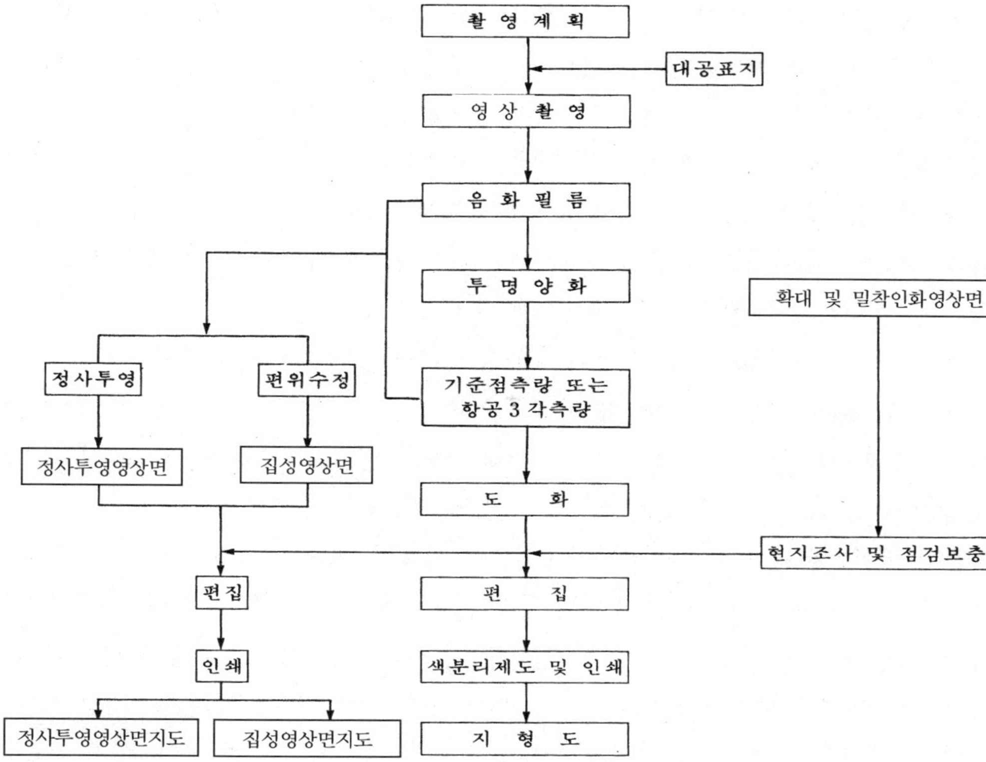

그림 6-2 지형도 제작과정의 흐름도

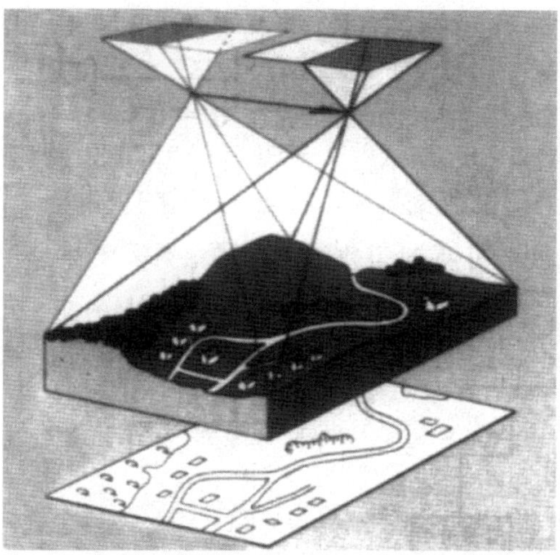

그림 6-3 입체시에 의한 도화

기준점측량은 세부도화에 필요한 수평위치기준점(planimetric control point) 및 수직위치기준점 좌표(height control point)를 얻기 위해 지상측량방법을 사용하지만 경우에 따라 항공삼각측량을 행해 필요한 점의 좌표를 구한다.

세부도화는 투명양화를 정밀입체도화기에 장치한 다음, 내부 상호표정을 거쳐 기준점 성과를 이용해 절대표정을 한다. 절대표정을 하면 영상면상의 상과 대응되는 대상물과 상사관계가 이루어진다. 절대표정이 끝난 후 대상의 지형(지모와 지물)을 최종도면축척으로 세부도화한다. 이로써 지형에 관한 측량원도가 작성된다.

필요에 따라 현지지형조사 등을 통한 보완을 하고 최종편집을 거쳐 색분리제도, 식자(植字) 등의 제반작업을 마친 후 인쇄해 지도를 얻을 수 있다. 등고선지도의 제작방법은 사용사진기와 도화기의 종류에 따라 약간의 차이가 있으나 일반적인 지형도 제작과정의 흐름도는 〈**그림 6-2**〉와 같으며, 〈**그림 6-3**〉은 입체시에 의한 도화형태를 나타낸 것이다.

오늘날 국가기본도를 비롯한 국가차원의 지도제작, 고속도로, 댐과 같은 공공시설물의 건설에 필요한 대규모 지형도는 대부분 항공영상을 이용하여 제작되고 있다. 항공영상에 의해 지형도를 작성할 때는 영상면상에 필요한 최소한의 지상기준점 측량과 촬영을 제외하고는 각 부문별로 전문화된 인력과 장비를 통해 대부분 내업으로 진행된다. 지상측량에 의한 지형도 작성에 비해 정확도의 균일성이 보장되고, 경비와 시간면에서도 훨씬 효율적이다. 또한 영상면에 수록된 영상으로부터 지형, 지질, 식생, 토지이용상태 등의 제반정보를 판독할 수 있는 부수적인 이점도 있다.

일반적으로 영상면에 의한 지형도 작성은 제 Ⅰ단계에서 촬영에 의하여 투명양화와 밀착인화영상면을 제작, 제 Ⅱ 단계에서 입체모형(model, 한 쌍의 중복된 영상면을 입체시 되는 모형)에 필요한 기준점(수평위치 성과 2점, 수직위치 성과 3점)측량, 제 Ⅲ 단계에서 세부도화(Ⅰ단계에서 얻은 투명양화를 도화기에 장치한 다음 내부표정과 상호표정을 수행한 후 Ⅱ단계에서 얻은 기준점 성과를 이용하여 절대표정을 하면 세부도화 및 3차원 절대좌표를 얻을 수 있다)하는 순서로 작성된다.

항공영상에 의한 지형도 작성방법은 정밀입체도화기 및 해석도화기에 의한 방법, 집성영상에 의한 방법, 방사법에 의한 방법 등으로 구분할 수 있다.

(2) 지상영상에 의한 지형도 작성

영상탐측은 역사적으로 볼 때 지상영상측량이 먼저 시작되었으며, 항공기가 발달함에 따라 점차로 항공영상탐측으로 발전하였다. 오늘날 대부분의 지형도는 항공영상을 기초로 하여 제작되고 있으나 항공영상의 적용이 곤란하거나 대상물의 특성에 따라 지상영상의 이용이 더욱 적합한 경우에는 지상영상이 유용하게 이용된다. 즉, 항공영상으로는 식별하기 곤란하거나 그 정확도가 떨어지는 급사면지형이나 기복이 심한 산악지형, 깊은 계곡, 굴착지역, 건물 측면이나 내부, 동굴 내부, 지각변동조사 등의 지형도화 또는 해석에는 지상영상이 효과적이다. 또한 유적이나 유물의 발굴조사현황 보존, 교통사고, 범죄현장, 재해발생 지역 등 직접 접근하기 곤란하거나 현장보존이 요구되는 상황, 또는 자동차 충돌상태의 변형측량, 유수의 흐름, 건물이나 교량, 댐 등의 변형상태 등 동적 및 정적상태의 대상물에 대한 도면작성이나 변동상황조사 등에는 지상영상이 효과적이다.

지상영상은 항공영상에 비해 촬영점 위치를 임의로 결정할 수 있고 촬영축척을 더욱 크게 하여 보다 높은 정확도를 얻을 수 있으며, 소규모지역의 지형도 작성에서는 경제성도 얻을 수 있다. 그러나 항공영상에 비해 축척변경이 용이하지 않고, 수직위치결정의 정확도는 높으나 수평위치결정의 정확도는 떨어진다.

지상영상도 일반적으로 중복 촬영한 입체영상에 의하여 해석 및 도화한다. 항공영상에서는 주로 수직영상면을 많이 사용하는데 비하여, 지상영상에는 수평영상면을 많이 사용하며 광축이 상향 또는 하향인 경사영상도 이용된다. 지상영상의 작업공정은 촬영계획부터 촬영, 기준점 측량, 세부도화에 이르기까지 항공영상에 의한 방법과 대동소이하며, 그 해석원리도 근본적으로 동일하다.

(3) 수치지도 제작 체계

수치지도(digital map)는 전산기가 처리할 수 있는 자료, 즉 수치형태의 지도를 말한다. 지도는 그림과 문자가 혼합된 자료이기 때문에, 이를 전산기에서 처리하기 위해서는 점으로 표현되는 격자형태 또는 점, 선, 면과 같이 좌표와 기타 기하학적인 요소의 형태로 표현되는 선추적형으로 변환해야 한다. 따라서 일반적으로 수치지도 제작이라 함은 지도상에 표현되는 지모, 지물의 형태 및 속성 등의 각종 정보를 전산기에서 처리할 수 있는 자료형태로 제작 또는 변환하는 과정 및 기법이라 정의할 수 있다.

① 수치지도자료의 취득 방법

수치지도의 자료취득방법에는 첫째, 종래의 지도작성법으로 완성된 지형도를 디지타이저(digitizer)나 스캐너(scanner) 등의 좌표입력기를 사용해 수치화하는 방법, 둘째 항공영상 도화작업시에 해석도화기를 이용해 수치지도자료를 직접 취득하는 방법이 있다. 일반적으로 수치지도 제작에는 지도작업과정에서 수치지도자료를 직접 취득하는 두 번째 방법을 많이 이용하고 있다.

② 수치지도 제작

수치지도 제작의 체계는 다음 3단계로 구분되어 구성된다. 첫째, 입력체계로 해석도화기나 스캐너를 통해 도면이나 영상의 지형공간정보를 수치화하여 자기테이프나 하드디스크에 기록한다. 둘째, 편집체계는 입력된 수치자료를 영상면상에 표시하여 대화적으로 영상면이나 도형의 가공, 편집, 수정을 행하도록 한다. 셋째, 출력체계는 수치화된 정보를 X-Y 도화기, 레이저 도화기 등의 출력장치를 이용해 직접 제판용 필름에 그려내거나, 자기테이프에서 인쇄 복사(hard copy) 등의 기기를 통해서 출력한다. 각 체계는 각각의 독립적인 중앙연산처리장치를 가지고 전체를 고속조직망으로 연결하여 자료를 공유하거나, 분산처리에 대해 전체의 작업효율을 높이도록 구성해야 한다.

③ 응용분야

수치지도는 기존의 지도가 이용되는 분야만큼이나 광범위하게 이용된다. 또한 수치지도와 지형공간정보체계는 매우 밀접한 관계를 갖고 있으므로 지형공간정보체계(GIS)가 이용되는 분야에서는 수치지도가 필수적으로 이용된다. 즉, 측량 및 측지, 토지이용조사 및 계획, 도로 및 철도의 노선선정, 도시 및 지역계획, 환경조사 및 오염실태조사, 광물 및 석유탐사, 지질구조조사, 군 · 경찰 및 방재본부의 C^3I(Command, Control, Communication and Information) 등으로 이러한 응용분야 외에도 많은 분야가 있다. 이중에서 수치지도를 가장 많이 활용하는 분야로는 자동차항법 및 관제체계가 있다.

(4) 영상면의 도화작업

① 도화작업의 순서

각각의 도화기 조작에 대한 자세한 사항은 그 도화기의 사용법에 따르는 것이 좋다. 여기서는 주로 2급 도화기 이상의 것에 의한 일반적인 작업방법에 대해 설명하겠다.

첫째, 도화할 지역의 투명양화(透明陽畵), 밀착영상면, 현지조정영상면, 기준점 성과표 등의 필요한 자료를 준비한다.

둘째, 도화축척과 기계축척이 서로 다른 때는 적당한 기계축척을 결정한 다음 묘화장치(描畵裝置, 대다수의 좌표전개기) 도화축척 사이의 치차비(齒車比)를 이용해 마지막 축척을 결정한다.

셋째, 도화축척에서 표정으로 쓰이는 기준점(표정기준점 또는 간단히 표정점이라고 한다)을 도지(圖紙) 등에 전개한다. 이들의 표정점은 투명양화상에서 확실히 그 위치가 확인되어야 한다.

넷째, 투영사진기의 주점거리를 정확하게 촬영사진기의 주점거리에 맞춘다. 만약 투명양화 영상면지표간의 거리가 주어진 값과 다르면 촬영경로(course)의 평균값에 따라 투영사진기의 주점거리를 보정한다.

다섯째, 투명양화를 투영기에 장착하고 투영기의 지표와 영상면지표를 일치시킨다. 이것은 도화의 정확도에 관계되므로 될 수 있는 한 신중하게 행한다. 만약 정확하게 일치되지 않는 경우는 될 수 있는 한 등분으로 오차를 배분시킨다.

여섯째, 투명양화를 장착한 영상면건판지지기(映像面乾板支持器, imagery or photo carrier)를 투영사진기의 상면에 올려놓고 가압해 고정시킨다.

일곱째, 개략의 기선장(bx)을 기계축척에 맞추고 표정한다.

여덟째, 입체모형 전면에서 종시차가 없도록 상호표정한다.

아홉째, 세 번째에서 전개한 기준점 위치와 그 표고에 의해 절대표정을 행하고 전개도지를 고정한다.

열째, 필요한 입체모형의 도화지역에 기준점이 잘 배치되어 있는 경우에는 기준점 재설이 필요 없으나 소요에 따라 명확하게 확인되는 점을 평평한 장소에서 몇 개 선택해 그 위치를 표시하고 수직위치를 기입해 놓는다.

열한 번째, 도로, 철도 등을 도화한 다음 하천, 수로를 도화하고 기타 지물(地物)을 도화한다. 그리고 지류계(地類界) 및 이것에 따르는 급경사를 도화한 다음 등고선(contour line)을 그린다. 이때는 우선 계곡선을 그리고 주곡선(主曲線), 간곡선(間曲線), 조곡선(助曲線) 등의 순으로 도화한다.

마지막으로 독립고도점(獨立高度點)을 대강 소정의 간격으로 관측한다.

이러한 작업이 끝나면 탈락이 없는지, 구역에 부족이 없는지를 확인한 다음 입체모형작업에 들어간다.

② 도화작업의 주의

도화작업을 할 경우 도화기에 의한 작업상의 주의를 기술해 보면 다음과 같다.

첫째, 눈의 피로를 줄이기 위해 핀트를 정확히 맞춘다. 또한 쌍안경이므로 안기선(眼基線, eye base)도 정확하게 자신의 눈에 맞추지 않으면 안 된다. 또한 양 부점이 시야 내에서 정위(正位, on the ground)가 되도록 일치시켜 무리 없는 상태에서 관측하는 것이 필요하다.

둘째, 시준관측기구인 쌍안경 시야 내에 있는 지표면의 상과 부점은 각각 입체적으로 융합해 3차원의 상을 형성한다. 이 지표면의 입체상과 부점이 공간적으로 일치할 때 올바른 관측을 행할 수 있다. 도화작업 도중 작업자가 교대하고도 표고눈금을 변경시키지 않으면 이 개인차는 오차가 되어 엇갈리게 된다. 따라서 도화사(圖化士)의 값과 비교하고 차이가 있으면 수직위치 차이에 대한 눈금을 보정해 이전 작업자의 값에 맞춘다. 이를 위해서는 한 점으로는 안 되며 여러 점에 대해 그 차의 평균을 취해야 한다.

셋째, 관측은 입체적인 과고감(過高感)이 가능한 큰 상태에서 행하는 편이 수직위치의 관측정확도가 좋다. 이 때문에 기준의 방향이 될 수 있는 대로 X 축에 평행하게 된다. 이를테면 가능한 한 by가 작게 되도록 방향을 취한다.

넷째, 같은 이유로 프리즘의 위치를 가능한 큰 과고감이 생기게 배치한다. 이를 위해 평평한 지형의 장소에서 핸들만을 써서 부점을 종방향으로 움직이며 부점이 올바로 위아래로 움직이는지 본다.

다섯째, 등고선을 그리기 위해서 표고눈금을 표고감에 맞출 때 언제나 표고값이 큰 편에서 움직여 맞추도록 한다. 이것은 기준점, 독립표고점 등의 표고를 구하는 경우 부점이 움직이는 방향과 같게 하기 위해서이다.

여섯째, 등고선을 그릴 때 적당한 속도로 움직이면 부점은 지표면에 대해 어느 정도 뜬 상태가 되는데 X, Y 핸들의 회전을 빨리하면 그만큼 부점의 지표면에 대한 떠오름은 크게 된다. 이 결과 실제보다도 정상이 넓고 골짜기는 좁으며 요철이 부족한 등고선으로 되기 쉬우므로 등고선을 그릴 때 핸들의 회전이 너무 급변하지 않도록 주의한다.

4) 수치형상모형(DFM)

3차원 좌표에 의하여 대상물의 형상(形象) 또는 지모, 지물 등에 관한 형상을 수치로 나타낸 자료를 통칭하여 수치형상모형(數値形象模形)(DFM: Digital Feature Model)이라 한다. 수치형상모형(DFM)에는 수치지세모형(數值地勢模形)(DTM: Digital Terrain Model), 수치고도모형(數值高度模形)(DEM: Digital Elevation Model), 수치외관모형(數值外觀模形)(DSM: Digital Surface Model) 등이 있다.

(1) 개요

① DTM

DTM은 지상위에 아무것도 없는(수목도 제외시킴) 상태(bare-earth)인 지표면을 표현한 것으로 지표면에 일정간격으로 분포된 지점의 고도값을 수치로 기록함으로써 컴퓨터를 이용하여 분석이 용이하도록 만든 것이다.

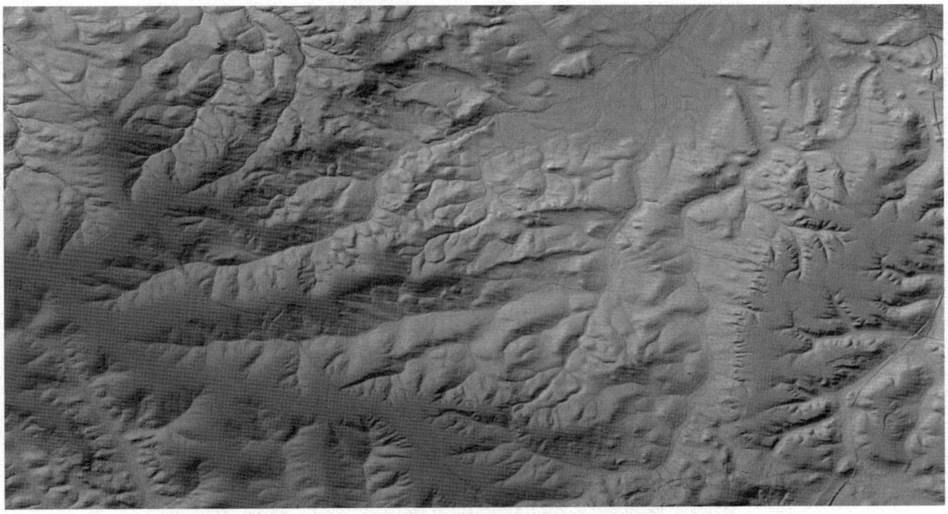

그림 6-4 DTM

② DSM

DSM은 DEM 혹은 DTM과 유사하나, 지모뿐만 아니라 지물(건물의 꼭대기, 나무, 타워, 기타 지상표면에서 솟아오른 지물들)을 표현한 자료이다. 정사영상면을 생성하기 위해서 DSM은 대단히 중요한 자료가 될 수 있다.

그림 6-5 DSM

③ DEM

DEM은 대상물의 고도(또는 표고, H)를 수평좌표 X, Y의 함수로 표현한 것으로 수치고도자료의 유형으로는 여러 가지가 있으며, 지형을 일정 크기의 격자로 나누어 고도값을 격자형으로 표현한 Raster DEM과 불규칙 삼각형으로 나누어 지형을 표현한 TIN(Triangulated Irregular Network) DEM이 있다.

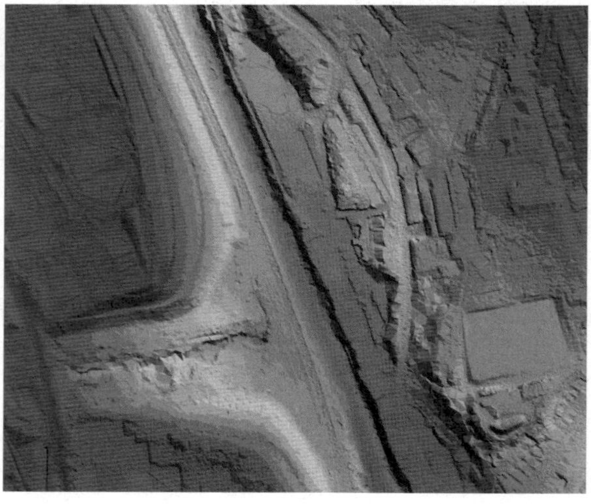

그림 6-6 DEM

(2) 수치형상모형의 생성 방법

지상영상면, 항공영상면, 위성영상, 라이다(LiDAR) 및 SAR(Synthetic Aperture Radar) 위성영상 등을 이용한 수치영상탐측 방법에 의하여 생성한다.

① 항공영상면 및 위성영상을 이용한 수치형상모형생성 방법

가) 항공영상면의 스캐닝(영상의 디지털화)

나) 공선조건식에 의한 후방교선법으로 외부표정요소(λ, κ, φ, ω, X_0, Y_0, Z_0)를 결정 (사진좌표와 지상기준점 활용)

다) 외부표정요소와 내부표정요소(x, y, f)를 이용한 전방교선법으로 영상면의 중복영역에 대해 지상좌표(X, Y, Z)를 결정 한 후 보간법에 의해 정규격자형 DFM(DEM, DSM, DTM) 생성

② 라이다(LiDAR)를 이용한 수치형상모형생성 방법

LiDAR(Light Detection And Ranging)는 레이저 스캐너와 GPS/INS로 구성되어 있으며 스캐너의 위치(X, Y, Z)와 자세(κ, φ, ω)는 GPS/INS로부터 제공받고 레이저 펄스를 지표면에 주사하여 반사된 레이저파의 도달시간을 이용하여 지표면까지의 거리(D)를 구하여 3차원 위치좌표를 계산함으로써 수치형상모형을 생성한다.

③ SAR(Synthetic Aperture Radar) 위성영상을 이용한 수치형상모형생성 방법

SAR 영상을 이용한 DEM 추출기법은 크게 입체시의 원리를 이용하는 기법과 레이다 간섭을 통한 두 영상의 위상 정보를 이용하는 기법이 있다. 입체시 기법은 기존의 항공영상면이나 광학 원격탐측 영상에 적용되었던 공선조건식에 기초하여 지상기준점과 위성 궤도에 대한 보조적인 정보를 이용하여 입체 모형에 대한 변수를 최소제곱법에 의해 계산함으로써 모형식을 구성한다. 그런 다음 영상 매칭을 통해 DFM을 생성한다

레이다 간섭 기법(interferometry)의 경우는 동일한 지표면에 대하여 두 SAR 영상이 지니고 있는 위상정보의 차이값을 활용하는 것으로서, 공간적으로 떨어져 있는 두 개의 레이다 안테나들로부터 받은 신호를 연관시킴으로써 고도값을 추출하고 수치형상모형을 생성한다.

(3) 수치형상모형의 이용

수치형상모형은 각종 공학적인 활용이나 도시계획, 군사 분야 등에서 대단히 중요성이 크다. 대표적인 예로서 댐의 건설을 위하여 현장을 설계할 때나 도로 건설을 위한 굴착을 할 때 수치형상모형을 기초로 하여 필요한 토공량을 계산할 수 있다. 또한 임의의 위치에서 시야가 가능한 지역의 파악을 위한 가시지역 분석을 할 수도 있다. 이러한 가시지역 분석 기능은 전파의 중계를 위한 송신탑의 건설이나 레이다와 같은 중요 시설물의 적정 위치 선정을 위한 적지 분석과도 동일한 분석이다. 또한 가시지역 분석은 도로의 적정 경로 분석이나 철도의 적정노선 선정을 위하여 사용될 수도 있다.

(4) 수치고도모형의 해석

수치고도모형(DEM)은 지형공간정보체계(GIS: Geospatial Information Systems)에서 없어서는 안 될 요소이다. DEM은 규칙적인 격자나 삼각형으로 연결된 임의의 고도점을 이용하여 표면의 고도를 표현한다. 고도자료에서 가장 중요한 원천자료는 항공영상과 위성영상인데, 대부분의 경우 영상탐측을 이용한 지도제작으로부터 DEM을 얻어낸다. 더욱이 영상탐측학자들은 DEM을 생성하고 보간하는 알고리즘을 발전시키는 데 많은 기여를 하였다.

이 장에서는 DEM의 기본개념과 지구의 표면 및 대상물의 표면을 표현하는 다양한 방법에 대해서 논하고, 표면보간방법을 설명한다. 또한 영상탐측학 기술을 이용한 품질관리와 DEM의 정확도를 어떻게 평가하는지에 대해서도 논하게 된다.

DEM이 대중화된 것은 1950년대 중반인데, 이는 컴퓨터가 처음으로 수치자료를 저장할 수 있게 된 때였다. DEM이 도로의 계획과 건설에 적용된 이래 지형 및 시설물 해석에 많은 기여를 해왔다. DEM은 더욱 개선되어 지구의 매우 넓은 지역을 표현할 수 있게 되었으며, 강이나 형태선(form line) 등 표면의 세부특성과 같은 지질학적 특징까지도 다룰 수 있게 되었다.

이 장에서는 DEM을 수치적으로 저장된 고도점들의 집합을 고려하여 다룬다. 또한 수평위치와 수직위치정보를 결합한 수치지형이나 표면수치화에 대해서도 확대해석한다. DEM은 지형뿐만 아니라 신체형상이나 공업제품과 같은 각종 대상물의 표현에도 사용되고 있다.

수치고도모형의 목적은 지구의 표면이나 대상물의 표면을 컴퓨터로 나타내기 위함이다. 우리는 윤곽선이나 점고도와 같은 지질학적 지도에 나타난 기계적(analogue)인 지형표현에 익숙해 있다. 불연속적인 3차원의 점들로 구성된 자료기반(data base)관리체계를 이용하여 지형을 수치적으로 표현한다. 이러한 체계를 이용하는 장점은 DEM으로부터 여러 결과들을 유도할 수 있고, 이것을 GIS의 다른 자료층과 결합하여 활용할 수 있다는 데 있다.

① 지형표면을 표현하는 자료형태

고도자료의 두 가지 형태를 기술하면 다음과 같다. ①집단고도자료(mass elevation data)는 어떤 특별한 의미를 갖고 있지 않은 지역에서의 수직위치정보를 갖고 있는 임의의 점들을 말한다. 해석도화기에 의해 취득된 윤곽과 격자, 또는 표면특성과 아무 관련이 없는 넓은 지역에 분포된 점들이 이런 범주에 포함된다. ②표면구조(surface structures)를 표현하는 자료형태는 표면을 복원하는 경우에 개별적으로 취급되는 것으로 산의 봉우리나 분지의 바닥, 또는 불연속선(break-line), 형태선(form line)과 같은 특징적인 고도점들로 구성된다. 여기서 불연속선은 산등성이나 강과 같은 지형표면의 물리적 모서리를 나타내며, 형태선은 지형의 다른 부분에 비해 더 높은 만곡의 매끄러운 표면모서리를 표현한다.

한편 표면을 표현하는 자료와 더불어 DEM의 경계를 정의하는 경계선(boundary line)도 관심을 가져야 한다. 경계선은 호수와 같이 DEM으로 표현될 수 없는 표면을 의미한다. 일반적으로 컴퓨터를 통해 수치적으로 표면을 표현하는 데는 두 가지 방법이 사용된다. 하나는 격자형(Raster) DEM이며, 다른 하나는 불규칙 삼각망(TIN : Triangulated Irregular Network) DEM이다.

Raster DEM은 격자에 의하여 고도를 표현하도록 구성되어 있으며, 밝기값(gray value)으로 고도를 나타낼 수 있는 수치 영상으로 저장된다. 불연속선은 격자로 표현하기 어려운데, 격자형에서 불규칙점으로 나타나기 때문이다.

격자의 가장 주된 장점은 고도만 저장하면 되므로 자료의 구조가 간단하다는 것이다. 이러한 자료집합은 수치영상에 비유할 수 있다. 또 다른 장점은 배열처리를 적용함에 있어서 계산이 빠르다는 것이다. 지형을 표현하는데 TIN을 이용하면 Raster에 의한 표현보다 더 적은 점들이 필요하다. 삼각망에서 원점(original point)이 직접적으로 지형표면에 형성되는 반면, Raster는 보간에 의해 2차적인 자료로서 유도된다.

Raster DEM의 주요한 단점으로는 표면을 보간하기 위해 풀어야 하는 방정식 체계가 크다는 것, 표면을 표현하기 위해 높은 밀도의 점들을 저장해야 한다는 것, 그리고 규칙적인 격자에서 불연속선을 표현하는 데 따르는 문제점들을 들 수 있다.

TIN에서의 주요단점은 원래의 자료점들은 삼각형에 의해서 연결되어 표면을 표현하여야 하는데 이때 점들의 불규칙한 구조로 인해 각각의 점들을 저장하려면 대상에 대한 더 많은 정보가 필요하다.

두 가지 방법 모두 장단점을 가지고 있는데, 이들은 불연속선의 통합, 컴퓨터에서의 처리 속도, 표면에 적용될 수 있는 부드러움의 정도 등이다. 두 가지 방법에서 가장 중요한 것은 결과를 유도하는 것 뿐 아니라, 원래 자료를 저장하는 것이다. Raster나 TIN DEM 모두 원래의 지형을 완전하게 표현하지 못하고, 여과된 표면만을 표현하므로 앞으로의 검증이 필요하다. 〈**그림 6-7**〉은 Raster와 TIN DEM의 비교를 나타낸 것이다.

가) Raster DEM

규칙적인 격자의 교차점에서 고도를 저장하며, 기준점들의 불규칙한 집합으로부터 정교한 보간기법을 거쳐 계산된다. 일반적으로 격자의 크기는 기준점 사이의 거리보다 더 작으며, 불연속선이나 수직위치를 나타내는 점에 의해 표현된 지질학적 정보는 규칙적인 격자로 그물처럼 형성된다.

나) TIN DEM

각각의 모서리에 대해 코드를 저장해야 하는데, 이 코드는 주요점(mass point), 불연속선이나 점고도를 이용하여 이루어지며, 또한 어떻게 점들이 연결되어 TIN을 형성하는지를 묘사하기 위해 이웃하는 점들에 대한 정보와 표면의 그 지점에서의 정규벡터도 결정하여야 한다. 정규벡터는 모서리에서의 접평면에 대하여 수직이며, TIN으로부터 매끄러운 표면을 재건하는데 필요하거나 중요한 정보들을 포함하고 있다. 불연속선은 일반적으로 삼각형의 한 변으로 나타낼 수 있는데, 그 지역에서의 표면이 불연속적이므로〈**그림 6-8**〉, 하나의 불연속선에서 2개의 정규벡터가 필요하다.

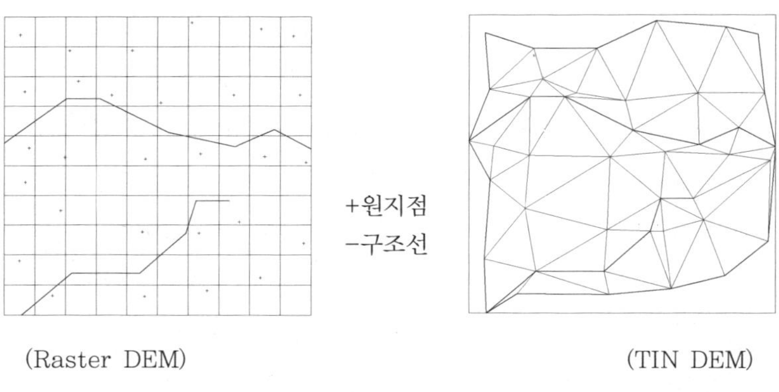

그림 6-7 동일한 보간지역에 대한 Raster DEM과 TIN DEM의 비교

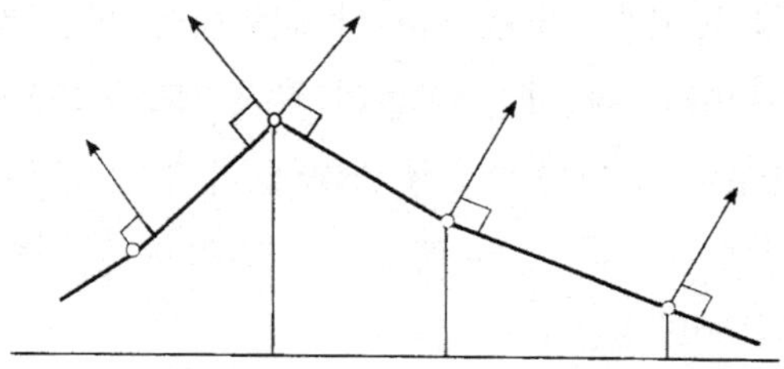

그림 6-8 하나의 불연속선(break-line)에 대한 2개의 정규벡터

② 고도자료 취득

자료취득은 DEM을 생성하는 과정에서 매우 중요한 단계인데, 이는 수치모형의 정확도가 결정되기 때문이다. 수집된 자료들은 표면이 갖는 모든 대상물(또는 지형학적) 특성들을 나타내어야 한다. 그러나 대상물(또는 지형)을 묘사하기 위해서 필요한 약간의 점들만을 취득한다. DEM 보간을 위한 기준점들을 취득하는 많은 방법들이 실용적으로 이용되고 있다. 영상탐측은 자료를 취득하는 가장 경제적인 방법 중의 하나인데, 이는 보간지역에 균등하게 분포된 다수의 점들을 높은 정확도로 관측할 수 있기 때문이다. 지역 내에 숲이나 도시같이 영상면을 사용할 수 없는 곳이 있는 경우에는 지상측량을 해야 한다. 때로는 DEM에 필요한 정보를 얻기 위해 이미 존재하는 지도나 등고선을 수동으로 수치화하기도 한다. 그러나 이러한 방법은 지도상에서 자료가 부족하고 정확하지 않기 때문에 정확도가 떨어진다. 더욱이 등고선은 DEM을 생성하는 데 적합하지 못한 자료를 제공한다. 수치영상탐측에서 영상정합과 특성추출을 이용해 기준점들을 자동적으로 계산하는 것은 점점 더 중요한 일이 되고 있다. 최근 항공기나 위성센서에 의한 영상면을 자동적으로 정합할 수 있는 소프트카피(softcopy) 워크스테이션과 소프트웨어를 개발하여 수치표면에서 완전자동화를 이루어 가고 있다.

가) 영상에 의한 자료취득

(ㄱ) 일반영상

고도에 대한 자료취득기법은 일반적으로 기계적 입체도화기나 해석적 입체도화기를 이용하여 행하는데, 이 경우 정적 측량기법과 동적 측량기법이 있다. 정적 측량기법은 고도관측시 부표(floating mark)가 지정한 고도값 이외는 이동하지 않는 경우이며, 동적 측량기법은 작업자가 부표 또는 관측표(measuring mark)를 표면상에 유지시키는 동안에 자동적으로 관측표가 윤곽을 따라, 또는 격자상에서 이동하는 경우이다.

해결해야 할 문제는 표면을 나타내는 점들의 최적밀도와 분포를 찾아내는 것이다. 산과 같이 높은 곡률(curvature)의 지역에서는 평지에 비해 더 많은 점들이 필요하다. 따라서 자료를 취득할 때, 지형의 표면이 갖는 곡률을 고려하도록 기법이 발전되고 있다. 〈**그림 6-9**〉과 같은 자료취득기법이 있다.

i) 등고선에 의한 방법

작업자가 수직방향에서 어떤 고도를 선택하고, 표면을 따라서 관측표를 이동시킨다. 일반적으로 등고선은 DEM을 유도해내는 데 이용되는데 경험적으로 볼 때, 광각렌즈(wide angle)를 사용한 경우에는 경사가 30% 이상인 지역에서는 등고선을 작성할 수 없으며, 보통각 렌즈(normal angle)를 사용한 경우에는 60% 이상인 지역은 등고선을 작성할 수 없다.

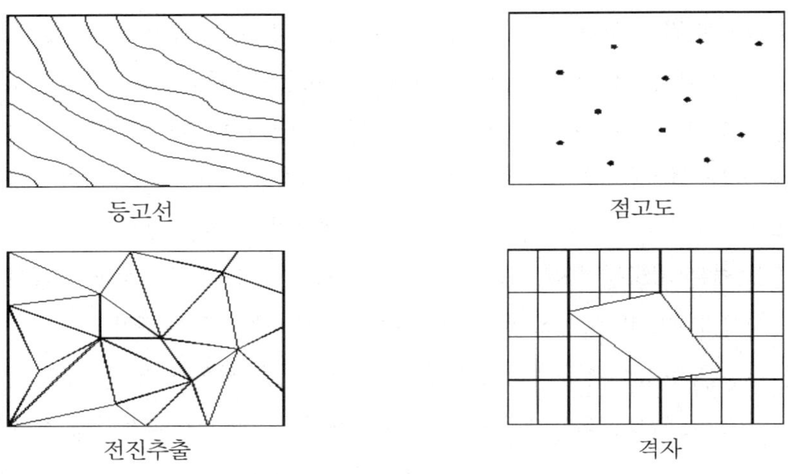

그림 6-9 영상탐측학방법을 이용한 DEM 자료 취득

ii) 점고도

점고도(spot elevation)는 작업자가 단일한 특성을 가진 점들을 선택하고, 입체모형에서 그들의 수직위치를 관측한다. 점들을 선택할 때에는 어떤 특징들이 표면을 표현하는데 중요한지를 알고 있어야 한다. 전형적인 예로 산봉우리가 있다.

iii) 격자관측

격자관측(grid observation)은 해석도화기에서만 적용가능한데, 규칙적인 격자에서 고도를 수집한다. 관측표는 각각의 격자점에서 잠시 동안 멈추어 작업자로 하여금 올바른 고도를 매우 정확하게 배치시키게 한다. 이 방법은 가장 경제적이고 정확한 자료취득기법이다.

숙지하여야 하며, 3차원 모형에서 어떻게 지세를 표현하는지를 알아야 한다.

iv) 전진 추출

전진추출(progressive sampling)은 단계적 자료취득방법으로 입체모형의 표면의 곡률을 고려하여 고도점은 지형의 곡률과 형태에 따라 다른 밀도로 취득된다. 실제적으로 완전한 DEM을 얻기 전까지 많은 반복과정을 수행한다. 이 기법은 몇몇 해석도화기에서 적용 가능하다.

단계적인 자료취득방법으로 지형을 정확하게 모형화하기 위한 지역에서의 고도정보를 얻는다.

작업자는 먼저 지역의 특징적인 형태정보들을 수집해야 하며, 이 정보들에는 점고도, 불연속선(break-lines), 구조선 등이 있다. 이러한 자료들은 직접적으로 전진추출에 사용되지 않지만, 최종적인 DEM에서는 매우 중요한 요소가 된다.

다음으로 작업자는 표면을 가로질러 특징적인 윤곽(profile)들을 매우 높은 점밀도(density of points)로 수치화한다. 이런 윤곽들은 입체모형에 존재하는 모든 종류의 지세나 형상의 특징들을 나타내야 한다. 모든 입체모형에 존재하는 점들의 격자에 대한 최적의 추출간격을 구하기 위해서는 Fourier 해석을 실시한다.

이 결과 다른 지역마다 다른 밀도를 갖는 규칙적인 사각형 요소의 격자를 얻게 되어 최적의 방법으로 표면을 나타내게 된다. 고밀도화의 과정은 윤곽을 따른 이중 미분값들이 모든 격자점에 주어진 임계값보다 낮아질 때까지 반복된다. 유사한 알고리즘이 삼각망을 형성하는 데에도 적용될 수 있다.

(ㄴ) 수치영상

수치화된 입체모형의 점들을 자동으로 정합하는 기술은 많은 소프트카피(softcopy) 워크스테이션이나 영상처리체계에서 매우 중요한 요소가 되었다. 자동 정합은 높은 밀도의 점들을 위성영상이나 수치항공영상으로부터 완전 자동으로 얻어낼 수 있다. 일반적으로 이런 정보는 관심지역에 균등하게 분포되어 존재하는 점이나 Raster로 즉시 사용될 수 있다. 다양한 영상정합기법이 있는데, 이것은 영역기준, 형상기준, 관계형정합기법으로 분류할 수 있다.

나) 지도와 지상측량에 의한 자료취득

(ㄱ) 지도

이 방법은 수치고도자료를 얻는 가장 일반적인 방법이다. 지도는 넓은 지역을 포함하고 있으며, 등고선과 점고도와 같은 고도에 관련된 정보를 표시한다. 지도는 처리하기가 용이하며, 보다 저렴하게 수치화 할 수 있다. 그러나 이 작업이 수동으로 이루어진다면, 매우 노동집약적인 것이 된다. 등고선은 수치고도모형을 제작하는 데 별로 적합하지 않은데, 등고선을 따라 매우 밀도 있게 점들이 존재하고, 선들 사이에 있는 매우 적은 양의 정보만을 이용할 수 있기 때문이다.

등고선 지도를 수치화하는 다른 방법으로는 스캐너를 이용하는 것이다. 지도의 등고선 자료층은 흑백영상소를 갖는 격자형 영상면(raster imagery)으로 스캐닝 된다. 검은색 영상소가 등고선을 나타낸다고 가정하면, 선으로 연결할 수 있다. 일반적으로 이것을 격자형(raster)에서 선추적형(vector)으로의 전환이라고 한다. 이 방법에 의해 수치화된 등고선은 직접 벡터 지형공간정보체계(GIS)로 저장되며, 수치고도모형을 생성하는 데에도 참고가 될 수 있다.

(ㄴ) 지상측량

항공영상탐측에서 숲을 지나가는 산길이라든지, 도심지역의 도로, 그리고 영상에서 가려진 부분과 같이 보이지 않는 많은 부분들이 있다. 일반적으로 3차원 종합측량기(total station)나 GPS 수신기를 이용하여 지상측량을 해서 약간의 특징점들 만을 수집한다. 그러나 이러한 정보들이 가장 중요한 지세의 특징을 수집한다면, 표면을 기술하는 데 중요한 역할을 할 것이다. 지상에서의 측량은 고도자료를 취득하는 매우 고가의 방법이다.

다) 불규칙삼각망에 의한 자료취득

TIN은 관측대상의 기준이 되는 기준점들의 모서리를 이용하여 삼각형을 생성하고, 이웃하는 점들과 연결되어 삼각형의 한 변을 이룬다. 표면은 각각의 작은 평면들로 구성된 다수의 삼각형이 연결되어 표현된다. 일반적으로 삼각형은 모든 연결의 합을 최소로 하는 규칙에 따라 생성된다.

다음에서는 TIN을 형성하는 일반적인 2가지 방법에 대하여 논한다. 하나는 델로니 삼각형(Delaunay triangulation)을 이용하는 것이고 다른 하나는 방사 소거조정(radial sweep) 알고리즘에 기초한 방법이다.

(ㄱ) 델로니 삼각형

델로니 삼각형은 외접하는 원의 내부에 삼각형의 꼭짓점 외에 다른 점이 없는 것을 가리킨다. 또 다른 정의는 지도를 가장 가까운 격자점을 기준으로 분할했을 때 그 경계면에 의해 생성되는 티센(Thiessen)다각형에서 두 격자점이 연결되는 삼각형을 델로니 삼각형이라 한다. 이 방법은 연결 삼각망에 적합한 삼각형을 생성한다. 하지만 델로니 삼각형을 합하여 보다 큰 삼각형을 구성할 수가 없으며, 또한 한 삼각형을 이분했을 경우에 연결 삼각망에서 사용하기에는 부적합한 형태의 삼각형을 생성하는 단점이 있다.

이 기법은 티센(Thiessen) 다각형 형성에 기초한 것으로, 기준점들의 쌍에 대해서 대칭의 축을 얻는다. 물론 인접한 점들에 대해서만 행하면 될 뿐, n 개의 자료라면 $(n-1)$개의 모든 점들에 대해서 행하는 것은 아니다. 일반적으로 각 기준점에 대해 6개 정도만 택하면 된다. 이 대칭축은 두 점을 연결한 선에 대해 수직이며, 이 선의 중심을 통과한다. 모든 대칭축들은 꼭짓점에서 교차한다. 여기서 꼭짓점들을 연결하면 티센 다각형을 얻는다. 각 점의 주위에 있는 다각형들을 망에 결합한 것이 티센 도형이다. 이 기법은 기준점들의 집합이 갖는 근접지역에 대한 분포를 정의하기 위한 것이다. 티센 다각형의 각 변은 인접하는 2개의 점에 속하는데, 인접하는 2개의 점을 직선으로 연결하면, 삼각망을 얻을 수 있다. 이것이 이른바 델로니 삼각형이다. 보간 범위의 가장자리에서 폐합되지 않은 다각형이 다수 존재할 것이다. 이들을 수직으로 연결하여 삼각형의 볼록한 경계를 형성한다〈**그림 6-10**〉.

델로니 삼각형에서 삼각형의 꼭짓점들을 통과하는 외접원은 그 망의 다른 어떤 점도 포함하지 않는다. 이러한 기준은 삼각형의 모든 변의 길이는 최소의 거리가 되어야 한다는 조건을 만족시킨다.

(ㄴ) 방사 소거조정 알고리즘

이 방법은 델로니 삼각형과는 다른 기준점을 통해 TIN을 생성한다. 이 알고리즘은 보간지역의 중력중심에 가장 가까운 점을 선택하는 것으로 시작한다. 이 점으로부터 보간지역에 있는 다른 모든 점들에 대한 방향과 거리가 계산된다. 그리고는, 중심점이 모든 다른 점과 직선으로 연결된다. 이제, 한 점으로부터 중심 주변의 다음 점으로 이동해서, 짧은 삼각형 변으로 그들을 연결시키면 중심점 주위로 매우 좁은 삼각형으로 이루어진 별모양이 생긴다. 이것이 초기 소거조정(initial sweep)이다〈**그림 6-11**〉.

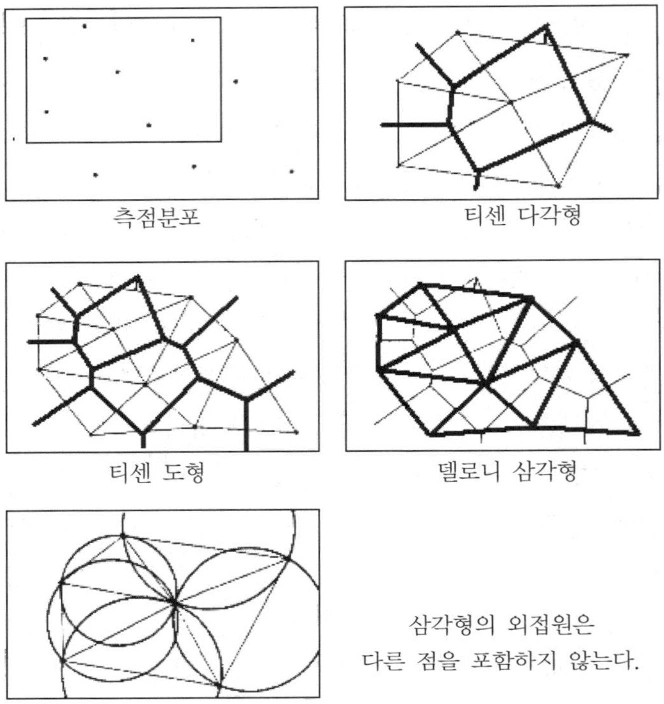

그림 6-10 델로니 삼각분할은 기준점에 대해서 균등한 삼각망 형성

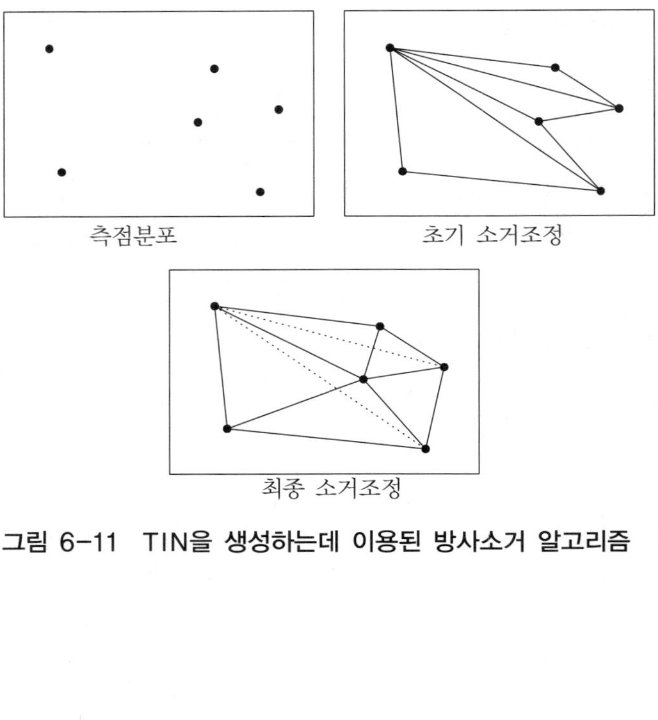

그림 6-11 TIN을 생성하는데 이용된 방사소거 알고리즘

초기 소거조정의 경계를 따라가다 보면, 오목한 부분을 많이 감지하게 된다. 모든 보간지역에 대해서 꼭짓점 경계를 형성하기 위해 추가적인 삼각형의 변이 사용된다〈**그림 6-12**〉. 이 과정을 거친 후에 모든 지역이 삼각형으로 형성되나 바람직한 형태의 배치는 아니다. 실재의 표면을 나타내지 못하는 좁은 삼각형들이 다수 존재하기 때문이다.

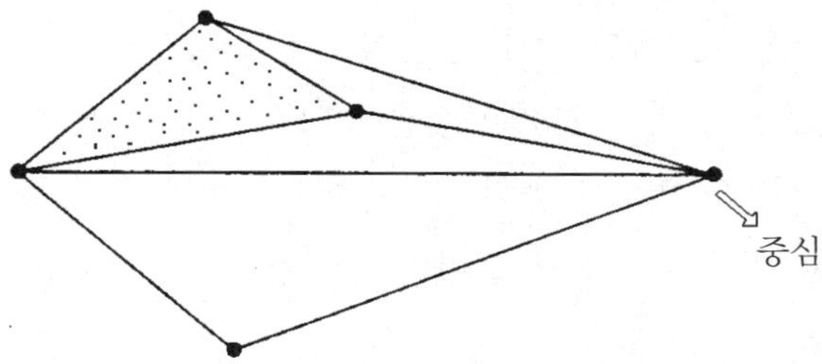

그림 6-12 경계면을 따른 삼각형의 오목면 채움

다음 과정은 삼각형 변의 합을 줄여서 인접하는 삼각형을 조정하고자 하는 것이다. 2개의 인접한 삼각형을 결합시킨 사각형에서 2개의 대각선을 산출해낸다. 이중 더 짧은 대각선이 삼각형의 새로운 변이 되어 사각형을 나누게 된다〈**그림 6-13**〉.

이 방법은 더 이상 바꿀 것이 없을 때까지 모든 2개의 인접한 사각형에 적용한다. 이 결과가 지형을 표현하는 데 사용되는 TIN이다. 이 방법의 단점은 시작점에 의존한다는 것이다.

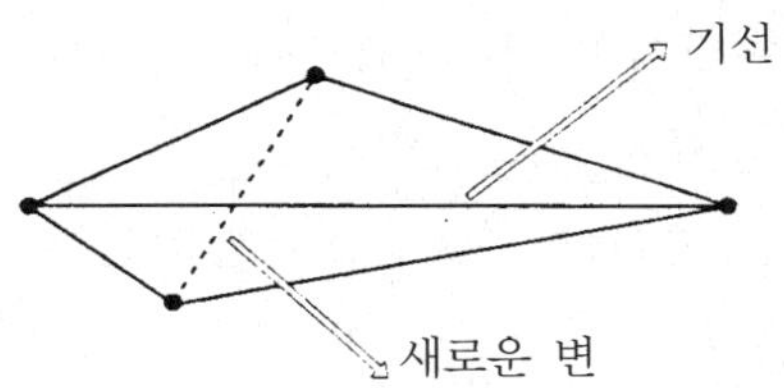

그림 6-13 더 좋은 삼각분할을 위한 대각선 변경

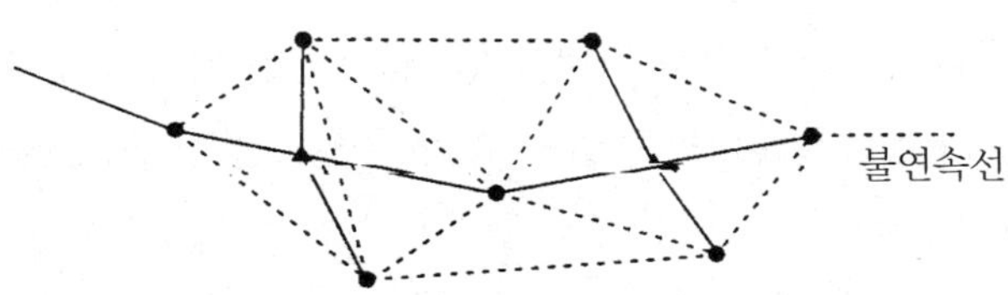

그림 6-14 삼각망에서의 불연속선의 그물화

(ㄷ) TIN에서 불연속선의 표현

불연속선이 표면의 모서리를 나타내므로 삼각형의 변으로 표현되어야 한다. 이는 삼각형 기법이 불연속선을 따라 점이 연결되어야 한다는 것을 의미한다. 이것은 분명히 삼각형 형성 결과가 가지는 특성에 영향을 미칠 것이다. 만약 삼각형이 형성되는 동안 불연속선을 고려하지 않고 나중에 고려하게 되면, 불연속선의 연결조건을 만족시키기 위해 불연속선을 따라 국부적으로 새로운 삼각형을 만들어 가야 한다. 수정한 연결상태를 확실하게 하는 다른 방법은 고밀도화(densification)이다. 인접한 점간에 가장 가까운 연결이 될 때까지, 불연속선(break-line)을 따라 점들의 밀도를 높인다. 이 경우 기준 삼각형 형성기법이 적용될 수 있다. 불연속선을 따르는 거리가 짧으므로 바람직한 결과를 얻을 수 있다〈**그림 6-14**〉.

(5) 수치지형모형의 해석

수치지형모형의 보간에는 2차원선형보간, 3차원보간(이동 다항식, 스플라인 동시 소규역 다항식, 격자요소, 삼각형, 등고선, 크리깅 등)법이 있다. 부록에서 상세히 기술하였다.

지형공간정보체계에서 수치지형모형(DTM : Digital Terrain model)은 지형에 관련된 속성과 형상을 추출해내는 데 기본이 된다. 정보는 도형표현의 시각적 분석 또는 수치지형자료의 정량적 분석에 의해 추출된다.

① 지형분석을 위한 해석

수치지형모형해석의 첫 번째 대상은 지형적인 인수들을 구해내는 것이다. Evans(1972)에 의하면 지형적인 분석은 일반적인 지형과 특별한 지형을 두 가지 형태로 나눌 수 있다. 일반적인 지형에서는 DTM으로부터 경사도와 곡률을 구하는 데 주로 이용되며 이것을 구하기 위한 접근방법으로서 수치지형모형의 표면에 수직인 각 단면을 계산하는 선추적 분석을 이용한다.

TIN의 삼각형의 경우 표면의 수직면은 보간방법에 의해 구해지고, 격자 DTM의 경우 각 사각형 단면들은 4개의 근접한 격자점들로부터 형성된다. 사각형은 거의 평탄하지 않기 때문에 선추적자료들은 평균화과정을 거쳐야 한다. 특별한 지형의 경우에 주로 표면의 수리학적 요소와 관련된 지형(예를 들면, 표면의 특이점이나 산의 정상, 움푹 팬 곳, 좁은 길)의 묘사에 중점을 두고 있다.

② DTM의 질적 평가를 위한 해석

표본화과정에 있어서 오차가 발생할 수 있는데, 이러한 오차를 검색하고 수정하는 과정이 필요하다. 가장 일반적인 방법은 직접 눈으로 보고 일치하지 않는 요소를 편집하는 것이다.

DTM의 질을 조절하기 위해서는 기준자료, 즉 기준점 또는 다른 DTM과의 비교가 필요하다. 따라서 많은 이들에 의해 표면의 질을 평가하는 데 적합한 기준점(예를 들어, 평균제곱근 오차)들이 제시되게 되었다.

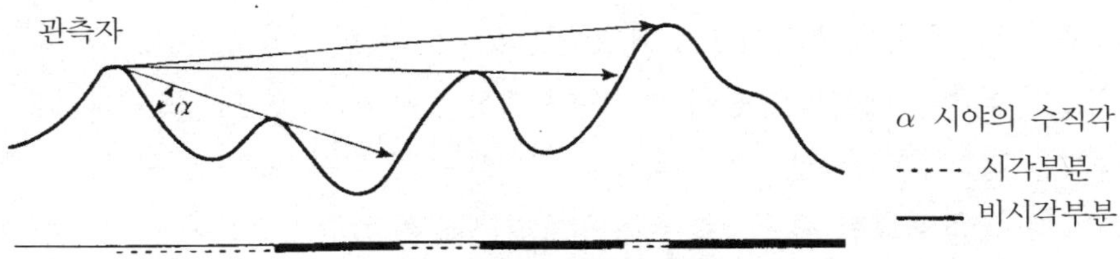

그림 6-15 수치지형모형의 가시도 결정

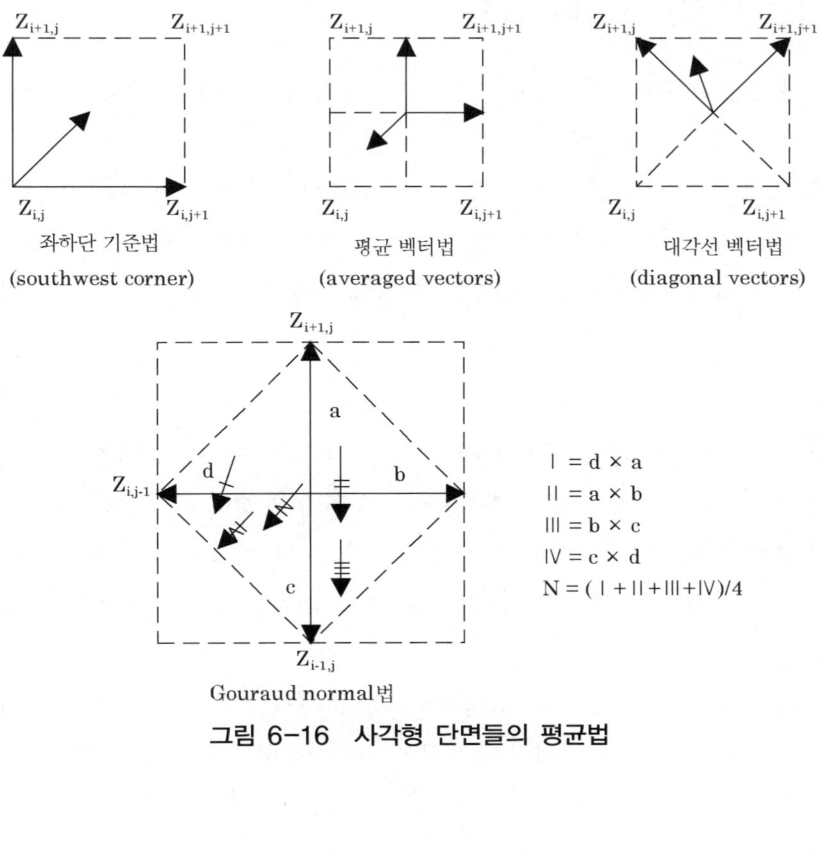

그림 6-16 사각형 단면들의 평균법

설계와 토목공학의 응용분야에서는 보다 많은 특수한 해석기능이 필요하다.

한 가지 예로서 가시도(visibility)분석과 음영기복의 분석을 들 수 있는데, 격자형의 DTM을 위한 기본적인 연산법에 의해서 각 점들의 가시도가 결정된다.

상호 가시도는 모든 관측점에 대한 가시도 과정을 적용하고 결과들을 부가시킴으로써 다중관측점들을 계산할 수 있다. 음영기복의 계산은 가시도 분석과 밀접하게 관련되어 있다.

③ DTM의 시각화

DTM의 모형화 연산에 의한 결과는 사용자에게 그림의 형태로 제공된다. 따라서 시각화는 수치지형모형체계에 있어서 아주 중요한 역할을 하고 있다. 이것은 해석과 밀접하게 관련되어 있으며, 이러한 해석적 연산이 시각화의 개선을 가능하게 한다. 또한, 그림의 형태는 어떤 정량적인 분석 없이 직접적으로 의사결정을 할 수 있도록 해준다. 시각화는 연구자들의 모형개발과 가설 재확립에 도움을 주는 상호 가시도와 전통적으로 종이지도를 제작하기 위해 사용되는 정적 가시도의 2가지 목적을 위하여 연구되고 있다.

5) 유형문화재의 조화미 해석

민족문화의 결정체인 문화재(cultural asset)를 보존, 복원하기 위한 각 방면의 노력이 활발하여 문화재의 원형보존에 많은 투자를 하고 있다.

문화재를 정확히 기록 보존하는 방법으로서 간단한 기기에 의한 관측방법이 이용되어 왔으나, 노력과 시간이 많이 소요될 뿐 아니라 숙련도에 따라 정확도가 좌우되어 최근에 와서는 영상 및 레이저측량기법이 문화재 측량에 이용되고 있다.

(1) 개요

지상영상탐측은 지상의 두 점에서 대상물의 종류에 관계없이 입체영상으로 측량하는 것으로서 피사체와 영상의 위치 및 방향 등을 자유롭게 조정할 수 있어 단시간 내에 많은 대상물을 촬영할 수 있다. 그 촬영된 영상을 보관함으로써 대상물에 대한 재확인 및 재현이 가능하고 섬세하게 조각된 부분도 확대도화가 가능하며 문화재 측량에 많은 장점을 갖고 있다.

최근에 지상영상탐측용 사진기가 도입됨으로써 문화재 측량에 관한 연구가 활발히 진행되고 있다. 지상영상탐측용 사진기와 입체도화기를 이용하여 문화재의 평면, 입면 및 등고선도를 얻고 해석적 방법을 적용하여 각 부재의 정확한 치수와 중요지점의 3차원 좌표를 구한다.

따라서 문화재의 건조시대, 건조방식과 시간경과에 따른 변화를 영구히 기록하고, 그 구조적인 선을 분석하여 현 상태의 보존과 변화과정을 알아내고 복원 시 정확한 재료를 제공하는 데 영상탐측방법이 유용하게 이용된다.

(2) 측량방법

① 기준점측량

대상물에 부착된 표정점좌표를 해석하기 위해 지상기준점을 설치하며, 이 지상기준점의 3차원좌표를 얻기 위해 지상기준점측량을 실시한다. 지상기준점은 표지를 설치하거나 면 · 선 · 표척 등을 이용하며 기준점측량을 〈**그림 6-17**〉과 같이 한다.

$$X = b \quad \cos\alpha = \frac{\sin\beta \cdot \cos\alpha}{\sin r} S \tag{6-1a}$$

$$Y = \frac{\sin\beta \cdot \sin\alpha}{\sin r} S \tag{6-1b}$$

$$Z = \frac{\sin\beta \cdot \tan\varphi}{\sin r} S + i \tag{6-1c}$$

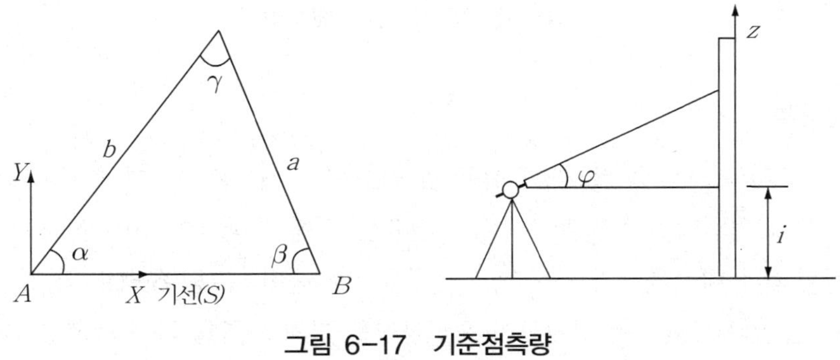

그림 6-17 기준점측량

〈**그림 6-18**〉는 기준점 배치방법들을 열거한 것으로 대상물의 특성과 현장조건에 적합

한 형태를 선택하여 설치한다.

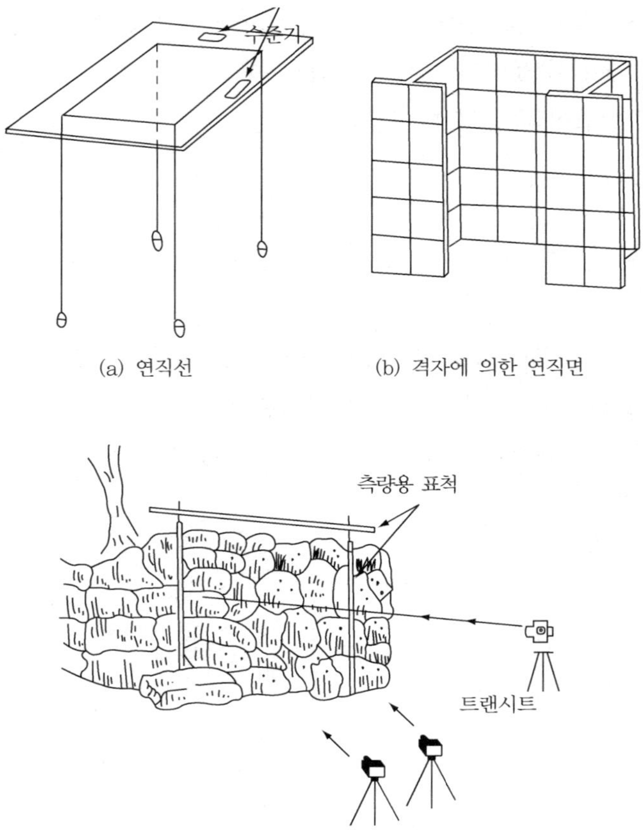

(a) 연직선 (b) 격자에 의한 연직면

(c) 측량용 표척

그림 6-18 기준점 배치방법

② 영상탐측

대상물의 크기와 도화정확도를 고려한 영상면축척 등을 분석하여 촬영거리와 촬영기선장을 정한다. 표정점배치는 자료분석에서 필요한 곳에 부착하며 도화할 때 장애가 없도록 한다. 영상탐측과 대상물과의 기하학적 관계를 표시하면 〈**그림 6-19**〉와 같으며, 여기서 얻어진 사진을 입체도화기에 설치하여 표정과정을 거쳐 도화를 하면 등고선도가 작성된다.

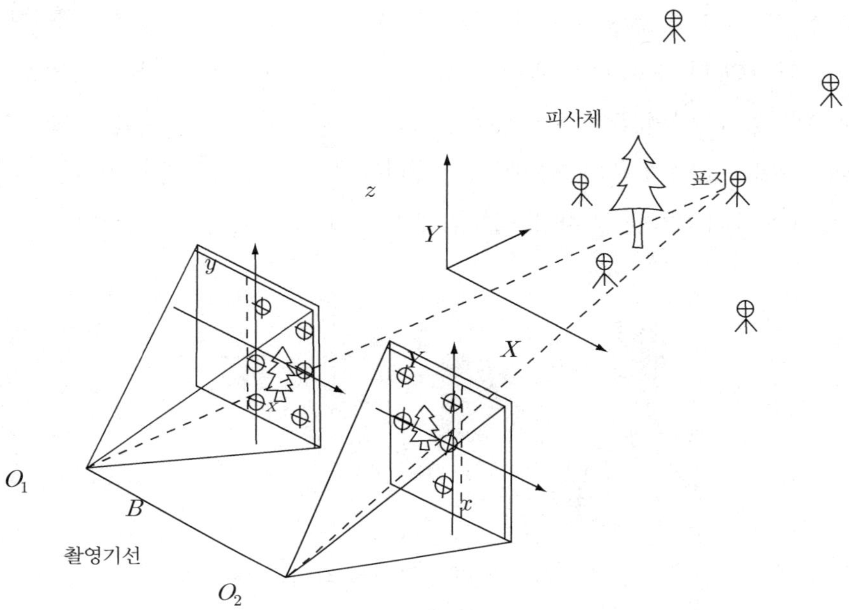

그림 6-19 영상탐측의 기하학적 관계

③ 지상에서의 레이저에 의한 관측

레이저 스캐닝 체계는 정확하고 빠르게 현장에서 물체의 3차원 자료를 측량할 수 있는 장비이다. 표면이 노출된 부분을 정밀한 3차원 좌표로 구할 수 있다.

현재 레이저 스캐닝 체계는 지형 및 일반 구조물 측량, 윤곽 및 용적 계산, 구조물의 변형량 계산, 가상공간 및 건축 모의관측, 역사적인 건축물의 3차원 자료 기록보존, 영화배경세트의 시각효과 등에 활용성이 증대되고 있다.

레이저 스캐닝 체계를 이용하여 대상물의 3차원 위치를 구하는 과정은 다음과 같다.

가) 대상물의 표면에 레이저를 발진한다.

나) 대상물의 표면에서 일부의 레이저가 반사되어 스캐너로 되돌아온다.

다) 발사되어 온 레이저를 스캐너가 감지한다.

라) 발사된 레이저가 반사되어 되돌아오는 시간을 관측하여 대상물의 거리를 계산한다.

작업과정은 비디오 사진기를 이용하여 레이저 스캐너를 관측하고자 하는 대상물의 방향을 맞추면 체계에 연결된 노트북이나 데스크톱 컴퓨터에 대상지역이 나타나고 이 중에 스캐닝할 지역을 선정한다.

스캐닝한 후 결과를 현장에서 바로 볼 수 있으며 스캐닝을 좀 더 자세하게 할 부분은 어디인지, 아니면 다시 해야 할 부분은 어디인지를 판단한 후 스캐닝 작업을 부분적으로 다시 할 수도 있다. 임의의 한 위치에서 관측한 후 보이지 않는 부분을 위하여 다른 위치로 이동하여 관측을 할 수 있으며 야간에는 안전하고 신속하게 자동관측이 가능하다. 기준점을 측량하여 대상물의 3차원 위치정보를 임의의 좌표로 변환할 수도 있다.

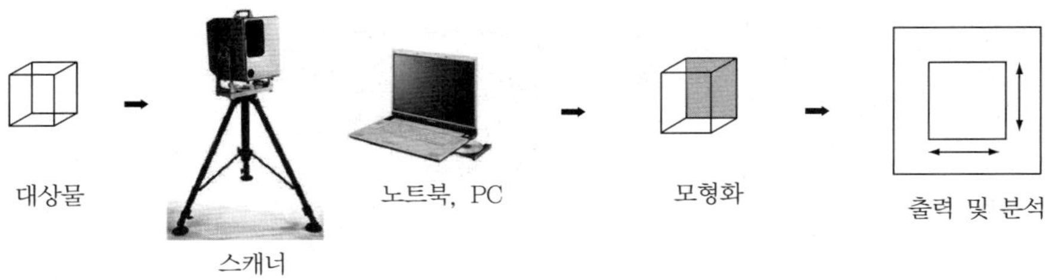

그림 6-20 레이저 스캐닝 체계

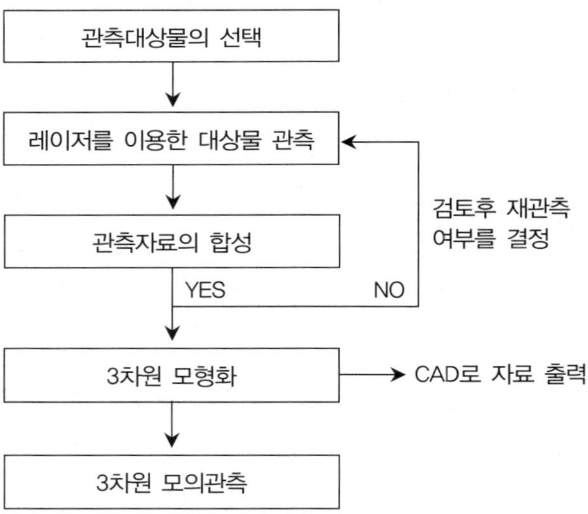

그림 6-21 레이저 스캐닝 자료처리 과정

레이저 스캐닝을 측량된 대상물의 관측점들을 정합하여 세밀한 가로 · 세로 단면을 얻을 수 있다. 〈**그림 6-22**〉은 우리나라 고려시대의 석조거상인 관촉사의 은진미륵의 관측결과이다.

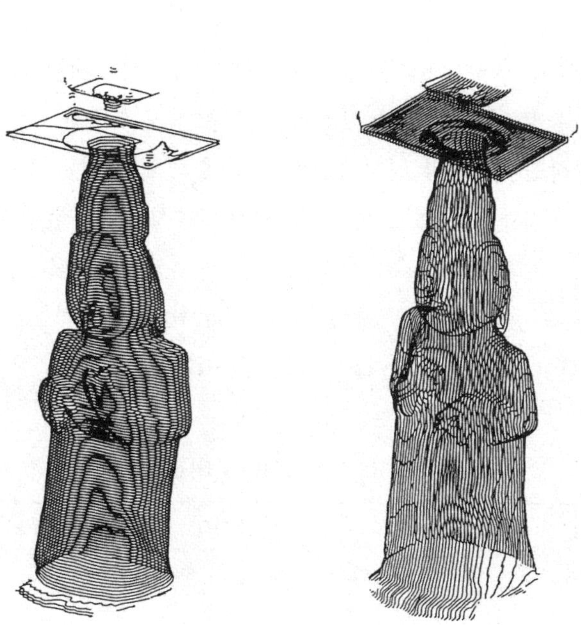

(a) 가로단면자료　　　　　(b) 세로단면자료

그림 6-22　레이저 스캐닝을 이용한 지상관측: 은진미륵

(3) 문화재 해석

① 조화미 해석

조화미는 사물의 크기나 길이에 대하여 그들이 갖는 양과 양 사이의 관계를 나타내는 말로서 조화의 근본이 되는 균형을 뜻한다.

균형은 부분과 전체의 관계 또는 부분과 부분의 관계를 나타내고 법칙적으로 규정지은 것으로 황금분할이 있는데, 1 : 1,618의 비를 황금비$(1 : \frac{1+\sqrt{5}}{2})$라 한다. 이 황금비는 우리나라에서 신라시대부터 조형물상에 많이 나타난 3 : 5비와 거의 같다.

장변과 단변의 비가 황금비가 되는 직사각형과 함께 정사각형 기준으로 하여 이루어진 일련의 제곱근비로 정사각형과 $\sqrt{2}$, $\sqrt{3}$, $\sqrt{4}$, $\sqrt{5}$ 의 직사각형은 예부터 균제가 이루어지고 안정된 형태로 이용되고 있다.

로마의 비트루비우스(Vitruvius)는 인체의 비례를 이용하여 척도의 기준으로 삼았으며, 독일의 아돌프자이싱은 비례관계를 연구하여 황금분할법을 확립하였다.

우리나라 불교사찰의 조화미 비례관계를 고찰하면 삼국시대에는 9:4, 5:4, 7:5, 5:3, 2:5로서 이 중 5:3의 비가 많이 이용되고 있으며, 신라시대의 석탑과 부석사의 무량수전의 평면과 입면에 대해 직사각형분할법과 정사각형비, 3:5에 의해 구성된 것을 볼 수 있으나 삼국시대를 대표하는 백제정림사오층탑, 불국사의 다보탑과 석가탑, 감은사지의 동탑과 서탑, 석굴암본존불 등은 $1:\sqrt{2}$ (안정적이고 사실적인 조화미형성), 고려시대의 대표적 걸작품인 관촉사의 은진미륵불은 $1:\sqrt{3}$ (추상적인 조화미형성)의 조형미를 갖추고 있다. **〈표 6-6〉**는 삼국, 고려 및 서양의 조화미에 대한 비교표이다.

표 6-6 조화미 비교

서 양	삼국시대	고려시대
황금비	정사각형의 원리	정삼각형의 원리
$1:\frac{1+\sqrt{5}}{2}$	$1:\sqrt{2}$	$1:\sqrt{3}$
BC 1650년 이집트 피라밋 건설에 사용 Euclid(BC 365 ~ BC 300)가 언급 Leonardo da Vinci(AD 1452 ~1519)가 그의 예술작품에 활용	삼국시대의 대표적 불상(석굴암 본존불)과 석탑(다보탑, 석가탑 등)에서 정사각형의 구도가 사용됨으로써 안정적이고 사실화적 묘사	고려시대에 축조된 동양 최대의 석불상인 은진미륵은 정삼각형의 구도를 이용하여 축조됨으로써 진취적이고 추상화적 묘사

표 6-7 석국암본존물과 은진미륵

	석굴암 본존불	은진미륵
시 대	서기 751년 신라 경덕왕 때 김대성의 의해 건립, 774년 완공	서기 985년 고려 광종
조 성 배 경	왕실의 긍지를 계승하고 선왕을 기리기 위해	후삼국의 혼란을 수습하고 새로운 통일국가를 기리기 위해
위 치	경남 경주 토함산 석굴암	충남 논산군 은진면 관촉리 관촉사
규 모	높이 3.26m	높이 18.12m
기 타	국보 24호 가장 한국적인 미가 응축된 최고의 걸작 사실적 묘사와 우아하고 세련된 기법	보물 218호 동양 최대의 거상 추상화적 묘사와 토속적 형태를 갖춤

② 삼국시대의 석조 문화재 해석

가) 영상탐측에 의한 본존불 관측

석국암의 주실에 안치되어 있는 본존불의 정면을 지상입체사진기로 촬영한 것을 2㎜ 단위로 정밀입체도화 한 것이다.

그림 6-23 측량용 사진기와 해석 도화기에 의한 측량도면

나) 본존불의 조화미 분석에 사용된 총 14개의 원

(i) 가슴, 눈, 귀의 위치에 대한 조화미 분석도

대좌(臺座)의 최상단을 지나는 원이 두부(頭部)의 중심선과 만나는 점, 즉 양미간의 중심점을 두부의 중심점으로 하여 조화미를 분석한 결과 6개의 동심원으로 구성된다.

ㄱ) 코의 끝 부분과 머리와 이마의 경계점(나발)을 지나는 원

ㄴ) 입술과 나발의 변곡점을 지나는 원

ㄷ) 육계의 하단부와 삼도의 윗부분을 지나는 원

ㄹ) 육계의 최상단과 삼도의 밑을 지나는 원

ㅁ) 삼도의 하단과 중심선이 만나는 점을 구심으로 하여 양미간을 지나는 원을 형성하면 가슴부의 위치와 양 눈의 중앙, 양귀의 중앙을 지나게 되는 원

ㅂ) 얼굴 양미간 점을 지나고 대좌의 최상단의 중심을 지나는 원

그림 6-24 얼굴에 대한 조화미의 분석도(6)

(ii) 백호, 대좌와 양어깨에 대한 조화미 분석도

그림 6-25 조각구도(3)

ㄱ) 백호를 중심으로 육계의 상단과 삼도의 윗부분을 지나는 원

ㄴ) 입술을 중심으로 백호와 삼도의 하단을 지나는 원

ㄷ) 대좌의 상단과 양어깨를 지나 입술을 지나는 원

(iii) 본존불의 몸 전체에 대한 조화미 분석도

〈**그림 6-26**〉에 나타난 것과 같이 몸 전체의 위치에 대한 구성은 5개의 큰 원을 중심으로 구성이 되어 있다.

본존불 중심선 상에서 삼도의 하단을 지나는 수평선과 왼쪽 어깨의 끝점에서 오른쪽 무릎에 접하는 선을 그어서 생긴 선과 본존불 중심선이 만나 이루는 점을 명치를 설정한다.

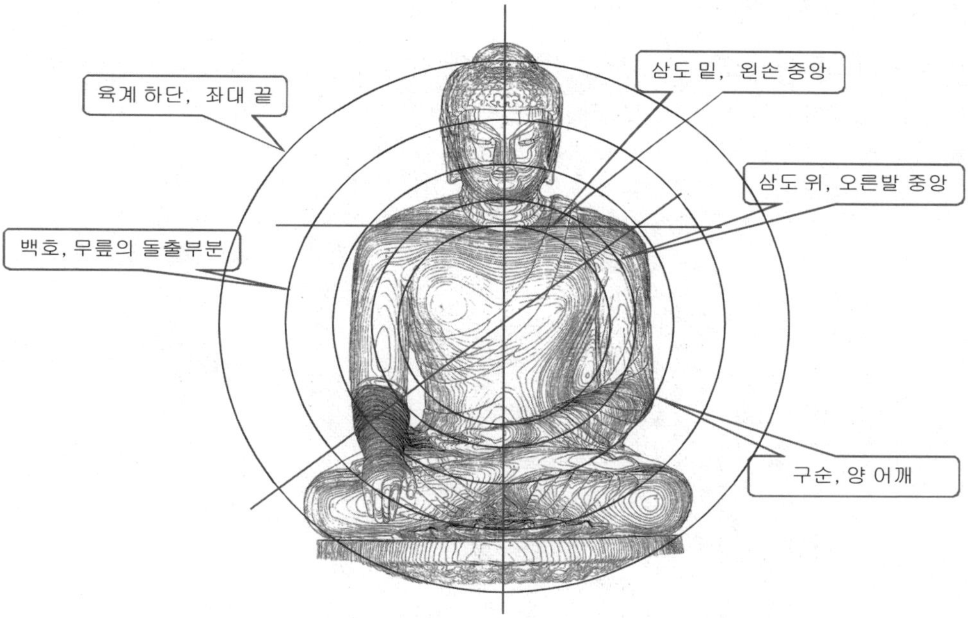

그림 6-26 명치를 중심으로 한 석굴암 본존불의 조화미(5개의 동심원)

이 명치를 중심으로 각 몸의 중요지점을 지나는 원은 다음과 같다.

ㄱ) 삼도의 하단과 손의 중심을 지나는 원

ㄴ) 삼도의 상단과 발의 중심을 지나는 원

ㄷ) 입술선을 지나고 양쪽 어깨의 끝점을 지나는 원

ㄹ) 백호를 지나고 양 무릎의 돌출부 중앙을 지나는 원

ㅁ) 두부에 위치한 육계의 하단부를 지나고 본존불을 제작한 것으로 예상되는 원석의

밑경계를 지나는 원

정밀실측을 통하여 석굴암의 본존불에 대한 실측도면을 제작하고, 이를 바탕으로 하여 조화미를 몸 전체, 얼굴, 신체부위에 따라서 분석한 결과 14개의 원에 의해 모든 위치가 결정된 안정적인 구조임을 알 수 있다.

〈**그림 6-24**〉 ~ 〈**그림 6-26**〉에서 보는 바와 같이 석굴암 본존불은 한 치의 오차를 허용하지 않는 듯 한 동심원의 구조로 되었으며, 제작당시에도 사각형과 원, 그리고 기하학적인 수학적 개념에서 가로세로가 같아 대각선에 해당하는 $\sqrt{2}$ 의 개념이 적용되었음을 알 수 있다.

다) 석굴암의 전실에서의 본존불의 위치

석굴암은 〈**그림 6-27**〉에서 볼 수 있는 바와 같이 전실과 주실 그리고 전실과 주실을 잇는 통로에 해당하는 비도로 구성되어 있다.

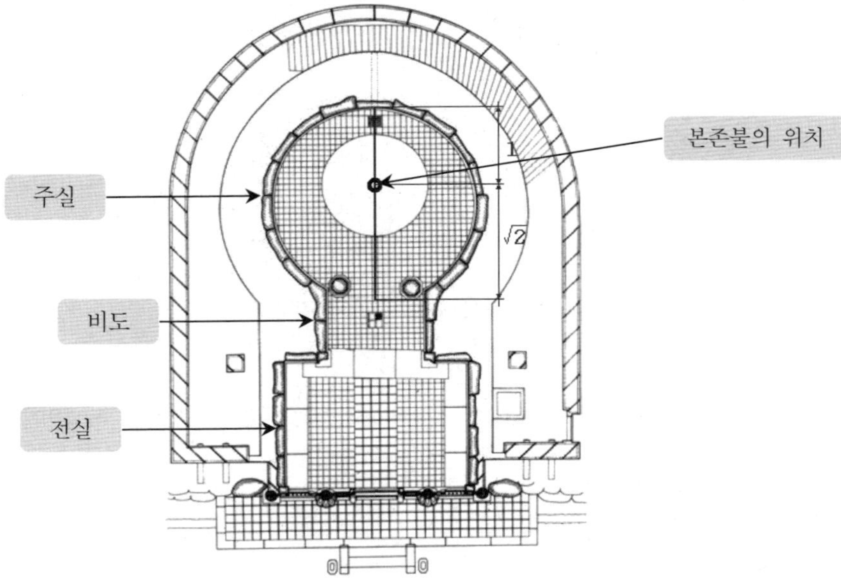

그림 6-27 석굴암의 평면도

주실의 천정은 원형으로 융기(隆起)된 형상으로 되었으며 정상의 중앙부에는 거대한 연화석(蓮花石)이 놓여져 있다. 주실에는 정중앙이 아닌 약간 뒤로 물러선 위치에 석가본존불이 안치되어 빛의 위치에 따라 본존불의 인상(印象, 아침 햇살을 받을 때는 강한조도의 빛으로 빛의 전진현상에 의해 전실에 있는 사람을 맞이하려 다가서는 듯, 정오 무렵이면 보통조도의 빛으로 주실 중앙에서 안정을 취하는 듯, 오후 늦게는 약한 조도의 빛으로 뒤로 물러나 편안히 쉬는 듯한 느낌을 주게끔 주실의 중앙이 아닌 $\sqrt{2}:1$로 불상을 배치한 것임)이 다르게 나타나도록 설계되었다.

③ 고려시대의 석조 문화재 해석

가) 레이저 스캐닝에 의한 은진미륵 관측

그림 6-28 은진미륵 관측 흐름도

나) 은진미륵의 조화미 분석

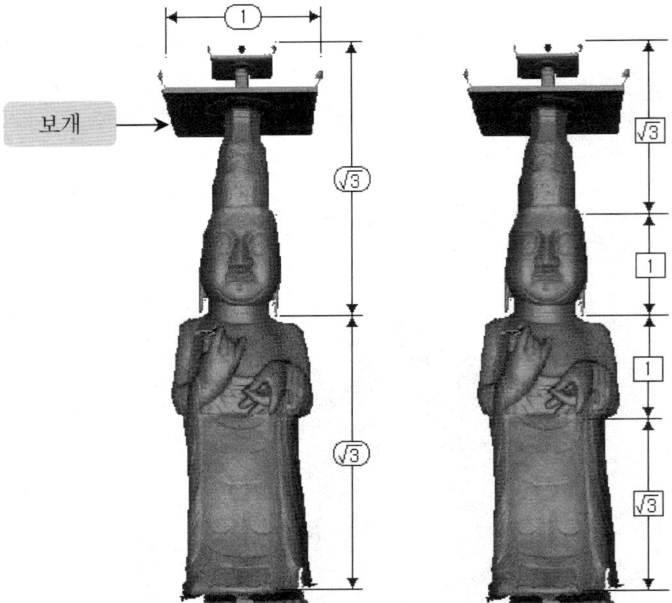

그림 6-29 은진미륵의 전체 조화미

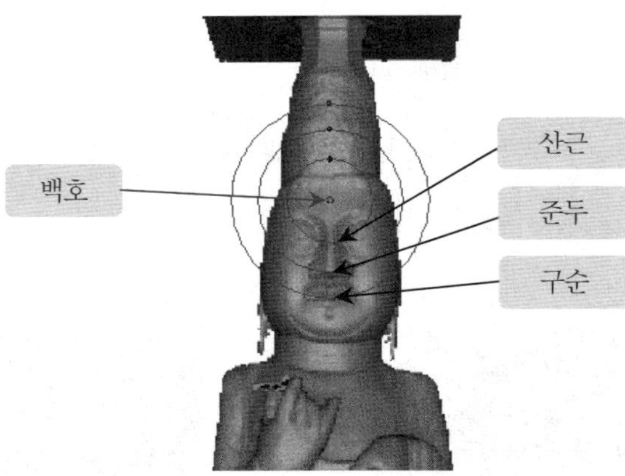

그림 6-30 백호를 중심으로 한 조화미

④ 삼국 및 고려시대의 석조 문화재 해석

- 석굴암 본존불과 은진미륵의 조화미 비교

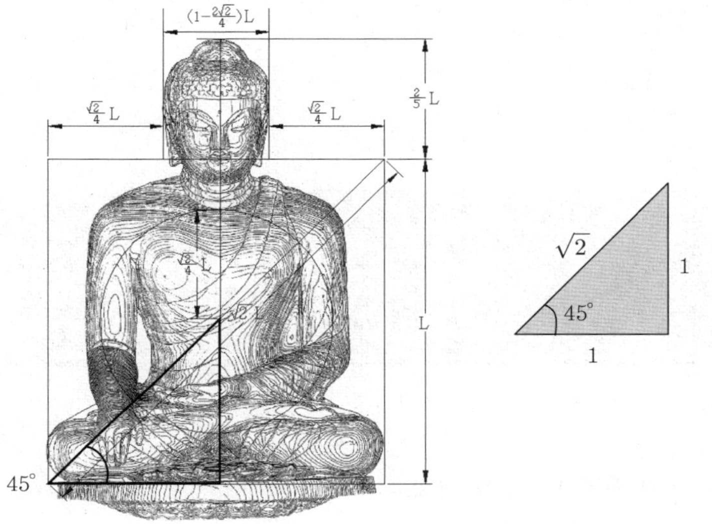

그림 6-31 정사각형 구도

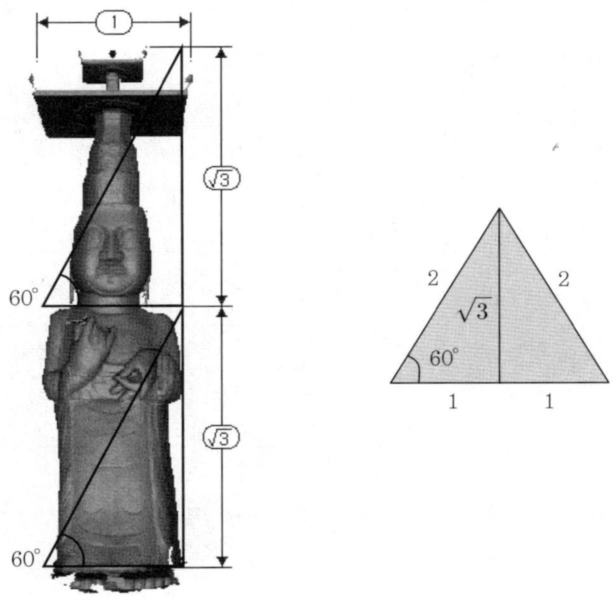

그림 6-32 정삼각형 구도

삼국시대의 석탑 및 석불상의 조화미 구도는 안정적이고 사실화적인 1 : $\sqrt{2}$ 이나 고려시대의 석불상의 조형미 구도는 진취적이고 추상화적인 1 : $\sqrt{3}$ 으로 조성되었다. 이는 조화음에 의한 고전음악과 반음계 및 해결되지 않은 불협화음을 잘 조화시킨 현대음악과 같이 비유할 수 있다. 마치 피카소의 화풍과 같은 추상화적이라고도 말할 수 있다.

연 습 문 제

다음 사항에 대하여 답하시오.

6. 영상에 의한 도면제작 및 조화미 해석

1) 영상지도의 의의 및 종류

2) 항공 및 지상영상에 의한 지형도제작

3) 수치지도제작체계

4) 수치지형모형(DFM)의 의의, 종류, 생성방법 및 이용

5) 수치고도모형(DEM)에서 지표면을 표현하는 자료형태

6) 유형문화재에 관한 영상탐측방법

7) 조화미해석에서 서양(황금비), 삼국시대(정사각형의 원리) 및 고려시대(정삼각형의 원리)의 특징비교

7 영상면의 판독 (Interpretation for Imagery)

1) 판독의 일반사항

① 개요

영상면판독은 영상면상에 피사(被寫)된 도로, 철도, 하천, 가옥, 지질, 산림 등의 대상물에 대한 특성을 판별하기 위한 기본적인 수단으로 위치, 크기, 형상 등을 결정하는 정량적 영상면판독(quantitative imagery interpretation)과 자원 및 환경 등의 정보조사에 이용되는 정성적 영상면판독(qualitative imagery interpretation)으로 분류된다.

영상면판독은 관찰 · 확인(imagery reading)단계, 분석 · 분류(imagery analysis)단계, 해석(imagery interpretation)단계를 통해 종합 분석하여 그 지표면의 형상, 지질, 식생, 토양 등의 연구수단으로 이용하고 있다. 더불어 토지, 자원 및 환경 등의 판독방법이 발달되면서 영상탐측학의 이용분야는 더욱 넓어지고 있다.

② 판독요소

영상면판독에는 기본적으로 사진영상면의 크기 및 모양(size and shape), 음영(shadow), 색조 및 색채(tone 또는 color), 질감(texture), 형태(pattern)의 6개 요소가 있으며 부가적으로 영상면 상호간의 관계와 상호위치관계(location 또는 situation), 과고감(過高感, vertical exaggeration) 등의 요소를 조합해 판독하는데, 이 요소 중 형, 색조, 음영을 판독의 3요소라 한다.

가) 크기 및 모양

영상면상의 크기와 모양은 판독의 중요한 요소이다. 크기는 어느 단일형태 또는 단일색조가 갖는 입체적, 평면적인 넓이나 길이를 말하며, 모양은 개체나 목표물의 윤곽, 구성, 배치 및 일반적인 생김새 등을 뜻한다.

영상면상의 실제 크기는 영상면촬영고도(H)와 사진기렌즈의 초점거리(f)를 이용해 계산가능하나 특정 형태의 실제크기보다는 다른 것과 비교한 상대적 크기를 고려하는 것이 판독에 용이한 경우도 많다. 또한 영상면상은 지표면 바로 위에서 촬영한 영상면으로 일반적으로 지상에서 옆으로 보는 시각과는 매우 다르므로 수직으로 보았을 때의 형태에 익숙해질 필요가 있다.

영상면축척의 선정은 영상면을 판독하는 데 특히 중요하다. 축척이 너무 작으면 필요한 판독을 할 수 없고, 반대로 너무 커도 사용하기가 불편하므로 소요목적에 따라 축척을 결정해야 한다.

나) 음영

영상면판독에서 음영(陰影)은 높은 탑과 같은 지물의 판독, 주위색조와 대조가 어려운 지형의 판독시에 중요한 요소가 된다. 영상면을 판독할 때 광선의 방향과 촬영시 태양광선의 방향을 일치시키면 음영의 관계로부터 입체감이 얻어지고 반대로 하면 반대의 느낌이 얻어지므로, 북반구의 항공영상면을 볼 때는 일반 지도와는 반대로 남쪽을 위로 보는 편이 좋다. 그러나 일반적으로 영상면의 그림자 부분은 상세한 판독에 저해가 되므로 항공영상 촬영시각은 태양의 고도가 높고 그늘이 적은 10~14시가 적당하다.

다) 색조

영상면의 색조(色調)는 주로 태양광선의 반사율에 의한 것으로 식물군락 등의 대상물 판별에 이용한다. 흑백영상면에서는 색과 명암이 백색에서부터 흑색까지 단일색조로 기록된다. 영상면의 색조는 또한 태양에 대한 피사체의 위치, 각도, 촬영시기와 기후, 필름의 감광성(感光性), 필터의 성질, 인화의 처리법, 인화지의 종류 등에 영향을 받는다. 이와 같이 동일한 대상물에 대해서도 색조가 여러 가지로 변화하기 때문에 영상면농도의 절대값보다는 색조의 차에 중점을 두는 것이 좋다. 이와 같은 색조는 명도, 색상, 채도의 3가지 성질로 나타낼 수 있다.

항공영상면의 축척이 작을 때는 입체시(立體視)를 해도 세부사항을 알 수 없으므로 이 경우 판독에 있어 색조의 중요성이 중대된다. 예를 들면, 인공림과 천연 너도밤나무 숲을 판별하는 경우 축척이 1/40,000 이하이면 수관의 형(形)과 표고(標高) 등의 식별이 어려우나 영상면농도관측기(imagery densitometer) 등을 이용하면 색조를 정량적으로 나타낼 수 있어 판독이 가능하다.

흑백영상면이 흰색에서 검은색까지 단일색조로 나타내는 것에 비해 천연색영상면은 대상물의 색을 그대로 재현하므로 흑백영상면보다 판독범위가 넓다.

라) 질감

영상면의 질감이란 크기, 음영, 형상, 색조 등의 여러 요소가 모여 표현되는 영상면(映像面)의 세밀하고 거친 정도를 나타내는 것으로 개개의 상태로는 식별하기 어려운 작은 대상물의 집합이 영상면상에 나타나는 미세한 색조변화이다.

질감의 표현은 거침(coarseness), 밀(密, fineness), 조(粗, roughness), 평활(平滑, smoothness)의 4단계로 표시하며 축척에 따라서 질감의 판독대상이 달라진다. 예를 들면, 축척 1/10,000의 영상면에서 나뭇잎은 식별하기 어려우나 질감에 의해 수군의 성질을 판독할 수 있으며, 축척 1/40,000에서는 개개의 수군 식별은 어려우나 그 군락이 나타내는 질감에 의해 수림의 성질을 알 수 있다.

마) 형태

항공영상면상에 나타난 식생, 지형 또는 지표면 색조 등의 공간적인 배열상태를 형태라 한다.

인공 또는 자연적인 여러 물체는 기본적인 형상의 반복 또는 관련성을 갖고 있어 판독에 도움이 된다. 예를 들면, 수계형태(drainage pattern)는 수지상(樹枝狀), 격자상(格子狀), 방사상(放射狀), 평행상(平行狀) 등의 천연상과 직선상(直線狀), 평행상(平行狀), 대상(帶狀) 등의 인공상이 있어 수계판독시 유용하게 이용되고 있다. 또한 대상물의 구조와 성질, 종류, 용도 등은 그 배치상태에 의해 판독할 수 있다. 예를 들면, 공장의 규모 및 배치형태 등에 의해 공장의 특성을 알 수 있다.

바) 상호위치관계

특정 영상면이 주위영상면과 어떤 관계가 있는가를 파악하는 것은 영상면판독에 있어서 중요한 사항 중의 하나이다. 한 영상면은 일반적으로 주위의 영상면과 연관되어 있으므로 어떤 특정한 영상면만 보고 다른 영상면과의 관련사항은 고려하지 않으면 올바른 판독을 행하기 어렵다. 예를 들면, 논과 습지 논을 판별하는 데는 그 논 자체의 영상면에 대한 특징 외에 주변 논과의 비교, 그 논의 지리적 위치 등에 관한 고찰을 해야 한다. 항공영상면의 축척이 작아서 각각의 영상면에 대한 관찰이 어려울 때는 특히 영상면 상호간의 관계를 이용하는 것이 좋다.

사) 과고감

항공영상면을 입체시해 얻은 입체상의 높이가 실제보다 산지는 돌출해 높고 기복이 심하며, 계곡은 실제보다 깊고 경사면은 실제보다 급하게 보이는 것을 과고감(過高感)이라 한다. 과고감은 판독에 사용된 렌즈의 초점거리, 중복도 등에 의해 변한다. 과고감을 일으키는 부상도(浮上度) P는 기선거리(주점간거리)를 B', 렌즈의 초점거리를 f, 안기선을 b, 명시거리를 F라 하면 다음과 같다.

$$P = F \cdot B' / f \cdot b \tag{7-1}$$

여기서 일반적으로 F는 25 ㎝, B'는 6.5 ㎝이다. 과고감은 지표의 기복을 과장해 나타낸 것으로 낮고 평탄한 지역에서의 지형판독에는 크게 도움이 되지만, 사면의 경사가 실제보다 급하게 보이기 때문에 오판하지 않도록 주의해야 한다.

③ 판독의 순서

항공영상면의 판독은 일반적으로 다음과 같은 순서로 한다.

첫째, 촬영계획을 세워 목적설정, 영상면축척결정, 영상면종류, 촬영일시, 범위, 렌즈선정 등을 한다. 둘째, 촬영과 영상면을 작성한다. 셋째, 판독기준은 판독항목의 특성에 따라 판독요소를 설정한다. 넷째, 판독은 판독기준을 기초로 광역판독과 부분적, 중심적 판독을 행하는데, 경우에 따라 현지조사계획도 함께 한다. 현지조사를 하는 경우 판독결과의 확인, 보정, 정정 등을 한다. 마지막으로 다섯째, 현지조사의 자료를 기초로 다시 한 번 판독하고 결과를 정리한다.

④ 판독에 이용되는 영상면

판독에 쓰이는 영상면은 〈**표 7-1**〉과 같다.

천연색영상면은 판독상 가장 좋으나 가격이 비싸고 높은 고도의 촬영에는 적합하지 않은 결점이 있으며, 적외선영상면은 필름의 유효기간이 짧으므로 입수하기가 어렵다. 따라서 우리들이 흔히 쓰는 영상면은 대부분 흑백(또는 全整色)영상면이다. 〈**표 7-2**〉에 흑백영상면과 적외선영상면 판독상의 특성을 비교해 나타내었다.

표 7-1 판독에 쓰이는 영상면

종 류	성 질	주된용도
전정색영상면	가시광선의 흑백영상면	형태를 판독요소로 하는 것, 지질, 식물
적외선영상면	근적외선의 흑백영상면	식물과 물의 판독
천연색영상면	가시광의 천연색영상면	색을 판독요소로 하는 것
적외색영상면	가시광의 일부와 근적외선을 색으로 나타낸 영상면	식물의 종류와 활력의 판독
다중파장대영상면	가시광선과 근적외선을 대역별로 동시에 촬영한 흑백영상면	광범위한 이용면을 가지며, 특히 식물의 판독
열 영 상	표면온도의 흑백영상면	온도

표 7-2 흑백색(panchromatic)영상면과 적외선(infrared)영상면의 비교

피 사 체	전정색 항공영상면	적외선 항공영상면
① 침엽수 ② 광엽수 ③ 기 타	전체 흑색으로 찍힘 색조로 판별곤란하며 형으로 구별	① 흑색으로 찍힘 ② 백색으로 찍힘 ③ 독자의 색조로 찍힘 } 판별 쉬움
④ 밭(田) ⑤ 논(畓)	전체 회색 색조 경지의 경계에 의해 판별	④ 함수율, 경작물에 의해 농도차가 다양함 ⑤ 전부 흑색, 경계는 백색
⑥ 하 천 ⑦ 해안선 ⑧ 호 소 ⑨ 하 상	⑥ 회색 또는 백색 세천은 지형으로 판별 ⑦ 파도 때문에 확정이 어려움 ⑧ 회색 또는 흑색, 어떤 때는 전반사에 의해 백색이 됨 ⑨ 전체 백색 또는 회색, 모래와 자갈의 구별은 불가능	⑥ 수부는 전부 백색, 곡천도 가는 흑선으로 나타나고 발견이 쉬움 ⑦ 해안선이 명료하게 나타남 ⑧ 전부 흑색, 삼림 내에 있어도 발견이 쉬움 ⑨ 자갈은 백색, 모래는 회색, 흙은 짙은 회색 또는 회색, 흑색
⑩ 붕괴지	⑪ 전체 백색 또는 회색	⑩ 회색, 수분이 있을 때는 흑색으로 나타나는 등 토질암질에 따라 농담이 변함
⑪ 도 로	⑫ 백색 발견이 쉬움	⑪ 콘크리트와 아스팔트에서 색조가 변해 발견이 어려우며 열련이 요구됨
⑫ 시가지	⑬ 선명하게 나타남	⑫ 시가지의 촬영에는 부적합하지만 실제는 영향이 없음

⑤ 영상면판독의 장단점

영상면판독의 장단점을 열거하면 다음과 같다.

장점으로는 첫째, 단시간에 넓은 지역의 정보를 얻을 수 있다. 둘째, 대상지역의 여러 가지 정보의 조합적인 것을 종합적으로 얻을 수 있다. 셋째, 현지에 직접 들어가기 곤란한 경우도 정보취득이 가능하다. 마지막으로 넷째, 원정보는 영상면에 의해 정확히 기록 보존된다.

단점으로는 첫째, 일반적으로 상대적인 판별이 불가능하며 현지조사 또는 그에 대응하는 다른 기준이 되는 정보를 필요로 한다. 둘째, 직접적으로 표면 또는 표면부근에 있는 정보취득이 가능하지 않다. 셋째, 영상면의 색조(色調)와 그것에 의해 구성되는 모양(pattern) 및 입체적인 형태를 매개체로 하여 판독하므로 이와 같이 나타나지 않는 대상물의 판독은 어렵다. 마지막으로 넷째, 항공영상의 경우는 항공기를 사용하므로 기후 및 태양고도에 좌우된다.

⑥ 판독방법

영상면판독방법은 제 1 단계 관찰 · 확인, 제 2 단계 분석 · 분류, 제 3 단계 해석의 과정으로 나눌 수 있다.

제 1 단계 관찰, 확인과정은 지형적인 차이, 색조나 색조구조, 수계모양, 선상(imagery lineation)의 상황, 또는 식생의 밀도 등 단순한 관찰 및 확인과정단계로 영상면 자체가 확실하다면 판독이 완전히 틀리는 경우는 극히 적다. 그러나 이 단계에서 판독을 마치게 되면 영상면에서 정확한 정보를 얻을 수는 없다.

제 2 단계는 관찰, 확인한 사항을 분류, 분석하기 위하여, 애추(崖錐), 단구(段丘), 현하상(現河床), 지반침하 등을 판독함으로써 1단계 과정보다는 고차원의 정보를 얻을 수 있으나 보다 많은 판독자의 주관이 개입되어 판독오차가 다소 커질 수도 있다.

제 3 단계는 해석과정으로 판독자의 경험과 전문지식을 기초로 하여 지질구조, 지층상하관계 또는 지반침하와 같은 움직임과 산사태 등의 과정에 대한 추측으로써 보다 높은 차원의 정보를 얻는 과정이다.

이 같은 판단은 실제로 거의 무의식적으로 극히 짧은 시간 내에 행해지므로 처음단계에서 각종 구분을 하기 위한 판단의 기준이 되는 판독요소를 영상면상에서 찾지 못한 경우 영상면상에서 대상의 특성을 판독할 수 없게 된다.

일반적으로 항공영상면판독에서 얻을 수 있는 자료는 영상면의 질 및 판독능력이라 할 수 있는 영상면판독의 기술, 전문적 지식, 경험 등에 좌우된다.

영상면판독상 주의할 점은 높은 정확도로 얻은 정보라 할지라도 추정에 불과하므로 현지 조사, 지형도, 탄성파측량 등에 의해 검토한 후 토지, 자원 및 환경관계의 재조사에 이용되어야 더욱 효과적이다.

⑦ 영상면판독의 한계

영상면판독에 사용되는 영상면은 흑백영상면(panchromatic imagery), 천연색영상면(natural color imagery), 적외선영상면(inframetic imagery), 적외선색영상면(inframetic color imagery), 파노라믹영상면(panoramic imagery), 스캐닝영상면(scanning imagery), 다중파장대영상면(multispectral imagery), 위색영상면(false color imagery) 등이 있다.

항공영상면판독으로 토지이용 및 제반건설관계 조사를 할 경우 판독에는 한계가 있지만 그 한계범위 내에서 필요로 하는 재료를 얻어내는 것이 영상면판독의 목적이라 할 수 있다. 영상면판독의 한계에는 영상면 자체가 갖는 한계와 판독작업의 한계가 있다. 영상면 자체가 갖는 한계는 렌즈왜곡(lens distortion), 필름수축오차(film shrinkage), 사진기오차 등이 있으나 판독시에는 거의 무시되므로 문제가 되지 않는다. 영상면상에서 육안판독(肉眼判讀)이 가능한 크기는 판독대상의 형태와 주위와의 대조 또는 입체시 했을 때의 눈높이 등에 좌우되지만 일반적으로 최소 0.02 ㎜라 할 수 있다. 즉, 영상면축척 1/10,000의 경우는 20 ㎝, 1/20,000의 경우는 40 ㎝가 한계이다. 육안에 의한 원근판독의 정확도는 대상물까지의 거리의 제곱에 반비례한다.

$$\Delta D = \pm \frac{D^2}{b} \cdot \frac{\Delta \delta}{\rho''} \tag{7-2}$$

예를 들어, 안기선(b)을 65 ㎜, 양 시준선 사이각($\Delta \delta$)을 20″, 명시거리(D)를 25 ㎝로 한 경우 원근판독의 오차 ΔD는 0.09 ㎜가 된다.

항공영상은 대축척으로 산의 양면이 찍히지 않는 경우, 영상촬영시기 또는 시간이 좋지 않아 음영이 강한 경우, 눈이 내린 지역을 촬영한 경우, 구름이 낀 경우 등에는 판독에 어려운 결점이 있다. 이 경우 양 옆 촬영경로(course)나 입체모형(model)을 관측해 판독하고, 음영이 강한 경우는 인화지 대조를 약하게 처리해 이용한다. 그러나 판독에 크게 지장을 주는 영상면은 재촬영이 요구된다.

판독에 사용하는 항공영상의 축척은 판독대상에 따라 각기 다르지만 암종구분(岩種區分), 미고결추적물구분(未固結推積物區分), 연약지반구분(軟弱地盤區分)의 판독에는 1/5,000~1/25,000 정도가 적당하고, 지질구조판독에서 대규모 단층 및 단층파괴대 판독 등은 소축척 영상면이, 세부적인 층리(層理), 절리(節理), 편리(片理) 등의 판독에는 대축척 영상면을 이용된다.

2) 토지이용에 관한 판독

(1) 개요

토지이용은 토지에 대한 인간의 활동상태, 즉 토지를 논밭과 같은 농업용지, 공장 등의 공업용지, 주택 등의 주택용지 등 다목적으로 이용하는 것을 말한다.

토지이용분류는 토지를 어떻게 이용하고 있는가를 미리 정해둔 분류구분(分類區分) 및 세부규정에 기초해 조사 분류하는 것으로 이 결과로부터 지도형식으로 토지이용도(土地利用圖)를 작성한다. 일반적으로 토지이용도는 현재 토지를 어떻게 이용하고 있는가를 나타내는 토지이용현황도, 미래 토지이용의 계획을 나타내는 토지이용계획도, 토지의 이용목적 등의 규제상태를 나타내는 토지이용규제도 등이 있다.

토지이용분류는 먼저 조사목적에 따라 분류구분을 설정한다. 즉, 도시 토지이용에 중점을 둘 것인가, 농업적 토지이용에 목적을 둘 것인가, 또는 공공적 토지이용에 중점을 둘 것인가에 따라 달라진다. 한편, 시각에 따라서 경관적 분류와 기능적 분류로 나눌 수 있다. 예를 들면, 대도시의 중심부는 경관적으로는 고층건축물로, 기능적으로는 상업지구, 업무지구(business center)로도 분류가능하다. 또한 산림은 침엽수림, 활엽수림, 혼합수림으로 나눌 수 있고, 천연림과 인공림으로 나눌 수도 있으며, 또는 유령림(幼齡林), 장년림, 노령림으로 나눌 수 있다.

그리고 조사목적에 따라 토지이용도의 축척을 결정해야 하며 이에 따라 분류의 조밀, 분류의 최소단위를 결정한다.

그러므로 토지이용분류에서 유의할 점은 다음과 같다. 첫째, 조사목적을 명확히 한다. 둘째, 분류구분을 체계적으로 한다. 셋째, 토지이용의 목적 및 적용범위를 명확히 하여 조사지역의 토지와 분류구분이 대응하도록 한다. 넷째, 관계법령 및 다른 지역구분과의 관계성을 밝혀둔다.

(2) 토지이용 분류조사

토지이용 분류조사의 일반적인 순서는 대략 다음과 같다.

① 계획 및 준비

계획을 세우는 데는 먼저 이 조사가 어떠한 목적으로 행해지며 그 결과로 무엇을 얻을 수 있는가를 확인하고, 다음에 조사범위, 축척, 분류구분, 분류세부사항, 조사기간 등을 목적에 따라 결정한다.

조사를 계획자가 스스로 할 수 없는 경우는 적당한 조사자를 선택하고 발주하기 위해 조사에 필요한 비용견적(費用見積)을 준비해야 한다. 조사실시자는 조사에 따라 작업자의 배치, 작업일정 등의 전체계획을 작성 준비한다.

② 영상 촬영

가) 영상면 축척

토지이용판독에 적합한 항공영상의 축척은 판독대상 및 판독 최소단위면적에 따라 다르다. 일반적으로 임야, 목초지, 경작지 또는 시가지 윤곽구분의 경우는 1/40,000 정도가 적당하다.

또한 산림을 침엽수림과 활엽수림, 경지를 논과 밭, 뽕나무밭 등으로 구분하는 경우는 1/10,000~1/20,000 사진이 필요하고, 작물의 종류를 판별하는 데는 1/10,000 이상의 대축척사진이 필요하다. 일반적으로 1/25,000 또는 1/50,000의 토지이용도를 작성하는 경우 1/10,000~1/40,000 사진이 이용된다.

나) 영상 및 영상필름

토지이용조사를 위해 새로 영상을 촬영하는 경우는 드물며 일반적으로 항공영상탐측용으로 촬영된 영상면을 이용해 흑백영상면(panchromatic imagery)을 판독하는 경우가 대부분이다.

천연색영상면은 식생 및 농업적 토지이용에 유용하며 특수하게 적외선색영상면(infrared color imagery) 및 다중파장대영상면(multispectral imagery)을 이용하는 경우도 있다.

다) 촬영 시기

토지이용은 경년변화 및 계절변화가 크기 때문에 촬영시기의 선택이 중요하다. 대도시와 그 주변에서는 특히 경년변화가 현저하고, 대규모주택지 및 공업용지의 조성에 있어서는 해가 갈수록 토지이용양상이 크게 변하는 경우가 많다.

따라서 토지이용현황을 파악하는 경우 입수 가능한 범위에서 가장 최근의 영상면을 선택하며, 식생 및 농업적 토지이용판독의 경우에는 역으로 그 계절변화를 이용할 수도 있다.

예를 들면, 논과 밭의 판별에는 논에 물이 차 있는 시기의 영상면이 적합하고, 활엽수림과 침엽수림의 구별에는 봄보다 가을에 촬영한 영상면이 좋다. 이와 같이 계절변화를 이용해 판독을 행할 경우에는 동일지역에서 계절을 다르게 촬영한 영상면을 이용하면 매우 편리하다.

어떤 특정한 시기의 영상면밖에 이용할 수 없을 때는 그 촬영 년월일을 조사해 그 시기의 작물 및 산림의 상태를 참고자료 및 현지조사로 파악해둘 필요가 있다.

③ 영상면판독 및 현지조사

조사지역의 지형도 및 지지(地誌) 등의 참고자료를 이용해 그 지역의 토지특성을 예비지식으로 얻은 다음 항공영상면판독을 시작한다. 판독은 우선 크기 및 형상, 음영, 색조, 질감, 모양, 상호위치관계 등의 판독요소 및 판독자의 경험에 의한다. 판독 중에 나타나는 문제점은 몇 종류로 구분하여 현지 조사시에 확인할 수 있도록 정리해 둔다.

현지조사에 앞서 국가기관 등의 협조가 요구되는 경우 각 기관에 직접 출두해 취지를 설명하고 협력을 의뢰한다. 즉, 각 관내의 요람 및 관내지도, 도시계획도, 건물별 이용현황도, 토지이용규제도, 택지조성, 구획정리, 매립 등의 평면도, 산림기본도 등의 자료를 수집한다.

현지조사에는 판독에 사용한 항공영상면을 가지고 현지답사하면서 분류가 적절한가를 확인하고 의문점을 해결해 영상면상에 표시한다. 영상면상에서 그 넓이 및 경계가 명료한 것은 그 중앙에 미리 정한 기호를 기입하고 불명확한 곳은 경계선을 기입한다.

현지조사를 할 경우 조사지역의 파악에 있어서 특정 경계부터 갑자기 행하는 것은 피하고, 주요철도 및 도로를 따라 토지이용개황(土地利用槪況)을 파악하고 조사일수를 감안해 중심적 사항 및 지구(地區)를 결정하여 시행한다. 같은 특성을 가진 것으로 분류 구분된 곳은 그 중 일정한 장소를 선택해 표본조사를 하는 것이 효과적이다.

영상촬영 후 토지이용이 변화된 경우는 영상면상에 그 범위와 분류 구분을 나타낸다.

④ 편집작업 및 제도와 복제작업

조사결과를 기입한 항공영상면을 다시 입체시하면서 이미 판독한 토지이용도 위에 미리 정한 잉크나 색연필을 이용해 수정, 편집 및 도화(圖化)를 한다. 지도가 여러 매로 나뉘는 경우 그 접합부분에서 분류가 다르게 되지 않도록 주의 한다.

편집단계에서는 지금까지의 조사에서 나타나지 않은 점이나 의문점을 현지보충조사에 의해 완전한 원도(原圖)가 되도록 한다. 토지이용도의 원도에 따라 제도작업을 행하고 양화 및 음화필름을 만들어 최종성과품인 토지이용도를 인쇄한다.

(3) 토지이용구분

토지이용구분(土地利用區分)은 크게 도시집락(都市集落), 농지, 산림지로 나눌 수 있다.

① 도시집락

도시집락은 다시 주택지구, 상업지구, 업무지구, 공공지구, 시설, 공지, 개수공사 구역으로 구분된다.

주택지구는 도시 및 그 주변부에 분포하며 구획 정리된 토지와 직사각형 등의 건물이 정연하게 늘어서 있어 판독하기가 쉽다. 상업지구는 도시의 중심부, 역주변, 주요도로를 따라 분포하며 건물이 밀집되어 있고 공지(空地)와 녹지가 적다. 업무지구는 도시의 중심부에 위치하며 중고층건물로 건물규모가 상업지구보다 일반적으로 크다. 공업지구는 역부근, 철도 및 주요도로의 연선(沿線), 임해부 등에 위치한다. 제조공장의 경우는 원료집적장, 원료운반시설, 용광로, 화학반응탑 등의 옥외시설물, 크고 복잡한 건물, 제품하치장 등의 업종에 따른 특유한 형태의 건물 및 시설, 장치가 있어 판독이 쉽다. 그러나 중소공장은 건물규모가 작고 주택과 혼재해 있어 판독이 어려운 경우도 있다. 공공지구는 공공업무지구, 학교, 후생시설, 공원 등으로 학교와 같이 교정, 운동장, 직사각형교사, 체육관 등의 특징이 있어 판독이 쉽지만 공공업무지구 등은 도시중심부에 있어 기능적으로 특수한 곳 이외에는 판독이 어려우므로 기존자료에 의존한다. 이와 같이 토지이용분류에 이용되는 항공영상면은 〈**그림 7-1**〉과 같다.

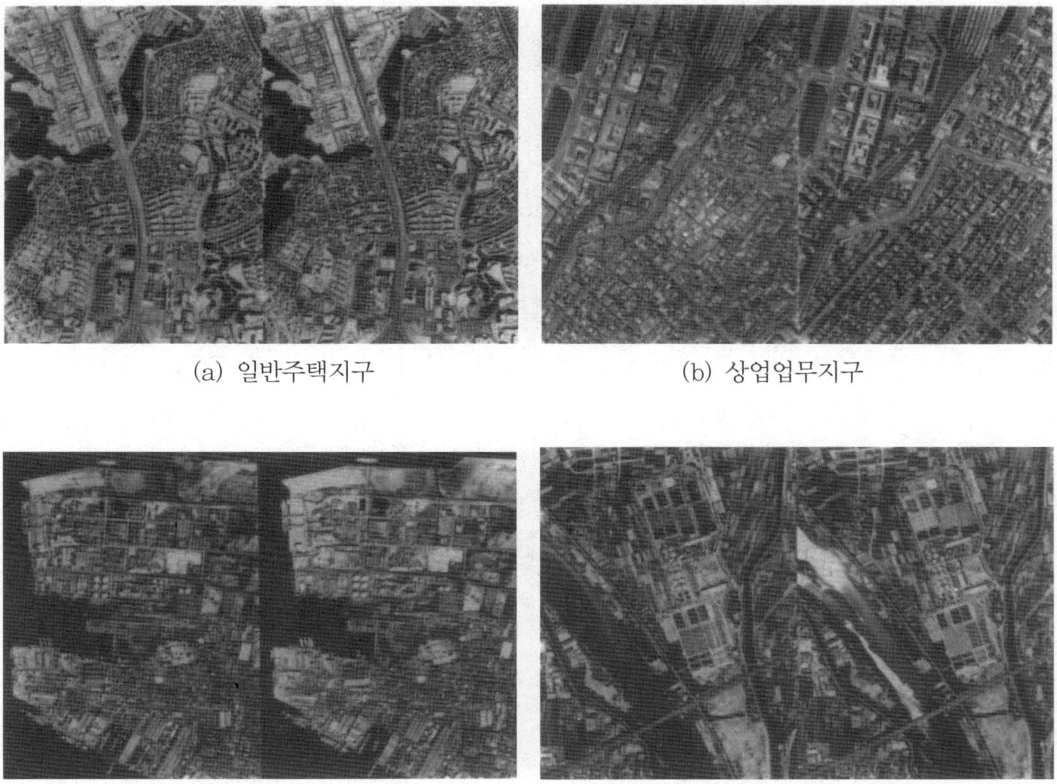

(a) 일반주택지구 (b) 상업업무지구

(c) 공업지구 (d) 공급처리시설

그림 7-1 토지이용분류에 이용되는 항공입체영상면

② 농지 및 산림지

농지 및 식생의 구분에는 자연색영상면이 적당하다.

농지는 논과 밭, 시설 등으로 구분되는데 논은 종횡으로 뻗어 있는 수로와 논두렁으로 구획되어 있고, 경사지는 계단모양으로 되어 있다. 논에 물이 차 있는 시기에는 전반사를 일으키는 경우도 있다.

밭은 보통밭, 과수원, 뽕나무밭 등으로 나누어 판독한다. 특히 과수원의 경우는 산기슭, 대지(臺地), 선상지, 자연제방 등에 위치하고 귤, 배, 사과 등의 과일나무는 규칙성을 가진 모양으로 분포하며 귤과수원 주변은 선상의 방풍림을 수반한다. 뽕나무밭은 가늘고 긴 열상(列狀)의 이랑이 보통밭의 경우보다 명료하다. 온실 등은 일반주택에 비해 낮고 길며 일정 방향으로 나란한 경우가 많으며 흰색 또는 밝게 빛나는 것이 많다.

산림지는 침엽수림, 활엽수림, 혼합수림, 대나무숲, 잣나뭇숲, 황무지 등으로 나누어 판독하며 수종 및 식생에 대한 상세한 판독은 9) 농업 및 산림조사에서 다루도록 한다.

(4) 토지이용도의 분류구분

토지이용분류에 있어서의 분류구분은 축척에 따라 다르지만 일반적으로 많이 이용되는 1/25,000 토지이용도의 분류구분을 예로 들면 다음과 같이 나타낼 수 있다. 광범위한 분류구분으로는 앞서 설명한 바와 같이 도시집락, 농지, 임지, 특수지구 등으로 나눌 수 있다. 도시집락은 일반주택 및 고층주택 등의 주택지구, 상업업무지구, 공업지구, 공공업무 및 학교, 후생, 공원녹지 등의 공공지구, 기타 운동장시설, 운수유통시설, 공급처리시설, 방위시설 등의 시설물 등으로 나눌 수 있다.

농지는 논, 밭, 뽕나무밭, 과수원, 목초지, 축사, 온실 등으로 구분되며, 임지는 인공 및 천연의 침엽수림, 활엽수림, 혼합림, 소나무숲 등과 야초지, 나지 등으로 구분한다.

3) 도시계획을 위한 판독

(1) 도시계획 및 도시형태조사

도시계획은 미래의 도시확장을 포함한 사회의 경제사회적 요구의 변화에 대처하기 위해 도시시설을 질서있게 규제하는 것이라 할 수 있다. 지금까지는 도시재개발이나 용도지역지구조사에 대축척지도를 이용해 왔으나 최근에는 주기적으로 촬영한 항공영상면을 이용한 판독이 인구증가, 교통망, 부동산평가, 위락시설의 필요성 등을 조사하는 데 광범위하게 이용되고 있다. 항공영상면은 도시 전체의 원경을 한눈에 볼 수 있으므로 도시, 경제사회형태, 주거지역의 분포, 산업시설 및 공공시설의 필요성 파악에 유효하다. 또한 몇 년 간격을 두고 촬영한 항공영상면을 통해 도시계획에 관한 주요결정사항을 영향평가하는 데 있어서도 좋은 자료가 된다.

도시계획에 있어 주거용, 산업용, 농업용, 교통용 등으로 도시공간이용을 어떻게 효율적으로 분류하느냐 하는 문제는 매우 중요하므로 토지의 용도를 결정할 때 주거나 기타 다른 시설에 미치는 영향을 면밀히 검토해야 한다.

일반적으로 도시는 일반적인 형태로부터 구체적인 형태로 판독하므로 소축척영상면으로부터 대축적영상면을 판독해 나간다. 항공영상면의 체계적인 도시형태분석과정은 다음과 같으나 모든 도시형태를 명확히 파악할 수는 없다는 것에 유의해야 한다. 불확실한 지역에 대해서는 기초자료 등을 참조하여 조사해야 한다.

먼저 도시의 특성을 지닌 지역 및 도시관통수로, 도로, 공항 등의 윤곽이 뚜렷한 지역을 표시하고, 다음은 배수체계, 토지형태, 식생에 대한 윤곽 및 도로형태에 따른 지역세분화, 신 · 구도시의 윤곽 등을 파악하고 도시중심업무지역과 교외지역의 상업부심 등의 윤곽을 표시한다. 마지막으로 창고, 야적장, 위락지역, 공동묘지 등이나 2차 상업중심지역, 독립산업시설, 경공업 예정지 등을 표시한다.

이와 같은 도시지역판독에 인구밀도, 세대당 자동차수, 일인당 상수도사용량 등에 대한 자료와 철도용량이나 1,000명당 위락지구의 면적계획승수(面積計劃乘數)관계 등의 축적된 자료는 보다 세부적인 조사의 기초가 될 수 있다.

(2) 산업시설조사

산업시설의 일반적인 분류나 성질에 대한 판독은 도시계획이나 공해, 수질오염방지, 군사목적 등에 중요한 역할을 하며, 산업시설에 대한 판독은 산업처리공정 등의 산업에 대한 전문지식 및 추리력, 판독능력이 요구된다.

산업단지는 원료, 장비, 최종생산품, 쓰레기 등 산업단지의 특징을 지니고 있어 항공영상면에서 신속하게 찾을 수 있으며, 모호한 구조이거나 건물 내에 있는 것은 부수관련요소로 유추한다. 또한 독특한 형태나 원료의 색조를 연구함으로써 감춰져 보이지 않는 장비나 공정을 알 수 있다. 굴뚝이나 컨베이어, 크레인 등의 배열이 판독의 핵심적인 요소가 될 수 있다. 산업시설요소는 지형에 관계없이 공통적인 영상을 나타내는 경향이 있기 때문에 미숙련 판독자에게도 산업시설 종류를 인식하게 할 수 있다.

산업은 크게 추출산업, 처리산업, 조립산업으로 나눌 수 있다. 추출산업은 채유산업, 채석장, 자갈채취장, 광산 등으로 절토나 연못, 토공기계 등으로 그 특징이 나타나고 건물이 작고 가건물이 대부분이어서 분류하기가 쉬운 산업시설이다.

처리산업은 기계, 화학, 열처리로 세분된다. 기계처리산업은 방앗간, 제재소, 제련소, 수력발전소, 수원지, 하수처리장 등이고, 화학처리산업은 원료를 분리, 처리, 재배열하는 것으로 황산생산, 합판, 코크스공장 등이다. 이러한 처리산업공장의 특징은 다음과 같다. 기계공장은 파이프라인, 탱크, 굴뚝, 용광로가 없고, 화학공장은 높은 탱크, 파이프라인, 냉각탑, 화학처리탑 등이 있으며, 열처리공장은 제련소, 제철소, 주물공장 등으로 대형굴뚝,

연료탱크, 용광로 등이 있다.

조립산업은 처리산업시설로부터 생산된 것을 제품화하는 것으로 이들은 대부분 건물 안에 모든 제조시설이 들어가 있기 때문에 영상면판독에 특별한 노력이 필요하다. 조립산업의 특징은 저장소, 옥외장비 등이 적고 단지 크레인만 있다는 것이다.

이와 같은 산업시설의 특징들은 각 산업의 판독을 쉽게 하며 다른 특징과 결부하면 구체적인 내용까지도 판독 가능하다.

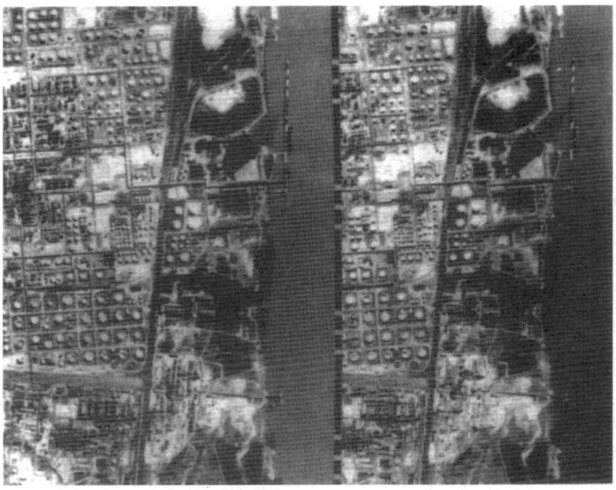

그림 7-2 석유정제공장의 입체영상면

그림 7-3 열처리 공장[(A) 석회암과 철광석저장소 (B) 코크스, 철광석, 석회암을 사용해 선철을 만들기 위한 용광로 (C) 개로상 용광로건물 (D) 제철소]

4) 교통조사에 관한 판독

(1) 육상교통

도시교통량의 급증으로 인한 교통의 혼잡, 지체, 교통사고를 미연에 방지하기 위해 교통의 성질과 실태파악이 중요한데, 현재와 미래의 교통량을 추정하고 도시교통계획을 세우기 위한 교통량조사에는 항공영상면에 의한 판독이 매우 경제적이라 할 수 있다. 이것은 항공영상면은 이 이외의 다른 목적으로도 이용할 수 있는 다목적의 특성을 갖고 있기 때문이다. 따라서 영상면축척은 도시기본도, 도로대장(道路臺帳)평면도, 하천대장(河川臺帳)평면도 등에 이용될 수 있는 1/5,000 이상이 좋다.

소형자동차, 가솔린승용차, LPG 승용차, 화물차, 버스 등의 차종구분은 2~3배 이상 확대한 영상면으로 판독하며 승용차의 가솔린, LPG 차의 구분은 확대경을 이용한다. 차의 동태구분은 주행, 정지, 주차된 차로 나눌 수 있으며, 주행 중인 차는 연속하는 1 입체모형(model)의 항공영상에서 동일 위치에 촬영되지 않는 것으로 입체시에 의해 속력과 주행방향까지 판독할 수 있다. 정지 중인 차는 신호등, 버스정류장, 도로, 공사현장 주위에 일시적으로 정지하고 있는 차이며, 주차된 차는 도로연변, 주차장, 광장, 가옥대지 등에 정지해 있는 차로 영상면에서 판독가능하다.

교통량산정은 환교통량과 블록(block)교통량으로 나누어 산정한다. 1시간당 환교통량은 일정속도로 환을 통과하는 것으로 가정해 다음 식으로부터 구할 수 있다.

$$\text{환교통량(대/h)} = \frac{\text{판독된 대수 [대]}}{\text{환연장 [km]}} \times \text{평균차속 [km/h]} \qquad (7\text{-}3)$$

1시간당 블록교통량은 블록을 일정한 차속으로 통과한다면

$$\text{블록교통량 [대/km·h]} = \frac{\text{판독대수 [대]}}{\text{블럭면적 [km}^2\text{]}} \times \text{평균차속 [km/h]} \qquad (7\text{-}4)$$

이다. 일반적으로 평균차속은 환교통량의 경우 고속도로(70~80 km/h), 국도(25~40 km/h), 일반도(20~30 km/h)로 하며, 블록교통량의 경우는 일반도(15~20 km/h)로 한다. 이와 같이 산출된 교통량은 건물의 그늘에 가리거나 미통과차의 존재 등으로 지상에서 조사한 값과 반드시 일치하지는 않으므로 두 가지 방법을 병행해 이용하는 것이 바람직하다.

또한 항공영상을 교통혼잡시간대에 촬영하면 교통의 흐름 중 병목지점(bottle neck

site)을 찾는 데 이상적이며, 혼잡한 업무지구의 주간주차상황과 주차공간의 시간별 부족 지역구분도 가능하다. 또한 주차금지구역 내 상습적인 주차사항이나 현 주차시설을 증가시킬 수 있는 빈터나 주차공간 등을 파악할 수도 있다.

그림 7-4 영상면노출시간 간격을 이용한 자동차 속도관측

(2) 해상교통

① 해상교통량조사

해상교통량조사는 해난방지(海難防止)를 위해 주요항구, 해협에서의 통과선박 실태파악과 항로표지, 항로 · 항만의 정비계획, 교통통제 등의 기초자료를 얻기 위해 매우 중요하다. 항구에는 화물선, 유조선 등이 정박하고, 이들 대형선박의 접안과 하역을 위한 작업선, 항만공사를 위한 작업선 외에 소형선박이 왕래하므로 매우 복잡한 양상을 띠고 있다.

이와 같이 평면형태의 해상을 왕래하는 선박의 교통량을 조사하는 데는 항공영상의 이용이 효과적으로, 짧은 시간에 선박의 동태를 파악할 수 있다.

해상교통량조사는 해상교통의 안전대책을 수립하기 위한 기초자료를 얻기 위해 항해선박의 실태를 파악하는 것이 주목적이므로 촬영된 항공영상으로부터 선박의 분포상상도를 작성하고, 배의 길이, 종류, 항해나 정박 중인 선박의 분포, 속력, 방향 등을 조사한다.

해상교통량조사를 위한 항공영상촬영은 육상교통량조사와는 달리 몇 가지 차이점이 있다. 해상항공영상촬영은 수면반사에 의해 대상선박이 가리지 않도록 태양고도를 고려해야 한다. 또한 선박은 밤낮 구분 없이 항행하지만 야간 항공 영상촬영은 곤란하므로 주간교통량을 대상으로 한다. 따라서 촬영지역, 촬영시기와 기존의 레이더관측 및 육안에 의한 관측자료를 고려해 촬영시각, 촬영범위를 결정한다. 그리고 선박의 움직임을 정확하게 파악하고, 경제성을 고려하여 촬영대상으로 하는 전 지역을 단시간 내에 촬영하는 것이 좋다. 촬영고도는 판독에 지장이 없는 범위에서 높게 하고, 영상면축척은 1/10,000~1/20,000 정도가 적당하다.

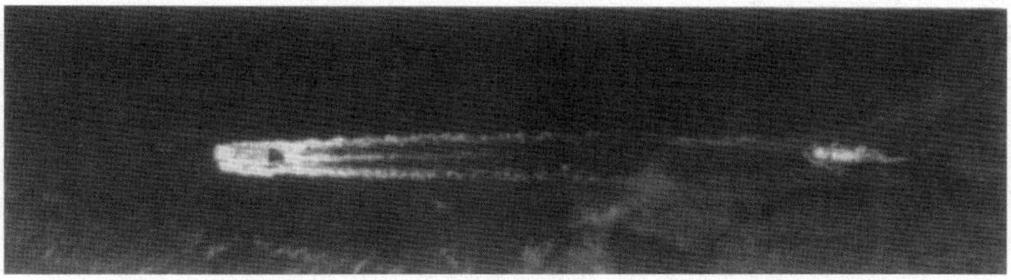

(a) 여객선

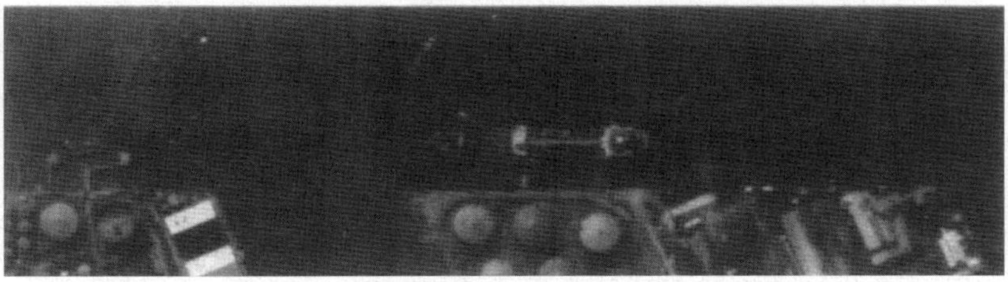

(b) 유송선

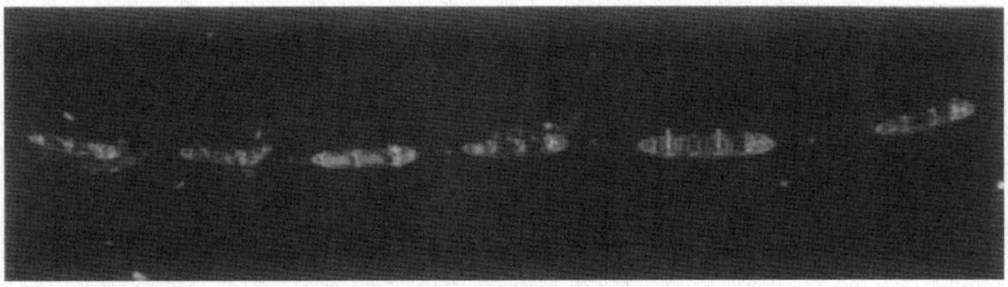

(c) 화물선

그림 7-5 선박의 종류 판독

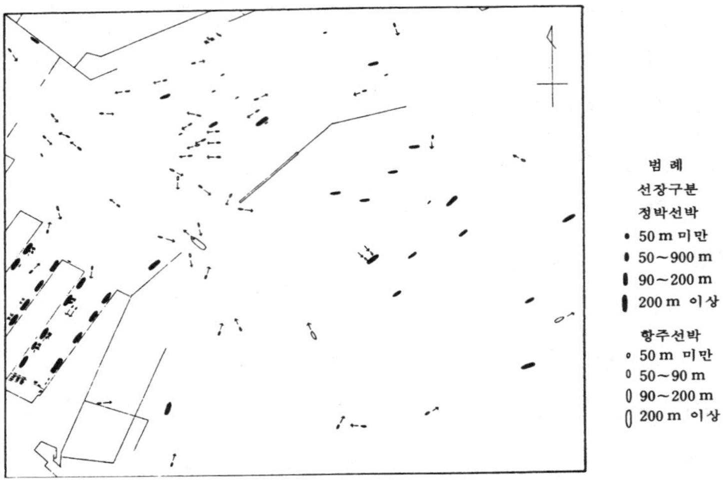

그림 7-6 선박분포도

해상의 항공영상촬영시 고려해야 할 점은 표정이 쉽도록 해안지형에 따라서 촬영방향을 정하는 것이다. 주요항구는 방파제, 등부표, 정박선박 등이 적당히 분포되어 있으면 어느 정도 표정이 가능하다. 영상면중복도는 태양반사의 영향을 줄이기 위해 횡중복도를 40~50 %, 종중복도를 60 %로 하는 것이 바람직하다.

② 해상교통량 판독방법

촬영된 항공영상면에서 선박을 판독해 그 위치를 기본도(영상면축척과 동일 또는 1/2~1/3로 축소)에 표시하고 영상면상 선박의 길이, 종류, 방향, 속도 등을 관측한다.

선박의 길이와 크기(총 톤수)는 축척에 따른 선박의 길이에서 선박의 무게를 구할 수 있도록 선박의 길이나 총 톤수의 표를 작성해 두면 편리하다.

선박의 종류는 선박의 동태, 형태, 위치에 의한 지리적 조건 등을 고려해 용도별로 분류한다. 화물선에는 문모양의 기둥이 있고 하역작업을 위한 기중기가 설치되어 있으며, 선체에 화물을 보관하기 위한 곳이 있다. 유조선은 기관이 선박의 후미에 있어 굴뚝이 뒤에 있으며, 파이프 등의 뚜렷한 특징을 지니고 있다. 기타 다른 여객선, 어선, 작업선 등도 특징에 따라 분류 판독할 수 있다.

선박의 진행방향은 항행 후의 소용돌이를 이용해 판독하고, 연속된 입체모형영상면(stereo model imagery)에 의해 동일선박의 편위량(偏位量)을 벡터적으로 구해 항행속도를 구하는데, 촬영시각, 지역에 따라서 조류를 고려할 필요가 있다.

판독결과로부터 얻은 선박분포, 항행 · 정박 중인 선박의 수, 종류, 길이별 선박수 등의 자료를 집계하고 정리해 선박분포도 등을 작성한다.

5) 지형에 관한 판독

(1) 지형분류

① 개요

지형(topograhy)은 사용 분야의 특수성에 따라 여러 가지 의미를 가질 수 있다. 즉, 지질학적으로는 지표의 특성을 표현하는 수단이며, 또한 지표의 특성은 지각의 형태를 결정하는 지질구조의 근거가 된다. 토양학 면에서는 토양의 성질, 비옥도, 수분, 배수, 침식도의 식별에 중점을 두고, 토수기술면에서는 지형으로부터 토양이나 암석함유물의 지지력(支持力), 수계(水系)모양, 도로건설, 자재의 위치 등에 관한 정보를 얻을 수 있다. 이러한 지형을 형태, 형성영역, 형성시기, 구성물질 등의 기준에 의해 분류함으로써 지형정보를 얻을 수 있는 지형분류도를 작성한다.

이와 같은 지형정보는 지형변화과정의 예측 및 여러 가지의 행정판단 및 조사, 연구, 특히 국토개발계획, 토지이용계획, 토지평가, 방재조사, 환경조사 등에 이용할 수 있다.

② 분류

지형분류의 과정은 계획, 준비, 자료수집, 자료분석을 거쳐 영상면판독에 의해 지형분류를 한 다음 현지조사 등으로 점검해 분류도를 작성하게 된다.

가) 계획 및 준비

지형분류의 목적, 성과의 축척, 분류도작성범위 등에 따라 필요한 작업, 인원, 일정, 자재, 비용 등을 계산한다. 분류목적, 축척, 지역에 따라 분류기준의 검토부터 시작하는 경우도 있으며, 일반적으로 분류도의 작성범위보다 넓은 작업범위를 설정하면 조사에 어려움이 따른다.

지형도, 각종 주제도, 대축척지형도, 항공영상면의 표정도 등 입수 가능한 자료에 따라 작업지역을 파악해 계획해야 한다.

나) 자료수집

수집자료는 지형, 토질에 관한 것과 기상, 기후, 토양, 식생, 지하수, 산사태 등의 지형성인(地形成因) 및 구성물질에 관한 것이다. 지형분류도에 따라서는 각종 지정구역, 시설, 공사기록 등의 자료와 대축척지형도 및 고저측량성과도가 필요하다.

자료수집 후 일람표를 작성하고, 자료수집의 위치 및 범위 등을 기입한 색인도(index map)를 작성하는 것이 편리하다.

다) 자료분석

지형을 결정하는 중요한 요소가 되는 경사에 따른 경사분류도와 하상종단면도, 평야지의 정밀한 등고선도, 충적평야의 지하단면 등을 기본도 위에 표시하고 이를 분석한다.

라) 영상면판독

영상면판독은 영상면의 축척, 색조, 촬영년도, 계절 등을 비교해 가능한 여러 종류의 항공영상으로 하는 것이 좋다. 영상면의 축척이 크면 미세한 지형까지 판독할 수 있지만, 입체상의 크기와 시야가 좁아지므로 축척이 다른 두 가지 정도의 영상면을 이용하는 것이 적당하다. 피사각에 따라 광각영상면은 왜곡이 많아 과고감이 커지므로 평지에 적합하고, 보통각 영상면은 산지(山地)의 판독에 적당하다. 촬영시기는 수목이 낙엽지는 11~3월이 좋다.

지형분류의 판독은 다음과 같이 지형계의 판독과 단위지형의 분류로 나눌 수 있다.

(ⅰ) 지형계의 판독

지형에 관한 지식이 없는 사람도 항공영상면을 입체시하면 경사, 요철, 질감, 색조 등에 의해 기하학적인 정보를 얻을 수 있다. 이들 성질을 지표로 지형계를 정하면 너무 세분되므로 전체적인 광역을 판독한 후 형태적 불연속선에 의해 지형경계를 구분한다.

형성영력, 형성시기, 구성물질 등은 형태와 밀접한 관계를 가지며, 지형변화로 형성된 형태적 불연속선이 지형경계로서의 의미를 지닌다. 즉, 사면붕괴가 일어난 지점에서는 경사변환점이 형성되며, 주위에서 동일한 붕괴가 계속되면 그 지점에 경사변환선 및 불연속선이 형성되어 지형계를 이룬다.

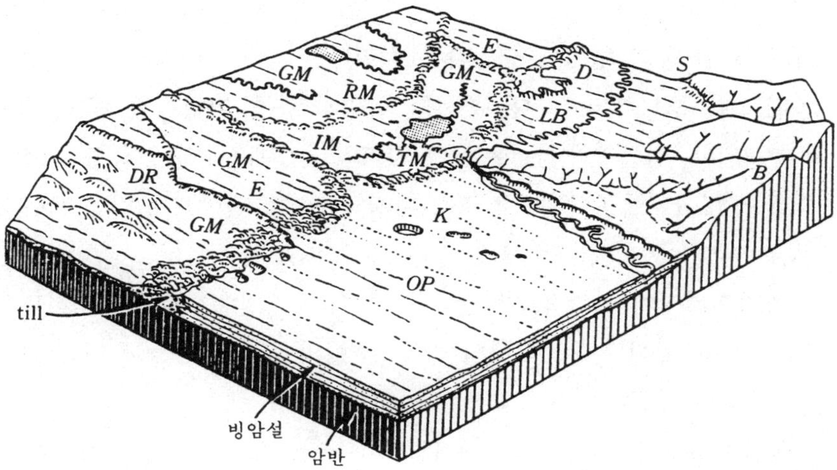

TM	종말 빙회석(terminal moraine)	*D*	삼각주(delta)
RM	정체 빙회석(recessional moraine)	*S*	해안선(shoreline)
IM	돌출 빙회석(interlobate moraine)	*LB*	호수저(lakebed)
GM	빙하밑에 있는 암석(ground moraine)	*OP*	빙암설(outwash plain)
E	에스커(esker)	*K*	빙하바닥의 구형(kettle)
DR	빙퇴구(drumlins)	*B*	암반(bedrock)

그림 7-7 빙하지형 지형분류도의 예

(ii) 단위지형의 분류

지형계에 의해 구분된 지형은 형태, 형성영력, 형성시기, 구성물질에 기초해 분류한다. 지형계의 판독이 선의 판독이라면 단위지형분류는 면의 판독이라 할 수 있다. 단위지형의 분류는 형, 규모, 질감, 경사, 색조, 식생 및 토지이용, 모양, 지형배열 등의 요소에 의해 실시한다.

마) 현지조사 및 분류도 작성

판독이 난해한 점과 단위지형의 대표적인 부분을 위주로 점검하고 수정해 〈**그림 7-7**〉과 같은 지형분류도를 완성한다. 〈**그림 7-7**〉은 빙하지형을 분류해 나타낸 것이다.

(2) 지형판독

하천의 침식 및 퇴적에 의해 생기는 지형은 범람원, 만곡(滿谷, filled valley), 충적선상지, 삼각주 등이 있다.

사행범람원은 주기적인 홍수의 영향을 받는 하천에 형성되는데 범람기간 동안 하천침전물에 의해 입자가 고른 넓은 평야가 형성되며 이들의 특징은 수로상에 암초 및 우각파(牛角弧), 사행와(邪行渦) 등이 형성되어 있다는 점이다.

충적선상지는 계곡으로부터 흘러온 침전물 중 입자가 큰 것이 하천유속이 감속됨에 따라 침전하면서 형성된다. 선상지의 상부는 높은 지역의 유수배출구에 있으며 그 경계는 부근의 편평한 지역으로 확산되어 나간다. 건조기후 지역에서의 선상지 질감은 빠른 풍화속도와 대규모 홍수로 인해 물이 없는 수로가 많은 특징이 있다.

만곡은 건조기후지역에서 퇴적물이 산과 산 사이의 저지대계곡에 퇴적하면서 형성되는데 밝은 색조, 구불구불한 하천, 식생의 빈약, 주변의 높은 지점들에 비해 날카로운 지형 등의 특징을 형성하고 있다.

삼각주는 범람한 하천수가 호수나 바다와 같은 곳으로 유입되는 경우 유속이 감소해 침전물이 퇴적되면서 형성된다. 삼각주는 호(弧)모양이 가장 많고 거의 수평면에 가까운 특징을 보이며, 대표적인 삼각주는 나일강의 삼각주이다.

그림 7-8　선상지의 입체영상면

① 해안융기 및 호수에 의한 지형

해안융기선(海岸隆起線)은 바다의 수위가 천천히 낮아지거나 파도의 작용이 정점에 이를 때 발달하는 일련의 융기선을 말하는데, 그 외관은 일반적으로 직사각형태로 해안선과 거의 평행하다. 경계선은 완만한 곡선을 이루다가 바다쪽은 곧게 나타나고, 육지쪽은 불분명하거나 불규칙적이다.

호수에 의한 지형은 모래톱이나 해변에서 분리된 섬에 파도의 작용이 덜 미치는 해안선에 형성되며, 사호(瀉湖)나 만은 해수가 밀려나가면서 퇴적물이나 유기물을 퇴적하면서 호수 변동에 의한 습지를 형성한다. 이와 같이 호수에 의해 형성된 평지는 기복이 거의 없으며 조수가 높을 때는 부분적으로 물에 잠기기도 한다.

이와 같은 해안융기선 및 호수에 의한 지형의 특징을 이용하여 항공영상을 판독해 지형분류 및 해안선의 변화추이 등에 응용할 수 있다.

〈**그림 7-9**〉은 위스콘신(Wisconsin)부근의 해안선 및 해안지형에 대한 판독결과를 나타낸 것이다.

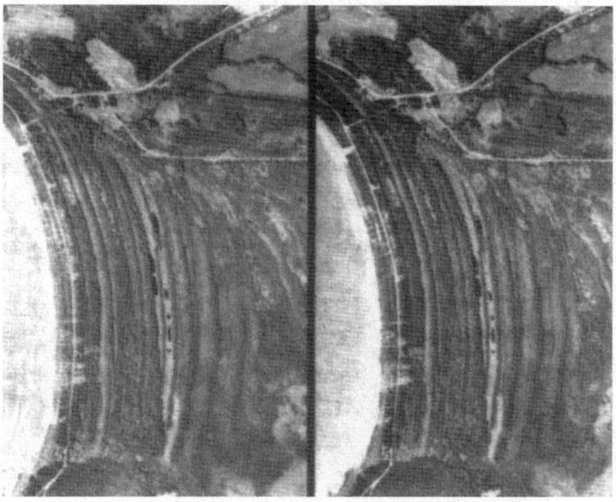

그림 7-9 위스콘신부근의 해안지형

② 빙하지형

빙하는 하부지반에 커다란 압력을 받으면 빙하가 녹으면서 그 밑에 존재하는 자갈, 흙, 암석 등을 퇴적시킨다. 빙하표적물은 얼음이나 빙하의 물에 의해 운반되는 흙과 물에 의해 분류되지 않는 입자 크기가 다른 혼합물인 빙하표석점사(氷河漂石粘土)가 있다. 특히 물에 의해 분류된 물질은 성층표적물(成層漂積物)이라 하며 모래와 자갈이 층을 이루고 있다.

빙하작용에 의해 형성되는 빙하지형에는 에스커(esker), 표석점토평지 그리고 빙퇴구 등이 있다. 에스커는 고정된 빙하나 빙하하부에 흐르는 빙하용해수로 인해 빙하표면에 흐르는 물이나, 균열된 틈의 침전물에 의해 형성되는 모래와 자갈로 구성되어 있는 좁고 구불구불한 융기선이다. 〈**그림 7-10**〉은 위스콘신부근의 에스커를 나타낸 1/20,000 항공영상이다.

표석점토평지는 얇은 침전물 아래 모래 및 자갈층으로 이루어져 있으며 흑백영상면에서는 얼룩진 색조의 물결모양표면으로 나타난다. 또한 거의 동일 표고의 수지상 유역형태(樹枝狀 流域形態)를 가진다.

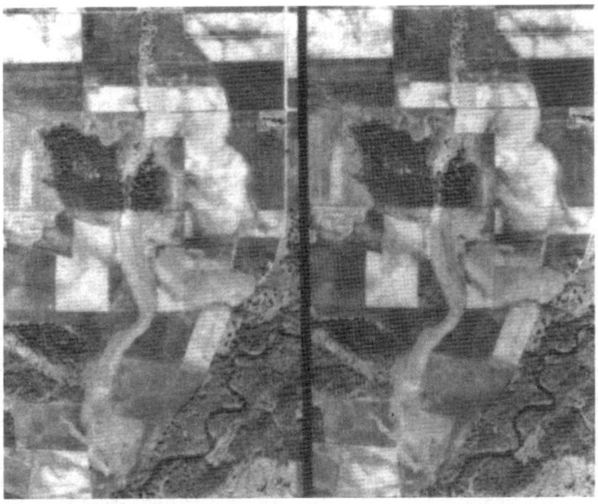

그림 7-10 에스커(esker)지형의 입체영상

그림 7-11 빙하지형의 영상면

빙퇴구(氷堆丘)는 15~45 m의 높이와 150~300 m 너비 및 약 2 km의 길이에 달하는 형태의 타원형 융기선이다. 이와 같은 빙퇴구는 일반적으로 유역형태가 잘 발달되지 않으며 경작지는 장추방향과 평행한 형태를 이룬다. 빙퇴구 경사가 가파른 경우에는 수목이 무성하거나 초원을 이룰 때도 있다. **〈그림 7-11〉**은 뉴질랜드 쿡(Cook)산의 빙하지형을 나타낸 영상면이다.

③ 바람에 의한 지형

바람에 의한 지형은 모래나 황토입자에 의해 해안선부근이나 사막지역에서 발달되는 지형으로 모래언덕(barchan, longitudinal transverse 등)이 있다.

바르한(barchan) 모래언덕은 초생달(또는 초승달)형태가 대부분이며 바람이 강하지만 모래가 적은 내륙지역에서 많이 발견된다. 세로로 긴(longitudinal) 모래언덕은 장애물이 있는 지역에서 많이 발견되는데, 장애물로부터 아래로 전개된 융기선 형태를 갖추며 강한 바람방향과 일치한 지형이다.

〈그림 7-12〉와 같은 가로로 긴(transverse) 모래언덕은 모래가 많은 지역에서 약한 바람에 의해 형성되는 지형으로 바람방향과 수직인 부채꼴형태를 이루는 특징이 있다. 이들 모래언덕은 대부분 수정모래로 구성되어 있어 항공영상면에서 밝은 색조로 나타나며, 다공성에 의해 수계형태(水系形態)는 거의 나타나지 않는다.

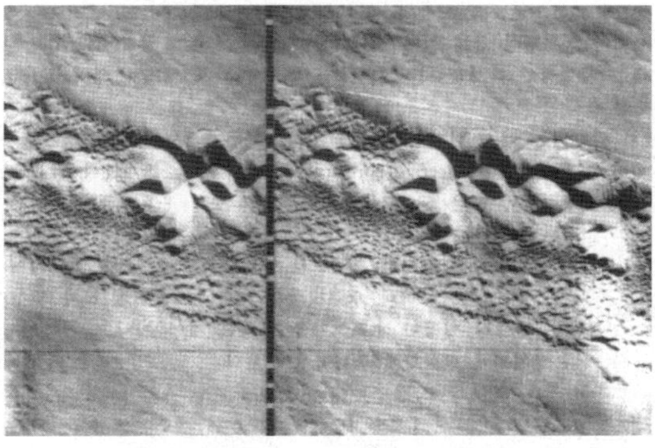

그림 7-12 알제리아의 가로로 긴(transverse) 모래언덕

황토침전물을 형성하는 실트질토는 먼지형태로 공기 중을 떠다니므로 본래 위치에서 멀리 떨어져 있는 경우가 많다. 수직면, 경사가 급한면, U자형 곡(谷)은 항공영상면에 의한 식별로 판단할 수 있다. 또한 대표적인 수계형태는 수지상(樹枝狀)이다.

6) 수계에 관한 판독

(1) 개요

수계판독(水系判讀)은 수계도 작성에 이용되며 지형 및 지질판독에 기초가 된다. 수계(水系)는 그 지역의 우량(雨量), 지형, 지질, 토질구조 등에 따르는 현상과 밀도에 의해 형성된다. 일반적으로 유년기지형에서 하천침식 등에 의해 다양한 형태의 계곡이 형성되고, 지형학적 변천과정을 나타내는 지형적인 특성이 나타나며, 경사도, 모암(母岩)의 형태와 위치, 기후조건 등에 따라 변화한다.

수계밀도와 암종(岩種)은 매우 밀접한 관계가 있다. 일반적으로 사암(砂岩)과 역암(礫岩)은 구성입자가 조밀해 유효공극률(有效空隙率, effective porosity)이 크므로 투수성의 암석지역에 형성되는 수계는 밀도가 낮고, 밀(密)한 실트암, 점사암(arenite), 혈암(頁岩) 등의 유효공극률이 작은 불투수성 암석지역의 수계는 세밀하다.

이와 같은 지형과 유역형태의 상세한 분석으로 하부지질구조, 토양, 그 지역의 침식도에 대한 정보도 얻을 수 있다. 그러나 대부분의 수계모양은 지질, 지질구조 등과 밀접한 관계가 있지만, 일부 암종은 일정한 수계모양 없이 그 지역의 우량, 침식지역 등에 따라 현저하게 변화함에 유의해야 한다.

(2) 수계형태

수계형태는 항공영상면에 의해 쉽게 식별되며 지질학과 지질구조에 크게 반영된다. 그 기본모양은 대체로 〈**그림 7-13**〉과 같은 6가지로 나타낼 수 있는데, 대부분의 경우 이러한 기본형태가 서로 복잡하게 결합되어 수계를 이룬다.

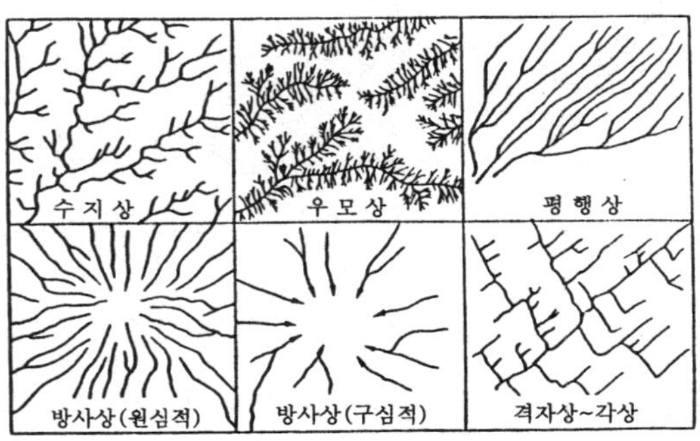

그림 7-13 주요 수계형태

① 수지상

수지상(樹枝狀, dendritic 또는 tree-like)은 수계형태 중 가장 일반적으로 나타나는 형태로 본류에서 지류들이 나뭇가지처럼 예각으로 뻗어나간 것이 특징이다. 이것은 수평으로 균질인 지층에서 형성되며, 특정 지질구조가 결여된 지역에서 발달한다. 또한 수성암, 화성암 그리고 두꺼운 빙력토의 퇴적암층에서 전형적으로 나타난다.

같은 수지상에서도 혈암(頁岩)과 같은 불투수성인 것은 조밀하고 사암(砂岩) 같은 투수성인 것은 조밀하지 않다. 화강암과 섬선암 등의 심성암은 균질하므로 수지상을 나타낸다. 로스(loess)와 점토암 등과 같은 세밀하고 균질하게 수평으로 퇴적된 것은 수지상이 매우 세밀한 우모상(羽毛狀, feather like)의 수계가 된다.

② 평행상

평행상(parallel)은 지역이 넓게 한 방향으로 경사진 지역에 발달하고 지간(支幹)은 단층이나 단구(斷口)를 따라 나타나기도 한다.

화산지역에 형성된 수계도 국부적으로 보면 평행수계를 이룬다. 지류는 본류에 합류할 때 거의 일정한 각을 유지하므로 수지상이나 격자상으로의 변이가 가능하다.

③ 격자상

단층과 대규모 절리(節理) 등과 같은 지질구조의 영향을 크게 받는 곳은 격자상(格子狀, trellis)의 수계가 발달하는데, 이 격자상은 지질구조판독에 중요한 요소가 된다. 이와 같이 습곡 및 단층 등의 지질구조에 따라 형성된 계곡을 일반적으로 적종곡(適從谷, subsequent valley)이라 한다. 그러나 이런 수계형태가 반드시 암종의 차이와 지질구조 등에 일정한 것은 아니므로 〈**그림 7-14**〉와 같은 수계의 편위, 수계의 만곡, 유로의 급변, 사행(蛇行)의 조밀변화 등 수계이상(drainage anomalies)을 충분히 고려하는 것이 좋다.

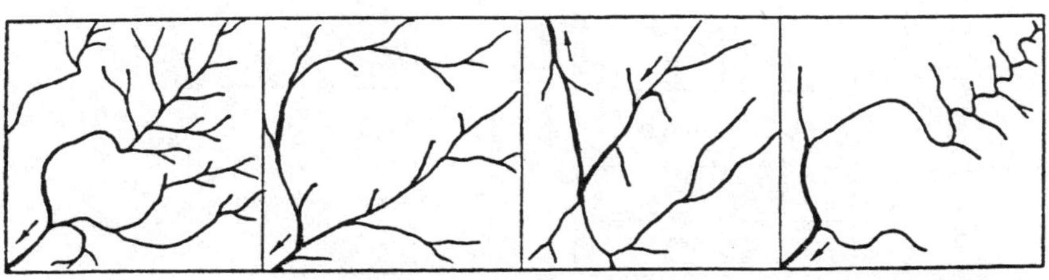

(a) 수계의 편위 (b) 수계의 만곡 (c) 유로의 급변 (d) 사행의 급변

그림 7-14 수계이상의 예

④ 방사상

성층화산(成層火山)이나 돔(dome)과 같이 원추형으로 돌출된 곳에는 원심적인 방사상 수계가 형성되며, 화산구의 원형함몰지형인 칼데라의 내측과 분상(盆狀) 요지(凹地) 등에서는 구심적 방사수계가 형성된다.

이상과 같은 여러 수계형태와 이들 형상이 보이는 단면형태는 일반적으로 **〈그림 7-15〉**와 같이 나타낼 수 있다.

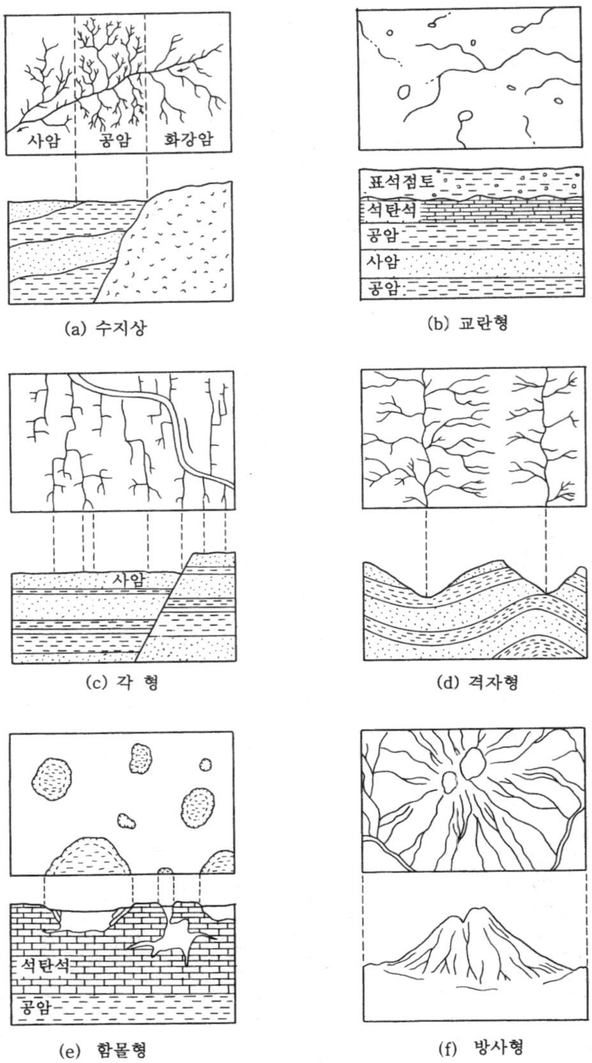

그림 7-15 수계형태와 단면형태의 관계

7) 지질에 관한 판독

(1) 개요

지표는 식생이나 토양으로 덮여 있어 지질 그 자체가 영상면상에 기록되지는 않기 때문에 항공영상에 의한 지질판독시에는 지형과 지질의 밀접한 관계와 이에 관한 전문지식을 갖고 지질을 추정해야 한다.

퇴적지형에서는 일반적으로 지표와 내부구조물질 성상과의 사이에 대응관계가 있으며, 침식지형에서도 곡면 및 사면 등의 조직지형을 이루고 있다.

일반적으로 현장에서 노두(露頭)를 조사하고 기본도를 작성해 지질도를 얻지만 노두의 많고 적음에 따라서 지질도의 정확도가 다르게 되는 단점이 있다. 따라서 항공영상면 판독에 의한 동일지역의 지형적 특성을 동시에 파악함으로써 더 높은 정확도를 기대할 수 있다.

항공영상면에 의한 지질판독은 우선 조사지역에 대한 지형 및 지질도를 수집하고 지형의 특징을 파악한 다음으로 지형단위별, 즉 단위사면, 사면군(斜面群)으로 이루어진 집수역이나 이들의 조합에 의해 이루어진 집합곡면, 유역, 산지 등의 단위에 따라 분류하고, 지형의 경사, 경사면형, 경사변환선, 수계 및 산능(山稜)의 분포, 방향성, 단층지형과 선상구조의 분포, 색조, 식생분포 등의 지질조건에 따라 고찰하고 해석한다.

항공영상면에 의한 지질판독방법은 크게 지질과 지형 본래의 대응관계를 기초로 한 판독과, 침식에 따른 암석의 저항성 또는 반응의 차이에 기초한 판독 두 가지로 나눌 수 있다. 지표면을 구성하는 지형에는 퇴적지형, 침식지형, 변동 및 화산지형 등이 있는데, 이중에서 퇴적지형이나 변동지형, 화산지형은 지형과 지질 및 지질구조 사이에 대응관계가 있는 경우가 많다. 예를 들면, 선상지나 선상지력층(扇狀地礫層), 용암유지형과 낙암, 단층애와 단층이라는 관계를 들 수 있다. 이와 같은 관계가 집적되어 있으면 그 특유의 형태로부터 항공영상면판독에 의해 지질의 상대연대 등을 추정할 수 있다.

한편, 침식에 대한 암석의 반응차이는 지질구조나 지질분포에 따른 지형형태를 이루고 있다. 암석은 여러 가지 물리화학적 성질을 가지고 있으며 암석의 입도(粒度)와 경도(硬度), 투수성, 용해도 등은 유수에 대해 다양한 반응을 나타낸다. 맥암(脈岩) 등의 경암(硬岩)이 상대적으로 연약한 암석 가운데 있는 경우 경암은 침식에 있어서 주위에 비해 강한 저항성을 가지므로 돌출되어 남아 있게 된다. 이와 같은 암석의 침식에 대한 저항성의 차이를 이용해 지질판독이 가능하다.

그러나 많은 경우에 있어서 암석의 종류와 지형의 대응관계가 일정하지 않기 때문에 현장 조사에 의한 확인이 필요하다.

(2) 지질판독

암석은 지질학적인 형태로 분류하면 화성암, 퇴적암, 변성암으로 나눌 수 있다. 또한 화성암은 화강암, 현무암, 용암류, 흑요석(黑曜石), 경석(輕石) 등으로 분류되는데 퇴적암은 석고모래, 수정모래, 사암(砂岩), 백운석(白雲石), 석회석 등이며, 변성암에는 암석에 대한 열이나 압력의 작용에 의해 형성되는 편마암 등이 있다. 이들 암석이 이루고 있는 지질을 판독하기 위해 지형과 지질의 대응관계 등을 이용하게 된다.

① 화산지형의 지질판독

화산지형은 화산의 형태와 화산의 분화, 분출물 사이에 대응관계가 있어 화산지질의 추정이 쉬운데, 특히 용암류, 이류(泥流), 화쇄류(火碎流) 등은 판독이 쉽다. 지형이 새로울수록 명료하게 판독되고 오래될수록 침식되어 본래의 지형 특징이 사라지므로 판독이 어려워진다. 용암류는 용암이 흐를 때 생긴 세밀한 주름과 그 미단이 부풀어 오른 것처럼 보이며 급경사면으로 이루어져 있다. 화산이류(火山泥流)에 의해 생긴 지형은 유산(流山)이라 하는 구(丘)가 많이 존재하므로 비교적 쉽게 알 수 있다. 또한 화쇄류가 만든 지형은 일반적으로 매우 평탄한 면을 이루며 단구와 유사하기 때문에 판독이 어렵지만, 화쇄류 퇴적물은 투수성이 좋고 협곡을 형성하는 경우가 많아 이들로부터 판독할 수 있다.

② 퇴적지형의 지질판독

현재 발견된 퇴적지형의 대부분은 제 4 기 후반에 형성된 것으로 각각의 퇴적지형은 그 형성에 관련된 영역에 따라 고유의 퇴적물로 이루어져 있다. 이와 같은 관계로부터 다음과 같은 제 4 기 지질을 영상면판독에 의해 추정할 수 있다. 제 4 기 지질은 크게 선상지와 선상지 역층, 충적지와 충적층, 단구와 단구퇴적물 등으로 나눌 수 있다.

선상지는 계곡으로부터 평야지로 뻗어나는 곳에 이루어지는 퇴적지형으로 일반적으로 자갈과 모래로 이루어져 있으며 이것이 단층화되어 있는 지형은 제 4 기 갱신기의 하성사력층(河成砂礫層)이 분포되어 있음을 알 수 있다. 충적지는 삼각주나 자연제방, 배후습지(背後濕地), 범람원 등으로부터 생긴 하성퇴적평단면이다.

단구는 제 4 기 갱신기의 하역(河域) 또는 해성퇴적물을 말하는 것으로 단구의 형태, 분포 등으로부터 그 형성영역을 추정할 수 있으며, 제 4 기 갱신기의 지층분포를 알 수 있다.

③ 침식지형의 지질판독

〈**그림 7-16**〉은 침식지형의 대표적인 카르스트(karst)지형으로 석회암이 용해되어 형성된 특이한 경관을 가진 지형이다. 카르스트지형은 지질판독에 있어서 가장 유효한 지형의 하나로 이 지형에는 석회암의 존재가 확실하다.

그림 7-16 카르스트지형

비교적 단순한 구조를 가진 경암층(硬岩層)에서는 그 침식에 대응하는 저항성의 강약에 의해 연암부가 침식되어 저하되고, 경암부가 남아 돌출부를 이루는 〈**그림 7-17**〉과 같은 지형이 형성되는데 이를 캐스터(caster)라고 한다. 이와 같은 캐스터지형으로부터는 단순한 습곡구조나 단사구조를 가진 지질구조를 추정할 수 있다.

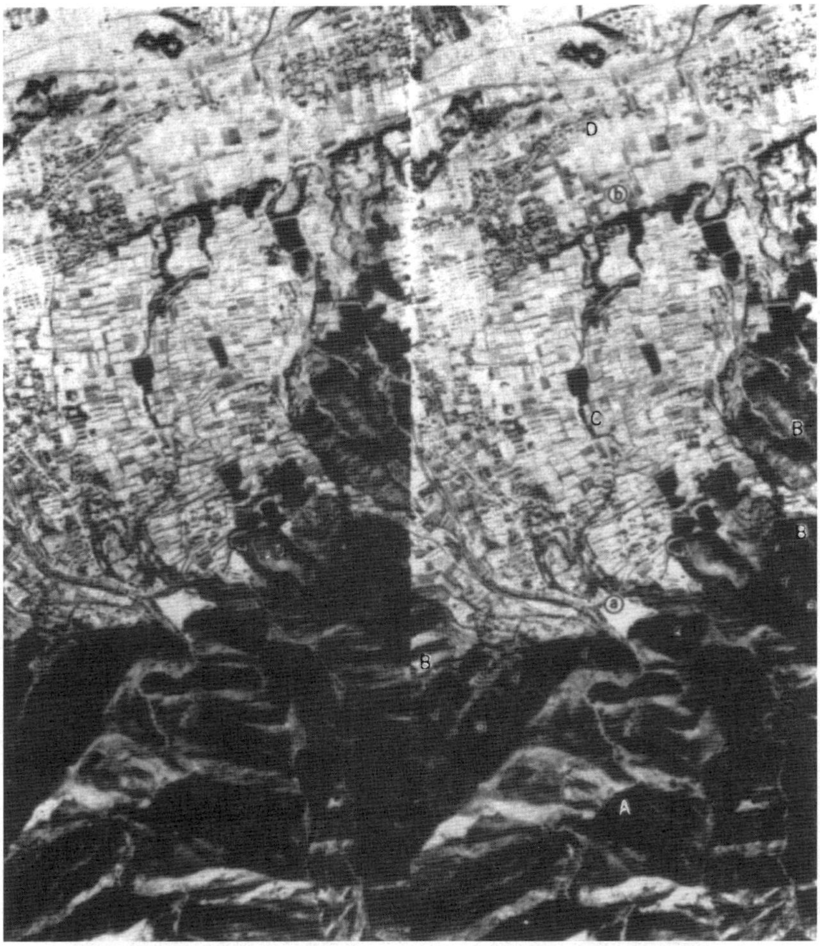

그림 7-17 단층지형[(A) 규조류 (B) 과혁편모조강류 (C) 녹색편모강류 (D) 천연해수]

영상면판독을 하면 직선적인 계곡이 연속으로 배열되어 있는 선상배열형태가 판독되는 경우가 있는데 이와 같은 자연적인 선상배열모양을 리니어먼트(lineament)라 한다. 이 리니어먼트는 단층이나 절리 등의 지질구조를 나타내는 경우가 많이 있다.

8) 환경오염 및 재해에 관한 판독

(1) 적조

해양오염이 갈수록 증대함에 따라 어업 및 양식에 큰 피해를 주고 있다. 적조(赤潮)는 이러한 해양오염의 일종으로 특정 종류의 플랑크톤이 급격히 증식해 해수의 색이 변화하는 현상이다. 태양에너지가 투명도 높은 해역에 깊이 침투해 광합성의 양을 증가시키거나, 하천 및 해저질로부터 유입되는 고영양 염수 및 철 등의 중금속, 특유유기물, pH 등이 적당함에 따라서 플랑크톤이 집적됨으로써 발생된다. 적조의 원인이 되는 플랑크톤은 규조류와 편모조류 등이 있는데 규조류에 의한 적조발생시 플랑크톤형태로 존재해 있는 경우는 별문제가 되지 않으나, 편모조류에 의한 적조의 경우는 수산상 문제가 되는 일반적인 수역에서 플랑크톤 형태로 존재해 있는 경우를 거의 볼 수 없다. 따라서 이와 같은 적조의 발생원인이 되는 플랑크톤에 대해 명확히 검토하고 조사해야만 적조의 예측 및 처리에 적용할 수 있다.

적조의 형태분포를 정성적, 정량적으로 파악하기 위한 적조조사방법에는 선박을 이용한 현지조사와 항공영상탐측, 다중파장대영상을 이용하는 방법 등이 있다.

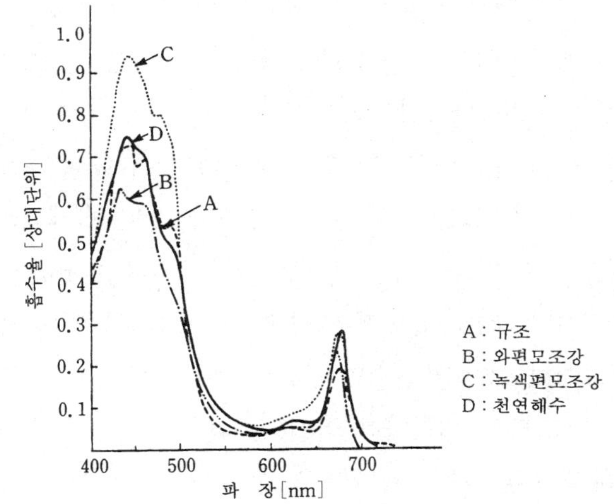

그림 7-18 식물플랑크톤의 흡수특성

조사선에 의한 적조조사는 바다가 너무 넓고 조류에 따라 적조의 위치가 이동하기 때문에 그 분포를 파악하는 데 어려움이 있다.

항공영상에 의한 적조분포조사는 천연색영상면을 이용하는 경우 야광충에 의한 적조 등과 같은 육안으로 식별할 수 있는 적조만 가능하고, 수산(水産)에 피해를 주는 편모조류의 판독은 불가능하다.

다중파장대영상면을 이용한 적조조사는 적조의 원인이 되는 식물성 플랑크톤이 가지고 있는 식물색조의 분광특성(分光特性)을 이용해 농도분포도를 작성하는 것으로 적조의 정량적인 해석 및 분포형태 등을 파악할 수 있으며 적조발생원인의 규명 및 발생예측 등에 이용될 수 있다.

일반적으로 해양에서 적조분포조사를 행하는 경우 조사에 걸리는 시간이 길어지면 해수의 이동에 의해 정확한 분포를 얻기 어렵기 때문에, 실제로 조사에 2~3시간이 걸리는 선박보다 다중파장대스캐너를 탑재한 항공기로 조사하면 2~3분 안에 자료를 얻을 수 있어 분포의 시간적인 정확도를 높일 수 있다.

(2) 탁도

시가지 및 공장지대의 각종 배수나 매립, 간척 등의 토목공사에 따르는 해양의 오염상태 조사요소로서 탁도가 있다. 탁도는 육안으로 식별할 수 있으며 또한 항공영상에 촬영되어 나타나기 때문에 이를 정성적으로 파악하는 데는 헐레이션(halation) 등에 주의하면 흑백이나 천연색영상면이 효율적이다. 탁도분포의 조사에도 다른 조사와 마찬가지로 현지조사에 의해 기준값을 설정해 평가척도로 이용한다.

항공영상면에 의한 물의 탁도를 정량적으로 해석하기 위해서는 탁도와 바닷물의 분광특성을 파악할 필요가 있다. 〈**그림 7-19**〉는 탁도 20, 40, 80의 각 표본수의 다중파장대(또는 분광) 특성곡선으로 탁도가 클수록 수면휘도는 높아지며 60 ㎜ 부근에서 최고값을 나타내고 있다. 〈**그림 7-20**〉은 탁도와 빛의 파장별 반사율의 관계를 나타내는 것으로 직선비례함을 알 수 있다. 그러나 실제 자연수역에서는 이와 같은 표본수보다 구성물질이 복잡하고 입경도 일정하지 않으므로 해역마다 약간의 차이가 있음에 주의해야 한다.

항공영상면을 통해 탁도분포를 정량적으로 조사하는 데는 헐레이션이 적은 촬영시간과 촬영경로를 선정해야 하며 렌즈는 주변광량의 변화가 적은 표준렌즈가 광각보다 유리하다. 또한 영상면은 천연색 및 다중파장대영상면이 좋고, 노출은 육지촬영보다 한 단계쯤 더 열어주는 것이 바람직하다. 탁도조사는 영상면농도가 중요하므로 영상면처리에는 자동현상기를 이용하는 것이 좋다.

탁한 해수는 이동하면서 확산되므로 현지조사는 가능한 촬영과 동시에 실시하고, 조사지점이 항공영상면에 포함되도록 촬영하여야 한다. 조사선이 4~5단계의 농도표를 설치해 해석 정확도를 높인다.

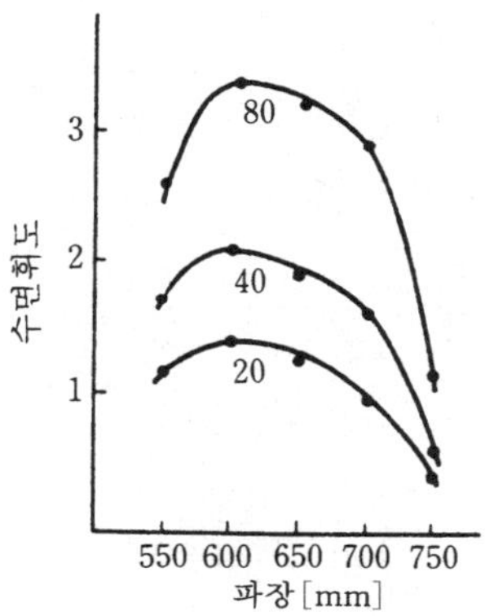

그림 7-19 탁도와 수면휘도의 관계

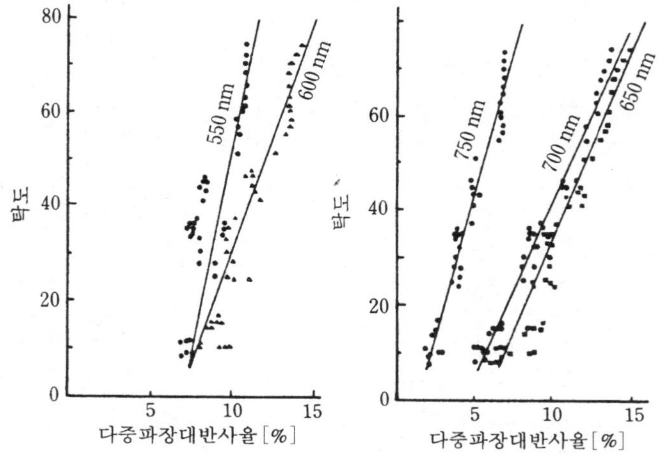

그림 7-20 탁도와 다중파장대(또는 분광) 반사율

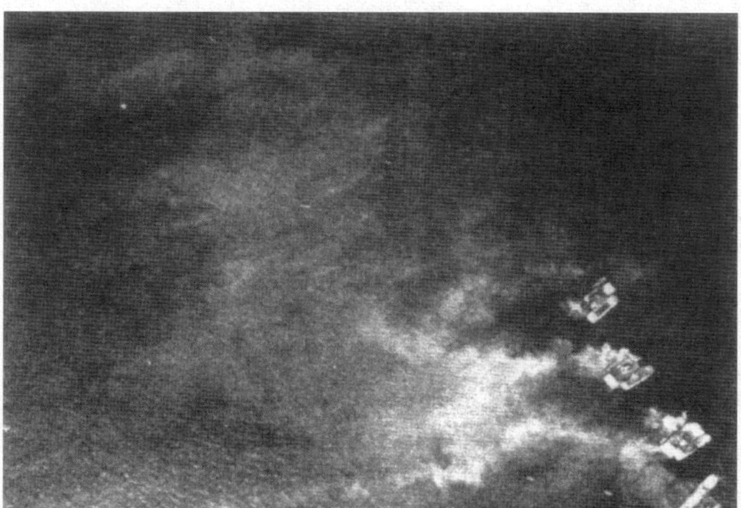

그림 7-21 준설공사에 의한 해수오염

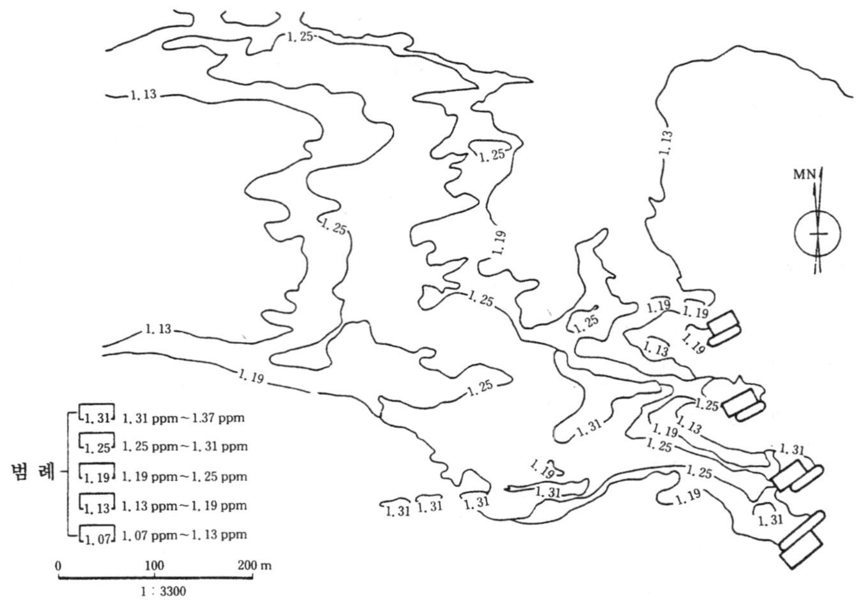

그림 7-22 탁도분포도

탁도분포도를 작성하기 위해서는 영상면의 농도와 물의 탁도관계를 파악해야 한다. 평가척도를 작성할 때는 우선 현지조사지점의 위치를 항공영상면에 이사(移寫)해 그 지점의 영상면농도를 영상면농도계로 관측한다. 천연색영상면의 경우는 청(B), 녹(G), 적(R)의 필터를 이용해 3색 분해한 농도를 구한 다음, 구한 영상면농도와 현지조사에서 얻은 탁도와의 상관관계로부터 회귀식을 구한다. 또한 평가척도로 청, 녹, 적 각각의 농도뿐 아니라 B/G, G/R 등의 영상비(ratio imagery) 및 각 밴드별 농도비와 탁도의 관계를 이용한다.

영상면농도 또는 밴드비값을 탁도량으로 처리한 결과를 라인프린터 등으로 출력하고 이 출력결과에서 등식선을 구한 다음 이를 지형도상에 옮겨 탁도량분포도를 작성한다.

〈**그림 7-21**〉은 준설공사에 의한 해수의 탁도를 촬영한 항공영상면이며, 〈그림 7-22〉는 이를 이용해 작성한 탁도분포도이다.

(3) 기름(油)의 오염 해석

해역에서 일어나는 유조선 조난사고는 물새나 해조류 등에 피해를 입히며 특히 양식장, 인공어초조성지 등에는 적조와 마찬가지로 큰 피해를 가져온다. 또한 석유저장기지, 석유정

유공장, 석유화학공장 등의 배수에 함유되어 있는 기름이나, 선박 및 주유소 등으로부터 나오는 폐수 등이 해양상 기름에 의한 피해원인 중의 하나이다. 이와 같이 대량의 기름이 유출될 때는 그 확산넓이를 파악하는 것이 방제대책을 세우는 데 필요하다.

유조선 조난사고와 같이 다량의 기름이 해역에 퍼지는 경우, 색조(色調) 및 밝기의 불연속성으로 일반적인 항공영상면에서도 그 분포를 쉽게 파악할 수 있다. 그러나 부유유(浮遊油)가 되면 기름과 물의 경계가 불명확하게 되어 육안으로는 식별이 불가능하게 된다. 따라서 부유유의 분포파악은 기름과 물의 배열이 다른 점에 착안해 표면의 온도차를 이용한다. 즉, 부유유는 태양에너지를 흡수해 주위 수면보다 고온이 되기 때문에 열센서로 탐지된 열적외선영상면에 의해 쉽게 그 분포를 알 수 있다. 여기서 온배수(溫排水)와의 구별이 문제가 된다. 부유유는 고정된 열원을 갖고 있는데, 이 열원은 온도가 높고 이곳에서 멀어질수록 온도가 낮아진다. 또 온배수는 일조조건에 좌우되지 않지만 부유유는 크게 좌우된다.

유출유의 회수에는 유량의 파악이 대책을 세우는 데 중요요소가 된다. 이 유량은 기름분포넓이와 기름층 두께를 곱해 얻을 수 있으므로, 유층두께를 관측하기 위해서는 표준유층두께를 나타내는 표지가 영상에 나타나도록 해야 한다.

(4) 발전소 냉각수

화력 및 원자력발전소에서는 화석연료 및 핵연료를 연소시켜 열에너지로 바꾼 다음, 이 열을 이용해 증기에너지로 전환시키고, 이 증기로 터빈을 돌려 전기에너지를 얻는다. 이때 잔여증기는 터빈의 저압부에서 복수기(復水器)로 보내지만 냉각수에 의해 냉각된다. 이 냉각수는 수증기의 열량만큼 온도가 상승된 상태로 배수가 된다. 일반적으로 방수구의 냉각수 온도는 취수구온도에 비해 7~9℃ 상승되며, 냉각수의 설계최대사용량은 출력 10만 kw당 화력발전소는 3.5~4.0 m^3/s, 원자력발전소는 6.0~6.5 m^3/s가 된다. 따라서 발전소 규모가 100 ~7,200만 kw 출력일 경우 약 100 m^3/s의 온배수가 방출된다. 이와 같은 막대한 양의 온배수를 처리하기 위한 온배수의 확산실태조사, 온배수의 확산 예측에 관한 연구, 수조모형실험, 수중생물 및 생태계에 대한 영향, 기상에 관한 영향, 온배수이용에 관한 연구 등이 요구된다.

온배수확산실태조사는 선박 및 항공기에 의한 조사방법이 있으며 선박에 의한 방법은 선박에 수온자동기록장치 및 자동위치관측장치 등을 탑재해 연속적으로 수온을 관측하는 방법이다.

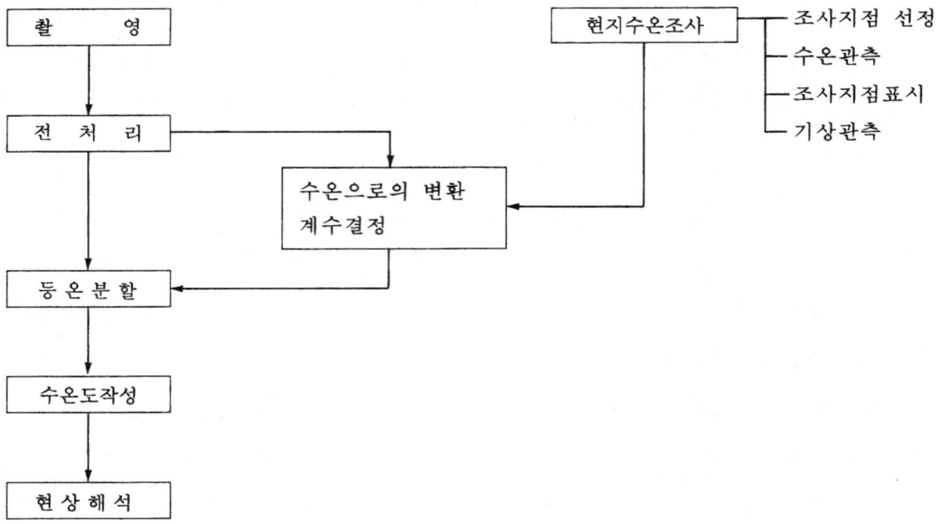

그림 7-23 적외선 영상면해석의 흐름도

또한 항공기에 의한 온배수확산실태조사는 항공기에 적외선영상장치를 탑재해 1,000 ~3,000 m 상공에서 표면수온분포를 정량적으로 관측한다. 이와 같은 적외선영상장치를 이용한 온배수실태조사는 단시간에 광범위한 정량적인 관측이 가능하고, 접촉에 의해 온배수의 형태가 흐트러지지 않는 장점이 있으나, 상대적 온도만을 관측할 수 있기 때문에 현지의 온도가 다른 두 곳 이상에서 기준온도를 설정할 필요가 있으며, 거의 표면온도만이 관측되고 왜곡이 생기는 등의 단점이 있다.

이와 같은 적외선영상면의 해석은 기록방식이나 해석방법에 따라 약간씩 다르지만 〈**그림 7-23**〉과 같은 흐름도에 나타낸 순서에 의해서 실시된다.

또한 적외선영상면에 의한 해석은 온배수확산모양의 시간변화, 분포형태가 다른 온배수의 확산모양, 온천배수를 포함한 도시배수의 확산모양 등에 응용할 수 있다.

(5) 산지재해

① 붕괴

가) 영상면판독에 의한 붕괴조사

산지 및 절벽의 붕괴는 강우 및 지진 등에 의해 발생하는 토괴(土塊), 암괴(岩塊) 이동현상의 일종이다. 붕괴(failure)와 산사태는 확실한 구분은 없으나 붕괴는 돌발적이고 급속적으로 이동하고 비교적 급경사면에서 많이 발생하며, 산사태는 특수한 지질상태지역의 토지일부가 지하수 등으로 인해 초기에는 원만하게 이동하다가 점차 속도가 증가되어 급격한 토지이동을 일으키는 현상이다.

붕괴가 계곡이나 강가에서 일어나는 경우에는 하천이 범람해 대홍수 및 토사류를 발생시키며, 산복(山腹)이나 산정부(山頂部)에서 발생할 때는 대규모 토석류(土石流)를 일으켜 큰 재해를 일으키게 된다. 또한 이와 같은 대규모의 붕괴를 일으키는 지형은 배후에 마제형(馬蹄形) 및 설상(舌狀)의 활락애(滑落崖)가 있고 전면은 붕락되는 토괴가 원사면보다 완경사를 이루고 있는 경우가 많으며, 활락애와 붕락토괴 사이에는 인장균열에 의해 발달된 석회암질이 존재하는 경우가 많다.

항공영상면에 의한 붕괴의 판독은 입체시를 통해 붕괴지의 깊이, 균열, 사면형상, 식생(植生) 등의 정보 등을 얻을 수 있다.

광범위한 붕괴지의 판독 및 이사(移寫)의 주의점은 다음과 같다.

판독은 원칙적으로 영상면의 중앙부를 이용하며 계곡의 합류점, 경사변환점, 인공구조물 등 위치결정이 용이한 곳을 먼저 이사한다. 또한 촬영경로별로 이사하는 경우에는 판독을 실시한 경계선을 모눈종이에 기입하고, 유역별로 이사할 때는 시계방향 등과 같이 규칙적으로 기입하는 것이 혼동을 피할 수 있다. 그리고 식생이 복구되고 있는 붕괴지는 회색으로 나타나 주변과의 구별이 어렵지만 입체시에 의해 주변지형 및 식생과 비교해 종합적으로 판독한다. 이와 같은 판독에는 1/20,000~1/5,000 정도의 흑백 및 천연색영상면(panchromatic, colour imagery)이 이용된다.

나) 현지조사

붕괴지의 현지조사목적은 붕괴원인을 파악하기 위해 지형, 지질, 식생 등의 붕괴요소를 시찰하는 것과 방재계획을 세우기 위해 붕괴규모를 예측하는 것이다. 붕괴요인을 검토하기 위해서는 먼저 지형해석을 행하고, 지형관측을 기초로 한 분산분석법, 특히 다변량해석에 의한 붕괴발생의 예측 등을 시험해야 한다. 또한 붕괴규모의 계획에 있어서는 붕괴깊이가 가장 큰 요소로 작용한다. 〈**그림 7-24**〉은 붕괴깊이의 관계를 나타내고 있다.

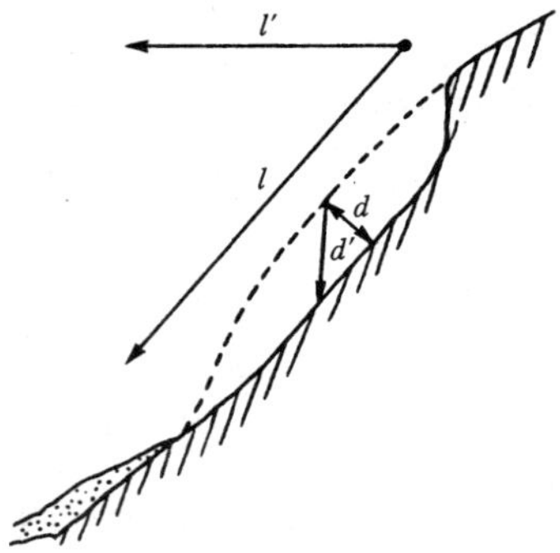

그림 7-24 실제와 외관상의 붕괴깊이

실제로는 실측에 의해 종단, 횡단도를 작성해 붕괴 전의 사면상태를 추정하는 것이 바람직하지만 지형 및 경비 등의 제약조건에 의해 특별한 경우를 제외하고는 조사자의 육안으로 판단한다.

다) 붕괴의 변화

이 조사는 항공영상의 특징으로 과거의 정보 중 재현가능한 것을 이용해 특정 기간에 붕괴량이 얼마만큼 변화하였는가를 파악조사하는 방법으로 대재해 발생전후의 항공영상면을 비교해 재해의 정성, 정량적인 실태를 파악하는 수단으로 많이 이용된다.

대규모 붕괴가 발생하기 전후의 항공영상면 예는 〈**그림 7-25**〉와 같다.

특정 시점에서의 붕괴지모집단을 N_i 개로 하고, 그 평균붕괴토량을 M_i 라 하면 붕괴토량의 합계는 $V_i = N_i \times M_i$ 로 나타낼 수 있다. 임의 시점에서의 붕괴상황은 $V_j = N_j \times M_j$ 이며, $V_j \times V_i$ 가 그 시차간의 붕괴변화량이다. 따라서 특정 시점에서의 붕괴상황을 아는 데는 그때의 평균값이 필요하지만, 붕괴깊이에 대한 과거자료가 없을 때는 현시점의 평균값을 적용시켜 얻는 경우가 있다.

붕괴지는 수년에서 수십 년에 한 번씩 대규모 강우시에 발생하고 확대되며, 그 이후로는 식생의 침투 등에 의해 서서히 안정되면서 축소화되는 경우가 많다.

② 토석류

가) 개요

토석류(土石流, debris flow)란 집중호우로 인해 토사와 물이 섞여 암괴, 자갈, 유목 등이 회전하고 골동하면서 계곡, 하천을 흐르는 현상을 말하며, 유송형태는 토석류(土石流), 소류(掃流), 부류(浮流) 등으로 나눌 수 있다. 유하는 토석류 본체의 횡단면은 중앙부가 요(凹)형이고, 종단형은 선단의 윗부분이 요형으로 되어 있으며, 침식력이 매우 강하다. 발생 시에는 소규모이지만 운동함에 따라 계곡, 계상(溪床)의 퇴적토사를 깊게 침식시키면서, 휩쓸려 내려가므로 퇴적을 증가시킨다. 또한 토석류는 세립토사가 주류를 이루는 풍화된 화강암지대에서 많이 발생한다.

이와 같은 토석류는 폭우에 의해 산복(山腹)이 붕괴되고 그 붕괴물이 일시에 급사면을 유하해 직접 토석류가 된 경우, 계곡의 붕괴물이 흐름을 막아 이것이 파괴되거나 범람해 토석류가 된 경우, 홍수류가 계암과 계상을 침식해 토석량을 증가시켜 흘러내리는 경우 등에 의해 발생하게 된다.

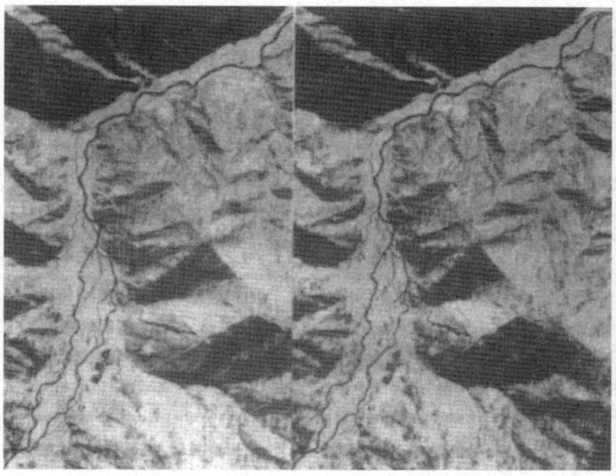

(a)

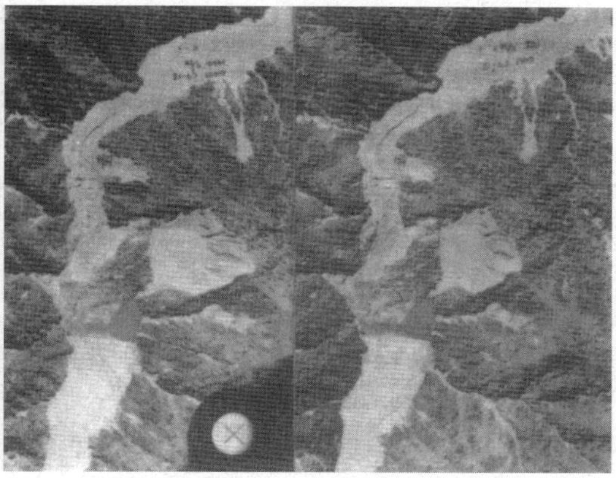

(b)

그림 7-25 대규모 붕괴발생 전과 후의 항공영상면

토석류의 발생, 유하퇴적위치는 계상경사와 밀접한 관계를 가지고 있으며, 특히 경사가 급한 산악지에서 발생되는데 구체적으로 위험도가 높은 곳은 계상경사도가 10° 이상인 곳, 20~30° 부근에 계상퇴적물이 존재하고 불규칙하게 분포되어 있는 곳, 그 지점에서 복유수가 나오는 곳 등이다.

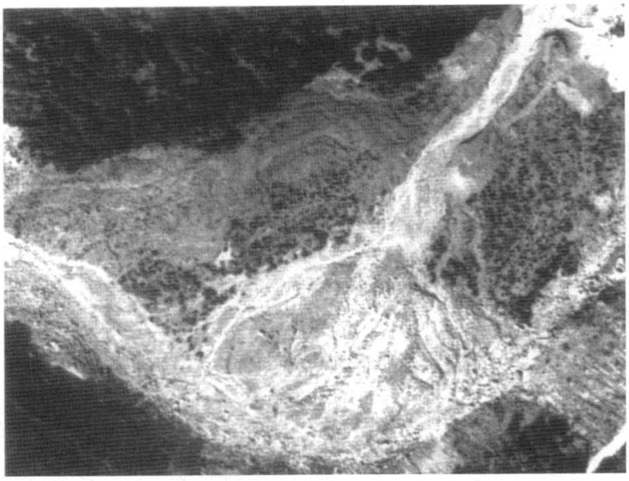

(a)

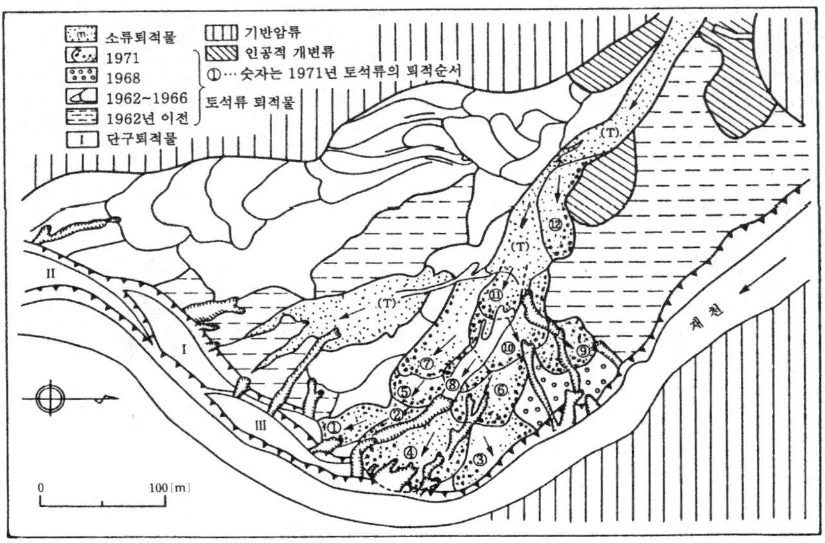

(b)

그림 7-26 토석류의 연도별 변화상태

이와 같이 발생한 토석류는 규모가 작거나 유송 중에 커지지 않으면 계곡폭이 좁은 지역에서 정지할 수 있으나, 계속해서 토석류 퇴적물이 커지고 계곡 양안의 연약한 지반이 침식되면 하류로 유송되어 선상지에 달하게 된다. 따라서 토석류의 도달범위를 예측하기 위해서는 항공영상면상에서 형태별로 분류하고 현지조사 등을 통해 미고결 퇴적물의 분포퇴적물 두께 및 성상을 파악해 판별할 필요가 있다.

나) 토석류 조사

토석류(土石流) 조사는 토석류의 발생, 유송(流送), 퇴적에 관한 기초조사를 통해 토석류 위험구역을 예측해 방재하는 것을 목적으로 하고 있다. 우선 실제로 발생된 토석류를 대상으로 영상면판독과 현지답사를 통해 토석류의 발생, 유송, 퇴적의 각 구분을 명확히 함으로써 토석류에 대한 계상경사도(溪床傾斜度) 및 계상폭(溪床幅)의 변화, 계상퇴적물의 입도 및 두께, 토석류 퇴적물의 형태와 퇴적구조, 토석류 발생시의 강우량 등과의 관계를 파악하는 데 중점을 두고 있다. 이때 이용되는 항공영상면의 축척은 1/10,000 정도나 이보다 대축적인 것, 기본도는 1/5,000 보다 대축적인 것이 좋다.

토석류에 대한 조사방법은 먼저 계상경사를 3~10°, 10~15°, 15~20°, 20° 이상 등으로 구분해 계류의 길이 및 계류면적의 분포 등을 관측하고, 계상퇴적물의 분포, 지형 및 지질조건 등을 조사한다. 또한 각 경우에 따른 위험도를 검토함으로써 위험구역을 예측한다. 이때 우선 과거에 토석류 재해를 받은 지역은 그 과거의 재해조사자료로부터 퇴적상황도를 작성하고, 재해사례가 없는 지역은 가까이에 있는 다른 유사지역의 재해사례를 참고한다.

③ 산사태

산사태(landslide)는 특수한 지질상태에 있는 토지의 일부가 지하수 등에 의해 이동하는 현상으로 도로 및 철도 등의 노선건설에 있어서 절취 및 댐의 담수 등에 의한 산사태가 재발생하는 경우가 많다. 산사태조사에는 항공영상면 판독이 유효하게 이용되는데, 그 조사내용은 산사태의 범위 및 형태분석, 지형 및 지질구조, 현재의 이동상황, 지표수와 지하수의 상황, 암반의 변질상황 등의 파악이다.

산사태의 영상면판독은 계획 및 준비, 산사태의 분포 및 미끄러짐의 난이도, 중요도 등의 1차 판독, 현지조사, 중요지점 선정 등의 2차 판독, 산사태분포도 작성, 해석 및 결론의 순으로 행해진다.

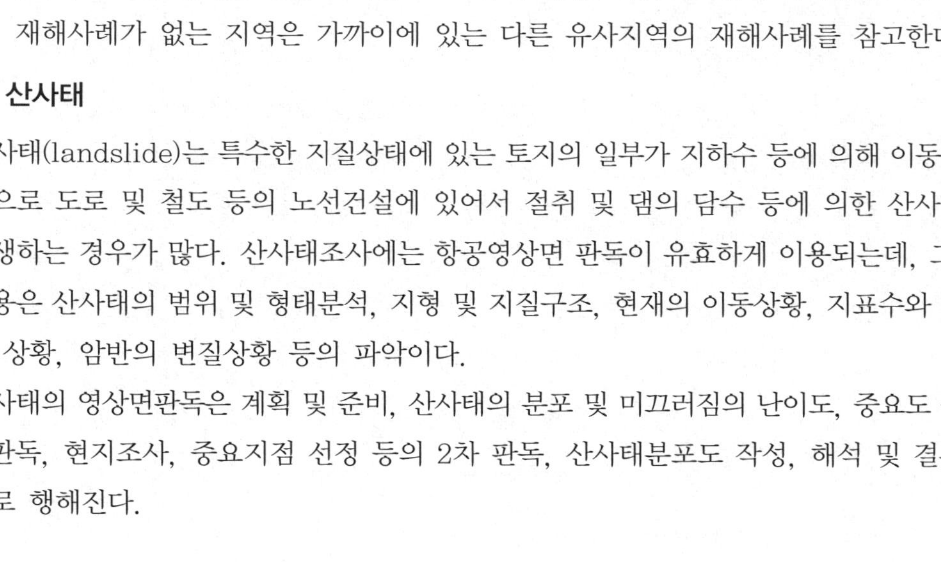

(a) creep (b) 호상미끄러짐 (c) 암반미끄러짐

그림 7-27 흙사태의 운동양식

산사태지역의 특징은 주위와는 다른 복잡한 지형을 보이고, 활락애(滑落崖) 직하로부터 산사태 끝까지 요철이 많은 완사면이 이어지며 그 가운데 소지(沼地) 및 습지를 확인할 수 있다는 점이다. 또한 산사태의 형태는 설상(舌狀) 및 마제형(馬蹄形)이며 그 장축방향을 사태방향으로 생각할 수 있다.

항공영상면에 의한 산사태를 판독하는 데는 운동양식에 대한 분석이 요구되는데 이 양식에는 〈**그림 7-27**〉과 같은 크리프(creep), 호상(弧狀)미끄러짐(slump), 암반미끄러짐(rock slide) 등이 있다. 크리프는 애추(崖錐) 및 풍화된 표층부가 평면적으로 완만하게 움직이는데, 이동하면서 점토화가 되기 쉽기 때문에 이동이 크고 연속적으로 일어나는 경향이 있으며 두께는 5~10 m 정도이다.

호상미끄러짐은 원호형태를 띠며 길이는 30~50 m 정도이고 두께는 10~15 m로 비교적 완만하지만 집중강우 등에 의해 급격한 이동을 일으키기 쉽다. 암반미끄러짐은 암반 중의 층리면 및 절리면, 단층면 등이 분리되어 길이 30~50 m, 두께 10~30 m 정도의 규모로 급격하게 돌발적으로 이루어진다.

산사태의 예측은 미지형 발달상황, 형태, 분포위치, 식생, 지질구조 등의 정성적인 것과 판독자의 주관에 따라 여러 개의 구분에 의해 일람표를 작성해 실시한다. 항공영상면에 의한 산사태의 변동량도 토석류의 변화 등과 마찬가지로 다음과 같은 장점을 가지고 있다. 전역을 동시에 파악할 수 있는 동시성, 전역을 동일정확도로 측량할 수 있는 균일한 정확도, 높은 작업능률, 제약을 덜 받는 작업시간 등이 그것이다. 이 작업에 필요한 기본도는 1/1,000 정도의 대축척지형도를, 영상면 축척은 1/4,000~1/6,000 정도를 사용하는 것이 적당하며 관측점의 간격은 50 m 정도가 좋다.

(6) 수해 및 해안침식

① 수해조사

해면변동이나 지반운동의 영향을 쉽게 받으며 계속되는 홍수에 의해 형성되는 충적평야에서 수해는 이것을 형성하고 있는 지형 등에 따라 현저한 차이가 있다. 수해형태는 하천 또는 용배수로의 월류 및 도시화에 따른 인공구조물 등에 의한 강수의 배수불량, 해일 등에 의해 발생된다. 따라서 충적평야지형을 항공영상면 판독에 의해 분류함으로써 과거 홍수의 침수범위, 홍수유동방향, 유속, 담수심, 담수기간, 퇴적물의 종류, 침식 등의 성질을 파악할 수 있다. 동시에 미래의 제방파손, 범람 등이 있을 경우의 위험상황을 예측할 수도 있다.

이와 같은 관점으로부터 작성된 것이 수해지형분류도이며 이 분류도의 작성공정은 〈**그림 7-28**〉과 같다.

항공영상면 자료수집 → 지형분류 → 현지조사 → 수해지형도 작성 → 홍수범람형태 예측

그림 7-28 수해지형분류도의 작성과정

항공영상면에 의한 수해지형분류도의 작성은 최근에는 토지이용 및 토지변화 등이 심하기 때문에 촬영에 시차를 둔 영상면을 이용하는 것이 효과적이며, 축척은 1/20,000 영상면이 많이 이용된다.

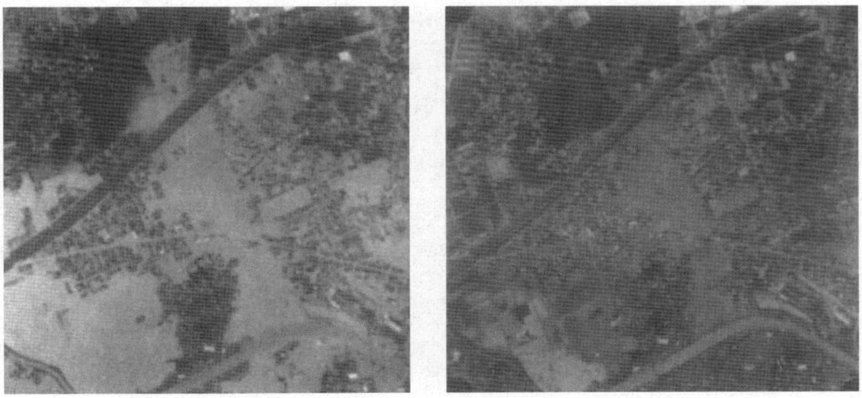

(1974년 7월 8일 13시 55분 촬영) (1974년 7월 9일 16시 4분 촬영)

그림 7-29 수해지역의 항공영상면

위와 같은 수해지형분류도는 지형과 홍수의 상관관계로부터 홍수위험구역을 예측하고, 홍수의 성격파악, 유동방향, 범람가정구역, 토지이용적부 등을 정하는 데 이용된다.

〈**그림 7-29**〉는 수해지역의 시간차를 둔 항공영상면으로 좌우영상면을 비교함으로써 범위 및 감소량 등을 알 수 있으며, 수해상황의 정확한 기록 및 미래 홍수수해의 예측자료로 이용할 수 있다.

② 해안침식

해안침식(coastal erosion)은 태풍이나 계절풍에 따른 높은 파도, 해일 등의 영향력에 의해 해안선이 침식, 퇴적되어 후퇴하거나 사구를 형성함으로써 해안이 변화하는 현상을

말한다.

항공영상면에 의한 해안침식조사는 기존의 항공영상면들을 수집해 비교판독하는 것이 바람직하다. 해안선은 간조의 차가 있으므로 영상촬영시간에 따라 해안선 위치가 현저히 변화하기 때문에 위치만으로는 비교할 수 없고 그 지역의 평균적인 해안선 부근의 경사와 촬영시의 조수상태를 고려한 다소의 위치수정을 필요로 한다.

항공영상면에 의한 경우에는 수년간에 걸쳐 특정한 시간간격을 두고 영상을 촬영해 서로 비교하면서 지형변화를 구한다. 이를 위해서는 다른 항공영상탐측에서와 마찬가지로 기준점설치 및 측량, 항공 삼각측량, 도화작업 등이 필요하다. 촬영횟수는 침식이 심한 곳은 계절마다 1회씩 또는 여름과 겨울 연 2회가 바람직하며, 필요정확도에 따라 다소 다르지만 영상면축척은 1/10,000 정도의 흑백 또는 적외선영상면이 적당하다. 적외선영상면을 이용하면 수분에 따른 구분이 명확하므로 해안선위치확인이 용이하다.

〈**그림 7-30**〉은 미국 노스캐롤라이나(North Carolina) 해안에 대한 항공영상면으로 1945년부터 1962년 사이에 동쪽해안이 거의 100야드 정도 침식되었고, 곶(바다나 호수로 가늘게 뻗어 있는 육지의 끝부분)의 남단은 연간평균 40야드씩 650야드 정도가 후퇴되었음을 알 수 있다. 또한 〈**그림 7-31**〉의 (a), (b), (c)에서는 곶의 남단이 동쪽으로 치우쳐 있으나 다른 영상면은 서쪽으로 치우쳐 있음을 볼 수 있는데, 이는 영상촬영 1개월 전 동안 풍향의 영향을 받은 것이다.

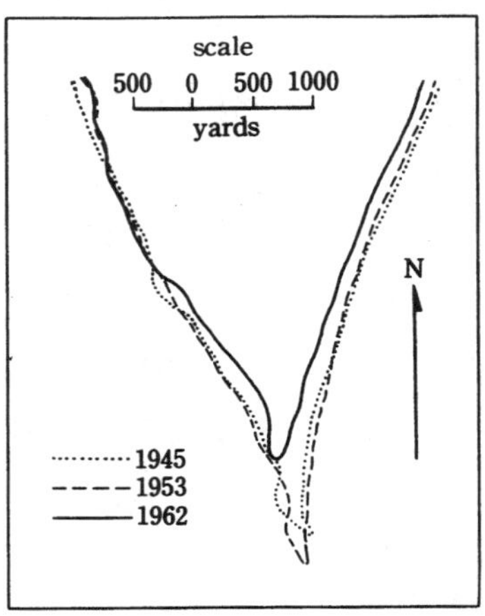

그림 7-30 항공영상면에 나타난 1945, 1953, 1962년 해안선의 변화

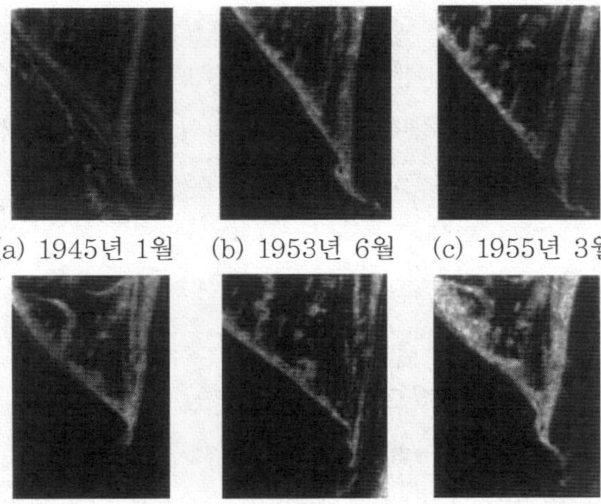

(a) 1945년 1월　(b) 1953년 6월　(c) 1955년 3월

(d) 1959년 5월　(e) 1958년 10월　(f) 1959년 8월

그림 7-31　노스캐롤라이나 해안의 항공영상면

따라서 이와 같은 연속된 항공영상면에 의해 여러 가지 해안선의 형태 및 그 변화를 정확히 알 수 있으므로 폭풍에 의한 손실의 평가, 항해지도의 보정 등에 적용할 수 있으며, 해안선형태의 장기적인 변화를 기록해 주고 아울러 방재대책에도 이용된다. 그러나 이용가능한 영상면매수의 제한, 해안선변화의 발생시기, 원인 등이 기록되지 않기 때문에 미래의 변화를 예측하기 위해서는 파랑, 흐름형태, 해저지질 등의 조사를 병행하는 것이 바람직하다.

(7) 화산재해

① 화산

지구상의 활화산은 태평양주변에 편재되어 있으며 총 830여 개 중 3/4을 점하고 있다. 이와 같은 환태평양조산대에서 우리나라는 활동 중인 화산이 없으나 이웃 나라인 일본에는 약 70여 개의 활화산이 활동 중으로, 이 활화산주변에 많은 인구가 상주하고 있고, 관광객이 접근하고 있어 많은 위험을 내포하고 있다. 따라서 이들 화산에 의한 재해를 예측하고 방지하기 위한 화산의 특성파악에 항공영상의 역할이 필요시 되고 있다.

화산재해에는 주로 다음과 같은 수증기폭발, 화산이류, 화쇄류 등이 있다. 일본의 경우 분화의 약 40 %가 수증기폭발인데 이는 지하의 마그마에 의해 수증기 및 지하수에 열이 가해져 압력이 증가됨에 따라 주위암석을 파괴하는 현상으로 거의 노쇠기의 활화산에 많고 분화간격이 긴 특징을 가지고 있다.

화쇄류는 점성이 높은 낙암이 분출되기 쉽고, 화산분출물이 심하게 솟아오르는 현상이 나타난다. 또한 화산이류(火山泥流)는 분화가 화산호나 우기 및 적설기에 있어서 화구로부터 이류(泥流)가 직접 분출 · 유하하거나, 산복에 퇴적되어 있던 화산쇄설물이 집중호우나 융설에 의해 2차적으로 이류되는 것을 말한다.

이와 같은 화산재해방지를 위해서는 우선 기존자료수집 및 피해상황파악을 하고 이류 등 2차 재해의 위치, 규모, 종류 등을 조사해 방지계획을 수립하고 피난대응책을 세운다.

화산재해조사에서 항공영상면의 역할 및 이점에는 다음과 같은 것이 있다. 첫째, 활동 중인 화산에는 출입통제 등이 법적으로 규제되어 있고, 분화의 위험성이 내포되어 있어 현지답사가 어려우므로 이와 같은 접근이 어려운 지역의 정보를 얻는 데는 항공영상면이 유효하다. 둘째, 활화산주변의 지형, 식생 등의 자연환경은 단기간 내에 변화하므로 정기적 또는 분화 직후에 촬영하면 그 영상면으로 변천상황을 정확히 알 수 있다. 셋째, 분화직후의 항공영상면을 판독함으로써 화산회의 강회분포 등을 쉽게 알 수 있고, 특히 적외선영상면을 이용하면 식생피해상황을 정확히 알 수 있다.

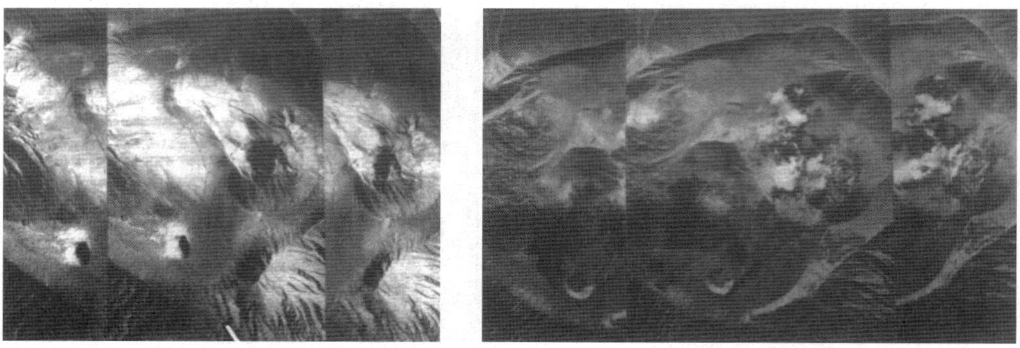

(a) 분화 후 16일이 경과한 화구의 항공영상면 (b) 분화 후 1년 6개월이 경과한 화구의 상황

그림 7-32 영상면의 판독

② 지열조사

지열(地熱)이란 지구 중에서 생성되는 열로 주된 열원은 지구구성물질의 방사성원소가 붕괴할 때 발생된다. 따라서 이 열은 맨틀 내에 마그마를 형성하고 이 마그마의 열은 열전도체에 의해 많은 에너지로 지표로 전달되며, 지각이 약한 부분에서는 마그마의 증기, 가스 등에 의해 지표부근으로 상승된다. 지열조사는 방재적 측면에서의 화산활동지역조사와 더불어 지열의 경제적 개발을 목적으로 실시된다.

화산에 대한 방재를 위한 조사로는 화산성 지진관측, 화산주변의 경년적 지반변동관측, 지자기관측, 중력관측, 화산주변의 지열관측 등을 실시한다. 이 중 지진온도의 변화, 온도분포의 경년변화, 방출열량 등을 정확히 파악하기 위해서는 적외선영상면의 기하학적 보정, 지형보정 등이 행해져야 한다.

〈**그림 7-33**〉은 지형보정전후의 적외선영상면으로 격자간격은 50 m이며, 지형보정 전의 격자는 일그러져 있으나 보정 후는 지형도에 상응할 정도가 되어 있음을 볼 수 있다.

지열의 경제적 개발의 필요성에 의한 조사는 지하구조 및 저류층 추정을 위한 조사, 자연방열량조사, 지온분포조사 등이 필요하며 이는 항공영상면을 이용한 지질조사 및 지온분포도작성과 열수지법에 의한 표면방열량조사로 이루어진다.

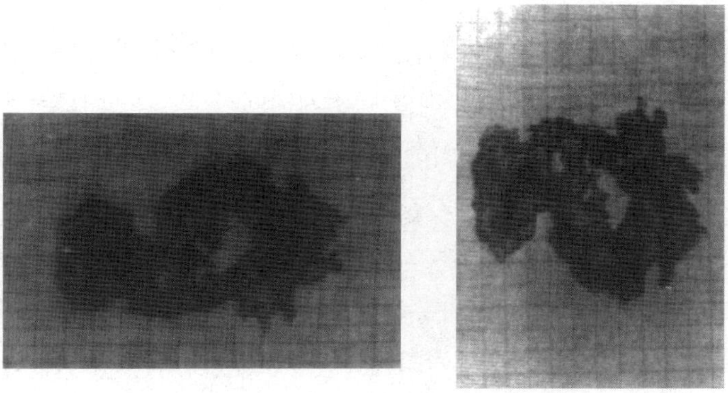

그림 7-33 온도분포도의 지형보정

적외선영상면에 의해 지표면의 온도분포가 관측가능하나 이 분포는 표고 및 기타 지표피복물 등의 영향을 받으므로 지하온도분포를 정확히 나타내는 것은 아니기 때문에 적외선영상면은 다음과 같은 전처리 및 해석처리를 실시한다. 최근에는 우선 적외선영상면자료에 표고에 따른 보정을 하고 등표고면에 있어서의 온도분포를 구한다. 다음에 나지부분의 온도를 구해 나지상태에서의 온도분포상황을 파악한다. 이와 같은 결과로 지하열구조를 나타내는 지표면 온도경향 면해석도가 얻어지게 된다.

9) 농업 및 산림에 관한 판독

(1) 농산물 분류

농업조사의 주요관심사는 주요농작물의 판별, 성장기예측, 수확량, 농작물 병충해 피해조사 등으로 쌀, 보리, 땅콩, 담배, 고추, 채소 등 물가안정작물의 재배면적 및 수확량 등을 평가하는 데는 다중파장대영상면에 의한 조사가 유용하게 이용된다.

이와 같은 다중파장대영상면에 의한 농업조사의 이점은 첫째, 넓은 지역을 비교적 적은 비용으로 또 빠른 기일 내에 탐지할 수 있다. 둘째, 반복적인 관측으로 장기간 동안 또는 계절적 변화를 조사할 수 있다. 셋째, 현존하는 자료에 계속 새로운 상황을 관측해 추가할 수 있다.

농산물분류는 농작물의 다중파장대특성, 성장기간 동안 다중파장대특성의 변화형태, 문화적 또는 환경적인 차이에 따른다. 그러나 특정지역에서 쓰이는 비료사용형태, 경작방법, 또 농작물의 성장특성과 농작물 잎에 의해 토양이 가려지는 정도에 따라 다중파장대반사율이 다르게 될 수도 있다. 농작물 성장기간의 초기를 거쳐 성열기와 수확기에 이르는 동안 다중파장대형태의 연속적인 변화영상은 각 작물마다 다르기 때문에 한 작물은 동일지역에서 재배되는 다른 작물과는 구분이 가능하다. 작황을 파악할 수 있는 위성(LANDSAT, SPOT 등) 영상에 의한 재배지상항의 처리영상면을 보면 적색은 성장기 작물, 자색은 수분함량이 높은 토지작물, 엷은 자색은 갈라진 토지, 백색은 경작하지 않은 토지, 황색은 수확 후 그루터기만 남은 재배지 등을 나타낸다.

천연색영상면을 이용한 농작물판별은 과수원의 묘목배열형태 및 이랑의 형태에 의해 파악할 수 있다. 호도나 감귤밭과 같은 평탄지에 재배하는 과수원은 과수끼리의 간격이 일정해 정방향으로 되어 있고, 사과나 배밭 등의 구릉지에서는 등고선과 비슷하게 나무가 배열되어 있다. 또한 포토밭은 균일한 선형을 가지며, 비슷한 수고와 질감을 가진 옥수수와 같은 작물은 나무들 사이의 넓은 간격에 의해 구별된다.

(2) 농산물 수확량

농산물가격정책, 수출입계획 또는 수출입상담을 위해서는 국내 또는 외국의 농산물재배상황에 대한 최신 자료가 필요하다. 이와 같은 농작물수확량예측은 단위면적당 표본을 근거로 한 수확량과 재배면적에 의해 산출된다. 무작위 추출한 표본재배지는 거의 성숙한 각 농경지에서 자료를 얻고 있으며, 병충해, 밀도, 성장력 등에 의한 수확량의 차이를 고려해야 한다.

그러나 해외에서, 특히 광대한 지역의 농산자료를 필요로 할 경우에는 현지조사가 불가능하므로 다중파장대영상면자료의 이용이 필요하게 되었다. 세계주요농업지역에 대한 농작물재배현황을 평가하기 위해 1974년에서 1977년에 걸쳐 미국에서 Large Area Crop Inventory Experiment(LACIE)가 행해졌다. 이를 위해 미국은 MSS에 의한 자료취득, Pattern 인식에 대한 기술개발, 고속전산처리, LANDSAT, 세계기상국에 의한 세계기상보고 및 기상조건과 곡물수확과의 관계모형(model)개발 등 기술과 지식을 종합하였다.

우리나라의 KAIST에서도 LANDSAT 자료를 이용한 성장시기별 벼작물의 태양에너지 반사강도를 관측함으로써 쌀수확량을 예측할 수 있는 모형을 1979년부터 개발하기 시작하였다.

(3) 병충해

가뭄, 홍수, 태풍 등의 자연재해에 의한 농작물의 피해정도를 파악하는 데도 항공영상이 유용하게 이용되고 있다. 그러나 농작물의 병충해에 의한 피해는 농작물의 파종, 성장, 수확, 운반, 보관과정을 거치는 동안 계속 영향을 미치므로 자연재해에 의한 피해보다 더욱 방재의 필요성을 가진다.

이와 같은 농작물 병충해피해의 조기발견 및 발생상황, 환경과의 관계조사 및 피해정도를 정확히 파악하는 데는 항공영상 및 원격탐측의 기술이용이 바람직한 방법 중의 하나이다. 농작물은 인위적으로 단일종류를 밀집해 조성하기 때문에 병충해는 필연적으로 발생한다. 지금까지는 병충해 발생을 일시적으로 농약으로 억제해 왔으나 이는 식량의 수은농도를 높이고, 환경에 중요한 영향을 미치기 때문에 병충해를 조기 발견하는 생태학적인 종합방재방법이 고려되어 왔다.

식물의 생장력조사에는 근적외선 영상면을 주로 이용하고 있다. 근적외선 영상면은 엽륙조직(葉肉組織)에서 물에 의한 팽창, 기실(air space)의 충만 등으로 좋은 복사에너지반사체가 되어 잘 반사된다. 이와 같은 현상은 청색과 적색은 흡수하고 녹색은 반사하는 울타리조직에서 일어난다. 병충해에 의해 수분체계가 나빠지면 식물의 생장력은 감소하고 엽륙조직이 파괴되면서 근적외선의 반사율이 크게 감소한다. 이러한 적외선영상면에 의한 조사가 가능한 병충해에는 밀과 귀리의 녹병(stem rust), 감자마름병(potato blight), 사탕무의 잎반점(leaf spot), 세균성 마름병(bacterial blight) 등이 있다.

이와 같이 농작물의 병충해관계, 환경과 발병관계가 많이 연구되어 왔으며 항공영상탐측에 의한 조기진단기술과 환경 및 병충해의 관계에 대해서도 활발히 연구가 진행되고 있다.

(4) 삼림조사

삼림조사에는 항공영상 및 인공위성에 의한 영상탐측 기술을 활용하고 있으며 그 판독과 지형도도화(地形圖圖化) 등을 통해 정보를 수집, 정비하고 있다.

인공위성의 영상면에 나타나지 않는 미소면적의 정보는 항공기에 탑재된 MSS 자료 또는 다중파장대영상면, 적외선색영상면 등의 특수한 파장을 갖는 항공영상면으로 보완하며, 기존 정보인 지질도와 토양도 또는 지적도 등의 주제도자료를 참고로 하면서 부족한 경우 지상조사를 실시한다.

① 식생

지금까지는 식물학자의 연구대상인 특수한 조사분야로 생각되어 왔던 식생조사(植生調査)가 국토개발에 따르는 환경영향평가 등이 활발해짐에 따라 관심이 고조되고 있으며, 환경감시역할로서 식물에 밀접히 연관되어 있다는 점에 착안해 영상탐측자의 적극적인 참가도 요구되고 있다.

가) 식생군락

식생군락이란 생물도를 형성하는 생물집단 중에서 식물로 구성된 집단을 말한다. 인간사회가 어떤 질서나 체계를 가지고 있는 것처럼 식물군락에도 각종 식물사회가 형성되어 있으며, 이들 식물군락을 세부적으로 나누면 그 집단의 성격과 특징이 명확해진다.

식생군락을 특징짓는 요인으로는 기온, 일조, 강수량, 습도, 풍향 등의 기후요인, 지형형상, 경사각, 경사방향 등의 지형요인, 지질, 토양의 비옥도, 수분, 토양 pH 등의 토지요인, 동물, 다른 식물의 영향 등의 인위요인이 있으며 강약에 의해 각종 식물군락이 성립하고 있다.

이와 같은 어떤 특성을 가지고 있는 식물군락은 그 종류조성이 완전히 고정되어 있는 것이 아니라 시간이 경과함에 따라 서서히 교체된다. 이를 천이(遷移, succession)이라 하며, 천이의 최종단계에 성립된 안정되어 있는 식물군락을 극상(極相) 또는 극성상(極盛

相, climax)이라 한다. 즉, 맨 처음 나지(裸地)로부터 시작해 일년생초원, 다년생초원, 양성수종의 저목림(低木林), 양성수종의 고목림(高木林), 음성수종의 고목림(極上)의 단계에 이른다. 양성수종으로는 낙엽송, 자작나무류, 소나무류, 버드나무류, 참나무류 등이 대표적이며, 음성수종으로는 각각의 기후대에서 극상으로 되는 수종으로 떡갈나무류, 밤나무류, 전나무류, 가문비나무류 등이 있다.

따라서 식생조사는 현재 식생군락의 종류와 비율을 조사함으로써 그 식물군락이 어떠한 성격을 지닌 군락인가 또는 천이과정의 어느 단계에 속하는가, 인위적 영향은 얼마만큼 받았는가 등을 유추하기 위해 실시한다.

나) 표본조사

표본조사는 어떤 조사목적을 지닌 중간과정으로서 이루어지므로 그 조사목적에 따라 조사내용과 방법 등에 차이가 생긴다. 즉, 환경조사를 목적으로 하는 경우 종류조성에는 관계하지 않고 현존량, 분산구조 및 임관색조 등의 생육상황까지 표본조사를 실시한다. 또한 식생과 토양관계를 조사하는 경우는 군락구조와 병행해 토양단면의 구조해석이나 물리성, 화학성에 대해서도 표본조사를 실시한다. 여기서는 식물군락의 특성을 알기 위한 식생조사를 목적으로 하는 표본조사에 대해 서술하겠다.

표본조사는 조사구결정, 조사구의 크기설정, 계층구분, 수종의 목록작성, 식생조사표기재 순으로 실시한다.

표본조사에서 조사구는 조사대상지역을 빠짐없이 답사해 전체 식생을 대략적으로 파악한 후 그 지역의 대표군락으로부터 추출하기도 하지만, 항공영상면을 판독해 식생상시구(植生相視區)를 제작하고 이로부터 대표군락을 추출한 다음, 현지확인 후 설정하는 것이 효과적이다. 또한 표본조사자료는 후속 조성표작성의 기초자료가 되기 때문에 보다 정확성을 높이기 위해 하나의 군락에 대해 적어도 5개 정도의 표본조사가 필요하다.

표본조사구역의 크기는 그 군락에 나타나는 모든 종이 포함되도록 설정하며 그 크기는 일정 면적에 대해 나타나는 식생종수의 관계를 보이는 곡선인 〈**그림 7-34**〉와 같은 종수가 나타나는 최소면적으로 일반적으로 통계적인 값에 의해 구해지지만, 삼림을 대상으로 하는 경우에는 고목층을 형성하는 수목의 수고를 한 변으로 하는 정사각형을 조사구역으로 하며 간편하게는 한 변이 10 m인 정사각형을 사용하기도 한다.

표본조사구와 그 크기가 결정되면 실제적인 표본조사가 실시되는데 가장 먼저 실시하는 것이 계층구분이다. 계층구분은 미리 구체적으로 규정하지 않고 각 조사구에 따라 〈**그림**

7-35〉와 같은 모식도로서 구분해 수고(樹高, 나무의 높이)와 식생피복률을 기록한다. 일반적으로 고목림(高木林)은 3~4층, 저목림(低木林)은 2~3층으로 구분된다.

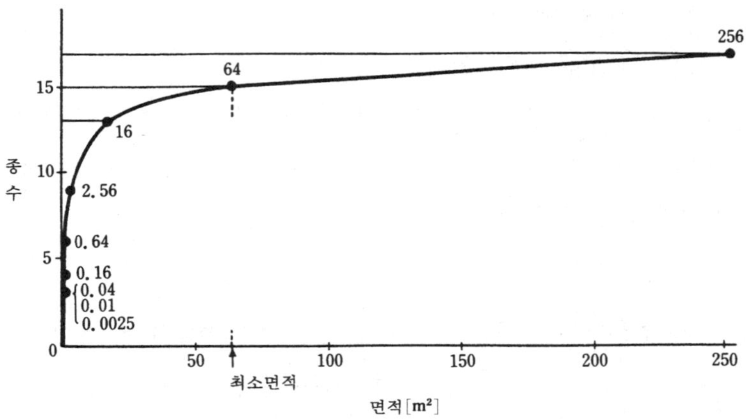

그림 7-34　종수 – 면적곡선

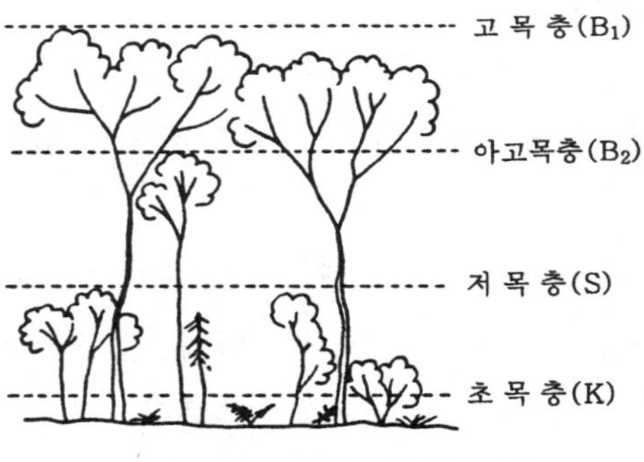

그림 7-35　계층구분의 모식도

표본조사구의 각 계층마다 나타나는 모든 것을 목록화하여 현지에서 불명확한 종에 대해서는 표본을 추출한다. 목록이 작성된 종에 대해서는 조사구 내에 각 종류의 수종이 어느 정도 면적을 덮고 있는가를 나타내는 피복도와 식생을 구성하는 개개의 종이 조사구역 내에 어떻게 배분되어 있는가를 나타내는 군도를 판정한다.

식생조사표기재는 지금까지의 계층구분, 종목록, 피복도, 군도 등의 기록과는 달리 군락 상황 등을 기록한다. 또한 표본조사구역의 위치를 지형도 또는 항공영상면에 기록하고 조사구역의 현지에서 영상을 촬영하여 보관한다.

다) 식생도

어떤 지역에 실제적으로 분포하고 있는 식생을 대상으로 일정한 법칙에 따라 도화하는 식생도에는 군락의 외관에 의해 구분하는 식생도와 식생사회학적인 분류인 군락구성에 의해 구분하는 식생도가 있으나, 자연환경 및 산림보존조사를 목적으로 이용할 때는 〈**그림 7-36**〉과 같은 후자의 식생도를 많이 이용하고 있다. 식생도의 제작 작업 및 내용은 다음과 같은 과정을 거쳐 이루어진다.

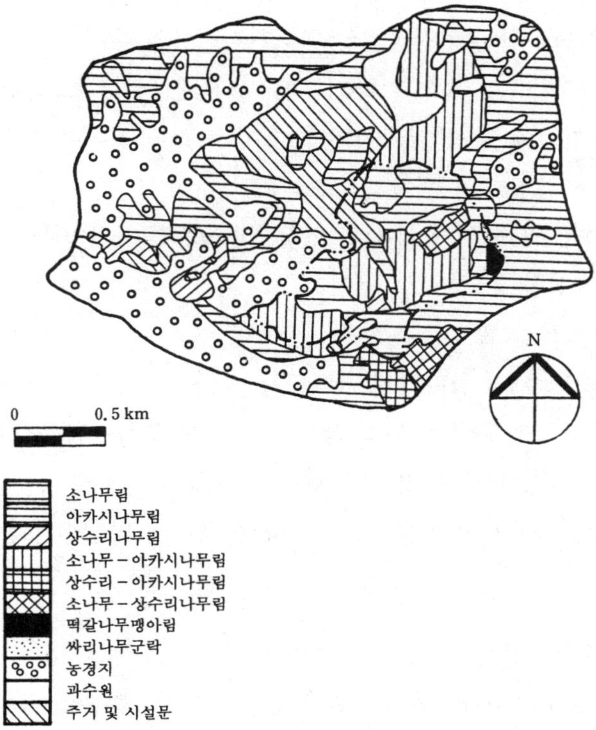

그림 7-36 식생도

(ⅰ) 계획준비 및 자료수집

우선 작업이 원활하게 진행될 수 있도록 총괄적인 작업계획을 수립하고 작업에 필요한 기자재를 준비한다. 또한 작업수행에 필요한 조사지역의 식생, 기상, 지형, 지질, 토양에 관한 기존자료 및 기본도로 이용할 지형도, 조사지역을 충분히 조사할 수 있는 항공영상촬영계획을 수립한다. 특히 항공영상면의 축척은 제작하고자 하는 식생도축척의 1/2보다는 커야만 한다.

(ⅱ) 1차 영상면판독 및 판독도의 제작

촬영계획에 따라 촬영한 조사지역의 항공영상면을 입체경을 사용해 입체시 함으로써 판독구분범례에 따라 지표피복물(地表被覆物)을 판독 구분한다. 항공영상면 판독결과를 지형도상에 전개하고 영상면판독도를 제작한다. 이 영상면판독도는 식생예비관찰도이며 또한 식생도의 기본도로 이용되고 있다.

(ⅲ) 표본조사(군락조사) 및 2차 영상면판독

조사구역을 분류해 각 구역에 대한 표본조사를 1차 영상면판독도와 항공영상면을 활용해 실시한다. 표본조사 중에 확인된 항공영상면과 현지지물의 대비로부터 1차 영상면판독도를 수정하고 다시 세분이 가능할 경우 분류기준에 따라 세분한다. 그러나 항공영상의 촬영시기, 색조 또는 조사지역에 따라 달라지기 때문에 적절한 분류기준을 세워둬야 한다.

(ⅳ) 형태(pattern)분류도의 제작 및 조성표의 작성

2차 영상면판독의 결과에 의해 제작된 영상면판독도를 수정해 모양분류도를 작성하고 식물군락조성표를 작성한다.

(ⅴ) 식생도의 범례결정 및 식생도제작

군락단위를 결정하고 이 조사지역에 나타나는 식물군락의 구성종, 생육입지, 임상 등을 명확히 하여 식생도 도화를 위한 범례를 결정한다. 또한 영상면판독도, 모양분류도, 표본조사자료, 항공영상면 및 조성표로부터 각 군락에 적용되는 범례를 기입한다. 이와 같이 작성된 식생도(植生圖)를 가지고 현지에서 확인 수정함으로써 완성된 식생도를 얻을 수 있다.

② 임상

임상조사(林相調査)는 일반적으로 임업경영 및 임도계획, 댐계획 등의 임지개발에 있어서 환경지표로서 이용되고 있다. 이와 같은 임상구분조사는 수종의 식별에 의해 구분하는데 판독자는 우선 그 지역 중요수종의 수관모양, 가지의 특성, 공간적 분포형태 등에 익숙해야 한다.

수종구분에 사용하는 항공영상면은 천연색영상면, 적외색영상면, 흑백영상면, 적외흑백영상면 등이 있으며 다목적인 경우에는 흑백영상면이 유리하나, 임상구분만을 목적으로 하는 경우에는 침엽수와 활엽수의 구분이 쉽고 같은 침엽수에서도 여러 수종간의 차이를 명확하게 구별할 수 있는 적외흑백영상면(infra-panchromatic photo)이 좋다.

항공영상의 촬영시기는 촬영목적에 따라 다소 차이가 있지만 다목적으로 이용하기 위해

서 7~8월에 촬영하는 경우가 많다. 그러나 태양고도 및 일조시간 등의 촬영조건 면에서는 여름철 촬영이 가장 좋지만 임상구분에는 천연색, 흑백영상면을 막론하고 수종간의 색조차가 불명료해 판독하기가 어려운 단점이 있다.

겨울에 촬영한 영상면은 낙엽수가 찍히지 않아 임상구분에 적당하다고 할 수 없으며, 봄 · 가을에 촬영한 것은 촬영시간이 짧다는 결점은 있지만 수종임상(樹種林相)의 판별에는 용이하다.

항공영상에 의한 영상면축척은 임상구분 면에서는 1/5,000 정도의 대축척이 좋으나 비용이 너무 많이 들기 때문에 일반적으로 1/20,000 축척을 이용한다. 임상구분은 입수지, 벌채지, 무립목지(無立木地) 등의 수종과 수고, 수관, 소밀(疏密)성 등을 항공영상면의 입체시와 기존자료, 현지답사 등을 통해 실시한다. 수고는 항공영상면을 입체시하여 시차관측기를 이용해 구할 수 있다. 이때 일반적으로 평균수고를 구해 이를 일정한 단계층(예: 5 m 단위)으로 구분 표시한다. 삼림면적에 대해 수관이 덮고 있는 지표부분에 대한 비율을 나타내는 수관소밀도의 관측은 〈**그림 7-37**〉와 같은 수관소밀도판을 이용하면 훨씬 효과적이다. 일반적으로 밀 · 중 · 소 · 산의 4단계로 구분하거나 5단계 또는 백분율로 나타내기도 한다.

임상구분도는 위와 같이 조사한 내용을 범례에 따라 지형도에 기입해 작성하며 드물게는 〈**그림 7-38**〉과 같이 정사투영영상지도에 중첩해 작성하기도 한다.

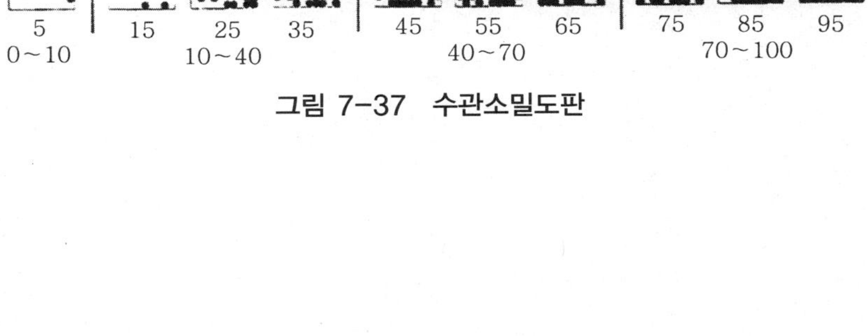

그림 7-37 수관소밀도판

그림 7-38 정사투영영상 임상도

연 습 문 제

다음 사항에 대하여 답하시오.

7. 영상면의 판독

1) 영상면판독의 요소 및 순서

2) 영상면판독의 장단점 및 판독의 한계

3) 토지이용을 위한 촬영시기 및 토지용도의 분류구분

4) 교통조사 시 육상 및 해상에 관한 영상판독방법

5) 도시계획을 위한 판독에서 영상취득시 필요사항

6) 지형판독 시 해안, 빙하 및 바람에 의한 지형의 특징

7) 수계판독 시 화산, 퇴적 및 침식지질의 특징

8) 환경오염판독 시 적조, 탁도, 기름 및 발전소 냉각수의 특징

9) 산지 및 해안판독 시 가장 많이 적용되는 재해

10) 산림판독에서 식생도의 제작 작업 및 내용

8 우주개발 (Development for Universal Space)

1) 개요

지구는 태양계 우주에 속해 있다. 태양을 중심을 다수의 행성(行星) 및 달로 구성된 태양계 우주에서 태양은 가장 큰 천체(天體)이다. 그러나 태양은 태양계 우주이외에 많은 은하계(銀河系)를 포함한 우주전체 중에서는 하나의 작은 별에 지나지 않는다. 태양은 인류 및 모든 생태계에서 중요한 역할을 하고 있다. 태양의 크기는 직경이 약864,000mile (1,382,000㎞)이나 되며 태양계의 주요 에너지의 공급원이다. 태양의 내부온도는 25,000,000°F(14,000,000℃)가량 되지만 표면온도는 10,000℉(5,600℃)수준이다. 태양은 지구에 대해서 약 27일의 주기(週期)로 자전(自轉)을 하면서 수백만도(數百万度)나 되는 높은 온도의 물질을 우주공간에 방출하고 자장(磁場)을 형성할 뿐만 아니라 충전입자(充電粒子)와 자기(磁氣)를 태양계의 천체를 향해서 계속 방출하고 있으므로 태양계의 환경변화에 큰 영향을 주고 있다. 이러한 태양의 영향은 같은 태양계 내에서도 수성(水星), 금성(金星), 지구, 화성(火星), 목성(木星), 천왕성(天王星), 해왕성(海王星), 명왕성(冥王星)의 순서로 거리가 멀어짐에 따라 그 영향도 감소되고 있다.

바다에서부터 시작된 지구의 생명체는 육지로 이동하고 다시 그 활동영역을 과학기술의 매개체를 이용하여 우주로 까지 확대하여 감에 따라 우주개발의 진전과 과학의 발전으로 인공위성이 등장하게 되었다.

인공위성(artificial satellite)은 우주개발에 대한 목적을 갖고 궤도에 따라 선회하도록 개박하여 우주에 발사된 우주비행체(spacecraft)이다. 우주비행체는 인간이 탑승하는 유무에 따라 유인비행체와 무인비행체로 분류되며 지구궤도를 도는 인공위성과 태양계의 다른 행성을 탐측하기 위한 탐측위성은 무인비행체다.

세계최초의 무인 인공위성은 1957년 10월 러시아에서 발사된 스푸트니크 1초(SPUTNIK-1, 동반자의 뜻, 83.6kg무게)로서 900㎞ 지구상공을 유영하면서 대기의 밀도와 온도를 관측하여 지구로 보낸 작업을 수행하였다. 2011년 현재 9,800여개(북아메리카 우주방위 NORAD의 집계 수)의 인공위성이 우주개발에 이용되었으며, 우주공간에서의 통신은 1960년도부터 위성방송을 시작하였고 위성항법은 1970년대부터 본격적으로 실용화되기에 이르렀다.

2) 인공위성과 생활개선

우주과학 기술에 의한 각종 취득된 자료는 우리 인간의 일상생활의 개선에 중요한 부분이 되어가고 있다. 인공위성에 의하여 위성통신 및 방송, 위성위치관측시스템(Global Positioning System: GPS)에 의한 배, 항공기, 및 자동차의 항행을 위한 위치, 자료제공, 기상위성에 의한 날씨예보, 지구의 온난화 현상, 삼림 황폐화, 해양 및 지표면에서의 발생되는 각종현상변화를 정확하게 감지 및 관찰할 수 있다. 위성기술은 여러 방면의 과학 및 기술을 조합하는 대단히 정교하고 고유한 기술로서 재료, 컴퓨터, 로봇산업, 전자공학, 통신, 정보화와 같은 각종 분야에 대한 과학기술을 진흥시켜 새로운 산업분야를 육성 발전시키는 동기부여에 기여하고 있다.

3) 임무수행을 위한 인공위성

인공위성의 임무수행을 위하여 유인우주비행체, 일상행활 및 생활개선을 위한 생산활동에 필수적인 통신 및 방송위성, 기상위성, 항법위성, 지구표면의 토지, 자원 및 환경분야의 관측을 위한 지구관측위성, 군사 및 정찰을 위한 군사 및 정찰위성, 행성탐측을 위한 행성탐측위성 등에 관한 연구가 활발히 이루어지고 있다.

(1) 유인우주비행체

1957년 10월 SPUTK-1가 발사된 후 1961년 4월 12일 유리 가가린을 태운 보스토크 1호(Vostok 1)가 우주비행에 성공한 후 1959년 미 항공우주국(NASA)에서 유인우주비행체의 개발을 시작한 후 여러 단계의 프로그램을 진행한 결과 1969년 7월 21일 아폴로 11호가 세 명의 우주비행사인 암스트롱, 콜린스, 엔드린을 달에 착륙시키는데 성공함으로서 유인우주비행체에 의한 달 탐측의 계기를 마련하게 되었다. 이에 달의 정복을 위하여 달 표면에 국제우주정거장과 우주왕복선을 마련하여 달의 탐측뿐만 아니라 우주에서의 다른 행성탐측을 위한 영구유인기지를 설정하기위한 개발계획을 시도하고 있다.

(2) 통신 및 방송위성

위성 중에서 인간의 일상생활에 가장 밀접한 영향을 미치는 것은 통신위성이다. 통신위성의 임무는 한 지점에서 다른 지점으로 라디오, 전화, 텔레비전 및 각종 필요한 자료를 전달하는 것이다. 통신위성은 지구의 자전주기와 동일한 회전속도를 갖는 정지궤도(GEO)상에서 고정통신, 이동통신이 모두 가능하고 저궤도(LEO)와 중궤도(MEO)에서는 이동통신이 가능하나 정지궤도 통신의 경우에 높은 고도에 따른 전파의 송수신간 시차가 저궤도와 중궤도보다 클 수 있다. 그러나 정지궤도위성에 대한 부가체계이용으로 정지궤도위성은 각종 분야 임무에 활용성이 증대되고 있다. 이러한 저궤도 및 중궤도 위성은 지상과의 거리가 짧아 송수신에 유리한 반면, 이에 따라 좁은 영역만을 커버할 수 있기 때문에 다수의 위성이 필요하다. 1999년 9월 과 2006년 8월에 각각 발사하여 운영 중인 우리나라 무궁화 위성 3호 및 5호도 전형적인 통신 및 방송위성이다. 위성통신은 마이크로파를 이용한 고속대용량으로 지형이나 각종재해에 대하여 지장을 받지 않고 고른 통신을 할 수 있다. 넓은 지역에 전송하는 국제전화중계망, 이동통신(개인휴대용 통신, 항공통신 등) 홍수예보 및 통제, 기상 및 환경현상관측, 원격정보감시와 활용이 가능하다.

적도 상공에 발사하여 운영하는 정지궤도위성으로 하나의 방송전파로 전국 어디서나 지상재해에 영향을 받지 않고 방송망확보가 가능하다. 2002년 3월부터 위성방송을 해온 한국디지털위성방송(스카이라이프)은 2003년 HD(High Definition) TV방송서비스를 시작함에 따라 완전히 디지털로 전환되는 2013년에는 모든 TV채널을 HD수준으로 볼 수 있게 되며 각 가정에서 영화전문 3D PPV(Pay Per View)로 개설할 시스템도 마련하고 있다.

(3) 기상위성

기상위성은 열대폭풍, 태풍, 허리케인, 홍수, 사이클론, 산불 등의 각종 현상과 재난이 언제 어디서 발생하는지 농부들에게 농작물을 심고 수확할 수 있는 적절한 시기가 언제인지를 예측하는데 필수적인 역할을 하고 있다. 정지궤도 기상위성(예: GOES, GMS, MTSAT, METEOSAT, INSAT 등)은 저궤도 기상위성(예: NOAA 위성)의 단점을 보충할 수 있고 높은 고도(정지궤도)에서의 관측은 한 번에 대략 지구의 1/3되는 영역 위의 구름, 습기 및 열적 특성을 관측할 수 있다. 이는 저궤도위성, 항공기 및 지상관측으로부터 얻어진 데이터를 해석하는 데 많은 기여를 하고 있다.

기상위성에는 850km상공에서 지구를 남북방향으로 선행하면서 기상자료 이용국에게 정보를 제공하는 극궤도 기상위성(미국의 TIROS: Telecom Infrared Observation Satellite)과 36,000km상공에서 지구자전주기와 같이 서행하면서 항상 일정한 지역에 기상정보를 제공하는 정기기상위성(일본의 GMS-3: Geo stationary Meterological Satellite)이 있다. 언제나 지구의 같은 면을 볼 수 있는 정지기상위성을 위도별로 적절하게 배치하여 지구를 둘러싸고 극궤도기상위성[미국의 타이로스 N/NOAA시리즈, 러시아의 메테오르(Meteor), 중국의 풍운 시리즈 등]을 추가로 배치하면 지구 전체의 기상관측이 가능하게 된다. 우리나라는 중국, 일본, 미국 등의 기상자료를 송신 받아 이용하다가 2010년 6월 27일 발사된 최초의 기상위성인 천리안 정지기상위성으로 우리나라와 아시아지역의 여러 나라들에게 기상자료를 제공할 수 있게 될 것이다.

(4) 지구관측위성

지구관측위성은 지구표면상의 토지, 자원 및 환경에 관하여 고성능이며 다양한 파장의 영상취득카메라 및 센서(Digital Camera, Multi Spectral Sensor, Hyperion 등)와 합성개구레이더(Synthetic Aperture Radar: SAR)등을 이용한 관측으로 지구자원탐측, 토지 및 환경변화, 3차원 지형도 및 각종 지도제작, 농사작황현황, 산림자원의 분포, 오존층의 상태, 지구의 온난화현상, 사막화의 현황, 지표면 및 해양에서의 변화감지, 각종재해요인 추출 및 예방 등을 연구함으로서 인류생활을 향상시키는데 공헌하고 있다. 각 국의 지구관측현황과 RADARSAT위성의 구성에 관한 **표 (8-1)**과 〈**그림 8-1**〉은 다음과 같다.

표 8-1 각 국의 지구관측위성현황

소유국	위성명	센서유형	밴드	해상도 (m)	방사해상도 (bit)	발사연도	촬영폭 (km)
한국	KOMPSAT-2	MS	1 4	1 4	10	2006	15
미국	LANDSAT	Pan ETM^+	1 7	15 30, 60		1999	185
	IKONOS	MS	1 4	1 4	11	1999.9	11
	QuickBird	MS	1 4	0.61 2.44	11	2001.10	16.5
	OrbView	MS	1 4	1~2 4	11	2003.6	8
	GeoEye	MS	1 4	0.41 1.65	11	2008.9	15.2
러시아	KVR-1000	Film Camera	1	2	8	1980	40
	DK-1	Digital Camera	1	0.8	8	1978	40
	RESURS-DK	MS	1 3	1 2	10	2006	28.3
	RESURS-DK-R	MS Radar	1 4	1. 2.5 1.5	10	2003	28.3
캐나다	RADARSAT-2	Radar	1	<50		2004	<300
프랑스	SPOT-5	MS	3 1 1	10 10 2.5		2002.5	60
독일	RapidEye	MS	5	5	<12	2008.8	77
인도	IRS-1C/D	Pan	1	5	6	1995	70
	IRS-P5	Pan	1	2.5	10	2005.5	30
	IRS-P6	MS	3 4	5.8 23.5	7	2003.10	23.9
일본	ALOS	MS Radar	1 4 1	2.5 10	8	2005.7	70
이스라엘	EROS-B1	Pan	1	0.82		2002	

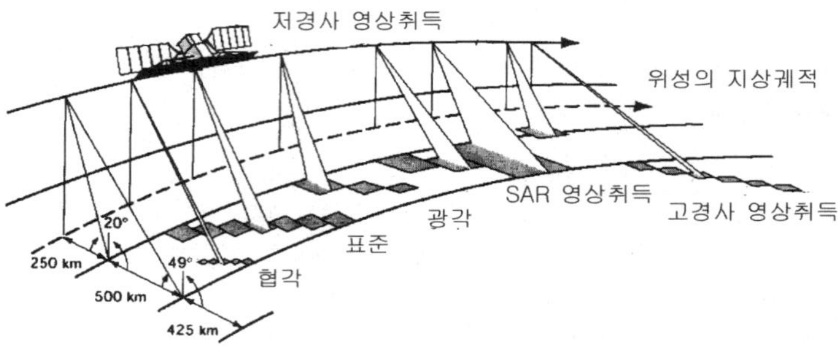

그림 8-1 (a) RADARSAT SAR의 빔형식

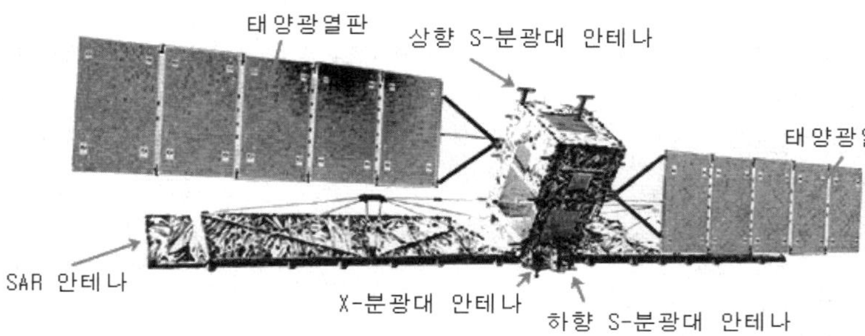

그림 8-1 (b) RADARSAT 위성의 구성

(5) 항법위성

NAVSRAR-GPS라는 항법위성 프로그램에 의해 수행되고 있는 미국의 위성위치관측체계(GPS)는 1973년 미 국방성에서 군사적인 목적으로 개발되어 12시간의 원형궤도를 돌며 임무를 수행하는 항법유도장치이다. GPS는 현재 위치자료제공, 재난구조, 화산활동 및 지진감시, 농작물관리, 각종자원 및 시설물관리 등에 이용하고 있다. 항법위성은 지상, 차량, 항공기, 위성 등에 있는 소형 수신기에 의해 위치, 시간, 항법위성궤도, 항법신호에 대한 정보를 제공하는 역할을 하고 있다. 현재 위성위치관측시체계인GPS[미국 NAVSRAR-GPS(Global positioning System)]는 31개(예비용 7기포함)가 약 20,000km의 고도에서 6개의 궤도에 적도면과 55° 각도로 원에 가까운 궤도를 그리면서 11시간 58분 주기로 공전하면서 최소4개, 최대 9개의 위성을 이용하여 지구의 어느 곳(지상, 해상, 공중)에서 날씨(기상)관계없이 24시간 그 위치를 m(부가장치를 추가시에는 cm단위)범위 안으로 3차원위치(수평 및 수직위치)정보를 얻을 수 있다. 현재 GPS는 측지측량망설정, 지구물리학, 국토개발, 각종대상에 대한 위치정보제공, 지적, 시설물관리, 차량항법체계(CNS), 긴급구조, 지진감시, 각종방재, 여가선용, 항공산업, 항행, 농작물관리, 우주개발분야 등에 기여하고 있다. 현재는 GPS가 유일한 위치정보 및 각종정보제공에 서비스를 하고 있으나 러시아의 GLONASS, 유럽연합과 유럽우주국의 Galileo 프로젝트가 유럽독자의 GNSS(Global Navigation Satellite System)계획으로 GPS와 유사한 항법체계를 구축하고 있다. 이러한 항법체계구축으로 인류의 이동, 편의성, 각종산업의 개발 및 운영에 기여함으로서 생활개선이 가속화 되어가고 있다. **〈그림 8-2〉**은 GPS위성의 형상이다.

그림 8-2 GPS 위성

(6) 군사 및 정찰위성

군사위성은 군사용으로 사용되는 정찰, 경보, 도청통신, 항행, 군사기상 등을 해석하고 감시하는데 이용되고 있다. 이는 적외선감지기, 레이더를 이용해 미사일발사발견[예: 미국의 DSP(Defense Support Program)의 위성, Rhyolite 위성 등), 항공기나 군함추적(예: 러시아의 Rorsat위성)과 핵폭발탐지위성인 미국의 베라(vera), 가시광선 및 적외선에 의한 군사정보를 수집하는 러시아의 Cosmos, 프랑스의 SPOT, 미국의 Lacrosse위성 등이 있다. 키홀 11호(Key Hole-11)/Improved Crystal의 형상으로 해상도가 약 15cm 정도인 것으로 알려져 있다. 미국의 군사기상위성(DMSP: Defence Meterological Satellite Program)은 군사목적이외 일기예보, 홍수대비. 지진예측, 농작물작황, 지도제작, 환경감시 등으로 활용범위를 확대시켜가고 있다. 군사위성은 정찰, 통신, 항행, 군사기상이외 조기경보와 도청을 위한 첩보위성을 별도로 운영하고 있다.

조기경보위성인 미국의 DSP위성은 미사일이나 로켓의 핵폭탄발사를 적외선센서를 감지해 적의 공격에 대비한다.

도청위성은 적국의 통신이나 전파를 도청하는 것으로 미국의 볼텍스, 오리온, 점프시트 등이 국가정찰국(NRO)에서 관리하고 있다. 군사통신위성은 소형의 지상터미널과 통신하는 것으로 일반적인 통신위성보다 높은 전력을 필요로 하고 있다. 러시아는 정지궤도의 라두가위성, 포토크위성, 타원궤도의 몰니야위성 등을 군사통신위성으로 사용하고 있다.

(7) 행성탐측위성

행성탐측위성은 1930년 이후 미국과 러시아에 의해 주로 이루어졌으며 태양계행성의 탐측에서 상세히 설명하기로 한다. 인류가 앞으로 시도하고 얻을 수 있는 행성탐측성과는 다음기회에 기술하기로 한다.

4) 태양계 행성의 탐측

이 장에서는 태양계 행성탐측위성이 어떻게 개발되었나를 기술한다.

태양계탐측은 수성, 금성, 달과 같은 내부 행성과 화성, 목성, 토성, 천왕성, 해왕성, 명왕성과 같은 외부행성 및 화성과 목성의 궤도사이에 산재되어 있는 소행성 및 혜성 등에 관한 사항이다(행성의 탐측내용은 장영근, 최규홍 저 “인공위성과 우주” 자료를 인용함).

(1) 수성(Mercury)의 탐측위성 - 마리너 10호(Mariner10)

173년 11월 3일, 수성과 금성을 관측하기 위해 발사된 마리너 10호(Mariner 10)는 수성의 영상을 찍은 첫 번째 탐측위성이었다. 탐측결과 지구의 백만 조 분의 1정도의 얇은 대기가 존재하며 지구의 6분의 1인 중력과 1%의 자기장을 가지고 있다는 사실을 밝혔으며, 수성내부에 지름이 약 1,600km 되는 거대한 철 핵이 존재한다는 것도 알게 되었다.

(2) 금성(Venus)의 탐측위성 – 마리너 2호(Mariner 2)

1962년 8월 27일 발사된 세계최초의 성공적인 행성탐측위성으로 금성의 표면으로부터 약35,000km 근처를 지나면서 금성의 온도를 처음으로 관측하였다. 파이오니아 비너스(Pioneer Venus)와 베네라(Venera)는 금성의 대기의 97%가 이산화탄소이고, 1~3%가 질소, 0.1~0.4%가 수증기라는 것과 10,000km보다 높은 산들이 존재한다는 것도 발견하게 되었다. 또한 우주왕복선으로부터 발사된 첫 탐측위성인 NASA의 마젤란(Magellan) 위성은 1990년부터 1994년까지 4년 동안 영상 레이더를 사용하여 금성의 표면을 관측한 성과로 98%이상의 금성의 지도를 만들 수 있었다.

그림 8-3 우주왕복선으로부터 분리되고 있는 마젤란

(3) 화성(Mars)의 탐측위성 – 마리너 4호

1965년 7월 14일 최초로 화성궤도에 도착한 미국의 마리너 4호는 22장의 질이 낮은 화성표면의 영상취득으로 화성의 표면은 지구와는 달리 달과 같은 거대한 분화구로 구성되었고 화성의 대기압은 지구 대기압의 1% 보다도 작다는 것을 알게 되었다. 생명체의 존재에 대해 연구를 시도한 계획이 바이킹(Viking)프로그램이었다. 바이킹 1호는 1975년 8월 20일 발사해 11개월만인 1976년 7월 20일 화성에 착륙하여 화성에서의 생명체 존재가능성을 조사하기 위해 광합성 실험, 신진대사 실험 및 가스교환 실험 등을 수행하였으나 화성생명체의 존재 가능성에 대해 확실한 결론을 얻을 수 없었다.

(4) 목성(Jupiter)의 탐측위성 – 보이저 1호(Voyager 1)

보이저 1호는 1610년 갈릴레오에 의해 처음으로 관측되었던 목성의 4개의 위성[이오(Io), 유로파(Europa), 가니메데(Ganymede), 칼리스토(Callisto)]에 관한 영상면판독 결과 이오가 나트륨과 황으로 둘러싸인 거대한 화산이며 다른 세 개의 위성들은 모두 엷은 얼음으로 둘러싸여 있는 사실을 알게 되었다.

(5) 토성(Saturn)의 탐측위성 – 카시니(Cassini)

미국과 유럽의 공동 토성 탐측선인 카시니(Cassini)는 1997년 10월에 플로리다의 케이프 케네베럴에서 타이탄Ⅳ에 의해 발사되었으며 위성의 규모는 무게 6톤, 높이 7m로 미항공우주국에서 제작한 행성탐사위성 중 가장 비싸고 거대한 위성이다. 카시니위성은 지구를 선회하는 동안 지구의 자기장 안에 갇혀있는 입자들을 분석하였고 달에 대한 영상을 지구로 보내왔다.

(6) 천왕성(Uranus)의 탐측위성 – 보이저 2호(Voyager 2)

1986년 1월 24일에 천왕성에 도착하여 천왕성의 자기장이 행성의 회전축에 60° , 태양을 도는 행성의 궤도 평면에 97.9° 가 기울어져 있는 것과 낮과 밤이 42년마다 한 번씩 돌아온다는 사실을 알게 되었다.

(7) 해왕성(Neptune)의 탐측위성 – 보이저 2호(Voyager 2)

해왕성의 대기가 85%가 수소이고, 13%가 헬륨, 2%가 메탄이라는 사실과 자전주기가 18시간으로 오로라 현상이 일어나고 있음을 관찰하였다.

(8) 태양의 탐측위성

① 파이오니아(Pioneer)위성과 율리시스(Ulysses)위성

미국의 태양탐측위성인 파이오니아5호가 1959년 3월 11일 최초로 태양궤도에 발사되었고, 미 항공우주국과 유럽우주기구가 공동으로 추진하여 190년 10월에 최초의 태양극궤도 태양탐측위성인 율리시스를 발사하였다.

② 소호(SOHO: SOlar and Heliospheric Observatory)

미 항공우주국과 유럽우주기구가 공동으로 참여하여 개발한 태양탐측위성인 소호는 1995년 12월 12일에 발사되었다. 소호위성은 정지위성(지구로부터 150만 km거리에 있는 태양과 지구사이에 위치함)으로 태양을 24시간 관측할 수 있어 태양의 내부구조와 태양으로부터 나오는 빛의 세기와 변화를 분석할 수 있었으며 코로나의 성질과 태양풍 등에 대해서도 탐측할 수 있었다.

그림 8-4 태양탐사위성 소호

(9) 달의 탐측위성

① 루너(Lunar)시리즈

옛 소련의 달 탐사 계획으로1959년 1월 2일 인류 역사상 최초로 옛 소련의 루너 1호가 달궤도 진입, 그해 9월 12일에는 루너 2호가 위성으로는 처음으로 달에 착륙, 10월에는 루너 3호는 달의 반대편을 탐측하여 지구에서는 볼 수 없었던 달의 뒷모습 영상을 취득할 수 있었다. 루너 10호는 1966년 4월 3일에 달 표면에 약 3시간정도 머물면서 달 표면을 조사하였고, 루너 24호(1976)까지 달의 표면조사와 영상들을 전송해왔다.

② 아폴로(Apollo) 시리즈

미국은 1966년 6월 1일 서베이어 1호를 달에 발사한 후 1968년 10월에는 유인우주선인 아폴로 7호를, 1969년 7월 20일에 아폴로 11호가 암스트롱, 콜린스, 엔드린을 태우고 달에 착륙하여 21시간 36분 20초 동안 달에 월석을 채취하고 달 표면에 레이저 반사경을 장치하는 등 여러 가지 탐측장비를 설치한 후 7월 24일에 지구로 귀환했다. 1972년 12월 아폴로 17호로 일단 아폴로 시리즈는 임무를 종료하였고 이로부터 25년 만에 루너 프로스펙터(Lunar Prospector)로 달을 탐측하였으나 명확한 달의 특성을 규명하지 못하고 있다.

그림 8-5 아폴로 11호가 달에 착륙하여 내딛은 인류의 첫 발자국

5) 달의 탐측계획

달의 탐측은 1959년 1월 2일 러시아의 루너 시리즈에 의한 달궤도 진입, 1969년 7월 20일 아폴로 1호가 암스트롱, 크린스, 벨드린을 태우고 달에 도착, 1998년 1월 6일 아폴로 17호에 달 착륙등을 통하여 많은 자료를 확보하고 해석 하였으나 자원개발 가능성 이외 큰 성과를 거두지 못하고 있다. 현재로는 에너지로 활용할 수 있는 헬륨3(3He)이 100만 톤가량이 달 표면에 침전되어 있다는 것이다. 이를 지구로 옮기어 올 경우 전 세계인이 500년 정도 사용할 수 있는 에너지원이고 우주왕복선 1대의 운송량인 25톤의 헬륨이면 미국이 1년 동안 사용할 수 있는 에너지원이라 한다. 3He(양성자2+중성자1)은 일반적인 He(양성자2개+중성자2개)보다 중성자 하나가 적다. 3He에 중성자 1개를 핵융합 시킬 경우 일반적인 헬륨 He(양성자2개+중성자2개)이 되면서 양자1개가 남는다[3He(양성자2개

+중성자1개)에 (양성자1개+중성자1개)를 핵융합 하면 일반 He(양성자2개+중성자2개)이 되면서 양성자 1개가 남는다]. 이 양성자 1개가 엄청난 에너지원으로 발생된다는 것이다. 지구에서 찾을 수 없는 3He이기에 고갈되어 가는 지구의 자원 확보에는 크나큰 관심의 대상이 되고 있다. 일반적인 방사성은 수 만년에 걸쳐서 반감되므로 생태계에 치명상을 주고 있으나 핵분열을 이용하면 반감기가 12년 정도이므로 방사성 동위원소가 있는 폐기물이 거의 생기지 않는다. 달은 지구의 하나뿐인 위성이며 밀물, 썰물, 밤하늘의 밝은 빛, 지구에서 가장 가까운 외부천체, 미지수의 자원보고라고 생각되는 대상이므로 많은 연구가 진행되고 있는 것이다. 이에 오래전부터 미국, 러시아에 이어 최근에는 일본의 셀레네, 중국의 창어1호, 인도의 찬드라안 1호가 달탐측에 임하고 있다, 최근에는 미국의 LRO가 2009년 6월 달 탐측에 적극 참여할 것을 제의해 왔다. 미국항공우주국은 2008년 7월 국제 달 탐측 네트워크에 9개국(미국, 일본, 영국, 독일, 프랑스, 캐나다, 인도, 우리나라, 이탈리아)을 참여시켜 달 표면에 공동 탑재체(달 지진계, 열전도 관측기, 달 자력계, 레이저 거리관측기) 설정을 목표로 하고 있다. 우리나라도 달 탐측을 위해 2007년 11월에 2020년까지 달 탐측궤도선, 2025년까지 달 탐측체에 대한 자력발사 및 달의 자료원의 채취 및 귀환 등을 실현하고자 계획을 세우고 있다.

6) 우리나라 인공위성의 현황과 미래계획

(1) 개요

우리나라는 국제협력을 통하여 한국최초 우주인 배출과 위성제조 및 지상설비의 정착으로 우주과학 분야에서의 세계시장 진출이 확대될 것으로 전망하고 있다. 지구 관측분야에서는 다목적실용위성의 한국표준모형 개발로 상업화 조기 달성이 이루어짐으로서 지구관위치관측성의 독자개발에 의한 영상정보 취득의 자주화가 실현단계에 이르렀다, 위성 본체 및 지상국의 경우 국내 주도 개발을 추진하고 또한 탑재체의 경우도 해양, 기상위성의 지속적 수요를 감안하여 국내 개발을 적극 추진하는 등 국내외 위성개발 환경을 고려하여 단계적 위성개발 기술을 확보할 계획이다. 핵심 위성부품의 국산화를 통해 위성체 플랫폼 제작능력 배양에 대한 계획도 수립하고, 우주정보통신의 활성화를 통하여 국민생활 및 복지 향상에 기여하고, 통신해양기상위성 개발, “정지궤도위성” 개발능력의 확보, 우리나라 독자기술에 의한 통신방송용 위성개발 추진, 저궤도 발사체 체계종합 및 독자적 운용능력 확보,

2015년까지 1.5톤급 저궤도 실용위성 발사체 개발 및 발사와 실용위성 발사체의 신뢰도를 향상시켜 장기적으로 상용화 개발, 우주센터 건설 등을 통하여 국제 수준의 우주과학기술 능력을 확보할 계획이다.

다목적실용위성은 국가적 수요에 따른 지상, 해양, 환경 등의 관측 임무를 수행하며, 위성자료의 연속성을 통해 공공수요를 충족시킬 계획이다. 현재 개발 중인 다목적실용위성 3호의 경우 한국 표준 관측위성 지정도 검토, 동일 모형 복제로 제작비용을 줄이고 민간 생산의 적극적인 지원, 탑재체등에 관해서 국내 산 · 학 · 연 협력체제에 의한 개발로 기술자립 및 국산화를 추진해야 할 것이다. 과학기술위성은 실용위성 개발과 관련된 핵심기술의 선행연구 및 우주관측 실험을 추진하고, 통신해양기상위성에 관해서는 정지궤도위성의 국산화 개발능력을 확보하며, 통신, 해양, 기상 등의 위성 수요 충족에 관해서도 많은 구상을 하고 있다. 이제 한국은 위성체/탑재체 핵심기술, 탑재체 운용/관제체계 기술, 위성자료 처리/이용기술, 위치관측체계 기술개발 능력 확보 및 종합기반시설 구축에 관한 장 · 단기계획을 수립하고 실행하고 있다.

한국의 위성발사 현황은 〈표 8-2〉와 같다.

그림 8-6 우리나라의 인공위성 발사 일정계획

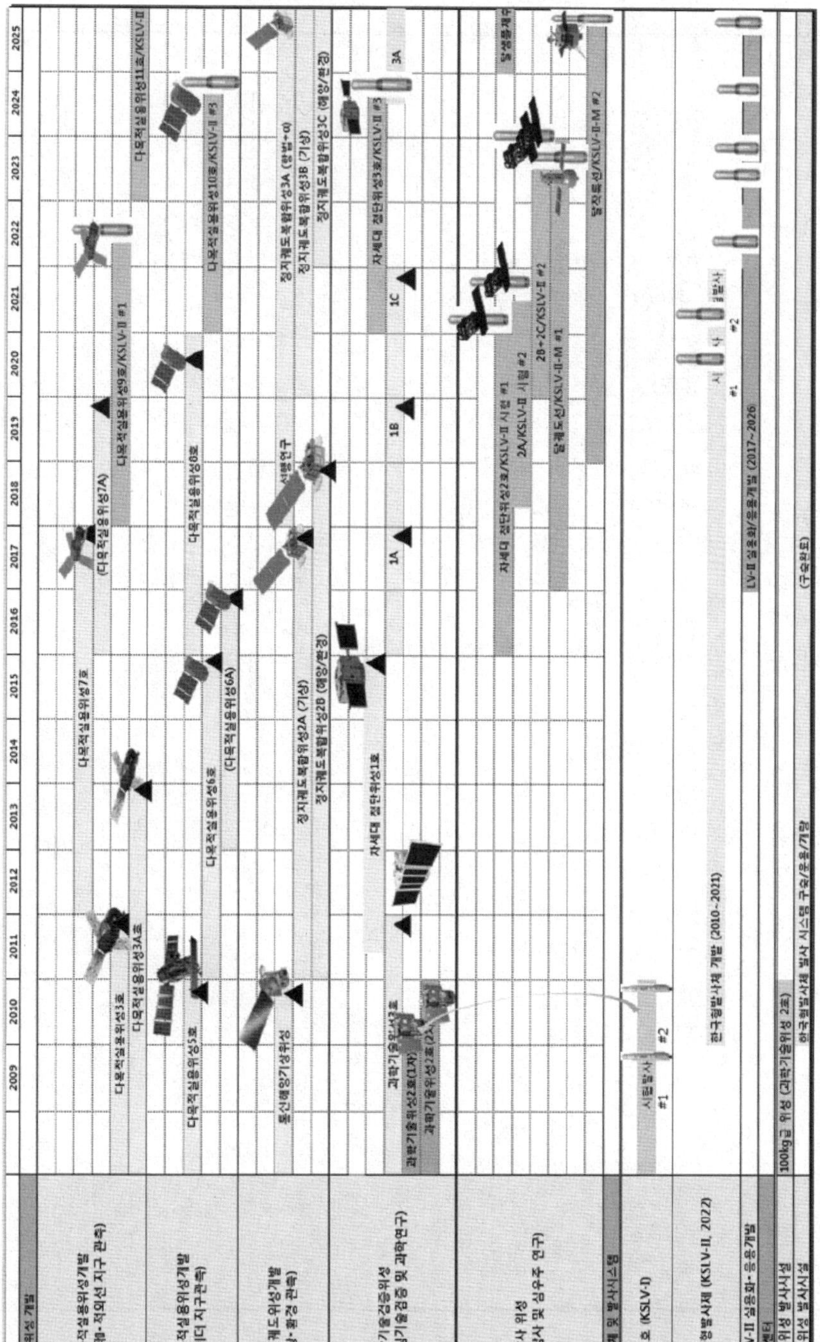

그림 8-7 각 위성별 후속위성 발사 일정 계획

표 8-2 한국의 위성발사 현황

분류	구분		발사년도	궤도	중량	탑재체	임무
과학기술위성	우리별	1호	1992년 8월 11일	1300km, 원궤도	50Kg	지상관측탑재체 우주방사선측정 통신탑재체	위성제작기술습득 위성전문인력양성 위성제작기술습득
과학기술위성	우리별	2호	1993년 9월 26일	800km, 태양동기궤도	50Kg	지상관측탑재체 저에너지입자검출기 적외선감지기 통신탑재체	위성부품국산화 소형위성기술획득
과학기술위성	우리별	3호	1999년 5월 26일	720km, 태양동기궤도	110Kg	지상관측탑재체 우주과학탑재체	지상관측 과학관측
과학기술위성	과학기술위성	1호	2003년 9월 27일	685km, 태양동기궤도	106Kg	원자외선분광기 방사능영향관측 고에너지입자검출기 정밀지구자기장측정기	우주환경관측
과학기술위성	과학기술위성	2호	2009년 8월 25일	300~1500km	99.2Kg	Radiometer 레이저반사경	선행기술시험 우주과학연구
과학기술위성	과학기술위성	3호		저궤도	150Kg내외	-	선행기술시험
다목적실용위성	1호		1999년 12월 21일	685km 태양동기궤도	470Kg	EOC (PAN 6.6m), OSMI, SPS	지상관측 해양관측
다목적실용위성	2호		2006년 7월 28일	685km 태양동기궤도	800Kg	MSC(PAN 1m, MS 4m)	지상관측
다목적실용위성	3호		2012년 5월 18일	685km 태양동기궤도	1ton	AEISS(PAN 0.7m MS 2.8m)	지상관측
다목적실용위성	3A호			450~890km	1ton	EO/IR	적외선지구관측
다목적실용위성	5호			550km, 태양동기궤도	1.4ton	SAR(1m)	전천후 지상관측
정지궤도위성	통신해양기상위성		2010년 6월 27일	정지궤도	2.5ton	통신탑재체(Ka대역) 기상탑재체(5ch) 통신탑재체(8ch)	정지궤도우주인증 공공통신망구축 기상해양관측

(1) 발사된 인공위성 현황

① 아리랑위성 1, 2, 3호(KOMPSAT-1, 2, 3)

1994년부터 본격적인 위성개발사업의 일환으로 아리랑위성 개발사업이 과기부, 산자부 및 정통부의 주도로 착수되어 1999년 말에 발사되었다. 아리랑위성 1호는 한국 최초의 지구관측용 실용위성으로, 미국의 위성제작사(TRW)와 공동개발을 통해 실용급 위성개발기술의 국내조기정착을 목표로 하였다. 체계의 설계단계에서부터 우리 기술진과 공동수행하고, 제작단계에서는 7개 국내업체가 참여함으로써 많은 기술을 확보하였다.

아리랑 위성 1호(KOMPSAT-1 : Korea Multi-purpose Satellite-1)의 주요제원은 〈**표 8-3**〉과 같다.

표 8-3 아리랑위성 1호의 제원

개발기간	1995~1999	크기	253(*H*)×134(*D*)×690(*L*)cm
소요전력	636w	임무궤도	685km 태양동기저궤도
용도	지구관측	주요임무	• 한반도 관측(6.6m 해상도) • 지도제작, 국토관리, 해양관측 • 해양자원 • 환경관측, 과학실험
분류	소형위성		
고도	685km		
발사시 중량	500kg	탑재체	• EOC(전자광학 사진기) • LRC(저해상도 사진기) • SPS(과학실험 탑재체)
무게	470kg		

아리랑 1호는 1999년 12월 21일 오후 4시 13분(한국시간) 토러스 발사체에 의해, 미국의 반덴버그 공군기지에서 발사되어 현재는 운용이 중지 되었다.

2006년 7월 28일에 발사한 KOMPSAT-2호는 1m 해상력의 영상을 얻을 수 있으며 2012년 5월 18일에 발사한 KOMPSAT-3호는 0.7m 해상력의 영상을 제공할 수 있다.

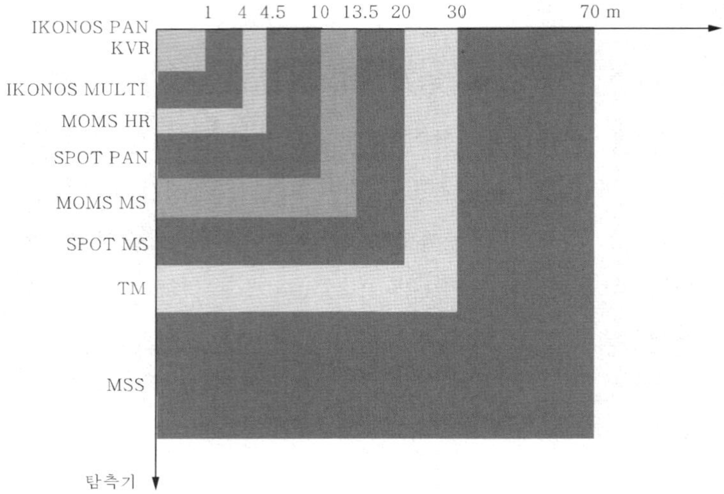

그림 8-8 IKONOS, KVR, MOMS-02, KOMPSAT-1, SPOT, LANDSAT의 영상소 크기 비교

② 천리안 위성(COMS : Communication Ocean and Meteorological Satellite)

가) 개요

2010년 6월 27일에 발산된 통신해양기상위성인 천리안 위성은 2003년부터 국가 우주개발 중장기 계획에 따라 기상청, 국토해양부, 교육과학기술부, 방송통신위원회공동사업으로 대한민국 최초의 기상관측, 해양관측, 통신서비스 임무를 수행할 수 있는 정지궤도 복합위성으로 미국, 중국, 일본, 유럽연합(EU), 인도, 러시아에 이어 세계에서 일곱 번째로 독자 기상위성보유국으로 자리 잡게 되었다.

COMS 인공위성 구성 및 제원은 운용고도 및 기간(36,000km/7년), 운용궤도(적도, 동경 128.2도 위치), 발사중량[2,497kg(탑재체 포함), 해상도(가시 1km, 적외 4km), 탑재체(기상영상관측센서, 해양관측센서, 통신중계기 및 안테나)로 구성되어 있다.

나) COMS의 기능 및 활용

(i) 기상관측

평상시 15분 간격으로 기상정보 취득가능하며, 비상시 특별관측으로 최소 8분 간격의 기상정보 제공이 가능하여 장기간의 해수면온도, 구름 자료를 통한 기후변화 분석을 할 수 있다.

국내 최초의 24시간 연속관측이 가능한 적외 채널을 보유하여, 연속적인 산불감지 및 산불모니터링, 눈이 쌓인 지역 추정 및 식생지수 분석을 통한 가뭄정도 파악, 태풍, 집중호우, 황사 등 위험기상 조기 탐지를 할 수 있다.

(ii) 해양관측

정지궤도 위성으로 한반도 주변 바다의 가로 · 세로 2500㎞ 촬영이 가능하다. 한반도 주변 해역 해양환경 및 해양생태 감시, 해양의 클로로필 생산량 추정 및 어장정보 취득, 적조의 발생 예측/이동 모니터링을 통한 적조피해 저감 및 효율적인 양식장 관리를 할 수 있다. 또한 해양의 유류오염 피해 감지로 해양재난 피해 저감, IT(RFID/ USN, GPS 등)와 위성을 연계한 선박 위치 확인

(iii) 통신서비스

Ka-Band 방식 채택으로 광대역 위성 멀티미디어 서비스가 가능하여 30TV, UHDTV 등 차세대 위성 서비스 기반을 마련하였다.

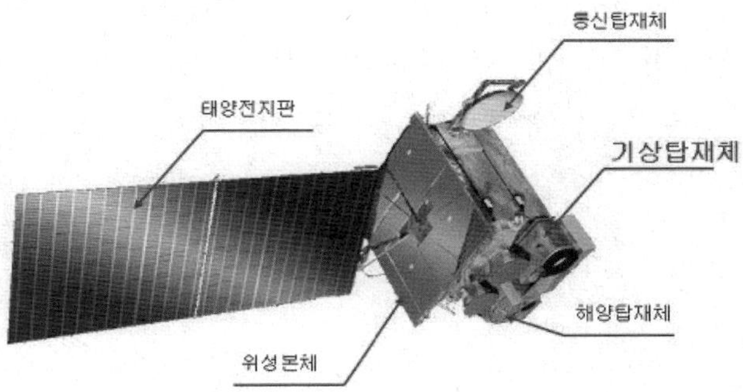

그림 12-9 COMS 위성 기본사양

(3) 우리나라 인공위성 발사장 및 정지궤도 위성의 위치

① 우리나라 나로우주센터

우리나라의 각종위성(아리랑, 무궁화, 우리별 등)들은 외국의 우주센터에서 발사되었다. 외국에 발사할 경우 발사일정, 발사비용, 위성기술노출 등의 손실이 있었다. 이에 1996년에 '우주개발중장기기본계획'을 수립하였고, 1999년 12월까지 우주센터후보지를 11개를

선정한 후 인접지역에 대한 안정성, 발사각도, 부지의 활용가능성, 발사장 접근성(도로, 항만, 전기, 용수 등의 기반조건 등)각종시설(발사대이동, 연료 및 발사관제설비, 발사지휘센터, 발사통세센터, 비행안전통제센터, 발사체의 정보 및 비행상태정보를 다루는 통신센터 등)등을 감안하여 2001년 1월 전남 고흥군 봉래면 외나로도가 우주센터로 선정되었다. 우주센터는 부지 약 500만m^2, 시설부지 약 37만 km^2규모로 2009년 6월 11일 우주센터가 설정됨으로서 우리나라 나로우주센터가 세계13번째 우주센터가 되었다. 이로서 우주과학기술실현에 필요한 사항(발사체 조립, 연료 및 산화제 등의 공급, 발사순간부터 3000km까지 실시간정보를 취득할 수 있는 추적 레이더, 광학추적장비, 기상레이더 등) 등이 나로우주센터 인근에 위치하고 있다.

② 우리나라의 정제궤도위성의 현황

우리나라의 천리안위성(COMS: 2010년 6월 27일 발사)은 정지궤도위성으로 지구의 자전주기와 같다, 정지궤도위성의 위치는 위성정보 전달에 중요하므로 정보수요국의 최적의 상공위치점유에 관한 치열한 경쟁을 하고 있다. 한반도 상공(경도 113~134)을 점유하고 있는 현재 17개(중국5개, 일본4, 한국, 타이, 인도 각2개, 베트남, 인도네시아 각각1개)의 위성이 있다. 한국 상공의 최적정지궤도위치(경도124~132도)에는 중국과 일본이 선점하고 있으며 한국의 위성은 하나도 없다. 정지궤도위성은 위치가 적도상공의 특정고도로 제한되고 다른 나라의 위성과의 전파혼선 문제가 있어 최적의 위치선점에 대한 경쟁이 심화되고 있다.

연 습 문 제

다음 사항에 대하여 답하시오.

8. 우주개발

1) 인공위성과 생활개선

2) 인공위성의 임무수행

3) 태양계 탐측을 수행한 행성

4) 우리나라 인공위성의 현황과 미래계획

5) 우리나라 인공위성 발사장

6) 우리나라의 정지궤도위성현황

제2편

영상의 기하학적 특성과 비지형영상탐측

(Geometrical Property for Imagery and Non-Topographic Imagematics)

9 항공영상의 기하학적 관계
(Geometrical Relationship for Aerial Imagery)

1) 개요

공간상에 존재하는 임의의 점 P로부터 출발한 빛은 앞 3절의 중심투영에서 설명한 바와 같이 투영중심 O를 통과해 필름면상의 p에 상이 기록된다. 따라서 이 상점(像點) p의 위치나, 역으로 p로부터 P점의 위치를 구하는 방법은 P점, O점 및 p점이 동일직선상에 있어야 한다는 조건을 이용한다. 이 조건을 공선조건(共線條件, collinearity condition)이라 하는데 영상탐측의 기본원리이다. 영상탐측에 쓰이는 다른 조건들도 이 공선조건의 조합에 의해 얻어진다.

공선조건을 이용하는 데 있어 취득한 영상면이 1매인 경우와 2매인 경우는 큰 차이가 있다. 즉, 영상면 1매인 단영상 탐측에서는 다른 별도의 조건이 주어지지 않는 한 2차원 정보밖에 없는 영상면 1매로서 대상물의 3차원 좌표를 결정하기가 어렵지만, 대상물을 서로 다른 위치에서 촬영한 2매 이상의 영상면을 이용하는 입체영상탐측에서는 2개 이상의 공선조건이 얻어지므로 대상물의 3차원 좌표를 2개 이상의 광선교점으로 결정할 수 있다.

〈**그림 9-1**〉과 같이 각각의 영상면면상에서 주점을 원점으로 하고 비행방향을 x축으로 갖는 평면직교좌표계 (x_1, y_1), (x_2, y_2)를 영상면좌표계라 한다. 또한 왼쪽영상면의 투영중심 O_1을 원점으로 하여 O_2에 항한 방향을 X축, 연직방향을 Z축, 이에 직교하는 Y축을 갖도록 3차원 좌표계를 가정하면 임의의 점 $P(X, Y, Z)$는 두 영상면상에 $p_1(x_1, y_1)$과 $p_2(x_2, y_2)$로 나타난다. $O_2 p_2$에 평행한 $O_1 p_2'$를 왼쪽영상면에 취하면 $\Delta O_1 p_1 p_2'$와 $\Delta O_1 O_2 P$와의 비례관계에서 다음 식을 얻을 수 있다.

$$X = \frac{x_1}{x_1 - x_2} B$$

$$Y = \frac{y_1}{x_1 - x_2} B = \frac{y_2}{x_1 - x_2} B \qquad (9\text{-}1)$$

$$Z = \frac{f}{x_1 - x_2} B$$

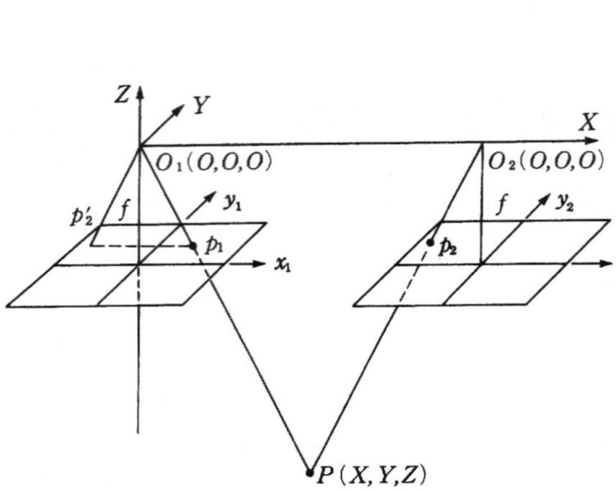

그림 9-1 수직영상면에서의 좌표계

여기서 $x_1 - x_2$는 시차차이며 f는 초점거리, B는 촬영기선길이이다.

따라서 f와 B의 값을 알면 p_1, p_2의 영상면좌표를 관측하여 위의 식으로부터 p의 공간좌표 X, Y, Z를 구할 수 있다. 영상면좌표는 정밀좌표관측기(comparator)와 같은 정확도가 높은 정밀좌표관측기를 이용해 관측한다.

〈**그림 9-1**〉과 식 (9-1)은 항공영상탐측의 원리를 설명한 것으로, 지상영상탐측에서의 원리 및 기본식은 항공영상탐측의 경우와 동일하고 좌표축만 변환하면 된다. 즉, 지상영상탐측에서는 일반적으로 X축이 기선방향, Y축이 연직방향, Z축이 광축방향을 나타낸다. 지상영상의 경우는 항공영상과는 달리 촬영조건에 따라 항공영상에서의 수직영상면에 대응되는 직각수평촬영 외에 편각수평촬영 및 수렴수평촬영도 널리 이용되며, 근거리 영상탐측인 경우 단일사진기뿐만 아니라 입체사진기도 이용한다.

2) 기복변위

대상물(또는 지표면)에 기복(起伏)이 있을 경우, 연직으로 촬영해도 축척은 동일하지 않으며, 영상면면에서 연직점을 중심으로 방사상의 변위가 생기는데, 이를 기복변위(起伏變位, relief displacement)라 한다. 〈**그림 9-2**〉의 P 점은 정사투영인 지도상에 A 점으로 나타나지만 중심투영에 의한 영상면에서는 a 점에서 기복 h에 의한 변위 Δr만큼 떨어져 P 점으로 나타난다. 따라서 P 점의 위치를 영상면상에서 찾기 위해서는 기복변위량 Δr을 계산해야 한다.

〈**그림 9-2**〉에서 $\Delta r : \Delta R$의 축척관계와 $\Delta PP'A \backsim \Delta Opn$의 관계로부터

$$\frac{\Delta R}{h} = \frac{r}{f} \qquad \Delta R = \frac{r}{f}h \tag{9-2 a}$$

$$\Delta\, OPa \backsim OAP'$$

$$\frac{\Delta r}{\Delta R} = \frac{f}{H} \qquad \Delta r = \frac{f}{H}\Delta R \tag{9-2 b}$$

$$\therefore \Delta r = \frac{h}{H}r \tag{9-2 c}$$

여기서 Δr 은 기복변위량, h 는 비고, H 는 촬영고도, r 은 연직점으로부터의 상점까지의 거리로 위와 같은 기복변위공식을 얻을 수 있다. 또 대축척도면의 작성시 기복변위량을 고려해 중복도를 증가시키기도 한다. 이러한 기복변위공식을 응용해, 영상면에 나타난 탑, 굴뚝 및 건물 등의 높이를 구할 수 있다.

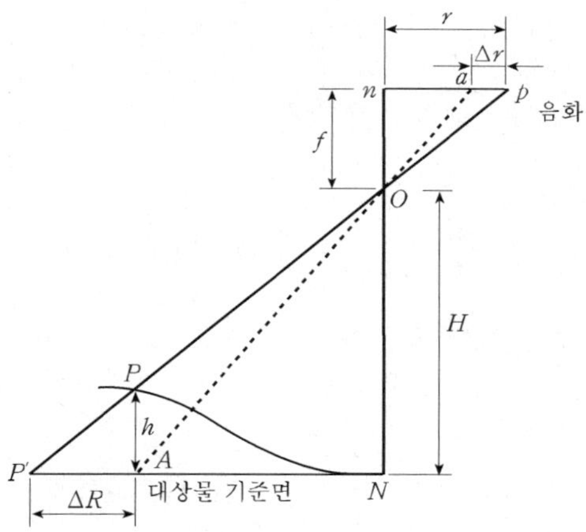

그림 9-2 기복변위

◆ 예제 9-1

촬영고도 750 m에 촬영한 영상면상에 굴뚝의 윗부분이 연직점으로부터 80 ㎜ 떨어져 나타나 있고, 굴뚝의 변위가 3.5 ㎜일 때, 굴뚝의 높이는 얼마인가?

풀이 $h = \frac{\Delta r}{r}H = \frac{3.5}{80} \times 750 = 32.8\,\mathrm{m}$

3) 영상면의 공간상에서 회전

영상면의 공간상에서 회전을 2차원 및 3차원 공간으로 분류하면 다음과 같다.

(1) 2차원 공간에서의 회전

기본좌표축을 X, Y 변환된 좌표축을 x', y' 라 할 때 식 (9-3)와 같이 표현할 수 있다. 점 P 의 좌표(X, Y)는

$$X = \overline{Od} - \overline{cd} = x'\cos\theta - y'\sin\theta$$

$$Y = \overline{Oa} + \overline{ab} = x'\sin\theta + y'\cos\theta \qquad (9-3)$$

행렬에 의해 표시하면 식 (9-3)는 기준좌표계로의 표현으로 식 (9-4)과 같다.

$$\begin{bmatrix} X \\ Y \end{bmatrix} = \begin{bmatrix} \cos\theta & -\sin\theta \\ \sin\theta & \cos\theta \end{bmatrix} \begin{bmatrix} x' \\ y' \end{bmatrix} \qquad (9-4)$$

$$X = Rx' \qquad (9-5)$$

이 된다.

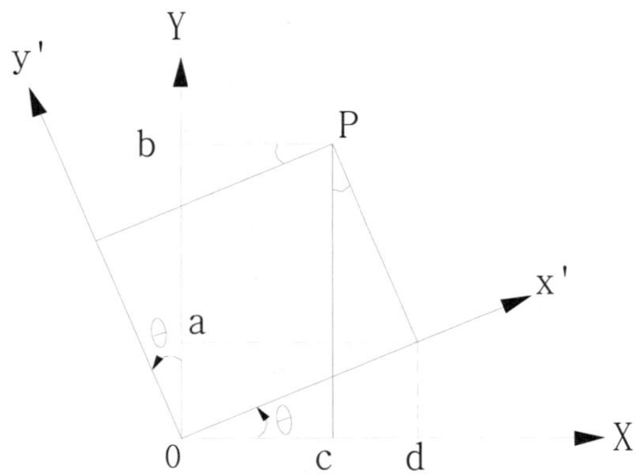

그림 9-3 2차원 좌표계

행렬 R을 회전행렬(rotation matrix)이라 하며, 이 회전행렬은 좌표의 벡터의 곱으로써 직교좌표상의 좌표는 다른 좌표로 회전된다. 회전행렬은 직교행렬(orthogonal matrix)이며 직교행렬의 역행렬(R^{-1})은 전치행렬(R^T)과 같게 되므로 (X, Y)에서 (x', y')

로의 변환은 다음과 같다. 즉 변환된 좌표계로의 표현은 식 (9-6)과 같이 표현된다.

$$x' = X\cos\theta + Y\sin\theta$$

$$y' = -X\sin\theta + Y\cos\theta \tag{9-6}$$

$$\begin{bmatrix} x' \\ y' \end{bmatrix} = \begin{bmatrix} \cos\theta & \sin\theta \\ -\sin\theta & \cos\theta \end{bmatrix} \begin{bmatrix} X \\ Y \end{bmatrix} \tag{9-7}$$

(2) 3차원공간에서의 회전

X, Y, Z 좌표를 축 x', y', z' 좌표축으로 회전할 때 회전각을 ω, ϕ, κ 로 표시하며 각 회전각을 나타내면 〈**그림 9-4**〉와 같다.

연속적으로 3축에 대해 회전시킬 경우 X 축에 대해 ω 만큼 회전한 후 Y_ω 축에 대해 ϕ 만큼 회전하고 마지막으로 $Z_{\omega\phi}$ 축에 대해 κ 만큼 순차적으로 회전한다고 생각하면 〈**그림 9-4**〉에서 회전에 의한 사진기 좌표계의 변환식은 다음과 같이 표시할 수 있다.

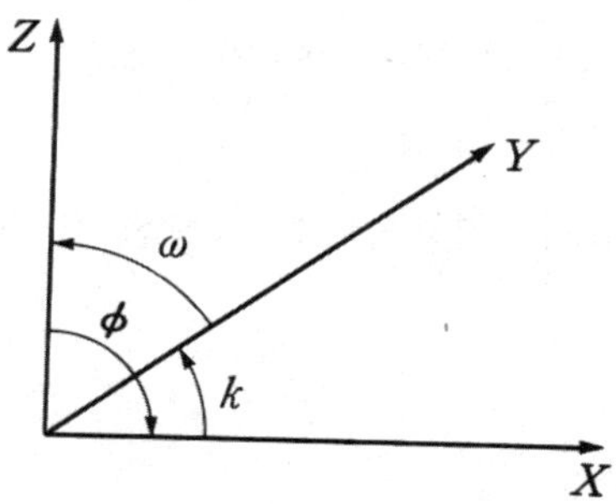

그림 9-4 3차원축에 관한 회전

$$\begin{bmatrix} x' \\ y' \\ z' \end{bmatrix} = R_{\kappa\phi\omega} \begin{bmatrix} X \\ Y \\ Z \end{bmatrix} = R_\kappa \cdot R_\phi \cdot R_\omega \begin{bmatrix} X \\ Y \\ Z \end{bmatrix} \tag{9-8}$$

$$\begin{bmatrix} X \\ Y \\ Z \end{bmatrix} = \begin{bmatrix} \cos\kappa & -\sin\kappa & 0 \\ \sin\kappa & \cos\kappa & 0 \\ 0 & 0 & 1 \end{bmatrix} \begin{bmatrix} x' \\ y' \\ z' \end{bmatrix} = R_\kappa^T \begin{bmatrix} x' \\ y' \\ z' \end{bmatrix} \tag{9-9}$$

$$\begin{bmatrix} X \\ Y \\ Z \end{bmatrix} = \begin{bmatrix} \cos\phi & 0 & \sin\phi \\ 0 & 1 & 0 \\ -\sin\phi & 0 & \cos\phi \end{bmatrix} \begin{bmatrix} x' \\ y' \\ z' \end{bmatrix} = R_{\phi}^{T} \begin{bmatrix} x' \\ y' \\ z' \end{bmatrix} \quad (9\text{–}10)$$

$$\begin{bmatrix} X \\ Y \\ Z \end{bmatrix} = \begin{bmatrix} 1 & 0 & 0 \\ 0 & \cos\omega & -\sin\omega \\ 0 & \sin\omega & \cos\omega \end{bmatrix} \begin{bmatrix} x' \\ y' \\ z' \end{bmatrix} = R_{\omega}^{T} \begin{bmatrix} x' \\ y' \\ z' \end{bmatrix} \quad (9\text{–}11)$$

κ(kappa)는 Z축을 중심으로 회전하는 타원변형(수평요동, yawing)이고, ϕ(phi)는 Y축을 중심으로 회전하는 포물선변현(좌우요동, rolling)을 하며, ω(omega)는 X축을 중심으로 회전하는 쌍곡선변형(전후요동, pitching)을 한다.

4) 영상면의 공간상에서의 조건

(1) 공선조건

공간상의 임의의 점(X_P, Y_P, Z_P)과 그에 대응하는 영상면상의 점 (x, y) 및 사진기의 촬영중심(X_O, Y_O, Z_O)이 동일직선상에 있어야 하는 조건을 공선조건(collinearity condition)이라 한다.

다음 〈**그림 9-5**〉에서 사진기투영중심과 P의 상점 및 대상물 사이에는 식 (9-12)과 같은 관계가 성립한다.

$$\begin{pmatrix} X_P - X_O \\ Y_P - Y_O \\ Z_P - Z_O \end{pmatrix} = R \begin{pmatrix} x \\ y \\ -f \end{pmatrix} \quad (9\text{–}12)$$

$$\frac{X - X_O}{X_P - X_O} = \frac{Y - Y_O}{Y_P - Y_O} = \frac{Z - Z_O}{Z_P - Z_O} \quad (9\text{–}13)$$

식 (9-12)을 식 (9-13)에 대입하고 또한 PO와 pO 사이의 비를 S(축척계수)라 하면

$$\frac{x}{X_P - X_O} = \frac{y}{Y_P - Y_O} = \frac{-f}{Z_P - Z_O} = S \quad (9\text{–}14)$$

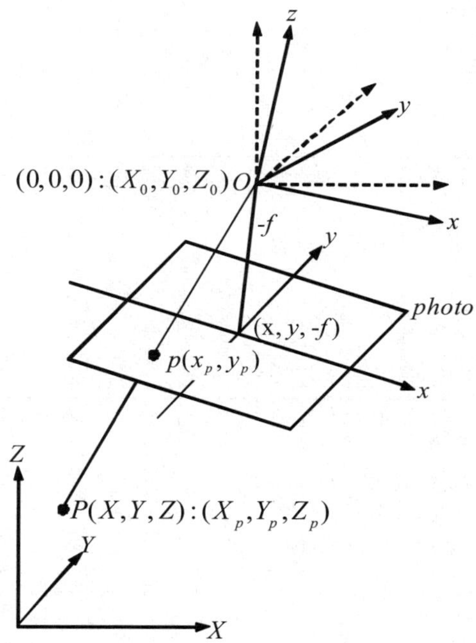

그림 9-5 공선조건

즉 $\begin{pmatrix} x \\ y \\ z \end{pmatrix} = S \begin{pmatrix} X_P - X_O \\ Y_P - Y_O \\ Z_P - Z_O \end{pmatrix}$

이며 주점에서의 영상면좌표[x_p, y_p: 상좌표(x, y)가 사진기 검정값과의 차], X, Y, Z 좌표축에 대한 x, y, z축의 방향여현(方向餘弦, direction cosine)을 R이라 하면

$$\begin{pmatrix} x - x_p \\ y - y_p \\ f \end{pmatrix} = S \cdot R \begin{pmatrix} X_P - X_O \\ Y_P - Y_O \\ Z_P - Z_O \end{pmatrix} \qquad (9\text{–}15)$$

이다. 이때 R는 $R_{\omega\phi\kappa}$로

$$R_{\omega\phi\kappa} = \begin{pmatrix} 1 & 0 & 0 \\ 0 & \cos\omega & -\sin\omega \\ 0 & \sin\omega & \cos\omega \end{pmatrix} \begin{pmatrix} \cos\phi & 0 & \sin\phi \\ 0 & 1 & 0 \\ -\sin\phi & 0 & \cos\phi \end{pmatrix} \begin{pmatrix} \cos\kappa & -\sin\kappa & 0 \\ \sin\kappa & \cos\kappa & 0 \\ 0 & 0 & 1 \end{pmatrix}$$

$$R_{\omega\phi\kappa} = \begin{pmatrix} \cos\phi\cos\kappa & -\cos\phi\sin\kappa & \sin\phi \\ \cos\omega\sin\kappa + \sin\omega\sin\phi\cos\kappa & \cos\omega\cos\kappa - \sin\omega\sin\phi\sin\kappa & -\sin\omega\cos\phi \\ \sin\omega\sin\kappa - \cos\omega\sin\phi\cos\kappa & \sin\omega\cos\kappa + \cos\omega\sin\phi\sin\kappa & \cos\omega\cos\phi \end{pmatrix}$$

$$= \begin{pmatrix} r_{11}\, r_{12}\, r_{13} \\ r_{21}\, r_{22}\, r_{23} \\ r_{31}\, r_{32}\, r_{33} \end{pmatrix} \tag{9-16}$$

$$S = \frac{-f}{r_{31}(X_P - X_O) + r_{32}(Y_P - Y_O) + r_{33}(Z_P - Z_O)} \tag{9-17}$$

라 할 때 공선조건식은 식 (9−19)와 같다.

$$F_x(X,\ Y,\ Z\ ,\ \omega,\ \phi,\ \kappa,\ X_{O,}\ Y_{O,}\ Z_{O,}\ x_p,\ f\ )$$

$$x = x_p - f\,\frac{r_{11}(X_P - X_O) + r_{12}(Y_P - Y_O) + r_{13}(Z_P - Z_O)}{r_{31}(X_P - X_O) + r_{32}(Y_P - Y_O) + r_{33}(Z_P - Z_O)} = x_p - f\,\frac{N_x}{D}$$

$$F_y(X,\ Y,\ Z\ ,\ \omega,\ \phi,\ \kappa,\ X_{O,}\ Y_{O,}\ Z_{O,}\ y_p,\ f\ )$$

$$y = y_p - f\,\frac{r_{21}(X_P - X_O) + r_{22}(Y_P - Y_O) + r_{23}(Z_P - Z_O)}{r_{31}(X_P - X_O) + r_{32}(Y_P - Y_O) + r_{33}(Z_P - Z_O)} = y_p - f\,\frac{N_y}{D} \tag{9-18}$$

(2) 공면조건

3차원공간에서 한 쌍의 중복된 영상면이 동일면상에서 일치(영상면상의 점 및 투영 중심이 일치)하여야 하는 조건을 공면조건이라 한다. 3차원공간상에서 평면의 일반식은 $AX + BY + CZ + D = 0$이다. 다음 〈**그림 9−6**〉와 같이 2개의 투영중심O1 $(X_{O_1},\ Y_{O_1},\ Z_{O_1})$, $O_2(X_{O_2},\ Y_{O_2},\ Z_{O_2})$와 공간상의 임의의 점 P의 상점 $p_1(X_{p_1}, Y_{p_1}, Z_{p_1})$, $p_2(X_{p_2},\ Y_{p_2},\ Z_{p_2})$가 동일평면에 있기 위한 관계식은 식 (9−19)과 같다.

$$\begin{bmatrix} X_{o_1}\ Y_{o_1}\ Z_{o_1}\ 1 \\ X_{o_2}\ Y_{o_2}\ Z_{o_2}\ 1 \\ X_{p_1}\ Y_{p_1}\ Z_{p_1}\ 1 \\ X_{p_2}\ Y_{p_2}\ Z_{p_2}\ 1 \end{bmatrix} \begin{bmatrix} A \\ B \\ C \\ D \end{bmatrix} = \begin{bmatrix} 0 \\ 0 \\ 0 \\ 0 \end{bmatrix} \tag{9-19}$$

따라서 4점$(O_1,\ O_2,\ p_1,\ p_2)$이 동일한 평면 내에 있기 위한 조건인 공면조건(coplanarity condition)을 만족하기 위해서는 다음의 행렬식이 0이 되어야 한다.

$$\begin{vmatrix} X_{O_1} & Y_{O_1} & Z_{O_1} & 1 \\ X_{O_2} & Y_{O_2} & Z_{O_2} & 1 \\ X_{p_1} & Y_{p_1} & Z_{p_1} & 1 \\ X_{p_2} & Y_{p_2} & Z_{p_2} & 1 \end{vmatrix} = 0 \tag{9-20}$$

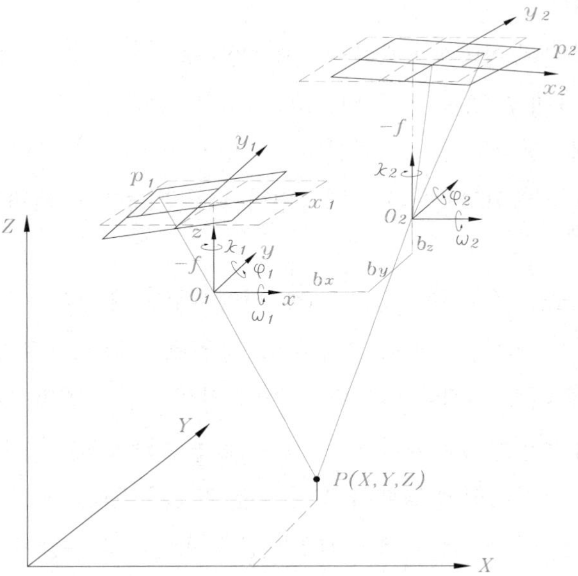

그림 9-6 공면조건을 이용한 상호표정

한편, 기선 b의 x, y, z 성분인 bx, by, bz와 O_1 , O_2 의 좌표 사이에는 다음의 관계가 성립한다.

$$bx = X_{O_2} - X_{O_1},\ by = Y_{O_2} - Y_{O_1},\ bz = Z_{O_2} - Z_{O_1} \tag{9-21}$$

따라서, bx, by, bz와 O_1의 좌표를 이용하여 O_2의 좌표를 나타내면 O_2 $(X_{O_1} + bx,\ Y_{O_1} + by,\ Z_{O_1} + bz)$이다.

여기서, O_1을 기준으로 하면 $O_1 = (0,0,0)$이고, $O_2 = (bx, by, bz)$로 나타낼 수 있으므로, 식 (9-20)은 식 (9-22)과 같이 정리할 수 있다. 또한

$\begin{bmatrix} x_1 \\ y_1 \\ z_1 \end{bmatrix} = R_1 \begin{bmatrix} X_{p1} \\ Y_{p1} \\ f \end{bmatrix},\ \begin{bmatrix} x_2 \\ y_2 \\ z_2 \end{bmatrix} = R_2 \begin{bmatrix} X_{p2} \\ Y_{p2} \\ f \end{bmatrix}$이라면 공면조건식 (9-22)은

$$\begin{vmatrix} bx & by & bz \\ X_1 & Y_1 & Z_1 \\ X_2 & Y_2 & Z_2 \end{vmatrix} = 0 \qquad (9\text{-}22)$$

(3) 공액조건

〈**그림 9-7**〉는 공액 기하(epipolar geometry)를 이루고 있는 각각의 투영중심이 C', C''인 입체쌍을 나타내고 있다. 공액면(epipolar plane)은 2개의 투영중심(C', C'')과 대상점 P에 의해 정의된다. 공액선(epipolar line)은 공액면과 영상면의 교선(intersection)인 e', e''이고, 공액은 영상면과 모든 가능한 공액면과의 교선인 공액들의 수렴중심이다.

〈**그림 9-7**〉에서 공액선은 주사선에 대해 평행하고 동일하다. 또한 수직영상면이므로 공액은 무한대에 놓여 있다. 그러나 대부분의 경우에 2개의 사진기축은 평행하지 않고, 촬영기선(C', C'')에 대해 수직이 아니므로 공액 기하상태로 변환하기 위해서는 공액선이 영상면좌표체계에서 동일한 y 좌표를 갖고, x 축에 평행하게 되도록 변환시켜야 한다. 이렇게 변환된 영상면은 촬영기선에 평행하고 동일한 초점거리(focal length)를 가져야 한다. 하나의 초점거리를 선택하고 난 뒤에도 촬영기선을 회전하면 무한한 수의 가능한 공액기하가 존재하게 된다.

공액선을 이용하여 영상정합을 수행할 경우 탐색영역을 크게 감쇠시켜 준다. 실제 적용을 위해서는 수치영상의 행(row)과 공액선이 평행하도록 만드는데, 이러한 입체쌍(stereo pairs)을 정규화 영상(normalized images)이라 한다.

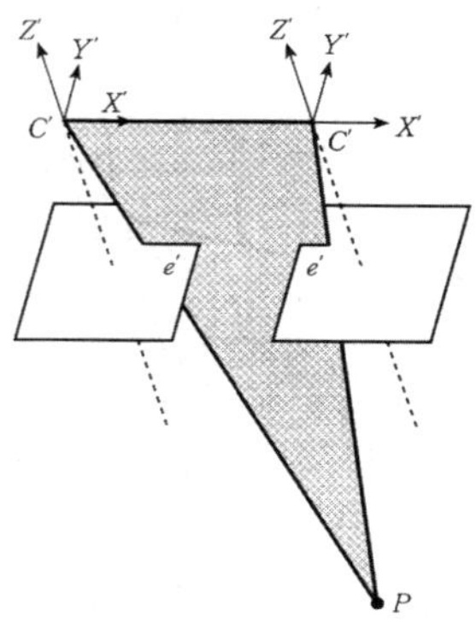

그림 9-7 공액 기하

연 습 문 제

다음 사항에 대하여 답하시오.

9. 항공영상의 기하학적 관계

1) 기복변위

2) 영상면의 공간상에서의 3가지 조건

3) 영상의 3차원공간에서의 회전변화인자 및 회전변화식

10 영상의 표정(Orientation for Imagery)

1) 기계적 표정(analogue orientation)

입체도화기(stereo plotter)는 「촬영시 영상의 기하학적 상태를 그대로 재현하면 대응하는 광선에 대한 교점의 집합은 피사체의 표면과 전부 합동인 모형을 만든다」라고 하는 재현의 원리에 의해 만들어진 것이다. 여기에서 촬영시 영상면의 기하학적 상태라 함은 그 위치와 경사를 말하며, 촬영점의 위치는 X, Y, Z 좌표로 표시되고, 경사는 이 3축 둘레의 회전각으로 표현된다. 항공영상은 기류의 영향으로 엄밀한 수직영상면으로 촬영할 수 없으며, 또한 촬영점의 위치나 광축의 경사도(기울기), 즉 영상면의 경사를 각 촬영점에서 촬영순간마다 정확하게 관측한다는 것도 불가능하다.

이와 같이 촬영시의 사진기와 지상좌표계와의 관계를 재현하는 것이 기계적 표정(機械的標定, analogue orientation)이며, 표정의 단계는 내부표정과 외부표정(상호표정, 접합표정 및 절대표정)으로 크게 나눌 수 있다.

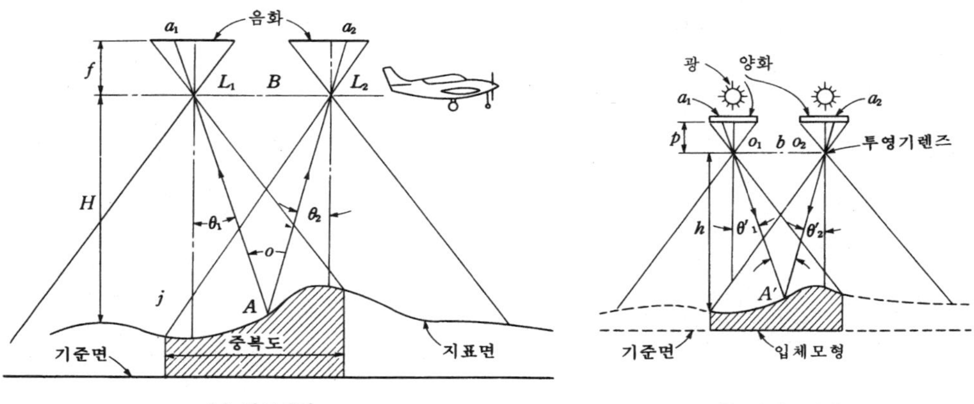

그림 10-1 입체도화기의 기본개념

내부표정은 촬영시와 같은 광학조건으로 도화기에서 투영되도록 하는 조작을 말하며, 외부표정은 입체모형(model)의 영상면들이 완전입체시 될 수 있도록 하는 상호표정과, 항공삼각측량에서 입체모형 및 스트립(strip)을 연결시키는 접합표정 및 완전입체시된 입체모형, 스트립 또는 블록(block)을 대상체(또는 지표)의 관계에서 일치하도록 하는 절대표정으로 다시 나누어진다.

(1) 내부표정

내부표정(內部標定, inner orientation)이란 도화기의 투영기에 촬영시와 동일한 광학관계를 갖도록 양화필름을 장착시키는 작업이다.

① 주점위치의 결정

양화필름의 4개 지표를 영상면건판지지기(imagery plate or photo-carrier)의 유리에 있는 4개의 지표와 일치시켜 영상면주점과 투영기의 중심점을 일치시킨다.

② 주점거리(C)의 결정

촬영한 사진기의 초점거리를 정밀입체도화기의 초점거리 눈금에 일치시키는 작업이다. 주점거리 C를 구하는 경우에는 렌즈의 절점 O의 위치를 정확히 알고 있지 못하므로, 〈**그림 10-2** (a)〉와 같이 h_1 및 h_2, 즉 Δh 만큼 떨어진 다른 투영거리에서 투영상 $\overline{A'B'}$, $\overline{AB}$의 길이를 재면 $\Delta\, Oab$ 와 $\Delta\, AA'C$의 닮은꼴로부터 주점거리 C를 다음 식 (10-1)과 같이 구할 수 있다.

$$C = \overline{ab} \cdot \frac{\Delta h}{\overline{AB} - \overline{A'B'}} \qquad (10\text{-}1)$$

또한 $\overline{A'B'}$ 에서 절점 O까지의 거리 h_1는

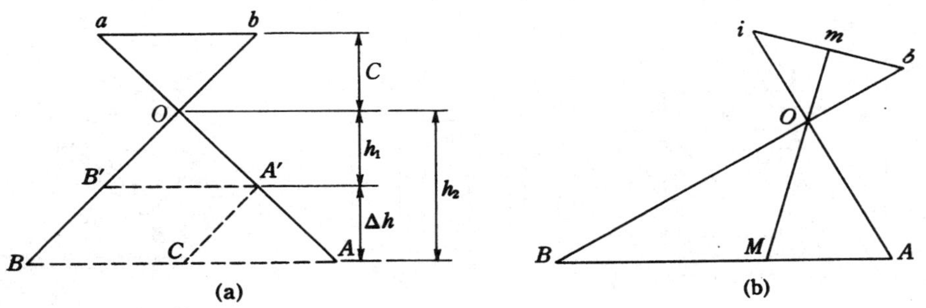

그림 10-2 주점거리(C)의 결정

$$h_1 = \overline{A'B'} \cdot \frac{\Delta h}{\overline{AB} - \overline{A'B'}} \tag{10-2}$$

로 구한다. 이때 투영기가 〈**그림 10-2**의 (b)〉와 같이 기울었을 때는 정확한 C를 구할 수 없으므로, $\overline{AM}$과 $\overline{BM}$을 재어 짧은 변으로 주점의 상 M이 이동하도록 회전인자 ω, φ를 수정해 투용기를 수평이 되게 해야 한다.

(2) 상호표정

대상물과의 관계는 고려하지 않고 좌우영상면의 양 투영기에서 나오는 광속(bundle of rays)이 이루는 종시차(縱視差, y-parallax : P_y)를 소거해 입체모형 전체가 완전입체시 되도록 하는 작업을 상호표정(relative orientation)이라 한다. 상호표정을 완료하면 3차원 가상좌표(또는 입체모형좌표, model coordinate)를 얻을 수 있다.

① 상호표정인자의 운동

상호표정인자는 회전인자 κ, φ, ω와 평행인자 by, dz로 표정을 위해서는 최소 5점의 표정점이 있으면 가능하지만 일반적으로 〈**그림 10-3**〉와 같이 대칭형으로 6점을 취하고 그림과 같이 번호를 붙인다.

점 1, 2는 좌우영상면의 주점이거나 가까이에 있는 점이다. 투영기의 미소회전 및 평행변위에 〈**그림 10-4**〉에 의한 영향은 〈**그림 10-5**〉과 같다.

상호표정점을 〈**그림 10-3**〉와 같이 선택하고, 투영기선의 길이를 b라 할 때, $Z-Z_0=-h$에 대한 각 표정점들의 입체모형좌표 근사값은 〈**표 10-1**〉의 왼쪽란에 기입한 것과 같다.

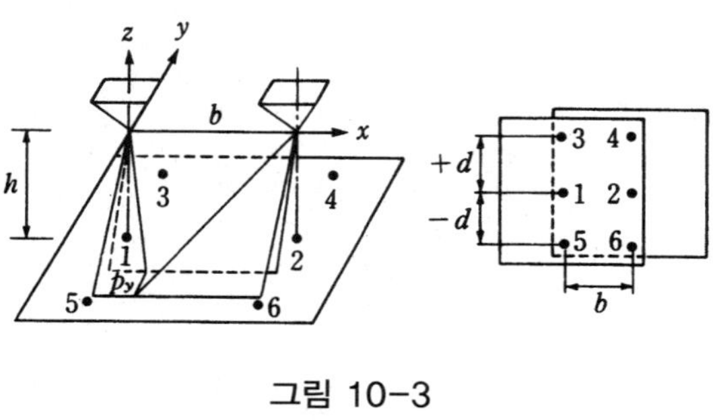

그림 10-3

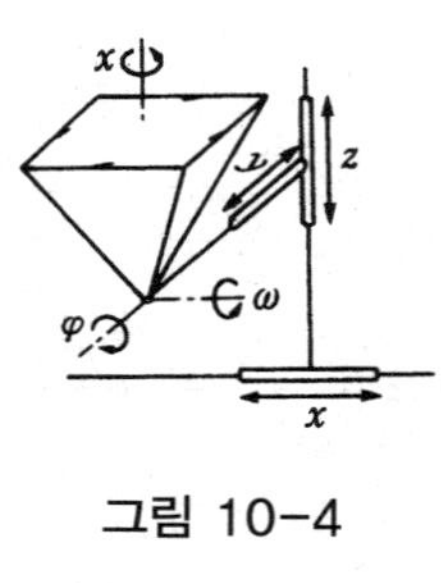

그림 10-4

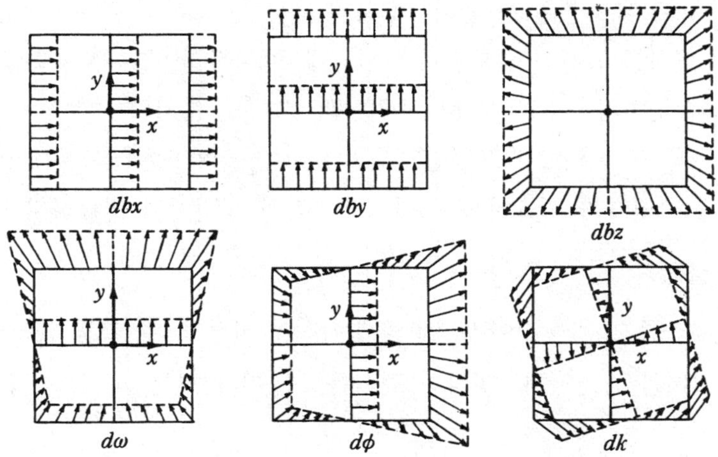

그림 10-5 투영기의 미소회전 및 평행변위에 의한 영향

표 10-1 표정인자의 미소변동에 따른 y 시차의 변화량

표정점	입체모형좌표			상호표정의 변동									
	X	Y	Z	dby		dbz		dk		$d\varphi$		$d\omega$	
				dby'	dby''	dbz'	dbz''	dk'	dk''	$d\omega'$	$d\omega''$	$d\omega'$	$d\omega''$
1	0	0	$-h$	-1	$+1$	0	0	0	$-b$	0	0	$-h$	h
2	b	0	$-h$	-1	$+1$	0	-0	$-b$	0	0	0	$-h$	h
3	0	d	$-h$	-1	$+1$	$-\frac{d}{h}$	$+\frac{d}{h}$	0	$-b$	0	$+\frac{db}{h}$	$-h\left(1+\frac{d^2}{h^2}\right)$	$+h\left(1+\frac{d^2}{h^2}\right)$
4	b	d	$-h$	-1	$+1$	$-\frac{d}{h}$	$+\frac{d}{h}$	$-b$	0	$+\frac{db}{h}$	0	$-h\left(1+\frac{d^2}{h^2}\right)$	$+h\left(1+\frac{d^2}{h^2}\right)$
5	0	$-d$	$-h$	-1	$+1$	$+\frac{d}{h}$	$-\frac{d}{h}$	0	$-b$	0	$-\frac{db}{h}$	$-h\left(1+\frac{d^2}{h^2}\right)$	$+h\left(1+\frac{d^2}{h^2}\right)$
6	b	$-d$	$-h$	-1	$+1$	$+\frac{d}{h}$	$-\frac{d}{h}$	$-b$	0	$-\frac{db}{h}$	0	$-h\left(1+\frac{d^2}{h^2}\right)$	$+h\left(1+\frac{d^2}{h^2}\right)$

또한 각 표정점에 대한 y 시차를 계산하면 〈**표 10-1**〉의 오른쪽란에 나타낸 것과 같다.

(3) 절대표정

절대표정(絶對標定, absolute orientation)은 대지표정이라고도 하며, 상호표정이 끝난 입체모형을 대상물공간(또는 지상)의 기준점을 이용해 대상물공간좌표계와 일치하도록 하는 작업이다. 즉, 절대표정은 2차원이나 3차원 가상좌표로부터 절대좌표를 구함으로써 영상면상의 상과 대상물 공간이 상사관계를 이루게 하는 작업이다. 절대표정은, 첫째 축척의 결정, 둘째 수준면의 결정, 셋째 위치의 결정 순서로 한다. 절대표정에서는 K, Φ, Ω, X, Y, Z, λ의 7개 표정인자가 필요하며, 입체모형(model) 2점의 X, Y 좌표와 3점의 높이(Z)좌표가 필요하므로 최소한 3점의 표정점이 필요하다.

① 축척의 결정

투영기의 간격, 즉 기선의 길이 b_x 에 의해 축척이 결정될 때 〈**그림 10-6**〉에서 A, B 점의 축척화된 길이를 S_g, 입체모형상의 길이를 S_m 이라 하는 b_x 의 수정량 Δb_x 는

$$\Delta b_x = \frac{S_g - S_m}{S_m} \cdot b_x \tag{10-3}$$

로 계산되며, b_x 에 Δb_x 를 보정해 축척을 결정한다.

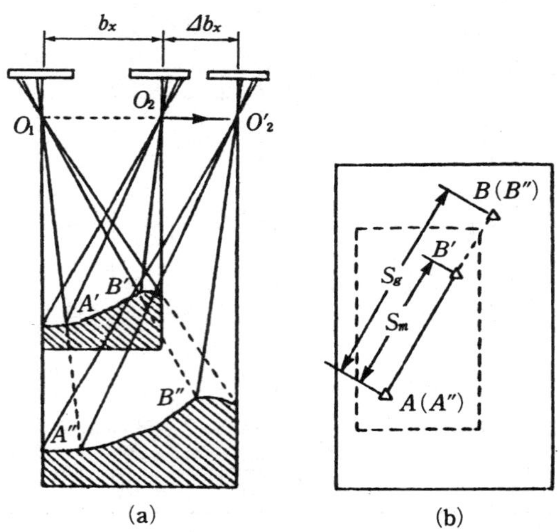

그림 10-6 축척의 결정

② 경사면의 조정

경사면 조정의 목적은 입체모형상에서의 표고와 대상물 공간 기준면상에서의 표고차가 각 점에서 비례적으로 맞도록 하는 데 있다.

〈**그림 10-6** (a)〉의 입체모형 경사를 X 축, Y 축으로 분리해 고려하면 (b), (c)와 같다. 도화기의 모든 구조는 그레이드(grade)로 되어 있기 때문에 라디안을 그레이드로 환산하기 위한 상수 $63.66(\rho^g = \frac{200^g}{\pi} = 63.66198^g)$을 사용해, Ω(common omega)와 Φ(common phi)의 수정값 $\Delta\Omega$와 $\Delta\Phi$를 계산하면 다음과 같다.

$$\Delta\Omega = 63.66 \cdot \frac{\Delta h_C - \Delta h_B}{\overline{BC} \cdot m}$$

$$\Delta\Phi = 63.66 \cdot \frac{\Delta h_B - \Delta h_A}{\overline{AB} \cdot m} \quad (10\text{-}4)$$

여기서 $\overline{AB}$는 입체모형 축척 $1/m$ 상의 거리이다.

식 (10-4)은 실제높이를 그대로 사용할 경우이며, Δh를 입체모형에 축척화한 경우에 $m=1$이 된다.

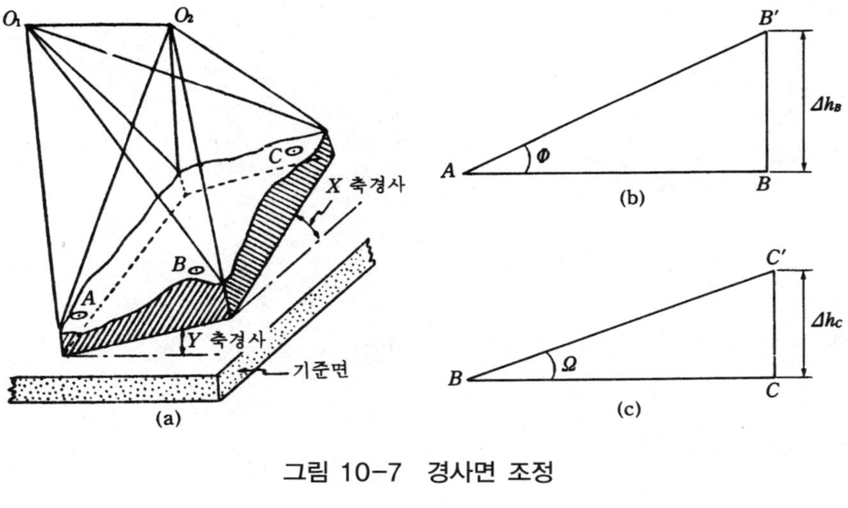

그림 10-7 경사면 조정

③ 위치의 결정

축척과 조정면이 결정되면 적당한 축척으로 표정점을 전개한 도면상의 기준점과 대응하는 입체모형(model)상의 점을 일치시킨다. 그 점의 위치를 맞추면 표정이 끝나게 된다.

2) 해석적 표정(analytical orientation)

영상면의 표정(標定)은 입체도화기에 의해 앞에서 설명한 방법으로 행해지지만, 이 조작을 수학적인 해석으로도 가능하다.

(1) 내부표정

정밀좌표관측기에 의해 관측된 기계좌표(器械座標, machine coordinate)로부터 영상면좌표(imagery coordinate)로 변환하는 작업이다.

① 좌표변환식

정밀좌표관측기(comparator)에 의한 4점 지표의 관측좌표(x, y)와 대응하는 지표의 영상면좌표(x, y)를 이용해 최소제곱법으로 변환식의 계수를 구한다. 좌표변환에 이용되는 관측방정식에는 다음과 같은 식들이 있다.

가) 선형등각사상변환(linear conformal transformation 또는 Helmert transformation)

$$\begin{bmatrix} x \\ y \end{bmatrix} = S \begin{bmatrix} \cos\theta & -\sin\theta \\ \sin\theta & \cos\theta \end{bmatrix} \begin{bmatrix} x \\ y \end{bmatrix} + \begin{bmatrix} x_0 \\ y_0 \end{bmatrix}$$

$$x = ax - by + x_0$$

$$y = bx + ay + y_0 \qquad (10\text{-}5)$$

나) 부등각사상변환(affine transformation)

$$\begin{bmatrix} x \\ y \end{bmatrix} = \begin{bmatrix} 1 & r \\ 0 & 1 \end{bmatrix} \begin{bmatrix} s_x & 0 \\ 0 & s_y \end{bmatrix} \begin{bmatrix} \cos\theta & -\sin\theta \\ \sin\theta & \cos\theta \end{bmatrix} \begin{bmatrix} x \\ y \end{bmatrix} + \begin{bmatrix} x_0 \\ y_0 \end{bmatrix}$$

$$x = a_1 x + a_2 y + x_0$$

$$y = b_1 x + b_2 y + y_0 \qquad (10\text{-}6)$$

② 의사부등각사상변환(pseudo affine transformation)

$$x = a_1 x + a_2 y + a_3 x y + x_0$$

$$y = b_1 x + b_2 y + b_3 x y + y_0 \tag{10-7}$$

③ 영상면좌표의 보정

가) 렌즈왜곡

렌즈왜곡(lens distortion)은 방사방향의 왜곡(radial distortion)과 접선방향의 왜곡(tangential distortion)으로 나누어진다.

방사방향의 렌즈왜곡은 대칭형이고, 사진기마다 다르며, 렌즈왜곡에 큰 영향을 미치므로 일반적으로 방사방향의 왜곡만을 보정하는 경우가 많다. 주점으로부터 거리 r 에 대한 방사방향왜곡(Δr)이 구해진 경우 영상면좌표(x', y')는 다음과 같이 보정된다.

$$x = x' - \frac{x'}{r} \Delta r$$

$$y = y' - \frac{y'}{r} \Delta r \tag{10-8}$$

여기서 $r = \sqrt{x'^2 + y'^2}$ 이다.

방사방향왜곡 Δr 는 검정결과 값으로부터 근사적으로 구하는 방법과 다음 식 (10-9)과 같은 다항식근사법이 있다.

$$\Delta r = k_1 r^1 + k_2 r^3 + k_3 r^5 + k_4 r^7 + \cdots k_n r^{2n-1} \tag{10-9}$$

여기서 k_1 에서 k_n 은 방사방향 렌즈왜곡항의 계수이며 일반적으로 r^7 항까지만 고려하면 충분하다.

접선방향왜곡은 비대칭형으로, 렌즈의 제작 및 합성과정에서 각 렌즈들의 중심이 일치하지 않게 발생한다. 일반적으로 접선방향의 왜곡(±2㎛)은 방사방향왜곡(±20~25㎛)의 1/10 정도로 매우 작아 무시하지만 정밀한 관측을 요할 경우에는 conrady model에 의한 다음 보정 식으로 영상면좌표를 보정한다.

$$\Delta x = P_1(r^2 + 2x'^2) + 2P_2 x'y'$$

$$\Delta y = P_2(r^2 + 2y'^2) + 2P_1 x'y' \quad (10\text{-}10)$$

여기서 P_1, P_2는 접선방향왜곡항의 계수이다.

나) 대기굴절

촬영고도가 높아지면 광선은 대기굴절(atmospheric refraction)의 영향을 받는다. 대기굴절에 대한 보정량 Δr은 다음 식 (10-11)과 같이 주점으로부터의 거리 r의 함수로 나타내어진다.

$$\Delta r = D_x \left\{1 + \left(\frac{r}{f}\right)^2\right\} r \quad (10\text{-}11)$$

여기서 D_x는 $1.5 \times 10^{-5}(H-h)\{1-0.035(2H+h)\}$, H는 촬영고도[km], h는 지점의 고도[km], f는 초점거리이다.

대기굴절에 의한 영상면좌표의 보정은 위식 (10-11)의 보정량 Δr를 사용해 식 (10-8)처럼 보정한다.

다) 지구곡률

지상점의 위치를 수평위치로 계산하려면 지구곡률(地球曲率, earth curvature)에 의한 상의 왜곡을 보정해야 하는데, 그 보정량 Δe는 다음 식과 같이 주점으로부터의 거리 r의 함수로 나타내어진다.

$$\Delta e = \frac{Hr^3}{2Rf^2} \quad (10\text{-}12)$$

여기서 H는 촬영고도, R은 지구반지름, f는 초점거리이며, 영상면좌표의 보정은 식 (10-8)처럼 보정한다.

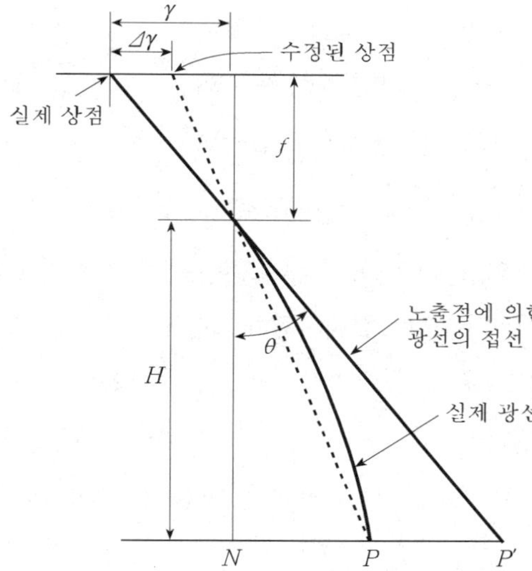

그림 10-8 대기굴절보정

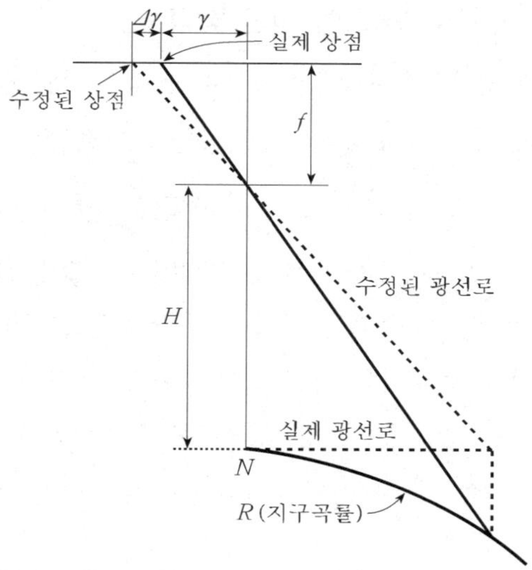

그림 10-9 지구곡률보정

라) 필름변형

필름의 수축 및 팽창량은 지표 사이의 관측된 거리와 검정자료를 비교해 결정한다. $(x_m,\ y_m)$을 지표간의 관측된 거리라 하고 $(x_c,\ y_c)$를 검정자료라 하면 보정된 영상면좌표는 다음 식 (10-13)과 같다.

$$x = \left(\frac{x_c}{x_m}\right)x'$$

$$y = \left(\frac{y_c}{y_m}\right)y' \qquad (10-13)$$

여기서 x_c/x_m과 y_c/y_m은 $x,\ y$ 방향의 축척계수이다.

(2) 상호표정

해석적 상호표정방법에는, 첫째 공면조건을 이용하는 방법, 둘째 종시차(縱視差)를 소거하는 방법이 있으며, 이 두 방법에 의한 상호표정은 3차원 가상좌표인 입체모형좌표(model coordinate)를 형성하게 된다.

① 공면조건에 의한 방법

영상면좌표계에서 표정요소, 즉 왼쪽의 회전각(κ_1, φ_1, ω_1)과 오른쪽의 회전각(κ_2, φ_2, ω_2) 및 평행인자(by, bz)를 공면조건(共面條件)에 의해 구하는 상호표정방법이다.

가) 독립적 상호표정 방법(independent relative orientation method)

투영중심을 연결하는 방법으로 〈**그림 10-10**〉와 같이 왼쪽의 투영중심을 원점으로 오른쪽의 투영중심과 연결한 선을 입체모형좌표계의 X 축으로 한다. 입체모형(model)의 축척은 기선길이를 단위 길이로 한다. 이때 표정요소는 왼쪽의 회전각 κ_1, φ_1, 오른쪽의 회전각 κ_2, φ_2, ω_2의 5개 회전각이 독립변수로 이용된다.

이와 같이 입체모형좌표계 및 표정요소를 선택하면 공면조건식은 다음과 같이 된다.

$$(\overline{x}_1\,\overline{y}_1\,1)R_1^{\,T} = \begin{bmatrix} 0 & 0 & 0 \\ 0 & 0 & 1 \\ 0 & -1 & 0 \end{bmatrix} R_2 \begin{bmatrix} \overline{x}_2 \\ \overline{y}_2 \\ 1 \end{bmatrix} = 0 \qquad (10\text{-}14)$$

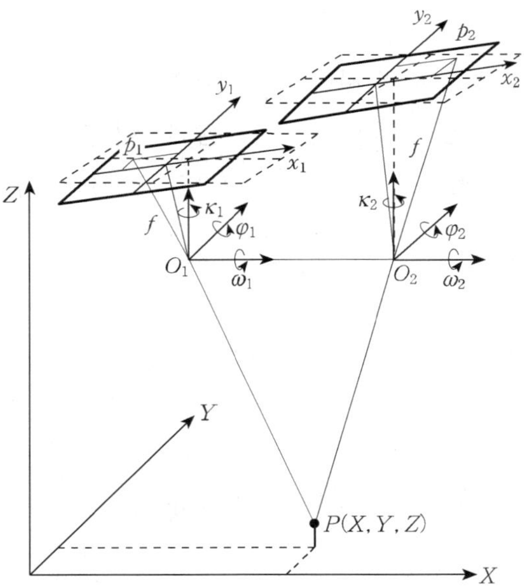

그림 10-10 투영중심을 연결하는 방법

나) 종속적 상호표정 방법(dependent relative orientation method)

왼쪽사진기좌표를 고정하는 방법으로 〈**그림 10-11**〉과 같이 이 경우에서의 입체모형좌표계는 왼쪽의 사진기좌표계이므로 왼쪽사진기의 투영중심이 좌표계의 원점이 되며 왼쪽 사진기의 경사는 없다. 따라서 표정요소는 오른쪽사진기의 투영중심(Bx, By, Bz) 및 왼쪽사진기의 회전각 κ, φ, ω 이다. 이때 B_x 는 축척에만 영향을 미치므로 단위 길이로 하여 $by = By/Bx$, $bz = Bz/Bx$ 를 독립변수로 하고, 여기에 회전각 3개를 포함하면 5개의 독립변수가 얻어진다.

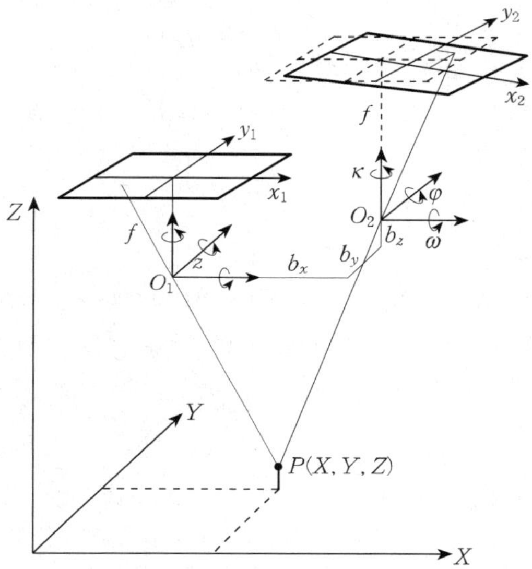

그림 10-11 좌측 사진기좌표계를 고정하는 방법

이와 같이 입체모형좌표계와 표정요소를 선택하면 공면조건식은 다음 식이 된다.

$$(\bar{x}_1 \; \bar{y}_1 \; 1)\begin{bmatrix} 0 & u_z & -u_y \\ -u_z & 0 & 1 \\ u_y & -1 & 0 \end{bmatrix} R_2 \begin{bmatrix} \bar{x}_2 \\ \bar{y}_2 \\ 1 \end{bmatrix} = 0 \qquad (10\text{-}15)$$

(3) 접합표정

촬영경로(course)상의 다수의 입체영상면에 대해 각각 독립적으로 입체모형을 형성하면, 입체모형에서 왼쪽입체모형(左立體模型)의 오른쪽영상면(右映像面)과 오른쪽입체모형(右立體模型)의 왼쪽영상면(左映像面)은 공통이므로, 인접한 2개의 입체모형 모두에 이용할 수 있는 종접합점(pass point)이 존재한다.

접합표정은 이와 같은 인접한 2개 입체모형에 공통인 요소를 이용해 입체모형의 경사와 축척을 통일시켜 1개의 통일된 스트립의 좌표계로 순차변환하는 것이다. 접합표정의 방법은 크게 나누어, 첫째 상호표정에서 얻어진 표정요소를 이용하는 방법, 둘째 상호표정에서 얻어진 투영중심과 공통인 접합점의 입체모형좌표계만을 이용하는 방법이 있다.

또한 상호표정요소를 이용하는 방법 중 왼쪽사진기좌표계를 고정시키고 오른쪽영상면의 경사 및 투영중심을 표정요소로 하는 접합표정의 경우는 다음 식 (10-16)에 의하며

$$\begin{bmatrix} X_{oi} \\ Y_{oi} \\ Z_{oi} \end{bmatrix} = \begin{bmatrix} X_{oi-1} \\ Y_{oi-1} \\ Z_{oi-1} \end{bmatrix} + S_{i-1} R_{i-1} \begin{bmatrix} bx_{(i-1)} \\ by_{(i-1)} \\ b_{2(i-1)} \end{bmatrix} \tag{10-16}$$

(4) 절대표정

절대표정은 입체모형(model)좌표, 스트립(strip)좌표 및 블록(block)좌표의 가상 3차원 좌표로부터 표정기준점좌표를 이용해 축척 및 경사 등을 조정함으로써 절대(또는 대지)좌표를 얻는 과정을 의미한다. 절대표정의 일반식은 다음과 같다.

$$\begin{bmatrix} X_G \\ Y_G \\ Z_G \end{bmatrix} = SR \begin{bmatrix} X_m \\ Y_m \\ Z_m \end{bmatrix} + \begin{bmatrix} X_o \\ Y_o \\ Z_o \end{bmatrix} \tag{10-17}$$

여기서 X_G, Y_G, Z_G는 절대좌표, X_m, Y_m, Z_m은 입체모형좌표, X_o, Y_o, Z_o는 입체모형좌표계의 원점위치이며, S는 축척인자, R은 회전행렬이다.

식 (10-17)에 7개의 외부표정요소(7parameter of exterior orientation)는 축적계수(S: Scale factor), 평행변위요소(X_o, Y_o, Z_o: translation elements), 회전요소(R: Rotational elements-κ, φ, ω)로 이루어진다.

3) 수치영상 표정의 자동화

(1) 개요

기존의 영상탐측학에서는 사용자가 표정을 수행하였으며 사용자의 주요 임무는 관심점(interest point)을 찾아내고 관측하는 것이다. 그러나 경제적인 이유로 관심점을 무한히

늘릴 수는 없다. 표정요소를 결정하고 그 질을 높이기 위해 간단하면서도 효과적인 표정과정이 선이나 면이 아닌 점을 기준으로 하여 개발되었다.

사용자와 비교해서, 컴퓨터는 관심점을 추출하고 정합하는 기능은 훨씬 뒤떨어지지만 형상을 추출해 내는 데 있어서는 더 우수하다.

일반적인 상황에서 자동적으로 수행되는 엄밀한 자동표정체계를 개발하는 것은 매우 어려운 일이다. 사용자가 내부표정을 수행하는 데에는 불과 몇 분밖에 걸리지 않지만 자동표정체계를 개발하려는 목적은 영상탐측에서 표정 과정을 하나로 연결하여 자동화 과정을 구축하려는 데 있다. 내부표정은 이 자동화 과정의 출발점이며, 상호표정과 절대표정 또는 항공삼각측량은 그 다음 단계이다. 자동화 과정을 발전시킨다면, 우리는 대상물을 인식할 수 있는 모듈을 이용하여 자동적으로 지도를 얻을 수 있다.

(2) 자동화 표정작업의 준비단계

준비단계는 작업영역의 크기, 허용오차, 평균축척, 사진기 검증자료, 지상 기준점 및 체계의 변수 등에 대한 정보를 잘 갖추어야 한다. 각각의 모형(model)에 대하여, 부가적인 정보들, 양화의 식별, 단계상에서의 위치, 투영형식(정사, 가상) 및 표정 과정 등에 대하여 고려하여야 한다.

양화(diapositive)를 작업대에 장착한 컴퓨터 처리에 의하여 영상을 대용량 저장장치로부터 디스크로 적재한다. 수치영상을 저장하는 데 매우 큰 저장용량을 필요로 하나 고해상도 영상에 대하여서는 상관성이 있는 작은 양만을 적절하게 처리할 수 있어야 한다. 온라인체계로 20개 영상 이상을 접근할 수 있게 하는 것이 바람직하다.

최종적인 준비단계는 일반적으로 관찰자의 시각조건에 가장 근사하게 맞추어지도록 다양한 단추와 다이얼을 이용하여 조정할 수 있어야 한다. 먼저 광도를 조절하여 양화의 밝기가 동일해지도록 한다.

수치영상탐측체계에서 부점 표시는 커서(cursor)에 의해서 이루어지며, 모양, 색크기 등에 관한 항목도 매우 유연하게 처리된다. 커서의 형상은 해석도화기와는 달리 관측하는 단계에서 어느 시점에서든지 변화가 가능하다.

해석도화기상에서 광학적 확대는 단순 영상소의 처리에서 새로운 영상면을 만들어내는 복잡한 처리까지 전자적인 작업으로 이루어진다. 안기선에 평행한 시야를 정렬하기 위하여 더브(dove) 프리즘을 회전시키는 것이 필요하다. 프리즘으로 영상면을 회전하는 것은 매우 단순하고, 부드럽고 신속하게 이루어질 수 있다. 그러나 수치영상탐측체계에서 이와 같은 과정은 느릴 뿐만 아니라 정확도가 저하되고 적어도 동일한 영상면에 대해서 여러 번의 반복수행을 거쳐 영상 재배열을 하여야 한다.

(3) 내부표정 자동화시 고려사항

① 내부표정의 의의

내부표정은 영상에서 관측된 대상물의 좌표를 사진기 투영중심을 원점으로 하는 좌표계로 변환시키는 것으로써 좌표를 기계좌표계 또는 영상 또는 기계좌표계(image or machine coordinate system)라 한다. 수치영상에 대한 영상소 좌표계(pixel coordinate system), 또는 간단히 영상소 체계(pixel system)라 한다. **〈그림 10-12〉**은 이 두 좌표계에 대한 것이다. 수치영상은 투명양화(diapositive)를 스캐닝하여 얻는다.

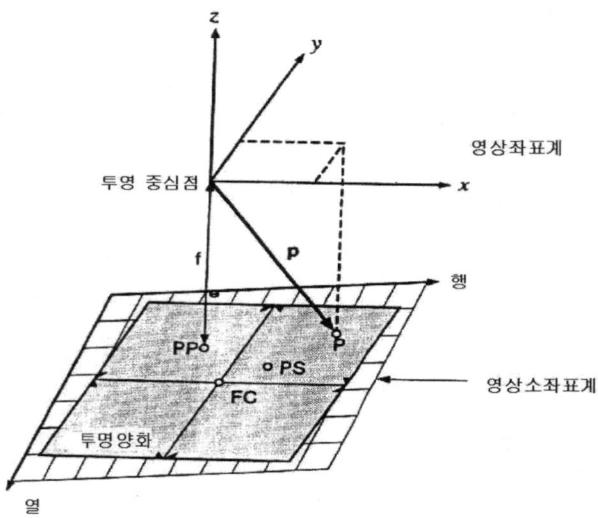

그림 10-12 3차원 직교상 좌표계

〈그림 10-12〉은 그 원점이 투영중심에 있고 마주보는 영상면지표의 대각선 교점이 지표중심(FC)이며 주점(PP)은 영상소 좌표계 위의 투영중심에 연직이다. 영상면좌표계는 영상공간에서 공간 위치를 나타내는데 사용되며 그 원점은 투영중심이다.

영상 공간의 위치는 점벡터(point vector)로 표시한다. 예를 들어, 점벡터 p는 영상소 좌표계에서 점 p의 위치이다.

$$p = \begin{bmatrix} x_p \\ y_p \\ -f \end{bmatrix} \tag{10-18}$$

② 내부표정요소 결정

가) 영상소를 영상면좌표계로 변환

영상면좌표계에서 점 $P(r_p,\ c_p)$의 좌표는 식 (10-19)와 같다.

$$\begin{aligned} x_p &= (r_p - r_o)p_r \\ y_p &= (c_p - c_o)p_c \\ z_p &= -f \end{aligned} \tag{10-19}$$

식 (10-19)에서 x_p, y_p, z_p는 영상면 좌표계에서의 좌표이며 r_o, c_o는 주점의 위치, p_r, p_c는 축척계수, f는 초점거리이다. 수치사진기에 의해 얻어진 영상의 경우, r_o, c_o는 사진기 검정자료로부터 얻을 수 있으나 때로는 수치화된 투명양화를 이용하기도 한다. 여기서 주점은 직접 구할 수 없다. 우선, 지표의 중심은 지표의 좌표를 읽어서 결정하고, 다음에 FC로부터 PP의 평행변위를 구할 수 있다.

지표중심은 2차원 변환으로 결정한다. 영상소 체계에서 얻은 지표는 사진기 검정값으로부터 얻어진 지표와 대응이 되도록 변환시킨다.

마지막 단계로 지표좌표계(fiducial system)를 영상면좌표계로 변환시킨다.

$$\begin{aligned} x_p &= x_p^f - x_o \\ y_p &= y_p^f - y_o \\ z_p &= -f \end{aligned} \tag{10-21}$$

나) 영상 개선

내부표정은 두 단계로 나누어진다. 첫 단계는 영상소 좌표를 기계좌표계로 변환하는 것이고 둘째 단계는 영상면좌표계로 변환하는 것이다. 식 (10-19)는 수치사진기를 사용했을 때의 변환을 나타낸 것이다. 수치 항공영상의 경우, 두 단계가 필요한데, 먼저 영상면좌표를 지표 좌표계로 변환시키고, 다음에 영상면 좌표계로 변환시킨다.

내부표정의 두 번째 단계는 실제 영상 취득 과정과 보정 과정에서 사용되는 중심투영의 수학적 모형 사이의 편차에 대한 관계를 설정하는 것이다. 〈**그림 10-13**〉은 영상면개선, 즉 점의 실제 위치의 보정으로서 영상면의 모든 점에 대해 이러한 보정을 수행하면 새로운 가상영상을 얻을 수 있다.

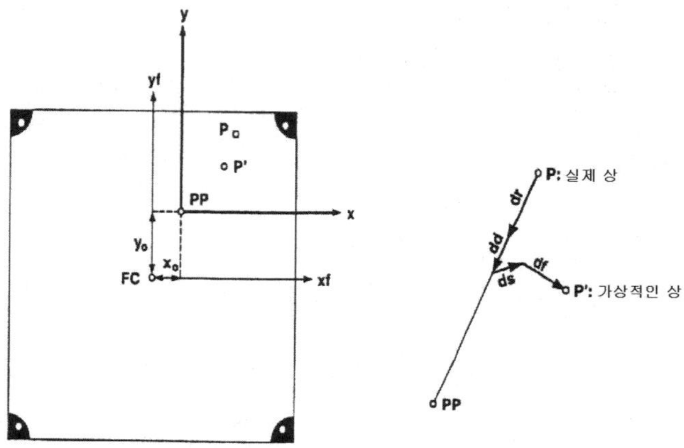

그림 10-13 영상면개선관계

〈**그림 10-13**〉은 수치 영상을 얻는 단계를 보여주고 있는데 왼쪽 그림은 항공영상면을 이용하여 자료를 얻는 전통적인 방법으로 필름을 스캐닝하여 얻으며 오른쪽 그림은 수치사진기를 이용한 자료취득을 설명하고 있다.

(ⅰ) 굴절

빛이 대기에 의해 어떻게 굴절(refraction)하는지를 고려하여 왜곡보정을 한다. Snell 법칙에 의하면 빛은 서로 다른 매체의 경계면에서 굴절을 일으킨다. 대기의 밀도 차이가 발생하는 곳이 사실상 다른 매체의 경계면이다. 굴절은 영상면을 밖으로 편위되게 하는 원인이 되며, 굴절에 의한 방사변위(radial displacement)는 대기모형을 기반으로 계산할 수 있다.

(ⅱ) 사진기 렌즈왜곡

노출시간동안 찍힌 영상면은 공선조건과 정확히 일치하지 않는다. 우선, 빛이 방사왜곡에 의해 렌즈를 통과하면서 미소하게 빗나가게 된다.

왜곡값은 사진기 검정 과정을 통해 결정되며 왜곡은 일반적으로 불규칙하게 발생하는데 이것을 방사방향성분과 접선방향성분으로 나눠 보정한다. 렌즈왜곡 모형식은 투영중심으로부터의 반지름과 각의 함수로 표현된다.

항공영상면의 경우 왜곡값은 매우 작으므로 카메라 검정과정에서 제공하는 표로부터 선형보간 값을 사용해도 된다.

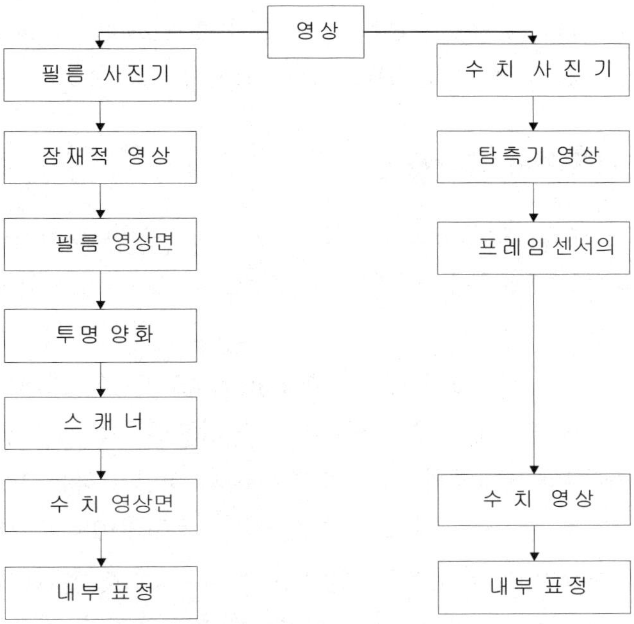

그림 10-14 영상취득의 주요단계

(iii) 필름 수축

영상면을 현상하는 동안 필름은 기계에 의해 큰 힘을 받게 된다. 즉, 필름을 현상하고 말리는 과정에서 변형이 일어난다. 투명양화 필름은 영상면의 기하학적 조건과 정확히 일치하지 않는다. 이러한 오차로 인해 모형을 설계하는데 어려움이 있으나 항공영상 필름은 매우 안정적이고 필름 수축은 무시할 정도로 작다.

(iv) 스캐너 오차

항공영상으로부터 수치 영상면을 얻기 위해 필름을 스캐너로 수치화한다. 스캐너는 완전하지 않기 때문에 새로운 오차를 발생시킨다. 즉, 수치화된 영상면은 기하학적으로 투명양화와 동일하지 않을 뿐만 아니라 스캐닝오차도 포함되어 있다.

영상탐측용 스캐너는 매우 정밀하며 사진기정착기(camera carrier)에 대해 해석적 도화기의 개선된 정착기체계는 5㎛이내의 정밀도를 가진다. 이러한 체계의 검정서(hallmark)는 Abbe's 원리를 이용하여 이루어진 것이다.

(v) 수치 사진기를 이용한 영상면 개선

수치 사진기도 항공용 사진기와 마찬가지로 기하학적 왜곡에 대한 결점을 가지고 있다. 사실 많은 수치사진기들이 상당한 방사왜곡과 기하학적 왜곡을 가지고 있다. 또한 항공 사진기에 비하여 사진기 본체의 강성도 떨어진다. 즉, 관측특성이 검정 과정에서 많이 변화하는 경향이 있다. 따라서 항공 사진기보다 수치 사진기는 더 많은 검정이 필요하다.

(4) 상호표정 자동화시 고려사항

상호표정의 목적은 수치고도모형(DEM)의 관측 및 지도편집(compiling maps)과 같은 일련의 처리를 입체적으로 수행하기 위한 입체모형(stereo model)의 표정매개변수를 결정하는 것이다.

자동상호표정(ARO: Automatic Relative Orientation)에 관한 연구는 영상정합, 즉 공액점(conjugate points)을 찾는데 초점을 맞추고 있다. 중요한 것은 표정매개변수를 결정하기 위해서 공액점보다는 형상을 어떻게 효과적으로 이용할 것인가 하는 것이다. ARO 체계를 개발하게 된 동기는 자동내부표정을 하고 외부표정을 결정하기 위한 체계와 ARO로 자동으로 건물영역을 설정하기 위한 것이다. 〈**그림 10-15**〉는 상호표정자동화의 흐름을 나타내고 있으며 좌우수치영상면을 입력받아 영상면처리의 효율성을 높이기 위해 영상면피라미드를 제작하고 이에 대한 정보를 기록한다. 상호표정의 자동화를 위해 영상면에서 특징이 있는 도로의 교차점, 건물 모서리 부분 등의 관심점을 추출하고 상호표정요소를 초기화한다. 이들 정보를 영상면의 상위단계에서부터 공액기하와 대상공간영상정합을 통해 하위단계로 진행하고 상호표정과 절대표정을 수행하여 외부표정요소를 결정한다.

① 종래의 표정과의 차이점

종래의 방법에서는 사람이 상호표정을 수행하며 해석도화기로 상호표정을 할 경우 표준입체항공영상에서는 15분 또는 그 이하의 시간으로 다양한 방법에 의해 처리할 수 있다. 운영자(operator)가 해야 할 중요한 일은 적당한 공액점을 관측하고 확인하는 것이다. 결과를 검증하기 위해서, 최소한 다섯 점 이상을 관측해야 한다. 경제적인 이유로 관측된 점들의 수를 제한하여 왔으나, 표정매개변수 결정과 표정매개변수의 품질을 평가할 수 있는 단순하고 효율적인 조정절차가 개발되었다. 알고리즘은 점을 위주로 하여 공선조건 혹은 공면조건에 의하여 수행하였다.

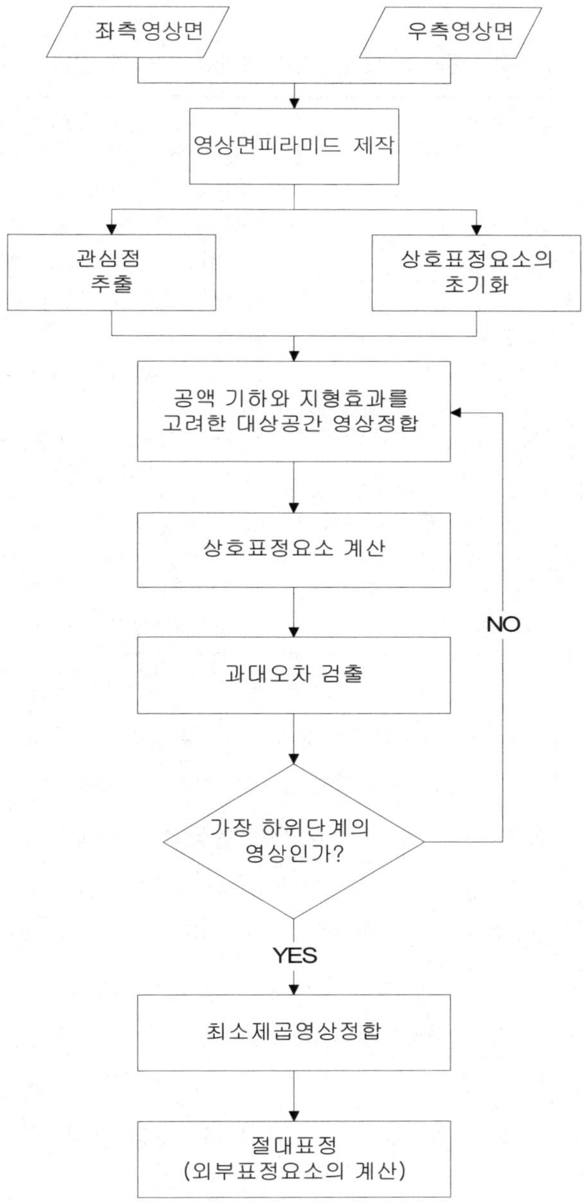

그림 10-15 상호표정자동화의 흐름

사람과 달리 컴퓨터를 이용하여 관심점을 정확하게 관측하는 것은 부정확하나 형상을 추출하는 것은 용이하게 이루어진다. 사실, 사용자가 점으로서 관측할 수 있는 것은 정교한 영상 판독의 결과라고 할 수 있지만 컴퓨터는 아직 그런 능력을 수행하지 못하고 있다.

표 10-2 종래의 표정방법과 표정의 자동화 방법의 비교

종래의 표정방법	표정의 자동화 방법
인간에 의한 조작 · 점의 선택과 관측 · 관측점들의 분포가 적절하다. · 관측점의 수가 적다. · 입체시를 이용하여 관측한다. · 정확도가 높다	전산기에 의한 조작 · 형상을 정합 및 축출 · 정합형상을 무작위로 선택한다. · 관측형상의 수가 많다. · 형상을 정합한다. · 정확도가 낮다
조정과정은 점을 기준으로 하며 공선조건이나 공면조건을 이용한다.	역시 점을 기준으로 하여 조정하나, 정합된 요소들은 점이 아닌 형상이다.
표정요소의 정확도($\sigma_p \sim \sigma_o \sqrt{c/r}$)	
σ_0와 redundancy r은 작고, c는 점의 분포에 따라 변한다.	σ_0는 더 크지만 r도 커서 보강이 된다. c는 거의 비슷하다.

〈**표 10-2**〉는 종래의 표정과 표정의 자동화간의 상호 차이에 대해서 요약하고 있다. 관련 디지털영상탐측학자들은 정확성에 대해서 의문점을 제기하였다. 사용자에 의해 관측된 점들은 ㎛단위의 정확도로 얻을 수 있다. 이것을 형상과 비교해 보면 형상의 개개 영상소들은 공액되지 않을 수 있고, 정확도는 몇 영상소 혹은 그 이상일 수 있다는 것을 고려하여야 한다. 영상소 크기가 15㎛라고 가정할 경우 공액영상소의 정확도는 50㎛ 정도로 종래의 접근방법보다 10배 정도 더 나쁘다. 조정된 표정매개변수의 정확도는 관측정확도(measuring accuracy)와 잉여값(redundancy)에 따라 달라진다. 잉여값 100일 경우에 관측정확도나 종래의 접근방법에 의한 결과와 비교해 볼 때 약 10배 정도의 매개변수 정확도를 기대할 수 있다. 즉 점을 이용함으로서 발생하는 낮은 품질은 잉여값을 크게 함으로서 보정할 수 있다.

② 대화형 상호표정

대화형 상호표정(interactive relative orientation)은 수치영상탐측 워크스테이션(DPWS)에서 수행되며 이 DPWS는 공액점을 관측하는데 다양한 방법을 제공한다. 최소한 해석도화기에서 제공하는 것과 거의 동일하다. 형상을 추출하기 위해서 y시차를 없애고 조작하는 자가 적절한 점을 선택할 수 있는 지점의 근처, Gruber 위치까지 해석도화기를 움직인다. 여섯 개의 점이 관측된 후에 DPWS는 표정매개변수를 계산하고, 만약 결과가 만족할만하면(예를 들어 y시차의 표준편차가 미리 설정한 값보다 적다) 정밀좌표관측기 형식(comparator mode)에서 모형형식(model mode)으로 전환한다.

형상을 추출하기 위해 커서로 위치시키는 것만 제외하면 동일한 절차가 DPWS상에서 수행된다. 어떠한 수학적 부분도 없기 때문에, 특별한 위치에 커서를 위치시키는 조작은 매우 빠르지만, 새로운 영상을 그래픽체계에 불러오는 작업은 매우 느리다. 커서를 최적으로 위치시키기 위해서 커서의 색상과 모양을 쉽게 변화시킬 수 있는 것도 또 하나의 장점이다.

그림 10-16　LH체계의 SOCET 영상면표현

〈**그림 10-16**〉에서 상호표정은 LH체계 SOCET SET 수치영상탐측 워크스테이션에서 행해진다. 공액점을 관측하기 위해서는 커서(cursor)를 좌측영상면의 형상(feature)위에 놓아야 한다. 이 때 좌측영상면은 고정되며 커서는 우측영상면의 같은 형상 위로 이동하며 점이 관측된다. 이러한 기초적인 작업 절차는 효율적으로 공액점을 관측하기 위해 마우스의 버튼을 클릭하여 처리한다.

〈**그림 10-16**〉은 상호표정을 수행하는 동안 전형적인 LH체계 SOCET SET의 영상표현을 한다. 입체모형의 두 영상면은 모니터에 분리되어 나타난다. 커서를 영상면의 한 형상에 위치시킨 다음 다른 영상면에 나타난 같은 형상에 커서를 움직일 수 있다. 대부분의 DPWS는 자동으로 공액점을 관측할 수 있는 기능을 제공해 준다. 전형적인 방법은 좌측영상면에서 커서로서 형상을 선택하면 우측영상면에서 커서는 대응되는 위치에 가장 근사하게 위치할 것이다. 공액점의 정확한 위치는 정합(예를 들어 상관관계)에 의해 결정된다. 결과를 영상면 상에서 시각적으로 살펴보면서 받아들일 것이지 거부할 것인지 선택할 수 있다.

(5) 절대표정 자동화시 고려사항

절대표정의 자동화(AAO: Automatic Absolute Orientation)는 영상면(imagery) 또는 모형공간(model space)과 대상공간(object space)간의 적절한 변환관계를 설정하는 것이다. 이때 변환매개변수를 구하기 위해서는 좌표계 사이의 공통정보(common information)를 알아야 한다. 전통적으로 기준점을 이용하는 방법이 많이 활용되고 있는데 이 방법은 대상공간(object space)내에 알고 있는 점을 식별하여 상이나 모형공간상에서 관측하는 것이다.

기준점과 그에 대한 영상면좌표를 관측하여 외부표정요소를 결정하는 접근법은 전통적인 영상탐측학뿐만 아니라 수치영상탐측분야에서도 활용되고 있다. 점(points)에 관한 개념처리가 수치영상탐측학에서 많은 연구의 대상이 되어 왔지만, 점은 영상면에서 유형적으로 존재하지 않으므로 점을 추출한다는 것은 매우 힘든 일이다. 기준점은 실제 표지(target)로 존재하여 좌표계 중심의 기준이 되어야 한다. 그러나 실질적인 예로부터 알 수 있듯이 이러한 표지를 자동으로 인식한다는 것은 쉽지가 않다.

점(point)보다는 형상(feature)을 추출하기가 쉽기 때문에 이 장에서는 선형 및 다각형 지물을 처리하는 방법으로 단사진의 외부표정요소를 결정하는데 있어 선형지물을 사용하는 것에 대하여 기술한다.

대상공간에서 기지의 표면은 기지의 DEM에서 취득하거나 혹은 레이저고도계(laser

altimetry)로부터 취득할 수 있다. 이러한 방법은 입체모형의 표정을 실시할 때 점을 이용하는 대신 형상을 이용하는 방법이다.

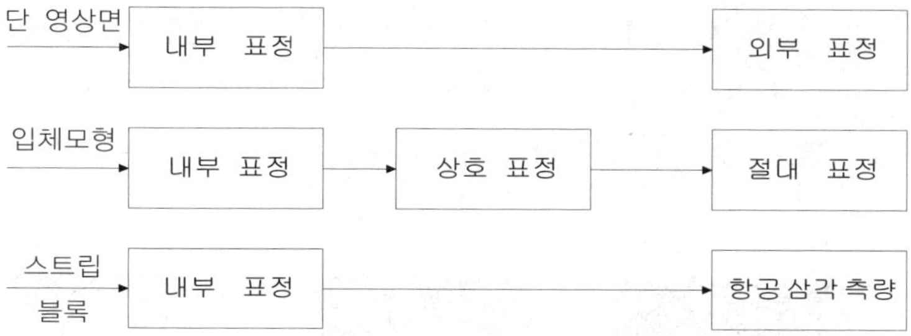

그림 10-17 표정의 흐름

〈**그림 10-17**〉는 단영상면(single imagery), 입체모형(stereo pair or model), 혹은 스트립(strips), 블록(blocks)에 관한 표정 자동화 흐름도이다.

① 기준점을 이용한 표정의 자동화

일반적으로 영상면에서 기준점을 대응점과 일치시키는 작업을 수행할 경우 점의 선택과 적절한 확인은 대단히 중요하다. 이때 지형적 기준점을 이용하기도 하며 예를 들면 도로의 교차점 같은 것이 있다. 어떤 방법으로 기준점을 자동선택하고 확인하는지에 관해 설명한다.

가) 기준점의 자동탐색

기준점의 식별을 수월하게 하기 위하여 표지(target)가 배치된다. 일반적인 표지의 형상은 +형, T형, V형 혹은 원형이 있다. 표지가 식별하기 용이한 뚜렷한 영상면을 제공하기 위해서는 적절한 크기와 형상을 가져야 하며 배경과 기준점 사이에는 색대조가 이루어져야 한다. 표지의 크기는 영상면축척에 대한 함수로 결정되며 일반적으로 표지 중심부의 크기는 영상면에서 0.01mm ~ 0.1mm(원의 직경이나 정사각형의 한 변의 크기) 정도이다. 표지모서리의 다리(leg) 부분은 중심부에서 2배 정도 떨어져야 하며 다리의 길이는 중심부(center mark) 폭의 5배 정도 되어야 한다.

기준점을 정확하게 관측하고 확인하는 가장 직접적이고 간단한 방법은 영상정합이다. 교차상관계수 정합법이나 최소제곱 영상정합법을 적용시키기 전에 먼저 표지(target)를 모형화해야 한다. 이를 위해 적절한 기준 대상영상이 필요하며 이러한 영상면모형을 기준영역(template)이라고 한다. 실제영상과 비슷한 기준영상면을 얻기 위해서 표면의 반사, 조도 등의 특성을 고려해야 한다. 물론 기준영역을 제작하는 과정에서 몇 가지 영상변환의 사항들은 무시될 수 있다. 일반적으로는 영상면축척을 고려해 기준대상의 이상적인 영상면을 재현해야 한다. 회전변형을 고려하는 교차상관계수 영상정합법 같은 경우에는 영상면의 특성을 고려한 여러 개의 기준영역이 사용되어야 한다. 기준대상을 모형화할 때는 엄격하게 제한해야 한다. 따라서 기울어진 표면에 의한 기하학적 왜곡을 고려하지 않거나 혹은 다양한 배경에 대한 대조를 고려하지 않으면 안 된다.

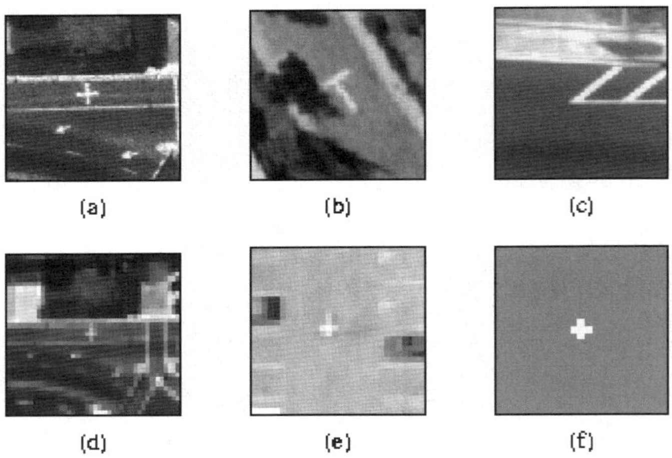

그림 10-18 지상기준점의 예

〈**그림 10-18**(a)〉의 하얀 표지는 검은색 배경과 대비되어 잘 식별된다. (b)의 T자형 표지 또한 배경과 잘 대비된다. 종종 지상 기준점은 비행작업을 마친 후에 결정된다. 〈**그림 10-18**(c)〉에서는 주차선 선분을 선택하여 관측한다. 〈**그림 10-18**(d)〉의 표지는 해상도가 낮기 때문에 구별하기 힘들다. 〈**그림 10-18**(e)〉의 경우처럼 모든 표지가 잘 대비되는 것은 아니며 합성된 표적의 예가 〈**그림 10-18**(f)〉에 나타나 있다. 〈**그림 10-18**(a), (d), (e)〉의 표지는 정합을 위한 기준영역으로 이용될 수 있다.

기준영역을 이용한 영상정합법에 의한 기준점의 위치와 관련된 문제점을 극복하기 위하여 영역분할과 등고선 추출, 형상분석에 근거한 형상기준의 접근법이 있다. 〈**그림 10-19**〉는 관측실험에 사용된 영상 소구역은 30×30 영상소를 보여주고 있으며 기준점의 위치에 대해 아주 좋은 근사값이 요구된다.

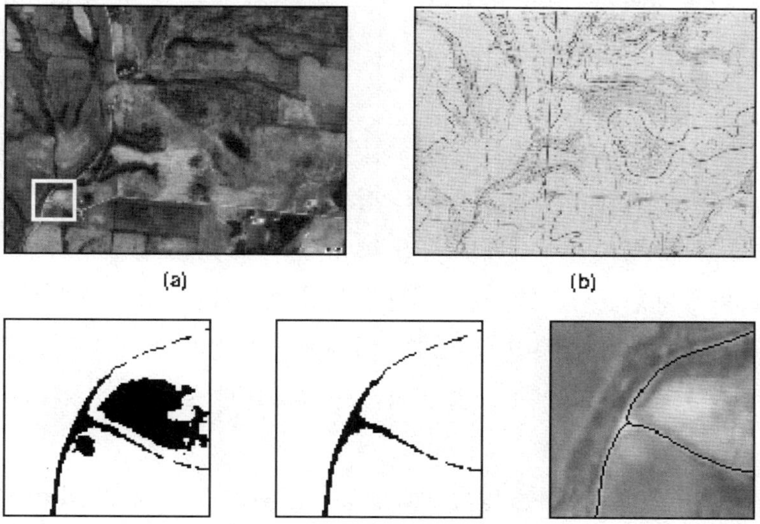

(a) (b) (c) (d) (e)

그림 10-19 지상기준점과 영상에 대한 표정

밝게 테두리처진 사각형 영역은 영상면에서 적응 히스토그램(adaptive histogram)의 임계값 처리(c, d)에 의해 추출된 도로의 교차점이다. 〈**그림 10-19**의 (e)〉는 이를 세선화(thinning)한 것이며 이것은 영상면에서 도로교차점의 구조적 묘사를 위한 시작점이 되는데 지도에 대응되는 점과 정합을 위한 점이기도 하다.

나) 지형적 기준점의 자동탐색

기준점이 항상 대공표지가 되는 것은 아니다. 때로는 도로의 교차점, 다리 혹은 다른 선형 지물의 특징을 갖는 형상 등에 의해 결정된 점등을 이용해 영상면을 표정시킨다. 이러한 방법은 원격탐색에서 영상면을 보정하거나 정사투영 시킬 때 많이 사용되곤 한다. 이러한 작업은 크게 두 가지로 나누어진다. 첫 번째는 형상에 의해 기준점을 결정하는 것이고 두 번째는 정확한 위치를 결정하는 것이다.

물론 기준점 인식 문제가 중요한 핵심이다. 소축척의 영상면과 지도가 있다고 가정해보자. 적절한 기준점의 탐색과 인식 그리고 관측이 문제로 대두된다. 아마도 먼저 영상면과 지도를 비교해야 할 것이다. 도로의 교차점을 탐색하고 인식하기 위해서는 어떠한 각도로 얼마나 많은 수의 도로 교차점이 있는지 분석해야 할 것이다. 그리고 예상 탐색 지점들에 대해 어떻게 조사할 것인지를 결정해야 한다. 이제는 다른 사항들에 대해서도 고려를 해야 한다. 예를 들면 도로의 폭, 포장여부, 도로에 속해 있지 않는 형상들이다. 이처럼 자동인식을 위해서는 수많은 영상면정보들이 필요하고 또한 이런 것들을 어떻게 고려할지를 생각해 보아야 한다.

기준점들을 묘사하는 많은 특징들은 GIS 질의를 통해서 취득할 수 있을 것이다. 이상적으로는 기준점과 관련된 기하학적, 지형학적 정보들을 모두 이용해야 한다. 그런 후 동일한 정보를 담고 있는 두 영상면에 대해 묘사된 정보들을 비교하는 것이다. 아마도 실제 영상면에서는 도로 등에 관한 실제적인 정보들을 취득할 수 없는 이유가 있는데 이것은 작업의 시간과 노력이 필요하기 때문이다. 이러한 단계에서 우리가 해야 하는 일은 도로같이 긴 선형지물을 추출하고 도로망의 특징을 기록하고 그리고 GIS로부터 얻은 유사성 특성을 통하여 비교하는 일이다.

도로망을 추출하는데 있어서는 많은 불확실성이 존재한다. 먼저, 임의의 도로나 도로분할 등을 고려하지 않을 수 있으며 추출된 선형지물이 도로가 아닐 수도 있다. 따라서 정합시 이러한 것들을 분명히 고려해야 한다. 관계형영상정합법은 이러한 부분에 대해서 잠재적인 해결책을 주고 있다. 지형적인 기준점 인식에 대해 관계형영상정합법의 잠재력을 보여주고 있다.

(6) 수치 표정

투명양화를 관측장치대에 정치하고 모형(model)에 대한 시야의 조정이 이루어지고 난 후에 표정이 진행된다. 이 과정은 기계 및 해석적 영상탐측과 수치영상탐측의 양쪽 모두의 체계에서 중요한 것이다. 수치영상탐측체계에 관련되는 표정을 설명하기 위해 전통적인 항공영상 입체쌍을 가정한다.

① 내부 표정

내부표정(interior orientation)은 건판과 영상면좌표계간의 관계를 처리하는 과정으로. 이것은 이동지지대의 양화를 정확하게 위치를 설정시키는 것이다. 수치영상탐측체계상에서의 내부표정은 수치영상과 관련되어 있다. 그러므로 수학적인 모형이 스캐너의 기하학적 특성이나 정오차에 대하여 고려되어야 한다. 그런 다음 영상소와 영상면좌표간에 변환계수가 고려되어야 한다.

내부표정과정을 처음으로 거친 후에, 해석도화기는 첫 번째 영상면지표를 도출한다. 조작자는 체계가 자동적으로 그 다음 지표를 찾아가는 동안 지표에 대한 정확한 위치를 결정하고 이에 대한 기록을 해야 한다. 수치영상탐측체계에서도 이와 동일한 기능을 갖고 있다. 이 경우 건판을 이동하지 않고 단지 커서나 표현의 변화만을 이용하여 이루어져야 한다. 수치영상탐측체계는 건판이나 광학기기의 이동이 없다는 것이 특징이다.

어떻게 조작자의 관찰 없이 일괄적인 작업만으로 자동적인 내부표정을 할 수 있는가? 이것은 수치화된 항공영상에 대하여 영상면지표의 일치화로 형태인식학적인 기법에 의하여 해결할 수 있다. 이러한 경우, 동일한 체계 환경 내에서 스캐닝 후에 바로 내부표정을 실시할 수 있는 것이다. 그러면 수치영상은 변환계수를 가지게 된다.

② 상호표정

상호표정(relative orientation)에서 입체모형(model)을 형성하기 위해서는 5개의 표정요소를 이용하여 공액점의 시차를 제거함으로써 이루어진다. 해석도화기 체계에서 시차는 고정된 하나의 건판에 대해 다른 건판을 움직임으로써 제거할 수 있다. 수치영상탐측체계에서 이러한 과정은 하나의 커서를 움직이는 동안 다른 하나의 커서를 고정시켜서 달성할 수 있다. 수치영상탐측체계에서 공액점은 조작자가 양질의 초기 근사값을 제공한다면 자동적으로 찾을 수 있음을 예상할 수 있다.

현재의 수치영상탐측체계는 좌표관측형식에서 입체모형형식으로 변환되는 과정에 많은 시간이 소요되며, 이것은 영상면이 공액 기하상태를 만들기 위하여 재배열과정을 거쳐야 하기 때문이다. 따라서 실제 영상면을 표준화된 위치로 변환하여 행방향이 기선과 평행하도록 하여야 한다. 이런 경우, 공액점은 동일한 열에 놓이게 된다. 이것은 영상정합의 과정을 신속하게 하고 영상면이동을 손쉽게 할 수 있도록 하는 탐색영역의 범위를 축소할 수 있게 한다.

상호표정은 자동적인 일괄작업과정을 수행함으로써 어느 정도 자동화할 수 있다. 공액기하에 대한 영상재배열은 표정 이후 바로 실시할 수 있기 때문에 매우 유용한 것이라 할 수 있다. 더욱이 이 일괄작업과정은 비용을 절감할 수 있다.

③ 절대표정

표 10-3 해석도화기와 수치영상탐측체계의 비교

해석도화기	수치영상탐측체계의 기능
영상면처리	수치영상처리
사진기, 지상기준점 등의 자료입력	사진기, 지상기준점 등의 자료입력
양화를 운반대에 장착	영상입력
기준점 식별 •양화에 밝기 조절 •부점 관측 •확대축소가 연속적이고 빠름 •도브 프리즘 이용	•영상강조(유연화, 히스토그램 평활화) •커서(모양, 크기, 색상) •영상면의 재표현 느림 •영상회전
내부표정 •영상면지표 관측 •내부표정요소 계산	•영상면지표관측 •내부표정요소 계산(반자동)
상호표정 •영상면이동 및 회전 •시차소거 •상호표정요소 계산 •모형에서 자유롭게 이동	•커서이용 영상이동 •상호표정요소 계산(자동) •공액 영상재배열 •모형 내에서 이동
절대표정 •지상기준점 식별 •대상물 관측 •절대표정요소 계산 •2장 이상의 사진을 볼 수 있으나 번거로움 •공액점을 찾기 위해 조작자가 항상 필요함	•지상기준점 식별 지원 •절대표정요소 계산(반자동) •여러 개의 윈도를 통해 다중으로 볼 수 있음 •자동적으로 영상정합수행
수치고도모형 •수치고도모형 생성 방법 정의 •불연속선(breakline)을 디지타이징 •점진적 표본화	•수치고도모형 생성 방법 정의 •반자동에 의한 불연속선(breakline) 디지타이징 •생성 자동화
항공삼각측량 •점선택 •점이사 •블록조정	•점선택 •반자동에 의한 점이사 •자동블록조정

절대표정(absolute orientation)은 모형공간과 실제 대상공간 사이의 관계를 이용하여 실

제 대상공간 기준으로 조정하는 작업으로 영상면에 대해서 이와 상응하는 실제대상공간에 대한 기준점(또는 절대좌표)의 관측값을 필요로 한다. 종종 기준점의 식별문제가 대두되는데, 이것은 점들이 부분적으로 보이고 배경과의 대조가 잘 이루어지지 않기 때문이다. 만약 수작업에 의하여 점들을 찾아내기가 어려운 경우, 이를 전산기를 통하여 식별한다는 것은 더욱 어려운 일이다. 따라서 자동적인 기준점의 인식은 향후 계속적인 연구가 이루어져야 한다.

해석도화기와 수치영상탐측체계 사이의 비교에 있어 중요한 관점은 〈**표 10-3**〉에 요약되어 있다.

연 습 문 제

다음 사항에 대하여 답하시오.

10. 영상의 표정

1) 영상의 기계적표정(내부, 상호 및 절대)

2) 영상의 해석적표정(내부, 상호, 접합 및 절대)

3) 영상의 직접표정과 간접표정

4) 영상의 내부표정시 렌즈, 대기굴절, 기구곡률 필름변형

5) 해석적 상호표정시 공면조건을 이용한 독립적 및 종속적 방법

6) 수치영상표정의 자동화과정에서 내부, 상호 및 절대표정의 고려사항

7) 수치표정(내부, 상호, 절대)

11 LiDAR의 해석, 영상정합 및 융합
(Analysis for LiDAR, Matching and Fusion for Imagery)

1) 항공 LiDAR의 해석

(1) 거리 관측

레이저는 짧은 주기의 고에너지 펄스를 생성해 낼 수 있다는 점과 작은 개구(aperture)를 통해 고도로 밀집된 파장의 빛을 만들 수 있다는 장점이 있어서 정밀한 거리 관측에 많이 사용되고 있다. 레이저 주사 방식에는 펄스 방식과 CW(Continuous Wave)방식이 있다. 펄스방식은 레이저의 왕복시간을 관측하여 이동거리를 직접구하는 방법이고, CW방식의 경우는 발사광과 반사광의 위상차로부터 시간차를 관측하여 레이저의 이동거리를 구하게 된다. 대부분의 LiDAR 체계에서는 펄스방식을 사용하고 있다.

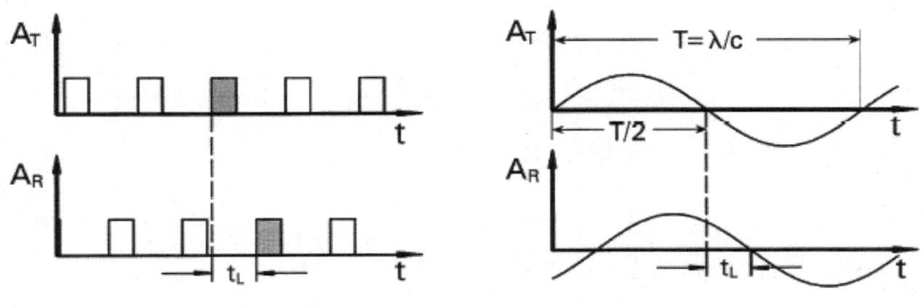

그림 11-1 pulse(좌)와 CW(우)의 레이저의 관측 원리

펄스방식을 사용하는 경우, 거리를 관측하는 가장 직접적인 방법은 레이저 펄스의 왕복시간을 관측하는 것으로 펄스가 주사되고 수신되는 사이의 시간차를 이용한다.

각 방식의 거리관측 방법은 다음과 같다.

pulse Range: $R = \frac{1}{2} c \cdot t_L$ (11-1)

$$\text{range resolution: } \Delta R = \frac{1}{2}c \cdot \Delta t_L \tag{11-2}$$

$$\text{max Range: } R_{\max} = \frac{1}{2}c \cdot t_{L_{\max}} \tag{11-3}$$

$$\text{range accuracy: } \sigma_R \approx \frac{c}{2}t_{rise} \cdot \frac{1}{\sqrt{S/N}} \quad \text{(S/N: 신호/잡영 비)}$$

R: 레이저 송수신부(센서)와 지표면 객체간의 거리

c: 빛의 속도

t_L: 시간

t_{rise}: 펄스 생성시간(generation time)

S: photodiode 전류의 신호강도

N: photodiode와 증폭기의 열잡영 강도

$$\text{CW range: } R = \frac{1}{2}c \cdot t_L = \frac{1}{2}c \cdot \frac{\phi}{2\pi} \cdot T = \frac{\lambda}{4\pi} \cdot \phi, \tag{11-4}$$

$$\left[T \cong 2\pi,\ t_L \cong \phi \Rightarrow t_L = \frac{\phi}{2\pi} \cdot T\right]$$

최대는 $\phi = 2\pi$일 경우.

$$\text{range resolution: } \Delta R = \frac{1}{4\pi} \cdot \lambda_{short} \cdot \Delta\phi \tag{11-5}$$

$$\text{range accuracy: } \sigma_R \approx \frac{\lambda_{short}}{4\pi} \cdot \frac{1}{\sqrt{S/N}} \tag{11-6}$$

(2) 스캐닝(scanning)

Laser scanner에서 지상으로 레이저펄스를 주사할 때, 비행기는 앞으로 이동하지만 스캐닝거울은 비행방향에 직교하여 레이저펄스를 좌우로 발사하므로 타원 나선형(elliptically spiral)으로 후방산란 되는 신호를 얻을 수 있다. 따라서 스캐닝의 체계는 거리 관측용 레이저를 특정 형태(pattern)에 따라 굴절시켜 높은 점밀도로 대상물체의 표면을 표본화(sampling) 할 수 있다. 스캔 방향(비행방향에 수직)으로 점간의 거리는 다음과 같다.

$$dx_{across_{inst}} = \frac{h}{\cos^2(\theta_{inst})} \frac{\theta_{inst}'}{PRF} \quad (11\text{-}7)$$

h: 비행고도

θ_{inst}: 순간스캔각(instantaneous scan angle)

θ_{inst}': 순간스캔각속도(rad/s)

PRF: 펄스의 반복횟수

또한 비행방향으로 점간의 거리는 다음과 같다.

$$dx_{along} = vt_{sc} \quad (11\text{-}8)$$

v: 비행기 속력

t_{sc}: 한 scan 방향의 관측에 소요되는 시간(진동거울의 왕복주기)

마지막으로 촬영폭(비행방향에 수직인 방향으로 표본화되는 폭)은,

$$SW = 2h \cdot \tan(\frac{\theta}{2}) \quad (11\text{-}9)$$

θ: 스캔각

스캐닝은 한 방향 또는 두 방향으로 이루어지는데 일반적으로 많이 쓰이는 구조는 **〈그림 11-2〉**과 같다. 진동거울(oscillating mirror)은 지그재그의 선(두 방향)이 이루어지며, Palmer 스캐너는 타원형의 형태(pattern)를 이룬다. 회전다각형(rotating polygon)이나 다중면의 거울을 가진 스캐너는 한 방향으로 지면을 그으면서 지나고, fiber 스캐너는 평행선을 이룬다. 지상에서의 스캔은 이런 형태 외에도 비행방향, 비행속도, 자세 등에 대한 영향을 받게 된다. 따라서 가속도나 경사 등의 영향으로 지상점의 간격이 항상 동일하지는 않게 된다.

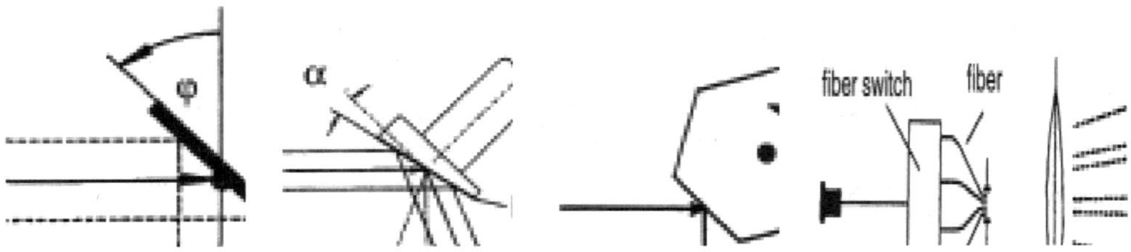

그림 11-2 항공 LiDAR의 scan 종류(oscillating mirror, palmer scan, rotating polygon, fiber scanner)

(3) 위치계산

정밀하게 관측된 이동거리와 센서의 위치, 자세 정보를 다음과 같은 과정을 거쳐 지상점의 3차원 좌표를 취득할 수 있다.

① 센서모형

항공LiDAR 관측장비는 GPS, IMU, 레이저 센서로 이루어져 있기 때문에 각 장비에 대한 각자의 좌표계를 가지고 있다. 이 좌표계간의 변환은 좌표계 기준점간의 거리와 방향을 위치벡터(p)로, 좌표계간의 회전을 회전행렬(R)을 이용하여 처리한다. 라이다 자료의 지상좌표는 각 좌표계간의 회전행렬을 곱한 위치벡터의 합으로 다음과 같이 구할 수 있다.

$$q^G = p_g^G(t) + p_i^g + R_i^G(t) \cdot p_l^i + R_i^G(t) \cdot R_l^i \cdot R_b^l(t) \cdot p^b(t) \qquad (11\text{–}10)$$

여기서, q^G: 지상좌표계상의 지상물체의 위치벡터

$p_g^G(t)$: t 관측시점의 지상좌표계상의 GPS의 위치벡터

p_i^g: GPS 좌표계상의 IMU의 위치벡터

p_l^i: IMU 좌표계상의 레이저 장비의 위치벡터

$p^b(t)$: t 관측시점의 레이저 빔 좌표계상의 지상물체의 위치벡터

$R_i^G(t)$: t 관측시점의 지상좌표계에서 IMU 좌표계로 회전행렬

R_l^i: IMU좌표계에서 레이저 장비 좌표계로 회전행렬

$R_b^l(t)$: t 관측시점의 레이저 장비 좌표계에서 레이저 빔 좌표계로 회전행렬

(X_G, Y_G, Z_G): 지상 좌표계

$(X_i,\ Y_i,\ Z_i)$: IMU 좌표계

$(X_l,\ Y_l,\ Z_l)$: 레이저 장비 좌표계

$(X_b,\ Y_b,\ Z_b)$: 레이저 빔 좌표계

레이저 빔 좌표계상에서 지상물체의 위치벡터 $p^b(t)$는 지상물체에서 레이저 장비까지의 거리(ρ)만으로 표현된다.

$$p^b(t) = \begin{pmatrix} 0 \\ 0 \\ -\rho \end{pmatrix} \tag{11-11}$$

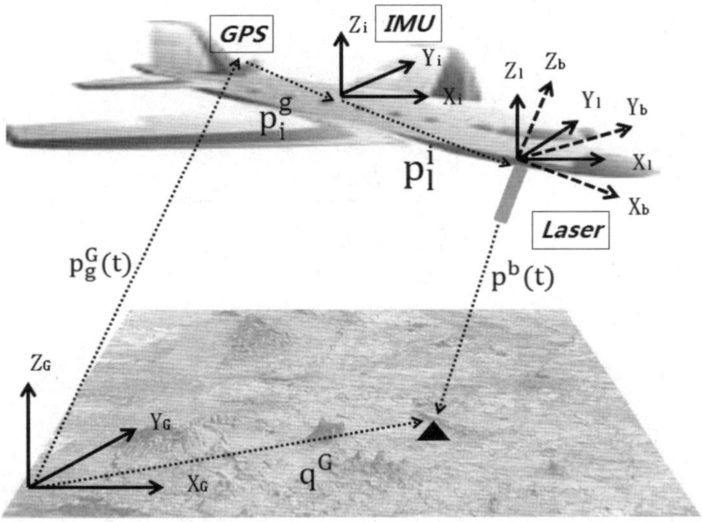

그림 11-3 항공라이더 장비의 좌표계와 위치벡터

레이저 장비 좌표계상의 지상물체의 위치벡터 $p^l(t)$는 레이저 장비에서 지상물체까지의 거리(ρ), Z_l 축의 회전량(α), Y_l 축의 회전량(β)으로 결정된다.

$$p^l(t) = R_b^l(t) \cdot p^b(t) = \begin{bmatrix} \cos\alpha & -\sin\alpha & 0 \\ \sin\alpha & \cos\alpha & 0 \\ 0 & 0 & 1 \end{bmatrix} \cdot \begin{bmatrix} \cos\beta & 0 & \sin\beta \\ 0 & 1 & 0 \\ -\sin\beta & 0 & \cos\beta \end{bmatrix} \cdot \begin{bmatrix} 0 \\ 0 \\ -\rho \end{bmatrix}$$

$$= \begin{bmatrix} -\rho \cdot \cos\alpha \cdot \sin\beta \\ -\rho \cdot \sin\alpha \cdot \sin\beta \\ -\rho \cdot \cos\beta \end{bmatrix} \tag{11-12}$$

3차원 좌표의 계산을 위해서는 LiDAR 장비를 구성하는 각 부분의 상호 위치 및 자세 관계를 규명하여 계통적 변수에 관한 검정(calibration)과정을 거쳐 구할 수 있다. 검정과정은 운동장과 같은 평지나 대형건물과 같은 기준지역의 상공을 여러 방향에서 비행하면서 관측한 자료를 이용하여 수행한다. 그러나 이러한 조정에 대해서는 표준화된 공정이 없으며, 현재까지는 장비제조업체에서 독자적으로 수행한 결과를 이용하고 있다.

취득된 관측값으로부터 스캐너의 위치(X_{LS}, Y_{LS}, Z_{LS}))레이저펄스의 순간 스캔각을 포함한 자세(ω_L, ϕ_L, κ_L), 목표물까지의 거리(ρ)로 7개의 요소를 이용하여 3차원 좌표를 계산 할 수 있다.

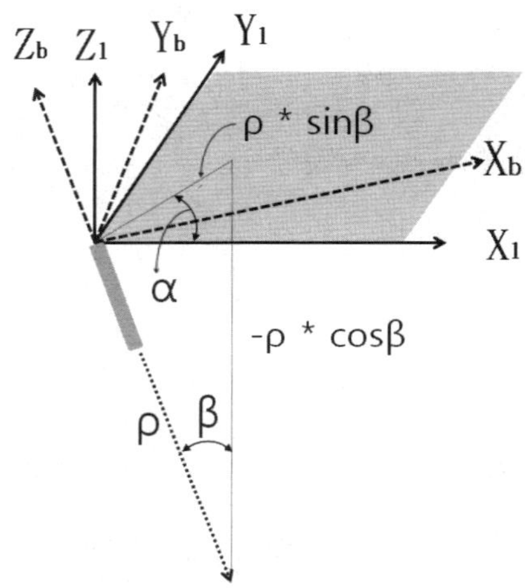

그림 11-4 레이저 장비 좌표계(X_l, Y_l, Z_l)와 레이저 빔 좌표계(X_b, Y_b, Z_b)

$$\begin{bmatrix} X_{LS} \\ Y_{LS} \\ Z_{LS} \end{bmatrix} = p_g^G + p_i^g + R_i^G \cdot p_l^i \tag{11-13}$$

$$\begin{bmatrix} \omega_L \\ \phi_L \\ \kappa_L \end{bmatrix} = R_i^G \cdot R_l^b \cdot R_b^l \tag{11-14}$$

② 오차

레이저 스캐너의 위치와 자세를 알면 지상 고도점의 좌표계산은 비교적 단순한 과정을 통해 이루어질 수 있다. 그러나 고도점 좌표의 오차는 좌표 결정에 영향을 주는 7개 변수로부터 전파되기 때문에 다양한 오차를 지니게 될 것이다. 위의 식으로부터 고도점 좌표에 대한 각 변수들의 영향을 추정하면 다음과 같다(Huising and Gomes, 1998).

X_G의 오차는,

$$\frac{\delta X_G}{\delta X_{LS}} = dX_{LS} \tag{11-15}$$
$$\frac{\delta X_G}{\delta Y_{LS}} = \frac{\delta X_G}{\delta Z_{LS}} = 0$$

$$\frac{\delta X_G}{\delta \omega_L} = -\rho \cdot \sin\kappa \cdot \cos\omega \cdot d\omega$$
$$\frac{\delta X_G}{\delta \phi_L} = -\rho \cdot \cos\phi \cdot \cos\kappa \cdot d\phi$$
$$\frac{\delta X_G}{\delta \kappa_L} = \rho \cdot (\sin\phi \cdot \sin\kappa - \cos\kappa \cdot \sin\omega) d\kappa$$
$$\frac{\delta X_G}{\delta \rho} = (-\sin\phi \cdot \cos\kappa - \sin\kappa \cdot \sin\omega) d\rho$$

Y_G의 오차는,

$$\frac{\delta Y_G}{\delta X_{LS}} = \frac{\delta Y_G}{\delta Z_{LS}} = 0 \tag{11-16}$$
$$\frac{\delta Y_G}{\delta Y_{LS}} = dY_{LS}$$
$$\frac{\delta Y_G}{\delta \omega_L} = \rho \cdot \cos\kappa \cdot \cos\omega \cdot d\omega$$
$$\frac{\delta Y_G}{\delta \phi_L} = -\rho \cdot \cos\phi \cdot \sin\kappa \cdot d\phi$$
$$\frac{\delta Y_G}{\delta \kappa_L} = \rho \cdot (-\sin\phi \cdot \cos\kappa - \sin\kappa \cdot \sin\omega) d\kappa$$
$$\frac{\delta Y_G}{\delta \rho} = (-\sin\phi \cdot \sin\kappa + \cos\kappa \cdot \sin\omega) d\rho$$

Z_G의 오차는,

$$\frac{\delta Z_G}{\delta X_{LS}} = \frac{\delta Z_G}{\delta Y_{LS}} = \frac{\delta Z_G}{\delta \kappa_L} = 0 \qquad (11-17)$$
$$\frac{\delta Z_G}{\delta Z_{LS}} = dZ_{LS}$$
$$\frac{\delta Z_G}{\delta \omega_L} = \rho(1-\cos\phi) \cdot \sin\omega \cdot d\omega$$
$$\frac{\delta Z_G}{\delta \phi_L} = \rho(1-\cos\omega) \cdot \sin\phi \cdot d\phi$$
$$\frac{\delta Z_G}{\delta \rho} = ((1-\cos\omega) \cdot (1-\cos\phi) - 1) \cdot d\rho$$

으로 표현할 수 있다.

예를 들어, GPS의 위치오차를 각 방향으로 10㎝, 센서로부터 지상 고도점까지의 평균거리를 800m, 센서의 자세를 ω, φ, k에 대하여 각각 평균적으로 2.5°, 5°, 5°, 센서의 자세오차를 각각 0.02°라고 가정할 경우, 고도점의 X오차는 약 33.0㎝, Y오차는 약 69.5㎝, Z오차는 약 10㎝임을 알 수 있다. 라이다의 오차(error)는 레이저 장비와 IMU간의 거리(lever-arm offset), 레이저와 IMU 좌표계의 회전각(boresight angles), 레이저 빔의 거리 및 각, GPS/INS 위치와 각의 오차 등에 의하여 발생한다. 레이저 장비와 IMU간의 거리 오차는 비행조건에 영향을 받지 않으나 촬영고도를 유지하는 한 지상물체 좌표의 일정량 이동변위를 일으킨다. 각의 오차는 수직좌표보다는 수평위치 좌표에 더욱 더 큰 영향을 미치며 비행조건에 따라 많은 영향을 받으며 레이저 빔 거리 오차는 주로 수직 좌표에 영향을 미치고 촬영고도 및 비행방향과 달리 레이저 빔의 각도에 영향을 받는다.

2) 지상 LiDAR의 해석

지상 LiDAR는 대상체면에 투사한 laser의 간섭이나 반사를 이용하여 대상체면상의 관측점의 지형공간정보를 취득하는 관측방식으로서, 3차원 정밀 관측은 대상체의 표면으로부터 상대적인 3차원(X, Y, Z) 지형공간좌표를 각각의 점 자료(point data)로 기록한다. 이와 함께 수치 카메라를 이용하여 스캐닝과 동시에 수치 영상을 확보하여 3차원 모형의 구축 시 텍스처(texture) 자료로 활용이 가능하므로 3차원 지형공간정보 구축에 큰 편리성을 확보할 수 있다.

현재 레이저 스캐닝 체계는 지형 및 일반구조물의 관측, 윤곽 및 용적계산, 구조물의 변형량 계산, 가상공간 및 건축의 모의 관측, 역사적인 건물의 3차원 자료 기록보관, 영화배경세

트의 시각효과 등에 활용성이 증대되고 있다. 레이저 스캐닝 체계를 이용하여 대상물의 3차원 위치를 구하는 과정은 다음과 같다.

① 대상물의 표면에 레이저를 발진한다.

② 대상물의 표면에서 일부의 레이저가 반사되어 스캐너로 되돌아온다.

③ 반사되어 온 레이저를 스캐너가 감지한다.

④ 발사된 레이저가 반사되어 되돌아오는 시간을 관측하여 대상물의 거리를 계산한다.

빛의 속도를 알고 발사된 레이저가 되돌아오는 시간을 알면 대상물과의 거리를 구할 수 있으며 발사된 레이저의 각은 매우 정밀하고 빠른 속도의 servo 모터가 달린 거울을 이용하여 구할 수 있다. 이렇게 구해진 거리와 각을 이용하여 대상물의 직교좌표(x, y, z)를 구할 수 있다.

지상 LiDAR 관측을 해석하는 방법으로는 시간차(time-of-flight)방식, 위상차(phase shift)방식, 삼각측량법(triangulation)방식 등이 있다.

TOF(Time-Of-Flight)방식은 레이저를 발사하여 반사되어 오는 시간적인 차이로 거리를 계산하며 레이저 송신부, 수신부, 처리부로 구성되어 있다. 레이저가 반사되어 돌아오는 시간을 계산하여 거리를 결정하고 각도만큼 수평, 수직으로 회전하여 관측한 점 위치를 결정하는 방법이다. 이 방법은 삼각법에 비하여 근거리에는 정밀도가 다소 떨어지나 중·장거리 거리 관측에는 많이 사용하는 방법이다.

최근에는 사용의 편리성 및 정확도가 확보 되는 시간차방식이 주로 사용되어지고 있다.

위상차(phase shift)방식은 주파수가 다른 파를 동시에 발산하여 생성된 두 파의 위상변위는 거리와 시간에 따라 점진적으로 큰 위상변위를 생성한다. 동일한 거리에서 두 신호를 검출하고 두 파의 출발시간을 알면 위상변위를 알 수 있다. 관측된 위상변위를 발생하기 위해 생성된 파일의 수와 일정한 속도가 주어진다면, 관측거리는 계산될 수 있다.

삼각측량법(triangulation) 방식은 일반적으로 근거리에 대한 지형공간자료취득을 위하여 사용되는 기술이며, 지도 제작법이나 GPS 위치관측에 사용된다. 간단한 삼각측량법(triangulation)원리를 이용하여 레이저가 점이나 선으로 대상 물체 표면에 투영되는 하나 또는 그 이상의 광전소자(CCD: Charge Coupled Device) 카메라를 이용하여 물체의 위치를 기록한다. 레이저 빔의 각도는 스캐너가 내부적으로 기록하고, 고정된 기선(base) 길이로부터 기하학적으로 대상 물체와 장비의 거리가 결정되는 정밀한 측량방법으로서,

특히 가까운 거리에서의 정밀도가 높다.

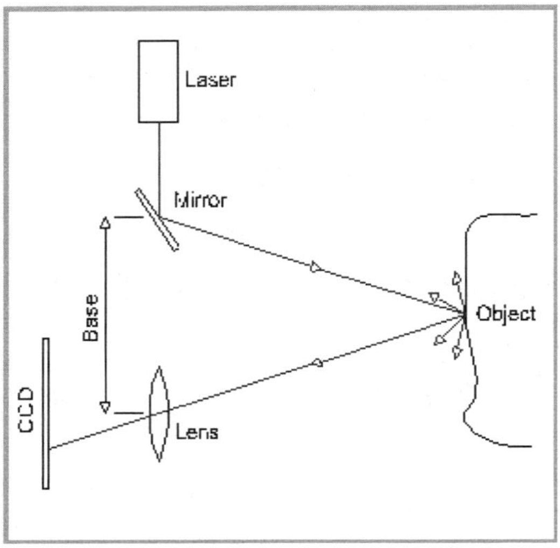

그림 11-5 광삼각법(triangulation method)

정확도는 스캐너의 기선길이와 물체와의 거리에 따라 다르게 나타난다. 높은 정확도를 얻으려면 시간이 오래 걸린다는 것과 실물에 주사된 레이저가 CCD 카메라로 구분이 가능해야 하므로 직사광선이 있는 곳에서는 자료의 오류가 많이 발생하므로 보다 좋은 자료를 얻기 위해서는 야간에 관측해야 하는 불편함이 있다. 레이저 스캐너 내부에서의 관측각을 사용하여 기지점을 근거로 미지점의 위치를 개별적으로 구하는 방법으로서, 주로 전방교선법(intersection)이 적용된다. 기지점(레이저 스캐너에 의해 인식된 임의의 기계좌표)에 기기를 설치하여 미지점의 방향을 관측한 후 그들 방향선의 교점으로서 미지점의 위치를 결정하게 된다.

3) 영상정합 및 융합

(1) 영상정합(image matching)

① 개요

영상탐측에서 가장 기본적인 처리과정 중의 하나는 둘 또는 그 이상의 영상면상에서 공액점(conjugate point)을 찾고 관측하는 것이다. 기계적(analog), 해석적(analytical) 영상탐측학에서 공액점의 식별은 인간에 의해서 직접 수행되었다. 수치영상탐측에서는 영상정합(image matching)이라는 처리과정에 의해 자동으로 그 문제를 해결하려고 시도하고 있다. 이 장에서는 영상정합의 여러 가지 양상에 대해서 기술한다. 그리고 대부분의 예제는 중심투영을 하는 항공영상면에 대해서 언급되고 있다.

영상탐측학에서 가장 기본적인 과정은 입체영상면의 중복영역에서 공액점을 찾는 것이라 할 수 있으며, 기계적이거나 해석적 영상탐측에서는 이러한 공액점을 수작업으로 식별하였으나, 수치영상탐측(digital photogrammetry) 기술이 발달함에 따라 이러한 공정은 점차 자동화되고 있다.

영상접합은 입체영상면 중 한 영상면의 한 위치에 해당하는 실제의 대상물이 다른 영상면의 어느 위치에 형성되었는가를 발견하는 작업으로서, 상응하는 위치를 발견하기 위해 유사성 관측을 이용한다. 이는 영상탐측학이나 로봇시각(robot vision) 등에서 3차원 정보를 추출하기 위해 필요한 주요기술이며, 수치영상탐측학에서는 입체영상면에서 수치고도모형을 생성하거나, 항공삼각측량에서 점이사(point transfer)을 위해 적용된다.

② 영상정합의 분류 및 작업

영상정합은 정합의 대상기준에 따라 다음과 같이 분류한다.

- 영역기준 정합(또는 단순정합)(area based matching or single matching): 영상소의 밝기값 이용
- 형상기준 정합(feature based matching): 경계정보(edge information) 이용
- 관계형 정합(대상물 또는 기호정합)(relational matching, structural matching or symbolic matching) : 대상물(structure)의 점, 선, 면의 밝기값[계조(階照), gray scale]등을 이용

정합 처리방법은 영상정합 문제의 해결을 위한 전반적인 기술을 말하며, 처리방법에는 계층적 방법(hierarchical approach), 신경망적 방법(neural networks approach)을 들 수 있다. 〈**표 11-1**〉은 이들 용어가 어떻게 연관되어 있는지를 보여 주고 있으며, 첫 번째 열은 세 가지의 가장 잘 알려진 정합방법을 나타내고 있다.

가) 영역기준 정합

영역기준 정합에서는 왼쪽 사진의 일정한 구역을 기준영역(template area)으로 설정한

후, 이에 해당하는 오른쪽 영상면의 동일구역을 일정한 범위 내에서 이동시키면서 찾아내는 원리를 이용하는 기법이다. 사전정보가 필요 없으며 평균제곱근 오차가 최소가 되도록 점진적으로 정합을 시행한다. 최근에는 상관정합기법에 의해서 영상정보 취득의 효율을 크게 높이고 있다. 영역기준정합에는 밝기값상관법(GVC : Gray Value Correlation)과 최소제곱정합법(LSM : Least Square Matching)을 이용하는 정합방법이 있다.

표 11-1 정합방법과 정합요소와의 관계

영상접합방법	유사성 관측	영상정합요소
영역기준정합	상관성, 최소제곱	밝기값
형상기준정합	비용함수	경계
관계형 또는 기호정합	비용함수	기호특성 : 대상물의 점, 선, 면 밝기 값

(ㄱ) 밝기값 상관법

간단한 방법으로 〈**그림 11-6**〉과 같이 왼쪽 영상면에서 정의된 기준영역을 오른쪽 영상면의 탐색영역(search area)상에서 한 점씩 이동하면서 모든 점들에 대해 통계적 유사성 관측값(상관계수)을 계산하는 것이다. 계산된 관측값 중에서 가장 큰 유사성을 보이는 점을 정합점으로 선택할 수 있다. 탐색영역의 크기는 외부표정요소의 정확성과 허용 가능한 값의 차에 따라 달라지며, 입체정합을 수행하기 전에 두 영상에 대해 공액 정렬을 수행하여 탐색영역 크기를 줄임으로써 정합의 효율성을 높일 수 있다.

밝기값 상관법에서는 유사성 관측식으로 공분산관측식과 유사한 통계식을 사용한다. g_i^t 가 기준영역이고 g_i^s 가 한 영상의 탐색영역이라고 하고, 여기서 n이 대상영역의 영상소 수이며, $i=1,\cdots\cdots,\ n$이라고 할 때 상관계수는 다음 식과 같다.

$$R=\frac{\sum_i (g_i^t-\overline{g^t})(g_i^s-\overline{g^s})}{\sqrt{\sum_i (g_i^t-\overline{g^t})^2\cdot(g_i^s-\overline{g^s})^2}}\ (-1\le R\le 1) \qquad (11\text{-}18)$$

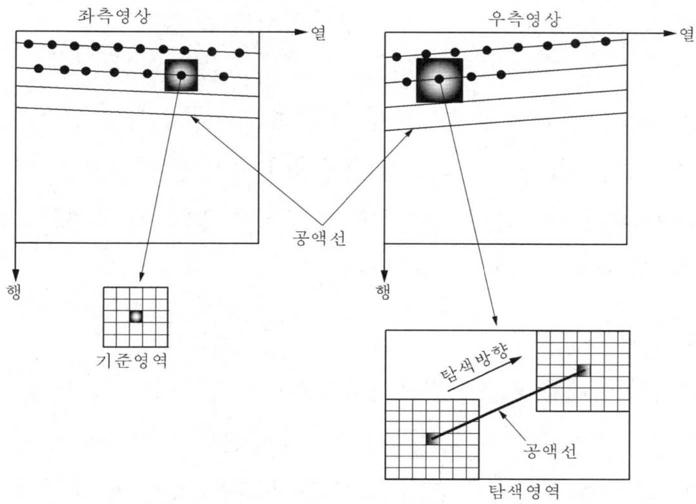

그림 11-6 영역기준 영상정합의 개념

(ㄴ) 최소제곱정합법

최소제곱정합법은 탐색영상면에서의 탐색점의 위치(x_s, y_s)를 기준영상 G_i,와 탐색영역 G_s의 밝기값들의 함수로 정의한다.

$$g_t(x_t,\ y_t) = g_s(x_s,\ y_s) + n(x,\ y)$$

$(x_t,\ y_t)$는 기준영역에서 주어진 좌표이고, $(x_s,\ y_s)$는 찾고자 하는 탐색점의 좌표이며, n은 잡영(noise)이다. 위식을 최소제곱해로 풀면 이동량(Δ_x, Δ_y)을 구할 수 있다.

$$\begin{bmatrix} \Delta_x \\ \Delta_y \end{bmatrix} = \begin{bmatrix} \sum g_x^2 & \sum g_x g_y \\ \sum g_x g_y & \sum g_y^2 \end{bmatrix}^{-1} \begin{bmatrix} \sum g_x \Delta_g \\ \sum g_y \Delta_g \end{bmatrix} \qquad (11\text{–}19)$$

여기서 $(g_x,\ g_y) = (dg_s/dx,\ dg_s/dy)$이며 $\Delta g = g_t(x,\ y) - g_s(x,\ y)$, 즉 기준영상의 영상소와 탐색영상의 영상소의 밝기값 차이를 말한다.

초기값(x_0, y_0)을 이 식에 대입하여 이동량을 계산하고, 계산된 이동량을 적용하여 다음 식과 같이 근사위치를 구한다.

$$(x_{n+1},\ y_{n+1}) = (x_n + \Delta x,\ y_n + \Delta y) \qquad (11\text{–}20)$$

이동량이 매우 작아질 때까지 이러한 과정을 계속 반복하면 원하는 탐색점의 위치로 수렴하게 된다.

(ㄷ) 문제점

(i) 이웃 영상소끼리 유사한 밝기값을 갖는 지역에서는 최적의 영상정합이 어렵다. (ii) 반복적인 부형태(sub pattern)가 있을 때 정합점이 여러 개 발견될 수 있다. (iii) 선형경계 주변에서는 경계를 따라서 중복된 정합점이 발견될 수 있다. (iv) 불연속적인 표면을 갖는 부분에 대한 처리가 어렵다. (v) 계산량이 많다.

나) 형상기준 정합

형상기준정합에서는 대응점을 발견하기 위한 기본 자료로서 특징(점, 선, 영역 등이 될 수 있으나, 일반적 경계정보를 의미함)적인 인자를 추출하는 기법이다. 두 영상에서 대응하는 특징을 발견함으로써 대응점을 찾아내는데, 이 경우 각 점에 대한 평균값이나 분산과 같은 대표값을 계산하여 두 영상의 값을 서로 비교한 후 공액점을 이용한다. 특징정보를 추출하는 연산자(operator)는 이미 컴퓨터 시각분야에서 많이 연구되어 있으며, 대개 이러한 연산자들을 사용하거나 변경하여 사용한다.

형상기준정합을 수행하기 위해서는, 먼저 두 영상면에서 모두 특징을 추출해야 한다. 이러한 특징정보는 영상면의 형태로 이루어지며, 대응하는 특징을 찾기 위한 탐색영역을 줄이기 위하여 공액 정렬을 수행해야 한다. 특징검출자로는 LoG(Laplacian of Gaussian) 연산자, Sobel 연산자, Moravec 연산자, Forstner 연산자 등이 있다. 이러한 검출자들은 경계의 강도나, 방향 등을 고려하여 특징을 추출한다.

한 정합점이 있을 때 주변의 정합점과의 모순이 발생하지 않으려면 유사성만을 이용해서 해결할 수 없다. 전역적인 정합점을 구하기 위해 완화법(relaxation) 동적 프로그래밍에 의한 최소경로계산(minimal path computation), 모의관측단련(simulated annealing) 기법 등이 이용될 수 있다. 정합의 정확도는 영상면의 질에 많은 영향을 받으나, 일반적으로 부영상소(sub pixel) 범위 내로 얻을 수 있다.

다) 관계형 정합

영역기준정합과 형상기준정합은 여전히 전역적인 정합점을 구하기에는 역부족이다. 관계형정합은 영상에 나타나는 특징들을 선이나 영역 등의 부호적 표현을 이용하여 묘사하고, 이러한 관계대상들 뿐만 아니라 관계대상들끼리의 관계까지도 포함하여 정합을 수행한다.

점(points), 무의(blobs), 선(line), 면 또는 영역(region) 등과 같은 구성요소들은 길

이, 면적, 형상, 평균밝기값 등의 특성을 이용하여 표현된다. 이러한 구성요소들은 지형공간적 관계에 의해도형으로 구성되며, 두 영상에서 구성되는 도형(graph)의 구성요소들의 특성들을 이용하여 두 영상을 정합한다. 입체영상면의 시야각이 다르기 때문에 구성요소들의 차이가 발생할 수 있으며, 정합과정에서 이러한 차이를 보상할 수 있는 방법이 필요하다.

관계형 정합은 아직 연구개발 단계에 있으며, 상호표정인자를 결정하거나 인공지물의 복원에 활용되고 있으나, 앞으로 많은 발전이 있어야만 실제상황에서의 적용이 가능할 것이다.

③ 정합의 특성비교

이미 설명한 바와 같이 세 가지 정합(영역, 형상 및 관계형)은 하나의 계층적 구조로 잘 설명할 수 있다. 즉, 관계형 정합은 전역적인 개략 정합점들을 구하는 데 유리하며, 이러한 정합결과는 형상기준정합이 국부적이며, 정밀한 정합점들을 구하는 데 이용될 수 있다. 또한, 형상기준정합의 결과는 매우 정밀한 정합점을 계산하기 위해서 영역기준정합의 근사초기값으로 사용될 수 있다. 영역기준정합과 형상기준정합은 이미 영상탐측분야에서 많이 연구되었으며, 관계형 정합은 현재 활발하게 연구되고 있다.

④ 영상정합의 수행과정

영상정합은 다음과 같은 과정에 의해 수행될 수 있다.

가) 하나의 영상면에서 정합요소(점이나 특징)를 선택한다.

나) 나머지 영상면에서 대응되는 공액요소를 찾는다.

다) 대상공간(object space)에서 정합된 요소의 3차원 위치를 계산한다.

라) 영상정합의 품질을 평가한다.

명백하게 두 번째 단계가 가장 해결하기가 어렵다. 나머지 단계는 다소 사소하게 생각할 수 있으나, 여전히 관심 있는 문제를 포함하고 있다. 예로서 전형적인 입체쌍(stereo pair)을 선택한다. 두 영상면에서 어느 영상면의 정합요소를 선택해야 하는가? 어떤 실체요소(entity)가 선택되어야하고, 어떻게 그것을 결정할 것인가? 능한 공액점이 없다고 한다면 어떻게 대상공간(object space)에서 위치를 계산해야 하는가? 등의 문제를 고려해야 한다.

4) 영상융합(image fusion)

(1) 영상융합의 의의

영상융합은 일반적으로 둘 혹은 그 이상의 서로 다른 영상면들을 이용하여 새로운 영상면을 생성함으로써 영상의 효과를 극대화시켜 영상분류(classification)의 정확도를 향상시키는데 사용되는 기법이다. 영상융합을 통해 개선된 영상으로부터 영상면에 존재하는 정보를 최대한으로 얻음으로써 자료의 모호함을 감소, 신뢰성확보 및 분류의 개선을 할 수 있다. 영상융합의 유형을 크게 두 가지로

case1: 광학영상간의 융합으로 고해상영상(예: panchromatic 영상)과 저해상영상(예: multispectral 영상)을 융합하여 공간해상도와 분관해상도를 향상 시킨다(예: Landsat TM이나 SPOT panchromatic 영상 또는 SPOT XS와 SPOT panchromatic 영상과의 융합

case2: 광학영상과 레이더영상간의 융합으로 레이더위성영상의 정밀한 지형공간정보에 의한 지형의 기복을 상세히 표현하거나 DEM의 정확도 향상에 효과적으로 기여한다.

예: 광학영상인 Landsat TM과 RADARSAT의 레이더영상과의 융합

(2) 영상융합의 기법

영상융합에 많이 이용되는 기법들은 다음과 같다.

① Wavelet 융합기법

고해상영상(예: panchromatic영상)을 저해상영상(예: multispectral)의 공간해상도와 일치 하는 단계까지 다해상도 Wavelet 변환을 적용하여 근사영상과 세부영상으로 나뉜 후 근사영상을 저해상도 영상의 각 분광밴드로 대체한 뒤 역 변환 함으로써 영상을 융합하는 기법이다. 신호처리 및 영상처리분야에서 다양하게 적용되고 있다. 특히 영상압축, 경계선 추출, 물체인식 등에 많이 이용되고 있다.

② HPF(High Pass Filter) 융합기법

제 1단계로 저해상도 영상의 각 분광밴드에 low pass filter를 적용시켜 분광해상도를 유지하면서 저주파성분을 추출하고 고해상도영상에는 high pass filter를 적용시켜 고해상도 정보를 강조하면서 고주파성분을 추출한다. 제2단계로 두 영상에 경중률(weight ratio)

을 적용시켜 영상을 융합한다. 이때 영상의 질을 향상시키기 위해 공간해상도와 분광정보가 유사한 비율로 융합되도록 필터의 경중률과 필터의 크기를 결정해야 한다.

③ CN(Color Normalized)융합기법

첫 단계로 융합하고자 하는 저해상도영상의 영상소(pixel)와 고해상도영상의 영상소에 각각 1을 더한 후 그 결과에 3을 곱한다. 둘째단계로 모든 저해상도영상에 대해 영상소값의 합을 구하고 3을 더한 후 이 값을 이용해서 나눈다. 셋째단계도 나누어진 값에 1을 빼면 새로운 융합영상의 영상소값이 계산된다. 수식은 다음과 같다

$$CN_i = \left\{ \frac{(MS_i + 1.0) \times (PAN + 1.0) \times 3.0}{\Sigma MS_i + 3.0} \right\} - 1.0 \qquad (11\text{-}21)$$

여기서 CN_i: i번째 저해상도와 고해상영상의 융합

MS_i: 저해상영상(multispectral)의 i

PAN: 고해상영상(panchromatic)

분모 3.0을 더한 이유는 0으로 나누어지는 것을 피하기 위함이다. 이 방법은 PCA융합기법과 유사한 결과를 기대하는 저해상도 영상을 한꺼번에 사용해서 영상을 융합 할 수 있다.

④ PCA(Principal Component Analysis)융합기법

영상부호와 영상압축, 영상향상에 사용되는 기법으로 변량사이의 상관관계를 고려하여 가능한 정보를 상실하지 않고 많은 변량의 관측값을 적은 개수의 종합지표로 집약시켜 나타낼 수 있다. 3개 이상의 분광밴드(명암, 색조, 채도)로 구성된 영상에 적용할 수 있는 장점이 있다.

연 습 문 제

다음 사항에 대하여 답하시오.

11. LiDAR의 해석, 영상정합 및 융합

1) 항공 LiDAR에 있어서 거리관측, 스캐닝 및 센서모형시 특징

2) 지상 LiDAR에서 대상물의 3차원위치를 구하는 과정

3) 영상정합의 의의 및 방법

4) 영상융합의 의의 및 방법

12 비지형(의학, 산업) 영상탐측
[Non-Topographic(Medical, Industrial Imagematics)

1) X선 영상탐측

(1) 개설

X선 영상탐측(X-ray imagematics)은 중심투영원리(中心投影原理)를 따르며 다음과 같은 특징이 있다. X선 영상은 항상 확대되며 렌즈왜곡, 공기의 굴절이 없는 거의 완전한 중심투영이다. 초점의 크기는 0.3 ㎜ 정도로 오차가 내포되어 있을 수 있으나 한 점으로 간주해도 무방하다.

X선 영상면은 일반적으로 감광속도가 느리므로 여러 가지 문제점이 있다. 일반적인 영상탐측에서는 물체가 음화필름으로부터 렌즈의 반대편에 있는데 비해 X선 영상탐측에서는 물체가 X선 방사기(emitter)의 초점과 필름 사이에 있다. 따라서 X선 영상면필름(radiograph)의 크기는 항상 물체보다 크게 되므로 주점거리만큼 확대된 영상면과 X선 영상면필름은 같은 크기의 원근감을 느끼게 한다.

X선은 악성종양이나 암 등의 비정상적 발육 또는 몸 안에 들어간 이물질, 뼈가 부러진 정도나 위치 등을 관측하는 데 많이 쓰이고 있으며, 공학적으로는 용접부분의 이상 여부, 구조물의 결함 여부, 품질검사 등에 쓰인다.

X선은 대상물의 성질에 따라 투과정도가 달라진다. X선 영상면의 명암은 노출시간과 X선관(tube)을 통과하는 전류량에 비례하고 대조(contrast)는 전압에 의존한다. 또한 X선 필름은 대개 양면 모두에 감광제(感光劑)가 칠해져 있다.

(2) X선 영상탐측용 기기 및 대상물공간에서의 기준점 설치

① X선 영상탐측용 기기

X선 방사기는 음극(cathode)에서 방출된 전자가 양극에 부딪칠 때 X선을 방사(放射)하도록 고안되어 있는 장치로, 양극은 고정시킬 수도 있고 과열을 방지하기 위해서 회전시키기도 한다. 두 가지 경우 모두 초점의 실제면적변화에는 영향을 미치지 않으나 X선의 피복

방향(被覆方向) 및 초점의 유효면적에는 영향을 미칠 수 있다.

일반적으로 X선 필름은 감광속도가 느린 점을 보완하기 위해 양면 모두 감광액을 바른다. 밀착여광기에 형광물질이 발라져 있어 X선이 방출되면 발광하고, 이 빛이 X선 필름을 감광시키는데 입자가 큰 감광제를 사용하면 감광속도가 더 빨라진다. 필름상자(film holder)는 밀착여광기가 포함되어 있는 필름을 고정시켜주고, 때에 따라서는 필름을 운동시킬 수 있는 장치이다. Bucky는 대상물을 통과할 때 흐트러지는 현상을 방지하기 위해 필름상자 안에 설치하는 격자로, 수평방향으로는 서로 평행하고 수직방향으로는 초점에 수렴하도록 설계되어 있다.

② 대상물 공간에서의 기준점 설치

기준점 설치시에는 대상물의 높이, 필름의 크기, 기준점을 설치한 후 대상물을 위치시키기가 좋은가, 구하는 좌표는 어느 정도의 정확도가 요구되는가, 관측된 기선 및 주점거리가 정확하다고 간주할 것인가 등을 고려해야 한다. 필름면에 대한 높이만을 결정하는 경우는 최소한 2개의 기초점이 필요하다. 기준점은 대상물면 내에서 될 수 있으면 기선과 수직한 방향으로 멀리 설치해야 하며 기준면에 설치하는 것이 좋다.

대상물 관측에 대해 3차원 좌표가 필요한 경우는 최소한 세 점이 필요한데, 이 경우 두 점은 기준면에, 한 점은 그 보다 높은 위치에 있어야 한다. 대상물 좌표를 구함과 동시에 모든 내 · 외부 표정요소를 구하기 위해서 해석적 이중후방교선법(double resection)이 사용되는 경우(Kratky, 1975)에는 3차원 좌표를 잘 알고 있는 기준점이 최소한 4개가 필요하다.

(3) X선 영상탐측

① X선사진

대상물은 투영중심과 필름 사이에 놓여지므로 X선 영상은 대상물보다 크게 되지만 초점의 크기는 전자가 음극에서 방출되어 양극에 충돌될 때의 면적으로 일정하다.

X선은 대상물을 통과할 때 흐트러지는 경향이 있으므로 상을 흐리게 하고 선명도를 낮게 한다. 이러한 현상이 발생될 때는 필름상자 앞에 납 성분의 격자(grid)판을 설치하는데, 이 격자판은 서로 평행하고 수직선 방향으로는 초점에 수렴되도록 한다. 이 납으로 된 판은 1차 X선을 제외한 거의 모든 2차 X선을 흡수함으로써 선명도를 높일 수 있다. Bucky는

격자판에 의한 그림자를 없애기 위해 앞뒤로 움직일 수 있으나, 이러한 격자모양의 그림자는 큰 영향을 미치지 않는다.

X선은 느리게 감광되므로 일반영상탐측과는 달리 노출시간이 길어지는데, 공업적으로 이용되는 경우에는 대상물이 고정되어 있는 상태이므로 별문제가 없으나 대상물이 움직일 때는 상의 흔들림이 생길 수가 있다. 따라서 노출시간을 짧게 하고, 노출시간 동안 고정될 수 있도록 필름상자는 밀착막(screen)으로 이루어져 있다.

〈**그림 12-1**〉는 일반적인 필름상자의 예이다.

실제로 의학용으로 쓰이는 X선관의 초점유효크기는 대략 0.3mm^{2}로 이 정도 되어야만 충분히 짧은 시간에 감광시킬 수 있는 X선을 방출할 수 있다.

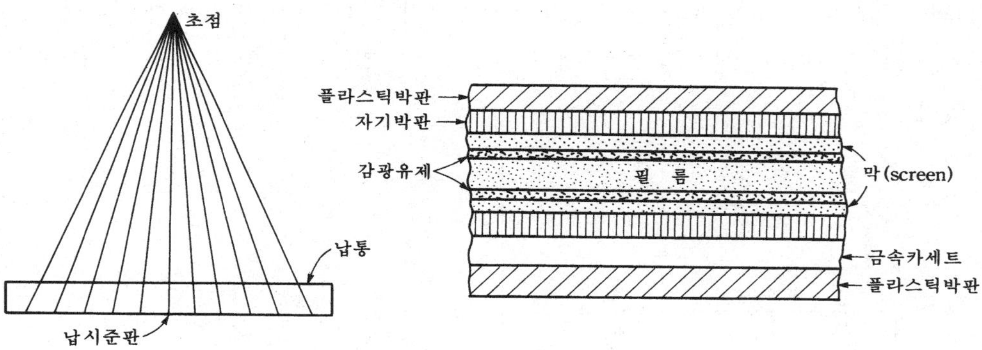

그림 12-1 필름상자

초점은 어느 정도의 크기를 유지해야 하므로 필름 전체에 반그림자효과(penumbra effect)를 생기게 하는데, 이것은 상을 흩트리고 영상을 부드럽게 만드는 작용을 한다. 또 다른 현상으로는 의사왜곡(擬似歪曲, pseudo distortion)이 있는데, 이것은 반그림자효과 때문에 영상점이 흐려질 때 그 점을 주관적으로 판단함으로써 생기는 것으로 그 영향은 무시해도 될 정도로 작다. 의학용 X선 영상면에서도 밀착여광기로 해서 영상이 흐려지며, 필름 양쪽면에 감광용(感光用) 유액이 칠해져 있는 것도 영상을 흐리게 하는 현상을 발생시킨다. 이것은 노출속도를 길게 하면서 단면감광필름을 사용하면 해결할 수 있다.

그 외의 요소로 필름상자의 상태가 좋지 않을 때 발생할 수 있는 필름의 휨(buckling)현상이 있을 수 있는데, 이것은 특히 필름평면이 X선관에 대해 기울어져 있는 경우에 문제가 된다. 또한 X선 필름에 영상면이 찍혀질 때와 관측될 때 필름에 신축이 생길 수 있다. 그러나 불규칙하고 우연적인 변형을 제외하면 거의 모든 형태의 왜곡은 수정할 수 있다.

② X선 필름의 관측

X선 필름관측의 일반적인 방법을 분류하면 단정밀좌표관측기를 사용하는 단안시방법(monocular mode), 입체정밀좌표관측기를 사용하는 입체시방법(stereoscopic mode), 입체관측방식을 이용하는 입체시방법, 도화기를 사용하는 방법 등이 있다.

입체관측용 기계는 입체경과 시차관측기로 구성되어 있는데 X선필름을 직각수평촬영상태로 걸어 놓으면 입체시(立體視)에 편리하다.

③ X선 필름 관측값의 환산

〈**그림 12-1**〉에서 A 점이 필름면에 대한 높이를 알고 있는 기준점이라면 이 값은 Z_A 로 표시되어 있으며, 기준면과의 높이에 그 면으로부터 기준점높이가 더해진 값이다. A 의 시차는 P_A 로 표시되어 있는데 c 를 주점거리, b 를 기선길이라고 할 때 다음과 같이 나타낼 수 있다.

$$P_A = \frac{b \cdot Z_A}{c - Z_A} \qquad (12-1)$$

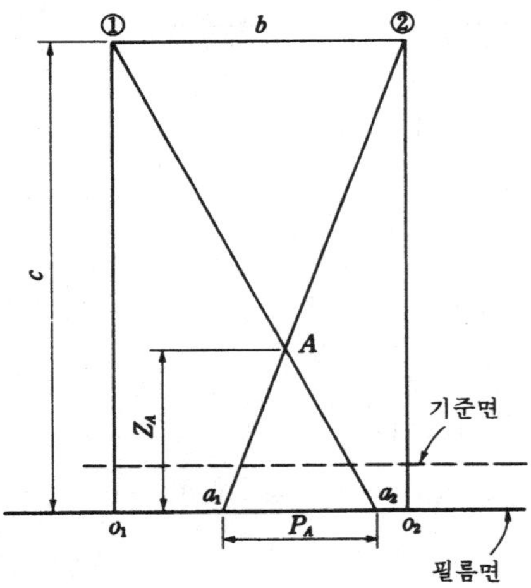

그림 12-2 시차결정의 원리

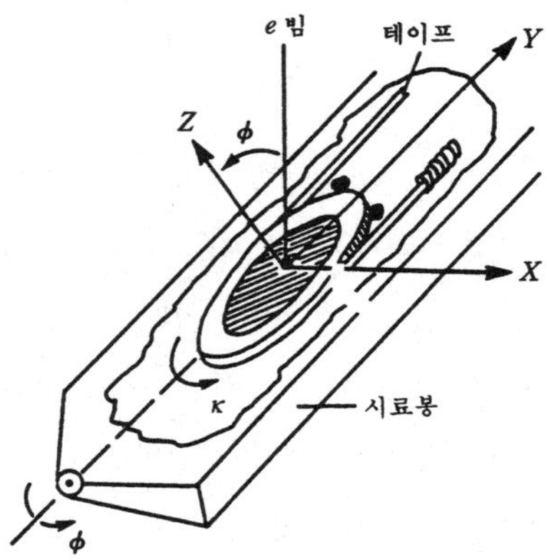

그림 12-3 X선 필름좌표들간의 관계

기준점의 시차와 알고자 하는 점의 시차차는 다음 식에 의해 그 점이 필름면으로부터 얼마만큼 떨어져 있는가를 관측할 수 있다. 그 점의 시차를 P 라고 하면 다음과 같이 나타낼 수 있다.

$$Z = \frac{P \cdot c}{b+P} \tag{12-2}$$

주점 O_1, O_2를 설정하고, 필름의 x 방향(시차차의 방향)을 설정하면 〈**그림 12-3**〉과 같은 임의의 관측점에 대한 XY 좌표를 결정할 수 있다. 이때 O_1을 3차원 좌표원점이라고 하면 다음과 같이 나타낼 수 있다.

$$X = x(1 - Z/c)$$

$$Y = y(1 - Z/c) \tag{12-3}$$

④ 노출 사이에 대상물이 움직이는 경우

2개의 필름에 동시 노출할 수 있는 방법은 〈**그림 12-4**〉과 같고, 대상물의 관측점이 잘 보관될 수 있다면 직각수평촬영(直角水平撮影)으로 설치된 2개의 X선관으로부터 하나의 필름에 노출하는 방법도 가능하다. 필름상자를 빠르게 교체할 수 있다면 대상물의 움직임에 의한 효과를 조금 줄일 수 있다.

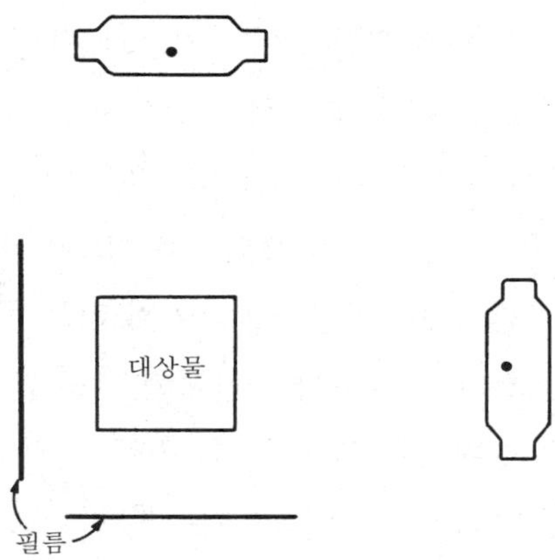

그림 12-4 X선 튜브 필름평면의 배열

그러나 대상물의 움직임이 아무리 작아도 필름에 x, y 시차를 발생시켜 정확도를 떨어뜨리므로 이러한 현상을 처리하기 위해서는 대상물 내부에 y 시차를 관측할 수 있도록 하는 고정점이 있어야 하고, 비율을 알기 위해서는 최소한 2개 고정점 사이의 거리를 알고 있어야 한다. 대상물의 움직임에 의해 발생한 y 시차에 근거해 두 번째 필름을 적당한 ω φ κ의 회전과 dy, dz 의 평행이동을 이용해 표정할 수 있으며, 이를 통해 두 번째 필름의 좌표를 계산할 수 있다. 첫 번째 필름좌표와 두 번째 보정된 필름좌표로부터의 배율은 결정되지 않은 대상물좌표를 계산해 낼 수 있고, 노출 사이 대상물의 dx 이동량을 계산하기 위해 배율을 조정해야 한다.

⑤ 입체 X선 촬영법

입체 X선 촬영법(stereo radiography)에서 3차원 영상면이 필요한 경우, 떨어져 있는 2개의 투영중심에서 따로따로 노출될 두 장의 X선 필름의 입체경을 통해 입체시가 가능한 몇 가지 방법을 살펴보면 다음과 같다.

첫 번째 방법은 일정한 크기의 기선으로 고정된 2개의 X선 관이 있는 경우이다〈**그림 12-5** (a)〉. 이 장치는 한번 정확히 위치시키고 계산해 놓으면 내 · 외부의 표정요소가 완전히 고정되어 있기 때문에 해석이 간편한 이점이 있다.

또 한 장의 필름에 각각 분산되어 있는 관측점들을 입체시(立體視)의 시차(stereoscopic parallax)로 촬영할 수 있도록 두 X선관을 동시에 작동시킬 수 있다. 이 경우 기선(基線)길이의 비를 마음대로 조절할 수 없다는 것이 단점이다.

두 번째 방법은 첫 번째 방법보다는 일반적인 방법이다. X선관은 필름면에 평행하게 움직이도록 되어 있으므로 주의할 점은 필름상자가 기선과 필름면에 수평이 되도록 조정해야 한다는 점이다〈**그림 12-5** (b)〉. 여기서 기선의 길이는 X선과 이동량을 관측하여 결정한다. 단점은 이동에 따른 X선관의 위치변이가 있을 수 있다는 점이다.

세 번째 방법은 X선관 직하에 있는 축을 중심으로 기준면과 필름상자를 함께 회전시킴으로써 기선을 얻는 것이다〈**그림 12-5** (c)〉. 움직이지 않는 물체를 촬영할 때 사용하는데, 이 경우 필름면이 요동함으로써 내 · 외부에 불필요한 이동을 초래할 수 있으므로 이로 인한 가시차(false parallax)로 정확도가 저하될 수 있는 단점이 있다.

네 번째는 기선을 얻기 위해 대상물을 이동시키는 방법으로 대상물과 필름을 함께 이동시킬 수 있는 적절한 장치가 필요하다〈**그림 12-5** (d)〉.

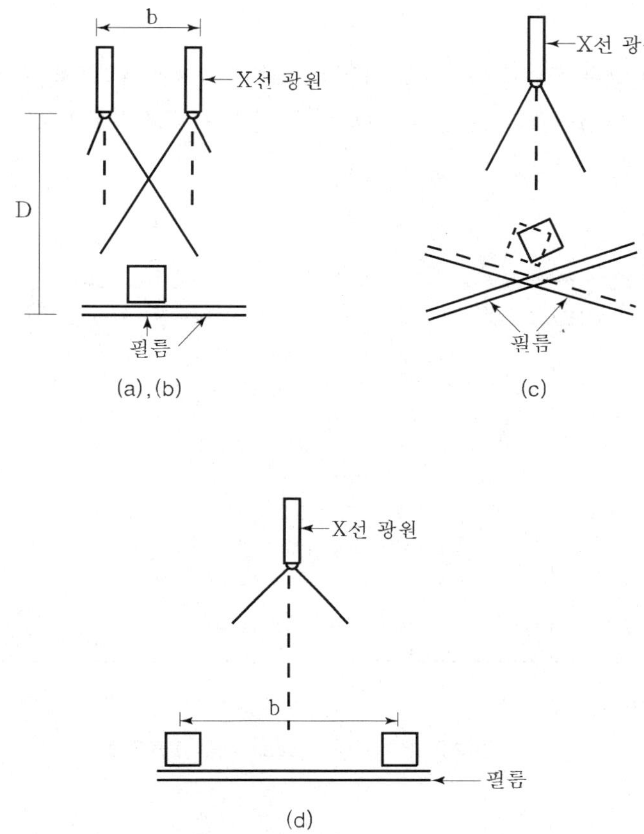

그림 12-5 입체시 기하학적 배치(Stereo radiographs)

⑥ X선 영상탐측에서의 내부표정

내부표정요소는 주점거리 c와 주점 O의 위치이다. 필름상자 내에서의 필름면 위치와 필름상자의 위치, X선관 속에서의 초점위치, 이 세 가지 요소를 알고 있다면 주점거리 c는 매우 높은 정확도로 구할 수 있다. 필름에서의 주점은 초점에서 필름면에 내린 수선의 발이라고 정의된다. 이 위치는 여러 가지 방법으로 결정될 수 있는데, McNeil(1966)은 기준용 탑재기를 설치하고 그 위에 불투과성 축(radiopaque reference axes)을 끼워두는 방법을 고안하였다. 그 축의 교차점에 원통의 축이 일치하도록 기준용 탑재기(reference platform) 위에 원통을 세운다. 원통의 상부에는 구멍이 있어 5개의 납판이 설치되어 있는데 그 중 제일 가운데 구멍은 원통의 축과 정확히 일치해 있다. 한번 노출시켜보면 기준용 탑재대의 축과 실제 주점이 얼마나 떨어져 있는지 알 수 있으므로 이를 반복해 주점을 확정한다.

그 외에 Janason과 Hindmarsh(1975)가 고안한 것도 McNeil의 원리와 유사하며, Moffitt(1972)와 Baumrind(1975)는 상하면에 각기 불투과점을 박아놓은 투명한 원통을 사용했다.

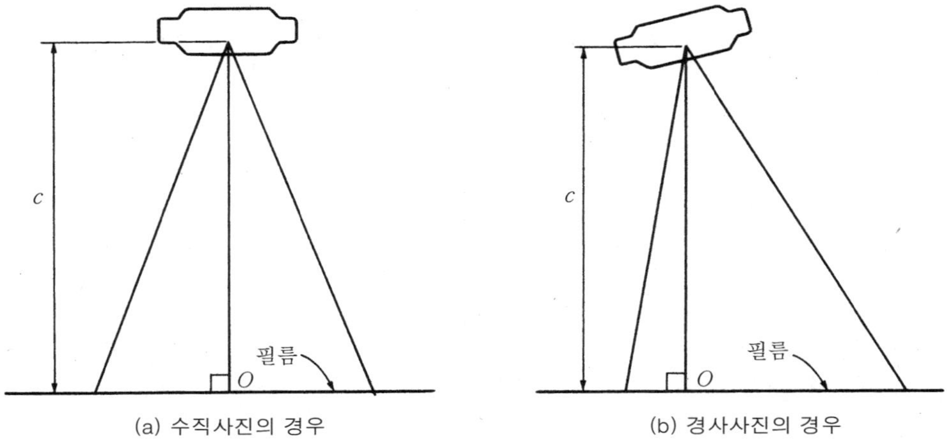

그림 12-6 X선 관측의 내부표정요소

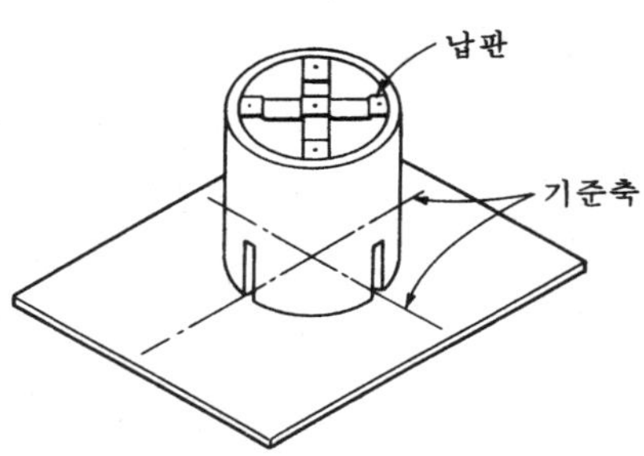

그림 12-7 내부표정요소를 결정하기 위한 McNeil 기구

⑦ X선 영상탐측에서의 외부표정

〈**그림 12-5** (a)〉에서는 두 X선관이 필름면으로부터 일정한 거리만큼 고정되어 있으므로 완전한 직각수평촬영(normal case)을 얻을 수 있다. 이것은 필름상자와 필름이 잘 맞춰져서 필름이 제위치가 잡히고 필름상자가 똑바르면 된다는 것을 의미한다.

〈**그림 12-5** (b)〉에서는 X선관의 이동이 정확하게 평행을 유지한다면 직각수평촬영을 얻을 수 있다. 촬영시에 기선의 길이 비에 따라서 대상물을 완전히 피사하기 위한 범위에 오도록 X선관이 회전되기도 한다. 회전축이 초점을 통과하지 않는다면 주점거리가 $\Delta c = e(1-\cos\theta)$만큼 이동된다. 대상물의 두께에 비해 주점거리가 충분히 큰 경우에는 인화시 X선 필름의 축척을 변화시킴으로써 이 차이를 보정할 수 있는데, 주점거리가 점점 가까워짐에 따라 이 차이는 X선관을 반대쪽으로, 움직임에 상당하는 만큼 고려해야 한다.

〈**그림 12-8**〉의 경우에는 필름면이 초점으로부터 가장 멀 때, 즉 주점거리가 최대로 될 때 회전축이 초점으로부터 수직한 위치를 통과해야 한다. 이것은 필름이 ①, ②의 정확히 중간에 있을 때이다. 직각수평촬영을 얻으려면 양쪽 주점거리가 똑같이 되도록 같은 양만큼 회전시켜야 한다.

기선의 길이는 직접 구하거나 대상물공간을 적당히 조절함으로써 계산할 수 있다. 기선방향은 X선관의 이동 또는 필름면의 이동방향으로 미리 기준면이나 필름상자에 불투과성 기준점이 되는 직선을 새겨 놓을 수도 있으나 많은 노력을 필요로 한다.

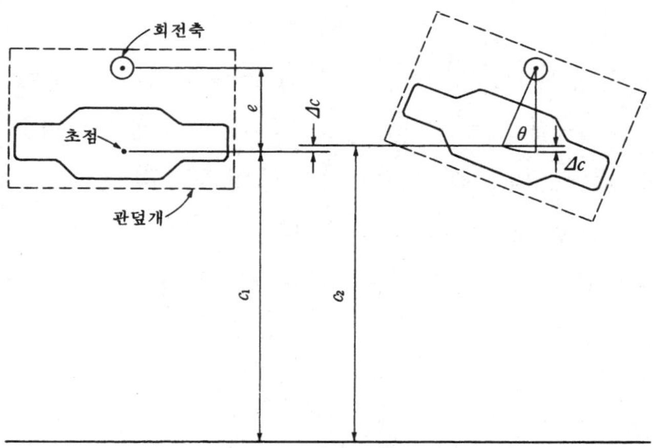

그림 12-8 주점변화에 따른 초점의 편심

2) 초음파 영상탐측

(1) 개설

초음파기법(超音波技法)은 제 2 차 세계대전 이후 비파괴검사(非破壞檢査, NDE : Non

Destructive Evaluation)에서 폭넓게 사용되어 왔다. 최근의 전자공학과 소형전산기 및 처리기법의 발달과 수치해법의 발달은 초음파 비파괴검사의 실용가능성에 큰 공헌을 했다. 산업현장에서는 여러 결점들을 규명하기 위해 주로 경험적인 접근을 시도하고 있으며 대학이나 연구기관의 많은 연구가들은 문제점 해결을 위한 이론적인 기법향상에 노력을 기울이고 있다. 다양한 성공사례가 보고되고는 있지만, 특히 복합재료부분에 대해서 더 많은 연구가 요구되고 있다.

복합재료는 이방성 비균질 다층매질이어서 분석이 복잡하므로 비파괴검사분야에 관심을 가지게 되었다. 단 하나의 틈으로도 많은 위험을 가질 수 있는 금속분야에서의 초음파기법은 0.5㎜까지의 틈을 관측할 수 있다. 또한 일반적으로 잘 나타나는 복합재료의 접합면의 틈새에 대해서는 최소 6.4㎜까지 관측이 가능하다. 이 방법은 전산기초음파체계의 통제와 자료수집, 평가, 표시 및 수정 등에서 이미 중요한 역할을 수행하고 있으며, 앞으로 더욱 활용성이 증대될 것으로 기대된다.

초음파 영상탐측(ultrasonic imagematics)을 필요로 하는 분야는 비파괴검사와 의학분야이다. 또한 초음파의 비파괴검사기법은 성분과 결함을 조정하기 위해 여러 산업체에서 사용하고 있다.

초음파기법은 전자매체에서 발생하는 소리의 관측을 다루고 있는데, 소리는 압축성과 확장성이 있는 탄력성 매질을 요구한다. 전자기의 방사 상태들을 파장(λ), 주기(P), 주파수(F), 그리고 음속(c) 등의 용어 등으로 분류하여 설명한다.

초음파에서는 1~25 MHz 사이의 주파수대를 사용한다. 특히 의학분야에서는 1~10 MHz, 비파괴검사에서는 1~15 MHz의 주파수를 사용한다. 이들 전자기방사의 상호관련식을 살펴보면 다음과 같다.

$$p = \lambda / F$$

$$c = \lambda F \qquad (12\text{-}4)$$

(2) 의학분야에 적용

의학분야에서 소리의 속도를 초당 1,540 m가 되는 것으로 가정하면, 초음파파장을 1 MHz의 주파수상태에서 계산할 수 있다.

$$F\lambda = c(1\times10^{6})\cdot(\lambda) = 1{,}540\text{m/sec}$$

$$= (1{,}540\text{m/sec})/(1\cdot10^{6}\text{cycles/sec})$$

$$= -0.001540\,\text{m}$$

$$= 1.540\,\text{mm}$$

그러므로 10 MHz에서의 파장은 0.1540 ㎜가 된다. 이것은 영상의 해상력을 위한 중요한 요인이 된다. 의학에서 주로 사용되는 스캐닝주파수는 〈**표 12-1**〉와 같다.

초음파는 초음파 스캐너(ultrasonic scanner)의 핵심부인 압전결정체(piezoelectric crystal)를 통과하는 전압을 가함으로써 발생된다. 이 결정체는 납 지르콘산염(lead zirconate, $PbZrO_3$) 세라믹으로 만들어지며 전압이 제거되면 본모양을 되찾는 특성을 가지고 있다. 결정체는 변형과 복원을 계속하는데 결정체의 모양이 바뀌는 과정에서 초음파를 방출하고, 결정체의 진폭이 줄어들면서 한 번의 전압펄스(pulse)에 대해 단 두 번의 초음파 펄스를 방사한다. 또한 결정체의 모양이 바뀌면 전압을 생성한다. 그러므로 결정체는 초음파를 방출할 수도 있고 검출할 수도 있다. 결정체를 통과하는 일정한 간격을 가진 전압펄스를 사용해, 펄스 사이의 초음파를 검출하고 증폭하면 영상을 만들어낼 수 있다. 사실상 대부분의 의료용 스캐너는 약 1 μs에 걸쳐서 초음파를 방출하며 되돌아오는 충격파를 1,000 μs 동안 기다린다. 세포질에 제공되는 소리의 순강도(net intensity)는 매우 낮으며, 1cm^{2}당 1 watt 정도의 세기를 지닌다.

사람의 세포질은 기본적인 물리법칙에 따라 초음파펄스를 분산시킨다. 임상의 초음파에서 가장 중요한 원리는 파동의 전달, 반사, 감쇠인데, 초음파의 반사와 전달은 음향저항(Z)에 관계되며 다음의 식으로 표시된다.

$$Z = \text{밀도} \times \text{속도} \qquad (12\text{-}5)$$

Z의 값은 rayls [kg/m^2/sec]로 정의되며, 사람의 세포질에 대한 값은 〈**표 12-2**〉에 나타나 있다.

표 12-1 매질에서 소리의 속도

매 질	속도[m/s]
공 기	330
지 방	1,450
물	1,480
뇌	1,540
간	1,550
신 장	1,560
혈 액	1,570
근 육	1,580
뼈	4,080

표 12-2 의료용 스캐닝주파수

주 파 수	대 상
2.25 MHz	성인 환자
3.5~5.0 MHz	일반 환자
7.5~10.0 MHz	외부조직, 신생아, 어린이

반사의 강도, 또는 증폭반사계수(R)는 다음 식으로 결정된다.

$$R = (Z_2 - Z_1)/(Z_2 + Z_1) \tag{12-6}$$

R 값은 〈**표 12-3**〉에 나타나 있는 것과 같이 계산될 수 있다.

표 12-3 인체의 각 조직에 대한 음향저항(Z)값

물질(material)	$Z \cdot 10^6$ rayls
공기(air)	0.0004
폐(lung)	0.18
지방(fat)	1.34
물(water)	1.48
간(liver)	1.65
신장(kidney)	1.63
피(blood)	1.65
근육(muscle)	1.71
뼈(bone)	7.8

표 12-4 증폭반사계수(R)값

물 질	증폭반사계수값
근육 - 공기	−0.99
지방 - 간장	0.10
신장 - 간장	0.006
간장 - 근육	0.018
근육 - 뼈	0.64

위의 자료는 매우 중요한 사실을 보여주는데, 즉 공기와 조직의 접촉점은 매우 강한 방사기이고 조직과 뼈 사이도 상대적으로 강한 초음파반사기라는 것이다. 이러한 점으로 인해 의학용초음파는 공기나 뼈 부근에서는 사용할 수 없으며, 이러한 접촉점으로부터 반사된 소리는 조직과 조직간의 접촉점을 상쇄시키고 만다. 이는 초음파의 중대한 한계이다.

초음파의 증폭은 주어진 주파수에 따른 거리에 따라 빠르게 격감된다. 인간 조직에서의 감쇠계수(減衰係數)는 대략 1 MHz당 0.5~1.0 db/㎝로 주파수가 증가함에 따라 감쇠계수는 비례적으로 증가하는데, 예를 들면 다음과 같다. 2 MHz에서의 감쇠계수는 1.0~2.0 db/㎝이고 3 MHz에서는 1.5~3.0 db/㎝이다. 따라서 주파수가 증가하면 감쇠계수도 증가한다.

의학용 초음파에 이용되는 초음파에는 A형방식(진폭방식), B형방식(광도방식), M형방식(동작방식) 등의 세 가지 방식이 있다. 스캐닝의 모든 형태는 신호수정, 증폭, 여과 등과 같은 내부과정을 거쳐 센서(monitor)에 나타난다.

A형방식(amplitude mode) 증폭막형은 오실로스코프에 반사된 소리의 증폭을 도화하는 것으로 〈**그림 12-9**〉은 A형방식의 스캐닝을 보여주고 있다. B형방식(brightness)은 A형방식과 같은 정보를 도화하는데 한 점에서의 밝기가 증폭되는 것을 도화한다. B형방식의 스캐닝그림은 〈**그림 12-10**〉와 같다. M형방식(motion mode)은 B형방식의 스캐닝을 연속적으로 도화하는 것으로 〈**그림 12-11**〉에 그 스캐닝 형태를 나타내었다. 이 결과를 살펴보면 정지된 물체는 곧은 직선으로 재현되고 움직이는 물체는 곡선으로 나타난다. 이러한 스캐닝형태는 인간의 심장이나 큰 혈관근육 등과 같은 움직이는 조직의 연구에 매우 유용하다.

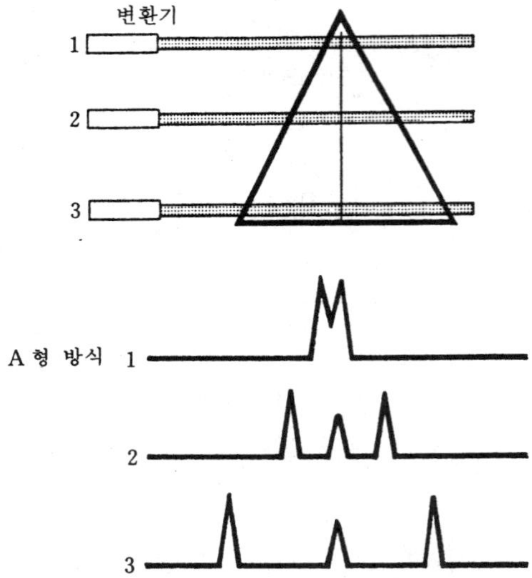

그림 12-9 A형방식 스캐닝

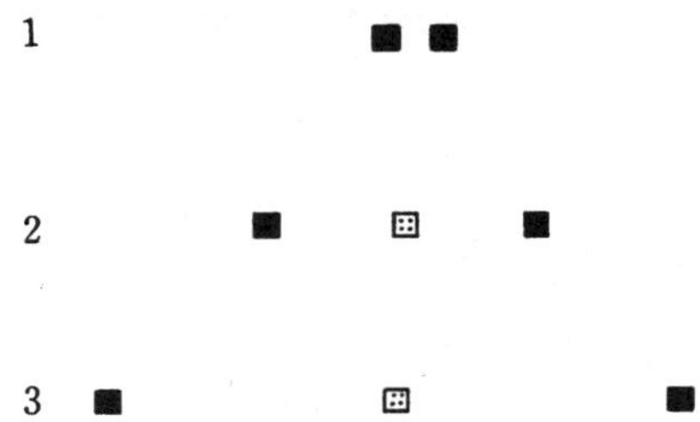

그림 12-10 B형방식 스캐닝

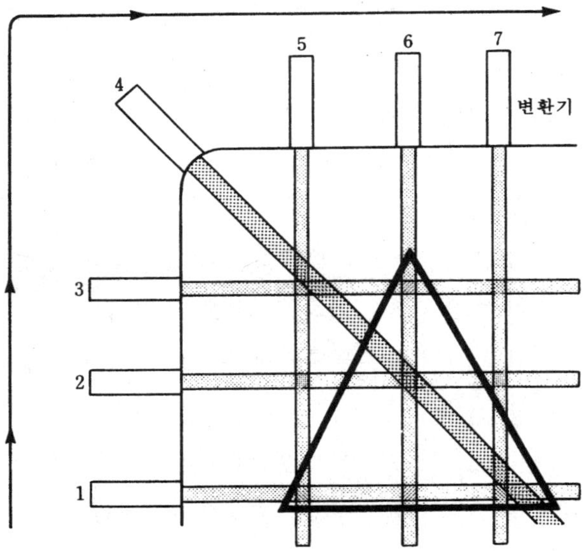

	6	8	8	8	8	8	8	8	8	8	8
	8										
	8					4					
	8				4	2	4				
	8			4		2		4			
	8		4	4	4	4	4	4	4		
	8										
	8										

저장장소에 기억되는 계조값의 형태

그림 12-11 M형방식 스캐닝

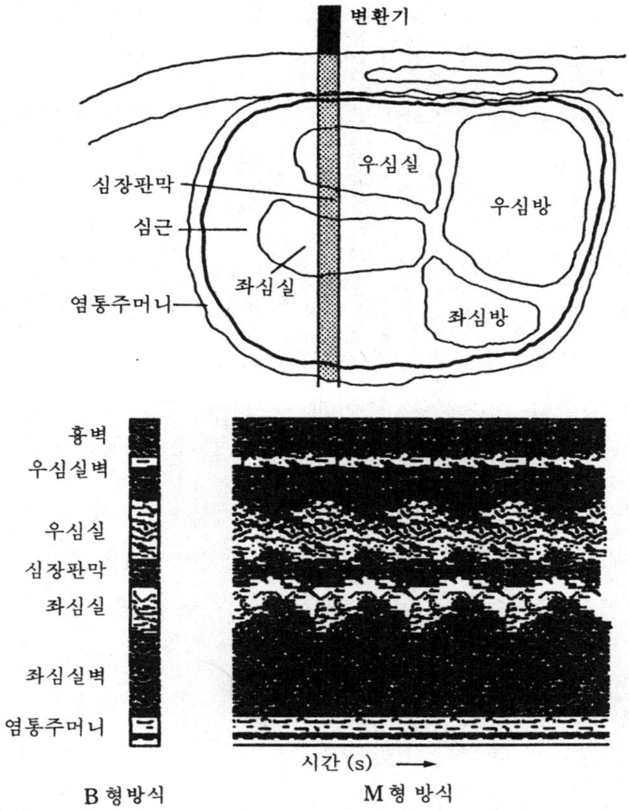

그림 12-12 심장의 횡단면 스캐닝

〈**그림 12-12**〉은 세 번째 갈비뼈 위치에서 심장을 횡단면으로 스캐닝 한 것을 보여주고 있다. 앞에서 언급했듯이 뼈나 공기를 통한 영상은 불가능하므로 스캐닝영상은 갈비뼈 세 번째와 네 번째 사이에 변환기를 위치시켜 얻고 있다. 심장은 수축과 확장을 반복함으로 B형방식이나 M형방식이 의학용 초음파로 널리 사용된다.

영상기구는 해상력으로 그 유용성을 결정하는데, 해상력은 축방향과 측면방향의 두 가지 요소로 분해할 수 있다. 축방향 해상력은 2개의 반사를 만들어 내는 2개의 접촉면 사이의 최소거리이다. 이것은 진동수와 펄스의 지속시간이라는 두 요소에 의해 결정된다. 앞에서 본 바와 같이 진동수가 올라가면 해상력이 증가하므로 최대해상력은 다음과 같이 계산된다.

$$\text{해상력} = (0.5) \cdot \lambda \tag{12-7}$$

위식을 사용하면 1 MHz에서의 해상력은 0.077 ㎜이고 10 MHz에서의 해상력은 0.077

㎜이다. 그러나 앞에서 말한 바와 같이 신호의 감쇠 역시 세포질의 깊이에 따라 기하급수적으로 증가하므로, 높은 진동수로 깊이 있는 세포질을 스캐닝하는 데는 제한요인이 된다. 만약 변환결정체(transducer crystal)에서 음파가 공명(共鳴)되도록 되어 있다면 해상력은 파동의 전송이상으로 급격히 감소하므로 이것을 막기 위해서는 변환기 내의 결정체가 심하게 감쇠해야 한다.

측면방향해상력은 다른 반사를 하는 서로 다른 인접접촉면 사이의 최소거리로 변환기면의 모양, 크기, 진동수에 따라 결정된다. 변환기에는 초점식과 비초점식의 두 가지가 있는데, 초점식변환기는 음파를 초점에 모으고, 비초점식 변환기는 후에 확산되는 소리의 평행한 빔(beam)을 방출한다. 진동수를 줄이거나 변환기면의 지름을 줄이면 빔이 확산되는 지점이 변환기에 가까워지는 결과를 얻을 수 있으므로 높은 진동수와 큰 지름을 가진 초점식이 가장 좋은 변환기이다. 변환기결정체의 크기는 물리적 제약이 있기 때문에 측면방향해상력을 높이기 위해 몇 가지 방법이 시험되었다. 선형배열의 스캐너는 64개에서 2,000개의 결정체를 사용해 변환을 만들고 각 결정체는 주어진 순서에 따라 진동한다. 이것은 변환기의 지름을 효율적으로 증가시켜 준다.

대부분의 연구목적은 변환기나 내부영상의 수정(부채꼴스캐닝방식, 관측과 부분수정)을 통해 축방향과 측면방향의 해상력을 높이는 데 맞추어졌으며, 음극선관(CRT)영상의 출력으로부터 얻어낼 수 있는 정보의 이용은 그다지 이루어지지 않았다.

이러한 문제를 해결하고자 초음파영상탐측을 위하여 첫 번째 단계로 자동스캐닝방식(PASS : Photogrammetric Automatic Scanning System)의 영상탐측 개발계획에 Robertson과 Wyatt가 참여하여 연구에 착수했다. PASS 2000은 CCD(Charge Couple Device) 사진기와 PMT(Photo Multiplier Tube) 2개의 센서조합을 사용하는 것으로, 어떠한 형태의 영상이든 개선하고 관측할 수 있다. Robertson과 Wyatt의 연구에 기초해서 Robertson과 Miles가 초음파기술에 이 자동화영상기기를 이용하여 B형방식의 출력으로 스캐닝하여 인간의 콩팥을 3차원으로 표현할 수 있었다.

이 기계의 원리는 일련의 B형방식 스캐닝으로 영상면을 스캐닝하는 PASS의 센서(sensor)를 통해 얻어내는 것으로, B형방식 초음파스캐너는 변환기를 이용해 x축(거리)과 z축(심도)의 위치를 자동적으로 기록할 수 있으며 주어진 기준점으로부터 스캐닝지점의 위치를 관측하여 3차원 개념을 도출한다. 예를 들면, 척추의 중심과 후면 상부 장골마루의 관측 등이다. 정확한 $x-y-z$ 위치에서 일련의 스캐닝이 행해진다.

두 번째 단계로는 PASS에서 기계적인 초음파스캐닝으로부터 대상물의 형태를 골라내는 일이다. 대상물은 남아 있는 다른 대상물과의 경계에서만 식별이 가능하며 좁은 범위의 밝기값(grey-scale value)에서 여과작용을 거쳐 선택한다.

이 과정을 거친 후 다른 단계로 음극선관(CRT)에 막형을 발생시키게 할 수 있고 최종적으로는 PASS에서 초음파스캐닝을 통해 얻어지는 기억자료로부터 직접 초음파영상면을 얻을 수 있다. 이 체계(system)는 얻어지는 영상시계열(映像時系列)을 이용해 3차원 영상면으로도 재현시킬 수 있다.

의학용 초음파의 사용에서 축방향과 횡방향의 해상력을 모두 보완 발전시키고 있으나, 현재 의학용으로는 0.7 ㎜ 정도의 축방향 해상력이면 충분하다고 인정한다.

현재 B형방식 초음파는 주로 간, 비장, 췌장, 신장, 담낭과 자궁(임신 여부의 판정)의 영상면을 얻는 데 사용되며, 또한 갑상선, 방광, 전립선 등에도 쓰인다. M형방식은 주로 심장과 태아의 스캐닝에 사용되며, 어떠한 경우에서도 3차원 영상면은 유용하다.

3차원 영상면이 유용한 응용분야 중의 하나가 심장을 M형방식으로 스캐닝하는 것인데, 앞서 본 것과 같이 매우 복잡하고 판독에 많은 전문적인 지식이 요구된다. M형방식 스캐닝에 B형방식 스캐닝을 겹쳐 사용함으로써 심장의 3차원 영상면을 얻을 수 있는데, 이 영상면으로부터 많은 유용한 변수들이 추출될 수 있다. 예를 들면, 심근경색(방실분리 – 심방과 심실 사이의 격막 – 와 심근에 공급되는 하나 또는 그 이상의 혈관이 죽을 때 생기는 심장마비) 후에 병발한 심근은 활동을 덜하게 되므로, 이때 경색의 범위와 위치를 볼 수 있을 뿐만 아니라 심장으로부터 나오는 혈액량의 변화를 계산할 수 있다.

그림 12-13 PASS 2000 시스템

또한 심장판막과 그 기능을 시각화하는 것을 포함하는 다른 응용도 가능하다. 예를 들어, 비정상적으로 성장하는 판막을 쉽게 감지할 수 있으며, 그것이 피의 흐름에 미치는 영향도 가시화할 수 있다. 심장판막육종(류마티스성 열에 의해 발생하는)을 제거하거나 교련부절절술(비정상판막을 통한 혈액의 흐름을 개선하기 위해 판막을 제거)을 행하는 데 사용되는, 대동맥을 통해 삽입이 가능할 정도의 작은 수술용 칼도 외과의사들이 음극선관 영상면을 통해 3차원으로 볼 수 있다.

임산부가 초음파에 의해 태아를 3차원으로 보는 경우를 생각해 보자. 태아의 얼굴모습이나 성별을 볼 수 있는 것은 물론이고 종전의 초음파에 의해서는 감지할 수 없던 다운증후군(Down's syndrome) 같은 기형도 얼굴모양과 태아의 심장과 위장위치 등의 결함을 감지할 수 있게 되었으며, 이로써 태아외과의 영역이 개척되었다. 태아외과는 초음파와 X선과 함께 수행되고 있는데, 3차원 초음파는 검사를 위한 표본채취용 바늘의 위치를 안내할 수 있다.

태아의 비정상적인 자세와 같은 징후는 2차원 영상면에서는 감지할 수 없으며 X선에 의해서는 감지될 수 있으나, 이것은 건강한 태아에 대해서도 피해를 줄 우려가 있다. 이 기술은 주로 X선에 의해 행해지나, 3차원 초음파진료술을 이용하면 적은 위험부담으로 수술이 가능하다. 다른 시술로는 뇌 주위에 찬 액체(뇌수종)를 빼기 위해 도뇨관을 태아의 머리로 옮기는 일 등이 있다. 이러한 모든 사술에서 정확한 3차원 영상면을 얻을 수 있다면 태아외과분야에 큰 도움을 주게 될 것이다.

3차원 영상면이 유용한 또 하나의 예는 담석환자에게 격자를 투영할 때이다. 3차원 스캐닝이 이루어지고 음극선관이 투영되면, 바늘이 담낭에 이르기 위해 필요한 각도와 삽입지점이 계산된다. 바늘을 삽입하고 초음파를 통해 감시하면 작은 분쇄기구가 바늘을 통해 삽입되어 담석을 찾아 분쇄하고 파편을 제거한다.

정확한 3차원 검사가 의료에 적용된 예는 상당히 많다. 그러나 아직은 초보단계일 뿐이며 실시간처리가 전 과정에 걸쳐 자동화된 체계로 운영되는 기법에 관해 계속 연구되고 있다.

(3) 항공우주에서 초음파에 의한 비파괴검사

라이트형제의 첫 비행 뒤로 항공우주기술자들은 그들의 연구를 위해 여러 재료를 사용해 왔으며, 금속합금과 섬유보강합성물이 높은 질량대 강도와 질량대 경도의 비를 실현하게 하는 원재료로 사용되게 되었다. 구조요소의 결함은 생산과 소비의 어떤 단계에서도 발생할 수 있다. 금속의 경우 결함은 갈라진 틈이나 깨진 틈과 같이 비교적 단순한 형태를 갖는

데 비해 합성물은 다양한 형태의 결함이 발생한다. 각 형태의 결함은 구조적 기능에 여러 가지 영향을 끼치기 때문에 비파괴감지와 결함을 형태와 치수, 그리고 위치에 따라 특성화 시키는 방법이 필요하다. 이러한 목적에 있어서 매우 뛰어난 도구인 초음파는 항공우주공업에 널리 이용되고 있다.

초음파는 연구개발과 결함감지에 대한 실용적 비파괴검사 및 재료의 탄성결정들에 널리 사용되는데(Krautkramer, 1983) 비파괴검사에서는 주로 1에서 15 MHz의 진동수에서 사용된다. 높은 해상력을 얻기 위해서는 지속시간이 짧은 파가 이용되는데, 이 파는 파장역(波長域)이 넓은 압전변환기에 의해 만들어지고 받아진다. 변환기의 중심과 측면날개로 구성된 장(field)은 안테나에 의해 만들어진 장과 비슷하며 실제적인 배열은 변환기의 지름과 파장에 의해 결정된다. 초음파장은 변환기로부터의 거리에 따라 다른 모양을 가지는데, 가까운 곳의 진폭은 정점과 계곡으로 이루어지는 데 비해 먼 곳의 진폭은 빔(beam)지름이 넓어지는 데 따라 지수적으로 감소한다.

압전효과(壓電效果)는 가역적이고 변환기는 송신기와 수신기의 양쪽 또는 한쪽으로 쓰인다. 이러한 변환기의 특성이 충격파공명(pulse-echo), 부분취득(pitch -catch), 계통변환(through transmission) 접근방식의 사용을 가능하게 한다.

충격파공명(衝擊波共鳴)은 하나의 변환기가 시험부의 같은 방향에서 송신기와 수신기로 사용되는데 시험부는 한 방향으로의 접근만 가능하다. 시험부로부터의 방향을 변환기로 수신해 시험부의 질을 평가하는 데 사용한다. 부분취득은 떨어진 송신기와 수신기가 시험부의 같은 방향에 있으며 충격파공명처럼 시험부 불연속점으로부터의 파형(mode echo)을 분석한다. 계통전송 송신기는 한쪽에 수신기를 다른 한쪽에 송신기를 장치하며, 시험부를 통해 나오는 송신신호의 진폭을 가지고 재료의 질을 결정한다.

또한 재료를 통해 파동이 전파되는 동안의 입자진동방식에 따라 세로방향, 전단(shear), 표면과 평면파의 형태 등으로 초음파를 나눌 수 있다.

이러한 초음파의 특성 중 몇 개만이 결함평가와 재료특성의 결정에 사용된다. 여기에는 초음파의 속도와 확산, 진폭 등이 포함되는데 초음파의 속도는 시험재료의 탄성에 의해 결정된다. 금속의 경우는 관계가 비교적 단순하고 식 (12-8)이나 식 (12-9)와 같이 파동형태에 의존하는 밀도와 탄성과 전단력 계수를 포함한다. 합성물인 경우 속도는 진동수에 관계되며(짧은 파장에서), 확산은 다음 두 식에서 나타난 바와 같이 질에 대한 평가에 부가적인 요소로 사용된다.

$$V_L = \sqrt{E(1-\nu)/\rho(1+\nu)(1-2\nu)} \quad (12\text{-}8)$$

$$V_T = \sqrt{G/\rho} \quad (12\text{-}9)$$

여기서 V_L : 세로방향 파동속도
V_T : 전단방향 파동속도
E : 탄성계수
G : 전단력계수
ρ : 특정밀도
ν : Poisson 비

산란, 과도한 반사, 약화 등의 진폭관측으로 결함을 확인할 수 있다. 결함은 불연속성과 재료의 특성에 따라 발생되는 것으로써 어떤 특정한 분포에서 초음파를 산란시킨다. 진폭은 결함의 특성을 분석하는 데 유용한 정보를 제공한다.

초음파 비파괴검사에는 세 가지의 스캐닝방식이 사용된다.

A형방식 스캐닝(A-scan)기술은 시험재료에 대한 1차원 정보를 제공한다. 결함의 깊이는 역전류검출관의 시간에 기준해 계산된 도달시간에 의해 표시되며, 결함의 크기는 반사된 신호의 진폭으로부터 추산할 수 있다. B형방식 스캐닝(B-scan)방법은 한 축을 따라 스캐닝되며 2차원 정보가 단면으로 표시된다. 이 기법은 주로 의학적 응용에 사용되고 있다. C형방식 스캐닝(C-scan)에서는 정해진 실험대상부위를 격자형(raster)형식에 따라 스캐닝하는 것으로 밝은 부분이 결함의 위치와 크기를 나타낸다. 적절한 전산기기술과 결합되면 결함의 위치와 깊이 자료가 결합되어 결함의 3차원 표현도 가능해진다. 그러나 C형방식 스캐닝기구의 크기 때문에 공장과 공업분야에서의 사용은 제한을 받는다.

시험결과는 천연색 비디오영상면이나 고해상도를 제공하는 흑백영상면으로 제공되는데, 이 기술은 단층 X선 촬영법과 같은 분야와 관련된 기술개발의 도움을 받았으며 영상처리와 강조기술의 영향도 받았다. 최근 이 분야에 이용될 수 있는 스캐너(scanner)를 개발하기 위해 많은 투자가 이루어지고 있으며, 이러한 노력의 성공으로 저가의 고기능소형전산기와 소형처리기가 지속적으로 소개되고 있다. 현재 몇 종의 상업용 스캐너를 현장에서 이용할 수 있으나, 아직까지는 스캐닝 한 번으로 시험될 수 있는 영역이 좁고, 스캐닝 할 관측부분이 단순한 기하학적 형상을 가지고 있어야 한다는 단점이 있다.

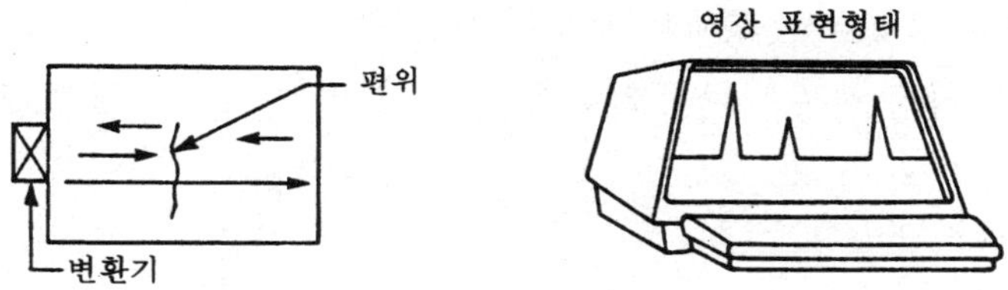

A형방식 스캐닝

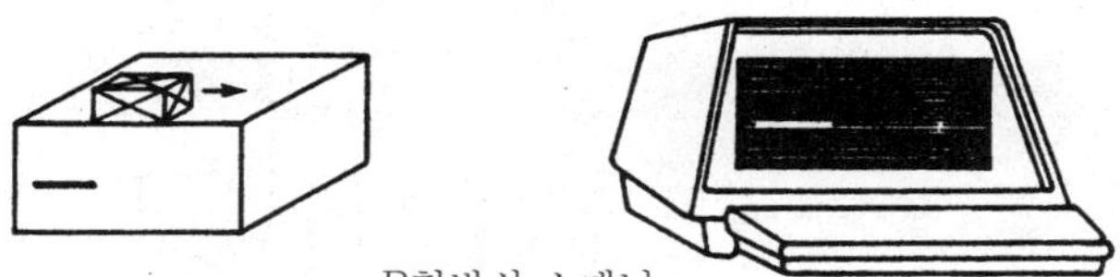

B형방식 스캐닝

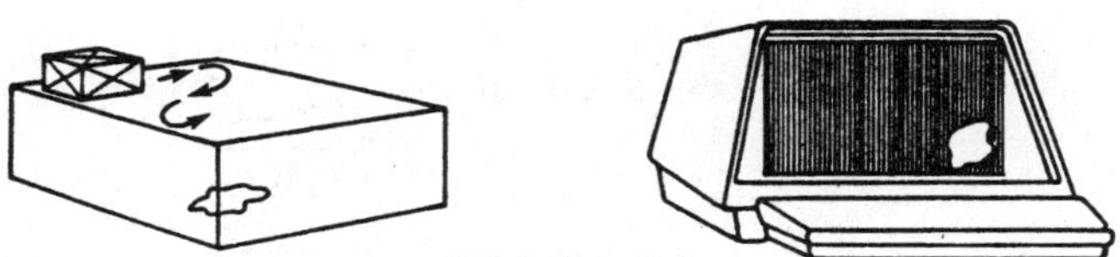

C형방식 스캐닝

그림 12-14 초음파 스캐닝기법의 세 가지 형태

(4) 금속구조에 응용

알루미늄, 티타늄과 강철합금은 항공우주분야에서 원자재로 이용된다. 합금은 비행체의 구조물로 만들어지는 데까지 여러 단계를 거치게 되므로 각 단계에서 결함이 발생될 수 있다. 처음 주조될 때는 틈과 공극이 발생하는데 이것은 밀어 펴지거나(rolled), 불리고(forged), 늘리거나, 열처리를 하거나 그 외의 다른 처리과정을 거쳐 적당한 탄성과 물리적 형상을 얻게 된다. 그런 후에 각 부분은 용접, 볼트 조임, 접합(bonding) 등의 기술에 의해 구조물이 된다. 이렇게 여러 생산과정을 거친 후에 행해지는 초음파비파괴검사는 주로 틈(갈라짐)을 감지하는 데 사용된다.

금속은 등방성이며 균질한 매체이기 때문에 초음파검사도 꽤 단순하다. 펄스를 충격파공명방식에서 시험부를 통해 방출한 다음, 재료 대부분으로부터의 외부적 반사를 갈라짐의 판별에 이용한다. 틈의 감지성을 제고하기 위해 파동을 틈 표면에 수직으로 방출해야 하는데, 이때 초음파의 반사율이 최대가 되기 때문이다. A형방식 스캐닝형태에 표시된 신호의 형태는 결함의 크기, 모양, 위치를 결정하는 정보를 제공한다. 틈의 깊이는 맥박이 틈까지 가는 데 걸리는 시간(오실로스코프에서 관측)에 파동의 속도를 곱해 얻어지며, 틈의 크기와 모양은 반사신호의 모양과 진폭에 의해 추정한다. 즉, 공극은 전면과 배면의 반사 사이에서 감지된 여러 개의 작은 진폭의 반사로 관측된다. 그 몇 가지의 예를 〈**그림 12-19**〉에 예시하였다.

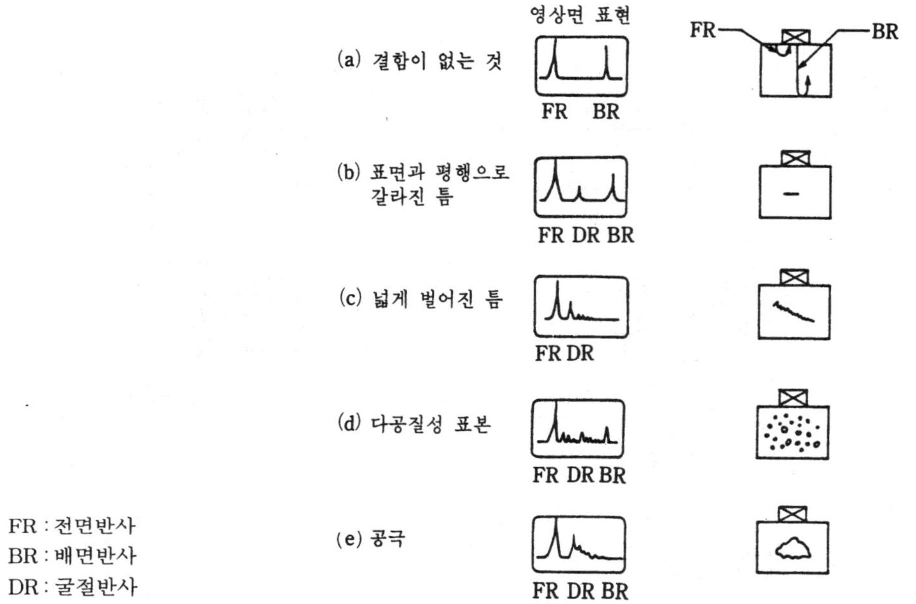

그림 12-15 금속매질에서의 초음파검사

(5) 이용효과 및 전망

초음파관측은 제 2 차 세계대전 이후 비파괴검사분야에서 널리 사용해 왔으며, 그들의 다양한 독립변수들은 여러 가지 결함과 재료특성을 특성화할 수 있게 하였다. 최근 전자공학과 소형전산기, 신호처리기술 및 수치해석기법의 발달로 초음파비파괴검사방법의 능력이 현저하게 향상되었다. 또한 결함특성에 대한 이론적 기술을 개발하기 위해 대학의 연구자, 연구재단, 산업분야, 정부기관 등에서 더욱 많은 노력을 기울이고 있으며 크고 작은 성과들이 나오고 있으나 합성물분야에서의 더 많은 연구가 필요하다.

합성물은 비등방성, 비균질성의 층상매체(layered media)이기 때문에 분석하기가 어려워 비파괴검사분야에서 많은 문제를 제기한다. 금속의 경우 하나의 틈이 점점 커져 위험할 경우 초음파기법을 이용하면 0.5 ㎜ 정도의 결함까지 감지해 낸다. 이에 비해 합성물의 경우

갈라짐과 같은 결함은 많은 경우 6.4 ㎜에 이르더라도 크게 위험하지 않다. 결함이 채택될만한 수준인지의 여부를 결정하기 위해 범위를 설정해야 하는데, 그 형식은 구조물의 기능상 결함의 영향에 의해 다르게 나타나며 합성물의 경우에 결함이 크게 나타날 수 있다.

초음파검사의 표준화는 성과품의 결과에 큰 몫을 한다. 이 필요성을 만족시키기 위해 허용오차를 작게 한 초음파변환기와 기계, 조정시편을 개발하기 위해 노력하고 있으며, 전산기는 이미 초음파기기의 제어와 자료수집, 평가, 표시, 갱신에서 중요한 역할을 하고 있다. 이 역할은 앞으로 더욱 커질 것으로 기대되고 있으며, 특히 복잡한 기하학적 형상을 가진 부분의 적용 여부를 결정하기 위한 의사결정과정(decision-making)에서는 인공지능도 연구되고 있다.

3) 생물입체 영상탐측

(1) 개설

생물구조의 표면은 무한한 점으로 취급할 수 있으며 이러한 모든 점들은 3차원 공간에서 특정한 위치를 가지고 있다. 이와 같은 점들의 3차원 좌표를 결정하기 위해 전체 또는 부분적으로 조직체에 대한 관측이 이루어지고 있으며, 운동이나 성장에 기인한 공간적 변화가 연속적인 관측을 이용해 정량화될 수 있다. 그러므로 생물입체측량은 기하학 및 수학적 원리에 기초한 생물학적 형상과 기능의 공간 또는 공간적, 시간적 분석으로 정의될 수 있다.

외부적 힘과 내부의 힘에 대한 생물학상의 형태와 반응은 인간사고의 역사에 있어 가장 관심 있는 주제 중의 하나로서, 새로운 관측기술과 실험방법이 나타남에 따라 의문시되는 새로운 영역이 흥미 있는 연구대상으로 되고 있다. 예를 들면, 현미경과 X선의 발견은 제각기 미생물과 방사능학의 발전을 촉진시켰으며, 최근에는 전자공학, 영상학, 초대형 전산기 그리고 이와 관련된 영상처리기술에서의 발달이 형태학적 연구의 영역을 확장시킴에 따라 생물학적 형상해석에 대한 입체관측분석의 관심이 증가되고 있는 것이 요즘의 경향이다.

생물학적 형상의 관측은 영상기법의 발명 후인 19세기 중반에 시작되는 입체영상면으로부터 이루어졌으며, 그 이후 영상탐측학자와 생체의학전문가들 사이에 많은 접촉이 있었으나, 대부분 영상탐측학이 특정한 생체의학쪽에 포함되는 식이었다. 그리고 불행하게도 이러한 노력들은 입증할만한 연구로 발전하지는 못하였다. 그러나 최근 생물학과 의학에서 체계적으로 된 영상입체관측을 통한 분석이 보다 넓은 범주에 접근할 수 있는 좋은 방법임이 판명되었고, 이는 생물입체영상탐측에서 여러 가지 주제를 다루는 국제회합에서 명확히 증명되었다. 생물입체영상탐측의 이론적 원리는 생물학적 구조가 규칙적인 기하학적 형태로 구성되어 있다면 이들을 간단히 길이, 폭 및 원주를 사용해 관측할 수 있다는 것이다. 그러나 살아 있는 유기체는 불규칙적인 3차원 성분으로 구성되어 있기 때문에 줄자나 눈금자에 의한 선형관측으로는 대부분 유기체의 공간적(2차원, 3차원)인 정확한 양을 알아낼 수 없다. 이처럼 한계는 있지만 많은 대상물이 선형관측을 이용해 관측될 수 있다. 많은 양의 입체영상관측자료 관리가 가능하게 된 것은 자료처리장치의 놀라운 발전 때문이다.

생물입체영상탐측(生物立體映像探測)의 관심은 최소한 르네상스시대까지 거슬러 올라갈 수 있다. 이때는 중세시대의 개념적 예술이 예술작품은 자연을 표현해야 한다는 원리에 의해 바뀌어 가던 시기로, 그림과 조각에서의 실제적 표현에 대한 요구가 르네상스시대 예술가들로 하여금 두 가지의 실질적인 문제에 부딪히게 했다. 첫째, 인간이나 건물과 같은 3차원 물체에 대한 상대적 정보를 얻는 방법, 둘째 이 3차원 정보를 2차원 형태로 만드는 방법이다.

첫 번째 문제는 자연과학부문에서 많았고 두 번째 문제는 주로 수학분야에서 다루어졌다. 자연과학은 중세시대 말기에 크게 낙후되어 있었기 때문에 예술가들은 자연과학자가 되려고 노력하였으며, 사실상 자연으로부터 인간의 해부학적 연구에 대한 필요성을 가장 먼저 느낀 것도 예술가였다. Choulant는 예술의 전통적 형상과 예술가들이 자연으로부터 자유로워졌을 때 인간모습을 재창출하는 것에 대한 연구를 위한 확고한 기반을 세우기 위해, 인간 몸체에 대한 실질적인 해부학 지식의 필요성 속에서 자기 자신을 발견했다고 설명하고 있다. Giotto, Ghiberti, Alberti, Leonardo Da Vinci와 Michelangelo는 살아 있는 유기체의 생물입체관측연구의 토대를 이루는 많은 관측기술을 제공했으며 인간 형상의 자연적 표현 속에서 결론을 찾았다.

입체경(立體鏡)에 대한 과학의 증명은 1832년에 Charles Wheatstone에 의해 이루어졌다. 그는 우리가 쌍안경으로 보는 입체감과 거리가 약간 다른 시점으로부터 2개의 그림을 만들고 입체경이라 불리는 그의 발명품 속에서 각자의 눈을 적절하게 표현함에 의해 인위적으로 나타날 수 있음을 깨달았다. 런던 귀족사회와의 토론 속에서 그는 여러 형태의 입체경을 언급했으며 반사하는 입체경을 상세하게 설명하였다.

1841년에 Wheatstone은 유명한 초상화 사진작가인 Henry Collen이 찍은 Babbage(수학자)의 입체영상면을 전시하였다. 전시는 성공적이었으나 영상면감광제의 가격이 비쌀

뿐만 아니라 적절한 입체사진기의 부족으로 인해 입체영상탐측학은 그 후로도 수년 동안 발전하지 못하다가, 1850년대 중반에 최초로 이중영상입체사진기가 등장하면서 일반화되기 시작하였다. 이에 따라 1863년 움직이는 인간 행동을 촬영하는 방법들이 의학적 목적을 위해 만들어졌다. 물리학자 Oliver Wendall Homes는 미국남북전쟁 동안 불구가 된 사람들을 위해 보다 좋은 인공수족을 설계하기 위한 목적으로 인간의 걷는 모양을 연구하기 위해 입체영상면을 사용하였으며, Duchenne는 환자들의 기형을 관측하기 위해 그들을 영상화하였다. 영상탐측학의 잠재적인 시초는 19세기 말이었지만 비교적 정확한 공학용 기구를 이용하기 시작한 것은 20세기로 접어들면서이다. 그 이론적 기초와 개념은 영상탐측학의 현시대를 열었다. 20세기를 지나오면서 입체영상탐측학은 주로 항공영상탐측작업에 응용되는 공학의 전문분야로 변화되었으며, 더불어 생물학 및 의학 같은 다른 분야에서의 이용을 위한 잠재력도 지니게 되었다.

(2) 생물입체영상탐측

생물입체탐측(生物立體探測)은 입체관측을 통해 대상물의 좌표해석, 단면도작성 및 등고선도 작성, 면적 및 체적계산 뿐만 아니라 영상면판독을 이용한 정성적인 해석까지를 범위로 하고 있다. 또한 자료취득과 결정 및 분석을 포함하는 생물입체영상탐측의 가장 중요한 요소는 다음과 같다.

첫째, 자료의 결정은 입체도면화 과정이므로 입체영상에 의한 기계적 및 해석적 도면제작과 수치도형화에 관한 것으로 일반영상탐측에서 이미 기술한 바와 같다.

둘째, 입체탐측(立體探測)센서(stereometric sensor)에 의한 자료취득은 다음과 같다. 과거에는 편리한 센서(sensor)에 대한 연구가 부족해 생물입체영상탐측의 발전이 이루어지지 않았으나, 오늘날의 입체영상탐측학에서는 레이저영상(holography), Moiré-Fringe 간섭계(interferometry), X선(X-rays) 관측, 전산화된 단층촬영법(CT), 핵자기공명영상화(NMRI), 입체현미경관측, 그리고 다양한 전자역학적 감지장치 등 많은 종류의 입체영상관측장치들이 개발되고 있다. 각각의 장치나 센서마다 장·단점이 있어 어느 기법이 가장 적절하느냐 하는 것은 물체의 형상과 크기, 환경조건, 가격효과, 자료수집시간상의 영향인자, 요구되는 자료의 형태, 연구 또는 임상의학적 응용, 그리고 기술적 정교성 같은 다양한 요소들의 고려에 달려 있다. 그러나 그 중에서도 입체영상탐측학이 가장 많이 연구되고 있으며 지금까지 개발된 입체관측기법 중에 가장 유용한 기법이다.

입체영상탐측학적 접근방법들은 다음과 같다. 첫째, 원래의 관측법과 같거나 전혀 다른 관측법을 사용하는 경험적인 실험에 의해 손쉽게 축적되는 영구적인 종합적 기록의 제공이다. 둘째, 입체탐측장비는 휴대가 편하고 여러 환경에서 사용하기가 편리하다. 셋째, 기본적인 영상탐측장치는 대상물 전체는 물론 부분을 관측하는 데 사용될 수 있다. 넷째, 입체영상탐측은 입체관측자료가 특정한 연구나 임상의학적 응용을 위해 요구되는 최후의 결정을 가능케 한다. 따라서 최소한의 자료요구가 영상탐측학에 의해 정의되었을 때 보다 간단한 입체관측센서가 가까운 장래에 목적이나 계획을 위해 개발될 수 있다.

생물입체탐측에 대한 연구성과가 급성장함에 따라 새로운 자료취득기술이 기대되며 현존하는 기술도 더욱 개발될 것이다. 현재의 다양한 접근방법 중 대표적인 방법이 선택될 때까지 생의학적 응용영역 내에서 계속적으로 새로운 요구조건의 개발이 이루어질 것이다.

모든 응용에서 입체관측센서, 관측되는 물체 그리고 자료를 이용가능한 정량적 형태로 결정하기 위해 사용되는 순서는 복합적으로 관련된다. 이러한 관계를 이해시키는데 있어서 Yale 대학교 생물물리학자인 Howard Morowitz는 다음과 같이 언급하였다.

"생물학적 기구의 사용은 생물학적 이론과 분리될 수 없다. 적절한 기구의 선택은 응용분야에서의 이론적 배경에 기초해야 하며 기술적으로 가능한 것에 대한 폭넓은 지식에 근거해야 한다."

생물학자나 의학전문가는 자신이 관측하려고 하는 것을 영상탐측학자, 공학자, 수학자들에게 말하기 전에 생물입체탐측으로 무엇을 제공해야 하는가를 철저히 이해해야 한다. 단순히 기술적으로 물체의 전체나 일부분의 측면도 또는 등고선도를 만드는 것뿐만 아니라 요구되는 정성적, 정량적인 관측이 이루어져야 하기 때문이다.

① 자료환산 및 입체도면화

입체영상면기법이 완성되었을 때 입체영상면쌍은 표준입체도면화과정의 이용을 통해 수치자료의 집합으로 환산해야 한다. 기계적 입체도화기에서 작업자는 두 장의 영상면이 중복되는 부분에서 물체의 3차원적 광학모형으로 x, y, z 좌표(선택된 점에서)를 자동적으로 기록할 수 있는데, 이 기법으로 측면도화, 등고선도면이 작성된다. 입체영상탐측학의 생의학적 응용에서 탐측용 사진기의 사용은 때때로 경제적인 이유, 크기 또는 제한된 기술적 지식 때문에 제한성이 있으므로 비지형탐측용 또는 반지형탐측용 사진기의 사용을 위한 정량적 방법의 개발에 많은 노력이 집중되었다. 자료분석에 있어서 입체탐측자료는 도형화(圖形化, 등고선도, 측면도)되거나 수치좌표형태로 저장될 수 있다. 수치자료는 전산기로 자료를 입력함으로써 보다 편리한 수단을 제공하며 전산기의 다양한 해석을 통해 부피 관측의 정보, 표면적, 각편차, 형상계수를 결정할 수 있다. 또한 자료분석을 위해 요구되는 다양한 통계값을 산출할 수도 있다. 생의학적 입체영상면을 해석하는 경우 고려할 사항은 영상면화되는 물체의 고유운동을 포함시켜야 한다는 것이다. 살아 있는 유기체는 한 지점으로부터 다른 지점으로의 이동과 관련해 움직이거나, 호흡, 피의 진동, 자세의 안정을 위한 조절에 반사적인 보정운동(補正運動)을 보여준다. 또한 생물입체영상면 관측연구의 많은 응용은 부피관측을 포함한다. 이와 같은 경우 대상물을 해석하기 위해서는 일반적으로 5~10 ms의 비교적 짧은 시간 안에 충분한 피사면적을 갖는 입체영상면을 얻어야만 한다. 수많은 입체사진기로부터 셔터의 동시화를 위해 필요한 정보처리기기(hardware)는 이미 이용 가능하나 여러 영상면들을 보정하는 기술과 적절한 수의 사진기 이용가능성이 주요한 관심거리이다.

지형탐측용 사진기는 고가일 뿐 아니라 생의학적 연구에서 입체영상탐측학의 적용에 어려움이 많았으나, 기법개발로 인해 신체에 대한 관측값을 비지형탐측용 사진기와 적절한 해석적 도화기에 의한 처리로 가능하게 되었다. 입체영상탐측학적 방법의 잠재적 정확도와 신뢰도는 이 책의 앞부분에서 언급한 바와 같다. 살아 있는 물체에 대한 연구에서 몸체나 몸체 일부분의 움직임을 해석할 경우 기계오차의 영향을 고려해야 한다.

몸체부피결정과 관련해 입체영상탐측학의 타당성과 신뢰도는 Herron에 의해 입증되었는데, Herron은 물의 배수량, 인간형상의 마네킹부피, 생물의 입체관측결과를 비교 고찰하였다. 생체관측의 타당성과 신뢰도에 대한 보다 자세한 연구는 Sheffer에 의해 수행되었다.

(3) 생물입체영상탐측

생체에 대한 입체영상탐측의 적용 예를 몸체의 형상, 몸통부분과 팔다리, 두개골, 얼굴과 치아, 몸의 4차원적 관측 등에 관해 설명하면 다음과 같다.

① 전체적 몸체 형상

영상탐측학에 의해 산출되는 관측은 오랫동안 인간의 형상을 묘사하는 데 있어 매우 좋은 방법으로 인식되어 왔다. 영상탐측학의 두 가지 주요 장점은 대상물을 신속하게 조사할 수 있다는 점과 대상물과 직접 접촉하지 않으므로 대상물의 원래모양을 찌그러뜨리지 않고 관측할 수 있다는 것이다.

몸 전체의 조사에 있어 주요결과는 몸의 총 부피, 부피의 분포, 그리고 몸의 표면적이다. 몸 전체의 형상에 대한 조사는 20세기 생물입체영상탐측연구의 주요 관심거리였기 때문에 그 방법론은 커다란 주목거리였다.

첫째, Hertzberg, Dupertuis 그리고 Emmanuel은 1957년 Kelsh plotter상에서 자료환산을 위해 사진을 해석할 수 있는 수정된 입체사진기를 만들어 발표하였다. 둘째, 그들은 노출된 몸의 표면상에 불규칙적인 형상으로 검은 물질을 점각(點刻)함으로써 피부대조를 증가시켰다. 셋째, 그 대상물이 노출 사이에 90° 회전되어 수렴영상면을 얻을 수 있게 되었으며, 종합적인 등고선 도면화와 측면도의 동일크기 도면이 산출가능하게 되었다.

또한 Hertzberg는 영상탐측학과 전통적인 인체관측에 대한 그들의 비교결과를 다음과 같이 표현하였다.

"우리들의 견해에서 입체인체관측은 수동적인 인체관측학보다 훨씬 간결하지만 문제는 체계(system)가 얼마나 정확하느냐가 아니라 인간이 얼마나 정확하느냐이다."

1967년 일리노이스 대학의 Herron, Weismann과 Karara는 몸 전체 관측을 위해 입체영상탐측을 이용하였다. 그들은 여러 가지 시험물체, 인간몸체에 대한 기계적 방법과 해석적 자료환산기법을 이용해 전통적인 입체영상탐측학의 실질적인 한계를 알게 되었다.

Herron, Cuzzi와 Baylor 의과대학의 요원들은 NASA 유인우주계획의 일부인 천문학자들의 몸체형상에서 변화를 관측할 수 있는 이동이 간편한 영상탐측체계를 개발하였다. 1974년 Hugg에 의해 설명되고 〈**그림 12-16**〉에 보여진 이 체계는 유리판을 받아들이기 위해 수정된 초광각 SWC Hasselblad 사진기를 이용하였다. 이 사진기는 안전성을 더하기 위해 이중레일에 세워졌으며, 투영기는 피부면에 불규칙한 대조형상을 투영해 입체감을 증가시키기 위한 수단으로서 입체사진기들 사이에 놓여져 있다.

이와 같은 표면대조를 위한 광투영기는 인간 몸체의 단색특성에 기인한 도화에서의 부정확성을 보강하기 위한 것이다. Herron에 의한 Baylor college of medicine에서의 초기 연구결과 자료는 인간 몸체의 부피와 그 부피의 분포를 보다 잘 설명하기 위해 산출되었다 〈**그림 12-17**〉.

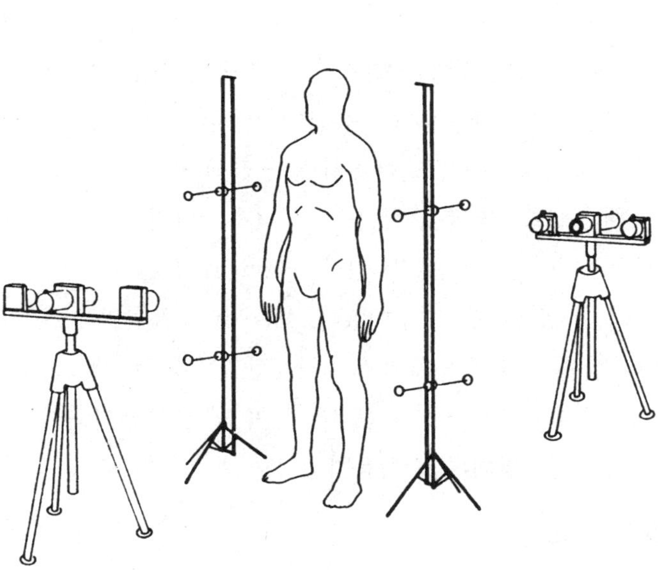

그림 12-16 휴대용 입체영상 자료취득체계

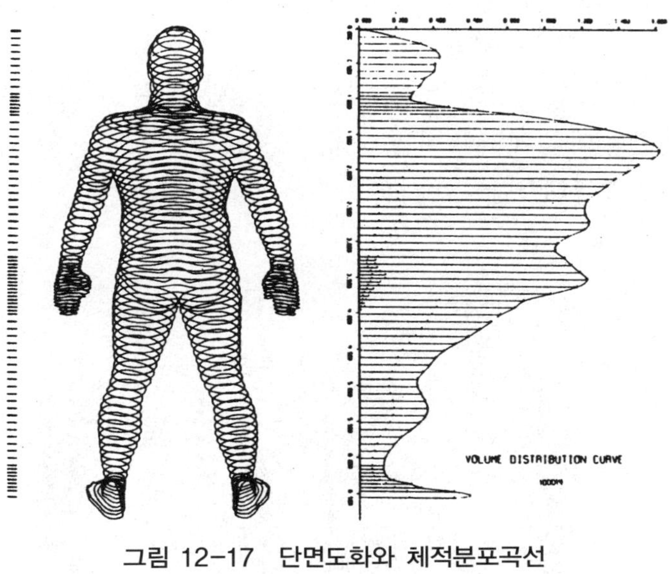

그림 12-17 단면도화와 체적분포곡선

이 예는 인간의 키와 관련해 그려진 측면도의 계산된 면적이 어떻게 몸체의 전체 부피를 나타내는 체적분포곡선을 산출하느냐 하는 것과 그것이 몸의 각 부분에서 어떻게 분포되느냐를 보여준다. 이러한 연구로 생물입체탐측기법(生物立體探測技法)은 우주비행사들이 감소된 중력에 노출되었을 때의 영향을 평가하기 위해 사용되어 왔다. 이 연구들은 Apollo 16호와 함께 시작되었으며 SKYLAB 시리즈를 통해 계속되었다.

몸 전체에 대한 입체영상탐측은 또한 3차원 공간에서 인간의 몸과 그 부분들의 역학적 행동을 이해하는 데 중요한 역할을 한다. 영상탐측기법의 사용은 살아 있는 실체로부터 발생하는 양적 계수의 관측을 가능하게 한다. Herron(1974)은 어린이들의 신체적 구조특성을 조사하기 위해 이 방법론을 이용하였다. McConville(1980)은 미국공군과 연방항공국 성인남녀의 내부적 특성평가를 위해 생물입체관측학의 사용을 조사하였으며, 보다 최근에는 Baumann, Schaer와 Sheffer(1971) 등이 뇌성마비 어린이들의 걸음걸이에 대한 연구를 위해 몸 전체 관측방법론을 적용하였다.

② 몸통과 팔다리부분

몸통과 팔다리에 대한 영상탐측의 적용은 대부분 몸 전체에 대한 적용순서를 따른다. 예를 들면, 완벽한 영역을 확보하기 위한 다중사진기의 위치와 외부자료는 같으나 몸의 형상과 몸 일부의 성장, 질병, 처리방법과의 관계를 분석하는 연구가 진행된다는 것에서 차이가 난다.

Herron과 동료들은 1971년에 척추만곡증에 기인한 흉부(thorax)의 뒤틀림을 입체영상탐측으로 기록한 결과를 보고한 바 있으며, Takasaki(1970)와 그 외 사람들은 Moiré - Fringe 연구로 몸통해석의 가능성을 제시하였다.

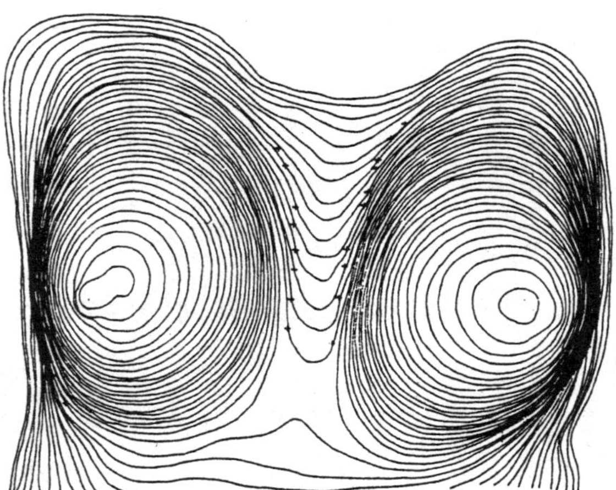

그림 12-18 교차경계를 가진 흉부와 유방의 등고선도

Libelt와 Herron. A. Kinsen 그리고 Loughry는 흉부수술에 이용하기 위한 가슴부피와 형태를 조사하기 위해 생물입체관측분석을 적용하였다. Sheffer와 그 동료, 그리고 Loughry와 Proietti - Orlandi에 의해 수행된 작업은 종양장애 탐지를 위한 가슴입체영상탐측조사의 이용에 중점을 두었다. 이와 같은 순서는 주로 가슴의 표면형상과 유방 사이의 부피 관계를 조사하기 위해 사용되어 왔다〈**그림 12-18**〉.

손발의 입체영상관측 및 평가를 포함하는 응용은 계수, 표면적 그리고 상처부위의 부피감소함수로 다리, 종기의 치료과정을 평가했던 Erikssen에 의한 연구가 있으며, Craxford (1981) 등은 임상의학적 평가를 위한 다리불구의 정량적 표현을 제공하기 위해 등고선도 분석을 하였다. 자료인식과 분석을 위해 다양한 영상탐측기술과 장치를 포함하는 연구는 생물역학적 연구를 위한 몸체부분 질량계수를 평가하는 비침해(non-invasive)방법을 제공하는 데 유효하였다.

③ 두개골 - 얼굴과 치아

인간에 대한 3차원적 해석을 신속하면서도 접촉하지 않는 방법으로 처리함으로써 머리와 치아의 구조를 평가하는 가능성에 기여도가 높아져가고 있다. 이러한 관심은 첫째, 음식물을 씹는 경우에 사용된 생물역학적이고 해부학적인 구조를 보다 잘 이해하는 데 대한 관심이며, 둘째 얼굴의 미용적 표현과 그것에 관련된 특징에 관심을 둔 것이다.

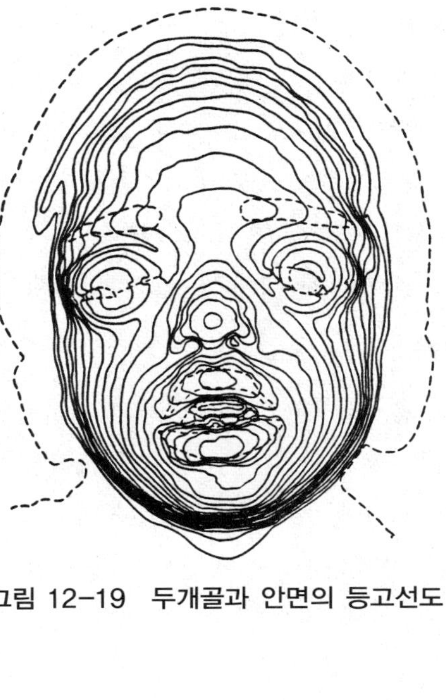

그림 12-19 두개골과 안면의 등고선도

뼈골격을 덮고 있는 부드러운 조직과의 직접적인 접촉을 통해 관측하는 방법은 대상물에 대한 찌그러짐을 일으킬 수 있어 관측에 어려움이 많다. 따라서 얼굴의 부드러운 조직의 공간적 관계에 대한 3차원적 정보를 얻는 비접촉영상탐측학은 효과적이고 최적의 값을 얻을 수 있다〈**그림 12-19**〉.

위치의 움직임과 올바른 치열교정(orthodontia)에 대한 연구는 입체관측에 의한 분석으로 이루어져 왔으며 치아의 유형을 연구하기 위해 개발되었다. 육면체에 치아를 놓고 다양한 각도로 바라봄으로써 얻어지는 이 방법은 자료분석을 위해 모형을 통한 직접적인 관측을 수행하였다. Ozaki와 Kanazawa는 치아 맞물림 면의 평가를 위해 모아레(Moiré) 기법을 적용하였으며, 치열교정학적 적용의 효과에 대한 연구방법은 Curry에 의해 폭넓게 설명되었다.

④ 안구

눈에 대한 생물입체영상관측방법은 주로 녹내장(glaucoma)의 변화에 대한 진단과 기록을 위한 광학원판(optic disc)을 연구하기 위해 사용되어 왔다. 이미 설명된 몸 전체, 흉관, 팔다리, 두개골 및 얼굴의 특성을 위해 사용된 자료취득장치의 과정들과는 상당한 차이를 보이며, 눈의 여러 해부학적 특성에 대해 언급되어야 한다. 동공이 열리는 크기는 전통적인 입체사진기의 사용으로는 해결해야 할 문제가 많다. 따라서 확장된 안구에 대한 보다 정확한 3차원적 기록과 분석을 위한 적절한 영상면을 제공하기 위해 안과학(orthalmolugy)에서 표준이 되는 기구의 수정에 대한 연구가 실시되어야 한다. 더욱이 눈은 빛이 광학원판(optic disc)상에서 각막(cornea), 눈의 수양액(agueous humor), 렌즈, 눈의 유리액(vitreous humor)을 통과하는 것처럼 이루어져 있으므로 특별한 고려를 필요로 하는 복합매개체이다. Takanoto와 Schwartz는 종합적으로 광학원판컵(optic disc cup)관측을 위한 현재의 기법을 다시 보여주었으며 Kratky는 작은 눈의 영역에 대해 고해상의 관측을 위해서 기하학과 자료환산기법에 대해 좋은 이론을 제시하였다.

⑤ 신체의 4차원적 응용

몸의 일부분이 자라면서 움직일 때 그것은 공간과 시간측면에서 위치를 변화시킨 것과 같다. 모든 몸체 구조가 3차원적이기 때문에 성장과 움직임은 4차원을 포함한다. 예를 들면, 눈의 운동은 수분의 일 초간에 일어날 수 있으나 성장에 기인한 변화는 수년의 기간에 걸쳐 확장될 수 있다. 영상탐측학은 연속상황에서 앞서 말한 자료취득, 환산 그리고 분석단계를 이용함으로써 4차원적인 생물학적 현상을 조사하기 위해 사용되어 왔다.

⑥ 생물학적 관찰

생의학적 관찰과 관측을 위한 3차원적 자료수집에 이용되는 주요기법은 입체영상탐측기법이다. 그리고 살아 있는 유기체의 형태와 형태변화의 기록을 위한 비지형영상탐측장치는 다양한 적용에 사용된다. 가장 일반적인 경우는 신속한 자료환산이 요구되는 경우이다. 관측(레이저사진, 모아레도형, 초음파)과 격자형 영상탐측학 등의 기법들에는 미묘한 차이가 있음은 이미 설명한 바 있다. 일반적인 영상탐측이나 비지형영상탐측방법론의 선택은 미리 결정되어야 하나, 이 선택은 장치선택에서 포함되는 일반적인 경제적 요소, 요구되는 해상력, 주요시간 이용성 같은 고려사항을 잘 분석한 결과여야 한다.

(4) 의학적 영상진단처리

현재 보편적으로 쓰이고 있는 의학적 영상진단처리의 방법에는 X선 영상탐측(X-ray imagematics, 전산화된 X선 단층촬영(CT : Computer Tomography), 핵자기공명영상기법(NMRI : Nuclear Magnetic Resonance Imaging process) 등이 있다.

뇌의 밀도가 동적인 구간은 몇 % 밖에 되지 않으며, 대부분 골절(bony)로 둘러싸여 있기 때문에 대부분의 X선은 골절구조에 흡수된다. 또한 종래의 X선 영상탐측과정을 사용한 뇌의 영상처리는 인공적인 대비재료(contrast material)를 사용해 기능을 확장시켜도 많은 문제가 있었다. 이것은 광선(光線)의 분포밀도가 약한 부분은 정확한 정보취득이 어렵다는 것을 의미한다.

이와 같은 장애를 극복하기 위해 촬영이 가능한 모든 방향에서 X선 영상탐측을 하고 광선의 밀도를 고루 분포시켜 정확한 정보를 취득해야 한다. 전산기를 이용한 X선 단층영상은 여러 방향에서 스캐닝해 얻어진 X선 전송자료로부터 영상을 수치적으로 재현하는 해부학적 정보를 얻어 진단영상과정에서 본래의 명칭을 부여받았다.

이와 같은 착안은 의학적 분야에서 뇌의 영상을 처리하고 진단하는 데서부터 발전되었다. 〈**그림 12-20**〉는 전산기 X선 단층영상탐측의 기본적 좌표와 기하학을 나타내고 있다.

평행한 X선은 환자의 머리를 세로방향으로 투과하는데, 환자의 반대방향에 나타나는 광선파동은 계속적으로 섬광검류계(閃光檢流計, scintillation detector)에서 검정된다. X선 진원광(source beam)과 검류계에 나타난 광요소의 상관위치는 대략 1° 정도 회전이 되며 계속적으로 이 과정을 반복한다. 180° 가 될 때까지 회전된 스캐너(scanner)에 의해서 취득된 영상정보가 빔(beam)에 의해 영상화되는 해부학적 절개가 수행되기 때문에 이와 같은 과정을 X선 단층영상탐측이라 한다.

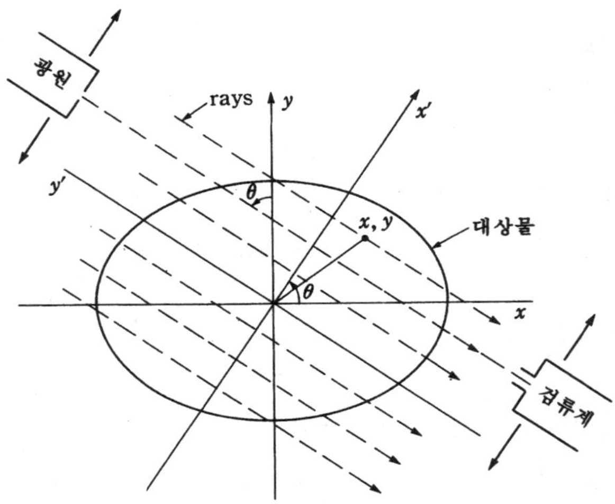

그림 12-20 전산기 X선 단층영상탐측의 기본좌표와 기하학

전산기 X선 단층영상탐측의 기본적 이론은 모든 방향에 대해 투영해 2차원 함수(2-D function)를 결정하는 데 기초를 두고 있다. 본래 투영주위에 균등하게 분포된 각에 대한 표본투영은 근사적으로 본래의 함수를 재현한다. 함수재현의 세부적인 능력은 표본추출각의 수와 각의 표본조도(sampling coarseness)에 달려 있다. 만약 빔이 각 주사경로를 따라 160개의 구분점에서 1° 씩 증가해 흡수되었다면 X선 흡수자료에 대한 29,000개의 조각을 얻을 수 있다. 또한 이것은 160×160의 균등영상요소를 갖는 행렬로 표시한다. 〈**그림 12-21**〉는 이와 같은 과정을 통해 얻은 일반적인 뇌영상을 나타내고 있다.

기존의 X선 단층영상면이 평면적 영상면(2차원 영상면)을 취득하는 데 비해 핵자기공명영상은 자기장을 이용한 3차원 영상면을 얻을 수 있다는 장점이 있다. 또한 핵자기공명영상기법(NMRI)은 유기화학과 물리학적으로 응용이 기대되는 정밀한 기법이기 때문에 그 활용이 급속히 확대되었다. 핵자기공명영상기법의 해석적 방법은 고체물리학과 최근의 생체물리학 및 생체화학 등에 광범위하게 활용되고 있다. 핵자기공명영상기법 응용 중의 대부분은 재료(material)의 분자와 원자의 미세한 상호작용을 조사하는데 있다. 핵자기공명영상기법의 설명은 1973년에 소개되었고, 1980년대에 들어와서 임상적인 실험이 시도될 때까지 급속한 기법의 확대가 이루어졌다. 인체에 대한 영상면을 얻을 경우 지구자장의 30,000배 되는 자장 속에 인체를 넣고 투사한다. 앞으로 의학영상탐측분야에 있어서 핵자기공명영상 기법의 보다 넓은 범위의 응용이 기대되고 있다.

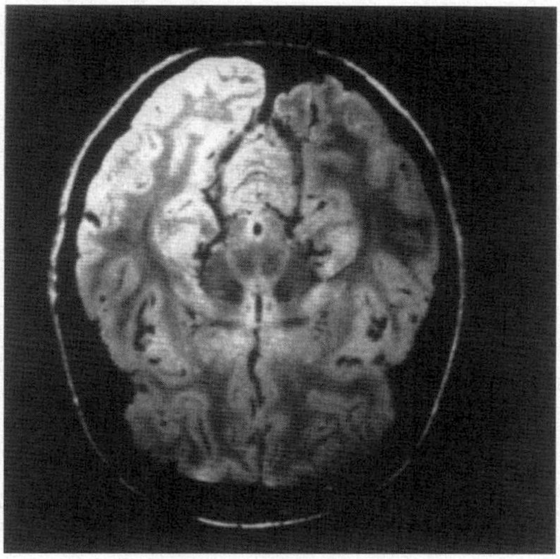

그림 12-21 사람 머리의 일반적인 전산기 X선 단층영상면

(5) 이용효과

생물학자와 의학전문가들은 생물학적 형태의 입체영상탐측분석에 새로운 관심을 보여주고 있다. 최근 전산기분야의 발전과 입체영상탐측기법의 영역확장은 생물입체관측의 잠재적 위치를 드높여 왔으며, 그 결과 항공우주의학, 인체관측학, 생물역학, 치과의학, 성장과 발전, 해양생물학, 신경세포학, 영양학, 그리고 동물학 등의 분야에서 입체영상탐측에 관한 분석의 이용이 증가되고 있는 추세이다.

불규칙적인 3차원 생물구조를 선형줄자와 눈금자를 가지고 관측하는 것은 여러 가지 면에서 적절하지 않으므로, 생물입체영상탐측에 대한 필요성이 생기게 되었고, 이러한 정보의 이질성을 줄이기 위해 입체영상탐측자료를 사용하게 되었다. 이렇게 생물입체 영상탐측을 통해 보다 실제적인 모형을 얻고, 생물학적 형태에 대한 정확하고 폭넓은 분석내용을 산출해 낼 수 있게 되었다.

4) 산업용 영상탐측

(1) 개설

산업분야와 공학분야에서 영상탐측의 응용은 점차적으로 증가되고 있는데 그 응용범위의 확장에 대한 잠재력은 무한한 것으로 보인다. 산업용 영상탐측이란 말을 정확히 정의하기는 어려우나 Meyer(1973)는 산업에 대한 영상탐측의 응용분야를 다음과 같이 정의했다.

영상탐측은 "연구, 계획, 생산에 관련된 공학, 제작, 검사, 감시, 조정 및 재생산 등의 부문을 포함하는 건축업, 토목공학, 광업, 차량 및 기계제도, 야금술, 선박설계 및 항로측량 등의 분야에 응용되고 있다. 영상탐측에 의해 다루어 질 수 있는 물체는 정적인 상태 또는 동적인 상태에 관계없이 고체, 액체, 기체의 상태가 모두 가능하다."

영상탐측은 매우 광범위한 분야에 적용되며, 수중촬영, 건축영상탐측, 생체입체촬영 등과 같은 분야에 응용되기도 한다. 위에서 언급한 분야들은 매우 다양하지만 영상탐측방법은 거의 유사하기 때문에 유용한 다목적 관측기구로서 영상탐측의 응용범위를 확장시킬 수 있는 잠재력이 크다고 하겠다.

(2) 산업용 영상탐측의 일반성

① 산업부문에 있어서 영상탐측의 장점

산업부분에 있어서 영상탐측의 장점은 다음과 같다. 원거리에서 물체와 접촉하지 않고도 영상탐측이 이루어질 수 있고, 아주 크거나 작은 물체도 관측가능하며, 현장에 있는 물체상태 그대로 관측할 수 있다. 또한 자료를 취득하는 시간이 매우 짧아 동적인 사물의 상태를 측량할 수 있으며, 유해한 환경을 관측하는 데도 사용할 수 있다. 또한 사진자료는 유지관리에 따라서 영구적으로 보존할 수 있다. 해석적 영상탐측은 1/100,000의 정확도를 지니고 있으며 사용기구의 질에 따라서 1/200,000보다 높은 정확도를 얻을 수도 있다.

② 자료수집체계

영상탐측용 사진기, 준측량용 사진기, 비측량용 사진기는 산업용 영상탐측에서 영상을 취득하는 데 사용된다. X선기구나 수치 사진기(digital camera)와 같은 영상탐측체계도 관측자료취득에 사용된다.

③ 사진기의 위치설정과 설치망 설계

영상탐측의 주요 장점 중 하나는 안정된 기점에 사진기가 설치될 필요가 없다는 것으로 이동관측대, 사다리, 크레인, 저공헬기 등이 유효하게 사진기를 설치할 수 있는 곳이다. 산업현장에서 영상탐측의 결과는 촬영순간과 그 이후의 현상이 다른 것이 일반적이기 때문에 사진기설치망을 제작해서 소요의 정확도와 경제성을 유지시키는 것이 필요하다.

신뢰성 있는 영상탐측설치망의 설계는 복잡한 조작에 의해서 이루어지기 때문에 높은 수준의 훈련을 거친 전문가가 설계해야 하며 CAD(Computer Aided Design)를 이용해 간단하고 합리적이며 시간을 절약할 수 있는 설치망의 설계가 이루어지고 있다.

④ 표지(標識)의 설치

산업에 쓰이는 영상탐측의 응용은 수렴영상면(收斂映像面, convergent imagery)을 이용해 대부분의 관측에 사용되고 있다. 이것은 수렴영상면을 이용해서 입체상을 얻는 것은 상당히 어렵지만 단영상면에서는 공통지점(common points)이 단안시적(單眼視的)으로 관측되어야 하기 때문에 입체도화기나 입체좌표관측기를 이용해 자료를 해석하는 것은 일반적으로 제외시킨다. 그러나 2차원 단영상면을 2개 이상 사용해서 해석적 방법으로 3차원 영상면을 만들어 내기 위해서는 일부 주요 미지점들에 대한 표지(標識, targeting)작업이 이루어져야 한다.

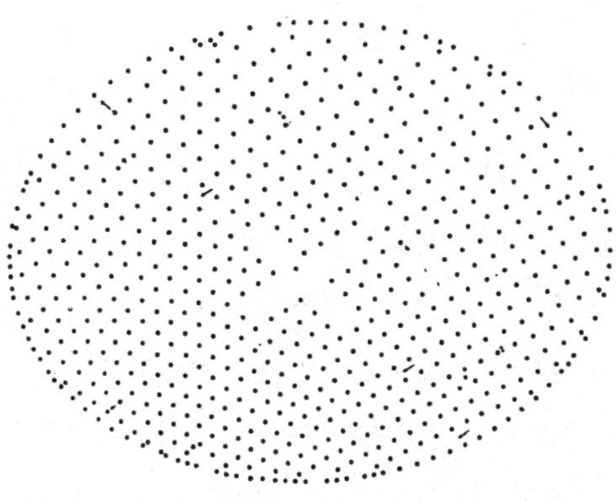

그림 12-22 대상물에 retro 표지를 사용한 예

표지 중 retro 표지(retro-reflective target) 사용시의 장점은 다음과 같다. 첫째, 고농도의 감광유제를 천천히 사용하면 대비(contrast)가 뚜렷해진다. 둘째, 음화상태에서 물체는 보이지 않고 retro 표지만 보이게 할 수 있어 산업정보관리 등에 유용하다. 셋째, 어두운 환경에서 retro 표지를 이용해서 이동궤적을 구할 수 있다.

⑤ 탐측과정

1920년대 이래로 기계적 방식의 영상탐측이 주류를 이루어왔으나 설비가 운영하기에는 너무 복잡하고 현상과 인화 등에 걸리는 시간이 너무 긴 단점이 있었다. 그 이후 해석적 방법(analytical method)과 해석적 입체도화기의 개발로 인해 산업부문에서 영상탐측학의 사용범위가 확대되었으며, 광선의 광속조정(bundle adjustment)에 의한 해석과 쉽게 처리된 2차원 영상면에서부터의 3차원 입체모형, 그리고 정밀좌표관측기(comparator)유형의 기구들은 산업부문에서 산업탐측의 새로운 가능성을 보여주고 있다. 특히 전산을 이용해 해석하는 데 걸리는 시간을 줄일 수 있으며 정확도를 높일 수 있다.

⑥ 자료환산

산업용 영상탐측에서 해석적 자료환산에 쓰이는 수학적 기법에는 직접선형변환인 DLT(Direct Linear Transformation), 11변수해법(Bopp과 Krauss, 1978) 및 변환원 11변수해법(Adans, 1981) 등이 있으며, 또한 항공삼각측량에서 주로 사용되는 광속조정방식도 산업용 영상탐측에서 적절히 사용할 수 있다.

(3) 산업용 영상탐측의 공학적 적용

① 항공 및 위생분야

항공 및 위생분야에 대한 산업용 영상탐측의 응용은 크게 직접관측 및 변형관측뿐만 아니라 장비의 질적관리와 시간에 따른 변화를 파악할 수 있는 것으로 나누어진다. 비록 항공분야에 근거리영상탐측을 응용한 역사는 짧으나, 항공기용 엔진제작업자인 McDonnell Douglas(Powell, 1984)와 Rolls Royce(Stewart, 1975, 1979, 1986) 등이 근거리영상탐측을 이용해 이들 산업의 생산과 품질관리에 응용한 것이 시초이다. 이들의 응용을 통해 근거리영상탐측이 시간적인 절약과 경제적인 측면에서 유리하다는 장점이 있음이 알려졌다.

Stewart(1975, 1979)는 금속분자의 추적을 위해서 X선영상탐측을 사용하는 것에 대해서 연구하였으며, Powell(1984)은 항공회사에서 항공기를 만드는 데 사용되는 영상탐측을 설명했고, Brown(1980)은 영상탐측을 통해서 위성의 궤도를 관측한 바 있다.

② 자동차산업

자동차산업부문에 영상탐측이 응용된 것도 얼마 전의 일이기는 하지만 그 유용성이 매우 높다. 기존의 제도를 이용해 자동차를 설계하는 것보다 영상탐측을 사용해 설계할 경우의 장점은 다음과 같다. 먼저 자료저장시의 저장량이 적으며, 관측되는 사물이 고정되어야 하는 시간이 짧다. 관측하는 곳으로 대상물을 옮길 필요가 없으며, 사물의 접촉 없이 관측이 가능하다. 또한 자동차산업에 쓰이는 기계들의 움직임을 동적으로 관측할 수 있으며, 영상면이 취득된 후에는 언제든지 영상면판독이 이루어질 수 있다. 영상탐측이 이루어지는 속도가 매우 빠르며, 영상탐측에 쓰이는 기구의 설치비를 제외한다면 기존 측량방법에 비해 기구비용과 영상탐측에 드는 비용을 50 % 이상 절감시킬 수 있다.

③ 통신안테나의 관측

통신안테나는 매우 정밀하게 설치되어야 하므로 통신안테나의 검정에는 고도의 기술이 요구된다. 또한 주파수가 높아질수록 표면형상관측정밀도가 높아져야 하므로 영상탐측방식이 다른 임의적 직접관측방법보다 우수한 기법임이 입증된다. 통신안테나의 관측에 사용되는 영상탐측의 장점은 첫째, 안테나가 어떠한 방향에서도 관측될 수 있다. 둘째, 영상면취득의 시간이 짧다. 셋째, 다중사진기와 같은 것을 사용하면 안테나의 동적평형상태를 관측할 수 있다는 점이다. 또한 자료의 보존이 가능하므로 시간에 따른 변형을 관측할 수 있다.

④ 구조물의 변형

공학적 의미에서의 변형은 크기와 위치의 변화를 의미한다. 구조물을 감시함으로써 변형을 파악할 수 있게 되며 이를 통해 구조물의 안전도와 시간에 따른 변형의 크기를 판단할 수 있다. 영상탐측은 복잡하고 규모가 큰 구조물의 해석에 필요한 자료생성에 적합하며, 그 정확도 역시 점차 높아지고 있다. 또한 영상면의 보관에 따라 자료보존이 가능하고 시간에 따른 변형을 살필 수 있다.

⑤ 항만모형과 선박설계요소

파고(波高)를 관측해 최고파고를 예상하고 이를 최소화시키는 방법에 응용하는 것으로 영상탐측에 의해 최고파고발생시의 방파제 높이를 정하는 문제, 그리고 파고에 따른 선박의 설계인자결정 등에 응용한다. 반면 이 기법은 해양이라는 특성으로 인해 사진기에 침투하는 해수, 해양의 특성상 약한 대조 등이 문제점으로 나타나고 있다.

⑥ 산업관망체계

산업폐수와 같이 독성의 화학물질이 포함되어 있는 경우 등에서 원격탐측과 같은 전자파를 이용해서 기존의 상태를 파악하고 보수하는 데 영상탐측이 이용된다. 이처럼 영상탐측은 산업용 관망체계설계시에 경제적인데, Kramer와 Scholar(1980), 그리고 Brauwell과 Klement(1983) 등이 산업용 관망설계에 영상탐측을 이용하는 경우에 관한 연구를 했다.

그림 12-23 산업용 관(industrial pipe)체계의 측량

⑦ 산업자동기기의 통제

영상탐측은 자동기기 상에 표시되어 있는 표지를 이용해 기기들의 정적, 동적 상태를 파악할 수 있는 유용하고 정확한 방법이다.

이 부문은 첫째, 통제망이 설계되면 그에 타당한 사진기를 설치해야 하고, 둘째 취득된 입체영상면을 통해 자동기기들의 운동 상태가 정상상태에서 벗어났는지의 여부를 살피고 통제하는 2단계의 과정으로 나누어진다.

⑧ 선박설계

선박설계에 필요한 관측은 높은 정확도를 필요로 하지는 않지만 기존의 지상측량방법으로는 커다란 3차원 대상물인 선박을 관측하는 것은 용이하지 않으므로 영상탐측을 통해서 선박설계의 기본자료를 구하고 있다. 영상탐측을 통해 얻을 수 있는 자료의 분류로는 크기와 형에 관한 규격품질관리(dimensional quality control), LNG(Liquid Natural Gas)저장량 추정, 선박 위 여러 구조물의 관측, 소형선박관측, 프로펠러관측 등이 있다.

그림 12-24 다중노출 로봇 기록

⑨ 저장탱크의 탐측

영상탐측을 이용해 저장탱크 내의 변형이나 외부의 변형을 탐측할 수 있다. 기존의 탐측기법으로는 탱크의 일반적인 형태인 구형이나 원통형을 탐측하기가 곤란했으나, 영상탐측기법을 적용하면 쉽고 높은 정확도로 저장탱크탐측을 할 수 있을 뿐 아니라 경제적이다.

⑩ 터널의 탐측

터널공사를 할 때 터널의 변형상태를 항시 탐측, 감시하는 것은 불안정한 터널 내의 토양상태로 인한 붕괴를 예방하기 위해서이다.

영상탐측은 터널 내의 압력변화에 따른 변형의 탐측을 가장 신속하고 신뢰성 있게 할 수 있는 방법이다.

⑪ 냉각탑

기존의 방법으로는 높은 냉각탑의 변형을 관측하는 것이 간단하지 않으나 영상탐측을 이용하면 보다 쉽게 그 변형을 파악할 수 있다. 그러나 사진기 설치지점이 높아지므로 높은 가설물이나 헬기, 기타 고공용 기구가 요구된다.

(4) 이용효과

기존의 기계적 측량방법은 광범위한 산업대상의 탐측에는 적합하지 못하므로 지난 수십 년간 영상탐측은 산업용 탐측에 도입되지 못하였다. 그러나 최근 해석적 기법의 발전과 탐측용 사진기의 발달로 인해 산업용 영상탐측도 널리 응용되고 있으며, 1/1,000보다 낮은 정확도를 요구하는 경우에는 비지형영상탐측용 사진기도 사용할 수 있으므로 이용범위의 잠재력이 증대되고 있다.

산업용 영상탐측기법의 선택, 과정의 확실성, 유효한 정확도, 직접비용 및 소요인력과 시간 등에 대해 고려해야 한다. 이와 같은 고려를 통해 특정목표에 영상탐측이 유효하다고 보이면 목적에 알맞은 장비를 설치하고 그에 맞는 전문가의 기술협조를 얻어 운영해야 한다.

5) 비디오기법과 실시간 영상탐측

(1) 개설

영상탐측분야에서 수치영상이나 수치자료를 이용하려는 시도는 영상탐측의 응용분야와 영역을 확대시켰으며, 특히 근거리 영상탐측분야에서는 수치자료를 이용한 산업로봇(robot)의 기계영상장치 등과 같은 영상면을 통해 3차원 좌표를 취득하고 움직이는 물체의 동적 상태를 분석하는 것이 가능하게 되었다.

수치영상자료를 통해 필요한 정보를 얻기 위해서는 수치자료취득과 처리과정을 합리적으로 수행해야 하며, 신속한 자료취득과 획일적인 자료처리가 수반되지 않으면 수치영상면자료에 이용에 많은 제약이 따르게 되므로 최신 센서기법(探測技法)을 통한 실시간 영상탐측의 개념이 중요시된다.

실시간 영상탐측(實時間 寫眞測量, real-time imagematics)은 영상면이나 필름을 이용한 기존의 방법과는 달리 모든 처리과정이 수치비디오형태로 수행되므로 영상처리과정에서 수행되는 영상면의 입체화 및 관측 등의 과정에서 시간을 절약할 수 있는 장점이 있다.

수치영상처리는 과거 30여 년 전 진공관과 흑백 TV 및 많은 기계적 장치에 의해 수행되었으나 최근에는 CCD 영상취득장치와 이와 유사한 기능을 가진 소형 비디오녹화기(camcorder), 레이저 색인쇄기(color print system), 반도체칩(chip) 영상처리기 및 디스크 저장장치를 이용해 수행함으로써 정보처리에 혁신을 가져왔으며, 이로 인해 화학적 영상면취득장치의 이용은 줄어들게 되었다. 또한 오늘날에는 전산기의 기능이 발전하고 모든 정보처리기의 생산비가 저하됨에 따라 실시간 영상탐측에 이와 같은 장비들을 이용하는 것이 손쉽게 되었다. 이에 따라 TV가 동적인 대상물을 관측하고 제어하는 3차원 정보처리에 중요한 역할을 하게 되었다. 영상탐측분야에서는 이와 같은 이론을 응용해 전자영상면을 통해 자동적으로 대상물을 검색하는 장비를 로봇에 적용함으로써 기계적 영상장비를 부착한 산업로봇을 제작공정에 널리 이용하는 데 큰 기여를 하였다.

수치영상면의 취득과정은 영상면을 감지하는 과정, 감지된 영상면을 센서의 형식에 맞게 재구성(sensor addressing)하는 과정, 기계적인 영상면을 수치영상면으로 변환하는 A/D변환(analog to digital conversion)과정 및 영상면을 저장하는 과정으로 구성된다. 이와 같은 영상취득과정에서 CCD 사진기라고도 하는 solid-state matrix 사진기는 영상면을 축소해 입력하고, 입력된 영상면을 전산기에 의해 수치화하기 때문에 광학적으로 영상면을 입력하는 것이 쉬우므로 최근 수치영상 취득장비로 가장 많이 이용되고 있다.

취득된 수치자료를 처리하는 과정에는 이미 개발된 정보처리기법(soft- ware)을 유용하게 사용할 수 있으나, 이를 뒷받침하는 높은 신뢰도와 정확도를 가진 대상물의 자동관측처리기술이 아직도 실험적인 단계에 있다. 그러나 수치영상처리, 기계적 영상면 및 제반분야에서 많은 발전이 거듭됨에 따라 영상탐측학자들 역시 보조영상소(sub-pixel)를 통한 위치결정의 정확도 향상과 두 개 혹은 그 이상의 영상면에서 구해지는 점들을 대응시켜 해석하는 점관측에 대한 알고리즘에 관한 연구를 진행 중에 있다.

(2) 수치영상의 취득기법

전자사진기를 이용해 영상면을 얻는 방법은 60년대의 iconoscope에서부터 계속 발전해 오늘에 이르고 있다. 초기단계에서는 취득된 영상면을 조사하는 과정에 기계적 방법을 이용함에 따라 계속적으로 변화하는 물체의 추적은 불가능한 문제점이 있었으나, 실시간자료를 취득하는 방법을 적용하기 위해서 비디콘(vidicon)이나 전자(solid-state)사진기가 개발됨으로써 이와 같은 문제점을 해결하게 되었다.

수치영상의 취득기법은 전자광선영상센서인 비디콘에서 전자사진기의 초기단계인 실리콘(silicon)으로 발전되었고, 최근에는 CCD 사진기와 같은 전자사진기가 개발되었다.

① 비디콘 영상탐측

모든 TV 사진기의 종류에서 가장 일반적인 센서는 antimony trisulphide, lead oxide, saticon, newvicon diode array 등을 포함하는 영상면 변환영상 장치이며 1970년대부터 비디오 tube 사진기가 개발됨에 따라 접근하기 힘든 지역의 근거리 영상탐측에 적용되게 되었다. 비디오 tube 사진기는 기계적인 안정성에 의해 검정된 레조〔reséau , 영상촬영시 유리판에 놓는 방안(方眼)〕가 비디오 tube 광전도표면에 있을 경우 전자기파의 왜곡을 점검할 수 있어 왜곡보정이 가능하다.

비디오 tube 사진기의 전자기파왜곡을 보정하기 위해서는 먼저 축척보정을 해야 하며, 그 후에도 시간의 변화에 따라 변하지 않고 남아 있는 오차가 존재하므로 이에 대한 보정을 수반해야 한다. 잔류전자기파의 왜곡을 보정하는 몇 가지 방법 중 근접대상물에 주로 적용하는 방법에는 다음과 같은 고차다항식 보간법(high-order polynomial interpolation)과 2원1차 보간법이 있다.

가) 고차다항식 보간법

$$\begin{aligned}\delta x &= a_1 + a_2 x + a_3 y + a_4 xy + a_5 x^2 \\ &+ a_6 y^2 + a_7 x^2 y + a_8 xy^2 + a_9 x^3 \\ &+ a_{10} y^3 + a_{11} x^3 y + a_{12} xy^3 \\ &+ a_{13} x^4 + a_{14} y^4 + a_{15} x^2 y^2 \\ &+ a_{16} x^3 y^2 + a_{17} x^2 y^3 + a_{18} x^5 + a_{19} y^5 + a_{20} x^3 y^3 \\ \delta y &= b_1 + b_2 x + b_3 y + b_4 xy \ \ldots\ldots\ b_{20} x^3 y^3\end{aligned} \tag{12-10}$$

여기서 δx 와 δy 는 x, y 위치에서의 기지왜곡값이며, 식 (12-10)에 나타난 20개의 계수는 비디오영상면에서 왜곡의 원인이 되는 요소들을 이론적인 형태로 나타내기 위한 다항식의 계수이다.

나) 2원1차 보간법

2원1차 보간법은 임의의 영상면점을 둘러싸고 있는 4개의 영상면점에 대한 기지의 왜곡값을 통해 적용된 보정항을 보간하는 방법으로 그 방정식은 다음과 같다.

$$\left.\begin{aligned}\delta x &= a_1 + a_2 x + a_3 y + a_4 xy \\ \delta y &= b_1 + b_2 x + b_3 y + b_4 xy\end{aligned}\right\} \tag{12-11}$$

여기서 δx는 x 위치에서의 기지왜곡값, δy는 y 위치에서의 기지왜곡값이며, 기지왜곡값은 렌즈에 의해 tube 면에 형성된 레조(reseau)의 보정계수를 결정하는 데 이용된다.

② 전자영상

전자(solid-state)영상취득기법은 실리콘(silicon)이 1960년대에 비디콘(vidicon)의 재료로 제안되면서 발전하게 되었다. 진공관의 유리표면은 10~20μm 두께의 n 형 단실리콘 크리스탈박판(single crystal wafer)으로 지지되고 있으며, 다이오드가 박판 위의 빛을 감지하는 부분 위에 배열되어 있으므로 전도된 전하전달체(電荷傳達體)는 그 박판에서 형성되어 p 형 다이오드로 유입된다. 이 과정에서 다이오드는 스캐닝라인(scanning beam)을 잃은 전하와 대치될 때까지 전하를 저장하며 이러한 흐름을 비디오신호로 입력한다. 초기의 전자사진기는 취득된 영상을 전자의 저장형식에 맞게 재구성하고 전하를 전송하는 과정의 문제점을 해결하여 실질적인 스캐너로 이용되면서 그 처리영역이 증대되었다.

CCD(Charge-Coupled Device) 사진기로 불리는 전자 matrix 사진기는 1960년대에 개발되었는데 반응이 일정하지 않고, $X-Y$ 로 표시된 공간적인 노이즈(noise)의 여러 형태에 따라 영향을 받는 특징이 있다. 또한 하나의 전산기 칩(chip) 내에서 영상화, 기계적이고 수치적인 저장 및 처리 등을 중합한 다양한 작업을 수행할 수 있는 장점이 있다.

③ 전자사진기에 의한 영상취득기법

최근 전자(solid-state)영상에 대한 많은 투자와 연구가 이루어지면서 비디오 영상면(videography, camcorder 등)과 기계적 영상면(machine vision)이 수치영상처리에 이용되게 되었으며, 1971년 초 TV의 해상도에 해당되는 전자영상(주로 400 H×500 V 영상소)을 취득할 수 있었다.

전자사진기에 의한 영상취득과정은 100 nm 보다 짧은 파장을 가진 빛이 전자구멍쌍(electron hole pair)을 만들어 실리콘에 진입함으로써 이루어진다〈**그림 12-25**〉.

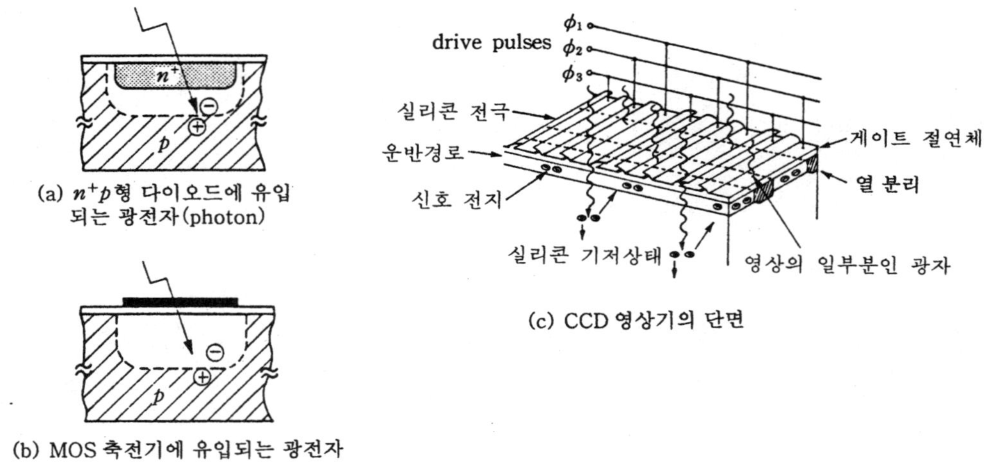

(a) n^+p형 다이오드에 유입되는 광전자(photon)

(b) MOS 축전기에 유입되는 광전자

(c) CCD 영상기의 단면

그림 12-25 CCD의 단면

만일 실리콘 내에 전자가 남아 있으면 전자구멍으로부터 전자를 분리하게 하여 광전류가 흘러서 개적되며 축적된 광전자가 전하로 변환된다. 〈**그림 12-25** (a)〉는 n^+p 형 다이오드의 개략적인 그림이고, 〈**그림 12-25** (b)〉는 MOS 개전기, 그리고 〈**그림 12-25**(c)〉는 CCD 영상센서의 단면이다. 이 모든 것은 광전자를 전하로 바꾸는 역할을 한다.

CCD는 interline형〈**그림 12-26** (a)〉과 frame 전달기구형〈**그림 12-26** (b)〉으로 분류되며, 더욱 발전적인 frame형이 frame 전달장치에 알맞도록 축척을 변화시킬 수 있는 방법이 개발됨에 따라 높은 해상력과 향상된 감도 및 보다 작은 칩을 생산할 수 있게 됨에 따라 최근에는 2,048×2,048 영상소 CCD 영상기가 소개되었다.

Frame 전달형 센서는 보다 작은 크기의 칩과 더불어 다른 장치들의 장점을 합쳐 보완한 것으로 질적인 이점뿐만 아니라 가격도 저렴하다. 또한 노이즈를 줄이기 위해 전자셔터와 냉각장치를 포함시킴으로써 작동을 쉽게 할 수도 있다.

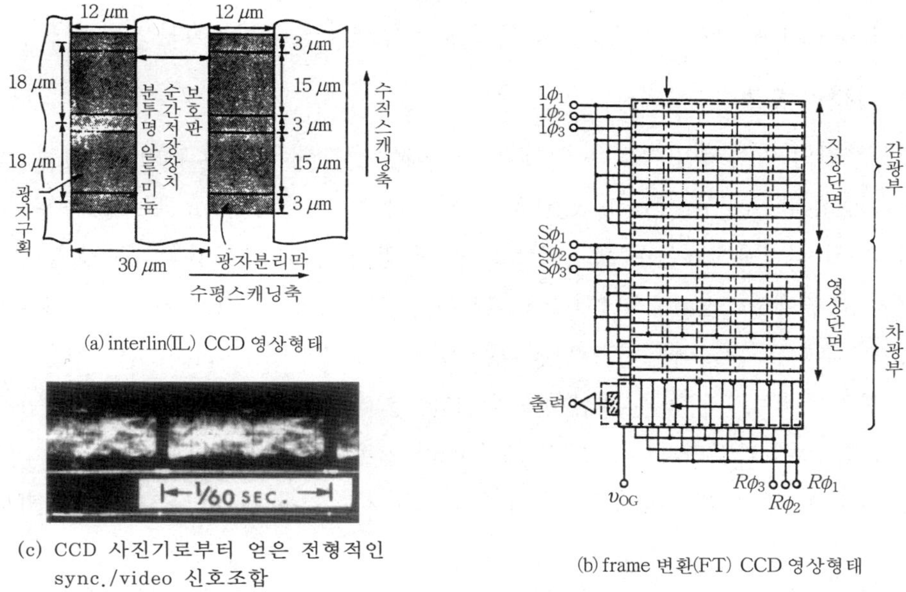

(a) interlin(IL) CCD 영상형태

(c) CCD 사진기로부터 얻은 전형적인 sync./video 신호조합

(b) frame 변환(FT) CCD 영상형태

그림 12-26 여러 CCD 형태

④ 전자영상취득의 기준

여러 분야에 있어 감시관리 및 제어 등에 전자영상을 응용하기 위해서는 영상 취득시의 비용이 적어야 한다. 그러나 실시간 근거리영상탐측은 그 적용범위가 산업과 의학뿐만 아니라 상당히 넓은 영역에서 사용할 수 있다.

이와 같이 영상탐측의 응용분야에 전자영상을 적용하기 위해서는 적은 노이즈, 넓은 적용범위, 상에 결점이나 번짐 및 흠이 없을 것, 높은 영상수집능력, 일정성(constancy), 100 % 공간적 표본압출이 가능할 것, 높은 해상력 형태, 넓은 분광감도, 높은 출력도, 포괄성 등의 기준을 만족할 수 있는 영상취득기를 이용해야 한다.

(3) 수치사진기 특성

수치자료 취득과정도 모든 과정과 마찬가지로 수행하는 동안 오차가 발생된다. 수치사진기에 의해서 수치영상을 취득하는 과정에서 발생하는 오차에는 방사적이나 기하학적인 영상질의 감소, 습도나 온도 같은 환경적인 요인들이 있다. 또한 영상탐측학적으로 수치자료 영상을 이용하기 위해서는 수치자료에 대한 평가기법과 영상취득기에 대한 적절한 검정방법이 개발되어야 하며, 이와 같은 평가기법을 천문학과 같은 타분야에 응용할 때는 다양한 환경적인 조건하에 방사적(放射的)인 특징을 폭넓게 다루어야 한다.

① 방사적인 요소

수치영상면의 방사적인 특성은 영상의 공간해상력(空間解像力)과 변조전달함수(MTF : Modulation Transfer Function) 및 전달비능률(transfer inefficiency)에 의해 저하되며, 특히 공간해상력은 주로 영상소와 동적 영역 사이의 분리에 의해 영향을 받는다. 이와 같은 측면에서 frame 전달기술을 이용하는 CCD(Charge Coupled Device) 사진기는 최소의 분리효과를 나타내므로 동일한 영상소를 갖는 interline 전달기술을 이용한 CCD 사진기에 비해 더 높은 해상력을 나타낸다. 영상면 내의 동적 영역은 센서의 동적 영역보다 더 크며 과잉전자는 CCD 경로를 따라 인접한 영상소를 침범하므로 번짐을 유발시켜 공간해상력을 떨어뜨리게 된다. 따라서 CCD 사진기는 광역의 조도조건에서 높은 해상력을 나타낸다.

CCD 사진기를 위한 변조전달함수는 영상면의 밝기값에 의해 나타나는 막대그래프를 이용하거나 영상의 강조처리를 통해 선명하게 나타나는 경계를 이용하는 경계경사방법(edge gradient method)을 통해 정확히 관측될 수 있다. 이 두 가지 방법 중 경계경사방법이 변조전달함수를 배열상에 있는 임의의 위치에 결정할 수 있는 장점으로 더 많이 이용되고 있다.

또한 영상면의 방사적인 특성을 저해하는 특성 중의 하나인 전달비능률은 전하가 센서에서 저장장소로 이동할 때 전하의 부분을 관측함으로써 관찰할 수 있으며, 전달속도와 온도 및 체계설계의 함수로 나타난다. 전달비능률은 계조의 값을 저하시키며 특히 보정할 수 없는 공간해상력을 저하시키는 중요한 요인이 된다.

전달비능률을 관측하는 방법을 과스캐닝법(overscan)이라고도 불리는데, 이와 같은 기법에서 CCD는 실제 $n \times m$ 영상소 대신 $15(n+nx) \times (m+mx)$ 영상소를 나타내게 되나 장비가 완벽할 때는 $n+1$에서 $n+nx$ 및 $m+1$에서 $m+mx$ 사이의 전하읽음값은 0을 나타내게 된다. 이때 전달비능률은 다음과 같은 식으로 나타낼 수 있다.

$$T = 1 - O/(NS) \tag{12-12}$$

식 (12-12)에서 O는 과스캐닝 전하값의 합이고, N은 n 또는 m이 되는 실제 전달수이며, S는 불규칙적인 조도를 갖는 표면에서의 전하값이다.

② 기하학적인 요소

전자사진기의 기하학적 안정성에 영향을 미치는 요소에는 렌즈의 왜곡, 센서요소의 위치 및 일관성 없는 배열, 이들 요소의 정확한 크기, 영상면과 광축의 비직교성 및 영상축의 비직교성 등이 있다. 이들 중 렌즈오차의 요인에 대해서는 과거의 자료를 통해 많은 연구가 되었으나 센서의 기하학적 오차에 대해서는 연구가 미흡한 실정이다. 수치비디오사진기의 영상소(映像素) 간격에 대한 규정은 1μm 또는 0.1μm로 주어지며, 영상탐측학적 관측면에서 보다 많은 정보를 얻기 위해서는 수평면 및 수직위치경사 간격에 대해 규정할 필요가 있다. 예를 들어, 영상소 간격이 10μm인 500×500 센서는 25μm 오차를 보이며, 1μm 또는 0.1 영상소의 정확도가 전체적인 센서에서 요구된다면 0.004μm의 영상소 간격을 가져야 한다.

CCD 사진기를 영상탐측학분야에 적용할 때 가장 주요한 요소는 사진기 상수 c의 변화가 전반적인 축척오차를 보정할 수 있기 때문에 절대적인 영상소 간격보다 종횡영상소 간격비가 더욱 중요시 된다는 점이다. 일반적인 수치 및 종횡영상소 간격의 비는 기하학적 센서의 특성 중 첫 번째 기준으로 제공되며, 이때의 영상소 간격은 센서와 비디오 frame 저장장치로 구성되는 사진기체계의 영상소 간격을 의미한다. 사진기체계의 수치영상소 간격은 센서의 간격과 거의 같으나, 종방향영상소 간격은 센서의 간격과는 다르며 수치화된 센서영상소 수의 비율을 센서의 종방향영상소 간격에 곱한 것과 같다.

종횡영상소 간격의 비율은 부가미지수에 의해서 수행되는 종횡간격비에 의해 촬영점(station)수에서 단일사진기를 이용해 영상탐측학적으로 결정될 수 있으며, 이때 렌즈의 영향도 결정과정에 포함시킬 수 있다. 또한 이 비율은 기지의 대상공간상에서 비디오영상을 기록할 때 왜곡되지 않은 영상면을 얻기 위해 종횡영상소 간격의 비율을 조정함으로써 결정할 수 있다. 이와 같은 두 가지 방법 외에 또 다른 대안으로는 센서 상에 표시된 십자선(十字線)의 비율을 통해 결정하는 방법이 있다. 이 방법의 장점은 렌즈의 영향과 대상물 공간상의 기준점 분배 및 배열이 비율에 포함되지 않으며, 제작시 사진기체계의 종방향 및 횡방향 절대영상소 간격을 직접적으로 관측할 수 있다는 점이다.

영상소 간격을 결정하기 위한 적당한 십자선의 형태는 흐린 바탕 위에 동일하게 떨어진 7×9 배열의 선명한 점들로 이루어지며, 일반적인 2/3″ 형태의 센서에서는 약 6×8㎜의 십자선을 이용한다. 십자선은 높은 해상력과 명암대조를 가진 필름이나 유리건판 상에서 영상탐측학적으로 제작할 수 있는데, 이 때 십자선의 정확도는 십자선상에 있는 점의 위치를 단정밀좌표관측기에 의해 관측할 수 있기 때문에 문제가 되지 않는다. 십자선의 정확도를 점검하기 위해서는 센서덮개유리창 위에 직접 설치된 십자선을 비추는 광원을 설치해야 한다. 십자선을 통과하는 빛은 선형최소제곱법에 의해 중심이 계산되고 다음과 같은 부등각사상(affine)변환을 따라 십자선 자체와 비교될 수 있는 7×9 배열의 점을 형성한다.

$$x' = a_1 + a_2 x + a_3 y \tag{12-13}$$

$$y' = b_1 + b_2 x + b_3 y \tag{12-14}$$

여기서 x', y'는 십자선 점들의 좌표이고, x, y는 영상소의 원점이 센서 중심에 위치한 영상소의 좌표이므로 양(+)의 x, y 좌표는 각각 오른쪽상단의 영상소좌표를 의미한다. 종횡영상소 간격 S_h 및 S_v는 다음 식으로 결정할 수 있다.

$$S_h = a_2 / \cos\theta_x \tag{12-15}$$

$$S_v = b_3 / \cos\theta_y \tag{12-16}$$

여기서 $\theta_x = \tan^{-1}(-b_2/a_2)$, $\theta_x = \tan^{-1}(a_3/b_3)$이며, 이들은 각각 x'와 x 축 및 y'와 y 축 사이의 각이다. 또한 센서의 비직교성(non-perpendicularity)을 나타내는 ϕ는 다음과 같이 결정된다.

$$\phi = \theta_x - \theta_y \tag{12-17}$$

이때 영상소에서 센서변수의 항으로 표현되는 센서면상의 실제길이로의 변환은 센서매개변수의 항으로 표현되며 다음과 같은 식으로 나타난다.

$$x' = S_h x + S_v y \sin\phi \tag{12-18}$$

$$y' = S_v y \cos\phi \tag{12-19}$$

여기서 x', y'는 요구되는 단위길이(예를 들어 ㎜)로 나타낸 영상점의 좌표이다. 식 (12-13)와 (12-14) 대신에 식 (12-18)와 (12-19)를 이용하면 센서의 특성을 파악하는 데 더 적은 계수가 필요하며, 센서상에 십자선의 표정에 의존하는 a, b 계수 대신 S_h, S_v 및 ϕ를 사용할 수 있는 장점이 있다.

십자선상 각 점의 위치는 단정밀좌표관측기로 2μm, 또는 그 보다 더 정밀하게 관측할 수 있으며 7×9 배열 십자선에 대해 $2\,\mu m$ 의 불확실성은 $10\,\mu m$ 영상소 간격을 갖는 500×500 센서에 대해 $0.002\,\mu m$ 보다 작은 센서간격오차를 준다. 종횡영상소 간격의 비율은 0.03% 보다 작은 오차를 가지며 각 ϕ 는 0.007° 보다 작은 오차를 갖는다.

십자선을 관측할 때와 센서를 특성화하기 위해 이용할 때의 기온과 상대습도차에 의해 발생되는 선형수축과 팽창은 그들의 비율과 관계없이 S_h 와 S_v 의 절대값에 영향을 미친다. 예를 들어, 영상소 간격이 $10\,\mu m$ 인 500×500 센서에서 에스터(estar)필름상에 형성된 십자선은 20℃의 기온상승 때 절대영상소 간격에서 약 $0.004\,\mu m$ 의 오차를 일으키며, 10 %의 상대습도변화에서 $0.002\,\mu m$ 의 오차를 발생한다.

에스터필름에서 온도에 의한 영향은 몇 분 내에 나타나지만 습도에 의한 영향이 발생하는 데는 여러 시간이 소요된다. 만약 기온과 상대속도의 변화를 알 수 있고, 이에 대한 보정을 실시할 수 있을 경우 온도와 상대습도에 의해서 발생되는 절대영상소 간격의 불확실성은 $0.001\,\mu m$ 보다 작게 된다.

(4) 수치영상처리체계

① 기계적인 영상처리체계

실시간 영상처리는 동적 정보를 얻기 위해 전산기를 이용함으로써 가능해졌으며, 전자영상기술에 전자공학을 도입함으로써 많은 영역에 응용할 수 있게 되었다. 영상을 통한 3차원 관측과 조정과정에는 고도의 영상인식처리와 조정과정 및 영상변화의 기법에 대한 신속한 영상탐측학적 알고리즘을 필요로 하며, 이 과정에서 정밀 3차원 인자를 위한 전처리과정이 수행되어야 한다.

실시간이라는 개념은 초당 30 표준 frame이나 이에 해당되는 초당 120개의 256×256 영상소를 처리하는 수치영상처리를 의미한다.

수치처리알고리즘은 처리체계의 응용잠재력에 따라 변화되지만 최근의 영상처리기와 연관된 신속한 영상처리과정을 수행하기 위해서는 영상처리를 신속하게 하기 위한 보조처리기(co-processor)를 사용해야 한다.

② 해석적 처리체계

실시간 영상탐측의 목표가 되는 3차원 대상공간상의 좌표관측과 영상분석(scene understanding)을 위해서는 해석적 영상처리체계에 수치영상처리, 형태인식(pattern recognition), 영상탐측, 인공지능에 대한 알고리즘이 포함되어야 한다. 이론적으로는 모든 형태의 응용에 적용할 수 있는 알고리즘을 개발하는 것이 가능하겠지만, 높은 신뢰도를 보장하기 위해서는 응용형태에 적합한 알고리즘으로 변환시켜야 한다. 대부분의 응용을 위해서는 다음 과정들에 대한 알고리즘이 필요하다. 전처리(pre-processing)과정에서는 잡영제거, 기하학적 보정과 방사적인 보정 및 형상의 정교화과정이 포함되며, 인식(recognition)과정에서는 영상의 분할, 형상의 추출, 모양의 정합(matching)과정이 수행된다. 또한 정량화(定量化, metrology)과정은 부영상소(sub-pixel)정확도에 대한 영상좌표관측과 동일한 점의 입체정합(stereo matching) 및 3차원 좌표계산이 수행되며, 최종적인 분석(understanding) 과정에서는 대상물의 표현, 대상물의 인식, 대상물 사이의 상호관계 등이 포함된다. 이와 같은 과정에 대한 많은 연구가 이루어졌으나 아직도 많은 문제점이 있으며, 일반적으로 이용할 수 있는 영상처리체계에 제공되는 해석적 영상처리기법들은 다음과 같다.

가) 전처리

전처리(pre-processing)과정은 임의의 영상소를 잡영(noise)이 적고 왜곡이 적은 영상으로 변환시키며 초기처리를 위해 영상면 내에 있는 형상을 강조하는 과정이다. 잡영을 감소시키고 형상을 강조시키는 방법에는 여러 가지가 있으므로 적용분야에 따라 한 가지를 선택해야 한다. 높은 정확도가 요구되는 영상탐측학적 응용 중 대부분은 처리과정 동안 기하학적 오차를 포함하므로 강조기능을 선택하는데 주의를 기울여야 한다. 이러한 이유로 경계탐색(edge detection)과 같은 몇 가지 개선된 영상여과(filtering)기능이 영상면의 기하학적 오차를 줄이기 위해 개발되었으나, 일반적인 영상처리체계에서는 기본적인 기능만을 제공한다. 잡영과 왜곡을 줄이는 몇몇 기능, 특히 개선에 관한 것은 표준기능과 비교해 볼 때 오차를 줄이기 위해 계속 개발되고 있다.

주변의 밝기값(gray level)과 비교해 뚜렷한 차이를 나타내는 여러 가지 잡영은 다양한 방법으로 제거되는데, 주로 이용되는 것은 인접영상면의 밝기값을 그대로 이용하거나 평균하는 방법이다. 이 과정에서 일련의 영상과 그들의 평균값을 취하는 방법이 자주 사용된다.

전처리과정에서 기하학적인 왜곡과 방사적인 왜곡을 보정하기 위해서는 주로 경험적인 방법에 의해 이루어지는 사전 사진기검정이 요구된다.

나) 인식

일반적인 체계에서는 단지 2진(binary)형태로 영상면을 인식함으로써 형상을 추출할 수 있는 해석적 영상처리기법이 제공되나, 이를 실시간 영상탐측에 적용하기 위해서는 자동 형상추출작업을 위한 새로운 알고리즘을 개발해야 한다.

잘 알려진 형상추출방법은 연관분석(connectively analysis) 영상소묶음(pixel grouping) 알고리즘으로 각각의 영역으로부터 형상을 추출하기 위해 2진 영상의 구획요소들을 분리하고, 그 구획을 결정하는 방법이다. 검은 바탕에 흰 표지들(또는 반대)은 하나의 목적대상물로서 뚜렷이 나타나며 특별한 값이 주어지기 때문에 단면, 관성모멘트, 무게중심과 같은 매개변수들은 다음 단계인 인식에서 전산 처리되어 사용된다.

인식을 위해 가장 일반적으로 도입하는 기술은 형판정합(型板重合, template matching)이라 불리는 방법으로 주어진 형상을 영상면의 일부와 정합시키거나, 두 가지 영상면의 부분을 함께 정합시키는 데 이용된다. 계소영상소수와 영상의 수로 구성된 형판이 주어지면 형판의 중심은 각 영상면의 영상소상에 자리 잡게 되며, 정합되는 값들은 전산기에 의해 직교좌표로 계산되고 이것이 가장 적합한 정합이 될 때까지 각각의 영상소에서 가능한 모든 위치를 계산할 수 있도록 반복된다.

다) 정량화

정량화(metrology)에는 영상좌표의 관측과 3차원 대상물공간좌표의 계산이 포함된다. 영상면좌표의 관측에는 부영상소의 위치를 정확히 결정하기 위한 알고리즘이 요구되는 반면, 3차원 좌표의 계산에는 두 영상면에서 동일한 점을 정합하기 위한 알고리즘이 필요하다. 또한 부영상소 상에서 점을 결정하고 정합하는 과정이 한 단계로 결합한 알고리즘도 있는데, 두 과정이 분리된 알고리즘을 이용하기 위해서는 표지된 점이나 뚜렷한 형상이 영상에 나타나야 한다.

표지의 형상은 최소제곱조정을 이용해 영상소로 이루어진 표지, 경계 및 선의 위치를 결정하는데 이용되며 모양의 이상적인 분포함수로 나타난다. 이 함수의 방정식은 이상적인 형상, 분포함수 및 형상의 중심을 나타내는 많은 변수로 나타나며, 이와 같은 미지수를 결정하기 위해 최소제곱조정을 이용할 수 있다.

대부분의 실시간 응용에서 정교하지 못한 방법은 특히 계산속도면에 있어서 문제점을 나타내고 있는데, 표지중심을 결정하기 위한 직접 보간기법을 통해 0.1~0.4 영상소범위 정도의 정확도를 얻을 수 있다.

영상정합은 두 영상에서 구하고자 하는 점의 상좌표를 계산한 후 계산된 상좌표와 사진기 표정변수를 이용해 이루어진다.

또한 최소제곱조정은 좌우영상의 동일점에 대한 위치결정과 정합을 위한 고정밀수치 영상상관기법(high precision digital image correlation method)에도 적용되는데, 이 방법에서 두 영상의 동일한 부분 밝기값의 차이는 기복, 축척 차이 및 잡영 차이의 함수로 나타난다. 잡영(noise)차이를 최소화하는 최소제곱조정의 해는 기복과 축척차이 및 관측된 계조값을 통해 수행된다.

이와 같은 방법들은 면적을 기초로 하는 상관관계를 이용하지만 경계선 또는 형상을 기초(edge-based or feature-based)로 하는 정합기법도 이용될 수 있다. 이와 같은 정합기법은 인공지능환경에서 개발되어지며 면적을 기초로 한 기법의 문제점을 해결할 수 있다.

라) 분석

마지막 단계인 분석(understanding)단계는 비록 영상탐측학적 알고리즘은 사용하지 않지만 실시간 영상탐측체계의 중요한 부분으로 한 영상에서 관측점의 3차원 좌표를 알고 있을 때 적용하려는 대상물에 따라 적절한 방법을 선택할 수 있게 한다. 적용분야에 따라 현존 영상처리체계에서는 제공되지 않는 많은 표현방법이 있는데, 예를 들면 특정 좌표체계로 주어진 대상물의 기계좌표군과 대상물성분의 위치와 기하학적 특성을 나타내는 점좌표들을 대신하는 특성값군 등이 있다.

(5) 비디오 기법과 실시간 영상탐측의 이용효과

비디오기법과 실시간 영상탐측은 수치영상을 통해 대상물의 3차원 위치결정이나 동적인 대상물의 움직임을 분석하는 데 유용한 방법으로 산업분야에서는 이 방법을 로봇에 적용해 수치적인 인력자료를 전산기와 주변장치로 파악하고, 접근하기 힘든 지역을 정밀하게 관측하는 데 이용하고 있다. 또한 비디오기법은 영상처리기법이 발전됨에 따라 전산기조립공장, 산업, 의학, 천문학 등 그 영역이 확장되고 있다. 영상처리기법을 의학분야에 적용하기 위해서는 인체의 형상과 같은 입체적인 자료의 3차원 좌표를 정확하게 결정해야 한다. 미항공우주국(NASA)에서도 공간좌표의 해석을 위해 비디오기법을 도입하고 있으며, 비디오기법과 실시간 영상탐측에서 높은 정확도를 요구하는 태양계행성의 궤도와 위치를 분석하는 데 이용되고 있다. 비디오기법도 다른 모든 전산처리와 마찬가지로 전산기와 주변장치에 소요되는 비용과 이용여부에 의해 좌우되므로 영상처리기법을 보다 많은 분야에 적용하기 위해서는 영상취득 및 영상처리에 대한 부단한 연구가 요망된다.

연 습 문 제

다음 사항에 대하여 답하시오.

12. 비지형(의학, 산업)영상탐측

1) 입체X선 촬영법에서 3차원 영상이 필요한 경우 입체시의 기하학적 배치

2) 지상 LiDAR에서 대상물의 3차원위치를 구하는 과정

3) 영상정합의 의의 및 방법

4) 영상융합의 의의 및 방법

5) 산업용영상탐측에서 자동차, 선박, 저장탱크, 터널 등에 대한 활용

6) 전자사진기에 의한 영상취득 및 기준

7) 수치사진기의 영상취득 시 방사적 및 기하학적 특성

8) 수치영상처리체계에서 전처리, 인식, 정량화, 분석

9) 비디오기법과 실시간영상탐측의 이용효과

제3편

영상좌표 조정 및 보간법

(Coordinates Adjustment for Imagery and Interpolation Methods)

Concept of Imagematics

13 영상의 좌표변환 및 표정
(Coordinates Transformation and Orientation for Imagery)

1) 차원별 좌표변환 및 회전

(1) 개요

좌표변환은 동일좌표계에서의 변환과 다른 좌표계로의 변환으로 나눌 수 있다.

측량에서의 좌표변환은 2차원에서 3차원으로 또 3차원에서 2차원으로의 변환이 필요하며, 연속적인 좌표변환이 요구되는 경우도 있다.

(2) 1차원 좌표변환

투영중심 O로부터 제 1 평면 A_1, B_1, C_1, D_1을 통과해 제 2 평면 A_2, B_2, C_2, D_2에 도달한 경우 또는 교차율에 의한 다음 관계가 성립된다.

$$\frac{A_1C_1}{B_1C_1} : \frac{A_1D_1}{B_1D_1} = \frac{A_2C_2}{B_2C_2} : \frac{A_2D_2}{B_2D_2} = \text{일정} \tag{13-1}$$

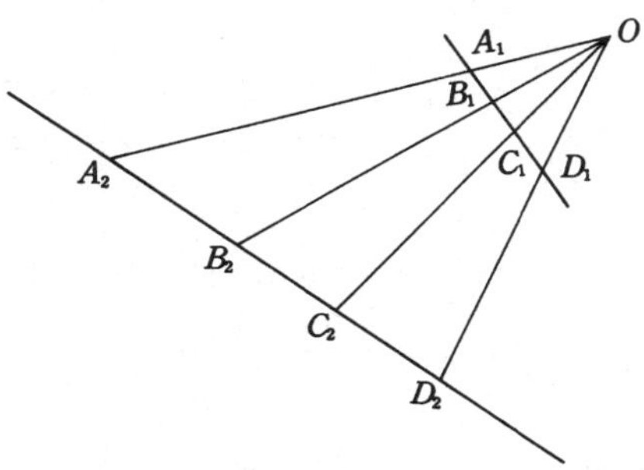

그림 13-1 교차율

(3) 2차원 좌표변환

(x, y)점으로부터 새로운 (x', y')점을 만드는 데 이용한다.

평행변환

$$x' = x + X_O, \quad y' = y + Y_O \tag{13-2}$$

회전변환: 원점으로부터 시계방향으로 θ만큼 회전한 경우

$$x' = xcos\theta + ysin\theta, \quad y' = -xsin\theta + ycos\theta \tag{13-3}$$

축척변환

$$x' = xS_x, \quad y' = yS_y \tag{13-4}$$

S_x, S_y는 x, y축의 축척

이들 변환을 행렬로 나타내면

$$\text{선형이동: } \begin{bmatrix} x' \\ y' \end{bmatrix} = \begin{bmatrix} 1\ 0\ X_0 \\ 0\ 1\ Y_0 \end{bmatrix} \begin{bmatrix} x \\ y \\ 1 \end{bmatrix} \tag{13-5}$$

$$\text{회전: } \begin{bmatrix} x' \\ y' \end{bmatrix} = \begin{bmatrix} \cos\theta & \sin\theta \\ -\sin\theta & \cos\theta \end{bmatrix} \begin{bmatrix} x \\ y \end{bmatrix} \tag{13-6}$$

$$\text{축척변환: } \begin{bmatrix} x' \\ y' \end{bmatrix} = \begin{bmatrix} S_x & 0 \\ 0 & S_y \end{bmatrix} \begin{bmatrix} x \\ y \end{bmatrix} \tag{13-7}$$

극좌표로부터 평면직교좌표로의 변환식은 다음과 같다.

$$X = r \cdot \cos\theta$$

$$Y = r \cdot \sin\theta$$

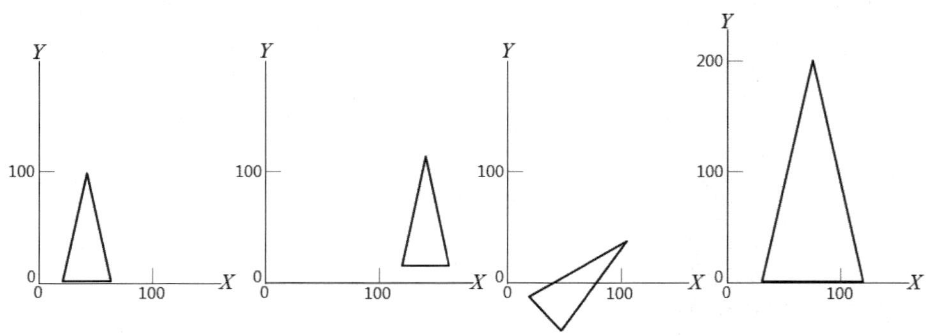

(a) 선형평행변환 (b) 회전변환 (c) 축척변환

그림 13-2 2차원 좌표변환

(4) 항공영상면의 공간상에서 회전

영상면의 공간상에서 회전을 2차원 및 3차원 공간으로 분류하면 다음과 같다.

① 2차원 공간에서의 회전

기본좌표축을 X, Y 변환된 좌표축을 x', y' 라 할 때 식 (13-8)과 같이 표현할 수 있다. 점 P 의 좌표(X, Y)는

$$X = \overline{Od} - \overline{cd} = x'\cos\theta - y'\sin\theta$$

$$Y = \overline{Oa} + \overline{ab} = x'\sin\theta + y'\cos\theta \qquad (13\text{-}8)$$

행렬에 의해 표시하면 식 (13-8)은 기준좌표계로의 표현으로 식 (13-9)과 같다.

$$\begin{bmatrix} X \\ Y \end{bmatrix} = \begin{bmatrix} \cos\theta & -\sin\theta \\ \sin\theta & \cos\theta \end{bmatrix} \begin{bmatrix} x' \\ y' \end{bmatrix} \qquad (13\text{-}9)$$

$$X = Rx' \qquad (13\text{-}10)$$

이 된다.

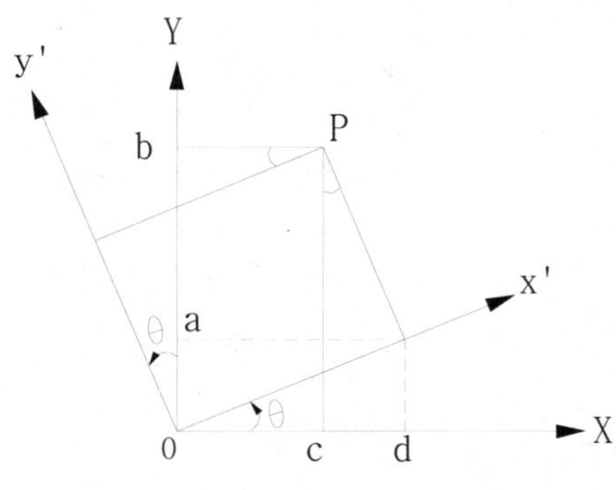

그림 13-3 2차원 좌표계

행렬 R 을 회전행렬(rotation matrix)이라 하며, 이 회전행렬은 좌표의 벡터의 곱으로써 직교좌표상의 좌표는 다른 좌표로 회전된다. 회전행렬은 직교행렬(orthogonal matrix)이며 직교행렬의 역행렬(R^{-1})은 전치행렬(R^T)과 같게 되므로 (X, Y)에서 (x', y')

로의 변환은 다음과 같다. 즉 변환된 좌표계로의 표현은 식 (13-11)과 같이 표현된다.

$$x' = X\cos\theta + Y\sin\theta$$

$$y' = -X\sin\theta + Y\cos\theta \tag{13-11}$$

$$\begin{bmatrix} x' \\ y' \end{bmatrix} = \begin{bmatrix} \cos\theta & \sin\theta \\ -\sin\theta & \cos\theta \end{bmatrix} \begin{bmatrix} X \\ Y \end{bmatrix} \tag{13-12}$$

② 3차원공간에서의 회전

X, Y, Z 좌표를 축 x', y', z' 좌표축으로 회전할 때 회전각을 ω, ϕ, κ 로 표시하며 각 회전각을 나타내면 〈**그림 13-4**〉와 같다.

연속적으로 3축에 대해 회전시킬 경우 X 축에 대해 ω 만큼 회전한 후 Y_ω 축에 대해 ϕ 만큼 회전하고 마지막으로 $Z_{\omega\phi}$ 축에 대해 κ 만큼 순차적으로 회전한다고 생각하면 〈**그림 13-4**〉에서 회전에 의한 사진기 좌표계의 변환식은 다음과 같이 표시할 수 있다.

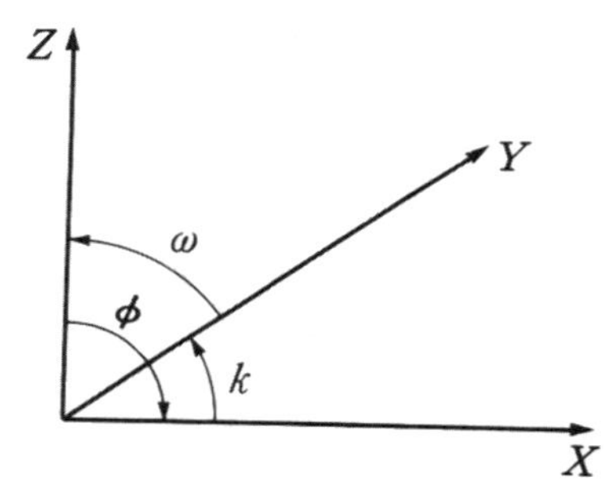

그림 13-4 3차원 축에 관한 회전

$$\begin{bmatrix} x' \\ y' \\ z' \end{bmatrix} = R_{\kappa\phi\omega} \begin{bmatrix} X \\ Y \\ Z \end{bmatrix} = R_\kappa \cdot R_\phi \cdot R_\omega \begin{bmatrix} X \\ Y \\ Z \end{bmatrix} \tag{13-13}$$

$$x' = x_\omega + 0 + 0$$

$$y' = 0 + y_\omega \cos\omega - z_\omega \sin\omega \tag{13-14}$$

$$z' = 0 + y_\omega \sin\omega + z_\omega \cos\omega$$

$$\begin{bmatrix} x' \\ y' \\ z' \end{bmatrix} = \begin{bmatrix} 1 & 0 & 0 \\ 0 & \cos\omega & -\sin\omega \\ 0 & \sin\omega & \cos\omega \end{bmatrix} \begin{bmatrix} x_\omega \\ y_\omega \\ z_\omega \end{bmatrix} \tag{13-15}$$

역변환은

$$\begin{bmatrix} x_\omega \\ y_\omega \\ z_\omega \end{bmatrix} = \begin{bmatrix} 1 & 0 & 0 \\ 0 & \cos\omega & \sin\omega \\ 0 & -\sin\omega & \cos\omega \end{bmatrix} \begin{bmatrix} x' \\ y' \\ z' \end{bmatrix} \tag{13-16}$$

ω는 x축 회전으로 쌍곡선 변형을 하며 전후요동(pitching)과 같은 효과가 있다.

$$\begin{aligned} x' &= x_{\omega\phi}\cos\phi + 0 + z_{\omega}\phi\sin\phi \\ y' &= 0 + y_{\omega\phi} + 0 \\ z' &= -x_{\omega\phi}\sin\phi + 0 + z_{\omega\phi}\cos\phi \end{aligned} \tag{13-17}$$

$$\begin{bmatrix} x' \\ y' \\ z' \end{bmatrix} = \begin{bmatrix} \cos\phi & 0 & \sin\phi \\ 0 & 1 & 0 \\ -\sin\phi & 0 & \cos\phi \end{bmatrix} \begin{bmatrix} x_{\omega\phi} \\ y_{\omega\phi} \\ z_{\omega\phi} \end{bmatrix} \tag{13-18}$$

역변환은

$$\begin{bmatrix} x_{\omega\phi} \\ y_{\omega\phi} \\ z_{\omega\phi} \end{bmatrix} = \begin{bmatrix} \cos\phi & 0 & -\sin\phi \\ 0 & 1 & 0 \\ \sin\phi & 0 & \cos\phi \end{bmatrix} \begin{bmatrix} x' \\ y' \\ z' \end{bmatrix} \tag{13-19}$$

ϕ는 y축 회전으로 포물선 변형을 하며 좌우요동(rolling)과 같은 효과가 있다.

$$\begin{aligned} x' &= x_{\omega\phi\kappa}\cos\kappa - y_{\omega\phi\kappa}\sin\kappa + 0 \\ y' &= x_{\omega\phi\kappa}\sin\kappa + y_{\omega\phi\kappa}\cos\kappa + 0 \\ z' &= 0 + 0 + z_{\omega\phi\kappa} \end{aligned} \tag{13-20}$$

$$\begin{bmatrix} x' \\ y' \\ z' \end{bmatrix} = \begin{bmatrix} \cos\kappa & -\sin\kappa & 0 \\ \sin\kappa & \cos\kappa & 0 \\ 0 & 0 & 1 \end{bmatrix} \begin{bmatrix} x_{\omega\phi\kappa} \\ y_{\omega\phi\kappa} \\ z_{\omega\phi\kappa} \end{bmatrix} \tag{13-21}$$

역변환은

$$\begin{bmatrix} x_{\omega\phi\kappa} \\ y_{\omega\phi\kappa} \\ z_{\omega\phi\kappa} \end{bmatrix} = \begin{bmatrix} \cos\kappa & \sin\kappa & 0 \\ -\sin\kappa & \cos\kappa & 0 \\ 0 & 0 & 1 \end{bmatrix} \begin{bmatrix} x' \\ y' \\ z' \end{bmatrix} \tag{13-22}$$

κ는 z축 회전으로 타원변형을 하며 수평요동(yawing)과 같은 효과가 있다.

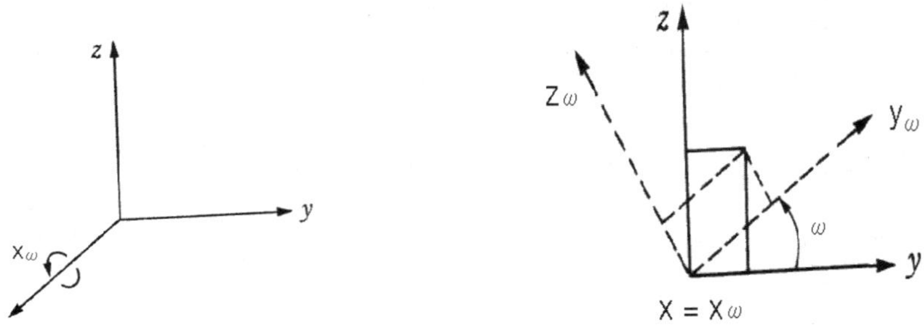

그림 13-5　제 1회전 ω

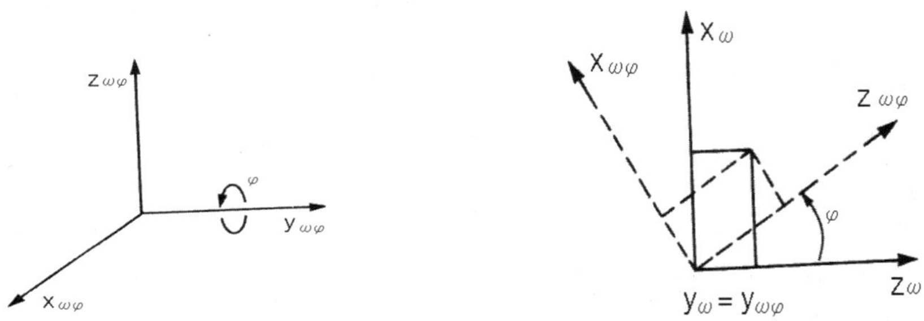

그림 13-6　제 2회전 φ

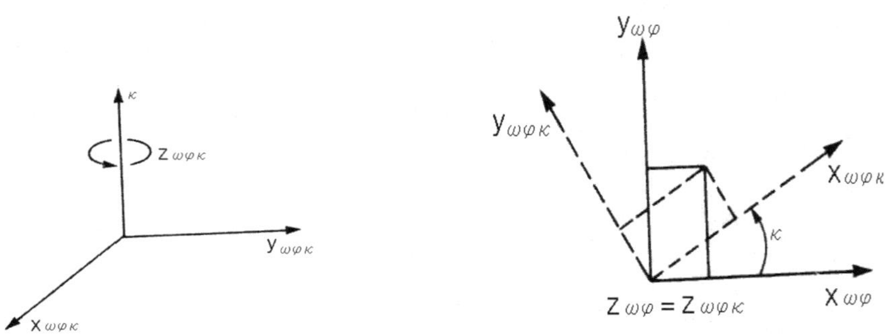

그림 13-7　제 3회전 κ

여기서 ω, ϕ, κ 의 회전을 기본좌표계 (X, Y, Z)와 변환좌표계 (x', y', z')를 고려한 행렬 형태로 다음과 같이 표시할 수 있다.

ω 인 경우

$$\begin{bmatrix} x' \\ y' \\ z' \end{bmatrix} = \begin{bmatrix} 1 & 0 & 0 \\ 0 & \cos\omega & \sin\omega \\ 0 & -\sin\omega & \cos\omega \end{bmatrix} \begin{bmatrix} X \\ Y \\ Z \end{bmatrix} = R_\omega \begin{bmatrix} X \\ Y \\ Z \end{bmatrix} \tag{13-23}$$

$$\begin{bmatrix} X \\ Y \\ Z \end{bmatrix} = \begin{bmatrix} 1 & 0 & 0 \\ 0 & \cos\omega & -\sin\omega \\ 0 & \sin\omega & \cos\omega \end{bmatrix} \begin{bmatrix} x' \\ y' \\ z' \end{bmatrix} = R_\omega^T \begin{bmatrix} x' \\ y' \\ z' \end{bmatrix} \tag{13-24}$$

ϕ 인 경우

$$\begin{bmatrix} x' \\ y' \\ z' \end{bmatrix} = \begin{bmatrix} \cos\phi & 0 & -\sin\phi \\ 0 & 1 & 0 \\ \sin\phi & 0 & \cos\phi \end{bmatrix} \begin{bmatrix} X \\ Y \\ Z \end{bmatrix} = R_\phi \begin{bmatrix} X \\ Y \\ Z \end{bmatrix} \tag{13-25}$$

$$\begin{bmatrix} X \\ Y \\ Z \end{bmatrix} = \begin{bmatrix} \cos\phi & 0 & \sin\phi \\ 0 & 1 & 0 \\ -\sin\phi & 0 & \cos\phi \end{bmatrix} \begin{bmatrix} x' \\ y' \\ z' \end{bmatrix} = R_\phi^T \begin{bmatrix} x' \\ y' \\ z' \end{bmatrix} \tag{13-26}$$

κ 인 경우

$$\begin{bmatrix} x' \\ y' \\ z' \end{bmatrix} = \begin{bmatrix} \cos\kappa & \sin\kappa & 0 \\ -\sin\kappa & \cos\kappa & 0 \\ 0 & 0 & 1 \end{bmatrix} \begin{bmatrix} X \\ Y \\ Z \end{bmatrix} = R_\kappa \begin{bmatrix} X \\ Y \\ Z \end{bmatrix} \tag{13-27}$$

$$\begin{bmatrix} X \\ Y \\ Z \end{bmatrix} = \begin{bmatrix} \cos\kappa & -\sin\kappa & 0 \\ \sin\kappa & \cos\kappa & 0 \\ 0 & 0 & 1 \end{bmatrix} \begin{bmatrix} x' \\ y' \\ z' \end{bmatrix} = R_k^T \begin{bmatrix} x' \\ y' \\ z' \end{bmatrix} \tag{16-28}$$

2) 영상의 표정방법

(1) 기계적 표정

① 상호표정인자의 선택

상호표정은 5개의 독립된 표정인자에 의해 종시차를 소거해 나가는 것으로, 앞에서 설명한 X 방향의 이동성분을 10개의 표정인자로부터 5개를 선택하는데 있어 서로 독립되도록 선택해야 한다.

예를 들어, 〈**그림 13-8**〉과 같이 κ', κ'', by 와 φ', φ'', by 를 고려하면 bz 는 κ' 와 κ'' 의 합이며, bz 는 φ' 와 φ'' 의 합인 관계를 알 수 있다.

κ 와 by 는 평행변위의 특징이 있으며, φ 와 bz 는 축척을 변화시키는 작용을 한다. 따라서 상호표정인자는 다음과 같이 3개 부분으로 나눌 수 있다.

가) 평행변위부(κ', κ'', by): y 방향의 크기는 불변이며 투영점을 이동시킬 뿐이다.

나) 축척부(φ', φ'', bz): 중앙의 점에 대해 대칭으로 이동되며, Y 방향 성분의 크기를 일정하게 분배해 변화시킨다.

다) 수정부(ω)

상호표정은 평행변위부에서 2개, 축척부에서 2개의 인자를 임의로 택해 이것과 수정부 ω 에 의한 5개의 표정인자를 사용한다.

대표적인 표정요소의 선택방법으로는 첫째, 양 영상면의 회전요소만을 고려하는 방법(독립표정법, κ', κ'', φ', φ'', ω'' 사용)과 둘째, 좌영상면을 고정시키고 우영상면의 표정요소만을 고려하는 방법(종속표정법, by, bz, κ'', φ'', ω'' 사용)이 있다.

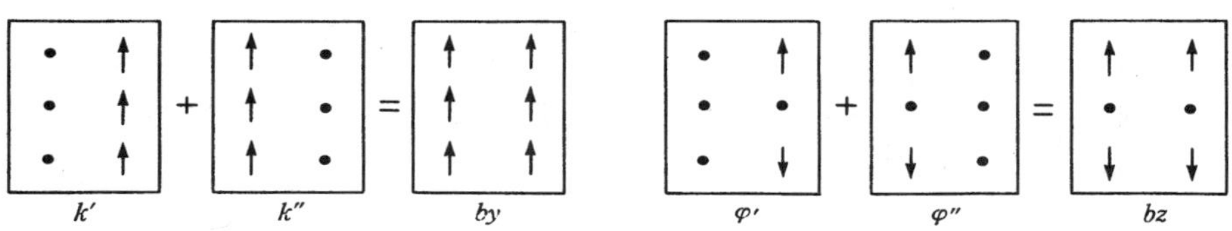

그림 13-8

③ Gruber 법에 의한 평탄지의 상호표정

이것은 κ', κ'', φ', φ'', ω 의 5개 인자를 사용하는 가장 기본적인 방법으로 모든 도화기에서 사용한다. 이때 ω 는 좌우 어느 쪽이라도 좋다. 작업순서는 〈**그림 13-9**〉와 같이 변화한다$\left(단, \ \dfrac{h}{d} = \dfrac{3}{2}\right)$.

가) P_1 을 κ'' 로 소거한다.

나) P_2 를 κ' 로 소거한다.

다) P_3을 φ''로 소거한다.

라) P_4를 φ'로 소거한다.

마) P_5를 $k\Delta\omega$ 만큼 과잉수정한다.

과잉수정계수(OCF : Over Correction Factor) k는

$$k = \frac{1}{2}\left(\frac{h^2}{d^2} - 1\right) = \frac{1}{2}\left(\frac{f^2}{y'^2} - 1\right) \tag{13-29}$$

이며, 여기에서 f는 촬영사진기의 초점거리, y'은 영상면(또는 밀착영상면)상에서의 1점과 3점의 거리이다. 과잉수정량은 $k\Delta\omega$ 이며 **〈그림 13-9〉**에서는 $k = 0.625$, $\Delta\omega = 4$이므로 $k\Delta\omega = 2.5$이다. 따라서 총수정량은 $2.5 + 4 = 6.5$이다.

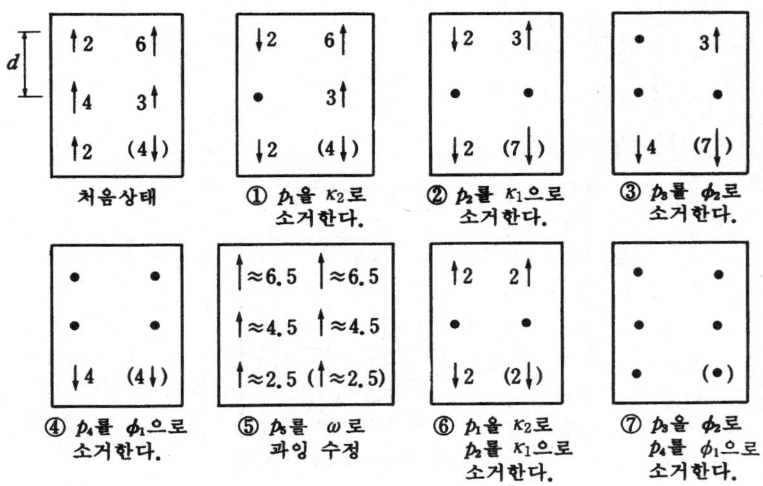

그림 13-9 Gruber의 기계법

속도율(SP : Speed Ratio)은

$$\mathrm{SP} = \frac{\mathrm{P}_1}{\mathrm{P}_5} = \frac{\mathrm{h} \cdot \mathrm{d}\omega}{\mathrm{h}\left(1 + \frac{\mathrm{d}^2}{\mathrm{h}^2}\right)\mathrm{d}\omega} = \frac{9}{13}$$

이다.

$$P_1 = \frac{9}{13} \times P_5 = \frac{9}{13} \times 6.5 = 4.5$$

바) 위의 가)~라)를 되풀이 한다.

이 과정 중 가), 나) 및 다), 라)의 순서는 서로 바꾸어도 좋다.

④ 불완전 입체모형의 상호표정

불완전 입체모형이라 함은 입체모형의 일부가 수면이나 구름에 가려져서 표정점 6점의 배치를 이상적으로 할 수 없는 입체모형을 불완전 입체모형이라 한다. 불완전 입체모형(incomplete model)의 유형에는 다음과 같은 경우가 있으며 빗금친 부분은 수면이나 구름으로 가려진 부분이다.

예를 들어, 〈**그림 13-10**〉과 같은 평지의 불완전 입체모형을 회전인자만으로 표정하는 단계는 다음과 같다.

가) P_1을 κ''로 소거한다.

나) P_3을 ϕ''로 소거한다.

다) P_7을 ω''를 사용해 과잉 수정한다.

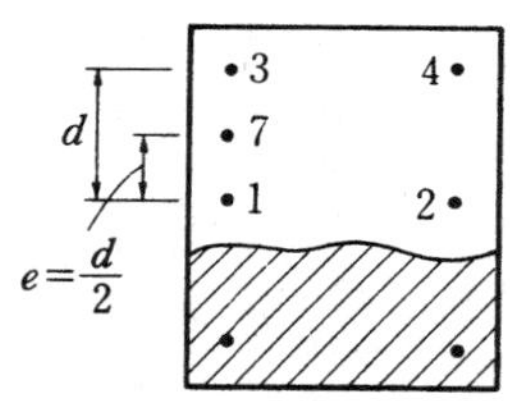

그림 13-10 불완전 모형

이때의 과잉 수정계수 (o, c, f) k는 다음과 같다.

$$k = \frac{h^2 + de}{e^2 - de} = \frac{-(4h^2 + d^2)}{d^2} \tag{13-30}$$

라) P_1을 κ''로 다시 소거한 후, P_2를 κ'로 소거한다.

마) P_3을 φ''로 다시 소거한 후, P_4를 φ'로 소거한다.

(2) 해석적 표정

① 공면조건에 의한 상호표정 방법

〈**그림 13-11**〉과 같은 영상면좌표계에서 표정요소, 즉 왼쪽의 회전각(κ_1, φ_1, ω_1)과 오른쪽의 회전각(κ_2, φ_2, ω_2) 및 평행인자(by, bz)를 공면조건(共面條件)에 의해 구하는 상호표정방법이다. 공면조건식 (9-22)을 행렬로 바꾸면 다음과 같다.

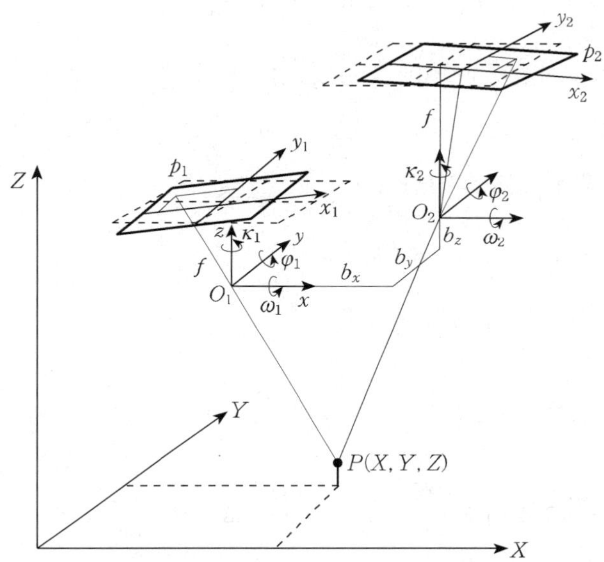

그림 13-11 공면조건을 이용한 상호표정

$$(X_1\ Y_1\ Z_1)\begin{pmatrix} 0 & bz & -by \\ -bz & 0 & bx \\ by & -bx & 0 \end{pmatrix}\begin{pmatrix} X_2 \\ Y_2 \\ Z_2 \end{pmatrix} = 0 \tag{13-31}$$

여기서

$$\begin{pmatrix} X_1 \\ Y_1 \\ Z_1 \end{pmatrix} = R_1\begin{pmatrix} x_1 \\ y_1 \\ f \end{pmatrix} \quad \begin{pmatrix} X_2 \\ Y_2 \\ Z_2 \end{pmatrix} = R_2\begin{pmatrix} x_2 \\ y_2 \\ f \end{pmatrix}$$

R_1, R_2는 회전행렬이다. 그러므로 식 (13-31)은

$$(x_1,\ y_1,\ f)\,R_1^T\begin{pmatrix} 0 & bz & -by \\ -bz & 0 & bx \\ by & -bx & 0 \end{pmatrix} R_2\begin{bmatrix} x_2 \\ y_2 \\ f \end{bmatrix} = 0 \qquad (13\text{-}32)$$

이다. $\overline{x} = \dfrac{x}{f}$, $\overline{y} = \dfrac{y}{f}$, $U_y = \dfrac{by}{bx}$, $U_z = \dfrac{bz}{bx}$이라 하면 식 (13-32)은

$$(\overline{x},\ \overline{y},\ 1)\,R_1^T\begin{bmatrix} 0 & U_z & -U_y \\ -U_z & 0 & 1 \\ U_y & -1 & 0 \end{bmatrix} R_2\begin{bmatrix} \overline{x_2} \\ \overline{y_2} \\ 1 \end{bmatrix} = 0 \qquad (13\text{-}33)$$

이며 식 (13-33)은 비선형방정식이므로 표정요소 근사값을 κ_1^0, φ_1^0, ω_1^0, $\kappa_2^0, \varphi_2^0, \omega_2^0$, U_y^0, U_z^0 라 하고, 그 보정량을 $\Delta\kappa_1$, $\Delta\varphi_1$, $\Delta\omega_1$, $\Delta\kappa_2$, $\Delta\varphi_2$, $\Delta\omega_2, \Delta U_z$, ΔU_z 라 하여 다음과 같은 Taylor 전개에 의해 선형화시킨다.

$$\begin{aligned} &F(\kappa_1,\varphi_1,\omega_1,\kappa_2,\varphi_2,\omega_2,U_y,U_z \\ &\quad \fallingdotseq F(\kappa_1^0,\varphi_1^0,\omega_1^0,\kappa_2^0,\varphi_2^0,\omega_2^0,U_y,U_z) \\ &\qquad + \frac{\partial F}{\partial U_y}\Delta U_y + \frac{\partial F}{\partial U_z}\Delta U_z + \frac{\partial F}{\partial \kappa_1}\Delta\kappa_1 + \frac{\partial F}{\partial \varphi_1}\Delta\varphi_1 \\ &\qquad + \frac{\partial F}{\partial \omega_1}\Delta\omega_1 + \frac{\partial F}{\partial \kappa_2}\Delta\kappa_2 + \frac{\partial F}{\partial \varphi_2}\Delta\varphi_2 + \frac{\partial F}{\partial \omega_2}\Delta\omega_2 \end{aligned} \qquad (13\text{-}34)$$

식 (13-33)을 식 (13-34)에 대입해 정리하면 다음 식 (13-35)과 같은 공면조건을 이용한 종시차방정식(縱視差方程式)이 얻어진다.

$$\begin{aligned} &(\overline{x_2} - \overline{x_1})\Delta U_y + (\overline{x_1 y_1} - \overline{x_2 y_1})\Delta U_z + \overline{x_1}\Delta\kappa_1 \\ &- \overline{x_2}\Delta\kappa_2 + \overline{x_1 y_2}\Delta\varphi_1 - \overline{x_2 y_1}\Delta\varphi_2 \\ &- (\overline{y_1 y_2} + 1)\Delta\omega_1 + (\overline{y_1 y_2} + 1)\Delta\omega_2 = -L \end{aligned} \qquad (13\text{-}35)$$

이며, 여기서

$$L = [\overline{x_1}\ \ \overline{y_1}\ \ 1]\,R_1^T\begin{bmatrix} 0 & U_z & -U_y \\ -U_z & 0 & 1 \\ U_y & -1 & 0 \end{bmatrix} R_2\begin{bmatrix} \overline{x_2} \\ \overline{y_2} \\ 1 \end{bmatrix}$$ 이다.

식 (13-35)에 최소제곱법을 적용해 표정요소의 미소보정량을 구하며, 최종표정요소는 축차근사계산에 의해 구한다. 공면조건에 의한 상호표정은 상호표정요소 5개만으로도 수행할 수 있으며 이는 투영기에 따라 50여 개의 조합을 이룰 수 있다. 이들 중에서 가장 널리 쓰이는 것은 투영중심(投影中心, projection center)을 연결하는 방법(κ_1, φ_1, κ_2, φ_2, ω_2)과 왼쪽사진기좌표를 고정하는 방법(κ_2, φ_2, κ_2, by, bz)이다.

가) 독립적 상호표정 방법(independent relative orientation method)

$$(\bar{x}_1\,\bar{y}_1\,1)R_1^T = \begin{bmatrix} 0 & 0 & 0 \\ 0 & 0 & 1 \\ 0 & -1 & 0 \end{bmatrix} R_2 \begin{bmatrix} \bar{x}_2 \\ \bar{y}_2 \\ 1 \end{bmatrix} = 0 \qquad (13\text{-}36)$$

여기서 입체모형좌표계($\bar{x}, \bar{y}, \bar{z}$)와 사진기좌표계($x$, y, f) 사이에는 다음과 같은 좌표변환의 관계식이 성립한다.

$$\begin{bmatrix} \bar{x}_1 \\ \bar{y}_1 \\ \bar{z}_1 \end{bmatrix} = \begin{bmatrix} \cos\varphi_1 & 0 & \sin\varphi_1 \\ 0 & 1 & 0 \\ -\sin\varphi_1 & 0 & \cos\varphi_1 \end{bmatrix} \begin{bmatrix} \cos\kappa_1 & -\sin\kappa_1 & 0 \\ \sin\kappa_1 & \cos\kappa_1 & 0 \\ 0 & 0 & 1 \end{bmatrix} \begin{bmatrix} x_1 \\ y_1 \\ f \end{bmatrix} \qquad (13\text{-}37)$$

$$\begin{bmatrix} \bar{x}_2 \\ \bar{y}_2 \\ \bar{z}_2 \end{bmatrix} = \begin{bmatrix} 1 & 0 & 0 \\ 0 & \cos\omega_2 & -\sin\omega_2 \\ 0 & \sin\omega_2 & \cos\omega_2 \end{bmatrix} \begin{bmatrix} \cos\varphi_2 & 0 & \sin\varphi_2 \\ 0 & 1 & 0 \\ -\sin\varphi_2 & 0 & \cos\varphi_2 \end{bmatrix}$$

$$\begin{bmatrix} \cos\kappa_2 & -\sin\kappa_2 & 0 \\ \sin\kappa_2 & \cos\kappa_2 & 0 \\ 0 & 0 & 1 \end{bmatrix} \begin{bmatrix} x_2 \\ y_2 \\ f \end{bmatrix} + \begin{bmatrix} 1 \\ 0 \\ 0 \end{bmatrix} \qquad (13\text{-}38)$$

표정요소의 근사값을 κ_1^0, φ_1^0, κ_2^0, φ_2^0, ω_2^0라 하고, 그 보정량을 각각 $\Delta\kappa_1, \Delta\varphi_1, \Delta\kappa_2, \Delta\varphi_2, \Delta\omega_2$라 하면, 식 (13-36)의 공면조건식은 Taylor 전개에 의해 다음과 같이 선형화된다.

$$F(\kappa_1,\ \varphi_1,\ \kappa_2,\ \varphi_2,\ \omega_2) \fallingdotseq F(\kappa_1^0,\ \varphi_1^0,\ \kappa_2^0,\ \varphi_2^0,\ \omega_2^0)$$

$$+\ \frac{\partial F}{\partial\kappa_1}\Delta\kappa_1 + \frac{\partial F}{\partial\varphi_1}\Delta\varphi_1 + \frac{\partial F}{\partial\kappa_2}\Delta\kappa_2 + \frac{\partial F}{\partial\varphi_2}\Delta\varphi_2$$

$$+\frac{\partial F}{\partial \omega_2}\Delta\omega_2 = 0 \quad (13-39)$$

표정요소의 근사값을 식 (13−37)과 식 (13−38)에 대입해 얻어진 값을 이용하면 식 (13−39)은 다음과 같은 관측방정식이 얻어진다.

$$\overline{x_1}\,\Delta k_1 + \overline{x}_1\overline{y}_2\Delta\varphi - (\overline{y}_1\overline{y}_2 + 1)\Delta w_2 - \overline{x}_2\Delta k_2 - \overline{x}_2\overline{y_1}\,\Delta\varphi_2 = -L \quad (13-40)$$

여기서

$$L = (\overline{x}_{1.}\overline{y}_1 1)R_1^T\begin{pmatrix}0 & 0 & 0\\ 0 & 0 & 1\\ 0 & -1 & 0\end{pmatrix}R_2\begin{pmatrix}\overline{x_2}\\ \overline{y_2}\\ 1\end{pmatrix}$$

식 (13−40)에 최소제곱법을 적용해 축차근사계산(逐次近似計算)으로 표정요소를 구한다.

나) 종속적 상호표정 방법(dependent relative orientation method)

$$(\overline{x}_1\overline{y}_1 1)\begin{bmatrix}0 & u_z & -u_y\\ -u_z & 0 & 1\\ u_y & -1 & 0\end{bmatrix}R_2\begin{bmatrix}\overline{x}_2\\ \overline{y}_2\\ 1\end{bmatrix} = 0 \quad (13-41)$$

식 (13−41)에서 (x_1, y_1, z_1), (x_2, y_2, z_2)는

$$\begin{bmatrix}\overline{x_1}\\ \overline{y_1}\\ \overline{z_1}\end{bmatrix} = \begin{bmatrix}x_1\\ y_1\\ f\end{bmatrix} \quad (13-42)$$

$$\begin{bmatrix}\overline{x_2}\\ \overline{y_2}\\ \overline{z_2}\end{bmatrix} = \begin{bmatrix}1 & 0 & 0\\ 0 & \cos\omega & -\sin\omega\\ 0 & \sin\omega & \cos\omega\end{bmatrix}\begin{bmatrix}\cos\varphi & 0 & \sin\varphi\\ 0 & 1 & 0\\ -\sin\varphi & 0 & \cos\varphi\end{bmatrix}$$

$$\begin{bmatrix}\cos\kappa & -\sin\kappa & 0\\ \sin\kappa & \cos\kappa & 0\\ 0 & 0 & 1\end{bmatrix}\begin{bmatrix}x_2\\ y_2\\ f\end{bmatrix} + \begin{bmatrix}1\\ by\\ bz\end{bmatrix} \quad (13-43)$$

의 관계가 성립한다.

표정요소의 근사값을 κ^0, φ^0, ω^0, b_y^0, b_z^0라 하고, 그의 보정량을 각각 $\Delta\kappa, \Delta\varphi, \Delta\omega, \Delta b_y, \Delta b_z$

라 하면, 식 (13-41)의 공면조건식은 Taylor 전개에 의해 다음과 같이 선형화된다.

$$F(\kappa,\ \varphi,\ \omega,\ by,\ bz) \fallingdotseq F(\kappa^0,\ \varphi^0,\ \omega^0,\ by^0,\ bz^0)$$

$$+\frac{\partial F}{\partial \kappa}\Delta\kappa+\frac{\partial F}{\partial \varphi}\Delta\varphi+\frac{\partial F}{\partial \omega}\Delta\omega+\frac{\partial F}{\partial by}\Delta by$$

$$+\frac{\partial F}{\partial bz}\Delta bz=0 \tag{13-44}$$

식 (13-42)에서 얻어진 $(\bar{x}_1,\ \bar{y}_1,\ \bar{z}_1)$ 및 식 (13-43)에 표정요소의 근사값을 대입해 얻어진 $(\bar{x}_2,\ \bar{y}_2,\ \bar{z}_2)$를 이용하면 식 (13-44)은 다음과 같은 관측방정식이 된다.

$$(\bar{x}_2-\bar{x}_1)\Delta u_y+(\bar{x}_1\bar{y}_2+\bar{x}_2\bar{y}_1)\Delta u_z-\bar{x}_2\Delta k_2-\bar{x}_2\bar{y}_1\Delta\varphi_2$$

$$+(\bar{y}_1\bar{y}_2+1)\Delta W_2=-L \tag{13-45}$$

여기서

$$L=(\bar{x}_1\bar{y}_1 1)\begin{pmatrix}0 & u_z & -u_y\\ -u_z & 0 & 1\\ u_y & -1 & 0\end{pmatrix}R_2\begin{pmatrix}\bar{x}_2\\ \bar{y}_2\\ 1\end{pmatrix}$$

식 (13-45)에 최소제곱법을 적용해 축차근사계산으로 표정요소를 구한다.

② 접합표정

상호표정에서 얻어진 투영중심과 공통인 접합점의 입체모형좌표만을 이용하는 방법은 상호표정에서 얻어진 표정요소를 전혀 이용하지 않는다. 이 경우 오른쪽입체모형의 왼쪽영상면의 투영중심 및 공통 접합점의 입체모형좌표와 왼쪽입체모형의 오른쪽영상면의 투영중심 및 공통 접합점의 입체모형좌표가 일치하도록 좌표변환을 하는 방법이다.

즉, 왼쪽의 입체모형좌표를 $(X_l,\ Y_l,\ Z_l)$, 오른쪽의 입체모형좌표를 $(X_r, Y_r,\ Z_r)$이라 하고, 오른쪽입체모형을 왼쪽입체모형에 일치시키기 위해 3축의 회전각을 κ, Φ, Ω, 평행변위량을 X_0, Y_0, Z_0, 축척은 S라 하면 다음과 같은 좌표변환식이 얻어진다.

$$\begin{pmatrix}X_l\\ Y_l\\ Z_l\end{pmatrix}=S\begin{pmatrix}1 & 0 & 0\\ 0 & \cos\Omega & -\sin\Omega\\ 0 & \sin\Omega & \cos\Omega\end{pmatrix}\begin{pmatrix}\cos\Phi & 0 & \sin\Phi\\ 0 & 1 & 0\\ -\sin\Phi & 0 & \cos\Phi\end{pmatrix}$$

$$\begin{pmatrix} \cos\kappa & -\sin\kappa & 0 \\ \sin\kappa & \cos\kappa & 0 \\ 0 & 0 & 1 \end{pmatrix}\begin{pmatrix} X_r \\ Y_r \\ Z_r \end{pmatrix} + \begin{pmatrix} X_o \\ Y_o \\ Z_o \end{pmatrix} \tag{13-46}$$

공통되는 투영중심 및 접합점의 입체모형좌표를 식 (13-46)에 대입해 3축의 경사 κ, Φ, Ω, 평행변위량 X_o, Y_o, Z_o 및 축척 S를 구하면 오른쪽 입체모형좌표계를 왼쪽 입체모형좌표계로 변화시킬 수 있다. 그러나 이 방법은 비선형방정식을 풀어야하므로 거의 이용되지 않고 주로 첫 번째 방법이 이용된다.

③ 절대표정

$$\begin{bmatrix} X_G \\ Y_G \\ Z_G \end{bmatrix} = SR\begin{bmatrix} X_m \\ Y_m \\ Z_m \end{bmatrix} + \begin{bmatrix} X_o \\ Y_o \\ Z_o \end{bmatrix} \tag{13-47}$$

여기서 X_G, Y_G, Z_G는 절대좌표, X_m, Y_m, Z_m은 입체모형좌표, X_o, Y_o, Z_o는 입체모형좌표계의 원점위치이며, S는 축척인자, R은 회전행렬이다.

식 (13-47)에 포함된 미지의 외부표정요소는 S, X_o, Y_o, Z_o 및 R을 구성하는 3개의 회전각 κ, Φ, Ω의 7개이다.

이 7개의 표정요소를 최소제곱법으로 결정하기 위해서는 적어도 3개의 기준점의 필요하며, 식 (13-39)이 비선형이므로 축차근사법으로 해를 얻게 된다. 식 (13-47)을 선형화하면

$$\begin{bmatrix} X_G \\ Y_G \\ Z_G \end{bmatrix} = \left\{R\Delta S + S^\circ\left(\frac{\partial R}{\partial \Omega}\Delta\Omega + \frac{\partial R}{\partial \Phi}\Delta\Phi + \frac{\partial R}{\partial \kappa}\right)\right\}\begin{bmatrix} X_m \\ Y_m \\ Z_m \end{bmatrix}$$

$$+\begin{bmatrix} \Delta X_o \\ \Delta Y_o \\ \Delta_o \end{bmatrix} + S^\circ R\begin{bmatrix} X_m \\ Y_m \\ Z_m \end{bmatrix} + \begin{bmatrix} X_o^\circ \\ Y_o^\circ \\ Z_o^\circ \end{bmatrix} \tag{13-48}$$

이다.

입체모형좌표계와 대상물공간좌표와의 관계에서 $S^\circ = 1$, 회전각의 근사값을 0이라고 가정하면 위식 (13-48)은 다음과 같은 관측방정식이 된다.

$$\begin{bmatrix} V_X \\ V_Y \\ V_Z \end{bmatrix} = \begin{bmatrix} X_m & 0 & 0 \\ 0 & Y_m & 0 \\ 0 & 0 & Z_m \end{bmatrix} \Delta S + \begin{bmatrix} 0 & Z_m & -Y_m \\ -Z_m & 0 & X_m \\ Y_m & -X_m & 0 \end{bmatrix} \begin{bmatrix} \Delta \Omega \\ \Delta \Phi \\ \Delta \kappa \end{bmatrix}$$

$$+ \begin{bmatrix} \Delta X_o \\ \Delta Y_o \\ \Delta Z_o \end{bmatrix} + \begin{bmatrix} X_m + X_0{}^{\circ} - X_G \\ Y_m + Y_0{}^{\circ} - Y_G \\ Z_m + Z_0{}^{\circ} - Z_G \end{bmatrix} \tag{13-49}$$

여기서 V_X, V_Y, V_Z는 잔차(殘差)이다.

14 대상물 공간에 관한 영상좌표 해석 (Analysis of Imagery Coordinates for Object Space)

1) 개요

대상물 공간에 관한 좌표해석으로 지상좌표화(Geo-Referencing)는 영상면의 임의의 점과 대응되는 대상공간과의 상사관계를 규명하는 것이다. 지상좌표화를 위해서 대상공간(또는 지표상)의 기준점(GCP: Ground Control Point) 좌표취득, 공선조건의 선형화, 후방 및 전방 교선법, sensor model 등에 관한 해석을 하여야 한다. 지상좌표화를 일반영상면의 경우와 위성영상의 경우로 대별하여 기술한다.

2) 일반 모형의 좌표해석

(1) 공선조건식의 선형화

Gauss-Markov모형에서 공선조건식을 사용할 수 있도록 식을 선형화시켜야 하는데, 이 경우 Taylor 급수를 적용하여 근사값을 구한다. 식 (14-1)에서 공선조건식을 택하여 표정매개변수와 대상물좌표로 함수를 나타낸다.

Taylor 급수는 함수 $F(x_0)$의 근사값, 그리고 선형보정(dx)과 1차 미분($\partial F/\partial x$)을 곱한 것의 합 〔식 (14-2)〕 으로 되어 있다. 고차항이 생략됨에 따라 표정매개변수와 점의 좌표로 편미분을 형성해야 한다 〔식 (14-5)〕 .

$$Fx\,(\omega_i,\ \phi_i,\ \kappa_i,\ X_{0i},\ Y_{0i},\ Z_{0i},\ X_j,\ Y_j,\ Z_j,\ f, x_p)$$

$$x_{ij} = x_p - f\,\frac{r_{11}(X_j - X_{o_i}) + r_{12}(Y_j - Y_{o_i}) + r_{13}(Z_j - Z_{o_i})}{r_{31}(X_j - X_{o_i}) + r_{32}(Y_j - Y_{o_i}) + r_{33}(Z_j - Z_{o_i})} = x_p - f\frac{N_x}{D} \qquad (14\text{-}1a)$$

$$Fy\,(\omega_i,\ \phi_i,\ \kappa_i,\ X_{0i},\ Y_{0i},\ Z_{0i},\ X_j,\ Y_j,\ Z_j,\ f, y_p)$$

$$y_{ij} = y_p - f\,\frac{r_{21}(X_j - X_{o_i}) + r_{22}(Y_j - Y_{o_i}) + r_{23}(Z_j - Z_{o_i})}{r_{31}(X_j - X_{o_i}) + r_{32}(Y_j - Y_{o_i}) + r_{33}(Z_j - Z_{o_i})} = y_p - f\frac{N_y}{D} \qquad (14\text{-}1b)$$

$$\text{Taylor series} : F(x) = F(x_0) + \frac{\partial F}{\partial x} d_x + \cdots \tag{14-2}$$

여기서, x : 표정매개변수벡터

x_0 : 근사값

$\frac{\partial F}{\partial x}$: 모든 편미분의 벡터

d_x : 수정벡터

f : 사진기의 초점거리

x_p, y_p : 주점의 영상면좌표

x_{ij}, y_{ij} : 영상면상에서 i로 나타나는 지상점 j의 영상면좌표

X_j, Y_j, Z_j : 점 j의 지상좌표

X_{0i}, Y_{0i}, Z_{0i} : 영상면 i에 대한 사진기 노출점의 좌표

또한 $r_{11} \sim r_{33}$은 회전행렬요소로서 식 (14-3)와 같다.

$$r_{11} = \cos\varphi\cos\kappa \tag{14-3}$$

$$r_{12} = \sin\omega\sin\varphi\cos\kappa + \cos\omega\sin\kappa$$

$$r_{13} = -\cos\omega\sin\varphi\sin\kappa + \sin\omega\sin\kappa$$

$$r_{21} = -\cos\varphi\sin\kappa$$

$$r_{22} = -\sin\omega\sin\varphi\sin\kappa + \cos\omega\cos\kappa$$

$$r_{23} = \cos\omega\sin\varphi\sin\kappa + \sin\omega\cos\kappa$$

$$r_{31} = \sin\varphi$$

$$r_{32} = -\sin\omega\cos\varphi$$

$$r_{33} = \cos\omega\cos\varphi$$

식 (14-1)은 비선형이므로 이를 Taylor series를 이용하여 선형화하면 식 (14-4)와 같다.

$$v_{x_{ij}} = dx_{pi} + \left(\frac{\partial F_x}{\partial f_i}\right)^0 df_i + \quad : \text{내부표정}$$

$$+ \left(\frac{\partial F_x}{\partial \omega_i}\right)^0 d\omega_i + \left(\frac{\partial F_x}{\partial \phi_i}\right)^0 d\phi_i + \left(\frac{\partial F_x}{\partial \kappa_i}\right)^0 d\kappa_i + \quad : \text{회 전 각}$$

$$+ \left(\frac{\partial F_x}{\partial X_{0i}}\right)^0 dX_{0i} + \left(\frac{\partial F_x}{\partial Y_{0i}}\right)^0 Y_{0i} + \left(\frac{\partial F_x}{\partial Z_{0i}}\right)^0 dZ_{0i} + \quad : \text{투영중심}$$

$$+ \left(\frac{\partial F_x}{\partial X_j}\right)^0 dX_j + \left(\frac{\partial F_x}{\partial Y_j}\right)^0 Y_j + \left(\frac{\partial F_x}{\partial Z_j}\right)^0 dZ_j + \quad : \text{지상좌표}$$

$$-(x_{ij} - x_{ij}^0) \quad : \text{교차(discrepancy)} \tag{14-4a}$$

$$v_{y_{ij}} = dy_{pi} + \left(\frac{\partial F_y}{\partial f_i}\right)^0 df_j + \quad : \text{내부표정}$$

$$+ \left(\frac{\partial F_y}{\partial \omega_i}\right)^0 d\omega_i + \left(\frac{\partial F_y}{\partial \phi_i}\right)^0 d\phi_i + \left(\frac{\partial F_y}{\partial \kappa_i}\right)^0 d\kappa_i + \quad : \text{회 전 각}$$

$$+ \left(\frac{\partial F_y}{\partial X_{0i}}\right)^0 dX_{0i} + \left(\frac{\partial F_y}{\partial Y_{0i}}\right)^0 Y_{0i} + \left(\frac{\partial F_y}{\partial Z_{0i}}\right)^0 dZ_{0i} + \quad : \text{투영중심}$$

$$+ \left(\frac{\partial F_y}{\partial X_j}\right)^0 dX_j + \left(\frac{\partial F_y}{\partial Y_j}\right)^0 Y_j + \left(\frac{\partial F_y}{\partial Z_j}\right)^0 dZ_j + \quad : \text{지상좌표}$$

$$-(y_{ij} - y_{ij}^0) \quad : \text{교차(discrepancy)} \tag{14-4b}$$

여기서 $(x_{ij} - x_{ij}^0) = F_x^0$, $(y_{ij} - y_{ij}^0) = F_x^0$ 는 근사값 $\omega_i^0, \phi_i^0, \kappa_i^0, (X_0)^0, (Y_0)^0, (Z_0)^0, X_j^0, Y_j^0, Z_j^0$를 함수$F_x$, F_y에 대입하여 얻은 값, x_{ij}^0, y_{ij}^0 는 초기값을 이용하여 식 (14-1)을 이용하여 계산된 값이며, x_p, y_p는 camera calibration 자료로부터 구한다. 여기서 택하는 초기근사값은 항공영상의 경우: ω_0^0, ψ_0^0는 0°, κ^0는 0° 또는 180°, X_0^0, Y_0^0 는 지상기준점 좌표값들의 평균값, Z_0^0는 촬영고도, X_j^0, Y_j^0, Z_j^0는 지상좌표이다. $d\omega_i, d\phi_i, d\kappa_i, dZ_j$

, dx_0, dy_0, dz_0, dX_j, dY_j,: 보정량, $v_{x_{ij}}$, $v_{y_{ij}}$는 잔차이다.

식 (14-4)의 요소는 식 (14-5)와 같다.

$$\frac{\partial F_x}{\partial x_p} = 1 \quad \frac{\partial F_y}{\partial y_p} = 1 \tag{14-5}$$

$$\frac{\partial F_x}{\partial f} = -\frac{N_x}{D} = a_1 \quad \frac{\partial F_y}{\partial f} = -\frac{N_y}{D} = b_1$$

$$\frac{\partial F_x}{\partial X_0} = -\frac{f}{D^2}(r_{13}N_x - r_{11}D) = a_2 \quad \frac{\partial F_y}{\partial X_0} = -\frac{f}{D^2}(r_{13}N_y - r_{12}D) = b_2$$

$$\frac{\partial F_x}{\partial Y_0} = -\frac{f}{D^2}(r_{23}N_x - r_{21}D) = a_3 \quad \frac{\partial F_y}{\partial Y_0} = -\frac{f}{D^2}(r_{23}N_y - r_{22}D) = b_3$$

$$\frac{\partial F_x}{\partial Z_0} = -\frac{f}{D^2}(r_{33}N_x - r_{31}D) = a_4 \quad \frac{\partial F_y}{\partial Z_0} = -\frac{f}{D^2}(r_{33}N_y - r_{32}D) = b_4$$

$$\frac{\partial F_x}{\partial \Omega} = -\frac{f}{D}\left\{[(Y-Y_0)r_{33} - (Z-Z_0)r_{23}]\frac{N_X}{D} - (Y-Y_0)r_{31} + (Z-Z_0)r_{21}\right\} = a_5$$

$$\frac{\partial F_y}{\partial \Omega} = -\frac{f}{D}\left\{[(Y-Y_0)r_{33} - (Z-Z_0)r_{23}]\frac{N_Y}{D} - (Y-Y_0)r_{32} + (Z-Z_0)r_{22}\right\} = b_5$$

$$\frac{\partial F_x}{\partial \phi} = \frac{f}{D}\left[(N_x\cos\kappa - N_y\sin\kappa)\frac{N_x}{D} + D\cos\kappa\right] = a_6$$

$$\frac{\partial F_y}{\partial \phi} = \frac{f}{D}\left[(N_x\cos\kappa - N_y\sin\kappa)\frac{N_y}{D} + D\sin\kappa\right] = b_6$$

$$\frac{\partial F_x}{\partial \kappa} = -\frac{f}{D}N_y = a_7 \quad \frac{\partial F_y}{\partial \kappa} = \frac{f}{D}N_x = b_7$$

$$\frac{\partial F_x}{\partial X} = -\frac{f}{D^2}(Dr_{11} - N_x r_{13}) = a_8 \quad \frac{\partial F_y}{\partial X} = -\frac{f}{D^2}(Dr_{12} - N_y r_{13}) = b_8$$

$$\frac{\partial F_x}{\partial Y} = -\frac{f}{D^2}(Dr_{21} - N_x r_{23}) = a_9 \quad \frac{\partial F_y}{\partial Y} = -\frac{f}{D^2}(Dr_{22} - N_y r_{23}) = b_9$$

$$\frac{\partial F_x}{\partial Z} = -\frac{f}{D^2}(Dr_{31} - N_y r_{33}) = a_{10} \quad \frac{\partial F_y}{\partial Z} = -\frac{f}{D^2}(Dr_{32} - N_y r_{33}) = b_{10}$$

여기서 $N_x = r_{11}(X_j - X_{o_i}) + r_{12}(Y_j - Y_{o_i}) + r_{13}(Z_j - Z_{o_i})$

$N_y = r_{21}(X_j - X_{o_i}) + r_{22}(Y_j - Y_{o_i}) + r_{23}(Z_j - Z_{o_i})$

$D = r_{31}(X_j - X_{o_i}) + r_{32}(Y_j - Y_{o_i}) + r_{33}(Z_j - Z_{o_i})$

이다.

(2) 후방교선법과 전방교선법(resection and intersection)

공간후방교선법은 지상기준점 좌표와 그 영상면좌표를 기초로 하여 사진기의 공간상의 위치와 회전요소 즉, 외부표정요소($X_0, Y_0, Z_0, \chi, \psi, \omega$)를 결정하는 방법이다. 해석영상탐측 분야에서 대상물의 삼차원 좌표를 해석함에 있어 도해적 및 수치적 방법에 의한 수학적 모형을 적용시킬 때 다루어지는 기본적인 문제가 공선조건식에 의한 공간후방교선법이다.

대상점에 대한 삼차원 좌표는 공간전방교선법으로 계산할 수 있으며, 공간전방교선법은 대상점들에 대한 지상좌표를 결정하는 방법으로 계산시 입력값으로는 기준점에 대한 내부표정요소[계산된 영상면좌표(x , y), 초점거리(f) 등]와, 외부표정요소가 사용된다. 두 장의 영상면에 대한 외부표정요소를 알고 있을 경우, 선형해법에 의해 삼차원 위치를 결정할 수 있다.

식 (14-5)를 행렬로 표시하면 식 (14-6)과 같다.

$$\begin{bmatrix} v_x \\ v_y \end{bmatrix} + \begin{bmatrix} a_2\, a_3\, a_4\, a_5\, a_6\, a_7 \\ b_2\, b_3\, b_4\, b_5\, b_6\, b_7 \end{bmatrix} \begin{bmatrix} dX_0 \\ dY_0 \\ dZ_0 \\ d\omega \\ d\varphi \\ d\kappa \end{bmatrix} + \begin{bmatrix} a_8\, a_9\, a_{10} \\ b_8\, b_9\, b_{10} \end{bmatrix} \begin{bmatrix} dX \\ dY \\ dZ \end{bmatrix} = \begin{bmatrix} -F_x^0 \\ -F_y^0 \end{bmatrix} \tag{14-6}$$

식 (14-6)은 다시 식 (14-7)와 같이 간단히 표시할 수 있다.

$$V_{ij} + B'_{ij}\Delta'_i + B''_{ij}\Delta''_j = E_{ij} \tag{14-7}$$

식 (14-7)에서 $V_{ij} + B'_{ij}\Delta'_i = E_{ij}$ 를 이용하여 외부표정요소($\Delta_i' = (B_{ij}'^T B_{ij}')^{-1} B_{E_{ij}ij}^T$)를 먼저 구한다. 그리고 Δ'_i 를 고정시킨 후 Δ''_j를 구하여 지상좌표를 결정한다. 이 경우 Δ 계산시 계수값이 일반적으로 10^{-5} 정도까지 계산한다.

광속조정법에서 외부표정요소와 지상좌표에 대한 관측방정식은 식 (14-8)와 같다.

$$V + B'\Delta' + B''\Delta'' = E \tag{14-8}$$

여기에서,

V : 잔차행렬

B' : 외부표정요소 항의 계수행렬

B'' : 지상좌표 항의 계수행렬

Δ' : 외부표정요소의 보정량 행렬

Δ'' : 지상좌표의 보정량 행렬

이다.

또한, 아래첨자 i 는 점이 포함되는 영상면번호이며, j 는 임의 점의 번호이다.

〈**표 14-1**〉에서 아래 편미분들은 전체행렬의 설계행렬을 나타낸 것이다. 먼저 영상면을 기입하고, 그 다음 점의 좌표를 기입한다. 모든 빈 공간들은 0이다. 이 표는 0을 곱하는 큰 수를 피하면서, 더 효과적으로 정규방정식(normal equation)을 이끌어내기 위해 사용한다.

표 14-1 광속조정법의 설계행렬을 구성하는 편도함수들

	1. photograph	2. photograph	1. point	2. point	m. point
	$dx_{p1}\ dy_{p1}\ df_1\ dX_{01}\ dY_{01}\ dZ_{01}\ d\omega_1\ d\phi_1\ d\kappa_1$	$dx_{p2}\ dy_{p2}\ df_2\ dX_{02}\ dY_{02}\ dZ_{02}\ d\omega_2\ d\phi_2\ d\kappa_2$	$dX_1\ dY_1\ dZ_1$	$dX_2\ dY_2\ dZ_2$	$dX_m\ dY_m\ dZ_m$
v_{x11}	$1\ 0\ a^\circ_1\ a^\circ_2\ a^\circ_3\ a^\circ_4\ a^\circ_5\ a^\circ_6\ a^\circ_7$		$a^\circ_8\ a^\circ_9\ a^\circ_{10}$		
v_{y11}	$0\ 1\ b^\circ_1\ b^\circ_2\ b^\circ_3\ b^\circ_4\ b^\circ_5\ b^\circ_6\ b^\circ_7$		$b^\circ_8\ b^\circ_9\ b^\circ_{10}$		
⋮	⋮			$a^\circ_8\ a^\circ_9\ a^\circ_{10}$	
⋮	⋮			$b^\circ_8\ b^\circ_9\ b^\circ_{10}$	
v_{xm11}	$1\ 0\ a^\circ_1\ a^\circ_2\ a^\circ_3\ a^\circ_4\ a^\circ_5\ a^\circ_6\ a^\circ_7$				
v_{ym11}	$0\ 1\ b^\circ_1\ b^\circ_2\ b^\circ_3\ b^\circ_4\ b^\circ_5\ b^\circ_6\ b^\circ_7$				
v_{x12}		$1\ 0\ a^\circ_1\ a^\circ_2\ a^\circ_3\ a^\circ_4\ a^\circ_5\ a^\circ_6\ a^\circ_7$			
v_{x12}		$0\ 1\ b^\circ_1\ b^\circ_2\ b^\circ_3\ b^\circ_4\ b^\circ_5\ b^\circ_6\ b^\circ_7$			
⋮		⋮			
⋮		⋮			
⋮		⋮			

좌우영상면에서 동일지점 P_1 과 P_2 를 찾았을 경우, 외부표정요소를 변수로 하는 선형방정식을 형성하여 삼차원 위치를 결정하기 위하여 다음과 같이 계산한다.

$P_1(x_1, y_1)$, $P_2(x_2, y_2)$ 점에 대해 식 (14-9)와 같은 공선조건식을 구성할 수 있다.

$$x_1 = f\frac{r_{11}(X-X_{O_1})+r_{12}(Y-Y_{O_1})+r_{13}(Z-Z_{O_1})}{r_{31}(X-X_{O_1})+r_{32}(Y-Y_{O_1})+r_{33}(Z-Z_{O_1})} \quad (14\text{-}9a)$$

$$y_1 = f\frac{r_{21}(X-X_{O_1})+r_{22}(Y-Y_{O_1})+r_{23}(Z-Z_{O_1})}{r_{31}(X-X_{O_1})+r_{32}(Y-Y_{O_1})+r_{33}(Z-Z_{O_1})} \quad (14\text{-}9b)$$

$$x_2 = f\frac{r'_{11}(X-X_{O_2})+r'_{12}(Y-Y_{O_2})+r'_{13}(Z-Z_{O_2})}{r'_{31}(X-X_{O_2})+r'_{32}(Y-Y_{O_2})+r'_{33}(Z-Z_{O_2})} \quad (14\text{-}9c)$$

$$y_2 = f\frac{r'_{21}(X-X_{O_2})+r'_{22}(Y-Y_{O_2})+r'_{23}(Z-Z_{O_2})}{r'_{31}(X-X_{O_2})+r'_{32}(Y-Y_{O_2})+r'_{33}(Z-Z_{O_2})} \quad (14\text{-}9d)$$

이때, $x_{1,}\ y_{1,}\ ,x_{2,}\ y_2$: 좌우영상면에서의 영상면좌표

f : 사진기의 초점거리

$X,\ Y,\ Z$: 점 P의 지상기준점 좌표

$X_{O_1},\ Y_{O_1},\ Z_{O_1},\ X_{O_2},\ Y_{O_2},\ Z_{O_2}$: 좌우영상면의 사진기 위치 좌표

$r_{ij,}\ r'_{ij}$: 좌우 영상면의 회전행렬요소

이다.

식 (14-9)에서 좌우 영상면의 외부표정요소를 알고 있을 때 위 식을 이용하여 지상기준점 좌표 P(X, Y, Z)를 계산할 수 있다.

식 (14-9)를 각각 X, Y, Z에 대해 정리하면

$$(r_{11}-\frac{x_1}{f}r_{31})X+(r_{12}-\frac{x_1}{f}r_{32})Y+(r_{13}-\frac{x_1}{f}r_{33})Z+$$

$$\left\{(\frac{x_1}{f}r_{31}-r_{11})X_{O_1}+(\frac{x_1}{f}r_{32}-r_{12})Y_{O_1}+(\frac{x_1}{f}r_{33}-r_{13})Z_{O_1}\right\}=0 \quad (14\text{-}10a)$$

$$(r_{21}-\frac{y_1}{f}r_{31})X+(r_{22}-\frac{y_1}{f}r_{32})Y+(r_{23}-\frac{y_1}{f}r_{33})Z+$$

$$\left\{(\frac{y_1}{f}r_{31}-r_{21})X_{O_1}+(\frac{y_1}{f}r_{32}-r_{22})Y_{O_1}+(\frac{y_1}{f}r_{33}-r_{23})Z_{O_1}\right\}=0 \quad (14\text{-}10b)$$

$$(r'_{11}-\frac{x_2}{f}r'_{31})X+(r'_{12}-\frac{x_2}{f}r'_{32})Y+(r'_{13}-\frac{x_2}{f}r'_{33})Z+$$

$$\left\{(\frac{x_2}{f}r'_{31}-r'_{11})X_{O_2}+(\frac{x_2}{f}r'_{32}-r'_{12})Y_{O_2}+(\frac{x_2}{f}r'_{33}-r'_{13})Z_{O_2}\right\}=0 \quad (14\text{–}11a)$$

$$(r'_{21}-\frac{y_2}{f}r'_{31})X+(r'_{22}-\frac{y_2}{f}r'_{32})Y+(r'_{23}-\frac{y_2}{f}r'_{33})Z+$$

$$\left\{(\frac{y_2}{f}r'_{31}-r'_{21})X_{O_2}+(\frac{y_2}{f}r'_{32}-r'_{22})Y_{O_2}+(\frac{y_2}{f}r'_{33}-r'_{23})Z_{O_2}\right\}=0 \quad (14\text{–}11b)$$

과 같다.

이상의 식 (14–10), (14–11)은 다시 몇 개의 기호를 사용하여 식 (14–12)와 같이 간략화 시킬 수 있다.

$$A_1X+B_1Y+C_1Z+D_1=0 \quad (14\text{–}12a)$$

$$E_1X+F_1Y+G_1Z+H_1=0 \quad (14\text{–}12b)$$

$$A_2X+B_2Y+C_2Z+D_2=0 \quad (14\text{–}12c)$$

$$E_2X+F_2Y+G_2Z+H_2=0 \quad (14\text{–}12d)$$

위 식 (14–12)를 행렬형태로 나타내면 식 (14–13)과 같다.

$$\begin{bmatrix} A_1 & B_1 & C_1 \\ E_1 & F_1 & G_1 \\ A_2 & B_2 & C_2 \\ E_2 & F_2 & G_2 \end{bmatrix}\begin{bmatrix} X \\ Y \\ Z \end{bmatrix}=\begin{bmatrix} -D_1 \\ -H_1 \\ -D_2 \\ -H_2 \end{bmatrix} \quad (14\text{–}13)$$

이를 간단히 하면 식 (14–14)와 같이 나타낼 수 있고

$$MH=K \quad (14\text{–}14)$$

최소제곱에 의한 해 H는 식 (14–15)와 같이 구해진다.

$$H=(M^TM)^{-1}M^TK \quad (14\text{–}15)$$

(3) 직접선형변환

① 직접선형변환식

직접선형변환(DLT : Direct Linear Transformation)은 공선조건식을 달리 표현한 것이다. 이것은 Abdel-Aziz와 Karara가 1971년에 비지형측량용(Non-metric) 사진기의 검정을 피하고 근거리영상탐측학에서 정밀좌표관측기로 관측된 좌표를 직접 사용하기 위하여 소개되었다. 이것은 정규공선조건식의 외부와 내부표정매개변수를 소거한다. 따라서 DLT는 두 가지 장점이 있다. 첫째는 정밀좌표관측기에 의한 영상면 좌표로부터 절대좌표(또는 지상좌표)로 직접 변환하는 것이며 둘째는 선형이며 근사값이 필요없다는 점이다. DLT는 사진기좌표에서 절대좌표를 계산하기 위하여 일반적으로 사용되는 부등각사상변환과 공선조건식을 조합함으로써 유도될 수 있다.

$$\bar{x} = x_p - f_x \frac{r_{11}(X-X_0)+r_{12}(Y-Y_0)+r_{13}(Z-Z_0)}{r_{31}(X-X_0)+r_{32}(Y-Y_0)+r_{33}(Z-Z_0)}$$

$$\bar{y} = y_p - f_y \frac{r_{21}(X-X_0)+r_{22}(Y-Y_0)+r_{23}(Z-Z_0)}{r_{31}(X-X_0)+r_{32}(Y-Y_0)+r_{33}(Z-Z_0)} \qquad (14-16)$$

식 (14-16)이 정규공선변환과 다른 점은 두 초점거리 f_x 와 f_y 이다. DLT의 경우 x좌표에 대한 초점거리와 y좌표에 대한 초점거리이다. 이것은 부등각사상변환의 두 축척계수와 일치한다. 그 외의 부등각사상매개변수인 두 이동인자(shift)와 두 변형인자(shears)는 공선조건식의 다른 매개변수에 내재한다. 특히 이동매개변수는 주요 점좌표 x_p 와 y_p 로 되며 회전매개변수는 κ 회전에 의해 보정된다.

절대좌표(X, Y, Z), 영상면좌표($\bar{x}$, $\bar{y}$)를 표현한다면 다음과 같은 방정식이 얻어진다 〔식 (14-17)〕.

$$\bar{x} = \frac{A_1X+B_1Y+C_1Z+D_1}{A_3X+B_3Y+C_3Z+1}$$

$$\bar{y} = \frac{A_2X+B_2Y+C_2Z+D_2}{A_3X+B_3Y+C_3Z+1} \qquad (14-17)$$

지상좌표의 지수(A_i, B_i, C_i, D_i,)는 선형이며 외부와 내부표정을 담고 있다. 여기에는 일반적인 공선조건식(6개의 외부, 3개의 내부표정매개변수)에서 보다 더 많은 매개변수가 필요하다(11개의 매개변수). 2개의 부가계수는 부등각사상으로 필름변형을 고려한 부가계수이다. 전체 11개의 선형매개변수가 외부와 내부표정매개변수의 함수로서 표현될 수 있다〔식 (14-18)〕.

$$
\begin{aligned}
A_1 &= (x_p r_{31} - f_x r_{11})/L \\
B_1 &= (x_p r_{32} - f_x r_{12})/L \\
C_1 &= (x_p r_{33} - f_x r_{13})/L \\
D_1 &= x_p + f_x (r_{11} X_0 + r_{12} Y_0 + r_{13} Z_0)/L \\
A_2 &= (y_p r_{31} - f_y r_{21})/L \\
B_2 &= (y_p r_{32} - f_y r_{22})/L \\
C_2 &= (y_p r_{33} - f_y r_{23})/L \\
D_2 &= y_p + f_y (r_{21} X_0 + r_{22} Y_0 + r_{23} Z_0)/L \\
A_3 &= r_{31}/L \\
B_3 &= r_{32}/L \\
C_3 &= r_{33}/L \qquad\qquad L = -(r_{31} X_0 + r_{32} Y_0 + r_{33} Z_0)
\end{aligned}
\tag{14-18}
$$

만약 11번 이상의 관측을 할 수 있다면 이런 매개변수들은 최소제곱조정에 의해 구할 수 있다. 11개의 미지수를 구하고 각각의 관측된 영상점이 2개의 방정식을 산출하기 때문에 적어도 6개의 지상기준점이 필요하다. 식 (14-19)에서 2개의 부가보정값 $\triangle x$와 $\triangle y$는 수학적 모형의 왜곡을 고려하기 위하여 추가된 것이다.

$$
\begin{aligned}
v_x &= XA_1 + YB_1 + ZC_1 + D_1 - \bar{x} XA_3 - \bar{x} B_3 - \bar{x} ZC_3 - \bar{x} + \triangle x \\
v_y &= XA_2 + YB_2 + ZC_2 + D_2 - \bar{y} XA_3 - \bar{y} B_3 - \bar{y} ZC_3 - \bar{y} + \triangle y
\end{aligned}
\tag{14-19}
$$

일단 11개의 매개변수가 계산되면 외부와 내부표정매개변수는 식 (14-20)에 의해 유도된다.

$$L = -1/\sqrt{(A_3^2 + B_3^2 + C_3^2)}$$

$$x_p = (A_1 \cdot A_3 + B_1 \cdot B_3 + C_1 \cdot C_3)L^2$$

$$y_p = (A_2 \cdot A_3 + B_2 \cdot B_3 + C_2 \cdot C_3)L^2$$

$$f_x = \sqrt{(A_1^2 + B_1^2 + C_1^2)L^2 - x_p^2}$$

$$f_y = \sqrt{(A_2^2 + B_2^2 + C_2^2)L^2 - y_p^2} \tag{14-20}$$

$$\phi = \sin^{-1}(A_3 \cdot L)$$

$$\omega = \tan^{-1}(-B_3 \cdot C_3) \Rightarrow r_{11} = L(x_p \cdot A_3 - A_1)/f_x$$

$$\kappa = \cos^{-1}(r_{11}/\cos\phi)$$

$$\begin{bmatrix} X_0 \\ Y_0 \\ Z_0 \end{bmatrix} = \begin{bmatrix} A_1 & B_1 & C_1 \\ D_1 & A_2 & B_2 \\ A_3 & B_3 & C_3 \end{bmatrix}^{-1} \begin{bmatrix} -D_1 \\ -D_2 \\ -1 \end{bmatrix} \tag{14-21}$$

② 직접선형변환의 특성

DLT는 영상탐측학의 정확한 점위치 결정을 위한 간단한 도구로써 주요한 응용분야는 근거리 영상탐측이다. 특히 비지형측량용 사진기를 사용하는 근거리 영상탐측에 많이 선용되고 있다. 일반적으로 다음과 같은 장단점을 기술 할 수 있다.

DLT의 장점으로는 ① 영상면에서 관측된 정밀좌표관측기 좌표와 영상탐측학의 점위치 결정과정의 결과를 나타내는 대상물좌표 사이의 직접적인 관계를 나타낸다. ② 관측방정식이 매우 간단하고 미지수에 대한 계수가 선형이고 미분을 계산할 필요가 없다. ③ 초기 추정값이 필요치 않으므로 광속조정을 위한 추정값을 찾기 위하여 종종 사용된다. ④ 사진기왜곡과 같은 투영관계에서 정오차의 보정을 위한 계수를 추가할 수 있다.

DLT의 단점은 ① 11개의 미지매개변수를 계산하기 위하여 적어도 6개의 3차원 지상기준점이 필요하다. ② 정확도가 일반적인 광속조정법보다 다소 떨어진다. ③ 대상물 공간에서 지상기준점의 분포상태와 수에 따라 처리 결과가 대단히 민감하다.

3) 위성영상의 지상좌표화

센서에 대한 물리적인 자료(Orbit parameter, sensor calibration data, sensor platform 등)를 제공하여 주는 physical sensor model과 물리적 자료를 제공하지 않는 generalized non-physical sensor model이 있다.

물리적인 센서모형(physical sensor model)은 물리적(physical) 영상처리과정을 거쳐 쉽게 처리할 수 있다. 물리적 센서모형에 포함된 매개변수는 대상공간좌표계에 대한 위치와 방향을 나타낸다. 따라서 물리적인 센서모형은 공선조건식(collinearity equations)과 같이 정교하기 때문에 항공삼각측량과 같은 조정에 아주 적합하다. 물리적인 센서모형은 센서-독립적이라서 센서의 종류가 틀리게 되면 센서모형도 바뀌게 된다. 프레임(frame), 푸시브룸(pushbroom), 휘스크브룸(whiskbroom), 파노라마(panoramic), SAR와 같은 새로운 항측장비, 위성센서의 개발에 따라 새로운 센서 자료를 처리하기 위해서는 사용자가 신규센서 모형을 처리할 수 있는 모듈이 추가된 소프트웨어의 구입이나 센서모형에 대한 개발을 수행하야 하는 단점이 있다.

물리적인 센서모형이 항상 제공되는 것은 아니다. 예를 들면, 상업용 위성인 IKONOS의 경우는 물리적인 센서모형을 비공개하고 있다. 궤도매개변수(orbit parameters), 센서플랫폼(sensor platform), 위치추산자료(ephemeris data), 기복변위(relief displacement), 지구곡률(earth curvature), 대기굴절(atmospheric refraction), 렌즈왜곡(lens distortion) 등의 영상취득을 위한 매개변수를 알지 못하면 엄밀한 물리적 센서모형을 개발할 수가 없다.

일반화된 센서모형(generalized sensor model)은 센서플랫폼에 무관하기 때문에 물리적 센서모형에 비해 큰 관심사의 대상이 되고 있다. 일반화된 센서모형에서는 대상물과 영상간의 변환관계는 물리적인 영상처리과정을 모형화할 필요가 없는 어떤 함수로 표현된다. 그 함수는 다항식과 같은 서로 다른 형태로 표현될 수 있으며 센서의 기하상태(sensor geometry)를 몰라도 되기 때문에 서로 다른 형태의 센서에 적용이 가능하다. 일반화된 센서모형은 처음에 미군에서 사용되었으며 물리적 센서모형을 알 수 없거나 실시간처리가 필요할 때 사용되었다.

또한, 상업용 DPW(Digital Photogrammetric Workstation)에서 이러한 방법이 적용되고 있으며 일반화된 센서모형을 사용하는 가장 큰 이유는 센서의 종류에 관계없이 실시간 처리가 가능하기 때문이다.

(1) 시간종속함수를 이용한 물리적 센서모형화

① 개요

일반적으로 위성은 안정된 선형 등속 운동을 한다. 따라서 위성에 탑재된 센서는 일정한 시간 간격으로 빛의 밝기값을 관측함으로써 영상면이 취득된다. 한 영상면에 포함된 지상 정보를 취득하기 위해서는 일정한 시간이 소요되는 것을 알 수 있고, 한 영상면상의 자료가 동시에 취득 될 경우 그 주사선상의 영상면은 중심투영으로 간주할 수 있다.

다항식 모형을 이용한 알고리즘은 각 주사선에 대해 항공영상면과 마찬가지로 6개의 외부표정요소(X_s, Y_s, Z_s, κ_s, ϕ_s, ω_s)가 존재하고, 중심 궤도를 갖는 고도위성은 인접한 주사선과 상관성이 크므로 주사선수나 주사시간 함수로 외부표정요소를 추정할 수 있다. 따라서 각 주사선의 외부표정요소를 시간에 관한 함수로 나타내며 이를 다시 공선조건식을 이용하여 관측방정식을 구성한 다음 각각의 주사선을 중심투영으로 간주하여 최소제곱법을 적용하여 최종 외부표정요소를 계산한다. 그리고 최소제곱법을 적용함에 있어 6개의 외부표정요소에 대한 초기값 설정이 중요하며 이는 위성영상과 함께 제공되는 헤더 파일에서 그 정보를 취득할 수 있다. 그러므로 센서정보(초점거리, 영상소 크기, 위성위치, 영상취득시간)를 이용한 모델링 방법을 위성영상에 적용할 때 위성영상과 헤더 정보를 함께 이용해야 한다.

② 관측방정식의 구성

위성의 경우 각 주사선마다 6개의 외부표정요소(X_{0i}, Y_{0i}, Z_{0i}, κ_{0i}, ϕ_{0i}, ω_{0i})가 존재하며, $x_i = 0$(일반적으로 비행방향을 기준으로 한 좌표는 0으로 두고 해석한다), $z_i = -f$ 이므로 영상면상에서 임의의 주사선 i 에 대한 p점과 그에 대응하는 지상지점 P점과의 관계를 식 (14-22)로 표현한다. 다음의 〈**그림 14-1**〉는 위성에 탑재된 센서에서 촬영된 영상면과 촬영 대상지역의 기하학적 관계를 보여주고 있다.

$$\begin{bmatrix} 0 \\ m \\ -f \end{bmatrix}_p = \lambda R_i \begin{bmatrix} X_i - X_{0i} \\ Y_i - Y_{0i} \\ Z_i - Z_{0i} \end{bmatrix}_P \tag{14-22}$$

여기서, x_i 는 i 번째 주사선의 영상면좌표이고, X_i, Y_i, Z_i 는 영상면좌표에 대응하는 P점의 지상기준점 좌표이다. f 는 위성의 초점거리이고, λ 는 영상면과 지상에 대한 축척계수이며, R_i 는 회전행렬이다.

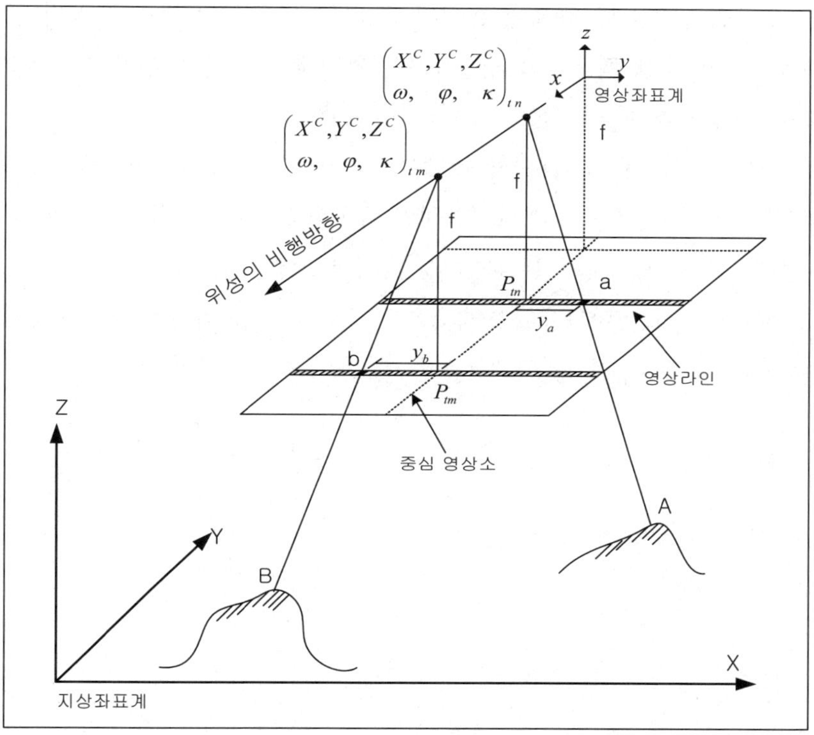

그림 14-1 위성과 지상공간의 기하학적 관계

위 식(14-22)를 전개하면 다음의 식 (14-23)과 같은 공선조건식으로 표현할 수 있다.

$$x = -f\frac{r_{11}(X_i - X_{0i}) + r_{12}(Y_i - Y_{0i}) + r_{13}(Z_i - Z_{0i})}{r_{31}(X_i - X_{0i}) + r_{32}(Y_i - Y_{0i}) + r_{33}(Z_i - Z_{0i})}$$

$$y = -f\frac{r_{21}(X_i - X_{0i}) + r_{22}(Y_i - Y_{0i}) + r_{23}(Z_i - Z_{0i})}{r_{31}(X_i - X_{0i}) + r_{32}(Y_i - Y_{0i}) + r_{33}(Z_i - Z_{0i})} \qquad (14-23)$$

여기서, r_{11}, $r_{12} \cdots r_{33}$은 자세에 대한 회전행렬을 나타낸다.

한 개의 위성영상에 존재하는 외부표정 요소는 6(주사선 당 외부표정요소)×행(한 영상을 이루기 위한 주사선 수)의 수만큼 존재한다. 따라서 많은 미지수를 풀기 위해 방정식 수가 증가하고, 그에 따른 기준점 수가 증가되는 문제가 발생한다. 그러므로 각 주사선마다의 모든 외부표정요소를 직접 구할 수는 없다. 여기서는 위성의 비행 안정성과 빠른 관측 시간을 고려하여 외부표정요소를 시간 또는 주사선의 급수 형태로 단순화하여 모형화를 수행한다. 이 방법은 위성의 자세에 관계된 ω, ϕ, κ와 위성의 위치에 관계된 X, Y, Z의 외부표정요소에 다항식을 적용하면 다항식 차수에 의해 미지수의 수가 결정된다. 결국 미지수를 해석하기 위한 최소 기준점의 수가 결정된다.

식 (14-24)는 외부표정요소를 2차 다항식으로 구성한 것을 나타내고 있으며, 6개의 외부표정요소(ω_i, ϕ_i, κ_i, X_{0i}, Y_{0i}, Z_{0i})에 대한 상수항인 ω_0, ϕ_0, κ_0, X_0, Y_0, Z_0에 대한 초기값은 위성영상과 함께 제공되는 헤더 정보(시간 t에 대한 궤도매개변수 X_{0i}, Y_{0i}, Z_{0i}, 자세매개변수 ω_i, ϕ_i, κ_i)로부터 위성영상 촬영당시의 위성 위치정보와 영상 촬영각, 회전요소를 추출하여 최소제곱법에 의해 나머지 요소들을 계산한다.

[위성의 자세]

$$\omega_i = \omega_0 + \omega_1 t + \omega_2 t^2 \tag{14-24a}$$

$$\phi_i = \phi_0 + \phi_1 t + \phi_2 t^2$$

$$\kappa_i = \kappa_0 + \kappa_1 t + \kappa_2 t^2$$

[위성의 위치]

$$X_{0i} = X_0 + X_1 t + X_2 t^2 \tag{14-24b}$$

$$Y_{0i} = Y_0 + Y_1 t + Y_2 t^2$$

$$Z_{0i} = Z_0 + Z_1 t + Z_2 t^2$$

위 식 (14-24)를 공선조건식에 대입하여 테일러 급수(Taylor series) 전개를 이용하여 선형화시키면 다음의 식 (14-25)과 같은 영상면좌표(x, y)에 관한 관측방정식을 구성할 수 있다.

$$
\begin{aligned}
V_x &+ \frac{\partial F(x)}{\partial \omega_0}\Delta\omega_o + \frac{\partial F(x)}{\partial \phi_0}\Delta\phi_0 + \frac{\partial F(x)}{\partial \kappa_0}\Delta\kappa_0 \\
&+ \frac{\partial F(x)}{\partial X_0}\Delta X_0 + \frac{\partial F(x)}{\partial Y_0}\Delta Y_0 + \frac{\partial F(x)}{\partial Z_0}\Delta Z_0 \\
&+ \frac{\partial F(x)}{\partial \omega_1}t\Delta\omega_1 + \frac{\partial F(x)}{\partial \phi_1}t\Delta\phi_1 + \frac{\partial F(x)}{\partial \kappa_1}t\Delta\kappa_1 \\
&+ \frac{\partial F(x)}{\partial X_1}t\Delta X_1 + \frac{\partial F(x)}{\partial Y_1}t\Delta Y_1 + \frac{\partial F(x)}{\partial Z_1}t\Delta Z_1 \\
&+ \frac{\partial F(x)}{\partial \omega_2}t^2\Delta\omega_2 + \frac{\partial F(x)}{\partial \phi_2}t^2\Delta\phi_2 + \frac{\partial F(x)}{\partial \kappa_2}t^2\Delta\kappa_2 \\
&+ \frac{\partial F(x)}{\partial X_2}t^2\Delta X_2 + \frac{\partial F(x)}{\partial Y_2}t^2\Delta Y_2 + \frac{\partial F(x)}{\partial Z_2}t^2\Delta Z_2 + F_{x_0} = 0
\end{aligned}
\tag{14-25a}
$$

$$
\begin{aligned}
V_y &+ \frac{\partial F(y)}{\partial \omega_0}\Delta\omega_o + \frac{\partial F(y)}{\partial \phi_0}\Delta\phi_0 + \frac{\partial F(y)}{\partial \kappa_0}\Delta\kappa_0 \\
&+ \frac{\partial F(y)}{\partial X_0}\Delta X_0 + \frac{\partial F(y)}{\partial Y_0}\Delta Y_0 + \frac{\partial F(y)}{\partial Z_0}\Delta Z_0 \\
&+ \frac{\partial F(y)}{\partial \omega_1}t\Delta\omega_1 + \frac{\partial F(y)}{\partial \phi_1}t\Delta\phi_1 + \frac{\partial F(y)}{\partial \kappa_1}t\Delta\kappa_1 \\
&+ \frac{\partial F(y)}{\partial X_1}t\Delta X_1 + \frac{\partial F(y)}{\partial Y_1}t\Delta Y_1 + \frac{\partial F(y)}{\partial Z_1}t\Delta Z_1 \\
&+ \frac{\partial F(y)}{\partial \omega_2}t^2\Delta\omega_2 + \frac{\partial F(y)}{\partial \phi_2}t^2\Delta\phi_2 + \frac{\partial F(y)}{\partial \kappa_2}t^2\Delta\kappa_2 \\
&+ \frac{\partial F(y)}{\partial X_2}t^2\Delta X_2 + \frac{\partial F(y)}{\partial Y_2}t^2\Delta Y_2 + \frac{\partial F(y)}{\partial Z_2}t^2\Delta Z_2 + F_{y_0} = 0
\end{aligned}
\tag{14-25b}
$$

여기서, V_x, V_y 는 영상면좌표 관측시 잔차항을 나타내고, Δ항들은 각각의 근사값에 대한 보정량이며, F_{x_0}, F_{y_0} 는 공선조건식에 각각의 근사값들을 대입하여 얻은 값이다.

위 식 (14-25)을 정리하면 식 (14-26)과 같이 행렬식으로 표현된다.

$$\begin{bmatrix} V_x \\ V_y \end{bmatrix} + \begin{bmatrix} \frac{\partial F(x)}{\partial \omega_0} & \frac{\partial F(x)}{\partial \phi_0} & \cdot & \cdot & \cdot & \frac{\partial F(x)}{\partial \kappa_3} t^2 \\ \frac{\partial F(y)}{\partial \omega_0} & \frac{\partial F(y)}{\partial \phi_0} & \cdot & \cdot & \cdot & \frac{\partial F(y)}{\partial \kappa_3} t^2 \end{bmatrix} \begin{bmatrix} \Delta\omega_0 \\ \Delta\phi_0 \\ \cdot \\ \cdot \\ \cdot \\ \Delta\kappa_1 \\ \Delta\kappa_2 \end{bmatrix} = \begin{bmatrix} -F_{x_0} \\ -F_{y_0} \end{bmatrix} \quad (14\text{-}26)$$

만약 영상면 전체에 대한 방정식을 구성하기 위해 n개의 표정점이 m개의 위성영상면에서 관측된 경우를 간단히 표현하면 식 (14-27)과 같이 영상면좌표에 대한 관측방정식이 성립된다.

$$\underset{(2mn,1)}{V} + \underset{(2mn,18m)}{B} \cdot \underset{(18m,1)}{\Delta} = \underset{(2mn,1)}{E} \quad (14\text{-}27)$$

여기서, V: 잔차 벡터

B: 외부표정요소에 관한 편미분 계수 행렬

Δ: 외부표정요소의 근사값에 대한 보정량 벡터

E: 교차 벡터

식 (14-27)를 최소제곱법으로 조정하기 위해서는 식 (14-28)과 같이 정리할 수 있다.

$$(B^T WB)\Delta = \quad B^T WE \quad (14\text{-}28)$$

식 (14-28)에서 $B^T WB = N$, $B^T WE = U$ 라 표현하면 보정량 Δ는 식 (14-29)과 같이 정규방정식을 구성할 수 있으며, 이는 잔차가 어느 한계범위 이내로 수렴할 때까지 반복하여 풀이한다.

$$\Delta = N^{-1} U \quad (14\text{-}29)$$

(2) 다항식 비례모형을 이용한 일반화된 센서 모형화

다항식비례모형(RFM: Rational Function Model)은 1m 급의 고해상도 영상을 제공하고 있는 Space Imaging사에서 영상배포를 위한 센서모형으로 채택하고 있기 때문에 최근 영상탐측분야에서 일반화된 센서모형으로서 관심사의 대상이 되고 있다. RFM은 사용자에게 센서모형에 대한 자세한 내용은 공개하지 않으면서 사용자가 이해하기 쉽고 사용하기 쉽기 때문에 많은 사람들에게 고해상도 영상의 이용을 촉진시킬 수 있다.

RFM은 다항식의 일반적인 형태이며 지상의 점과 대응하는 영상면 점사이의 관계를 다항식의 비로서 나타내고 있다.

① 전방 다항식비례모형을 이용한 3차원 위치결정

전방 다항식비례모형(Forward RFM)은 영상면좌표 $x_{n,}\, y_n$를 지상좌표 X, Y, Z의 다항식형태로 나타내며, 기본적으로 식 (14-30)과 같은 형태를 나타내고 있다.

$$x_n = \frac{A(X_n, Y_n, Z_n)}{B(X_n, Y_n, Z_n)} \tag{14-30}$$

$$y_n = \frac{C(X_n, Y_n, Z_n)}{D(X_n, Y_n, Z_n)}$$

여기서, x_n, y_n은 해당 영상면좌표의 행, 열 값이며, X_n, Y_n, Z_n은 영상면좌표에 대응하는 공간상의 3차원 지상좌표이다. A, B, C, D는 각각의 다항식으로 다음과 같은 식 (14-31)로 나타낼 수 있다.

$$\begin{aligned} A = \sum_{i=0}^{m1}\sum_{j=0}^{m2}\sum_{k=0}^{m3} a_{ijk}\, x^i y^j z^k = {} & a_0 + a_1X + a_2Y + a_3Z + a_4XY + a_5YZ + a_6XZ \\ & + a_7X^2 + a_8Y^2 + a_9Z^2 + a_{10}XYZ + a_{11}YX^2 + a_{12}ZX^2 \\ & + a_{13}XY^2 + a_{14}ZY^2 + a_{15}XZ^2 + a_{16}YZ^2 + a_{17}X^3 + a_{18}Y^3 + a_{19}Z^3 \end{aligned}$$

$$\begin{aligned} B = \sum_{i=0}^{m1}\sum_{j=0}^{m2}\sum_{k=0}^{m3} b_{ijk}\, x^i y^j z^k = {} & b_0 + b_1X + b_2Y + b_3Z + b_4XY + b_5YZ + b_6XZ \\ & + b_7X^2 + b_8Y^2 + b_9Z^2 + b_{10}XYZ + b_{11}YX^2 + b_{12}ZX^2 \\ & + b_{13}XY^2 + b_{14}ZY^2 + b_{15}XZ^2 + b_{16}YZ^2 + b_{17}X^3 + b_{18}Y^3 + b_{19}Z^3 \end{aligned}$$

$$\begin{aligned} C = \sum_{i=0}^{m1}\sum_{j=0}^{m2}\sum_{k=0}^{m3} c_{ijk}\, x^i y^j z^k = {} & c_0 + c_1X + c_2Y + c_3Z + c_4XY + c_5YZ + c_6XZ \\ & + c_7X^2 + c_8Y^2 + c_9Z^2 + c_{10}XYZ + c_{11}YX^2 + c_{12}ZX^2 \\ & + c_{13}XY^2 + c_{14}ZY^2 + c_{15}XZ^2 + c_{16}YZ^2 + c_{17}X^3 + c_{18}Y^3 + c_{19}Z^3 \end{aligned}$$

$$D=\sum_{i=0}^{m1}\sum_{j=0}^{m2}\sum_{k=0}^{m3} d_{ijk}\, x^i y^j z^k = d_0+d_1X+d_2Y+d_3Z+d_4XY+d_5YZ+d_6XZ$$

$$+d_7X^2+d_8Y^2+d_9Z^2+d_{10}XYZ+d_{11}YX^2+d_{12}ZX^2$$

$$+d_{13}XY^2+d_{14}ZY^2+d_{15}XZ^2+d_{16}YZ^2+d_{17}X^3+d_{18}Y^3+d_{19}Z^3 \tag{14-31}$$

여기서, a_{ijk}, b_{ijk}, c_{ijk}, d_{ijk} 은 다항식비례모형의 계수값, m_1, m_2, m_3는 사용하고자 하는 다항식비례모형의 차수를 의미한다. 식 (14-30)과 식 (14-31)를 사용하여 정리하면 다음의 식 (14-32)과 같다.

$$x=\frac{A(X,Y,Z)}{B(X,Y,Z)}=\frac{\sum_{i=0}^{m1}\sum_{j=0}^{m2}\sum_{k=0}^{m3} a_{ijk}X^iY^jZ^k}{\sum_{i=0}^{n1}\sum_{j=0}^{n2}\sum_{k=0}^{n3} b_{ijk}X^iY^jZ^k} \tag{14-32}$$

$$y=\frac{C(X,Y,Z)}{D(X,Y,Z)}=\frac{\sum_{i=0}^{m1}\sum_{j=0}^{m2}\sum_{k=0}^{m3} c_{ijk}X^iY^jZ^k}{\sum_{i=0}^{n1}\sum_{j=0}^{n2}\sum_{k=0}^{n3} d_{ijk}X^iY^jZ^k}$$

최소제곱법을 사용하여 다항식비례모형의 계수를 구하기 위해서는 식 (14-32)을 이용하여 영상좌표와 지상좌표의 관측방정식을 구성하여 해를 구하게 된다.

이에 대한 미지수와 최소 기준점수는 〈**표 14-2**〉와 같다.

표 14-2 RFM의 미지수와 최소기준점수

구분		# of RFCs	최소기준점수
3차식	B ≠ D	78	39
	B = D	59	30
	B = D = 1	40	20
2차식	B ≠ D	38	19
	B = D	29	15
	B = D = 1	20	10

주) 일반적으로 x_n과 y_n을 구성하는 식에서 A와 C는 계수항이 각각 20개이고, B와 D의 경우는 b_0와 d_0를 1로 간주하며 모든 계수항을 나누어 처리하기 때문에 B와 D는 계수항이 19개 이다.

계산된 다항식비례모형 계수를 사용하면 해당 지상좌표에 대응하는 영상면좌표의 계산이 가능하며, 수치고도모형이 있는 경우엔 정사영상면의 제작이 가능하다. 〈**그림 14-2**〉는 지상좌표와 영상좌표 간의 관계를 통해 정사영상의 제작원리를 보여주고 있다.

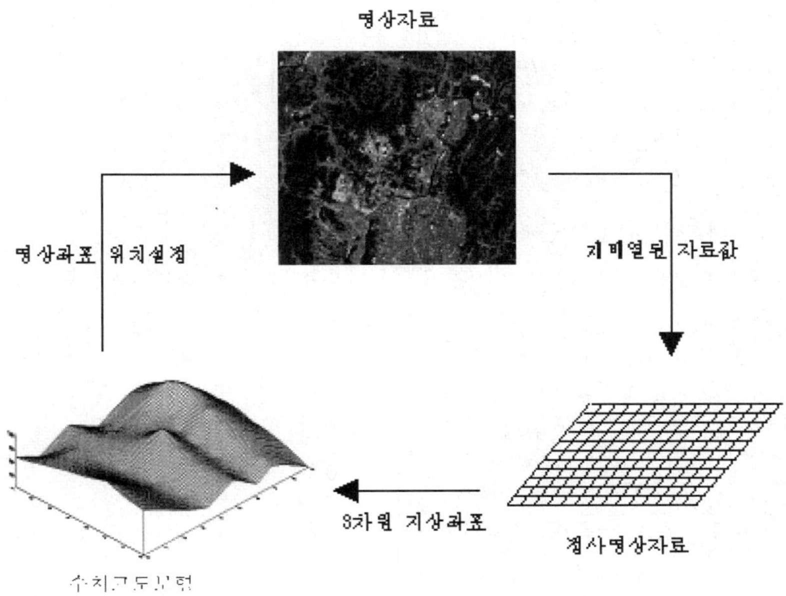

그림 14-2 정사영상의 제작원리

전방 다항식비례모형을 이용하여 3차원 위치를 결정하기 위해서는 식 (14-30)을 Taylor 전개를 하여 선형화 할 경우 Taylor 전개 중 1차항 까지만 택하여 처리한다. 식 (14-33)와 식 (14-34)는 각각의 영상좌표에 관한 관측방정식을 나타내고 있다.

$$v_x = \begin{bmatrix} \frac{\partial x}{\partial X} & \frac{\partial x}{\partial Y} & \frac{\partial x}{\partial Z} \end{bmatrix} \begin{bmatrix} \Delta X \\ \Delta Y \\ \Delta Z \end{bmatrix} - (x - x_o) \tag{14-33}$$

$$v_y = \begin{bmatrix} \frac{\partial y}{\partial X} & \frac{\partial y}{\partial Y} & \frac{\partial y}{\partial Z} \end{bmatrix} \begin{bmatrix} \Delta X \\ \Delta Y \\ \Delta Z \end{bmatrix} - (y - y_o) \tag{14-34}$$

여기서, x_o, y_o는 초기영상면좌표, v_x, v_y는 잔차, ΔX, ΔY, ΔZ는 지상좌표에 대한 미세증가량을 의미한다.

실제적인 3차원 위치결정을 위해서는 식 (14-35)과 같이 좌 · 우 영상면에 대해 4개의 관측방정식을 이용하여 해를 구하게 된다.

$$\begin{bmatrix} v_{xl} \\ v_{xr} \\ v_{yl} \\ v_{yr} \end{bmatrix} = \begin{bmatrix} \frac{\partial x_l}{\partial X} & \frac{\partial x_l}{\partial Y} & \frac{\partial x_l}{\partial Z} \\ \frac{\partial x_r}{\partial X} & \frac{\partial x_r}{\partial Y} & \frac{\partial x_r}{\partial Z} \\ \frac{\partial y_l}{\partial X} & \frac{\partial y_l}{\partial Y} & \frac{\partial y_l}{\partial Z} \\ \frac{\partial y_r}{\partial X} & \frac{\partial y_r}{\partial Y} & \frac{\partial y_r}{\partial Z} \end{bmatrix} \begin{bmatrix} \Delta X \\ \Delta Y \\ \Delta Z \end{bmatrix} - \begin{bmatrix} x_l - x_{lo} \\ x_r - x_{ro} \\ y_l - y_{lo} \\ y_r - y_{ro} \end{bmatrix} \tag{14-35}$$

여기서, l은 좌측영상면, r은 우측영상면을 의미한다.

한편, 조정될 지상좌표에 대한 초기값은 식 (14-32)에서 2차항과 3차항을 소거시킨 식 (14-36)을 이용하여 식 (14-37)과 같은 관측방정식을 구성하여 최소제곱법으로 산정한다.

$$x = \frac{a_0 + a_1 X + a_2 Y + a_3 Z}{1 + b_1 X + b_2 Y + b_3 Z} \tag{14-36}$$

$$y = \frac{c_0 + c_1 X + c_2 Y + c_3 Z}{1 + d_1 X + d_2 Y + d_3 Z}$$

$$\begin{bmatrix} v_{xl} \\ v_{xr} \\ v_{yl} \\ v_{yr} \end{bmatrix} = \begin{bmatrix} a_{1l} - x_l b_{1l} & a_{2l} - x_l b_{2l} & a_{3l} - x_l b_{3l} \\ a_{1r} - x_r b_{1r} & a_{2r} - x_r b_{2r} & a_{3r} - x_r b_{3r} \\ c_{1l} - y_l d_{1l} & c_{2l} - y_l d_{2l} & c_{3l} - y_l d_{3l} \\ c_{1r} - y_r d_{1r} & c_{2r} - y_r d_{2r} & c_{3r} - y_r d_{3r} \end{bmatrix} \begin{bmatrix} X \\ Y \\ Z \end{bmatrix} - \begin{bmatrix} x_l - a_{0l} \\ x_r - a_{0r} \\ y_l - c_{0l} \\ y_r - c_{0r} \end{bmatrix} \tag{14-37}$$

② 후방 다항식비례모형을 이용한 3차원 위치결정

후방 다항식비례모형(Inverse RFM)은 지상좌표 X_n, Y_n을 영상면좌표 x_n, y_n과 지상좌표 Z_n의 다항식형태로 나타내며, 식 (14-38)과 같다.

$$X_n = \frac{A(x_n, y_n, Z_n)}{B(x_n, y_n, Z_n)} \tag{14-38}$$

$$Y_n = \frac{C(x_n, y_n, Z_n)}{D(x_n, y_n, Z_n)}$$

여기서, x_n, y_n은 해당 영상면좌표의 행, 열 값이며, X_n, Y_n, Z_n은 영상면좌표에 대응하는 공간상의 3차원 지상좌표이다. A, B, C, D는 각각의 다항식으로 다음과 같은 식 (14–39)으로 나타낼 수 있다.

$$A = \sum_{i=0}^{m1}\sum_{j=0}^{m2}\sum_{k=0}^{m3} a_{ijk}\, x^i y^j Z^k = a_0 + a_1 x + a_2 y + a_3 Z + a_4 xy + a_5 yZ + a_6 xZ$$
$$+ a_7 x^2 + a_8 y^2 + a_9 Z^2 + a_{10} xyZ + a_{11} yx^2 + a_{12} Zx^2$$
$$+ a_{13} xy^2 + a_{14} Zy^2 + a_{15} xZ^2 + a_{16} yZ^2 + a_{17} x^3 + a_{18} y^3 + a_{19} Z^3$$

$$B = \sum_{i=0}^{m1}\sum_{j=0}^{m2}\sum_{k=0}^{m3} b_{ijk}\, x^i y^j Z^k = b_0 + b_1 x + b_2 y + b_3 Z + b_4 xy + b_5 yZ + b_6 xZ$$
$$+ b_7 x^2 + b_8 y^2 + b_9 Z^2 + b_{10} xyZ + b_{11} yx^2 + b_{12} Zx^2$$
$$+ b_{13} xy^2 + b_{14} Zy^2 + b_{15} xZ^2 + b_{16} yZ^2 + b_{17} x^3 + b_{18} y^3 + b_{19} Z^3$$

$$C = \sum_{i=0}^{m1}\sum_{j=0}^{m2}\sum_{k=0}^{m3} c_{ijk}\, x^i y^j Z^k = c_0 + c_1 x + c_2 y + c_3 Z + c_4 xy + c_5 yZ + c_6 xZ$$
$$+ c_7 x^2 + c_8 y^2 + c_9 Z^2 + c_{10} xyZ + c_{11} yx^2 + c_{12} Zx^2$$
$$+ c_{13} xy^2 + c_{14} Zy^2 + c_{15} xZ^2 + c_{16} yZ^2 + c_{17} x^3 + c_{18} y^3 + c_{19} Z^3$$

$$D = \sum_{i=0}^{m1}\sum_{j=0}^{m2}\sum_{k=0}^{m3} d_{ijk}\, x^i y^j Z^k = d_0 + d_1 x + d_2 y + d_3 Z + d_4 xy + d_5 yZ + d_6 xZ$$
$$+ d_7 x^2 + d_8 y^2 + d_9 Z^2 + d_{10} xyZ + d_{11} yx^2 + d_{12} Zx^2$$
$$+ d_{13} xy^2 + d_{14} Zy^2 + d_{15} xZ^2 + d_{16} yZ^2 + d_{17} x^3 + d_{18} y^3 + d_{19} Z^3 \qquad (14-39)$$

여기서, a_{ijk}, b_{ijk}, c_{ijk}, d_{ijk} 은 다항식비례모형의 계수값, m_1, m_2, m_3는 사용하고자 하는 다항식비례모형의 차수를 의미한다. 후방 다항식비례모형은 3차원 위치결정을 위해 적용되는 알고리즘으로 식 (14–38)와 같이 전방 다항식비례모형과는 반대의 다항식 구성형태를 취한다.

실제적인 3차원 위치결정을 위해서는 먼저 X, Y를 Z의 함수로 가정하여 식 (14–39)과 같이 Taylor 전개를 통해 선형화 시킨다.

$$X = \hat{X} + \frac{\partial X}{\partial Z}\Delta Z \tag{14-40}$$

$$Y = \hat{Y} + \frac{\partial Y}{\partial Z}\Delta Z$$

그리고 좌 · 우측 두 영상면에 대해서는 식 (14-41)과 같은 관측방정식이 형성되며 최소제곱법을 적용하여 식 (14-42)와 같은 ΔZ의 해를 구할 수 있다.

$$v_x = \left(\frac{\partial X_r}{\partial Z} - \frac{\partial X_l}{\partial Z}\right) \cdot \Delta Z - (\widehat{X_l} - \widehat{X_r}) \tag{14-41}$$

$$v_y = \left(\frac{\partial Y_r}{\partial Z} - \frac{\partial Y_l}{\partial Z}\right) \cdot \Delta Z - (\widehat{Y_l} - \widehat{Y_r})$$

$$\Delta Z = \frac{((\widehat{X_l} - \widehat{X_r}) \cdot w_x \cdot (\frac{\partial X_r}{\partial Z} - \frac{\partial X_l}{\partial Z}) + (\widehat{Y_l} - \widehat{Y_r}) \cdot w_y \cdot (\frac{\partial Y_r}{\partial Z} - \frac{\partial Y_l}{\partial Z}))}{(w_x \cdot (\frac{\partial X_r}{\partial Z} - \frac{\partial X_l}{\partial Z})^2 + (w_y \cdot (\frac{\partial Y_r}{\partial Z} - \frac{\partial Y_l}{\partial Z})^2)} \tag{14-42}$$

여기서 w_{x}, w_{y}는 X, Y에 대한 경중률이다. 또는 식 (14-43)과 같은 방법으로 ΔZ를 구할 수도 있다.

$$\Delta Z = \frac{\widehat{X_l} - \widehat{X_r} + \widehat{Y_l} - \widehat{Y_r}}{\frac{\partial X_r}{\partial Z} - \frac{\partial X_l}{\partial Z} + \frac{\partial Y_r}{\partial Z} - \frac{\partial Y_l}{\partial Z}} \tag{14-43}$$

식 (14-42) 혹은 (14-43)을 통해 조정된 Z값을 결정한 후, 이를 다시 식 (14-38)에 적용하여 실제 3차원 위치를 구하게 된다. 이때 좌 · 우 영상면에 따라 다르게 나오는 X, Y는 일반적으로 평균값을 취하게 된다.

③ 상관성 분석을 통한 3차원 위치결정

대상 센서에 대한 물리적 모형이 없는 경우 다항식비례모형은 지상기준점의 분포, 수, 정확도에 따라 검사점의 3차원 위치정확도가 상당부분 부정확한 결과를 나타낼 수 있다. 따라서 이러한 불확실성을 제거시키기 위해서 지상기준점의 수평적, 수직적 배치를 최적화하여 다항식비례모형에 적용하는 방법, 정규행렬의 규칙화를 통해 다항식비례모형의 계수를 구하는 과정에서 발생할 수 있는 오차를 최소화하는 방법 등이 제안되었다(Tao and Hu, 2000). 그러나 상관성 분석을 통해 최적의 다항식비례모형계수를 선택하는 접근방법으로 센서모형화의 정확도를 향상시키려면 일반적인 다항식비례모형을 식 (14-32)과 같이 정리하여 식 (14-44)와 같게 한다.

$$x = \frac{(1 \ X \ \ Y \ Z \cdots \ \ Y^3 \ \ Z^3) \cdot (a_0 \ \ a_1 \ \ \cdots \ \ a_{19})^T}{(1 \ \ X \ \ Y \ Z \cdots \ \ Y^3 \ \ Z^3) \cdot (1 \ \ b_1 \ \ \cdots \ \ b_{19})^T}$$

$$y = \frac{(1 X \ \ Y \ \ Z \cdots \ \ Y^3 \ \ Z^3) \cdot (c_0 \ \ c_1 \ \ \cdots \ \ c_{19})^T}{(1 X \ \ Y \ \ Z \cdots \ \ Y^3 \ \ Z^3) \cdot (1 \ \ d_1 \ \ \cdots \ \ d_{19})^T} \tag{14-44}$$

식 (14-44)에 대한 관측방정식을 구성하면 식 (14-45)과 같다.

$$v_x = \frac{(1 \ X \ \ Y \ Z \cdots \ \ Y^3 \ \ Z^3) \cdot (a_0 \ \ a_1 \ \ \cdots \ \ a_{19})^T}{(1 \ \ X \ \ Y \ Z \cdots \ \ Y^3 \ \ Z^3) \cdot (1 \ \ b_1 \ \ \cdots \ \ b_{19})^T} - x$$

$$= \left[\frac{1}{B} \frac{X}{B} \frac{Y}{B} \frac{Z}{B} \cdots \ \frac{Y^3}{B} \frac{Z^3}{B} - \frac{xX}{B} - \frac{xY}{B} \cdots - \frac{xY^3}{B} - \frac{xZ^3}{B} \right] \cdot J - \frac{x}{B}$$

$$v_y = \frac{(1 X \ \ Y \ \ Z \cdots \ \ Y^3 \ \ Z^3) \cdot (c_0 \ \ c_1 \ \ \cdots \ \ c_{19})^T}{(1 X \ \ Y \ \ Z \cdots \ \ Y^3 \ \ Z^3) \cdot (1 \ \ d_1 \ \ \cdots \ \ d_{19})^T} - y$$

$$= \left[\frac{1}{D} \frac{X}{D} \frac{Y}{D} \frac{Z}{D} \cdots \ \frac{Y^3}{D} \frac{Z^3}{D} - \frac{yX}{D} - \frac{yY}{D} \cdots - \frac{yY^3}{D} - \frac{yZ^3}{D} \right] \cdot K - \frac{y}{D} \tag{14-45}$$

여기서, $B = [1 \ \ X \ \ Y \ \ Z \cdots \ Y^3 \ \ Z^3] \cdot [1 \ \ b_1 \cdots b_{19}]^T$

$J = [a_0 \ \ a_1 \cdots a_{19} \ \ b_1 \ \ b_2 \cdots b_{19}]^T$

$D = [1 \ \ X \ \ Y \ \ Z \cdots \ Y^3 \ \ Z^3] \cdot [1 \ \ d_1 \cdots d_{19}]^T$

$K = [c_0 \ \ c_1 \cdots c_{19} \ \ d_1 \ \ d_2 \cdots d_{19}]^T$

n개의 지상기준점과 그에 대응하는 영상면상의 점(x)을 고려하면 식 (14-45)의 관측방정식은 다음과 같은 행렬형태로 나타낼 수 있다.

$$\begin{bmatrix} v_{x1} \\ v_{x2} \\ \vdots \\ v_{xn} \end{bmatrix} = \begin{bmatrix} \frac{1}{B_1} & 0 & \cdots & 0 \\ 0 & \frac{1}{B_2} & 0 & \vdots \\ \vdots & 0 & \ddots & 0 \\ 0 & \cdots & 0 & \frac{1}{B_n} \end{bmatrix} \cdot \begin{bmatrix} 1 & X_1 & \cdots & Z_1^3 & -r_1X_1 & \cdots & -r_1Z_1^3 \\ 1 & X_2 & \cdots & Z_2^3 & -r_2X_2 & \cdots & -r_2Z_2^3 \\ \vdots & \vdots & \ddots & \vdots & \vdots & \ddots & \vdots \\ 1 & X_n & \cdots & Z_n^3 & -r_nX_n & \cdots & -r_nZ_n^3 \end{bmatrix} \cdot$$

$$J - \begin{bmatrix} \frac{1}{B_1} & 0 & \cdots & 0 \\ 0 & \frac{1}{B_2} & 0 & \vdots \\ \vdots & 0 & \ddots & 0 \\ 0 & \cdots & 0 & \frac{1}{B_n} \end{bmatrix} \cdot \begin{bmatrix} x_1 \\ x_2 \\ \vdots \\ x_n \end{bmatrix} \tag{14-46}$$

식 (14-46)을 정리하면 식 (14-47)과 같다.

$$V_x = W_x MJ - W_x R \tag{14-47}$$

여기서, W_x는 경중률 행렬로 취급된다.

y 방향에 대해서도 같은 방법으로 정리하면 전체 관측방정식은 다음과 같다.

$$\begin{bmatrix} V_x \\ \hline V_y \end{bmatrix} = \left[\begin{array}{c|c} W_x & 0 \\ \hline 0 & W_y \end{array}\right] \cdot \left[\begin{array}{c|c} M & 0 \\ \hline 0 & N \end{array}\right] \cdot \begin{bmatrix} J \\ \hline K \end{bmatrix} - \left[\begin{array}{c|c} W_x & 0 \\ \hline 0 & W_y \end{array}\right] \cdot \begin{vmatrix} x \\ \hline y \end{vmatrix} \tag{14-48}$$

$$V = WTI - WG \tag{14-49}$$

식 (14-49)를 최소제곱법을 이용하여 정리하면 식 (14-50)과 같다.

$$T^T W^2 TI - T^T W^2 G = 0$$

$$I = (T^T W^2 T)^{-1} T^T W^2 G \tag{14-50}$$

이렇게 계산된 I가 다항식비례모형의 계수가 되며 이에 대한 분산-공분산행렬(variance-covariance matrix)을 DI로 하여 구하면 식 (14-51)과 같이 표시할 수 있다.

$$DI = \sigma_0^2 (T^T W^2 T)^{-1} \tag{14-51}$$

DI를 구체적으로 살펴보면 다음과 같다.

$$DI = \begin{bmatrix} Da_{00} & Ca_0, a_1 & Ca_0, a_2 & \cdots & Ca_0, d_{19} \\ Ca_1, a_0 & Da_{11} & Ca_1, a_2 & \cdots & Ca_1, d_{19} \\ Ca_2, a_0 & Ca_2, a_1 & Da_{22} & \cdots & Ca_2, d_{19} \\ \vdots & \vdots & \vdots & \ddots & \vdots \\ Cd_{19}, a_0 & Cd_{19}, a_1 & Cd_{19}, a_2 & \cdots & Dd_{19}, d_{19} \end{bmatrix} \quad (14-52)$$

분산-공분산행렬로부터 각 계수간의 상관계수는 식 (14-53)을 이용하여 구할 수 있다.

$$\rho_{a_1 a_2} = \frac{\sigma_{a_1, a_2}}{\sigma_{a_{11}} \cdot \sigma_{a_{22}}} = \frac{Ca_1, a_2}{\sqrt{Da_{11}} \cdot \sqrt{Da_{22}}} \quad (14-53)$$

고차의 다항식비례모형을 사용할수록 계수들 간의 높은 상관성으로 인해 계산된 3차원 좌표에 대한 불확실성이 크게 나타난다. 처음 계산된 다항식비례모형 계수들 간의 상관계수를 구하여 가장 큰 값을 갖는 20개의 계수 중 공통적으로 여러 계수와 상관성을 갖는 계수부터 제거하여 최적의 다항식비례모형을 제시할 수 있다. 이러한 과정은 검사점에 대한 일정한 정확도가 확보될 때까지 혹은 0.95 이상의 상관계수를 갖는 계수들이 소거될 때까지 반복 수행하여야 하며, 최종적으로 연구지역에 적합한 계수만으로 구성된 다항식비례모형을 형성할 수 있다.

15 블록좌표조정 (Adjustment for Block Coordinates)

1) 개요

블록조정(block adjustment)이란 기준점과 영상면상의 접합점(tie point)을 이용해 2개 이상의 단위를 동시에 표정하여 절대좌표를 얻는 조정으로, 그 단위는 조정방법에 따라 스트립(course 또는 strip)인 경우는 다항식법, 입체모형(model)인 경우는 독립입체모형법, 영상면인 경우는 광속법으로 크게 나누어진다. 기준점은 정의된 좌표계에 의해 좌표가 주어진 점을 말하며, 기준점에는 3차원 공간좌표를 알고 있는 기준점(X, Y, Z), 수평위치좌표를 알고 있는 수평위치기준점(X, Y) 및 수직위치를 알고 있는 수직위치기준점(Z) 등이 있다.

첫째, 다항식법(polynomial method)은 스트립(strip)좌표를 기본단위로 이용하고 있으며 복수의 스트립이 다항식으로 결합된다. 따라서 각 점의 스트립좌표가 관측값으로 취급된다. 이 방법은 다른 방법에 비해 필요한 기준점의 수가 많고 정확도도 저하되지만, 다른 방법에 비해 계산량이 적게 소요된다.

둘째, 독립모형조정법(IMT : Independent Model Triangulation)은 입체모형(model)좌표를 기본단위로 하고 있으며 복수의 입체모형이 수평위치에 대해서는 Helmert 변환식(입체모형당 4개의 미지변수)으로, 수직위치에 대해서는 1차 변환식(입체모형당 3개의 미지변수)으로 결합된다. 이 방법은 입체모형당 7개의 미지변수가 존재하며 각 점의 입체모형좌표가 관측값으로 취급된다. 다항식법에 비해 기준점의 수가 감소되고 전체적인 정확도가 향상되므로, 큰 블록조정에 자주 이용된다.

셋째, 광속조정법(bundle adjustment)은 영상면(imagery)좌표를 기본단위로 사용하고 공선조건을 이용해 다수의 광속(bundle)을 절대좌표로 환산하며, 각 점의 영상면좌표가 관측값으로 이용된다. 이 방법은 세 가지 방법 중 가장 조정능력이 높은 방법이다. 영상면좌표 x와 y에 관한 공선조건식은 6개 외부표정요소(X_o, Y_o, Z_o, ω, φ, κ)와 3개의 지상좌표(X, Y, Z), 즉 9개 미지수의 함수로 표시된다. 또 외부표정요소뿐만 아니라 주점거리, 주점위치변위, 렌즈왜곡 및 필름신축 등에 관련된 내부표정요소를 미지수로 조정하는 방법을 자체검정에 의한 광속조정법 또는 부가변수에 의한 광속조정법(self calibration bundle adjustment or bundle adjustment with additional parameter)이라 한다. 자체검정을 한 광속조정법은 독립모형조정법보다 높은 정확도를 얻을 수 있다.

〈**그림 15-1**〉은 해석적 방법에 의한 블록조정의 종류와 관계를 도시한 것이며, 〈**그림 15-2**〉는 3개 블록조정방법의 개념을 나타낸 것이다.

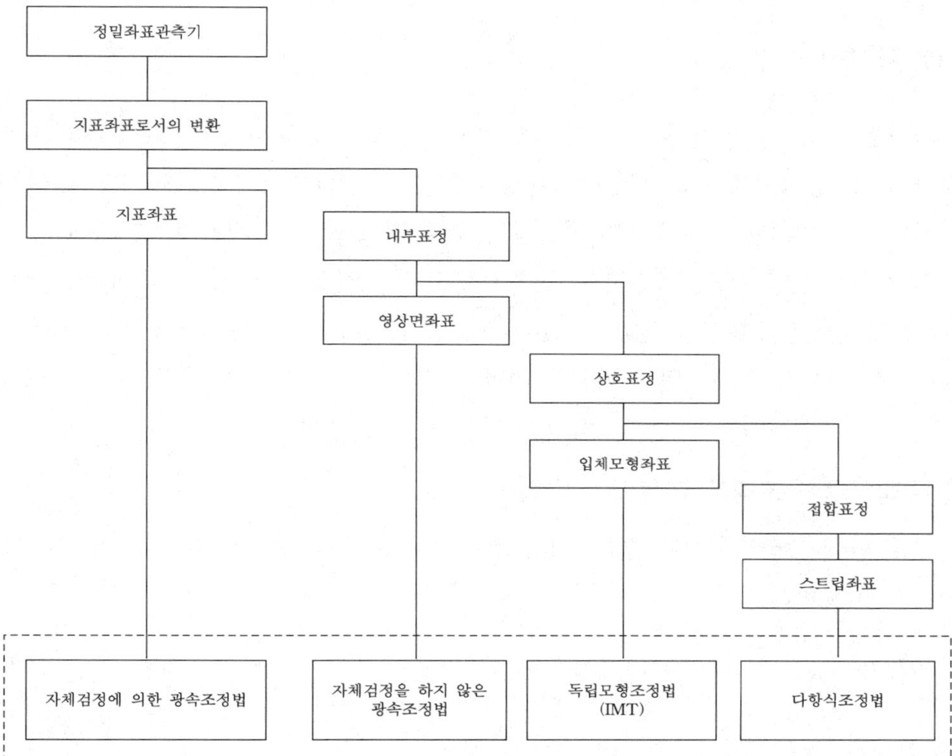

그림 15-1　조정의 종류와 관계

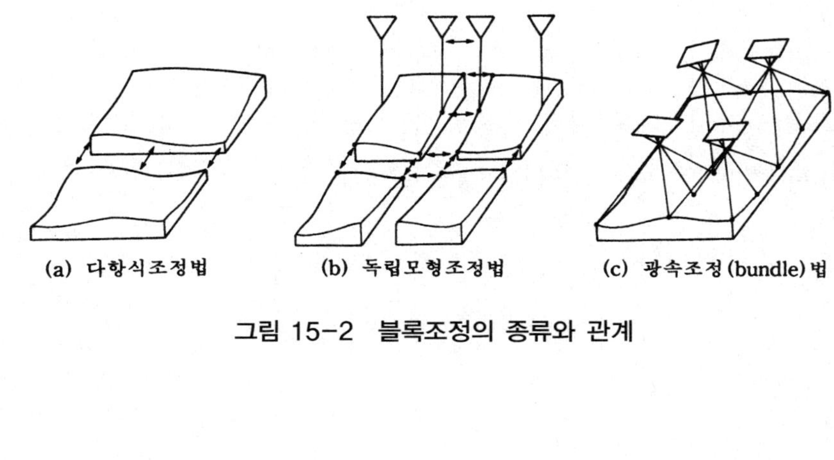

(a) 다항식조정법　(b) 독립모형조정법　(c) 광속조정(bundle)법

그림 15-2　블록조정의 종류와 관계

2) 다항식조정법에 의한 블록 해석

다항식조정법(polynomial method)이란 복스트립(multi strip)에 단스트립(single strip)을 접합시키는 접합표정과, 복스트립에 포함된 기준점과 종접합점을 이용해 각 스트립의 절대표정에 해당되는 다항식을 이용해 최소제곱법으로 동시에 결정하는 방법이다.

(1) 다항식의 선택

단스트립에 절대표정을 행하는 데는 인접한 스트립에 공통되는 종접합점의 절대좌표가 일치하지 않고, 각각의 스트립에 절대표정을 행하는 데 필요한 기준점의 수가 많다는 것이 문제점이다. 이와 같은 문제점을 해결하기 위해 각 스트립의 좌표가 영상면상의 점으로 주어진 기준점에 일치하는 조건뿐만 아니라, 스트립의 좌표도 동일값으로 되는 조건을 첨가해 각 스트립에 절대표정을 행할 수 있는 다항식의 미지계수를 동시해법으로 구해야 한다. 미지수로는 다항식의 계수와 조정된 종접합점의 좌표가 있으며, 일반적으로 단스트립조정과 같은 경우 수직위치와 수평위치의 조정을 분류해 행한다.

① 수직위치의 조정에 이용되는 다항식

각 스트립에 포함된 입체모형(model)수와 기준점의 수 및 배치를 고려해 다음과 같은 다항식을 이용한다.

가) $H = a + bY + cX + Z$ (3원 1차식) (15-1)

나) $H = a + bY + cX + dX^2 + Z$ (4원 2차식) (15-2)

다) $H = a + bY + cX + dX^2 + eXY + Z$ (5원 2차식) (15-3)

라) $H = a + bY + cX + dX^2 + eXY + fX^3 + Z$ (6원 3차식) (15-4)

여기서 H는 절대좌표계로 나타난 조정 후의 수직위치이고, (X, Y, Z)는 스트립조정(strip adjustment) 완료 후의 좌표, a, b, c, d, e, f 등의 미지계수로서 수직위치를 정할 수 있다.

② 수평위치의 조정에 이용되는 다항식

수평위치의 조정에 이용되는 다항식은 입체모형수, 기준점의 수 및 배치에 따라 다음과 같은 식이 이용된다.

가) Helmert 변환

$$\left.\begin{aligned} N &= a + cX - dY \\ E &= b + cY + dX \end{aligned}\right\} \tag{15-5}$$

나) 2차 등각사상변환

$$\left.\begin{aligned} N &= a + cX - dY + e(X^2 - Y^2) - 2fXY \\ E &= b + cX + dX + 2eXY + f(X^2 - Y^2) \end{aligned}\right\} \tag{15-6}$$

여기서 (N, E)는 측지좌표계로 나타나는 조정 후의 수평위치좌표, (X, Y)는 단스트립(單縱接合模型, single strip)조정완료 후의 좌표, a, b, c, d, e, f는 미지계수이다.

(2) 다항식법의 해석

① 관측방정식과 미지수

관측방정식은 기준점 및 종접합점에 대해서 형성되며, 제i 번째 기준점의 수평위치좌표를 (N_i^*, E_i^*)라 하고, 수직위치를 H_i^*라 한다. 제j 스트립(strip)에서 얻어진 i 점의 제 2 차 절대표정 후의 좌표를 (X_{ij}, Y_{ij}, Z_{ij})라 하고, 다항식에서 변환된 수직위치 및 수평위치좌표가 다음 식으로 표시된다.

$$H_i = P_j(X_{ij}, Y_{ij}, Z_{ij}) \quad \text{수직위치} \tag{15-7}$$

$$\left.\begin{aligned} N_i &= Q_j(X_{ij}, Y_{ij}) \\ E_i &= R_j(X_{ij}, Y_{ij}) \end{aligned}\right\} \text{수평위치} \tag{15-8}$$

따라서 기준점에 대한 잔차는 다음과 같이 주어진다.

$$V_{Hi} = P_j(X_{ij},\ Y_{ij},\ Z_{ij}) - H_i^* \qquad (15\text{-}9)$$

$$V_{Ni} = Q_j(X_{ij},\ Y_{ij}) - N_i^*$$

$$V_{Ei} = R_j(X_{ij},\ Y_{ij}) - E_i^* \qquad (15\text{-}10)$$

여기서는 다항식의 계수만이 미지수가 된다. 또한 제1스트립과 제k에 공통인 종접합점에서는 변환 후의 양 스트립좌표가 일치하지 않으면 안 되므로 다음 식이 성립한다.

$$H_i = P_j(X_{ij},\ Y_{ij},\ Z_{ij}) = P_k(X_{ik},\ Y_{ik},\ Z_{ik}) \qquad (15\text{-}11)$$

$$N_i = Q_j(X_{ij},\ Y_{ij}) = Q_k(X_{ik},\ Y_{ik})$$

$$E_i = R_j(X_{ij},\ Y_{ij}) = R_k(X_{ik},\ Y_{ik}) \qquad (15\text{-}12)$$

일반적으로 종접합점의 교차에 대한 표준편차는 고도의 0.4% 이내에서 얻어진다.

② 최소제곱법

다항식의 미지계수 및 종접합점의 좌표는 수직위치 및 수평위치로 나누어 경중률(輕重率, weight)을 주고 잔차의 제곱 합이 최소가 되는 것으로 결정한다.

가) 수직위치에 관한 조정

$$\left(\sum_{i=1}^{n} W_{Hi}\ V_{Hi}^2 + \sum_{i=1}^{n} W_{Hl}\ V_{Hl}^2\right) = \text{최소} \qquad (15\text{-}13)$$

여기서 n : 기준점의 수

m : 종접합점의 수

V_{Hi} : 기준점의 잔차

V_{Hl} : 종접합점 교차(또는 잔차)

W_{Hi} : 기준점에 대한 경중률(보통 1.0으로 한다.)

W_{Hl} : 종접합점에 대한 경중률(보통 1.0으로 한다.)

나) 수평위치에 관한 조정

$$\left\{\sum_{i=1}^{n} W_j(V_{Ni}^2 + V_{Ei}^2) + \sum_{l=1}^{n} W_k(V_{Nl}^2 + V_{El}^2)\right\} = \text{최소}$$

여기서 V_{Ni}, V_{Ei}: 기준점의 잔차

V_{Nl}, V_{El}: 종접합점의 교차(또는 잔차)

W_j: 기준점에 대한 경중률

W_k: 종접합점에 대한 경중률

③ 관측방정식

관측방정식은 각 스트립(course or strip)에 대한 기준점의 종접합점(pass point)에 대해 다음과 같다.

$$A_{ij}\,P_j = C_{ij} \tag{15-14}$$

여기서 A_{ij} : 제i 기준점의 제j 스트립에 대한 계수행렬

P_j : 제j 스트립으로 해당되는 다항식의 미지계수

C_{ij} : 정수항

종접합점에 관한 관측방정식은 종접합점의 좌표를 미지수로 취급하는 경우는 다음과 같다.

$$A_{ij}\,P_j + B_{ij}\,X_i = C_{ij} \tag{15-15}$$

여기서 B_{ij}는 계수행렬, X_i는 종접합점의 좌표이다. 또한 종접합점의 좌표를 미지수로 취급하지 않는 경우는 다음과 같다.

$$A_{ij}\,P_j - A_{ik}\,P_k = C_{ij} - C_{ik} \tag{15-16}$$

〈**그림 15-3**〉에서 나타낸 3개 스트립(수평위치기준점 : 6점, 수직위치기준점 : 6점, 종접합점 : 9점)의 예를 나타낸 것이다.

수직위치와 수평위치에 관한 다항식 및 미지수를 3개의 스트립에 대해 〈**표 15-1**〉과 같이 선택한다.

표 15-1 다항식 및 미지수의 선택 예

	수직위치	수평위치
제 1 스트립	4원 2차식	Helmert 변환
제 2 스트립	5원 2차식	2차 등각사상변환
제 3 스트립	3원 1차식	Helmert 변환
미 지 수	다항식대수	다항식계수 + 종접합점좌표

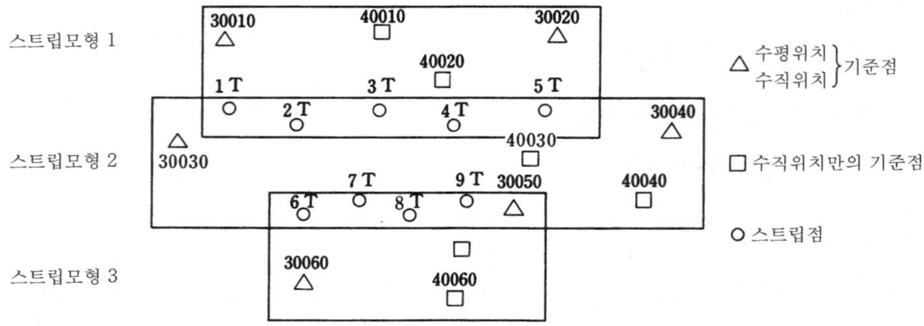

그림 15-3 다항식조정법에 의한 블록조정의 예제

가) 수직위치에 관한 관측방정식

기준점 : 스트립 1: $A_{i1} P_1 = C_i$ (15-17)

$$\begin{pmatrix} 1 & Y_{i1} & X_{i1} & X_{i1}^2 \end{pmatrix} \begin{pmatrix} a_1 \\ b_1 \\ c_1 \\ d_1 \end{pmatrix} = H_i' - Z_{i1} \tag{15-18}$$

전반적인 기준점과 종접합점에 관한 관측방정식의 계수 및 정수항을 나타내면 〈**표 15-2**〉와 같다.

나) 수평위치에 관한 관측방정식

기준점 : 스트립 1: $A_{i1} P_1 = C_{i1}$ (15-19)

$$\begin{pmatrix} 1 & 0 \\ 0 & 1 \end{pmatrix} \begin{pmatrix} X_{i1} & -Y_{i1} \\ Y_{i1} & X_{i1} \end{pmatrix} \begin{pmatrix} a_1 \\ b_1 \\ c_1 \\ d_1 \end{pmatrix} = \begin{pmatrix} N_i' \\ E_i' \end{pmatrix} \tag{15-20}$$

표 15-2 수직위치에 관한 관측방정식

스트립	조건	조건	번호	제1스트립 a_1	b_1	c_1	d_1	제2스트립 a_2	b_2	c_2	d_2	e_2	제3스트립 a_3	b_3	c_3	정수항
1	기준점	30010	1	1	Y_{11}	X_{11}	X_{11}^2									$H_1' - Z_{11}$
		30020	2	1	Y_{21}	X_{21}	X_{21}^2									$H_2' - Z_{21}$
		40010	3	1	Y_{31}	X_{31}	X_{31}^2									$H_3' - Z_{31}$
		40020	4	1	Y_{41}	X_{41}	X_{41}^2									$H_4' - Z_{41}$
1.2	종접합점	$1T$	5	1	Y_{51}	X_{51}	X_{51}^2	-1	$-Y_{52}$	$-X_{52}$	$-X_{52}^2$	$-X_{52}Y_{52}$				$Z_{52}-Z_{51}$
		$2T$	6	1	Y_{61}	X_{61}	X_{61}^2	-1	$-Y_{62}$	$-X_{62}$	$-X_{62}^2$	$-X_{62}Y_{62}$				$Z_{62}-Z_{61}$
		$3T$	7	1	Y_{71}	X_{71}	X_{71}^2	-1	$-Y_{72}$	$-X_{72}$	$-X_{72}^2$	$-X_{72}Y_{72}$				$Z_{72}-Z_{71}$
		$4T$	8	1	Y_{81}	X_{81}	X_{81}^2	-1	$-Y_{82}$	$-X_{82}$	$-X_{82}^2$	$-X_{82}Y_{82}$				$Z_{82}-Z_{81}$
		$5T$	9	1	Y_{91}	X_{91}	X_{91}^2	-1	$-Y_{92}$	$-X_{92}$	$-X_{92}^2$	$-X_{92}Y_{92}$				$Z_{92}-Z_{91}$
2	기준점	30030	10					1	Y_{102}	X_{102}	X_{102}^2	$X_{102}Y_{102}$				$H_{10}' - Z_{102}$
		30040	11					1	Y_{112}	X_{112}	X_{112}^2	$X_{112}Y_{112}$				$H_{11}' - Z_{112}$
		30050	12					1	Y_{122}	X_{122}	X_{122}^2	$X_{122}Y_{122}$				$H_{12}' - Z_{122}$
		40060	13					1	Y_{132}	X_{132}	X_{132}^2	$X_{132}Y_{132}$				$H_{13}' - Z_{132}$
		40040	14					1	Y_{142}	X_{142}	X_{142}^2	$X_{142}Y_{142}$				$H_{14}' - Z_{142}$
2.3	종접합점	$6T$	15					1	Y_{152}	X_{152}	X_{152}^2	$X_{152}Y_{152}$	-1	$-X_{153}$	$-X_{153}$	$Z_{153}-Z_{152}$
		$7T$	16					1	Y_{162}	X_{162}	X_{162}^2	$X_{162}Y_{162}$	-1	$-X_{163}$	$-X_{163}$	$Z_{163}-Z_{162}$
		$8T$	17					1	Y_{172}	X_{172}	X_{172}^2	$X_{172}Y_{172}$	-1	$-X_{173}$	$-X_{173}$	$Z_{173}-Z_{172}$
		$9T$	18					1	Y_{182}	X_{182}	X_{182}^2	$X_{182}Y_{182}$	-1	$-X_{183}$	$-X_{183}$	$Z_{183}-Z_{182}$
3	기준점	30050	19										1	Y_{193}	X_{193}	$H_{19}' - Z_{193}$
		30060	20										1	Y_{203}	X_{203}	$H_{20}' - Z_{203}$
		40050	21										1	Y_{213}	X_{213}	$H_{21}' - Z_{213}$
		40060	22										1	Y_{223}	X_{223}	$H_{22}' - Z_{223}$

전체 기준점과 종접합점에 대한 관측방정식을 그림으로 나타내면 〈**그림 15-4**〉와 같다.

$$\text{스트립 3: } A_{i3}P_3 - IK_i = 0 \tag{15-21}$$

$$\begin{pmatrix} 1 & 0 \\ 0 & 1 \end{pmatrix}\begin{pmatrix} X_{i3} & -Y_{i3} \\ Y_{i3} & X_{i3} \end{pmatrix}\begin{pmatrix} -1 & 0 \\ 0 & -1 \end{pmatrix}\begin{pmatrix} a_1 \\ b_1 \\ c_1 \\ d_1 \end{pmatrix} = \begin{pmatrix} 0 \\ 0 \end{pmatrix} \tag{15-22}$$

30010	A_{11}												P_1		C_{11}
30020	A_{21}														C_{21}
1 T	A_{31}			$-I$											
2 T	A_{41}				$-I$								P_2		
3 T	A_{51}					$-I$									O
4 T	A_{61}						$-I$								
5 T	A_{71}							$-I$					P		
30030		A_{82}											X_1		C_{82}
30040		A_{92}											X_2		C_{92}
30050		A_{102}											X_3		C_{102}
1 T		A_{32}		$-I$									X_4	=	
2 T		A_{42}			$-I$								X_5		
3 T		A_{52}				$-I$							X_6		O
4 T		A_{62}					$-I$						X_7		
5 T		A_{72}						$-I$					X_8		
6 T		A_{112}							$-I$				X_9		
7 T		A_{122}								$-I$					O
8 T		A_{132}									$-I$				O
9 T		A_{142}										$-I$			
30050			A_{103}												C_{103}
30060			A_{153}												C_{153}
6 T			A_{113}						$-I$						
7 T			A_{123}							$-I$					
8 T			A_{133}								$-I$				O
9 T			A_{143}									$-I$			

* 공백은 0행렬 또는 0벡터를 의미한다.

그림 15-4 수평위치에 관한 관측방정식

④ 정규방정식의 해법

관측방정식에서 나타낸 예제에서 수직위치 및 수평위치에 관한 정규방정식은 다음과 같이 되는데, 먼저 수직위치에 관한 정규방정식을 구성하면 다음과 같다.

$$
\left[\begin{array}{c|c|c}
\sum_{i=1}^{4} A_{i1}^t A_{i1} + \sum_{i=5}^{9} A_{i1}^t A_{i1} & -\sum_{i=5}^{9} A_{i1}^t A_{i2} & 0 \\
\hline
-\sum_{i=5}^{9} A_{i2}^t A_{i1} & \sum_{i=5}^{9} A_{i2}^t A_{i2} + \sum_{i=10}^{14} A_{i2}^t A_{i2} + \sum_{i=15}^{18} A_{i2}^t A_{i2} & -\sum_{i=15}^{18} A_{i2}^t A_{i3} \\
\hline
0 & -\sum_{i=15}^{18} A_{i3}^t A_{i2} & -\sum_{i=19}^{22} A_{i3}^t A_{i3}
\end{array}\right]
\left[\begin{array}{c} P_1 \\ \hline P_2 \\ \hline P_3 \end{array}\right]
=
\left[\begin{array}{c}
\sum_{i=1}^{4} A_{i1}^t C_i + \sum_{i=5}^{9} A_{i1}^t C_i \\
\hline
-\sum_{i=5}^{9} A_{i2}^t C_i + \sum_{i=10}^{14} A_{i2}^t C_i + \sum_{i=15}^{18} A_{i2}^t C_i \\
\hline
-\sum_{i=15}^{18} A_{i3}^t C_i + \sum_{i=19}^{22} A_{i3}^t C_i
\end{array}\right]
\tag{15-23}
$$

수평위치에 관한 정규방정식을 구성하면 다음과 같다.

$$\begin{pmatrix} N_{11} & -N_{21}^t \\ -N_{21} & N_{22} \end{pmatrix}\begin{pmatrix} P \\ X \end{pmatrix} = \begin{pmatrix} C \\ 0 \end{pmatrix} \qquad (15-24)$$

여기서 P는 다항식의 미지계수이고, X는 종접합점의 좌표이다.

$$N_{11}P - N_{21}^t X = C \qquad (15-25)$$

$$-N_{12}P + N_{22}X = 0 \qquad (15-26)$$

식 (15-26)로부터

$$X = X_{22}^{-1} N_{21} P \qquad (15-27)$$

을 식 (15-25)에 대입하면 축약정규방정식(reduced normal equation)이 얻어진다.

$$(N_{11} - N_{11}^t N_{22} N_{21})P = C \qquad (15-28)$$

식 (15-28)은 띠형의 대칭행렬을 나타내며, 〈**그림 15-6**〉에서 표시한 대각선요소를 포함한 상부의 요소만으로 주기억장치에 기억한다. 수평위치조정의 경우에는 종접합점좌표를 미지수로 취급하지만, 실용적으로는 다항식의 계수만을 미지수로 취급하여 상이한 2개의 스트립으로부터 종접합점의 좌표에 대한 평균값을 취해도 된다.

$\sum_{i=1}^{2} A_{i1}^t A_{i1}$			$-A_{31}^t$	$-A_{41}^t$	$-A_{51}^t$	$-A_{61}^t$	$-A_{71}^t$						P_1		$\sum_{i=1}^{2} A_{i1} C_i$
	$\sum_{i=8}^{10} A_{i2}^t A_{i2}$		$-A_{32}^t$	$-A_{42}^t$	$-A_{52}^t$	$-A_{62}^t$	$-A_{72}^t$	$-A_{112}^t$	$-A_{122}^t$	$-A_{131}^t$	$-A_{142}^t$		P_2		$\sum_{i=8}^{10} A_{i2}^t C_i$
		$\sum_{i=10}^{15} A_{i3}^t A_{i3}$						$-A_{113}^t$	$-A_{123}^t$	$-A_{133}^t$	$-A_{143}^t$		P_3		$A_{103}^t C_{103} + A_{153}^t C_{153}$
$-A_{31}$	$-A_{32}$		$2I$										X_1	$=$	
$-A_{41}$	$-A_{42}$			$2I$									X_2		
$-A_{51}$	$-A_{52}$				$2I$								X_3		
$-A_{61}$	$-A_{62}$					$2I$							X_4		
$-A_{71}$	$-A_{72}$						$2I$						X_5		
	$-A_{112}$	$-A_{113}$						$2I$					X_6		
	$-A_{122}$	$-A_{123}$							$2I$				X_7		
	$-A_{132}$	$-A_{133}$								$2I$			X_8		
	$-A_{142}$	$-A_{143}$									$2I$		X_9		

그림 15-5 수평위치에 관한 정규방정식

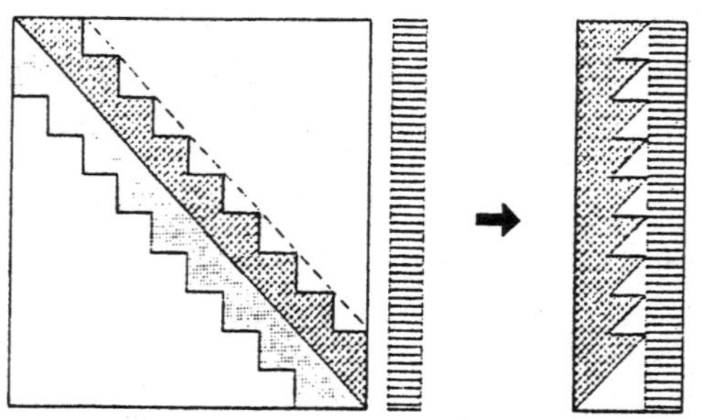

(a) 축약된 정규방정식 (b) 필요기억용량

그림 15-6 축약된 정규방정식에 필요한 기억용량

실제로 식 (15-27)의 N_{22}는 〈**그림 15-5**〉에서 보는 것처럼 $2I$가 된다. 식 (15-27)에 의해 얻어진 종접합점의 좌표는 2개 스트립의 평균값을 의미한다.

$$X = \frac{1}{2} N_{21} P$$

그러나 종접합점을 미지수로 취급한 경우와 그렇지 않은 경우는 다항식계수의 해가 서로 다르게 된다.

일반적으로 정규방정식의 저장용량이 매우 커서 전산기의 계산용량을 크게 차지하므로 〈**그림 15-6**〉에서 보는 바와 같이 정규방정식의 형태를 축약시켜 계산하고 있다.

⑤ 다항식조정법의 특징과 주의점

다항식조정법에 의한 블록(縱橫接合模型)조정에는 다음과 같은 특징이 있다.

가) 단스트립(single strip)의 조정과 동일한 정확도를 얻을 수 있으며 기준점의 수도 반으로 줄일 수 있다. 그러나 단스트립(single block)의 4변에 있는 기준점을 빼서는 안 된다.

나) 독립모형조정법(IMT) 및 광속조정법(bundle)에 비해 정규방정식의 행렬이 작아지며 해를 구하는 시간도 적게 걸린다. 한편, 조정능력 및 정확도에서는 두 방법에 비해 좋지 않으나 기준점 및 종접합점의 불량점을 찾는 데는 용이하다.

다항식조정법을 적용한 경우에는 다음과 같은 점을 주의해야 한다.

가) 일반적으로 그 입체모형(model)에 1점 정도의 종접합점을 설치해야 하며, 1입체모형에 1점 이상을 설치해야만 정확도가 향상된다.

나) 종접합점(pass point)을 일직선으로 나란히 하지 않고 어긋나게 배치하면 각 스트립(strip or course)의 접속이 끊어진 상태가 되지 않고 연속적으로 된다.

다) 수평위치정확도에 비해 수직위치정확도가 저하되며, 이 경우 수직위치기준점을 많이 설치해 수평위치 및 수직위치의 정확도가 균형을 이루도록 한다.

3) 독립모형법에 의한 블록조정

(1) 독립모형조정법의 특성

독립모형조정법(IMT : Independent Model Triangulation)이란 복수의 입체모형(model) 각각에 상호표정을 행한 뒤 입체모형을 접속하는 접합점(tie point) 및 기준점을 이용해 각 입체모형의 절대표정에 해당되는 미지계수를 동시에 최소제곱법으로 결정하는 방법이다. 즉, 독립모형조정법이란 상호표정이 완료된 복수입체모형(multi model)에 관해 동시에 절대표정을 행하는 법이라 할 수 있다〈**그림 15-7** 참조〉.

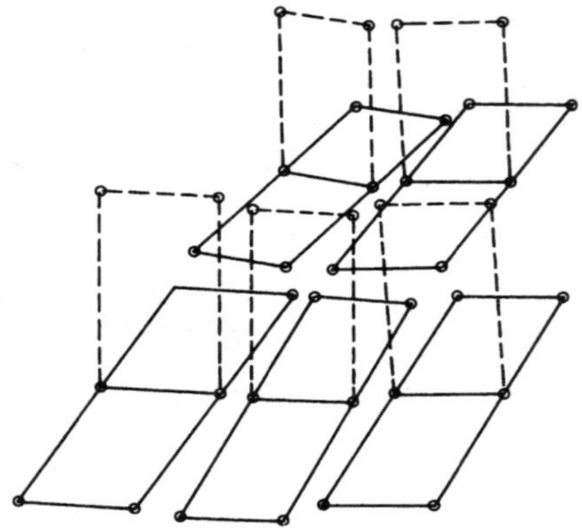

그림 15-7 독립모형조정법의 원리

독립모형조정법을 조정방법에 의해 분류하면 다음 두 가지의 종류로 분류된다.

① 수평위치 및 수직위치좌표(X, Y, Z)를 동시에 조정하는 것으로 입체모형당 평면위치좌표에 대해 4개의 미지변량, 수직위치에 관해 3개의 미지변량 및 접합점의 (X, Y, Z)좌표, 투영중심의 (X, Y, Z)좌표가 미지변량이 되는 방법이다. 이것은 엄밀한 해법이지만 미지변량이 많아 계산시간이 많이 걸린다.

② 수평위치와 수직위치를 분리해 조정하는 것으로 수평위치좌표조정을 행한 다음 수직위치좌표를 조정하고 계속 반복해 수렴해를 구하는 방법이다. 수평위치와 수직위치좌표를 분리함으로써 동시에 해를 구하는 경우에 비해 미지변량의 수가 적게 되어 계산시간이 짧은 이점이 있다. 실용적으로 많이 이용되며 PAT-M43의 프로그램은 이 방법에 의한 것이다.

(2) 수평위치좌표의 조정

수평위치좌표의 조정을 위한 좌표변환은 Helmert 변환을 이용한다.

$$\begin{pmatrix} X_{ij} & Y_{ij}\,1\,0 \\ Y_{ij} & -X_{ij}\,0\,1 \end{pmatrix}\begin{pmatrix} a_j \\ b_j \\ X_{oj} \\ Y_{oj} \end{pmatrix} = \begin{pmatrix} X_i \\ Y_i \end{pmatrix} \tag{15-29}$$

여기서 i 는 점 번호이고 j 는 입체모형(model)번호이다. 행렬로는 다음과 같이 나타낼 수 있다.

$$AP = C \tag{15-30}$$

여기서 $$A = \begin{pmatrix} X_{ij} & Y_{ij} \, 1 \, 0 \\ Y_{ij} & -X_{ij} \, 0 \, 1 \end{pmatrix} \tag{15-31}$$

$$P = \begin{pmatrix} a_j \\ b_j \\ X_{oj} \\ Y_{oj} \end{pmatrix} \tag{15-32}$$

$$C = \begin{pmatrix} X_i \\ Y_i \end{pmatrix} \tag{15-33}$$

관측방정식은 기준점 및 종접합점에 따라 다음과 같이 구성된다.

① 기준점

$$AP = C \tag{15-34}$$

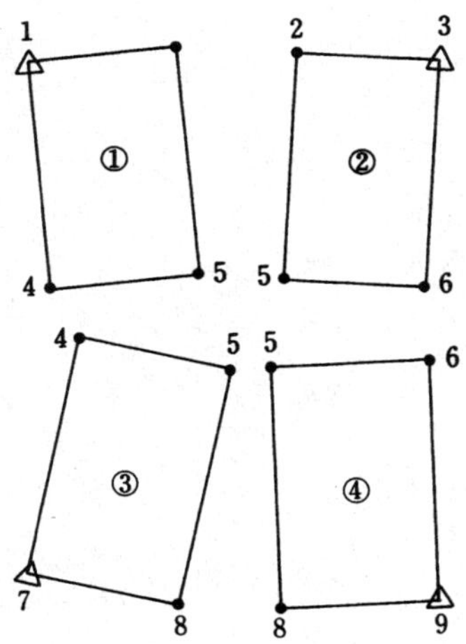

그림 15-8 수평위치좌표의 조정

② 종접합점

$$AP - C = 0 \tag{15-35}$$

수평위치좌표의 조정을 위해 4개의 입체모형으로 구성된 블록(block)을 〈**그림 15-8**〉과 같은 예를 통해 알아보면 기준점은 1, 3, 7, 9의 네 곳에 있고, 그 외의 점은 종접합점

(pass point)이다. 여기서 주어진 것은 기준점의 절대좌표(X_i, Y_i), $i=1, 3, 7, 9$ 및 전체점의 입체모형(X_{ij}, Y_{ij})(i : 점 번호, u : 입체모형번호)이다.

미지변량은 다음과 같이 된다.

가) 변환식 계수 $4\times 4=16$개

$(a_j, b_j, X_{oj}, Y_{oj})=1, 4$

나) 종접합점 좌표 $2\times 5=10$개

점 2, 4, 5, 6, 8의 5점에 대한 종접합점 (X_i, Y_i)

정규방정식은 〈**표 15-3**〉에 나타나 있으며, 표 중에서 A_{ij}란 제i 입체모형의 점 번호 i에 관한 계수행렬로 식 (15-31)에 나타나 있다.

〈**표 15-3**〉은 다음에 나타낸 것과 같이 두 가지로 분류된다.

표 15-3 수평위치좌표의 조정에 대한 정규방정식(공백은 0행렬 또는 0벡터)

입체모형 1	$\Sigma A_{i1}^t A_{i1}$ $i=1, 2, 4, 5$				$-A_{21}^t$	$-A_{41}^t$	$-A_{51}^t$			P_1	$-A_{11}^t C_1$
입체모형 2		$\Sigma A_{i2}^t A_{i2}$ $i=2, 3, 5, 6$			$-A_{22}^t$		$-A_{52}^t$	$-A_{62}^t$		P_2	$-A_{32}^t C_3$
입체모형 3			$\Sigma A_{i3}^t A_{i3}$ $i=4, 5, 7, 8$			$-A_{43}^t$	$-A_{53}^t$		$-A_{83}^t$	P_3	$-A_{73}^t C_7$
입체모형 4				$\Sigma A_{i4}^t A_{i4}$ $i=5, 6, 8, 9$		$-A_{54}^t$	$-A_{64}^t$	$-A_{84}^t$		P_4	$-A_{94}^t C_9$
점 2	$-A_{21}$	$-A_{22}$			$2I$					C_2	
점 4	$-A_{41}$		$-A_{43}$			$2I$				C_4	
점 5	$-A_{51}$	$-A_{52}$	$-A_{53}$	$-A_{54}$			$4I$			$-C_5$	
점 6		$-A_{62}$		$-A_{64}$				$2I$		C_6	
점 8			$-A_{83}$	$-A_{84}$					$2I$	C_8	

$$\begin{pmatrix} N_{11} & N_{21}^t \\ N_{21} & N_{22} \end{pmatrix}\begin{pmatrix} P \\ C \end{pmatrix}=\begin{pmatrix} Q \\ O \end{pmatrix} \tag{15-36}$$

이 정규방정식은 다음과 같이 P와 C를 구하면 된다.

$$(N_{11} - N_{21}^{t} N_{22}^{-1} N_{21}) P = Q$$

$$C = - N_{22}^{-1} N_{21} P \tag{15-37}$$

식 (15-37)의 연립방정식은 대칭형의 계수행렬을 갖고 있다.

(3) 수직위치의 조정

수직위치의 조정은 수평위치좌표의 조정결과를 이용해 실시하며, 수직위치의 조정결과는 다시 수평위치좌표에 이용된다. 이 수평위치좌표와 수직위치조정을 반복해 수행함으로써 수평해를 구한다.

① 수평위치좌표의 조정

수평위치좌표의 조정과정에서 입체모형(model) 각각에 대한 계수 a, b, X_o, Y_o 를 구한다.

② 축척의 통일

수평위치좌표의 조정에 의해 얻은 계수를 이용해 전체의 입체모형좌표를 다음 식에 의해 좌표 변환한 다음 입체모형좌표로 이용한다.

$$\begin{pmatrix} X_{ij} \\ Y_{ij} \\ Z_{ij} \end{pmatrix} = \begin{pmatrix} a_j \, b_j & 0 \\ -b_j \, a_j & 0 \\ 0 \;\; 0 & \sqrt{a_j^2 + b_j^2} \end{pmatrix} \begin{pmatrix} X_{ij} \\ Y_{ij} \\ Z_{ij} \end{pmatrix} + \begin{pmatrix} X_{oj} \\ Y_{oj} \\ 0 \end{pmatrix} \tag{15-38}$$

③ 수직위치의 조정

관측방정식은 다음과 같은 3종류로 나눈다.

가) 수직위치기준점에 관한 식(미지변량 Φ_j, Ω_j, Z_{oj})

$$(-X_{ij} \quad Y_{ij} \quad 1) \begin{pmatrix} \Phi_j \\ \Omega_j \\ Z_{oj} \end{pmatrix} = (Z_i - Z_{ij}) \tag{15-39}$$

나) 종접합점에 관한 식(미지변량 Φ_j, Ω_j, Z_{oj}, Z_i)

$$(-X_{ij} \quad Y_{ij} \quad 1)\begin{pmatrix}\Phi_j\\ \Omega_j\\ Z_{oj}\end{pmatrix} - Z_i = -Z_{ij} \tag{15-40}$$

다) 투영중심에 관한 식(미지변량 Φ_j, Ω_j, Z_{oj}, Z_i, Y_i, Z_i)

$$\begin{pmatrix}-X_{ij} & Y_{ij} & 1\\ Z_{ij} & 0 & 0\\ 0 & -Z_{ij} & 0\end{pmatrix}\begin{pmatrix}\Phi_j\\ \Omega_j\\ Z_{oj}\end{pmatrix} - \begin{pmatrix}Z_i\\ X_i\\ Y_i\end{pmatrix} = \begin{pmatrix}-Z_{ij}\\ -X_{ij}\\ -Y_{ij}\end{pmatrix} \tag{15-41}$$

정규방정식을 세우고 Φ, Ω, Z_o 을 구한다.

계산된 Φ, Ω, Z_o 을 이용해 입체모형좌표를 다음과 같이 보정한다.

$$\begin{pmatrix}X_{ij}\\ Y_{ij}\\ Z_{ij}\end{pmatrix}_{new} = \begin{pmatrix}1 & 0 & 0\\ 0 & \cos\Omega_j & -\sin\Omega_j\\ 0 & \sin\Omega_j & \cos\Omega_j\end{pmatrix}\begin{pmatrix}\cos\Phi_j & 0 & \sin\Phi_j\\ 0 & 1 & 0\\ -\sin\Phi_j & 0 & \cos\Phi_j\end{pmatrix}\begin{pmatrix}X_{ij}\\ Y_{ij}\\ Z_{ij}\end{pmatrix}_{old} + \begin{pmatrix}0\\ 0\\ Z_{oj}\end{pmatrix} \tag{15-42}$$

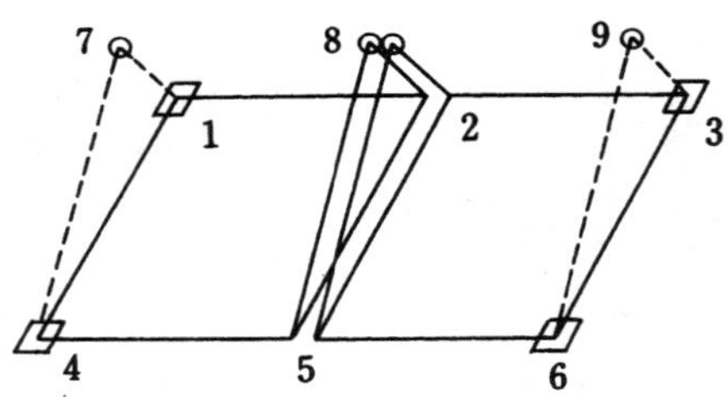

그림 15-9　수직위치조정

식 (15-42)에서 계산된 입체모형좌표를 이용해 ①에서 ③ 과정을 수렴할 때까지 반복한다. 〈**그림 15-9**〉는 수직위치조정의 예를 나타낸 그림으로 점 1, 3, 4, 6은 수직위치의 기준점이며 점 2, 5는 종접합점, 점 7, 8, 9는 투영중심이다.

이 점 7과 9는 인접입체모형과의 공유점이 아니므로 조정계산에 포함하지 않고 점 8의 경우만 포함한다. 미지수는 변환식의 계수 2×3=6개, 종접합점높이의 좌표 2×1=2개 및 투영중심의 3차원 좌표 1×3=3개, 합계 11개이다.

관측방정식은 〈**표 15-4**〉와 같고 정규방정식은 〈**표 15-5**〉와 같다. 이 표에서 이용된 첨자는 다음과 같다.

$\sum^{a}$: 해당 입체모형에 포함된 전체 점의 총합

$\sum^{t}$: 해당 입체모형에 포함된 종접합점과 투영중심의 총합

$\sum^{p}$: 해당 입체모형에 포함된 투영중심의 총합

$\sum^{c}$: 해당 입체모형에 포함된 기준점의 총합

$\sum^{T}$: 해당 입체모형에 포함된 종접합점의 총합

$\sum^{m}$: 해당 입체모형에 대한 총합(예: $m=2$)

$$A_{ij} = (-X_{ij} \quad Y_{ij} \quad 1) \tag{15-43}$$

$$B_{ij} = \begin{pmatrix} Z_{ij} & 0 & 0 \\ 0 & -Z_{ij} & 0 \end{pmatrix} \tag{15-44}$$

표 15-4 수직위치조정에 관한 관측방정식

입체모형 1	$-X_{11}\ Y_{11}\ 1$							Φ_1	Z_1-Z_{11}	기 준 점
	$-X_{41}\ Y_{41}\ 1$							Ω_1	Z_1-Z_{11}	
	$-X_{21}\ Y_{21}\ 1$		-1					Z_1	$-Z_{21}$	스트립점
	$-X_{51}\ Y_{51}\ 1$			-1				Φ_2	$-Z_{51}$	
	$-X_{81}\ Y_{81}\ 1$				-1			Ω_2	$-Z_{81}$	투영중심
	$Z_{81}\quad 0$					-1		Z_2	$-X_{81}$	
	$0\quad -Z_{61}\quad 0$						-1	Z_2	$-Y_{81}$	
입체모형 2		$-X_{31}\ Y_{31}\ 1$						Z_5	Z_3-Z_{32}	기 준 점
		$-X_{62}\ Y_{62}\ 1$						Z_8	Z_6-Z_{62}	
		$-X_{22}\ Y_{22}\ 1$	-1					X_8	$-Z_{22}$	스트립점
		$-X_{52}\ Y_{52}\ 1$		-1				Y_8	$-Z_{52}$	
		$-X_{82}\ Y_{82}\ 1$			-1				$-Z_{82}$	투영중심
		$Z_{82}\quad 0\quad 0$				-1			$-X_{82}$	
		$0-Z_{82}\ 0$					-1		$-Y_{82}$	

$$\Delta Z_{ij} = Z_i - Z_{ij} \tag{15-45}$$

$$C_{ij} = \begin{pmatrix} X_{ij} \\ Y_{ij} \end{pmatrix} \tag{15-46}$$

$$\begin{pmatrix} \sum^{a} A^{t}_{ij} \\ + \sum^{p} B_{ij} B_{ij} \end{pmatrix} = \left(\begin{array}{c|c|c} \sum^{a} X^{2}_{ij} + \sum^{p} Z^{2}_{ij} & - \sum^{a} X_{ij} Y_{ij} & - \sum^{a} X_{ij} \\ \hline & \sum^{a} Y^{2}_{ij} + \sum^{p} Z^{2}_{ij} & \sum^{a} Y_{ij} \\ \hline \text{대칭} & & n_a \end{array} \right) \tag{15-47}$$

$$\begin{pmatrix} \sum^{c} A^{t}_{ij}\ \Delta Z_{ij} \\ - \sum^{t} A^{t}_{ij}\ Z_{ij} \\ - \sum^{p} B^{t}_{ij}\ C_{ij} \end{pmatrix} = \begin{pmatrix} - \sum^{c} X_{ij}\ \Delta Z_{ij} + \sum^{T} X_{ij}\ Z_{ij} \\ \sum^{c} Y_{ij}\ \Delta Z_{ij} - \sum^{T} Y_{ij}\ Z_{ij} \\ \sum^{c} \Delta Z_{ij} - \sum^{t} Z_{ij} \end{pmatrix} \tag{15-48}$$

〈**표 15-5**〉의 정규방정식에서 알 수 있듯이 일반적으로 수직위치조정에 있어서의 정규방정식은 크게 2개의 행렬로 나눌 수 있다.

표 15-5수직위치조정에 관한 정규방정식

$\sum^{a} A^{t}_{i1} A_{il} + \sum^{p} B^{t}_{i1} B_{il}$		$-A^{t}_{21}$	$-A^{t}_{51}$	$-A^{t}_{81}$	$-B^{t}_{81}$	Φ_1 Ω_1 Z_{01}		$\sum^{c} A^{t}_{i1} \Delta Z_{i1} - \sum^{t} A^{t}_{i1} Z_{i1} - \sum^{p} B^{t}_{i1} C_{i1}$
	$\sum^{a} A^{t}_{i2} A_{i2} + \sum^{p} B^{t}_{i2} B_{i2}$	$-A^{t}_{22}$	$-A^{t}_{52}$	$-A^{t}_{82}$	$-B^{t}_{82}$	Φ_2 Ω_2 Z_{02}	=	$\sum^{c} A^{t}_{i2} \Delta Z_{i2} - \sum^{t} A^{t}_{i2} Z_{i2} - \sum^{p} B^{t}_{i2} C_{i2}$
$-A_{21}$	$-A_{22}$	2				Z_2		$\sum^{m} Z_{2i}$
$-A_{51}$	$-A_{52}$		2			Z_5		$\sum^{m} Z_{5i}$
$-A_{81}$	$-A_{82}$			2		Z_8		$\sum^{m} Z_{8i}$
$-B_{81}$	$-B_{82}$				$2I$	X_8 Y_8		$\sum^{m} C_{8i}$

$$N_{11}P + N_{21}^t C = Q_1$$

$$N_{21}P + N_{22}^t C = Q_2 \qquad (15-49)$$

N_{22}의 역행렬은 간단히 구해지므로 다음과 같이 소거된다.

$$C = N_{22}^{-1}(Q_2 - N_{21}P) \qquad (15-50)$$

결국 축약된 다음의 정규방정식을 풀면 된다.

$$(N_{11} - N_{22}^t N_{22}^{-1} N_{21})P = Q_1 - N_{21}^t N_{22}^{-1} Q_2 \qquad (15-51)$$

이 정규방정식의 크기는 (3×model 수)이며 대칭형을 이룬다.

(4) 자체검정에 의한 독립모형조정법

다수의 입체모형(model)에 독립모형조정법(IMT)을 적용하는 경우 우연오차뿐만 아니라 각종 정오차가 포함되어 있다고 봄으로 독일의 에브너(Ebner) 등은 입체모형의 계통적 변형을 보정하기 위해 입체모형점에 대해 다음에 표시한 다항식을 제안하였다.

$$\Delta X = p_1 X + p_2 \cdot 3Y18 + p_3 XY + p_5 X(Y^2 - 2b^2/3) + P_7(YY^2 - 2b^2/3)$$

$$\Delta Y = -p_1 \cdot 3Y/8 + p_2 X + p_4 XY + p_6 X(Y^2 - 2b^2/3) + P_8(YY^2 - 2b^2/3)$$

$$\Delta Z = h_1 XY + h_2 X(Y^2 - 2b^2/3) + h_3(Y^2 - 2b^2/3) \qquad (15-52)$$

투영중심에 대해서는 다음 식을 이용한다.

$$\Delta X_{pc} = h_4 X/b$$

$$\Delta Y_{pc} = h_5 X/b$$

$$\Delta Z_{pc} = h_6 X/b \qquad (15-53)$$

여기서 입체모형좌표계 및 b는 〈**그림 15-10**〉에 표시한 것과 같으며, 위식의 각 항에 대한 입체모형 변형에 의한 영향은 〈**그림 15-11**〉과 같다.

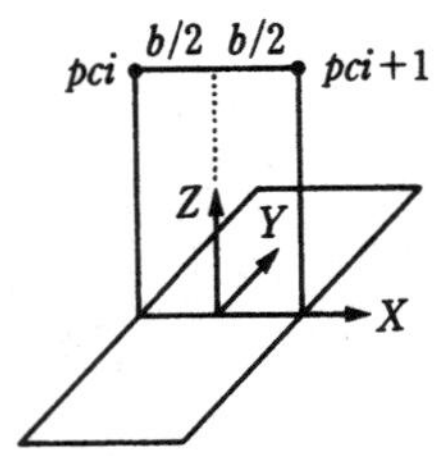

그림 15-10 입체모형좌표계

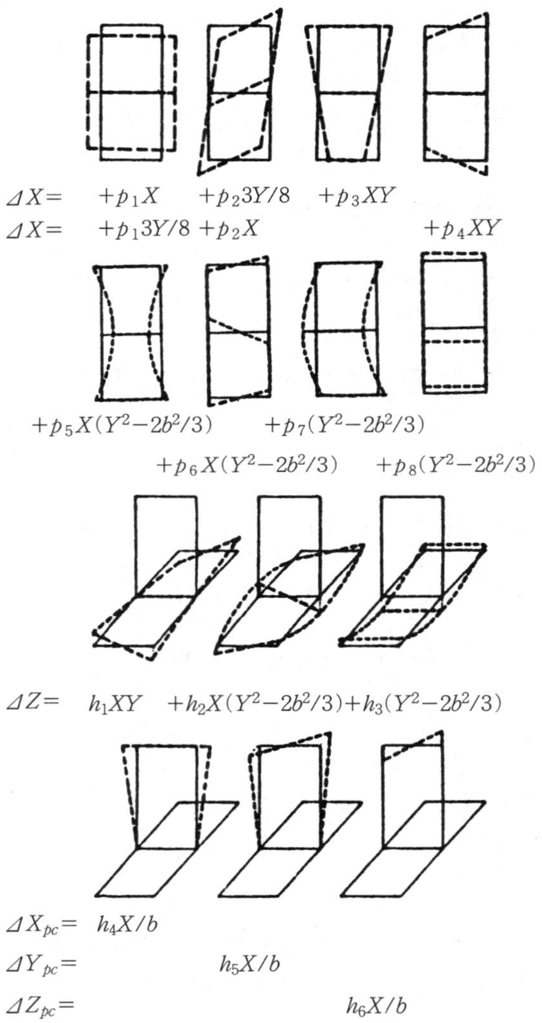

그림 15-11 자체검정에 이용되는 부가변수와 입체모형변형에 의한 영향

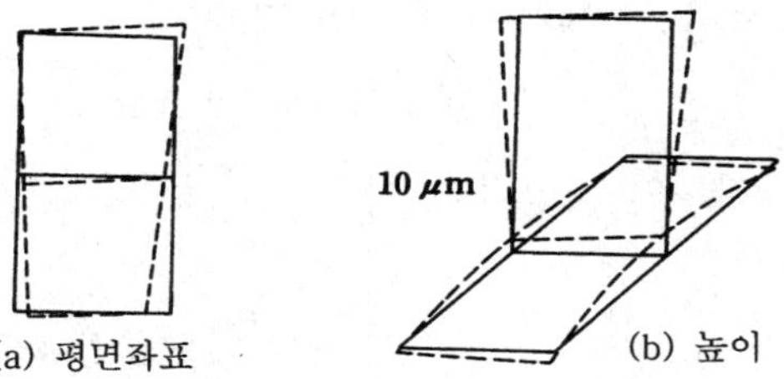

그림 15-12 입체모형변형의 예

에브너 등이 100 입체모형을 실험한 것에 의하면 위치의 정확도는 기준점 잔차의 1.5배, 검정점 잔차의 1.6~2.9배가 향상됨을 보였으며, 수직위치의 정확도는 기준점 잔차오차의 1.1배, 검정점 잔차의 1.0~2.4배가 향상되었다. 기준점의 수가 많은 만큼 검사점의 잔차가 크게 되며 자체검정의 효과도 크게 된다.

〈**그림 15-12**〉는 이 실험에서 얻어진 자체검정의 부가변수에 의해 생긴 입체모형의 변형을 수평위치 및 수직위치에 대해서 표시하고 있는데 최대 10㎛에 달한다.

4) 광속법에 의한 블록조정

스트립 내에 있는 영상면의 광속에 대해 스트립 내에 포함된 기준점과 종접합점 및 변수를 사용해 각 영상면의 외부표정요소를 최소제곱법에 의해 동시에 결정하는 방법인 광속법(光束法, bundle adjustment)은 종접합점과 변수의 지상좌표값도 동시에 결정된다.

(1) 광속조정법의 수학적 입체모형

광속조정법에서는 각 영상면상에 관측된 기준점과 종접합점 및 변수의 영상면좌표를 관측값으로 취하고, 그 좌표값에 대해 잔차의 제곱을 최소화시킴으로써 각 영상면의 외부표정요소 및 종접합점과 미지의 지상좌표값에 대한 최확값을 결정한다.

광속조정법(光束調整法)에 대한 기본적인 수학적 입체모형(model)은 공선조건식에 의해 나타내는데, 공선조건(collinearity condition)의 기본식은 다음과 같다.

$$F_{xij} = F[x_{ij}, (X_o, Y_o, Z_o, \omega, \varphi, k)_i, (X, Y, Z)] = 0$$

$$G_{yij} = G[y_{ij}, (X_o, Y_o, Z_o, \omega, \varphi, k)_i, (X, Y, Z)] = 0 \qquad (15\text{-}54)$$

여기서 (x_{ij}, y_{ij}): 영상면 i 상에서의 점 i의 좌표

$(X_o, Y_o, Z_o, \omega, \varphi, k)$: 영상면 i 의 외부표정요소

$(X, Y, Z)_j$: 점 j 의 지상좌표

영상면좌표 x 와 y 에 관한 공선조건의 기본식은 외부표정요소와 지상좌표의 합계 9개의 미지변량에 대한 함수로 표현된다. 식 (15−54)는 미지의 외부표정요소와 지상좌표값에 대해 선형관계를 이루지 못하므로 Taylor 전개를 이용해 고차항(일반적으로 2차항 이상)을 무시함으로써 선형화하여 반복해(反復解)를 구하는 것이 일반적이다. 즉, 미지변량에 대한 근사값을 "o" 부호로 표시하고, 근사값에 대한 보정량(補正量)을 v, δ, Δ 로 표시해 다음과 같은 식으로 정리한다.

$$\left.\begin{array}{l}
\begin{bmatrix} x \\ y \end{bmatrix}_{ij} = \begin{bmatrix} x^\circ + v_x \\ y^\circ + v_y \end{bmatrix}_{ij} \\
\begin{bmatrix} X_o \\ Y_o \\ Z_o \\ \omega \\ \varphi \\ \kappa \end{bmatrix}_i = \begin{bmatrix} X_o^\circ - \delta X_o \\ Y_o^\circ - \delta Y_o \\ Z_o^\circ - \delta Z_o \\ \omega^\circ - \delta\omega \\ \varphi^\circ - \delta\varphi \\ k^\circ - \delta k \end{bmatrix}_i \\
\begin{bmatrix} X \\ Y \\ Z \end{bmatrix}_j = \begin{bmatrix} X^\circ - \Delta X \\ Y^\circ - \Delta Y \\ Z^\circ - \Delta Z \end{bmatrix}_j
\end{array}\right\} \qquad (15-55)$$

여기서 V_x, V_y 는 관측된 영상면좌표 x°, y°의 잔차를 의미한다. 식 (15−41)을 Taylor 전개에 의해 선형화하면 다음 식이 얻어진다.

$$F_{xij}^\circ + v_{xij} - \frac{\partial F_x}{\partial X_o}\delta X_o - \frac{\partial F_x}{\partial Y_o}\delta Y_o - \frac{\partial F_x}{\partial Z_o}\delta Z_o - \frac{\partial F_x}{\partial \omega}\delta\omega - \frac{\partial F_x}{\partial \phi}\delta\phi$$

$$- \frac{\partial F_\kappa}{\partial \kappa}\delta\kappa - \frac{\partial F_x}{\partial X}\Delta X - \frac{\partial F_x}{\partial Y}\Delta Y - \frac{\partial F_x}{\partial Z}\Delta Z = 0$$

$$G_{yij}^\circ + v_{yij} - \frac{\partial G_y}{\partial X_o}\delta X_o - \frac{\partial G_y}{\partial Y_o}\delta Y_o - \frac{\partial G_y}{\partial Z_o}\delta Z_o - \frac{\partial G_y}{\partial \omega}\delta\omega - \frac{\partial G_y}{\partial \varphi}\delta\varphi$$

$$-\frac{\partial G_y}{\partial \kappa}\delta\kappa - \frac{\partial G_y}{\partial X}\Delta X - \frac{\partial G_y}{\partial Y}\Delta Y - \frac{\partial G_y}{\partial Z}\Delta Z = 0 \qquad (15\text{-}56)$$

여기서

$$F_{xij}^{\circ} = F_{xij}(x_{ij}^{\circ}, X_{oi}^{\circ}, Y_{oi}^{\circ}, Z_{oi}^{\circ}, \omega_i^{\circ}, \varphi_i^{\circ}, k_i^{\circ}, X_j^{\circ}, Y_j^{\circ}, Z_j^{\circ})$$

$$G_{yij}^{\circ} = G_{yij}(y_{ij}^{\circ}, X_{oi}^{\circ}, Y_{oi}^{\circ}, Z_{oi}^{\circ}, \omega_i^{\circ}, \varphi_i^{\circ}, k_i^{\circ}, X_j^{\circ}, Y_j^{\circ}, Z_j^{\circ}) \qquad (15\text{-}57)$$

이다. 식 (15–56)을 단순화해 행렬로 표시하면 다음과 같다.

$$\begin{bmatrix} v_x \\ v_y \end{bmatrix}_{ij} - \begin{bmatrix} a_1\, a_2\, a_3\, a_4\, a_5\, a_6 \\ b_1\, b_2\, b_3\, b_4\, b_5\, b_6 \end{bmatrix}_{ij} \begin{bmatrix} \delta X_o \\ \delta Y_o \\ \delta Z_o \\ \delta\omega \\ \delta\varphi \\ \delta k \end{bmatrix}_i + \begin{bmatrix} a_1\, a_2\, a_3 \\ b_1\, b_2\, b_3 \end{bmatrix}_{ij} \begin{bmatrix} \Delta X \\ \Delta Y \\ \Delta Z \end{bmatrix}_j = -\begin{bmatrix} F_x^{\circ} \\ G_y^{\circ} \end{bmatrix}_{ij} \qquad (15\text{-}58)$$

$$\underset{(2,\,1)}{v_{ij}} - \underset{(2,\,6)}{\alpha_{ij}}\underset{(6,\,1)}{\delta_i} + \underset{(2,\,3)}{\beta_{ij}}\underset{(3,\,1)}{\Delta_j} = \underset{(2,\,1)}{F_{ij}^{\circ}} \qquad (15\text{-}59)$$

식 (15–58) 또는 식 (15–59)는 각 영상면상 점의 관측값에 대해 선형화하는 관측방정식이다.

(2) 다중영상면의 광속조정법

① 다중영상면의 관측방정식

어떤 점 i가 m 매의 영상면 중에 중복되어 있을 때, 그 영상면좌표가 관측되고 미지변량의 근사값을 알고 있다면 식 (15–59)로부터 다음과 같은 관측방정식이 얻어진다.

$$\underset{(2m,1)}{\begin{bmatrix} v_1 \\ v_2 \\ \vdots \\ v_m \end{bmatrix}_j} - \underset{(2m,6m)}{\begin{bmatrix} \alpha_{1j} & 0 \cdots\cdots & 0 \\ 0 & \alpha_{2j} \cdots\cdots & 0 \\ \vdots & & \\ 0 & & \alpha_{mj} \end{bmatrix}} \cdot \underset{(6m,1)}{\begin{bmatrix} \delta_1 \\ \delta_2 \\ \vdots \\ \delta_m \end{bmatrix}} + \underset{(2m,3)}{\begin{bmatrix} \beta_{1j} \\ \beta_{2j} \\ \vdots \\ \beta_{mj} \end{bmatrix}} \cdot \underset{(3,1)}{\begin{bmatrix} \Delta X \\ \Delta Y \\ \Delta Z \end{bmatrix}_j} = \underset{(2m,1)}{\begin{bmatrix} F_1^{\circ} \\ F_2^{\circ} \\ \vdots \\ F_m^{\circ} \end{bmatrix}_j} \qquad (15\text{-}60)$$

식 (15-60)을 행렬을 이용하면 다음과 같이 된다.

$$\underset{(2m,1)}{V_j} - \underset{(2m,6m)}{\alpha_j} \cdot \underset{(6m,1)}{\delta} + \underset{(2m,3)}{\beta_j} \cdot \underset{(3,1)}{\Delta_j} = \underset{(2m,1)}{F_j^\circ} \tag{15-61}$$

지상에 있는 전체의 관측점($i=1, 2, \cdots, n$)을 m 매의 영상면으로 구성된 블록(block)에 포함시키는 것으로, 각 관측점에 대해서 식 (15-61)을 세우고 전체적으로 정리하면 다음 식이 유도된다.

$$\underset{(2mn,1)}{\begin{bmatrix} V_1 \\ V_2 \\ \vdots \\ V_n \end{bmatrix}} - \underset{(2mn,6m)}{\begin{bmatrix} \alpha_1 \\ \alpha_2 \\ \vdots \\ \alpha_n \end{bmatrix}} \cdot \underset{(6m,1)}{\begin{bmatrix} \delta_1 \\ \delta_2 \\ \vdots \\ \delta_m \end{bmatrix}} + \underset{(2mn,3n)}{\begin{bmatrix} \beta_1 & 0 & 0 \\ 0 & \beta_2 & 0 \\ & \vdots & \\ 0 & 0 & \beta_n \end{bmatrix}} \cdot \underset{(3n,1)}{\begin{bmatrix} \Delta_1 \\ \Delta_2 \\ \vdots \\ \Delta_n \end{bmatrix}} = \underset{(2mn,1)}{\begin{bmatrix} F_1^\circ \\ F_2^\circ \\ \vdots \\ F_n^\circ \end{bmatrix}} \tag{15-62}$$

또는 다음과 같이 된다.

$$\underset{(2mn,1)}{V} - \underset{(2mn,6m)}{\alpha} \cdot \underset{(6m,1)}{\delta} + \underset{(2mn,3n)}{\beta} \cdot \underset{(3n,1)}{\Delta} = \underset{(2mn,1)}{F^\circ} \tag{15-63}$$

식 (15-62)와 (15-63)은 블록조정에 대한 관측방정식이며, 미지변량은 $(6m+3n)$ 개이다.

② 정규방정식의 설정

최소제곱법에서는 관측방정식의 잔차 V에 대한 제곱을 최소로 하는 미지변량 δ 및 Δ를 결정한다. 잔차의 제곱을 미지변량으로 미분해 다음 블록조정(block adjustment)에 대한 정규방정식을 얻는다.

$$\left.\begin{aligned} \alpha^T\omega\alpha\cdot\delta - \alpha^T\omega\beta\cdot\Delta &= -\alpha^T\omega F^\circ \\ -\beta^T\omega\alpha\cdot\delta + \beta^T\omega\beta\cdot\Delta &= \beta^T\omega F^\circ \end{aligned}\right\} \tag{15-64}$$

여기서 ω는 식 (15-63)의 관측값(영상면좌표)에 대한 경중률행렬로 일반적으로 경중률을 전체의 관측값에 대해 같게 놓으면 ω는 단위행렬이 된다. 식 (15-64)을 전체의 행렬로 표시하면 다음과 같다.

$$\begin{bmatrix} \dot{N}_1 & 0 & \cdots & 0 & \overline{N}_{11} & \overline{N}_{12} & \cdots & \overline{N}_{1n} \\ 0 & \dot{N}_2 & & \vdots & \overline{N}_{22} & \overline{N}_{22} & \cdots & \overline{N}_{2n} \\ \vdots & & \ddots & & \vdots & & \ddots & \vdots \\ 0 & \cdots & 0 & \dot{N}_m & \overline{N}_{m1} & \overline{N}_{m2} & \cdots & \overline{N}_{mn} \\ \overline{N}_{11}^T & \overline{N}_{21}^T & \cdots & \overline{N}_{m1}^T & \ddot{N}_1 & 0 & \cdots & 0 \\ \overline{N}_{22}^T & \overline{N}_{22}^T & \cdots & \overline{N}_{m2}^T & 0 & \ddots & & \vdots \\ \vdots & \vdots & & \vdots & \vdots & & \ddots & 0 \\ \overline{N}_{1n}^T & \overline{N}_{2n}^T & \cdots & \overline{N}_{mn}^T & 0 & \cdots & 0 & \ddot{N}_n \end{bmatrix} \begin{bmatrix} \delta_1 \\ \delta_2 \\ \vdots \\ \delta_m \\ \varDelta_1 \\ \varDelta_2 \\ \vdots \\ \varDelta_n \end{bmatrix} = \begin{bmatrix} \dot{C}_1 \\ \dot{C}_2 \\ \vdots \\ C_m \\ \ddot{C}_1 \\ \ddot{C}_2 \\ \vdots \\ \ddot{C}_n \end{bmatrix} \qquad (15\text{-}65)$$

여기서

$$N_i = \alpha_i^T \omega \, \alpha_i, \;\; N_j = \beta_j^T \omega \, \beta_j, \;\; N_{ij} = -(\alpha_i^T \omega \, \beta_j)$$

$$C_t = -\alpha_i^T \omega \, F_i^{\circ}, \;\; C_j = \beta_j^T \omega \, F_j^{\circ}$$

이 된다.

그런데 식 (15-64)와 식 (15-65)에 표시된 일반적인 정규방정식은 전체의 점이 영상면상에 전부 관측된 특수한 경우(예를 들어, 특수한 근접영상탐측의 경우)에 적용된다. 그러나 일반적인 항공영상측량에서는 1개의 점이 중복되어 나타난 영상면의 매수가 몇 매 또는 많아도 6매이므로, 이 경우에는 $\overline{N_{ij}}$ 의 계수행렬의 대다수가 영행렬이다. $\overline{N_{ij}}$ 가 영행렬이 아닌 경우는 점 j가 영상면 i에서 관측된 경우이며, 이것 이외의 경우 모두 0이다.

이와 같은 경우에 대한 정규방정식의 계수행렬을 〈**그림 15-13**〉에 표시하였는데 이는 4스트립×5매의 항공영상에서 1개의 블록(block)을 가정한 그림이다.

블록 내에는 20매의 영상면과 63점의 관측점이 포함되어 있으며 스트립과 직각방향으로 상화좌우와 영상면번호 및 관측점번호가 붙어 있는데, 이것은 정규방정식의 계수행렬 중에 0이 아닌 요소의 분모를 작게 하기 위함이다. 이와 같은 20매의 영상면(120개의 미지외부표정요소)과 63개 관측점(3×63=189 미지 지상좌표값)에 관한 식으로 나타낸 정규방정식의 계수행렬을 모형도로 표시한 것이 〈**그림 15-14**〉이다. 그림에서의 공백은 0행렬을 나타낸다.

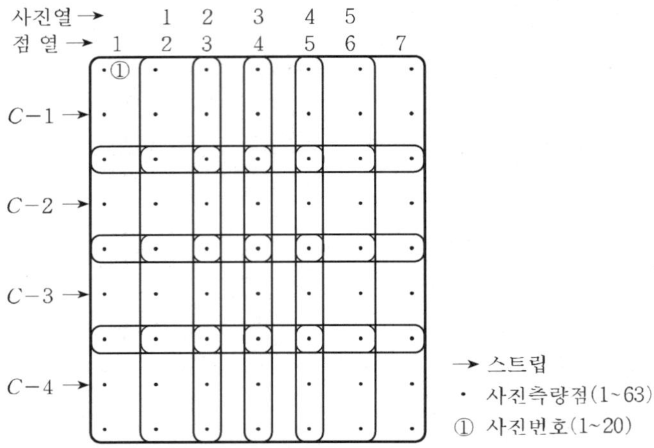

그림 15-13 블록의 예(4 스트립×영상면 5매=영상면 20매)

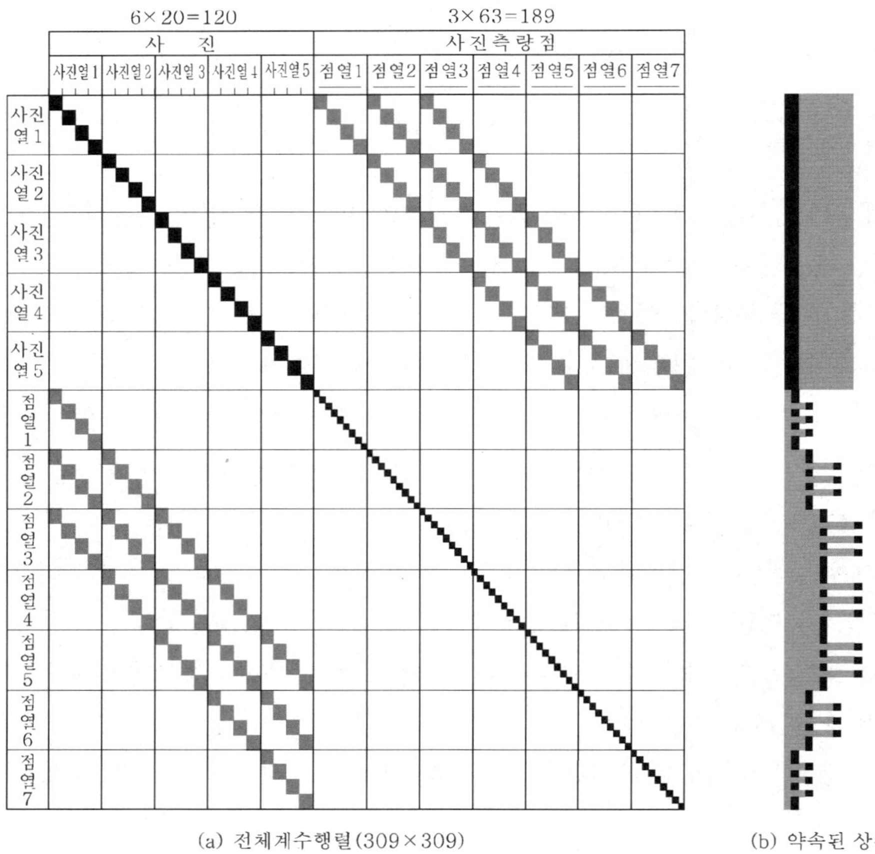

(a) 전체계수행렬(309×309)

(b) 약속된 상황

그림 15-14 정규방정식의 계수행렬구성과 기억용량 내에서(4 스트립) 축약된 상태

정규방정식의 계수행렬은 이와 같이 0 요소가 많은 행렬이다. 이 행렬의 성질과 식 (15−65)의 $\dot{N}$ i 및 $\ddot{N}$ j 로 된 부행렬의 대각행렬을 이용해 많은 매수의 영상면으로 구성된 광속조정법의 정규방정식에 대한 양호한 해를 구하는 여러 가지 방법이 고안되었다.

③ 축약정규방정식

식 (15−65)에 표시된 일반정규방정식의 $(6m+3n)\times(6m+3n)$ 크기로 된 계수행렬에서 Δ를 소거해 $(6m\times 6m)$ 크기의 방정식으로 축약하였다. 이때 식 (15−64)에서 δ와 Δ의 2개 미지수가 포함되어 식 (15−64)의 제 2 식에서 Δ에 대해 다음 식을 얻는다.

$$\Delta = (\beta^T\omega\,\alpha)^{-1}\cdot[\beta^T\omega\,\alpha\cdot\delta+\beta^T\omega\,F^0] \tag{15−66}$$

식 (15−66)을 식 (15−64)의 제 1 식에 대입해 다음 식을 얻는다.

$$\alpha^T\omega\,\alpha\cdot\delta-\alpha^T\omega\,\beta\cdot(\beta^T\omega\,\beta)^{-1}[(\beta^T\omega\,\alpha)\cdot\delta+\beta^T\omega\,F^\circ]+\alpha^T\omega\,F^\circ = 0 \tag{15−67}$$

이 식을 정리하면 다음과 같은 축약방정식이 얻어진다.

$$[\alpha^T\omega\,\alpha-(\alpha^T\omega\beta)\cdot(\beta^T\omega\beta)^{-1}\cdot(\beta^T\omega\,\alpha)]\cdot\delta$$

$$= -[\alpha^T\omega F_o^\circ-(\alpha^T\omega\beta)\cdot(\beta^T\omega\beta)^{-1}\cdot(\beta^T\omega F^\circ)] \tag{15−68}$$

위식에서는 외부표정요소에 대한 추정값 δ 만이 미지수로 남아 있으며, 이 축약방정식의 행렬은 〈**그림 15−15**〉에 있는 구조와 같다. 여기서 식 (15−68)을 δ 에 대해 풀면 다음과 같다.

$$\delta = -[\alpha^T\omega\,\alpha-(\alpha^T\omega\beta)\cdot(\beta^T\omega\beta)^{-1}\cdot(\beta^T\omega\,\alpha)]^{-1}$$

$$\times[\alpha^T\omega F^\circ-(\alpha^T\omega\beta)(\beta^T\omega\beta)^{-1}\cdot(\beta^T\omega F^\circ)] \tag{15−69}$$

일반적으로 식 (15−68)이나 식 (15−69)에서 외부표정요소에 대한 수정값 δ를 식 (15−66)에 대입해 각 관측점좌표에 대한 수정값 Δ를 구할 수 있다.

어떤 관측점 j 에 대해 이 점이 k 매의 영상면상에 관측되었다고 하면, 식 (15−66)의 δ 중에 k매의 영상면에 대한 항만이 의미가 있으며 나머지는 모두 0이다. 즉, 어떤 점 j 에 대해 식 (15−66)은

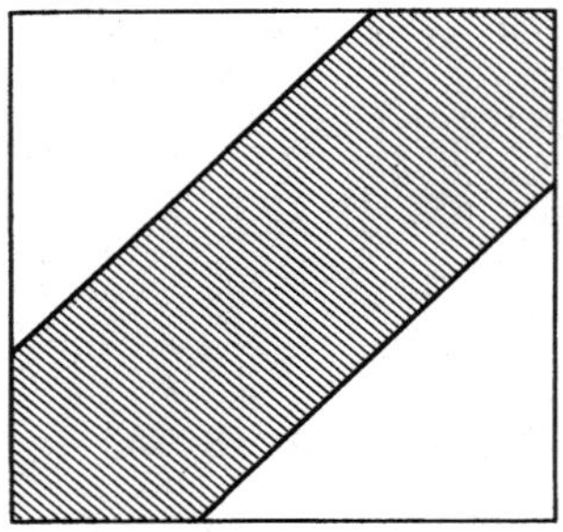

그림 15-15 축약정규방정식의 계수행렬구조

$$\Delta_j = [\sum_1^k \beta^T \omega \beta]^{-1} \cdot [\sum_1^k \beta^T \omega (\alpha\delta + F^\circ)] \tag{15-70}$$

이 되고, 같은 방법으로 각 관측점의 수정값이 구해진다. 이 처리방법에 대한 특징은 식 (15-65)에서 $\ddot{N}$ j 의 $(3m \times 3n)$ 행렬의 역행렬을 구하는 문제가 n 개의 (3×3) 행렬의 역행렬을 구하는 것으로 축약된다는 것이다.

이와 같이 구한 δ 및 Δ 를 식 (15-55)에 대입해 각 수정값에 대한 계산이 수렴할 때까지 같은 방법으로 해를 구하는데, 역시 기지의 지상좌표값에 대한 보정값이 0이 될 때까지 식 (15-62)나, 식 (15-65)로부터 보정값에 관련된 계수항을 전부 소거할 필요가 있다.

④ 오차전파 계산

오차전파(誤差傳播)에 대한 계산은 최소제곱법에 의해 구해진 광속조정법(光束調整法, bundle adjustment)의 결과를 평가하기 위해 필요하다.

조정계산의 해가 수렴된 후, 잔차는 다음 식에 의해 구해진다.

$$V = F^\circ + \alpha \cdot \delta - \beta \cdot \Delta \tag{15-71}$$

잔차의 제곱 S 는

$$S = V^T w V \tag{15-72}$$

이며 S 의 자유도 f 는

$$f = n_o - n_u \tag{15-73}$$

이 된다. 위식에서 n_o 는 관측값의 수이며, n_u 는 미지수이다. 여기서 경중률(輕重率)의 분

산추정값은

$$\hat{\sigma_o}^2 = \frac{s}{f} = \frac{V^T w V}{n_o - n_u} \tag{15-74}$$

이며, 관측값의 경중률을 분산의 역수로 하면 단위경중률분산 σ_o^2 은 1이며, σ_o^2 도 이론적으로는 1이 되려는 성질이 있다.

조정된 외부표정요소의 전파오차는 분산–공분산행렬을 $M_{\delta\delta}^T$ 라 하며 다음과 같이 주어진다.

$$M_{\delta\delta}^T = \hat{\sigma_o}^2 \dot{M} \tag{15-75}$$

여기서 $\hat{\sigma_o}^2$o 은 식 (15–74)에서 구한 잔차의 분산이며, $\dot{M}$ 는 축약정규방정식의 계수행렬의 역행렬이다. 또한 식 (15–75)의 축약 전의 정규방정식에 대한 계수행렬을 N 이라 하면 다음과 같이 표시할 수 있다.

$$N = \begin{bmatrix} \dot{N} & \overline{N} \\ \overline{N} & \ddot{N} \end{bmatrix} \tag{15-76}$$

N 의 역행렬 N^{-1} 은 다음과 같이 구해진다.

$$N^{-1} = \begin{bmatrix} \dot{N} & \overline{N} \\ \overline{N}^T & \ddot{N} \end{bmatrix}^{-1} = \begin{bmatrix} \dot{M} & \overline{M} \\ \overline{M}^T & \ddot{M} \end{bmatrix} \tag{15-77}$$

관측점좌표의 분산 및 공분산행렬은 $\ddot{M}$ 에 식 (15–74)의 경중률분산을 적용해 대입하면 다음 식이 된다.

$$\begin{bmatrix} \dot{N} & \overline{N} \\ \overline{N}^T & \ddot{N} \end{bmatrix} = \begin{bmatrix} \dot{M} & \overline{M} \\ \overline{M}^T & \ddot{M} \end{bmatrix} = \begin{bmatrix} I & 0 \\ 0 & I \end{bmatrix} \tag{15-78}$$

식 (15–78)을 풀면 다음 식을 얻을 수 있다.

$$\left.\begin{aligned} \dot{M} &= (\dot{N} - \overline{N}\ddot{N}^{-1}\overline{N}^{T})^{-1} \\ \overline{M} &= -\dot{M}\,\overline{N}\ddot{N}^{-1} \\ \overline{M}^{T} &= -\ddot{N}^{-1}\overline{N}^{T}\dot{M} \\ \ddot{M} &= \ddot{N}^{-1} + \ddot{N}^{-1}\overline{N}^{T}\dot{M}\,\overline{N}\ddot{N}^{-1} \end{aligned}\right\} \tag{15-79}$$

여기서

$$\ddot{N}^{-1} = \begin{bmatrix} \ddot{N}^{-1} & & 0 \\ & \ddot{N}_2^{-1} & \\ 0 & & \ddot{N}_n^{-1} \end{bmatrix} \tag{15-80}$$

$$\overline{N} = (\overline{N_1}, \overline{N_2}, \cdots\cdots \overline{N_n}) \tag{15-81}$$

이다.

식 (15-80), (15-81)을 식 (15-79)에 대입하면 다음 식을 얻을 수 있다.

$$\ddot{M} = \begin{bmatrix} \ddot{N}_1^{-1} + Q_1\dot{M}Q_1^T & Q_1\dot{M}Q_2^T \cdots\cdots\cdots\cdots & Q\dot{M}Q_n^T \\ Q_2\dot{M}Q_1^T\,\ddot{N}_2^{-1} + Q_2\dot{M}Q_2^T & & \\ \vdots & & \\ Q_n\dot{M}Q_1^T \cdots\cdots\cdots\cdots\cdots\cdots\cdots & \ddot{N}_n^{-1} + Q_n\dot{M}Q_n^T & \end{bmatrix} \tag{15-82}$$

여기서

$$Q_j = \ddot{N}_j^{-1}\overline{N_j}^{T} \tag{15-83}$$

이며, 관측점의 분산-공분산행렬 $M_{\Delta\Delta}^{T}$ 는 다음과 같이 된다.

$$M_{\Delta\Delta}^{T} = \hat{\sigma}02[(\beta^T\omega\beta)_j^{-1} + Q_j\dot{M}Q_j^T] \tag{15-84}$$

관측점좌표의 오차전파는 그 점의 기하학적 상관도와 영상면의 외부표정오차로 구분되며, 식 (15-84)의 제 1 항은 기하학적 강도와 관련된 오차, 제 2 항은 외부표정요소에 대한 항이다.

(3) 자체검정에 의한 광속조정법

① 자체검정에 의한 광속조정법의 특성

자체검정(自體檢定)에 의한 광속조정법(bundle method with self calibration)은 광속조정법에서 미지변수로 취급되는 영상면의 외부표정요소와 관측점의 지상좌표와 영상면 좌표에 포함되는 계통적 오차를 나타내는 변수를 미지변량으로 하고, 이 미지변수들을 동시에 조정하는 방법이다. 영상탐측의 관측값에는 우연오차(偶然誤差, random error)뿐만 아니라 정오차(定誤差)도 포함되어 있다.

이 정오차(正誤差)는 오차모형식(error model)에 의해 설명할 수 있으므로 조정계산에서 입체모형(model)의 일부에 이와 같은 오차모형식을 부가해 정확도를 향상시킬 수 있다. 이것이 자체검정의 기본목적이다.

처음 자체검정은 정밀근접영상탐측의 정확도 향상을 목적으로 고안된 사진기의 내부표정요소 및 렌즈왜곡의 검정이 주된 것이었다. 그 후 발전적으로 항공삼각측량(aerial triangulation)에 도입되어 광속법에 의한 블록조정(block adjustment)에 각종 오차모형식이 제안되었다. 이와 같은 방법을 자체검정에 의한 광속조정법이라 하며 이외에 기내검정(機內檢定, inflight calibration) 또는 부가변수에 의한 조정(bundle method with additional parameters)이라 한다.

오차모형식은 조정단위에 대해 정의하기도 하지만 일반적으로는 1개의 블록(block)에 공동입체모형(model)을 반영하는 것이 많다.

근래 해석영상탐측의 주된 주제는 영상면좌표(photo coordinate) 및 입체모형좌표(model coordinate)의 정오차를 발견하고 제거하는 것이며, 이 문제에서 가장 직접적인 접근방법의 하나가 자체검정이라 할 수 있다.

② 오차모형식

자체검정의 가장 큰 문제점은 오차모형식(誤差模型式)을 설정하는 것으로, 이는 조정계산에 부가된 변수의 형태와 수로 표현된다. 첫째, 사진기내부표정 및 렌즈왜곡에 관한 것, 둘째 영상면의 변형 및 영상의 계통적 왜곡을 고려한다.

오차모형식의 선택에 있어서 문제점은 변수 및 오차조정변수간의 상관관계가 강하다는 것으로, 이는 즉, 조정계산의 해가 불안정해 해의 신뢰도가 낮아진다는 점이다. 변수간의 상관관계가 강할 때는 조정계산의 대상이 되는 자료가 독립된 정보를 포함하지 않아야 변수를 정확히 결정할 수 있으며 이와 같은 경우 변수의 선택이 부적당하다고 할 수 있다. 기준점이 3차원적으로 분포되어 있지 않거나 종접합점의 분포가 적당하지 않을 때도 해의 안정성이 좌우되며, 이와 같은 요소를 고려한 각각의 오차모형식은 다음과 같이 다루어지고 있다.

가) 일반적인 오차모형식

일반적인 오차모형식은 경험적으로 다항식에 의한 계통적인 오차를 표현하는 것으로 렌즈왜곡 및 다른 내부표정요소를 고려하고 있다.

다음 식은 그 예를 나타내고 있다(Brown, 1976).

$$\begin{aligned}
\Delta x = {} & a_1 x + a_2 y + a_3 x^2 + a_4 xy + a_5 y^2 + a_6 x^2 y + a_7 xy^2 \\
& + \frac{x}{c}(c_1 x^2 + c_2 xy + c_3 y^2 + c_4 x^3 + c_5 x^2 y + c_6 xy^2 + c_7 y^3) \\
& + x(k_1 r^2 + k_2 r^4 + k_3 r^6) \\
& + p_1(y^2 + 3x^2) + 2p_2 xy + \delta_{xp} + \left(\frac{x}{c}\right)\delta_c \\
\Delta y = {} & b_1 x + b_2 y + b_3 x^2 + b_4 xy + b_5 y^2 + b_6 x^2 y + b_7 xy^2 \\
& + \frac{y}{c}(c_1 x^2 + c_2 xy + c_3 y^2 + c_4 x^3 + c_5 x^2 y + c_6 xy^2 + c_7 y^3) \\
& + y(k_1 r^2 + k_2 r^4 + k_3 r^6) \\
& + 2p_1 xy + p_2(x^2 + 3y^2) \\
& + \delta_{yp} + \left(\frac{y}{c}\right)\delta_c \qquad (15-85)
\end{aligned}$$

여기서 $\Delta x, \Delta y$: X, Y 영상면좌표의 계통오차

x, y: 영상면좌표

$\left.\begin{matrix} a_1, a_2, \cdots, a_7 \\ b_1, b_2, \cdots, b_7 \end{matrix}\right\}$ 다항식으로 표시된 계통적 오차를 나타내기 위한 계수

$c_1, c_2, \cdots, c_7$: 필름변형에 관한 계수

k_1, k_2, k_3: 방사방향 렌즈왜곡계수

P_1, P_2: 비대칭 렌즈왜곡계수

δ_{xp}, δ_{yp}: 주점위치왜곡

δ_c : 주점거리 보정값

C : 주점거리

이다. 이 오차모형식에서 다음 자체검정에 의한 블록조정법의 공선조건 기본식을 얻는다.

$$x - \Delta x = -c\frac{a_{11}(X - X_o) + a_{12}(Y - Y_o) + a_{13}(Z - Z_o)}{a_{31}(X - X_o) + a_{32}(Y - Y_o) + a_{33}(Z - Z_o)}$$

$$y - \Delta y = -c\frac{a_{21}(X - X_o) + a_{22}(Y - Y_o) + a_{23}(Z - Z_o)}{a_{31}(X - X_o) + a_{32}(Y - Y_o) + a_{33}(Z - Z_o)} \qquad (15\text{-}86)$$

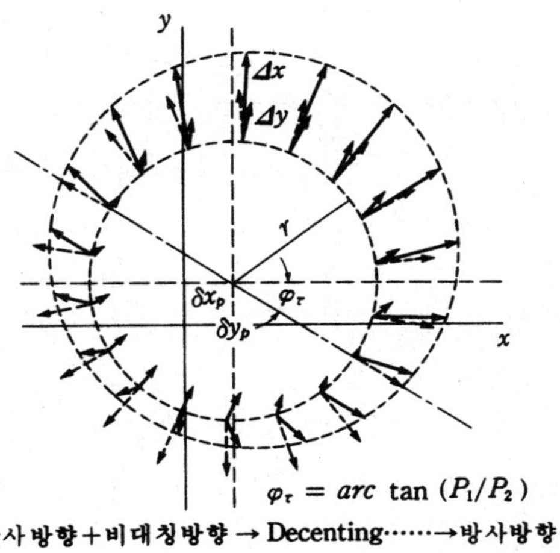

그림 15-16 방사방향 렌즈왜곡과 비대칭 렌즈왜곡의 복합효과(방사거리 r)

이와 같이 자체검정에 의한 오차모형식 중에 사진기의 내부표정 및 렌즈왜곡에 관한 모형식은 거의 완성되어 있으며, 〈**그림 15-16**〉은 방사방향 렌즈왜곡 및 비대칭 렌즈왜곡의 그림이다. 또한 이와 같은 모형식을 사용해 얻은 항공사진기의 검정결과는 〈**그림 15-17**〉 및 〈**그림 15-18**〉에 나타나 있다.

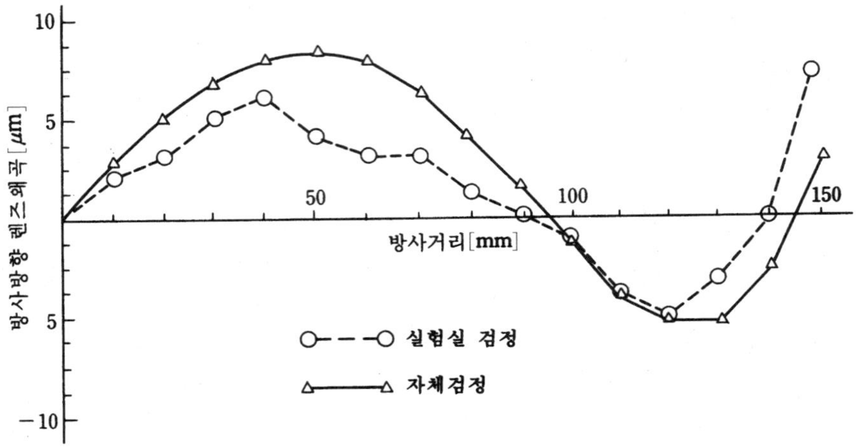

그림 15-17 자체검정으로 얻은 항공사진기의 방사방향 렌즈왜곡의 예

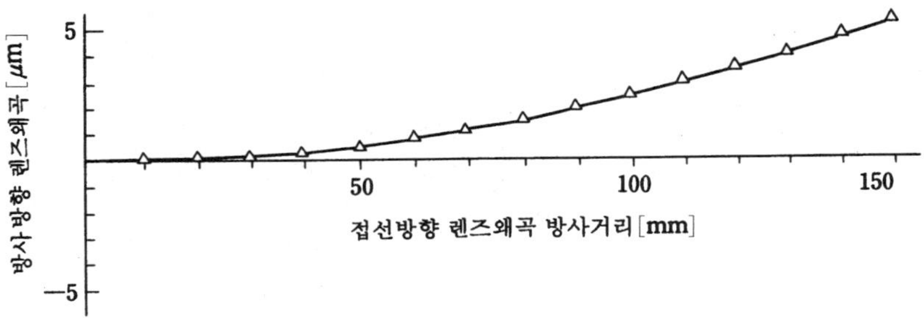

그림 15-18 자체검정으로 얻은 비대칭왜곡의 예

영상면의 변형 및 영상의 계통적 왜곡에 관해서는 다음에 서술하는 몇 가지 모형식이 제안되어 있다. 식 (15-85)에 나타낸 오차모형식으로 구한 통계적 오차의 보정벡터 예를 〈**그림 15-19**〉에 나타내었다.

식 (15-85)에 있는 변수 사이에는 일반적으로 강한 상관관계가 있다. 조정계산에 대한 부정해를 소거시키기 위해서는 적절한 변수선정이 필요하며, 일반적으로 유의성 검정, 상관관계분석 등을 통해 변수선택을 한다. 개량된 오차모형식은 다음과 같다.

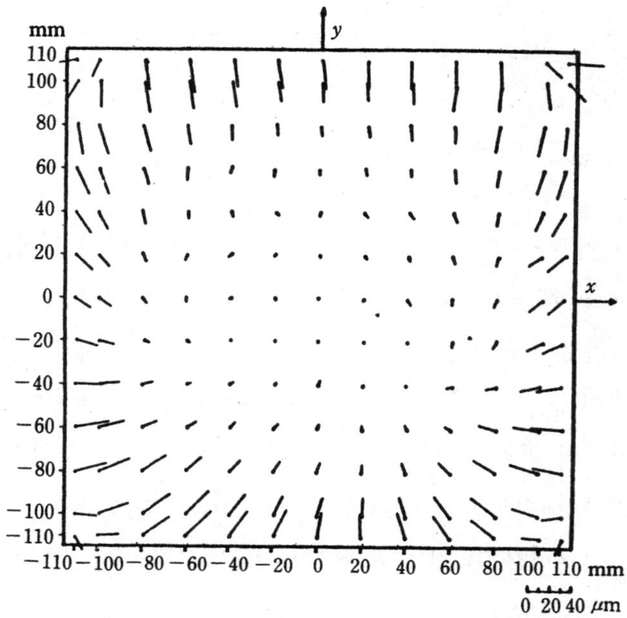

그림 15-19 자체검정에 의한 광속법 조정결과 영상면좌표의 계통적 보정벡터의 예(Brown, 1976)

$$\begin{aligned}\varDelta x = {} & a_1 x + a_2 y + a_3 xy + a_4 y^2 + a_5 x^2 y + a_6 xy^2 + a_7 x^2 y^2 \\ & + \frac{x}{c}\left\{a_{13}(x^2 - y^2) + a_{14} x^2 y^2 + a_{15}(x^4 - y^4)\right\} \\ & + x\left\{a_{16}(x^2 + y^2) + a_{17}(x^2 + y^2)^2 + a_{18}(x^2 + y^2)^3\right\} \\ & + a_{19} + a_{21}\left(\frac{x}{c}\right)\end{aligned}$$

$$\begin{aligned}\varDelta y = {} & a_8 xy + a_9 x^2 + a_{10} x^2 y + a_{11} xy^2 + a_{12} x^2 y^2 \\ & = \frac{y}{c}\left\{a_{13}(x^2 - y^2) + a_{14} x^2 y^2 + a_{15}(x^4 - y^4)\right\} \\ & + y\left\{a_{16}(x^2 + y^2) + a_{17}(x^2 + y^2)^2 + a_{18}(x^2 + y^2)^3\right\} \\ & + a_{20} + a_{21}\left(\frac{x}{c}\right) \qquad (15\text{-}87)\end{aligned}$$

여기서 $\Delta x, \Delta y$: x, y 영상면좌표의 계통오차

x, y: 영상면좌표

c: 주점거리

$a_1, a_2, \cdots, a_{21}$: 미지변수

식 (15-87)에서 최초의 12변수($a_1, a_2, \cdots, a_{12}$)는 방사방향의 성질을 갖지 않는 변위와 미수정 필름변형에 관한 계통오차를 나타내는데, 이 변수의 계수는 거의 직교하고 있다. 또 a_{13}에서 a_{18}까지의 6개 변수는 필름편평도에 기인된 계통오차에 관한 것으로 이 오차는 주점에서의 방사거리에 거의 의존하지 않으며 변칙적인 접선방향변위를 나타낸다. 또한 필요하면 오차모형식의 최초부분에 있는 $a_5 x^2 y$ 및 $a_{11} xy^2$ 항과 조합시켜 필름편평도에 기인하는 계통오차의 비대칭부분을 표현하는 데도 이용된다.

계수 a_{16}, a_{17}, a_{18}은 잔재하고 있는 방사방향 렌즈왜곡과 필름편평도에 의해 기인하는 오차 중에 방사형의 대칭요소를 나타낸다. $a_{13}, \cdots, a_{18}$ 계수 중의 몇 개는 비교적 강한 상관관계를 가지는 것이 많으며, 계수 a_{19}, a_{20}, a_{21}은 내부표정요소(주점거리 및 주점좌표의 보정값)에 대응되고 있다.

이 외에도 몇 개의 추가변수가 제안되어있다. 에브너는 직교성이 있는 다항식계수 12개를 선택한 모형식을 제안하고 있는데, 이 오차모형식은 다음과 같으며 최근 많은 학자들에 의해 다양한 모형식이 개발 제안되고 있다.

$$\left.\begin{aligned}\Delta x =& \; b_1 x + b_2 y - b_3(2x^2 - 4b^2/3) + b_4 xy \\ &+ b_5(y^2 - 2b^2/3) + b_7 x(y^2 - 2b^2/3) + b_9(x^2 - 2b^2/3)y \\ &+ b_{11}(x^2 - 2b^2/3)(y^2 - 2b^2/3) \\ \Delta y =& -b_1 x + b_2 y + b_3 xy - b_4(2y^2 - 4b^2/3) \\ &+ b_6(x^2 - 2b^2/3) + b_8 x(y^2 - 2b^2/3) \\ &+ b_{10} x(y^2 - 2b^2/3)y + b_{12}(x^2 - 2b^2/3)(y^2 - 2b^2/3)\end{aligned}\right\} \quad (15\text{-}88)$$

③ 자체검정에 의한 조정계산

식 (15-86)에서 주어진 공선조건식에 대해 일반광속조정법에서 미지변량으로 다루는 외부표정요소 및 지상 3차원 좌표 외에 새로 부가된 각종 변수를 미지변량으로 놓는다.

즉, 미지변량의 근사값을 주고 그것을 Taylor 전개해 선형 근사시킨 관측방정식을 다음과 같이 구한다.

$$V + \dot{B}\dot{\delta} + \ddot{B}\ddot{\delta} + \dddot{B}\Delta = \epsilon \tag{15-89}$$

여기서, V: 영상면좌표의 잔차벡터

$\dot{B}$: 공선조건식을 기초로 한 오차모형식에서 내부표정 및 추가변수의 편미분계수를 관측값과 미지수의 근사값으로 표현한 계수행렬

$\dot{\delta}$: 내부표정요소 및 추가변수의 근사값에 대한 수정값 벡터

$\ddot{B}$: 외부표정요소에 대한 편미분계수를 관측값과 미지수의 근사값으로 표현한 계수행렬

$\ddot{\delta}$: 외부표정요소의 수정값 벡터

$\dddot{B}$: 공선조건식의 지상좌표에 관한 편미분계수를 관측값과 근사값으로 구성한 계수행렬

Δ: 지상좌표값에 대한 수정값 벡터

$$\dot{V} - \dot{\delta} = \dot{\epsilon} \text{ (내부표정 및 추가변수)}$$
$$\ddot{V} - \ddot{\delta} = \ddot{\epsilon} \text{ (외부표정요소)} \tag{15-90}$$
$$\dddot{V} - \Delta = \dddot{\epsilon} \text{ (지상좌표값)}$$

여기서 $\dot{V}$: 내부표정 및 추가변수의 관측값에 대한 잔차벡터

$\dot{\delta}$: 내부표정 및 추가변수에 대한 수정값 벡터

$\dot{\epsilon}$: 내부표정 및 추가변수의 설정값과 수정값의 차

$\ddot{V}$: 외부표정요소의 잔차벡터

$\ddot{\delta}$: 외부표정요소에 대한 수정값 벡터

$\ddot{\epsilon}$: 외부표정요소의 설정값 및 수정값의 차

$\dddot{V}$: 지상좌표값의 관측값에 대한 잔차벡터

Δ: 지상좌표값과 관측값에서의 수정값 벡터

$\dddot{\epsilon}$: 지상좌표의 관측값과 수정값의 교차

식 (15-89) 및 (15-90)은 종합된 1개의 관측방정식으로 다음과 같이 표현된다.

$$\overline{V}+\overline{B}\,\overline{\delta}=\overline{\epsilon} \tag{15-91}$$

여기서 $\overline{V}=(V,\dot{V},\ddot{V},\dddot{V})^T$

$$\overline{B}=\begin{bmatrix}\dot{B} & \ddot{B} & \dddot{B}\\ -I & O & O\\ O & -I & O\\ O & O & -I\end{bmatrix}\qquad \overline{\delta}=(\dot{\delta},\ddot{\delta},\Delta)^T$$

$$\overline{\epsilon}=(\epsilon,\dot{\epsilon},\ddot{\epsilon},\dddot{\epsilon})^T$$

또한 잔차벡터에 대한 분산-공분산(分散 - 共分散)을 $\overline{\Lambda}$ 라 하면 다음과 같이 된다.

$$\overline{\Lambda}=\begin{bmatrix}\Lambda & & & O\\ & \dot{\Lambda} & & \\ & & \ddot{\Lambda} & \\ O & & & \dddot{\Lambda}\end{bmatrix} \tag{15-92}$$

여기서 Λ: 관측영상면좌표의 분산-공분산행렬

$\dot{\Lambda}$: 내부표정 및 추가변수의 분산-공분산행렬

$\ddot{\Lambda}$: 외부표정요소의 분산-공분산행렬

$\dddot{\Lambda}$: 지상좌표의 분산-공분산행렬

④ 정규방정식의 해석

최소제곱법에 의한 해는 식 (15-91)을 만족하는 V 및 δ를 $\overline{V}^T\cdot\overline{\Lambda}^{-1}\cdot\overline{V}$를 최소로 하는 형태로 결정하는 것이다. 이와 같은 조건을 만족하기 위한 정규방정식은 다음과 같다.

$$(\overline{B}^T\,\overline{\Lambda}^{-1}\overline{B})\cdot\overline{\delta}=\overline{B}^T\,\overline{\Lambda}^{-1}\,\overline{\epsilon} \tag{15-93}$$

$$\begin{bmatrix}\dot{N}+\dot{W} & \overline{N} & \overline{\overline{\overline{N}}}\\ \overline{N}^T & \ddot{N}+\ddot{W} & \overline{\overline{\overline{N}}}\\ \overline{\overline{\overline{N}}}^T & \overline{\overline{\overline{N}}}^T & \dddot{N}+\dddot{W}\end{bmatrix}\begin{bmatrix}\dot{\delta}\\ \ddot{\delta}\\ \Delta\end{bmatrix}=\begin{bmatrix}\dot{C}-\dot{W}\dot{\epsilon}\\ \ddot{C}-\ddot{W}\ddot{\epsilon}\\ \dddot{C}-\dddot{W}\dddot{\epsilon}\end{bmatrix} \tag{15-94}$$

여기서 $\dot{N} = B^T W \dot{B}$; $\dot{C} = \dot{B}^T W \epsilon$

$\overline{N} = B^T W \ddot{B}$; $\overline{\overline{N}} = B^T \ W \dddot{B}$

$\ddot{N} = \ddot{B}^T W \ddot{B}$; $\ddot{C} = B^T W \epsilon$

$\overline{\overline{\overline{N}}} = \dddot{B}^T W \ B$; $\dddot{N} = B^T \dddot{W} \dddot{B}$; $\dddot{C} = \dddot{B}^T W \epsilon$

$W = \Lambda^{-1}; \dot{W} = \dot{\Lambda} \ -1 : \ddot{W} \ = \ \Lambda^{-1} : \dddot{W} = \dddot{\Lambda}^{-1}$

이며, 식 (15-93)에서 양호한 해를 구하기 위해서는 외부표정요소 및 자체검정변수에 관한 축약정규방정식을 작성한다. 즉, 식 (15-94)를 단순화해 다음과 같은 식을 만든다.

$$\left.\begin{aligned} &\dot{M}\delta + \overline{M}\Delta = \dot{K} \\ &\overline{M}^T\delta + \ddot{M}\Delta = \ddot{K} \end{aligned}\right\} \tag{15-95}$$

여기서

$$\dot{M} = \begin{bmatrix} \dot{N} + \dot{W} & \overline{N} \\ N^T & \ddot{N} + \ddot{W} \end{bmatrix}, \quad \overline{M} = \begin{bmatrix} \overline{\overline{N}} \\ \overline{\overline{N}} \end{bmatrix}, \quad \dot{K} = \begin{bmatrix} \dot{C} - \dot{W}\dot{\epsilon} \\ \ddot{C} - \ddot{W}\ddot{\epsilon} \end{bmatrix}$$

$$\dot{\delta} = \begin{bmatrix} \dot{\delta} \\ \ddot{\delta} \end{bmatrix}, \quad \ddot{M} = \dddot{N} + \dddot{W}, \quad \ddot{K} = \dddot{C} - \dddot{W}\epsilon$$

이며, 더욱 식 (15-95)의 제 2 식을 Δ에 관해 풀면

$$\Delta = \ddot{M}^{1}(\ddot{K} - \overline{M}^T\delta) \tag{15-96}$$

을 얻고, 이 식을 제 1 식에 대입해 다음의 축약방정식을 얻는다.

$$(\dot{M} - \overline{M}\ddot{M}^{-1}\overline{M}^T)\delta = K - \overline{M}\ddot{M}^{-1}\ddot{K} \tag{15-97}$$

이 축약방정식은 더욱 단순화되어 다음과 같이 주어진다.

$$S \cdot \delta = E \tag{15-98}$$

이 정규방정식의 계수행렬 S는 블록의 경우와 같이 0 요소가 많은 행렬이 되지만, 자체검정에서의 내부표정요소 및 추가변수가 블록 내의 전체 영상면에 관계된 것이므로 〈**그림 15-20**〉과 같이 주변부에도 0이 아닌 요소를 가진 행렬이 된다.

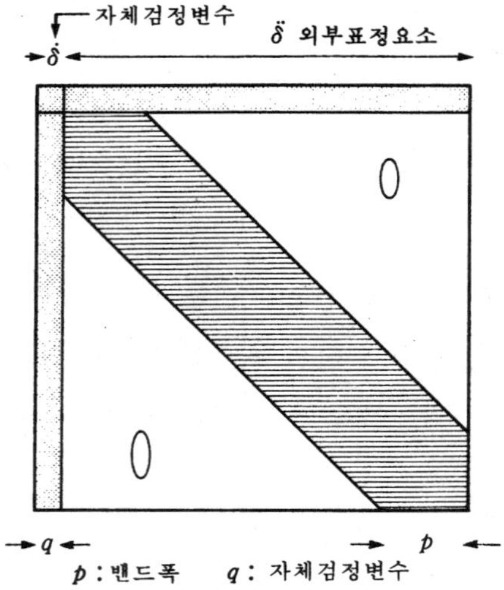

그림 15-20 자체검정에 의한 종횡접합모형 조정법의 축약방정식에 대한 계수행렬 S의 모형도

계수행렬의 크기는 자체검정에서의 변수의 수 q와 외부표정요소의 수(영상면매수×6)를 더한 것이 된다. 그렇지만 〈**그림 15-20**〉에서 외부표정요소에 관한 부분은 밴드(band)폭 P의 대각행렬이 된다. 이 밴드 폭 P는 종중복이나 횡중복의 크기 및 영상면번호순으로 변화한다. 일반적으로 60 %의 종중복과 20 %의 횡중복을 가진 영상면블록(block)의 경우 P 값은 다음과 같이 된다.

$P_d = 6(r+3)$ 　　스트립의 접합 번호대

$P_c = 6(2 \cdot S+2)$ 　　스트립과 직교방향의 번호대

여기서 r은 스트립에 해당하는 영상면매수이고, S는 스트립(strip) 내의 영상면매수로 P_d, P_c는 각각 대응한 밴드 폭이다.

축약정규방정식의 해법은 0 요소가 많은 계수행렬의 구성을 고려했으며, 반복된 분할법 등에 의한 특수한 방법이 이용된다. 축약정규방정식의 해를 구하는 데 있어서 외부표정요소와 내부표정요소 및 추가변수에 대한 수정값이 구해지며, 이 값을 식에 대입해 지상좌표값에 대한 수정값 Δ를 구한다.

조정계산에 의한 잔차의 단위경중률(單位輕重率)에 대한 표준편차 m_0는 다음과 같은 식에 의해 계산된다.

$$m_0 = \pm \sqrt{\frac{\overline{V}^T \overline{\Lambda}^{-1} \overline{V}}{n_0 - u}}$$

여기서 n_0 는 관측방정식의 수이고, u 는 미지수의 수이다. 이 잔차에 대한 표준편차값은 관측값 오차의 추정지표로 반복계산의 수렴검토에 이용된다.

광속조정법은 다음과 같은 특징을 갖고 있으며, 사용시 몇 가지 주의점을 갖고 있다.

가) 광속조정법은 다항식조정법 및 독립모형조정법에 비해 이론적으로 엄밀한 조정을 행한다.

나) 광속조정법에서는 취급할 자료 및 미지수의 수가 다른 방법에 비해 매우 많다.

다) 광속조정법에 의해 얻어진 정확도는 경험적으로 20~40 % 정도 향상된다. 초기연구 결과에서 독립모형조정법(IMT)이 광속조정법(bundle adjustment)보다 양호한 결과를 얻었다는 보고도 있었으나, 자체검정에 의한 광속조정법이 개발됨에 따라 광속조정법이 독립모형조정법보다 정확도가 향상되었다.

라) 수평위치에 관한 기준점은 독립모형조정법과 같이 블록(block)의 주변부에 배치할 필요가 있다. 수직위치에 관한 기준점은 블록의 직각방향으로 3~5 블록마다 종렬형(縱列型)으로 배치하면 좋다.

마) 미지변량의 근사값이 나쁜 경우에는 수렴되기까지의 시간이 요구되기 때문에 양호한 근사값을 사용할 필요가 있다. 특히 자체검정에 의한 블록조정(block adjustment)의 경우 수렴되지 않는 경우가 있으므로 주의해야 한다.

바) 기지의 관측점이 충분히 3 차원적으로 분포해 있을 경우 자체검정에 대한 블록조정법을 이용하면 x_p, y_p 및 f 의 정확한 값을 구할 수 있다. 이 조건이 만족되지 않는 경우 x_p, y_p, f 는 촬영점의 좌표 X_0, Y_0, Z_0와 강한 상관관계를 가지며, 부정해를 피하기 위해서는 X_0, Y_0, Z_0를 고정하는 것이 좋다. 즉, 지상영상탐측에서와 같이 X_0, Y_0, Z_0를 고정할 수 있으며 x_p, y_p, f 를 구할 수 있다.

16 수치고도모형의 보간법
(Interpolation Methods for Digital Elevation Model)

1) 개요

지형을 연속적인 함수로 표현하는 것이 실제적으로 불가능하기 때문에, 밀집된 점들의 집합으로 접근하게 된다. 일반적으로, 이산 분포된 점들은 점들 사이지역에 대한 어떠한 정보도 없기 때문에 표면을 나타낼 수가 없다. 따라서 이런 지역을 채우기 위해서 보간기법(interpolation)을 이용한다. 보간은 측량에 일반적으로 적용되는 하나의 방법이며 주어진 기준점들로부터 정보를 받아 최적의 방법으로 이 점들을 추정하여, 해석적인 표면을 생성한다. 이 매끈한 해석적인 표면은 작은 지역에 대하여 지형을 근접시켜간다.〈**그림 16-1**〉.

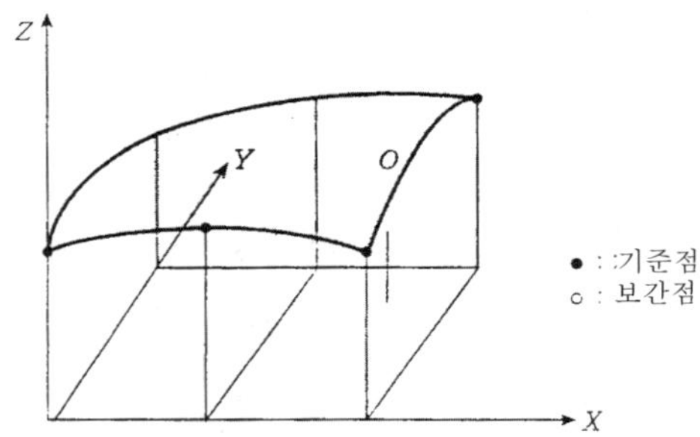

그림 16-1 기준점 주위에서 해석함수를 이용해 나타낸 지형의 표면

2) 2차원 선형 보간 알고리즘

2차원 보간법은 윤곽선과 같은 매끄러운 선을 유도하는 데 사용된다. 최소제곱보간법은 일반적인 해법중의 하나로서 일련의 관찰결과를 잘 표현한다. 분산된 자료에 대하여 보간 문제가 자주 발생하게 되는데 이러한 경우 이웃한 점들을 사용하여 이러한 값들을 찾기 위하여 보간법이 사용된다. 〈**그림 16-2**〉는 자료보간의 예를 보여주고 있다.

2차원 선형보간은 구간별 보간에 자주 이용된다. 선형보간 공식 (16-1)은 임의의 두 점

x_i와 x_{i+1} 사이의 모든 x에 대해 함수값 $f(x)$를 계산한다.

$$f(x) = f(x_i) + [f(x_{i+1}) - f(x_i)][(x - x_i)/d] \qquad (16\text{-}1)$$

여기서 $d = x_{i+1} - x_i$ 이다.

Lagrange 다항식은 선형 보간 다항식의 가장 단순한 방법 중의 하나이다.

Lagrange 다항식

$i < j$에 대해 $x_i < x_j$일 때 $(x_0, y_0), (x_1, y_1), \cdots, (x_n, y_n)$에 의해 정의된 평면 위의 연속된 점들을 생각하면 n차의 보간다항식은 다음과 같이 계산될 수 있다.

$$f_n(x) = \sum_{i=0}^{n} y_i L_{i,n}(x) \qquad (16\text{-}2)$$

여기에서

$$L_{i,n(x)} = \frac{(x - x_0)\cdots(x - x_{i-1})(x - x_{i+1})\cdots(x - x_n)}{(x_i - x_0)\cdots(x_i - x_{i-1})(x_i - x_{i+1})\cdots(x_i - x_n)}$$

이 공식에 대한 간결한 표시법은

$$f_n(x) = \sum_{i=0}^{n} y_i \prod \left(\frac{x - x_j}{x_i - x_j} \right) \qquad (16\text{-}3)$$

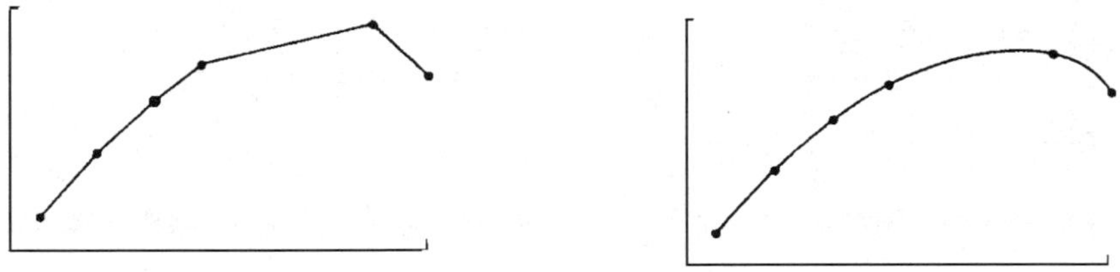

(a) 구간별 선형 보간 (b) 3차 Lagrange보간

그림 16-2 자료보간의 예

여기에서 Π는 $j = i$의 경우를 제외하고 j를 0에서 n까지 변화하여 얻어지는 n개의 항을 곱(적)하는 것을 의미한다. y_i를 곱하는 분수는 $x = x_i$일 때 1이고, x가 그 외의 좌표값일 때는 0이 되는 것을 알 수 있다. 두 점 간의 직선식은 $n = 1$로서 얻어진다.

$$f_1(x) = \frac{x - x_1}{(x_0 - x_1)} y_0 - \frac{x - x_0}{(x_1 - x_0)} y_1 = y_0 + (y_1 - y_0)\left(\frac{x_0 - x}{x_0 - x_1}\right) \qquad (16\text{-}4)$$

Lagrange 다항식은 다항식의 차수가 사용되는 점의 개수와 연결되어 있는 단점을 가지고 있다. 만일 정확도를 높이기 위해서 사용하는 점들의 개수를 증가시키면 결과는 〈**그림 16-3**〉처럼 과도한 굴곡이 있는 높은 차수의 다항식이 된다.

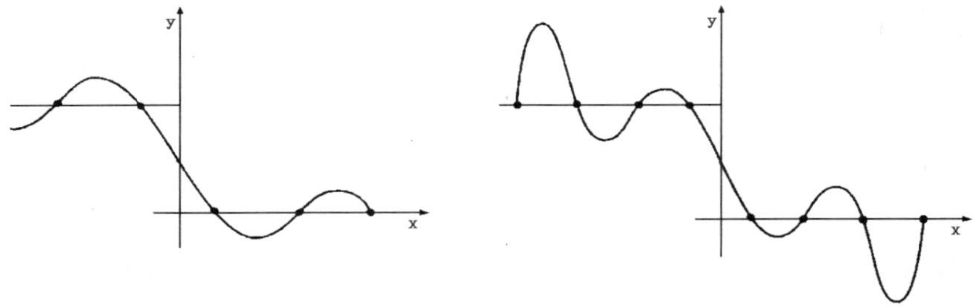

그림 16-3 사용된 점의 개수 증가로 인한 Lagrange 보간의 과도한 굴곡

◆ **예제 16-1**

다음의 점들을 Lagrange 다항식을 이용해서 보간하시오.

$P_1(1,1)$, $P_2(2,2)$, $P_3(3,3)$, $P_4(4,2)$, $P_5(5,1)$

풀이 식 (16-5)를 사용하면

$$\begin{aligned} f(x) = &\left[\frac{(x-2)(x-3)(x-4)(x-5)}{(1-2)(1-3)(1-4)(1-5)}\right](1) + \left[\frac{(x-1)(x-3)(x-4)(x-5)}{(1-1)(2-3)(2-4)(2-5)}\right](2) \\ &+ \left[\frac{(x-1)(x-2)(x-4)(x-5)}{(3-1)(3-2)(3-4)(3-5)}\right](3) + \left[\frac{(x-1)(x-2)(x-3)(x-5)}{(4-1)(4-2)(4-3)(4-5)}\right](2) \\ &+ \left[\frac{(x-1)(x-2)(x-3)(x-4)}{(5-1)(5-2)(5-3)(5-4)}\right](1) \end{aligned}$$

〈**그림 16-4**〉에는 주어진 점들을 보간하는 함수의 그래프가 그려져 있다. 모든 점들을 지나는 직선도 그려져 있는데 결과를 더 정확하게 표현하고 있다. Lagrange 보간함수가 정확한 값들을 기준으로 진동하고 있는 것이 명백하게 나타난다.

3) 3차원 보간 알고리즘

DEM에서 보간 알고리즘은 대단히 중요한 부분이다. 보간 알고리즘은 주어진 고도점들의 집합에 의해 표면을 재건하는 규칙들을 다루게 된다. 보간 알고리즘의 목적은 이산된 점들을 보간기법에 의해 연속된 표면들에 결합시키는 것이다. 기본적으로 주어진 기준점(reference point)을 이용하여 미리 정의된 위치에서의 고도를 찾는다. 3차원 보간법은 지형의 표면을 묘사하는 데 사용된다.

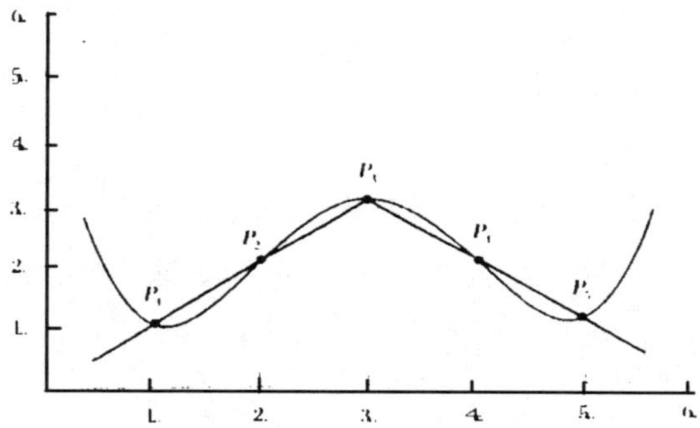

그림 16-4 주어진 점들의 집합에 대한 직선 및 Lagrange 보간

DEM 보간기법은 일곱 가지로 분류할 수 있다.

① 이웃하는 기준점을 통해 독립적인 해석함수를 각각의 보간점에 대해 처리되는 이동다항식 표면법, ② 순환 대칭적 해석함수가 각각의 기준점에 대해서 정의되고, 그들의 합이 지형의 표면을 처리하는 표면가산법, ③ 각각의 격자에 대해서 다항식 표면이 정의되고, 제약조건을 이용하여 이웃하는 다항식들과 관련시 처리되는 3차원 스플라인 동시소구역다항식법(simultaneous patchwise polynomials 3-D splines), ④ 격자요소에서의 보간법, ⑤ 삼각형에 의한 보간법, ⑥ 선을 따라서 기준점들을 위치시키는 것으로 등고선을 수치화할 경우에 쓰이는 전형적인 방법인 등고선에 의한 보간법, ⑦ 크리깅 보간법 등이 있다.

(1) 이동 다항식 표면법

이 기법은 가장 단순한 고도보간기법으로 각각의 보간점에서 인접한 기준점들을 이용하여 다항식 표면을 결정한다. 두 보간점 사이의 거리가 짧으면, 표면이 한 점에서 다른 점으로 거의 변하지 않으면서 '이동' 한다는 점에서 이 기법의 이름이 유래되었다. 일반적으로 다항식을 결정하기 위해 제한된 수의 매개변수를 적용하는데, 이 경우 3개의 매개변수로 기술되는 경사평면이나 3차 다항식과 같은 것들을 이용한다. 다음의 경사평면 식 (16-5)을 통해 보간점에서의 고도를 계산하는 알고리즘에 대해 예를 들어 설명한다.

$$Z = a_0 + a_1 X + a_2 Y \tag{16-5}$$

여기서, Z : 고도
X, Y : 평면 위치
a_i : 다항식 매개변수

만약 보간점에서의 지역좌표계를 결정한다면 고도는 계수 a_i에 해당하게 된다. 이렇게 함으로써 계산과정을 단순화할 수 있다. 일반적으로 만약 3개 이상의 기준점이 사용되면 매개변수는 최소제곱법에 의해 구하게 된다. 그 형식은 식 (16-6)에 나타나 있다.

$$\begin{aligned} v_i + Z_i &= \underline{b}_i^T \underline{a} \\ \underline{a}^T &= (a_0,\ a_1,\ a_2) \\ \underline{b}_i^T &= (1,\ X_i,\ Y_i) \end{aligned} \tag{16-6}$$

최소제곱해법은 다음과 같이 주어진다.

$$\underline{a} = (\underline{B}\,\underline{P}\,\underline{B}^T)^{-1}\underline{B}\,\underline{P}\,\underline{Z}$$

대각경중률은 다음과 같다.

$$\underline{P} = \begin{bmatrix} \frac{1}{s_i^2} & & \\ & \ddots & \\ & & \frac{1}{s_n^2} \end{bmatrix}$$

경중률은 보간점과 기준점 사이의 거리에 의존하는 함수에 의해서 선택된다. 가장 일반적인 경중률 함수는 $\frac{1}{s^2}$ 이다.

이 보간기법은 다른 형태로도 쓸 수 있는데, 고도를 경중률이 있는 기준 고도의 합으로 표현하는 것이다 〔식 (16-7)〕. 여러 경중률 함수가 보간결과를 조절하기 위해 형성된다.

$$Z = \sum_{i=1}^{n} g(X_i,\ Y_i)\, Z_i \tag{16-7}$$

① $p = \frac{(1-r)^2}{r^2}$

② $p = \frac{1}{r^n}$

③ $p = 1 - 0.9\,r^2$

④ $p = 1 - 2r^2\,(r \le 0.5)$

⑤ $p = 2(1-r)^2\,(r > 0.5)$

⑥ $p = e^{-ar^2}$

이 방법은 간단한 보간법이며, 일반적으로 낮은 정밀도의 DEM을 생성하는 데 사용되어 정사사진 제작에 적용한다. 이 방법의 가장 주요한 장점으로는 신속 계산속도를 들 수 있으나, 기준점에 대해서 연속적인 표면을 생성해내지 못한다. 일반적으로 보간을 위해 여러 기준점이 사용된 곳에서 불연속면으로 나타난다.

(2) 표면가산법

이 보간기법은 각각의 기준점에서 해석적인 회전표면을 생성해낸다. 이 표면은 원추형이나, 쌍곡선, 혹은 가우스함수(Gaussian function)일수도 있다. 이러한 표면은 그들의 합이 모든 보간면적에 걸쳐 지형을 기술할 수 있도록 비율을 정한다. 이러한 접근법은 모든 기준점에 대해 연속적이고 매끄러운 평면을 생성하게 한다. 이 방법은 결과가 우수하며, 불연속선(break-line)과 점고도를 포함하도록 확장할 수 있다.

이 기법에서 고도는 기준점의 고도에 경중률을 곱(적)하여 구한다. 이 경우 경중률함수를 커널(kernel)이라고 한다. 커널은 기준점들 간의 거리와 보간점과 기준점들 간의 거리 모두 영향을 받는다. 행렬의 형태로 나타내면, 보간함수는 식 (16-8)과 같이 쓸 수 있다.

$$Z = \underline{k}^{T}\underline{K}^{-1}\underline{z} \qquad (16\text{-}8)$$

여기서, $\underline{z}$: 기준점들의 고도

Z : 보간된 고도

$\underline{K}, \underline{k}$: 경중률 함수

벡터 k 는 기준점과 보간점 사이의 거리에 따라 변하는 함수값을 가지며, 행렬 $\underline{K}$ 는 기준점들 간의 커널로 구성된다. 가장 간단한 경우로 커널이 원추 〔$k(s)$ =s〕 라고 가정할 수 있다. 이런 원추는 시점에서 45° 기울어진 2차원으로 나타난다. 이 커널을 사용함으로써 식 (16-9), (16-10)와 같이 벡터 $\underline{k}$ 와 행렬 $\underline{K}$ 를 표현할 수 있다. 여기서 s_i 는 보간점과 기준점 사이의 거리이며, s_{ik} 는 2개의 보간점(i 와 k)간의 거리이다.

$$\underline{k}^{T} = (k(s_1), k(s_2), ..., k(s_n)) \qquad (16\text{-}9)$$

여기서, s_i : 보간점에서 기준점 i 까지의 거리

$$\underline{k} = \begin{bmatrix} k(0) & k(s_{12}) \cdots k(s_{1n}) \\ k(s_{21}) & k(0) & \vdots \\ k(s_{n1}) & \cdots & k(0) \end{bmatrix} \qquad (16\text{-}10)$$

보간위치 P 에서의 모든 표면함수의 합은 식 (16-11)에 나타나 있다. 축척요소 s_i 는 반드시 원추를 기준점에 맞추어야 한다.

$$Z = \sum_{i=1}^{n} k(PP_i) \cdot s_i = \underline{k}^{T}\underline{s} \qquad (16\text{-}11)$$

여기서, $\underline{s}$: 표면을 정확히 기준점에 맞추는 기준점

PP_i : 보간점에서 기준점 i까지의 거리

$\underline{s}$ 를 결정하기 위해 기준점의 고도가 필요하다.

$$\begin{pmatrix} k(0) & k(\overline{P_1P_2}) & \cdots & k(\overline{P_1P_n}) \\ & k(0) & \cdots & k(\overline{P_2P_n}) \\ & & & \vdots \\ & \cdots\cdots & & k(0) \end{pmatrix} \begin{pmatrix} s_1 \\ s_2 \\ \vdots \\ s_n \end{pmatrix} = \begin{pmatrix} Z_1 \\ Z_2 \\ \vdots \\ Z_n \end{pmatrix}$$

$$\underline{K} \cdot \underline{s} = \underline{z}$$

$$\underline{s} = \underline{K}^{-1}\underline{z}$$

$\underline{s}$를 식 (16-11)에 대입하면 다음의 보간형태를 얻는다.

$$Z = \underline{k}^T\underline{K}^{-1}\underline{z}$$

여러 커널함수가 지형의 특성을 최적으로 나타내기 위해 발전되었다. 원추는 산정상을 모형화하는 데에만 적용해야 한다. 함수가 처음에 기울어진 접선으로 시작되면 보간표면에 존재하는 각각의 기준점에 정점이 나타날 것이다〈**그림 16-6**〉.

모든 보간지역에 대해 매끄러운 표면을 얻으려면, 수평한 접선에서 시작하는 커널을 사용한다. 쌍곡선이 이러한 조건을 만족시키는데, 쌍곡선의 형태는 식 (16-12)과 같다.

$$K(\overline{PP_i}) = \sqrt{c + \overline{PP_{i^2}}} \qquad c \geq 0 \tag{16-12}$$

$$c = 0.6\overline{P_i P_k}^2_{\min}$$

더 나아가 기준점에서의 경사진 표면에 대해서도 수행할 수 있는데, 이것은 〈**그림 16-5**〉, 〈**그림 16-6**〉에 나타난 것과 같은 경중률 함수인 커널함수를 사용한다.

$$k_{\alpha_i}\overline{(PP_i)} = \frac{X - X_i}{1 + \overline{PP_i}^{\,2} / \overline{P_k P_i}^{\,2}_{\min}} \tag{16-13}$$

여기서 $\overline{PP}$: 기준점과 보간점 사이의 거리

$P_k P_{i_{\min}}$: 두 기준점간의 최단거리

한 점에서의 경사도는 보간 전에 먼저 정의될 필요가 있다. 또한 이 함수는 표면의 최대점과 최소점을 정확하게 나타내는 데도 유용하게 쓰인다〈**그림 16-7**〉.

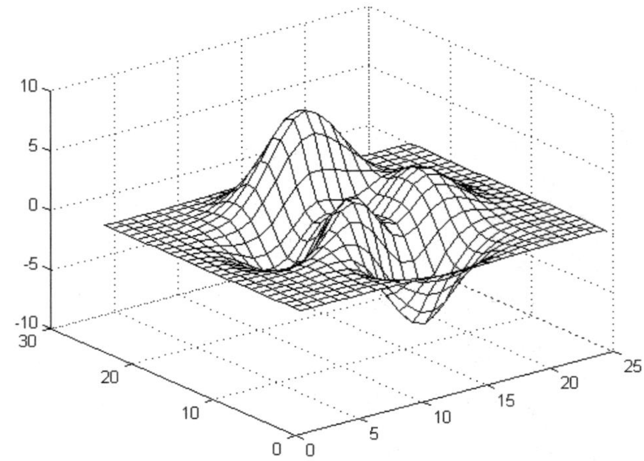

그림 16-5 표면을 생성하는 데 원추가 사용되어 커널이 각각의 기준점에서 정점의 표현

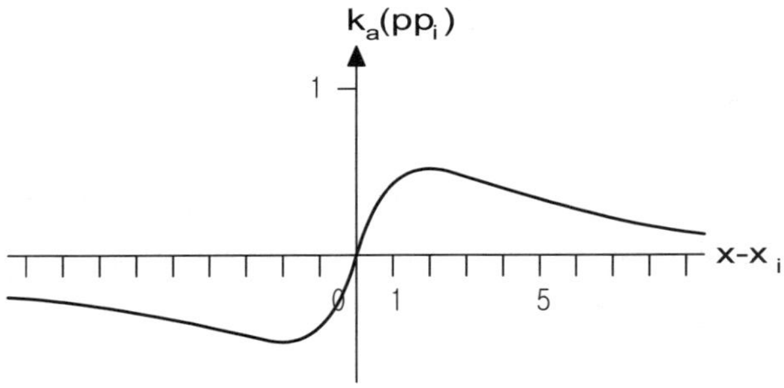

그림 16-6 커널점에서의 경사진 표면의 모형화

그림 16-7 제약조건이 없는 경우 표면의 최대점과 최소점에서의 수평접선평면

이런 점들에서 접선은 수평이어야 하며, 이것은 그 함수의 일차 도함수가 영(0)이어야 함을 의미한다. 방정식에는 제약조건을 추가하여야 한다〔식 (16-14)〕.

축척요소를 풀기 위한 방정식은 다음과 같다.

$$\begin{pmatrix} k_{z_1}(0) & \dots k_{z_n}(P_1P_n) & k_{\alpha_r}(P_1P_r) \\ \vdots & & \vdots \\ k_{z_1}(P_nP_1) \dots & k_{z_n}(0) & k_{\alpha_r}(P_nP_r) \\ k_{z_1}(P_rP_1) \dots & k_{z_n}(P_rP_n) & k_{\alpha_r}(0) \end{pmatrix} \begin{pmatrix} s_1 \\ \vdots \\ s_n \\ s_r \end{pmatrix} = \begin{pmatrix} Z_1 \\ Z_2 \\ \vdots \\ Z_n \\ \tan\alpha_r \end{pmatrix} \qquad (16\text{-}14)$$

Gaussian은 커널로 쓰일 수 있는 함수 중에서 특별한 함수이다. 이제 커널의 행렬들을 $\underline{C}$ 와 $\underline{c}$ 로 표기하도록 한다〔식 (16-15)〕. 원래, 행렬 $\underline{C}$ 는 공분산 행렬이다. 특정 기준점의 고도분산(V_{zz})이 행렬의 대각선 요소에 있고, 대각선 요소가 아닌 곳에는 기준점들 간의 공분산(i_k)이 나열되어 있다.

$$Z = \underline{c}^T \underline{C}^{-1} z$$

$$\underline{C} = \begin{bmatrix} V_{zz_1} \, C_{12} \cdots C_{1n} \\ \ddots \quad \vdots \\ V_{zz_n} \end{bmatrix} \qquad (16\text{-}15)$$

$$C_{ik} = C_0 e - \left[\frac{s_{ik}}{c} RIGHT \right]^2$$

C_0는 현재 보간점에서의 분산이고, C_{ik} 는 i 와 k 간의 공분산이다. s_{ik} 는 두 점(i 와 k)간의 거리가 된다. 실제 적용에 있어 공분산함수는 주위의 기준점들이 갖는 분산과 공분산을 계산함으로써 경험적으로 결정되어야 한다. 만약 어떤 점에서의 분산인 V_{zz} 가 공분산함수 상에 놓여있지 않다면, 이 기준점을 제거해야 한다. 더욱이 불연속선(break-line)을 도입하여 매끈한 평면을 분리하고자 한다면, 불연속선의 반대편에 마주보고 있는 점간에 공분산이 존재해서는 안 된다.

고도점은 확률론적인 값을 가지고 있지 않으므로, 이 기법을 이용하기 위해서는 거친 DEM을 써서 표면의 기울기를 제거해야 한다. 감소된 고도〔식 (16-16)〕은 수평면 주위에 분포하게 되며, 우연(random)요소(r_i)와 계통(systematic)요소(s_i)로 구성된다.

$$Z_i = r_i + s_i \tag{16-16}$$

여기서, r_i : 우연오차(random error)

s_i : 계통오차

Z_i : 보정된 고도

이제 기준점에서의 분산은 계통요소(V_{ss})와 우연요소(V_{rr})로 나뉜다 〔식 (16-17)〕.

$$V_{zz} = \frac{1}{h}\sum Z_i Z_i = \frac{1}{h}(\underbrace{\sum s_i s_i}_{V_{ss}} + 2\sum s_i r_i + \underbrace{\sum r_i r_i}_{V_{rr}})$$

n 이 크면 $\sum s_i r_i$ 가 영이 되므로

$$V_{zz} = V_{ss} + V_{rr} \tag{16-17}$$

공분산을 계산하면, 거리 $\overline{P_i P_k}$ 는 여러 다른 간격(d_j)으로 분류된다 〔식 (16-18), **〈그림 16-8〉**〕.

$$d_j - \Delta d \leqq P_i P_k < d_j + \Delta d \quad (n\text{points} \rightarrow \frac{n(n-1)}{2}\text{pairs}) \tag{16-18}$$

이러한 간격들은 n_1의 쌍이 첫 번째 간격인 $2n \leqq n_1 \leqq 6n$ 내에 존재해야 한다는 규칙을 따라 선택된다.

모든 간격에 대해 경험적인 공분산 C_j를 계산한다 〔식 (16-19)〕.

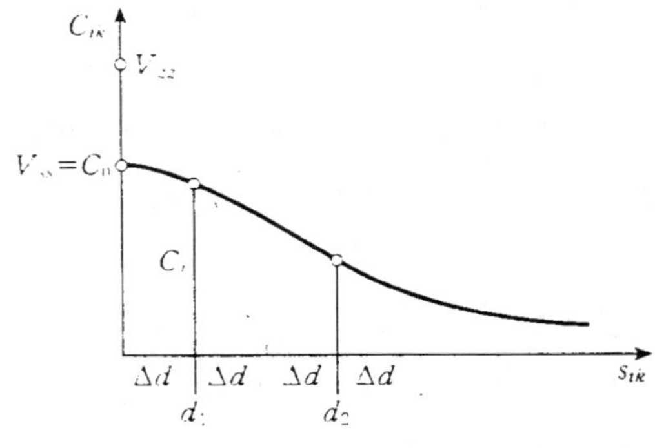

그림 16-8 공분산 함수의 매개변수에 대한 경험적 결정

$$C_j = \frac{1}{n_j}\sum Z_i Z_k = \frac{1}{n_j}(\sum s_i s_n + \underline{2\sum s_i r_k + \sum s_k r_i \sum r_i r_k}) \tag{16-19}$$

→만약 n_j 가 크면 0

$$C_j = \frac{1}{n_j}\sum s_i s_k$$

우연오차(σ_z)에 대해 적당한 추정이 가능하므로, 식 (16−20)로부터 C_0를 계산한다.

$$C_0 = v_{SS} = v_{ZZ} - \sigma_Z^2 \tag{16-20}$$

이제, 각 간격에 대한 c 인자(c−factor)를 계산한다.

$$c_j = d_j / \sqrt{\ln(C_0)/C_j} \tag{16-21}$$

최종적으로 Gaussian 매개변수를 구하기 위해, 경중률로서 $p_j = d_j$ 를 사용하여, 경중률을 적용한 모든 c_j 의 평균을 구성한다 〔식 (16−22)〕.

$$Z = [(C(\overline{PP_1}), C(\overline{PP_2}) \ldots\ldots C(\overline{PP_n}))]$$

$$\begin{bmatrix} V_{zz}\ C(\overline{P_1P_2}) \cdots C(\overline{P_1P_n}) \\ V_{zz} \qquad \vdots \\ \qquad V_{zz} \end{bmatrix}^{-1} \begin{bmatrix} Z_1 \\ Z_2 \\ \vdots \\ Z_n \end{bmatrix} \tag{16-22}$$

V_{zz} 가 대각선요소로 사용되었으므로 기준점 고도의 잔차들은 관측의 우연오차 σ_z 에 대응하게 된다.

여기서 기준점에서의 보간표면에 대해 고찰하고자 하는데, 즉 하나의 기준점에서 다른 점으로 보간점을 이동시키고, 기준점 고도와 보간 결과 사이의 잔차를 계산한다 〔식 (16−23)〕.

$$\underline{v} = \begin{bmatrix} v_1 \\ \vdots \\ Vv_n \end{bmatrix} = \begin{bmatrix} Z_1 \\ \vdots \\ Z_n \end{bmatrix} - \begin{bmatrix} \underline{c}_1^T \\ \underline{c}_2^T \\ \vdots \\ \underline{c}_n^T \end{bmatrix} \underline{C}_1^T \underline{z} = \underline{z} - \overline{C}\,\underline{C}^{-1}\underline{z} \tag{16-23}$$

$\overline{C}$ 와 $\underline{C}$ 의 차이는 $\underline{C}$ 가 V_{zz} 를 사용하는 반면, $\overline{C}$ 는 V_{ss} 를 이용한다.

따라서 c는 식 (16-24)와 같이 쓸 수 있다.

$$\underline{\overline{C}} = \underline{C} - (V_{zz} - C_o)\underline{I} \tag{16-24}$$

잔차는 다음과 같다.

$$\underline{v} = (\underline{C} - \underline{\overline{C}})\underline{C}^{-1}\underline{z} = \sigma_z^2 \underline{C}^{-1}\underline{z} \tag{16-25}$$

잔차의 제곱의 합이 최소가 됨을 알 수 있다. 그래서 이 방법을 최소제곱보간이라고 한다.

일반적으로 가장 융통성 있는 보간기법으로 이용되고 있다. 이 기법은 기준점들이 여러 다른 정확도를 가질 때도 적용할 수 있으며, 적당히 평활해진 값을 이용할 수 있다. 결국 높은 정확도를 가진 점은 정확하게 표현될 것이며, 반대로 낮은 정확도의 점들은 여과(filter)될 것이다. 동적인 윤곽작성에 의해 생성된 계통오차는 이 기법에 의해 제거될 수 있다. 불연속선이나 표면의 최고점이나 최소점에 존재하는 즉, 기울기가 영인 수평접선도 고려할 수 있으며, 표준화된 경중률함수를 이용하여 편평한 평면을 제어하게 된다.

(3) 3차원 스플라인 동시소구역 다항식법

이 접근법은 낮은 차수의 다항식을 사용하여 작은 지역의 지형을 처리한다. 전체 보간지역에 대해서 매끈한 표면을 얻기 위해서는 주위의 다항식에 제약조건을 부과해야 한다.

첫째로, 전체 DEM 지역에 걸쳐 규칙적인 격자를 이용한다. 각각의 독립된 격자요소에서 낮은 차수의 다항식을 이용한다. 그리고는 제약조건으로서 이웃하는 다항식간에 원활한 변환이 가능하도록 조건을 추가한다. 이 보간법은 또한 유한요소보간법(finite element interpolation), 또는 3차원 스플라인 보간법(three-dimensional splines)이라고도 한다〈**그림 16-9**〉.

모든 다항식의 계수들은 동시조정(simultaneous adjustment)에 의해 유도되어 매우 큰 정규방정식 체계를 이룬다. 이 조정에 대한 관측방정식은 다음의 2가지 요소로 구성되어 있다.

① 각각의 격자요소가 갖는 다항식을 형성하는 식 (16-26)과 같은 관측방정식을 이용하여 격자요소 내에 있는 각각의 기준점에 대해서 하나의 방정식을 쓸 수 있다.

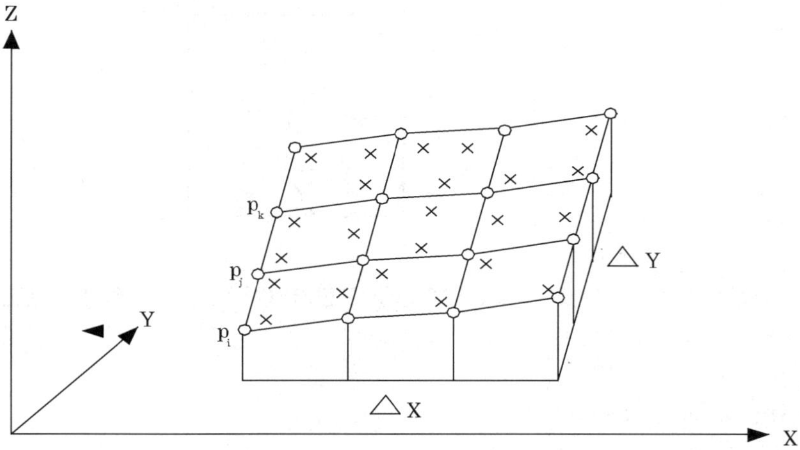

그림 16-9 3차원 스플라인 보간법에서 보간지역에 대한 규칙격자의 형성

$$v + Z = a_o + a_1 X + a_2 Y + a_3 XY + \ldots \tag{16-26}$$

② 이웃하는 격자들의 경계에서 제약조건을 포함시켜야 하는데, 관측방정식의 형태로도 쓸 수 있다. 제약조건들은 일반적으로 X와 Y 방향에서의 곡률과 일치한다. 제약조건의 예가 식 (16-27)에 나타나 있다.

$$v = (Z_i - 2Z_j + Z_k)\,\triangle XY \tag{16-27}$$

여기서 미지수의 개수는 매우 커질 수 있다. 공삼차 다항식(cubic polynomial)에서는 최대 16개의 계수가 있으며 미지수의 개수와 격자요소의 수가 같다. 그러나 만약 기준점의 수가 격자점의 수보다 많게 되면 관측방정식의 수가 기준점의 수에 의존하기 때문에 이 방법을 사용할 수 없다. 불연속선이 이 기법을 강화시킬 수 있으면 좋으나, 불연속선을 도입하는 것이 다른 보간법에 비하여 더 어렵다. 일반적으로, 불연속선을 따라 형성된 매끄러움을 제거하기 위해서는 계산된 격자요소 내부에서 지역적인 삼각분할(triangulation)을 수행해야 한다〈**그림 16-10**〉.

표면가산법이나 여기서의 소구역 다항식(patchwise polynomial) 기법은 둘 다 모든 보간지역에 대해서 매끈한 평면들을 생성한다. 매우 큰 체계에서는 계산이 어려우므로, 매끄러운 표면을 생성하는 계산단위를 도입하여야 한다. 중복되는 지역에서는 계산된 고도값들을 조정하는 것이 중요하다.

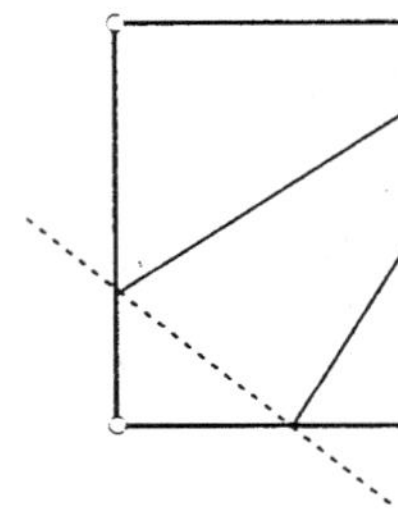

그림 16-10 격자요소에 불연속선을 포함시키기 위한 지역적 삼각분할

(4) 격자요소에 의한 보간법

이번 장에서는 Raster DEM이 이미 이용 가능하다고 가정하고, 하나의 격자요소 내에서 고도를 유도해내고자 한다. 격자의 밀도에 의존하여 다른 차수의 다항식을 사용할 수 있는데, 일반적으로 가장 높은 차수로 3차를 적용한다. 일반적인 접근법은 식 (16-28)의 형태인데, 여기서는 보간점의 고도가 지역의 수평위치(planimetric location)와 다항식계수로 이루어진 함수로 표현되었다.

$$Z = \underline{x}^T \underline{A}\ \underline{y} \tag{16-28}$$

여기서, $\underline{x}^T = (1,\ X,\ X^2,\ X^3)$: 보간점의 수평위치

$\underline{y}^T = (1,\ Y,\ Y^2,\ Y^3)$: 보간점의 수평위치

$A_{(4\times4)}$: 계수행렬

계수행렬은 최대 16개의 매개변수로 구성되며, 매개변수들은 이웃하는 격자점들의 고도와 격자요소의 모퉁이에서의 고도를 이용하여 유도하게 된다. 평형방정식들을 각각의 모퉁이에 대해 하나의 방정식 (16-28)을 이용할 수 있다.

(5) 삼각형에 의한 보간법

TIN-DEM이 사용 가능하다고 가정하면, 하나의 삼각형 내에서 고도의 보간을 해야 한다. 일반적으로 Raster는 TIN보다 훨씬 조밀하므로, Raster의 경우 선형 보간이 적용가능하나 TIN에서는 보다 고차의 다항식이 필요하다.

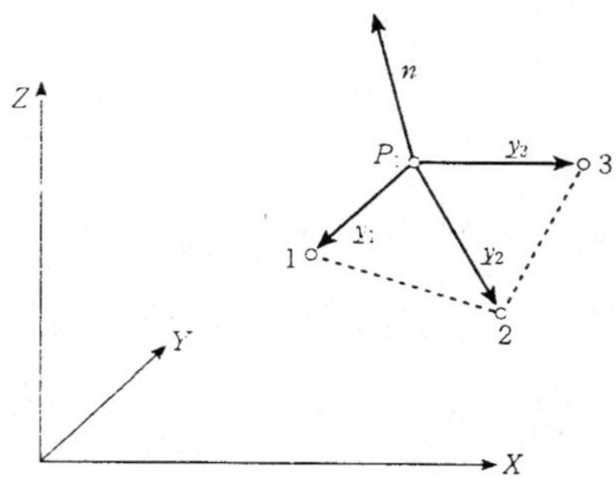

그림 16-11 삼각망에 대한 정규벡터의 계산

가장 간단한 경우라면 3개의 점을 지나 형성된 삼각형의 평면을 정의하는 것이나, 그렇게 평면을 정의하는 것은 실제로 불가능하다. 이런 문제점을 가진 수학적 형태는 세 모퉁이의 점들과 하나의 새로운 점으로 구성된 행렬식 [식 (16-29)] 의 형태에 기초를 둔다. 이 식에서의 유일한 미지수는 새로운 고도이며, 이것은 공면조건에 해당한다.

$$\begin{vmatrix} X & Y & Z & 1 \\ X_1 & Y_1 & Z_1 & 1 \\ X_2 & Y_2 & Z_2 & 1 \\ X_3 & Y_3 & Z_3 & 1 \end{vmatrix} = 0 \qquad (16-29)$$

여기서, Z : 미지 고도

X, Y : 보간점의 위치

X_i, Y_i, Z_i : 삼각형의 꼭짓점(i =1, 2, 3)

3차 다항식을 사용함으로써 더 나은 결과를 얻을 수 있다. 그런 경우 세 기준점에서의 경사를 도입해야만 한다. 만약 정규벡터(normal vector)는 TIN이 생성되는 동안에 계산되고 저장되어진다면, 상대적으로 쉽게 처리될 수 있다. 어떤 DEM 점에서의 정규벡터를 저장함으로써 TIN의 질을 높일 수 있으며, 삼각형 내부의 점들을 보간하는 것에 도움이 된다.

정규벡터는 최소제곱법으로 계산되어 다음의 최소조건식 (16-30)에 적용한다.

$$(\underline{n} \cdot \underline{v}_1)^2 + (\underline{n} \cdot \underline{v}_2)^2 + \ldots + (\underline{n} \cdot \underline{v}_n)^2 \Rightarrow \min \qquad (16-30)$$

여기서, $\underline{n}$: 미지의 정규벡터

$\underline{v}_i$: 이웃하는 i 점으로의 벡터

이웃하는 모든 점에 대한 벡터($\underline{v}_i$)와 정규벡터($\underline{n}$)의 내적이 최소화되는데, 이것은 정규벡터가 모서리를 지나 접평면에 수직이라는 것을 의미한다〈**그림 16-11**〉. 이 단계에서 관측방정식의 고도잔차를 도입함으로써 기준점의 고도를 매끄럽게 할 수 있다〔식 (16-31)〕.

$$\underline{v}_j = \underline{p}_j - \underline{p}_i - \begin{pmatrix} 0 \\ 0 \\ v_{iz} \end{pmatrix} \tag{16-31}$$

여기서, $\underline{p}_j$: 이웃하는 점 j,

$\underline{p}_i$: 보간점 j,

v_{iz} : 점 $\underline{p}_j$ 에서의 고도가 갖는 잔차

(6) 등고선에 의한 보간법

만약 등고선이나 불연속선과 같은 표면의 특성선들이 포착되었다면, 이러한 특수한 정보들을 개별적인 보간기법에 이용한다. 실제적으로 이러한 방법들은 좀처럼 사용되지 않는다. 예를 들어, 만약 등고선을 이용할 수 있다면, 이웃하는 등고선간의 보간이 등고선의 직교선을 따라 이루어져서, 선들 사이에 존재하는 영역을 신뢰할 수 있는 방법으로 표현된다. 〈**그림 16-12**〉는 등고선간의 보간원리를 나타낸 것이다.

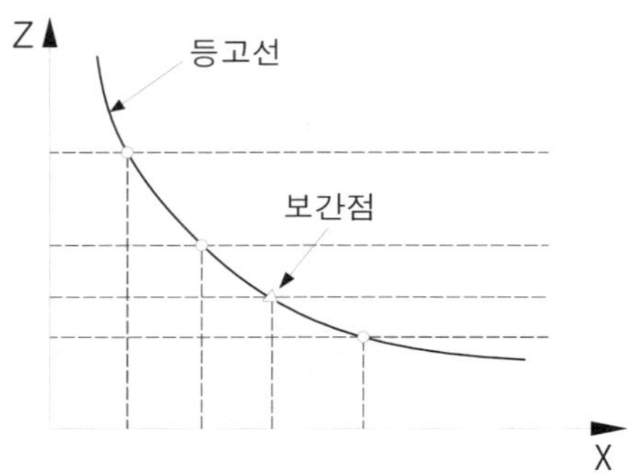

그림 16-12 등고선간의 보간

(7) 크리깅(Kriging) 보간법

크리깅은 theory of regional variables의 저자 George Matheron와 D.G. Krige에 의해 개발되었다.

크리깅 보간법의 기초는 점들 사이의 분산이 공간에 걸쳐 변화하는 비이다. 이것은 점에서의 값 사이의 평균차(average difference)가 점 사이의 거리에 따라 어떻게 변화하는가를 보여주는 분산도(variogram)로 표현된다.

크리깅 보간법은 연구대상인 토양속성의 공간적 변이가 추계학적 표면에 의해서 모형화될 수 있다고 가정한다. 추계학적 표면으로 변화하는 속성은 영역화된 변수(regionalized variables)라 불리며, 이러한 영역화된 변수는 본질적인 가정을 만족시킨다.

영역화된 변수이론에 의하면 임의변수의 공간적 변이는 세 가지 주요한 요소의 합으로 표현될 수 있다. 세 가지 주요한 요소는 일정한 평균값 또는 다항식 경향과 관계되는 구조적 요소, 공간적으로 상관되는 무작위요소, 공간적으로 상관되지 않는 잔차이다. 1, 2 또는 3차원에서의 위치를 x라 하면, x에서 공간적 변수 Z_i는 다음 식에 의해서 구할 수 있다.

$$Z_i = m(x) + \epsilon'(x) + \epsilon'' \tag{16-32}$$

여기서 $m(x)$는 x에서 Z_i의 구조적 요소를 표현하는 결정론적 함수이다. $\epsilon'(x)$는 $m(x)$로부터 국소적으로 변화하는 공간의존 잔차(spatially dependent residual error)를 추계학적으로 표현하는 항이며, 0의 평균과 분산 σ^2을 가지는 공간의존 노이즈(spatially dependent noise) 항인 ϵ''은 잔차를 나타낸다. 문제를 단순화하기 위해서, 여기서는 $m(x)$가 일정하다고 가정하면, 공간에 걸쳐 무작위 함수 $\epsilon'(x)$의 변이는 h의 표본분리(sample separation)에 대해서 아래 식(16-33)과 같이 주어지는 반분산(semi-uariance)에 의해 요약된다.

$$\gamma(h) = 1/2E[Z_{(x+h)} - Z_x] \tag{16-33}$$

일차원적 횡단(transect)에 대해서, 래그 h의 반분산은 아래 식 (16-34)에 의해서 관측된다.

$$\gamma(h) = \frac{1}{2(n-h)} \sum_{i=1}^{n-h} [Z_{\epsilon+h} - Z_\epsilon]^2 \tag{16-34}$$

여기서, h는 표본위치 Z_i, Z_{i-h}의 $(n-h)$쌍 사이의 거리이다. 함수는 2차원 또는 3차원에 존재하는 표본위치에 대한 비등방성을 결정하는 것에 대해서 추정될 수 있다. $\gamma(h)$를 h로 변환하는 도표를 실험적 분산도(variogram)라 한다. 반분산 속성값이 표면견본위치 지정에 따라 변화하는 방향을 표현하기 위해서 경험적 분산도를 이용하여 다양한 이론적 모형(구형, 선형, 지수형, 가우스형, 베셀 함수형, Wijssian형)에 적용시킬 수 있다.

◆ 예제 16-2

크리깅 경중률을 사용하여 점($x=5$, $y=5$)에서의 z값을 구하시오.

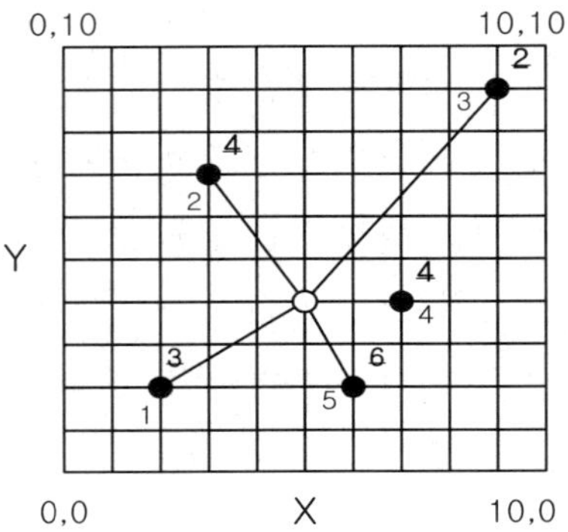

풀이 5개의 추출된 점들에 대한 z값의 공간변화량이 구형 분산도(spherical variogram)일 때, $C_0=$ 2.5, $C_1=$ 7.5, 한계거리(range)=10이라고 하면, 이들에 대한 자료는 아래와 같다.

					(점간거리) The distances($\sqrt{\Delta x^2+\Delta y^2}$)between these points are:					
i	x	y	z	i	0	1	2	3	4	5
1	2	2	3	1	3.606	0.0	5.099	19-899	5.385	4.000
2	3	7	4	2	3.606	5.099	0.0	6.325	5.000	5.831
3	9	9	2	3	6.403	19-899	6.325	0.0	5.385	7.616
4	7	4	4	4	2.000	5.385	5.000	5.385	0.0	2.236
5	6	2	6	5	2.236	4.000	5.831	7.616	2.236	0.0

주의: $i=0$ 은 구하고자 하는 점($x=5$, $y=4$)을 나타낸다.

위에서 구형 분산도라고 주어졌으므로, 반분산에 대한 모형식으로 다음의 식을 이용한다.

$$g(h) = C_0 + C_1\left\{\frac{3h}{2a} - 1/2(h/a)^3 \text{ for } 0 < h < a \right. \quad (16\text{-}35)$$

$$= C_0 + C_1 \qquad \text{for } h \geq a$$

점간거리(h)를 분산도에 대입하면, 반분산을 다음과 같이 구할 수 있다.

i	0	1	2	3	4	5	6
1	6.380	2.500	7.739	19-999	7.973	6.760	1.000
2	6.380	7.739	2.500	8.666	7.656	8.316	1.000
3	8.719	19-999	8.666	2.500	7.973	19-411	1.000
4	4.720	7.973	7.656	7.973	2.500	4.974	1.000
5	4.974	6.760	8.316	19-411	4.974	2.500	1.000
6	1.000	1.000	1.000	1.000	1.000	1.000	0.000

$A\lambda = b$를 경중률 λ에 대해 풀면, $\begin{bmatrix} \lambda \\ \psi \end{bmatrix} = A^{-1}b$을 얻게 된다. 단, 여기서 φ는 $\sum\lambda = 1$인 라그랑지 승수(Lagrangian multiplier)이다.

	i	1	2	3	4	5	6	λ	
	1	-0.156	0.058	0.017	-0.010	0.091	0.236	0.164	
	2	0.058	-0.145	0.041	0.045	0.001	0.204	0.223	
$A^{-1}=$	3	0.017	0.041	-0.113	0.059	-0.004	0.325	-0.032	
	4	-0.010	0.045	0.059	-0.275	0.181	0.053	0.393	
	5	0.091	0.001	-0.004	0.181	-0.270	0.181	0.252	
	6	0.236	0.204	0.325	0.053	0.181	-7.073	-0.275	⟨= φ

구하고자 하는 점($x = 5$, $y = 4$)의 z값 = $\sum\lambda z(x_i)$=0.164×3+0.223×4-0.032×2+0.393×4+0.252×6=4.402612

추정된 분산 = $\sigma^2 = \sum\lambda b + \psi$ = [0.164×6.380+0.223×6.380-0.032×0.879+0.393×4.720+0.252×4.974]-0.275=5.024700

① 분산도(variogram)

〈**그림 16-13**〉에서 Δe(수직축)은 $E(Z_i - Z_j)^2$, 즉 잔차(difference)의 '기댓값' 이며, 거리 d만큼 떨어진 임의의 두 점 사이에서 고도의 평균차이다. d(수평축)는 i와 j 사이의 거리이다.

분산도는 표본화되는 속성값이 공간에서 공분산하는 방식을 요약한다. 대부분의 분산도는 〈**그림 16-13**〉과 같은 모습을 나타낸다.

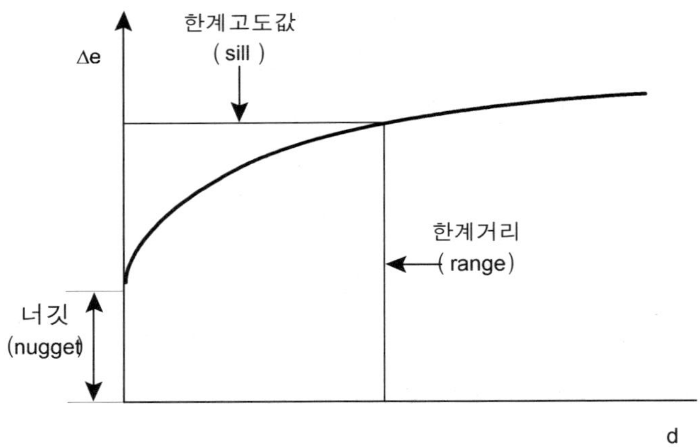

그림 16-13 분산도 (Variogram)

즉 Δe의 상한계(점근선)는 한계고도값(sill)이라 부르며, 이 상한계에 근접하는 거리를 한계거리(range)라 부른다. 그리고 y축의 절편의 값을 편위(nugget)라 한다. 여기서 영(0)이 아닌 값을 가지는 편위값은 점에서 반복한 관측을 하는 경우에 다른 값을 가진다는 것을 나타낸다.

분산도를 전개시키는데 있어 표면에서 관측된 변이의 성질에 관한 몇 가지 가정을 내리는 것이 필요하다.

첫째, 단순 크리깅은 표면은 일반적인 경향을 가지지 않고 일정한 평균값을 가지며, 모든 변이는 통계학적이라고 가정한다.

둘째, 보편적 크리깅은 통계학적 변이를 가지는 표면에서 결정론적인 경향이 있다고 가정한다.

이 두 가지 경우에 있어서, 경향이 설명 또는 존재하지 않는다고 가정되면, 다른 모든 변이는 거리의 함수가 된다고 가정할 수 있다.

분산도는 많은 형식을 갖게 되지만 이러한 분산도는 비변환과 변환 분산도(non-transitional and transitional variogram)의 용어로 요약될 수 있다.

비변환 분산도에서는 반분산은 표본위치지정이 증가할수록 일정하게 증가한다. 변환 분산도에서는 반분산은 표본위치지정에 따라 반분산이 한계를 넘게 되는 한계거리까지 증가한다. 한계거리를 벗어나는 반분산의 값을 한계고도값이라 한다. 한계거리를 벗어나게 되면, 표본위치 사이의 공간적 공분산은 존재하지 않는다. 한계거리까지, 반분산은 비변환의 경우에서와 같이 표본위치에 따라 증가한다.

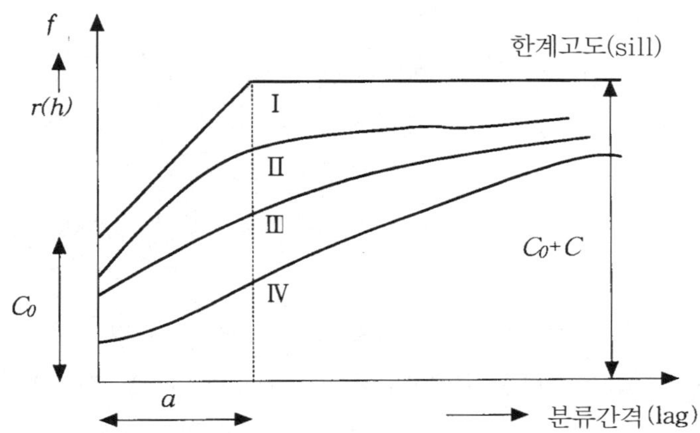

그림 16-14 분산도 모형(Variogram model)

가) 비변환 분산도 모형. 곡선 Ⅰ은 자료에서 경향을 나타낸다. 곡선 Ⅱ는 공간 의존성이 분산도에 의해 지배되는 모든 축척에 대해서 발생한다는 것을 나타낸다.

나) 변환분산도 모형. Ⅰ. 한계고도값에 따라 선형: Ⅱ. 구형모형: Ⅲ. 지수모형: Ⅳ. 가우스 함수모형. 모든 모형은 표본 분류 간격이 임계값을 초과하게 되면, 표본 위치사이에 아무런 공간 의존성이 없다.

분산도의 두 가지 경우는 Y축에 따라 양의 절편(positive intersection)을 지나게 되며, 이러한 Y-절편은 편위(nugget)분산을 추정한다. 이러한 편위는 식 (16-33)에서 비공간으로 상관되는 미소 오차 항 ϵ''을 산정하며, 이러한 노이즈(noise) 항 ϵ''은 관측오차와 표본화 망의 해상력 이상의 짧은 영역의 공간 변이에 의해서 발생한다. 변환 분산도는 구형,

원형, 지수형, 베셀 함수형 또는 가우스 함수형 모형에 의해서 모형화될 수 있다.

이러한 간단한 모형 이외에도, 분산도는 보다 복잡하고 다양한 형태를 보여준다.

기초가 되는 공간적 표현양식에서 비등방성은 다른 방향으로 정해지는 표본으로부터 결정될 때 경사, 한계거리와 한계고도값 및 편위에 의해서 표현되는 분산도에 의해서 밝혀지게 된다. 몇 가지 공간 표현양식이 겹쳐질 때, 분산도는 임의의 축척에서 표본화되는 변이를 포함하는 결합체가 된다. 주기적 변이는 주기적 형체를 가진 분산도를 만들며, 복잡한 형상의 경험적 분산도는 〈**그림 16-14**〉에서와 같이 분산도 모형집합에 의해서 모형화될 수 있다. 예를 들어, 모형의 범위가 두 개의 뚜렷한 공간변이의 축척과 일치되는 이중구형모형을 들 수 있다.

② 분산도(variogram)의 작성법

분산도의 작성은 다음과 같은 사항을 고려하여 처리한다.

가) 크리깅을 위한 입력자료는 일반적으로 점들이 연결적으로 공간상에 배열된 점들의 표본이다.

나) 분산도를 계산하기 위해서는 변이가 거리에 따라 어떻게 증가하는가를 결정할 필요가 있다.

다) 거리의 범위를 불연속적인 간격의 집합으로 나눔으로써 계산할 수 있다. 예를 들어 대상영역에서 거리 영(0)과 최대거리 사이를 10개의 간격으로 나누어 계산할 수 있다.

라) 점의 모든 쌍에 대해서 Z값에서 거리와 제곱의 차를 계산한다.

마) 거리범위의 하나에 대한 각 쌍을 지정하고, 각 범위에서 총 변이를 합한다.

바) 모든 쌍 또는 큰 자료집합에서의 쌍의 견본이 사용된 후에, 각 거리범위에서 평균변이를 계산한다.

사) 각 범위의 중점 거리에서 이 값을 도시한다.

제4편

부록
(Appendix)

1 국외위성현황
(Present Situation of Satellites for Foreign Country)

1) 현재 운영 중인 국외위성현황

(1) TerraSAR-X 위성과 TanDEM-X 위성

① TerraSAR-X 위성

독일의 첫 번째 레이더 위성으로서 2007년 6월 15일 발사에 성공하였으며, 독일항공우주연구원(DLR: Deutsches Zentrum für Luft- und Raumfahrt)과 유럽최고의 위성 전문가 Astrium이 공동조합을 구성하여 수행하였다.

부그림 1-1 TerraSAR-X 위성

※ 출처: http://earth.esa.int/object/index.cfm?fobjectid=5130

제원으로서 궤도고도는 512~530km, 재방문주기는 11일(관측폭 중복주기) 또는 2.5일(지구상 임의점 관측주기, 재방문주기 95%확률일 경우 2일)이다.

영상관측모드는,

○ 고해상도 Spotlight: 1m 해상도, 5 to 10km ×5km(width × length)

○ SpotLight: 2m 해상도, 10km × 10km(width × length)

○ StripMap: 3m 해상도, 30km × 50km(width × length)

○ ScanSAR: 18m 해상도, 100km × 15km(width × length)

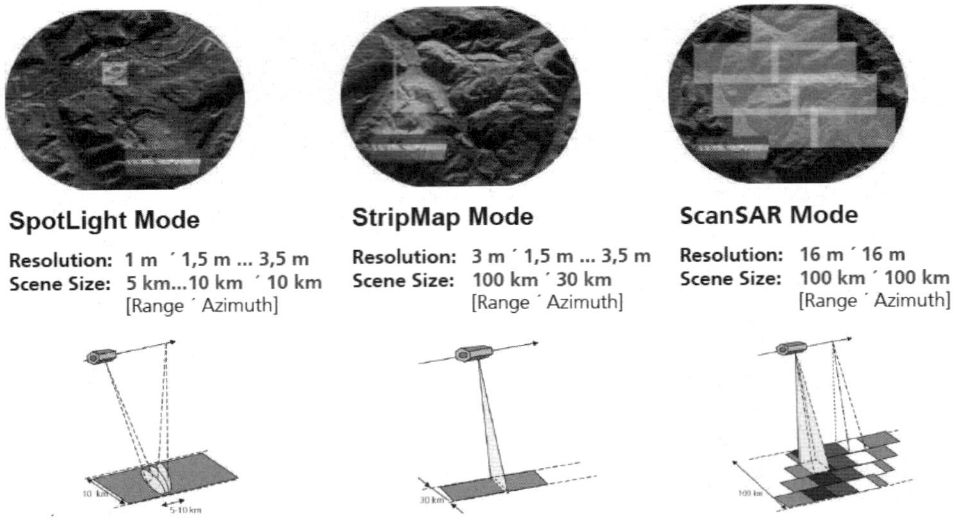

부그림 1-2 TerraSAR-X 위성의 관측모드

※ 출처: http://earth.esa.int/object/index.cfm?fobjectid=5130

부표 1-1 TerraSAR-X 위성의 관측모드별 제원

구 분	SpotLight Mode I	SpotLight Mode II	Experimental SpotLight	StripMap Mode	ScanSAR Mode
Ground Resolution -Across Track -Along Track	 2m 1m	 2m 2m	 1m 1m	 3m 3m	 16m 16m
Product Coverage (Along Across)	5km×10km 2×463km	10km×10km 2×463km	5km×10km 2×463km	〈1500km×30km 2×287km	1500km×100km 2×287km
Access Range (Full Perf)	20° ~55° 2×463km	20° ~55° 2×463km	20° ~55° 2×463km	20° ~45° 2×287km	20° ~45° 2×287km
Access Range (Data Collection)	15° ~60° 2×622km	15° ~60° 2×622km	15° ~60° 2×622km	15° ~60° 2×622km	20° ~60° 2×577km
Sensitivity(NESZ) -typical -worst case	 -23dB -19dB	 -23dB -19dB	 -20dB -16dB	 -22dB -19dB	 -21dB -19dB
Data Rate.mean (8/4BAQ)	340Mbps	340Mbps	680Mbps	580Mbps	580Mbps

※ 출처: http://earth.esa.int/object/index.cfm?fobjectid=5130

② TanDEM-X 위성

DEM을 얻기 위하여 TerraSAR-X로부터 약 200m 낮게 그리고 수km 떨어져서 거의 동일한 궤도운동을 하고 있으며, StripMap 모드(3m 해상도)로 자료가 기록되고 있고 3년 이내에 전 세계에 대해 동일한 정확도의 DEM(상대수직정확도: 2m, 절대수직정확도: 10m)을 제공할 수 있을 것으로 예측되며 수명은 5년으로 예상하고 있다.

부그림 1-3 TanDEM-X 위성

※ 출처: http://earth.esa.int/object/index.cfm?fobjectid=5130

Astrium GEO-Information Services는 EADS Astrium과 DLR과 함께 TerraSAR-X2 위성개발을 준비하고 있으며, 거의 실시간적인 자료제공과 더불어 0.5m 지상해상력을 갖게 되어 새로운 레이더 위성기술이 될 것으로 예상하고 있다.

독일항공우주센터(DLR)는 1m급의 고해상도 레이더 영상을 촬영할 수 있는 TerraSAR-X 위성을 운영하고 있다. 그리고 2010년 6월에 TerraSAR-X와 짝을 이루는 TanDEM-X(TerraSAR-X add-on for Digital Elevation Measurement) 위성을 쏘아 올려 시범운전 단계에 있다. 이 두 위성은 몇 백 m의 거리로 동일 지역의 영상을 촬영하고, NASA에서 제공하는 전 세계 수치고도모형(DEM: Digital Elevation Model)은 약 30m 해상도를 지니고 있는데, TerraSAR-X와 TanDEM-X를 이용한 표고관측은 더욱 정밀한 수치고도모형 제작이 가능하게 한다. 이를 통해 독일항공우주센터는 2014년까지 전 세계 고해상도 수치고도모형을 제공할 것을 목표로 하고 있다.

부그림 1-4 TanDEM-X와 TerraSAR-X를 이용한 수치고도지도(DEM)

(2) ENVIsat 위성과 RadarSAT-1/2 위성, COSMO-SkyMed 위성

① ENVIsat 위성

ENVIsat(Environmental Satellite)는 지구관측위성으로서 지구환경과 기후변화에 대한 연구, 육상표면, 얼음, 눈, 대기권의 화학, 대기권의 에너지 순환에 대한 감시와 모니터링을 위한 목적으로 2002년 3월 1일 프랑스에서 발사되었으며 궤도고도는 790㎞이며, 2~3일 주기를 갖고 있다.

9개의 관측센서, 즉 MERIS(MEdium Resolution Imaging Spectrometer), AATSR(Advanced Along Track Scanning Radiometer), GOMOS(Global Ozone Monitoring by Occultation of Stars), SCIAMACHY(SCanning Imaging Absorption spectroMeter for Atmospheric CHartographY), RA-2(Radar Altimeter-2), MWR(Microwave Radiometer), DORIS(Doppler Orbitography and Radiopositioning Integrated by Satellite), GOMOS(Global Ozone Monitoring by Occultation of Stars), MIPAS(Michelson Interferometer for Passive Atmospheric Sounding), ASAR(Advanced Synthetic Aperture Radar)을 갖고 있다.

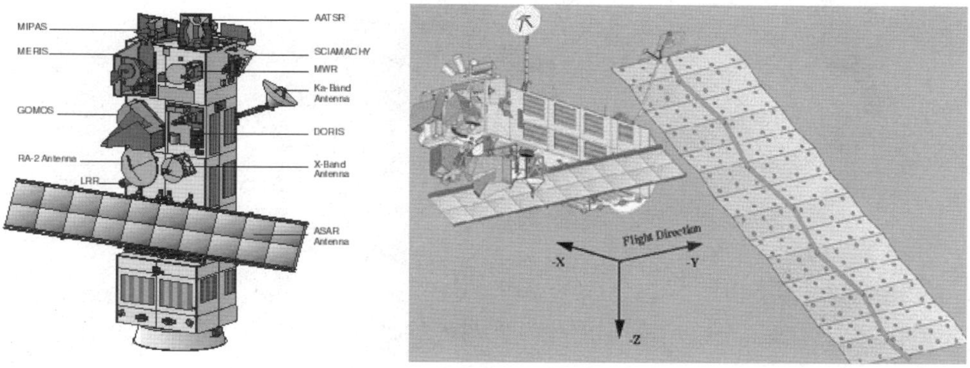

부그림 1-5　ENVIsat과 ASAR안테나

※ 출처: http://envisat.esa.int/instruments

주요센서는 ASAR로서 C밴드를 사용하며 편광, 입사각, 해상도는 다음 **부표 1-2**와 같다.

부표 1-2　ENVIsat/ASAR 특성

모드	Id	편광	입사각	해상도	관측폭
Alternating polarisation	AP	HH/VV, HH/HV, VV/VH	15-45°	30-150m	58-110km
Image	IM	HH, VV	15-45°	30-150m	58-110km
Wave	WV	HH, VV		400m	5×5km
Suivi global (ScanSAR)	GM	HH, VV		1km	405km
Wavescan (ScanSAR)	WS	HH, VV		150m	405km

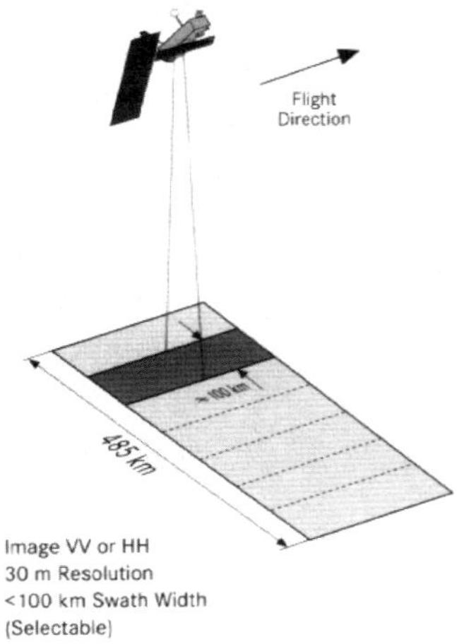

(a)Image Mode

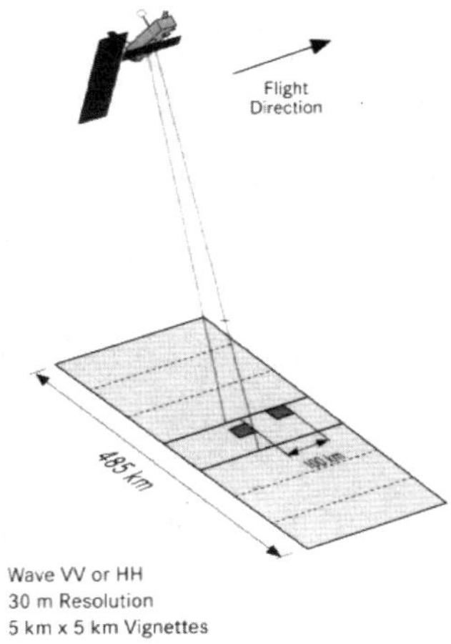

(b)Wave Mode

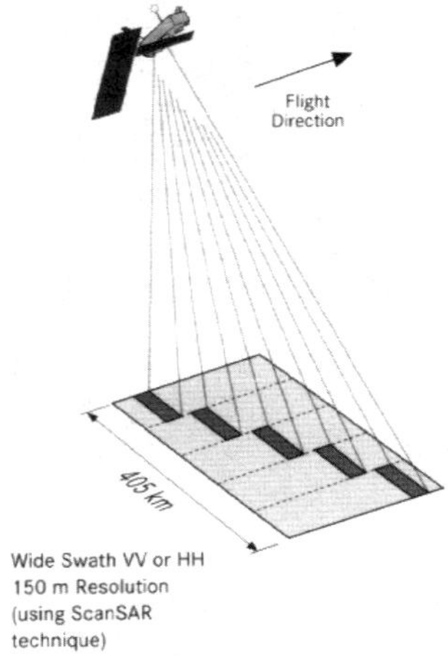

(c)Wide Swath Mode

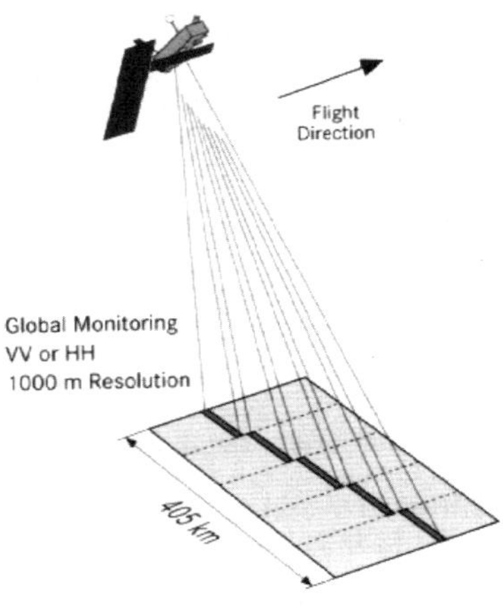

(d)Global Monitoring Mode

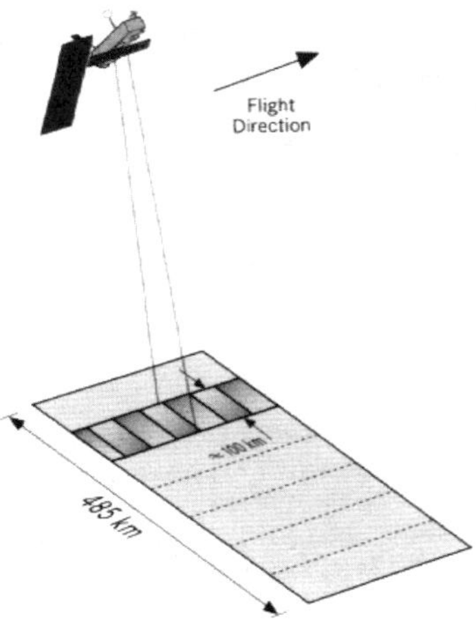

(e)Alternating Polarisation Mode

부그림 1-6 ENVIsat/ASAR의 모드 종류

※ 출처: http://envisat.esa.int/instruments

또한 ENVIsat/ASAR와 RADARSAT을 비교하면 다음 **부표 1-3**와 같다.

부표 1-3 RADARSAT과 ENVIsat/ASAR 비교

구 분	RADASAT-1 (1995-) SAR	ENVISAT (2002-) ASAR	RADARSAT-2 (2003-)SAR
해상도	10~100m	30~1,000m	3~100m
편광	HH	HH,VV,HV or VH	HH,HV,VV and VH
Look direction	Right-looking (Left-looking for Antarctic missions)	Routine left-and right-looking operation	Routine left- and right- looking operation
Onboard recording device	Analogue recorders	Solid-state recorders	Solid-state recorders
Location Accuracy Device	없음	정밀궤도보정을 위해 3개 탑재(MWR,DORIS, LRR)	GPS 수신기 탑재
Yaw-steering	없음	있음	있음
Polarimetry	No	No	Yes

RADARSAT-1은 single polarization data[horizontal(HH) polarization state antenna로 송수신을 함]인데 반하여, ENVISAT의 ASAR센서는 multi-polarization 기능이 있어서 2 layers 정보를 갖는 영상을 취득한다.

ASAR는 dual-channel 데이터를 제공하고 있는데 Alternating Polarisation 모드는 3가지 다른 체널조합 중 한 가지를 제공하고 있으며, 체널조합은 VV와 HH, HH와 HV, VV와 VH가 있다.

VV편광은 물결과 같은 작은 규모의 거칠음도 감지할 수 있어서 HH 편광보다 더 효과적이다.

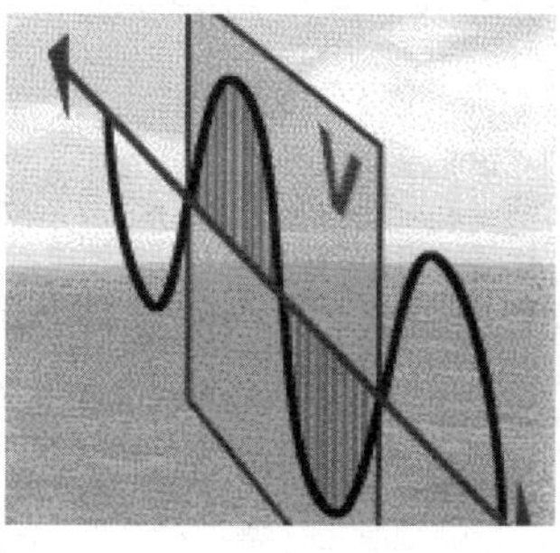

부그림 1-7 VV 편광

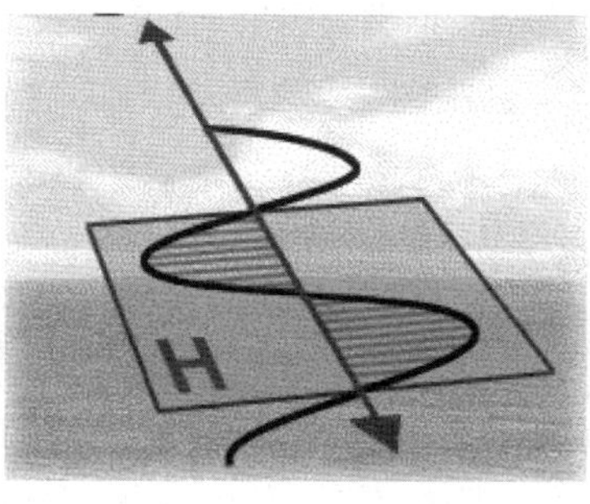

부그림 1-8 HH 편광

HH편광은 식물의 분포밀도에 영향을 적게 받으며 토양습도를 조사하는데 효과적이고 물결에 대한 영향이 적어 해양에서 얼음과 물을 구분하는데 매우 적합하다. 따라서 바다에서 선박을 검출하는데도 유용하다.

부그림 1-9 VH 편광

부그림 1-10 HV 편광

HV 또는 VH모드는 물 표면에서의 산란을 잘 감소시키므로 해상에 있는 다양한 목표물을 찾아내는데 유용하다. 즉, 선박의 상부구조, 다양한 유빙형태 등을 검출하는데 적합하다.

② RADARSAT-1/2

캐나다의 첫 번째 지구관측 위성인 RADARSAT-1은 CSA(Canadian Space Agency)에 의해 개발되어 1995년 11월에 발사되었다. RADARSAT-1 위성은 C-band(5.3㎓, 5.66㎝ 파장), HH 편광모드를 사용하며, 다양한 범위의 입사각과 관측폭을 가진 여섯 개의 촬영모드를 지원한다. 관측시간은 각 궤도에서 최대 28분이며, 데이터 저장을 위해서 2개의 데이터 저장장치를 갖추고 있다. 지상해상도는 8~100m 정도이며, 입사각은 10~59°, 관측폭은 50~500㎞로서 다른 위성에 비해 해상도나 입사각에서 매우 유동적이다. RADARSAT-1의 고도는 약 800㎞이고 궤도경사각은 98° 이며 주기는 98분이다. 위성은 매 궤도마다 서쪽으로 26° (적도에서 약 2,830㎞의 거리에 해당함)씩 이동 한다. RADARSAT-2호는 2007년 12월에 발사되었으며 상업 SAR 위성으로서 최고 해상도인 3m ultra fine 해상도를 지원하고, 좌우측 관측이 가능하고 사용자가 편광모드를 선택적으로 운영할 수 있다. GPS 안테나를 탑재함으로서 20m 이내의 오차를 지닌 위치 정보를 제공한다.

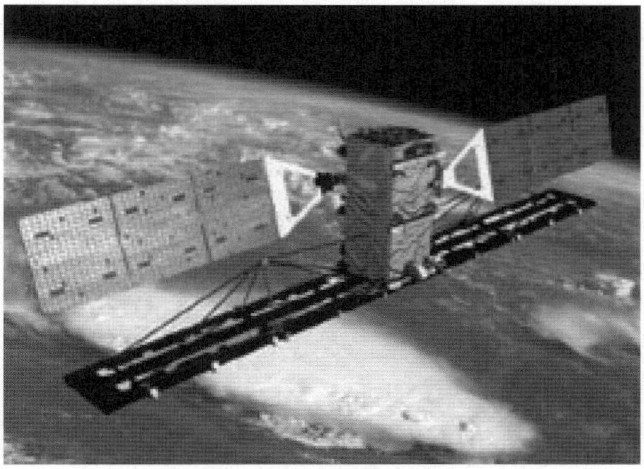

부그림 1-11 RADARSAT-1 위성

※ 출처: http://www.asc-csa.gc.ca/eng/satellites/radarsat1/

부표 1-4 RADARSAT-1, 2 및 Constellation 제원

구 분	RADARSAT-1	RADARSAT-2	RADARSAT Constellation
해상도	8m×8m (stripmap mode)	1m×3m (spotlight mode)	1m×3m (spotlight mode)
총무게	2,750kg	2,220kg	1,300kg
수명	5년	7년	7년
SAR antenna 크기	15m×1.5m	15m×1.5m	6.75m×1.38m
Solar arrays(each)	2.21m×1.32m	3.73m×1.8m	2.2m×1.7m 0.5m×1.6m
Bus	3.55m×2.46m	3.7m×1.36m	Canadian SmallSat Bus
Look Direction	Right looking	left-and right - looking	다중위성으로 없어짐

부표 1-5 RADARSAT-1, 2 및 Constellation 제원(Radar)

구 분	RADARSAT-1	RADARSAT-2	Constellation RADARSAT
사용밴드	C-Band	C-Band	C-Band
주파수	5.3㎓	5.405㎓	5.405㎓
밴드폭	30㎒	100㎒	100㎒
편광	HH	HH,VV,HV,VH	HH, VV, HV, VH Compact Polarimetry
Polarization Isolation	>20dB	>25dB	>28dB (as of latest specs)
Aperture 길이	15m	15m	6.75m
Aperture 폭	1.5m	1.37m	1.38m
무게	679kg	750kg	400kg approximate

부표 1-6 RADARSAT-1, 2 및 Constellation 제원(Orbit)

	RADARSAT-1	RADARSAT-2	Constellation RADARSAT
고도	793-821㎞	798㎞	592.7㎞
경사각	98.6도	98.6도	97.74도
Duration of one orbit	100.7분	100.7분	96.4분
Descending node	6:00시	6:00시	6:00시 ±15분
Ascending node	18:00시	18:00시	18:00시
Sun-synchronous	14 orbits/일	14 orbits/일	14.92 orbits/일

RADARSAT-1

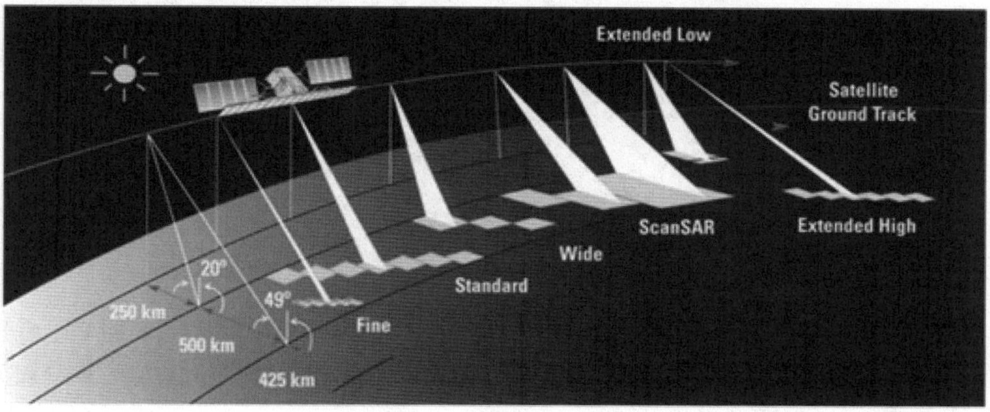

부그림 1-12 RADARSAT-1 관측모드

※ 출처: http://www.asc-csa.gc.ca/eng/satellites/radarsat1/

부표 1-7 RADARSAT-1의 관측모드 제원

빔모드	관측폭(km)	해상도(m)
Fine	45	8
Standard	100	30
Wide	150	30
ScanSAR narrow	300	50
ScanSAR wide	500	100
Extended high incidence	75	18~27
Extended low incidence	170	30

※ 출처: http://www.asc-csa.gc.ca/eng/satellites/radarsat1/

RADARSAT-2

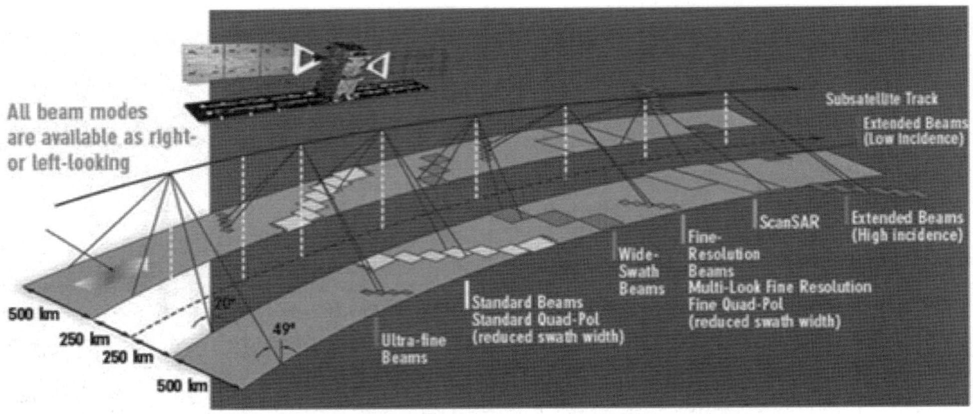

부그림 1-13 RADARSAT-2 위성 관측모드

※출처: http://earth.esa.int/object/index.cfm?fobjectid=5130

부표 1-8 RADARSAT-2 위성의 관측모드 제원

빔모드	센서	관측폭(km)	해상도(m)*
Selective Polarization Transmit H or V receive H and.or V	Fine	50	10×9
	Standard	100	25×28
	Low incidence	170	40×28
	High incidence	75	20×28
	Wide	150	25×28
	ScanSAR narrow	300	50×50
	ScanSAR wide	500	100×100
Polarimetric Transmit H and B on alternate pulses/receive H and V on any pulse	Fine Quad-pol	25	11×9
	Standard Quad-pol	25	25×28
Selective Single Polarization Transmit H or V receive H or V	Ultra-Fine	20	3×3
	Spotlight	18	3×1
	Multi-Look Fine	50	11×9
*: Ground range by azimuth			

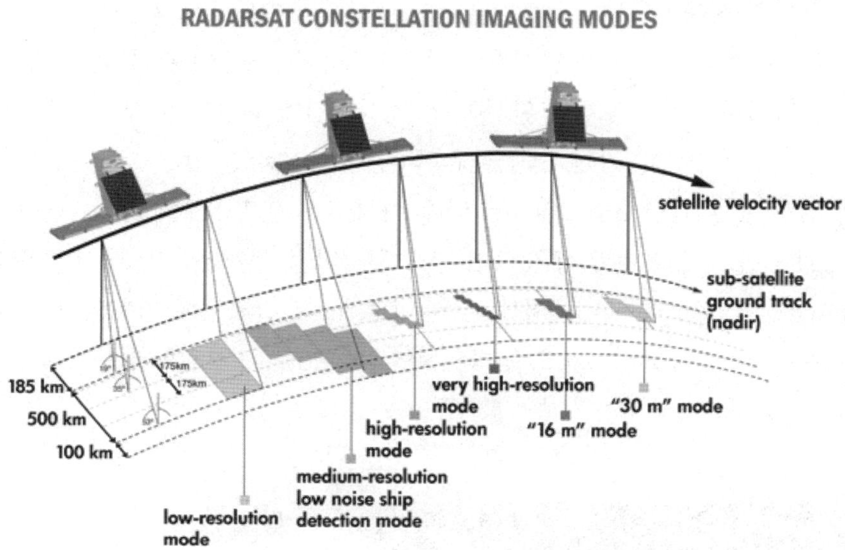

부그림 1-14 RADARSAT-Constellation 관측모드

※출처: http://earth.esa.int/object/index.cfm?fobjectid=5130

부표 1-9 RADARSAT-Constellation 관측모드 제원

빔모드	관측폭(km)	해상도(m)
Low Resolution	500	100×100
Medium Resolution(maritime)	350	50×50
Medium Resolution(Land)	30	16×16
Medium Resolution(Land)	125	30×30
High Resolution	30	5×5
Very High Resolution	20	3×3
Ice/Oil Low Noise	350	100×100
25m ship mode	350	유동적
Spotlight mode	5	1×3

※ 출처: http://earth.esa.int/object/index.cfm?fobjectid=5130

③ COSMO-SkyMed

X-밴드(9.6㎓)의 SAR센서를 탑재하고 있으며 2007년 6월에 발사되어 2010년까지 4개의 위성을 발사하여 위성체계를 완성하며, 기상조건에 관계없이 신속하게 재방문하여 산사태, 가뭄, 홍수, 오염, 지진, 농작물 작황 등을 모니터링 할 수 있도록 계획하였다.

첫 번째 위성은 2007년 6월 7일, 두 번째 위성은 2007년 12월 8일, 세 번째 위성은 2008년 10월 24일, 네 번째 위성은 2010년 11월 5일에 발사했으며, 네개의 위성은 미국 Vandenberg Air Force 기지에서 Boeing Delta II 발사체에 탑재되어 발사되었다.

COSMO-SkyMed위성은 프랑스 광학위성인 Pleïades-HR위성과 통합시스템을 운영하고 있다.

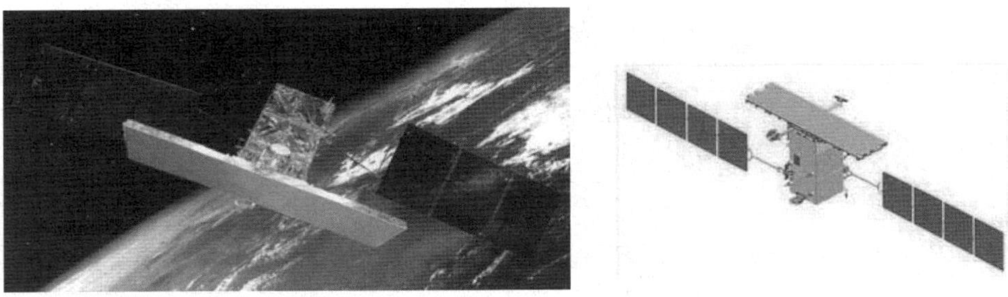

부그림 1-15 COSMO-SkyMed 위성

※ 출처: http://earth.esa.int/object/index.cfm?fobjectid=5130

부표 1-10 COSMO-SkyMed 위성 제원

항 목	내 용
센 서	X-밴드(9.6㎓) SAR
탑재체	Prima Bus
수 명	5년
무 게	1900kg
궤 도	619km×619km, 97.86°

※ 출처: http://earth.esa.int/object/index.cfm?fobjectid=5130

부표 1-11 COSMO-SkyMed 위성 구성

위 성	발사일	LS	발사체	비고
COSMO 1	2007년 06월 7일	Va SLC-2W	Delta-7420-10C	
COSMO 2	2007년 12월 8일	Va SLC-2W	Delta-7420-10C	
COSMO 3	2008년 10월 24일	Va SLC-2W	Delta-7420-10C	
COSMO 4	2010년 11월 5일	Va SLC-2W	Delta-7420-10C	

※ 출처: http://earth.esa.int/object/index.cfm?fobjectid=5130

자료취득모드는,

○ Spotlight/Frame: 관측면적(10 × 10㎞), 해상력(1m)

○ HIMAGE/Stripmap: 관측폭(40㎞), 해상도(3~15m)

○ WideRegion/ScanSAR: 관측폭(100㎞), 해상도(30m)

○ HugeRegion ScanSAR: 관측폭(200㎞), 해상도(100m)

○ Ping Pong/Stripma p: 관측폭(30㎞), 해상도(15m)

부표 1-12 COSMO-SkyMed 위성 관측모드 제원

<table>
<tr><th rowspan="2">상대정확도</th><th>Spot</th><th>Strip</th><th>ScanSAR Wideregion</th><th>ScanSAR Hugeregion</th></tr>
<tr><th colspan="4">B⊥=100÷3500(extimed with an accuracy better of 20%)Coherence≥0.8</th></tr>
<tr><td>상대고도정확도[m]</td><td>≤5</td><td>≤12</td><td>≤24</td><td>≤53</td></tr>
<tr><td>상대수평정확도[m]</td><td>≤5</td><td>≤12</td><td>≤22</td><td>≤45</td></tr>
</table>

※ 출처: http://earth.esa.int/object/index.cfm?fobjectid=5130

부표 1-13 COSMO-SkyMed 위성 관측모드별 정확도

절대정확도	Spotlight	Stripmap	ScanSAR Wideregion	ScanSAR Hugeregion
Normal Baseline Incidence angle Terrain slope @95% points	B⊥=300÷600 40° ⟨ϑ⟨50° α≤30°	B⊥=150÷250 45° ⟨ϑ⟨50° α≤25°	B⊥=80÷130 39° ⟨ϑ⟨46° α≤20°	B⊥=80÷130 37° ⟨ϑ⟨46° α≤15°
절대고도정확도[m]	8	17	28	58
절대수평정확도[m]	18	22	30	52
Posting[m×m]	3×3	10×10	30×30	100×100

④ Pleiades HR 위성

프랑스국립우주연구센터(CNES: Centre National d'Etudes Spatiales)에 의해 계획된 다목적 저궤도 SPOT 시리즈 위성으로서 프랑스-이탈리아 합작위성체계(French-Italian Orfeo system)의 고해상도 광학위성으로서 COSMO-SkyMed SAR 위성을 지원하기 위해 2008년에 첫 번째 발사가 이뤄졌다.

부그림 1-16 Pleiades 위성

관측폭은 20km, 해상도는 70cm, 다양한 관측방향에서 자료취득이 가능하며, 수명은 5년이고, SPOT-6호 위성(2012년 예정), SPOT-7호 위성(2014년 예정)과 연계할 계획이며, 관측폭은 60×60km, 해상도는 2m, 수명은 기존 SPOT 위성의 두 배로 계획하고 있다.

(3) WorldView-1/2 위성, OrbView-3, 4 및 5(GeoEye-1) 위성

① WorldView-1/2 위성

WorldView-1위성은 2007년 9월 18일 발사되어 50㎝(Pan.)의 해상도를 지원하고 있으며 정밀지도 제작이나 토지이용변화분석 등에 효과적으로 사용되며 DigitalGlobe에서 영상을 공급하고 있다.

WorldView-2는 DigitalGlobe사의 2세대 위성으로서 Ball Aerospace사에 의해 제작되었다. 고도는 770㎞로서 고해상도 영상취득 능력은 100만㎢/일 이다. 또한 지구상 어느 지역도 1.1일이면 재방문할 수 있는 방문주기를 갖고 있으며, Pan.(0.46㎝), 8밴드 Multi.영상(1.84m)을 지원하여 자동차, 그림자지역, 각각의 나무객체를 구분할 수 있는 고해상도의 선명한 영상자료를 제공하고 있다.

(a)WorldView-1 (b)WorldView-2

부그림 1-17 WorldView-1, 2 위성

※ 출처: http://en.wikipedia.org/wiki/WorldView-1

부표 1-14 WorldView-1 위성 특성

구 분	내 용
발사일	2007년 9월 18일
발사체	Boeing Delta 7920(9-strap-ons)
발사장소	미국 Vandenberg Air Force 기지
궤도고도	496km
궤도경사	태양동주기
위성체 크기 및 전력	3.6 × 2.5m solar arrays: 7.1m, 2500kg, 3.2kW, 100Ahr battery
적도통과시간	10:30 AM(descending node)
방문주기	1.7 일(1m GSD 이하) 5.9 일(20° off-nadir 이하[0.51m GSD)]
관측폭	17.6km at nadir
전체영상크기	17.6 × 14km or 246.4km 2 at nadir
궤도시간	94.6분
Dynamic Range	11 bits/pixel
해상력	0.50m GSD at nadir 0.55m GSD at 20° off-nadir
영상밴드	Panchromatic
Geolocation 정확도 (CE 90%)	2.0m(GCP 사용)
자세제어장치	3-axis stabilized Actuators: Control Moment Gyros(CMGs) Sensors: Star trackers, solid state IRU, GPS
저장능력	2,199 gigabits solid state with EDAC
최대관측크기	60 × 110km mono 30 × 110km stereo

※ 출처: http://en.wikipedia.org/wiki/WorldView-1

부표 1-15 WorldView-2 위성 특성

구 분	내 용
발사일	2009년 10월 8일
발사체	Delta 7920(9 strap-ons)
발사장소	미국 Vandenberg Air Force 기지
궤도고도	770㎞
궤도	태양동주기, 10:30AM(LT) descending Node
궤도주기	100분, 7.25년 수명
발사체 크기 및 전력	4.3 × 2.5m, solar arrays: 7.1m, 2800㎏, 3.2㎾, 100 Ahr battery
영상밴드	Panchromatic 8 Multispectral(4 standard colors: red, blue, green, near-IR), 4 new colors: Red Edge Band(705~745㎚), Coastal Band(400~450㎚), Yellow Band(585~625㎚), Near Infrared(IR) 2 Band(860~1040㎚)
해상력	Panchromatic: 0.46m GSD at Nadir, 0.52m GSD at 20° Off-Nadir Multispectral: 1.8m GSD at Nadir, 2.4m GSD at 20° Off-Nadir
Dynamic Range	11-bits per pixel
관측폭	16.4 ㎞ at nadir
자세제어장치	3-axis stabilized
저장능력	2,199 gigabits solid state with EDAC Communications Image and Ancillary Data: 800 Mbps X-band
최대관측각	±40° off-nadir
방문주기	1.1 일(1m GSD), 3.7일(20° off-nadir 또는 0.52m GSD 이하)
Geolocation 정확도	2.0m(GCP 사용)

※ 출처: http://en.wikipedia.org/wiki/WorldView-2

QuickBird, WorldView-1, 2의 특성을 비교하면 다음과 같다.

부표 1-16 QuickBird, WorldView-1, 2 특성 비교

DigitalGlobe Satellites	QuickBird	WorldView-1	WorldView-2(Q3-09)
해상도	60㎝	50㎝	50㎝
관측폭	16.5㎞	17.6㎞	16.4㎞
방문주기	2.4일	1.7일	1.1일
Slew Time	62 초	9 초	9 초
Spectral Bands	Pan+4MS	Pan	Pan+8MS
Accuracy Spec.	24M CE90	6.5M CE90	6.5M CE90
Collection	210,000㎢/일	750,000㎢/일	975,000㎢/일

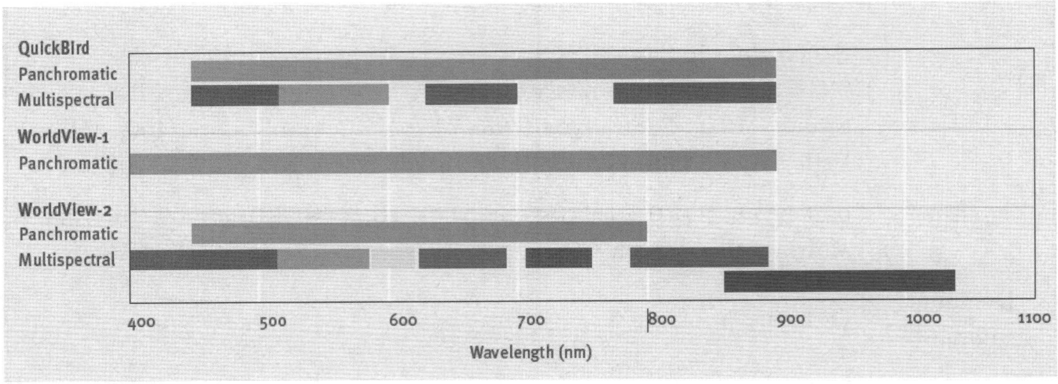

부그림 1-18 QuickBird, WorldView-1, 2 밴드특성

② OrbView-3, 4

OrbView-4는 2001년 09월 21일, OrbView-3 위성은 2003년 6월 26일에 발사되었으며, OrbView-3은 1m(pan.)과 4m(multi.) 영상을 8㎞ 관측폭으로 제공되고 있다. 영상포맷은 GeoTIFF, TIFF, NITF 등으로 공급되며 RPCs(Rational Functions Project 계수)가 함께 포함되어 있다. OrbView-4호는 1m(pan.)와 8m(200-channel hyperspectral)의 해상도를 갖는 영상을 공급하며 재방문주기도 3일 이내로 계획되었으나 운영에 실패하였다.

부그림 1-19 OrbView 위성

부표 1-17 OrbView-3호 위성 제원

OrbView-3 Specifications		
영상모드	Panchromatic	Multispectral
공간해상도	1m	4m
영상채널	1 channel	4 channels
밴드 영역	450~900nm	450~520nm(blue)
		520~600nm(green)
		625~695nm(red)
		760~900nm(near IR)
관측폭	8km	
Dynamic Range	11 bits/pixel	
발사일	2003년 6월 26일	
수명	5년	
영상범위	사용자 정의	
방문주기	3일	
고도	470km	
Nodal Crossing	10:30 AM	

③ GeoEye-1(OrbView-5)

GeoEye-1위성은 GeoEye사에 의해 개발된 상업용위성으로서 0.41m(pan.)와 1.65m(multi.) 영상을 제공하고, 최소 3일 이내 재방문주기를 갖도록 제작되었다. 하루에 350,000㎢이상지역의 pan-sharpened multispectral 위성영상과 700,000㎢ 이상의 pan. 영상을 취득할 수 있다.

부그림 1-20 GeoEye-1 위성

※ 출처: http://www.multilingualarchive.com/ma/enwiki/ko/GeoEye

부표 1-18 GeoEye-1 위성 제원

<table>
<tr><th>구 분</th><th>내 용</th></tr>
<tr><td>발사일</td><td>2008년 9월 6일 11:50:57~11:52:21 AM PST</td></tr>
<tr><td>고도</td><td>684km</td></tr>
<tr><td>카메라모드</td><td>· panchromatic and multispectral(pan-sharpened) 동시관측
· Panchromatic만 관측
· Multispectral만 관측</td></tr>
<tr><td>해상력</td><td>0.41m panchromatic(nominal at Nadir)
1.65m multispectral(nominal at Nadir)</td></tr>
<tr><td>해상력</td><td>CE 입체: 2m
LE 입체: 3m
CE 모노: 2.5m
- 지상기준점이 없을 경우 90%수평위치오차 CE (circular error), 수치위치오차 LE (linear error)</td></tr>
<tr><td>관측폭</td><td>· 공칭관측폭: 15.2km
· Single-point scene: 225km² (15×15km)
· Contiguous large area: 15,000km² (300×50km)
· Contiguous 1° cell size areas: 10,000km² (100×100km)
· Contiguous stereo area: 6,270km² (224×28km)</td></tr>
<tr><td>관측방향</td><td>모든 방향 관측 가능</td></tr>
<tr><td>고도 684 km에서 방문주기 (40° 위도 목표)</td><td><table>
<tr><th>Max Pan GSD (m)</th><th>Off Nadir Look Angle (deg)</th><th>Average Revisit (days)</th></tr>
<tr><td>0.42</td><td>10</td><td>8.3</td></tr>
<tr><td>0.50</td><td>28</td><td>2.8</td></tr>
<tr><td>0.59</td><td>35</td><td>2.1</td></tr>
</table></td></tr>
<tr><td>모자이크 영상 생성</td><td>700,000km²/일 이상(pan 영상)
350,000km²/일 이상(pan-sharpened multispectral 영상)</td></tr>
</table>

(4) IKONOS 위성과 Quick Bird 위성

① IKONOS 위성

IKONOS 위성은 5m 이내의 해상도를 갖는 DEM을 생성할 수 있는 입체영상촬영이 가능하며 near nadir scene으로부터는 1m 이내의 모자이크 위성영상을 생성할 수 있다.

부그림 1-21 IKONOS 위성

※ 출처: http://earth.esa.int/object/index.cfm?fobjectid=5130

부표 1-19 IKONOS 위성 제원

특성	내 용
발사일	1999년 9월 24일(미국 Vandenberg Air Force에서 발사)
수 명	7년
궤 도	98.1° (태양동주기)
궤도속도	7.5km/초
지상에 대한 속도	6.8km/초
지구주위 회전	14.7, 매 24시간
고 도	681km
해상도(Nadir)	0.82m(panchromatic), 3.2m(multispectral)
해상도(26° Off-Nadir)	1.0m(panchromatic), 4.0m(multispectral)
관측폭	11.3km(at nadir), 13.8km(at 26° off-nadir)
적도통과시간	10:30 AM(solar time)
방문주기	3일(at 40° 위도)
Dynamic Range	11-bits/pixel
영상밴드	Panchromatic, blue, green, red, near IR

※ 출처: http://earth.esa.int/object/index.cfm?fobjectid=5130

② QuickBird 위성

DigitalGlobe는 2001년 10월 미국 캘리포니아에서 보잉사의 델타로켓으로 Quickbird-2 위성을 성공적으로 발사하였다. 이에 앞서 2000년 11월 Quickbird-1을 발사하였으나 궤도 진입에 실패하였다. Quickbird-2는 궤도고도 450㎞에서 0.61m(pan.)과 2.4m(multi.) 해상도의 영상을 제공하고 있다.

부그림 1-22 QuickBird 위성

※ 출처: http://earth.esa.int/object/index.cfm?fobjectid=5130

부표 1-20 QuickBird 위성 제원

구 분	내 용
발사일	2001년 10월 18일
발사체	Boeing Delta II
발사장소	미국 Vandenberg Air Force 기지
궤도고도	450㎞
궤도경사	97.2° (태양동주기)
궤도속도	7.1㎞/sec(25,560㎞/hour)
적도통과시간	10:30 AM(descending node)
궤도시간	93.5분
방문주기	1~3.5일, 고도에 따라 다름(30° off-nadir)
관측폭	16.5 × 16.5㎞(at nadir)
정확도	23m(수평위치, CE90%)
Digitization	11 bits
해상력	Pan: 61㎝(nadir)~72㎝(25° off-nadir) MS: 2.44m(nadir)~2.88m(25° off-nadir)
영상밴드	Pan: 450~900㎚ Blue: 450~520㎚ Green: 520~600㎚ Red: 630~690㎚ Near IR: 760~900㎚

(5) RapidEye 위성과 DubaiSat 위성 및 CARTOSAT-1 위성

① RapidEye 위성

RapidEye 위성계획은 1996년에 시작되어 2008년에 국제표준인 ISO 9001:2000 인증을 받았으며, 대규모 지역을 지속적으로 모니터링 할 수 있는 위성체계를 갖기 위해서 5개의 위성을 동일궤도에 위치시켰다.

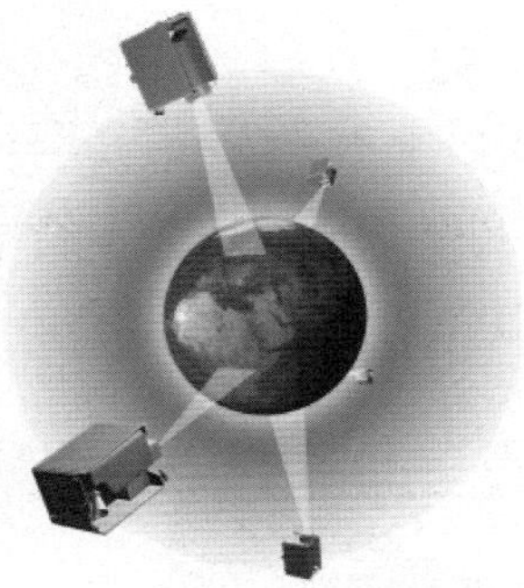

부그림 1-23 RapidEye 위성

※ 출처: http://earth.esa.int/object/index.cfm?fobjectid=5130

부표 1-21 RapidEye 위성 제원

구 분	내 용
발사일	2008년 8월 29일
위성수	5개
수명	7년
궤도고도	630㎞
적도통과시간	11:00 AM
센서 유형	Multi-spectral push broom imager
밴드	Blue: 440 - 510㎚ Green: 520 - 590㎚ Red: 630 - 685㎚ Red Edge: 690 - 730㎚ NIR: 760 - 850㎚
지상해상도	6.5m
영상소 크기(정사투영)	5m
관측폭	77㎞
재방문시간	매일(off-nadir)/5.5일(at nadir)
영상관측 저장능력	4백만 ㎢/day
Dynamic Range	12 bit까지

제공되는 영상의 처리수준은 Level 1B, 3A로 구분되는데 Level 1B는 방사 및 센서보정을 실시한 자료로서 위성에 탑재된 자세 및 궤도이력정보를 사용하여 보정된다. Level 3A는 방사, 센서보정, 기하보정을 실시한 자료로서 6m 정확도의 DEM을 이용한 정사영상을 제공한다.

자료공급에서 영상포맷은 GeoTIFF, NITF, 투영기준계는 UTM WGS84로서 FTP, DVD, CD 등으로 공급된다.

② DubaiSat 위성

DubaiSat-1은 UAE에서 첫 번째 지구관측위성으로 발사한 것으로서 위성의 디자인과 개발은 한국의 ㈜쎄트렉아이에 의해 이뤄졌다. 2009년 7월 29일 발사되었으며 국내 ㈜쎄트렉아이에서 상용 판매하고 있다.

부그림 1-24 DubaiSat-1 위성

※ 출처: http://www.satreci.com/ds2_1_2.html

부표 1-22 DubaiSat-1 위성 제원

구 분	내 용
궤 도	태양동주기
고도	680km
궤도경사각	98.13°
무게	200kg(Bus: 150kg)
크기	Ø 1,200 × 1,200(mm)
자세 정확도	0.2° (Full 3-axis stabilized)
수명	5년
밴 드	Pan: 420~720nm MS1: 420~510nm(Blue) MS2: 510~580nm(Green) MS3: 600~720nm(Red) MS4: 760~890nm(Near Infrared)
해상력	2.5m(Pan), 5m(MS)
관측폭	20km
FOR(Field Of Regard)	720km (this provides an event monitoring capability)
Quantization	8bits

③ CARTOSAT-1 위성

같은 궤도에서 입체영상을 취득할 수 있도록 디자인된 인도의 최초위성으로서 지도제작을 목적으로 사용되며 위성카메라의 해상도는 2.5m이다. 즉 CARTOSAT-1은 DEM, 정사영상생성, GIS의 응용에 필요한 자료를 제공한다.

전방카메라는 2.452m의 해상도로서 29.42km의 관측폭을 갖고 있고 ±23° 까지 경사촬영이 가능하며 방문주기는 5일이다. 후방카메라는 2.187m의 해상도로서 26.24km의 관측폭을 갖고 있고 ±23° 까지 경사촬영이 가능하며 방문주기는 5일이다. 두 카메라의 분광밴드는 0.5~0.85㎛이고 데이터 압축은 3.2:1 JPEG을 사용한다.

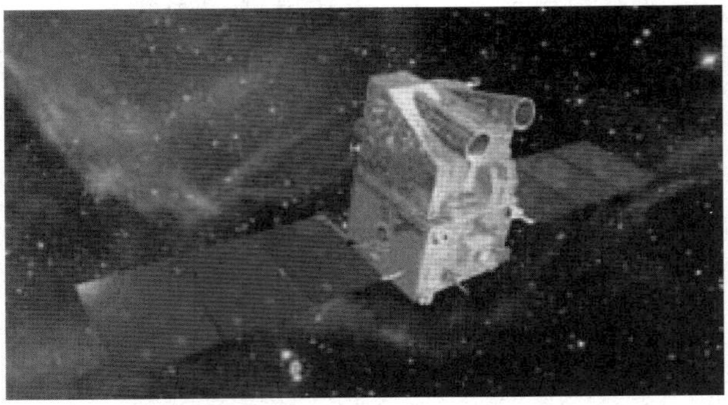

부그림 1-25 CARTOSAT-1 위성

※ 출처: http://earth.esa.int/object/index.cfm?fobjectid=5130

부표 1-23 CARTOSAT-1 위성 제원

구 분	내 용
발사일	2005년 5월 5일
발사장소	Sriharikota, India
해상력	2.5m
관측폭	30km
관측방식	두 개의 다른 각도로 장착된 카메라로 같은 지역을 촬영할 수 있도록 제작(3차원정보취득 가능)
고도	617.99km
Orbits Per Day	15
Orbital Repeat Cycle	116일
Nominal Wait Time to Acquire Adj.Path	11일
Max. Wait Time for Revisit	5일
Node for P/L Operations	Descending Node
적도통과시간	10:30 AM
Semi-major axis	6996.128km
Eccentricity	0.001
Inclination	97.87°

(6) CBERS-2 위성과 FORMOSAT-2 위성

① CBERS-2 위성

CBERS-2위성은 중국(70%), 브라질(30%)이 공동으로 개발한 위성으로서 3가지 다른 특성의 카메라를 탑재하고 있다. 즉 WFI(Wide Field Imager), IRMSS (Infrared MSS), CCD(Charge Coupled Device)카메라로서 그 중 고해상도 CCD카메라는 이 위성의 주요임무를 맡고 있다. 가시광선에서 근적외선까지 4개의 밴드(B1: 0.45~0.52㎛, B2: 0.52~0.59㎛, B3: 0.63~0.69㎛, B4: 0.77~0.89㎛)와 한 개의 pan. 밴드(B5: 0.51~0.73㎛)를 이용하고 있다. 궤도는 태양동주기로서 고도는 778㎞, 스트립폭은 113㎞, multi. 밴드 해상도는 20m이다.

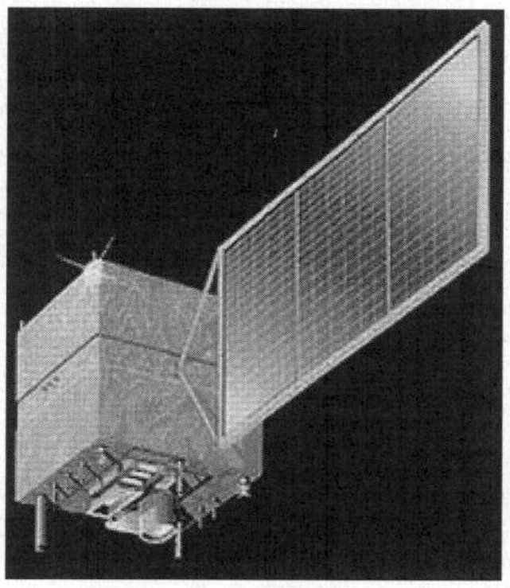

부그림 1-26 CBERS-2 위성

※ 출처: http://earth.esa.int/object/index.cfm?fobjectid=5130

부표 1-24 CBERS-2 위성 제원

구 분	내 용
Resolution	20~260m
Launch Date	2003년 10월 21일
Launch Location	Taiyuan Satellite Launch Center in China
Total Mass	1450㎏
Power Generation	1100W
Sun-Synchronous Orbit	778㎞ 14 revolutions per day
Equator Crossing Time	10:30 AM
Lifetime Orbit	2년

가) WFI(Wide Field Imager): 광대한 지형조사(890km wide) — 5일 간격

구 분	내 용
밴드	0.63~0.69㎛(red), 0.77~0.89㎛(infrared)
Field of view	60°
공간해상력	260 × 260m
관측폭	890km
Temporal resolution	5일
RF carrier frequency	8203.35㎒
Image data bit rate	1.1Mbit/s EIRP 31.8dBm

나) HRC(High Resolution Camera): 도시 및 지역조사

구 분	내 용
밴드(5개)	pan: 0.51~0.73㎛ blue: 0.45~0.52㎛ green: 0.52~0.59㎛ red: 0.63~0.69㎛ near infrared: 0.77~0.89㎛
Field of view	8.3°
공간해상력	20 × 20m
관측폭	113km
Mirror pointing capability	±32°
Temporal resolution	26 days nadir view(3 days revisit)
RF carrier frequency	8103~8321㎒
Image data bit rate	2 × 53Mbit/s EIRP 43dBm

다) IRMSS(InfRared MultiSpectral Scanner): 특수 촬영(120㎞ wide) — 26일 간격

구 분	내 용
밴드	0.50~0.80㎛(panchromatic)
Field of view	2.1°
공간해상력	2.7 × 2.7m
관측폭	27㎞(nadir)
Temporal resolution	130일
Quantization	8bits

② FORMOSAT-2 위성

FORMOSAT-2는 2004년 5월 21일 발사되었으며 2m(pan.)와 8m(multi.) 해상도 영상을 제공하고 있다. FORMOSAT-2의 주 임무는 대만과 지구전체의 지형에 대한 위성 영상을 공급하는 것이며 토지분포조사, 자원조사, 산림, 환경오염, 자연재해조사 등에 사용될 수 있다.

영상자료 공급수준은 3가지가 있으며, Level 1A는 센서의 방사보정영상이고, Level 2A는 방사보정과 지도투영에 의한 기하보정을 실시한 영상이며, Ortho는 방사보정, 기하보정, 기복변위보정에 의한 정사투영보정이 이뤄진 영상이며, 영상포맷은 GeoTiff이고, 메터데이터는 XML이다.

부그림 1-27 FORMOSAT-2 위성

※ 출처: http://earth.esa.int/object/index.cfm?fobjectid=5130

부표 1-25 FORMOSAT-2 위성 제원

구 분	내 용
발사일	2004년 5월 21일
영상종류	· B&W: 2m · Multispectral(R, G, B, NIR): 8m · Bundle(separate Pan and MS images)
밴드	· P: 0.45~0.90㎛(Panchromatic) · B1: 0.45~0.52㎛(Blue) · B2: 0.52~0.60㎛(Green) · B3: 0.63~0.69㎛(Red) · B4: 0.76~0.89㎛(Near-infrared)
관측폭	24 × 24km
재방문주기	매일
관측각	Cross-track and along-track(forward/aft): ±45°
영상관측형태	Panchromatic과 multispectral images를 동시에 관측 가능
Image Dynamics	8 bits/pixel
파일크기(level 1A without metadata)	· MS: 35Mb · Pan: 137Mb

(7) LANDSAT-7 ETM$^+$ 위성, TERRA/MODIS 및 NOAA/AVHRR 위성

① LANDSAT-7 ETM$^+$ 위성

LANDSAT-7는 ETM$^+$(Enhanced Thematic Mapper Plus)을 장착하고 있으며, 기존 TM센서와 같은 7밴드에 panchromatic(밴드 8, 15m 해상도)을 추가하였다.

2003년 5월 31일 고장이 발생하여 2003년 7월 14일 이후의 영상은 'SLC-off' mode에서 취득되고 있다.

부그림 1-28 LANDSAT-7 위성

※출처: http://www.ldcm.nasa.gov/about/landsat7.html

부표 1-26 LANDSAT-7 위성 제원

구 분	내 용
발사일	1999년 4월 15일(미국 Vandenberg Air Force 기지)
공간해상도	30m
궤도	705 ± 5km(at the equator) 태양동주기
궤도경사	98.2 ± 0.15°
궤도주기	98.9분
방문주기	16일(233 orbits)
해상도	15~90m

부표 1-27 LANDSAT 위성 제원(1)

system	Launch (End of service)	I(ϑ)	Resolution (m)	Communications	Alt. (km)	R Days	D Mbps
Landsat1	7/23/72 (1/6/78)	RBV MSS	80 80	Direct downlink with recorders	917	18	15
Landsat2	1/22/75 (2/25/82)	RBV MSS	80 80	Direct downlink with recorders	917	18	15
Landsat3	3/5/78 (3/31/83)	RBV MSS	40 80	Direct downlink with recorders	917	18	15
Landsat4*	7/16/82	MSS TM	80 30	Direct downlink TDRSS	705	16	85
Landsat5	3/1/84	MSS TM	80 30	Direct downlink TDRSS**	705	16	85
Landsat6	10/5/93 (10/5/93)	ETM	15(pan) 30(ms)	Direct downlink with recorders	705	16	85
Landsat7	4/99	ETM$^+$	15(pan) 30(ms)	Direct downlink with recorders (solid state)	705	16	150

I(ϑ)=Instrument(ϑ)
R=Revisit internal
D=Data rate
*TM data transmission failed in August,1993.
**Current data transmission by direct downlink only. No recording capability.

부표 1-28 LANDSAT 위성 제원(2)

위성	센서	밴드 (㎛)	해상도 (m)	위성	센서	밴드 (㎛)	해상도 (m)
LANDSAT1,2	RBN	(1)0.48~0.57	80	LANDSAT4,5	MSS	(4)0.5~0.6	82
		(2)0.58~0.68	80			(5)0.6~0.7	82
		(3)0.70~0.83	80			(6)0.7~0.8	82
						(7)0.8~1.1	82
	MSS	(4)0.5~0.6	79		TM	(1)0.45~0.52	30
		(5)0.6~0.7	79			(2)0.52~0.60	30
		(6)0.7~0.8	79			(3)0.63~0.69	30
		(7)0.8~1.1	79			(4)0.76~0.90	30
						(5)1.55~1.75	30

위성	센서	밴드 (㎛)	해상도 (m)	위성	센서	밴드 (㎛)	해상도 (m)
LANDSAT3	RBV	(1)0.505~0.75	40			(6)10.4~12.5	120
	MSS	(4)0.5~0.6	79			(7)2.08~2.35	30
		(5)0.6~0.7	79				
		(6)0.7~0.8	79	LANDSAT7	ETM+	(1)0.45~0.52	30
		(7)0.8~1.1	79			(2)0.52~0.60	30
		(8)10.4~12.6	240			(3)0.63~0.69	30
						(4)0.76~0.90	30
						(5)1.55~1.75	30
						(6)10.4~12.5	60
						(7)2.08~2.35	30
						PAN 0.5~0.9	15

② TERRA/MODIS 위성

Terra위성은 1999년 12월 미국에서 발사되었고, 705㎞ 고도에서 일 2회 한반도 상공을 통과하는 극궤도 위성이며, 관측범위는 남북방향으로 5000㎞, 동서방향으로 2300㎞이다.

고분해능 기상센서인 MODIS(MODerate resolution Imaging Spectro- radiometer)는 미국 NASA의 지구관측시스템(EOS: Earth Observing System)에 의해 발사된 지구관측위성 TERRA 위성에 탑제된 센서이며, 36개의 채널과 해상도 250m, 500m, 1㎞를 가지고 있다.

부그림 1-29 Terra/MODIS 위성

※ 출처: http://earth.esa.int/object/index.cfm?fobjectid=5130

부표 1-29 Terra/MODIS 위성 밴드

밴드번호	해상도(m)	밴드 폭
1	250	620~670nm
2	250	841~876nm
3	500	459~479nm
4	500	545~565nm
5	500	1230~1250nm
6	500	1628~1652nm
7	500	2105~2155nm
8	1000	405~420nm
9	1000	438~448nm
10	1000	483~493nm
11	1000	526~536nm
12	1000	546~556nm
13	1000	662~672nm
14	1000	673~683nm
15	1000	743~753nm
16	1000	862~877nm
17	1000	890~920nm
18	1000	931~941nm
19	1000	915~965nm
20	1000	3.660~3.840㎛
21	1000	3.929~3.989㎛
22	1000	3.929~3.989㎛
23	1000	4.020~4.080㎛
24	1000	4.433~4.498㎛
25	1000	4.482~4.549㎛
26	1000	1.360~1.390㎛
27	1000	6.535~6.895㎛
28	1000	7.175~7.475㎛
29	1000	8.400~8.700㎛
30	1000	9.580~9.880㎛
31	1000	10.780~11.280㎛
32	1000	11.770~12.270㎛
33	1000	13.185~13.485㎛
34	1000	13.485~13.785㎛
35	1000	13.785~14.085㎛
36	1000	14.085~14.385㎛

③ NOAA / AVHRR 위성

NOAA 위성에 탑재된 주요센서로서 AVHRR(Advanced Very High Resolution Radiometer)은 지구표면에서 반사 및 방사되는 가시광선과 적외선을 기록하는 센서배열로 구성되어 있다. AVHRR에서 얻어지는 가장 좋은 지상해상도는 1.1km로서 1981년부터 지속적으로 자료를 수집해오고 있다. 평균궤도고도는 830km로서 관측폭은 2,800km, 매일 두 번씩 지구를 관측하며 5개의 관측밴드를 가지고 있다.

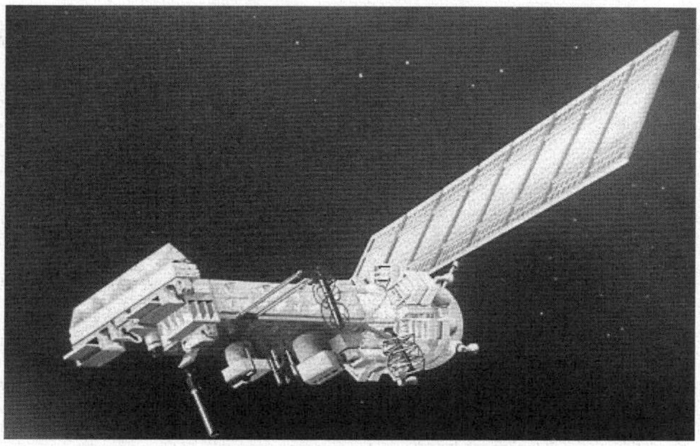

부그림 1-30 NOAA/AVHRR 위성

※ 출처: http://earth.esa.int/object/index.cfm?fobjectid=5130

부표 1-30 NOAA/AVHRR 위성 제원

채널	파장(㎛)	사용분야
1	0.58~0.68	낮의 구름/지표면 매핑
2	0.725~1.10	수면조사, 얼음과 눈의 용해
3A	1.58~1.64	눈/ 얼음 식별 (NOAA K ,L, M)
3(3B)	3.55~3.93	해수면 온도, 야간 구름 매핑
4	10.30~11.30	해수면 온도, 야간/낮 구름 매핑
5	11.50~12.50	해수면 온도, 야간/낮 구름 매핑

(8) SPOT-5 위성

SPOT-5는 2002년 5월 3일 밤에 Kourou에 있는 Guiana Space 센터에서 Ariane-4 발사체에 의해 궤도에 진입하였다. SPOT-5의 VEGETATION-2는 지구의 환경모니터링을 하는데 주 임무가 있다. SPOT-5는 5m, 2.5m로 해상도가 향상되었으며, 60 × 60km 또는 60 × 120km의 넓은 관측폭을 갖고 있어서 해상도와 관측폭의 이상적인 조합을 갖고 있다. 또한 도시 및 시외지역의 1:25,000과 1:10,000 축척의 지도제작을 할 수 있고, 입체쌍의 영상자료는 3차원 지형모델을 생성하는데 사용된다.

SPOT-6호(2012년 예정)와 SPOT-7호(2014년 예정) 위성은 관측폭 60×60km, 해상도 2m, 수명은 기존 SPOT 위성의 두 배로 계획하고 있다.

부그림 1-31 SPOT-5 위성

부표 1-31 SPOT-5 위성 제원

구 분	내 용
발사일	2002년 5월 3일
발사체	Ariane 4
발사장소	프랑스 Guiana Space Centre
궤도고도	822㎞
궤도경사	98.7° (태양동주기)
궤도속도	7.4 ㎞/초(26,640 ㎞/hour)
적도통과시간	10:30 AM(descending node)
궤도시간	101.4분
방문주기	2~3일
관측폭	60 × 60~80㎞(at nadir)
정확도	50m 이하(수평위치, CE90%)
Digitization	8 bits
해상도	Pan: 2.5m~2 × 5m scenes Pan: 5m(nadir) MS: 10m(nadir) SWI: 20m(nadir)
영상밴드	Pan: 480~710㎚ Green: 500~590㎚ Red: 610~680㎚ Near IR: 780~890㎚ Shortwave IR: 1,580~1,750㎚

(9) ALOS 위성과 ASTER 위성

① ALOS 위성

일본 JAXA(Japan Aerospace Exploration Agency)에서 운영하고 있는 ALOS(Advanced Land Observing Satellite) 위성은 지도제작(1/25,000), 토지피복조사, 재해관리, 자원조사 등에 사용하기 위해 개발되었으며, JERS-1(the Japanese Earth Resource Satellite-1)와 ADEOS(Advanced Earth Observing Satellite) 위성의 처리 및 운영시스템 개발기술을 토대로 완성되었다. ALOS는 2006년 1월 24일 발사되었으며, 2006년 10월 24일부터 'ALOS data'로 호칭되어 관측영상이 공급되기 시작하였으며, 2011년 5월 운영이 중단되었다.

부그림 1-32 ALOS 위성

※ 출처: http://www.jaxa.jp/index_e.html

ALOS위성은 3가지 센서를 탑재하고 있다.

첫째, 정확한 표고정보를 취득하여 입체지도제작이 가능한 PRISM(Panchromatic Remote-sensing Instrument for Stereo Mapping)센서,

둘째, 토지피복조사를 하기 위한 광학 및 근적외센서인 AVNIR-2(Advanced Visible and Near Infrared Radiometer type 2)센서,

셋째, 밤과 낮 그리고 기상조건에 관계없이 관측이 가능한 L밴드 레이더 센서인 PALSAR(Phased Array type L-band Synthetic Aperture Radar)센서 등을 탑재하고 있다.

부표 1-32 ALOS 위성 주요특징

구 분	내 용
국제코드명	2006-002A
발사일	2006년 1월 24일 10:33
발사체	H-IIA Launch Vehicle No.8
발사장소	Tanegashima Space Center
몸체규격	· 몸체크기: 6.2 × 3.5 × 4.0m · data relay satellite communication antenna · Solar Array Paddle: Approx. 3.1 × 22.2m · PALSAR Antenna: Approx. 8.9 × 3.1m
무게	약 4,000kg
궤도	태양동주기/주기(JAXA조정)
고도	약 700km
궤도경사각	약 98°
궤도주기	약 99분

부표 1-33 ALOS 위성 주요특징(AVNIR-2)

밴드	파장대 (μm)	해상력(m)
1	0.42~0.50(blue)	10
2	0.52~0.60(green)	10
3	0.61~0.69(red)	10
4	0.76~0.89(near-IR)	10

* AVNIR-2: 관측폭(70km), pointing angle(+44 and - 44 degrees).

부표 1-34 ALOS 위성 주요특징(PALSAR)

밴드	주파수(GHz)	해상력(m)
SAR-L	1.3	10 and 100

부표 1-35 ALOS 위성 주요특징(PRISM)

밴드	파장대(μm)	해상력(m)
PAN	0.52~0.77	2.5

② ASTER 위성

ASTER는 일본정부, 기업, 연구단이 컨소시엄을 구성하여 제작되었으며, 구름, 해빙, 지표온도, 토지이용, 자연재해, 눈, 식생조사를 목적으로 하고 있고, 공간해상도는 15~90m이다.

multi. 밴드영상은 14밴드로 취득되며 사람의 눈으로 판독이 어려운 근적외선, 단파장 적외선, 열적외선 등에 대한 정보도 제공하고 있다.

부그림 1-33 ASTER 위성

※ 출처: http://www.satimagingcorp.com/satellite-sensors/aster.html

부표 1-36 ASTER 위성 제원

구 분	내 용
발사일	1999년 12월 18일[미국 Vandenberg Air Force Base]
적도통과시간	10:30 AM(north to south)
궤도	705㎞, 태양 동주기
궤도 경사각	98.3°
궤도 주기	98.88분
재방문주기	16일
해상력	15~90m

부표 1-37 ASTER 위성 제원(센서)

구 분	내 용		
센서	VNIR (Visible Near Infrared)	SWIR (ShortWave Infrared)	TIR (Thermal Infrared)
밴드	1~3	4~9	10~14
해상력	15m	30m	90m
관측폭	60km	60km	60km
Cross Track Pointing	±318km(±24deg)	±116km(±8.55deg)	±116km(±8.55deg)
Quantisation(bits)	8	8	12

2) 발사예정인 국외위성현황

(1) TerraSAR-X2/TanDEM-X

2015년 발사 예정이며, SpotLight 모드의 해상력은 0.5m이고, 4개의 TerraSAR-X2와 2개의 TanDEM-X2로 위성체계를 구성하여 실시간에 가까운 신속하게 자료를 취득할 예정이고 다양한 해상력과 관측폭을 지원할 예정이다. 또한 추가적인 센서 탑재를 위해 고해상도 열적외센서(10m)를 탑재할 예정이다.

○ 고해상도 Spot Light: 10 × 10km(0.5m)

○ Strip Map: 10km(1m), 20km(2m), 30km(3m), 40km(4m)

○ Top SAR/Scan SAR: 50km(5m), 100km(10m), 160km(16m), 300km(30m), 500km(50m)

부그림 1-34 TerraSAR-X2 / TanDEM-X 발사계획

※ 출처: http://earth.esa.int/object/index.cfm?fobjectid=5130

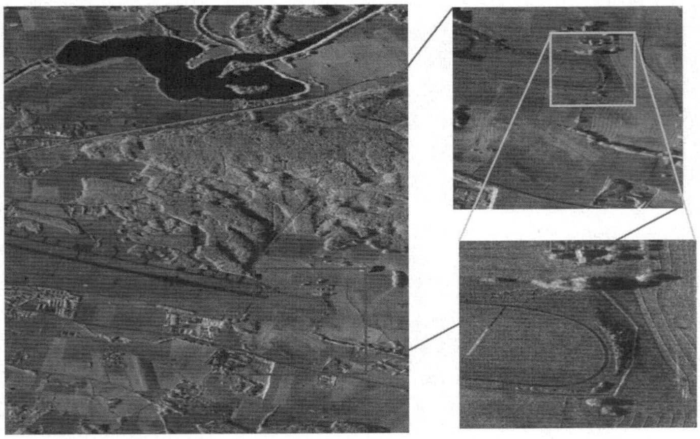

부그림 1-35 TerraSAR-X2 모의 영상자료(0.5m 해상도)

부그림 1-36 TerraSAR-X2 모의 열적외영상자료(7.6m 해상도)

※ 출처: http://earth.esa.int/object/index.cfm?fobjectid=5130

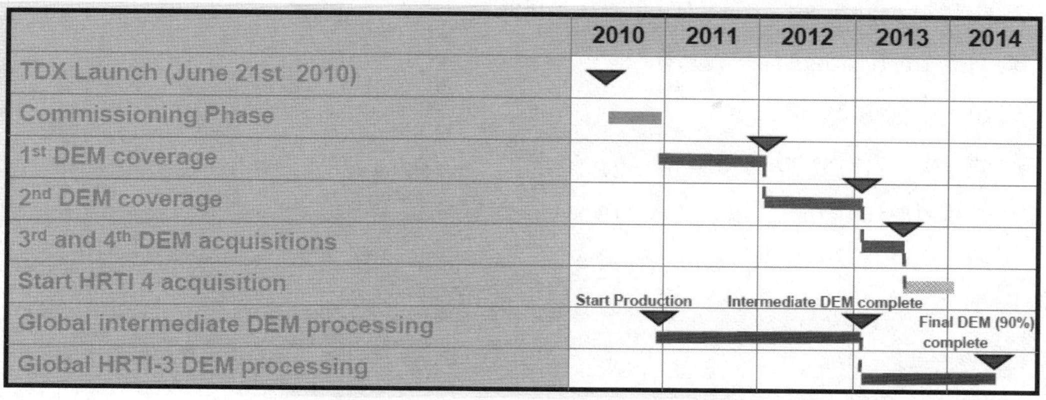

부그림 1-37 TanDEM-X DEM 구축계획

※ DEM 해상도: HRTI-3(12×12m), HRTI-4(6×6m)

(2) GeoEye-2

GeoEye의 차세대 위성으로 2012년 미국 Vandenberg Air Force 기지에서 발사될 예정이며, 궤도고도는 500㎞로서, panchromatic mode에서는 0.36m 지상해상도로 하루에 700,000㎞^{2} 면적을 촬영할 수 있고, multispectral mode에서는 공간해상도 0.25m로 하루에 350,000㎞^{2} 지역을 촬영할 수 있다. 위성 수명은 7년으로 예상하고 있다.

(3) WorldView-3

2014년 발사 예정이며, 4세대 위성으로 8밴드(multispectral) 영상과 고해상도 panchromatic밴드를 제공할 예정이다.

(4) SPOT-6, 7호(Pleiades 위성)

SPOT-6(2012년 예정), 7호(2014년 예정)는 고해상도의 광역 관측이 가능한 위성체계를 구축하기 위해 추진 중에 있으며, 10m(CE90) 정확도를 갖는 자동 정사영상을 제공할 예정이다. 고도는 694㎞이며, 각각의 위성이 300만㎢ 관측이 가능하고 지구상의 모든 곳을 매일 방문할 수 있도록 계획하고 있다.

또한 panchromatic과 multispectral 영상을 동시에 취득할 예정이다.

○ 1.5m panchromatic: 0.455~0.745㎛

○ 6m multispectral(4밴드)

- blue: 0.455~0.525㎛

- green: 0.530~0.590㎛

- red: 0.625~0.695㎛

- near-infrared: 0.760~0.890㎛

○ Pan-sharpened 영상 제공: 1.5m 칼라영상

○ 관측폭: 60km

○ 포맷: JPEG 2000

단일 궤도에서 120×120km bi-strip이나 60×180km tri-strip 매핑이 가능하며, DEM생성을 위해 Stereo 및 tri-stereo(60×60km) 취득이 가능하도록 계획하고 있다.

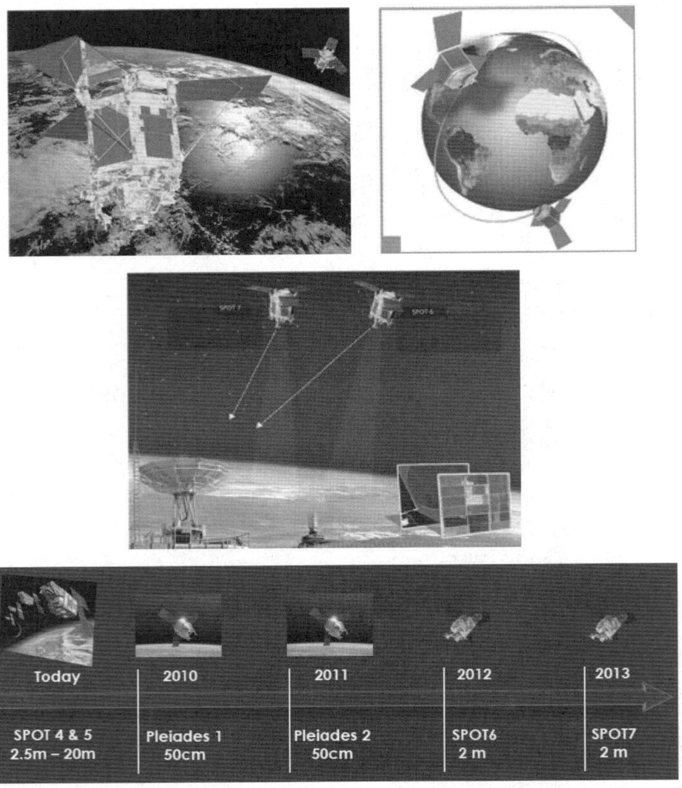

부그림 1-38 SPOT-6, 7과 Pleiades 위성

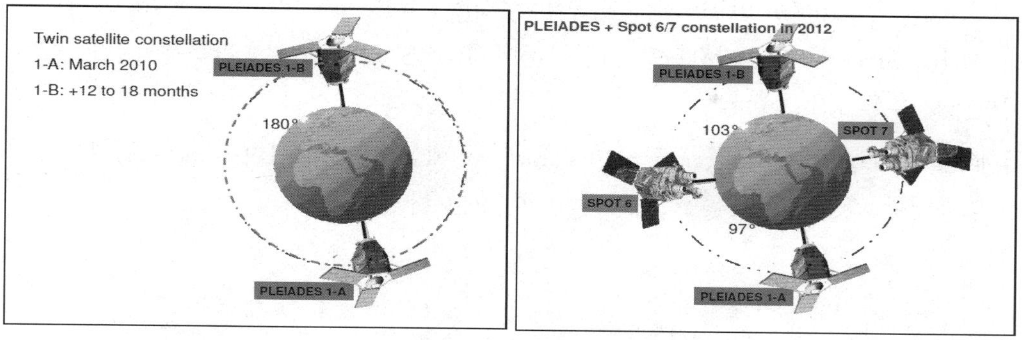

부그림 1-39 SPOT-6, 7호 위성과 Pleiades위성의 통합구성

※ 출처: http://events.eoportal.org/presentations/10000733/10002979.html

(5) RADARSAT Constellation

CSA(Canadian Space Agency)에서는 C밴드의 저가형의 SAR위성을 이용하여 RCM(RADARSAT Constellation Mission)을 구성하고 이를 이용하여 선박검출, 오일 유출모니터링, 해빙모니터링, 환경 및 재해모니터링에 사용하고자 계획하고 있다. 현재 3개의 위성으로 구성하는 계획을 준비하고 있으며 향후 6개 위성까지 고려하고 있다.

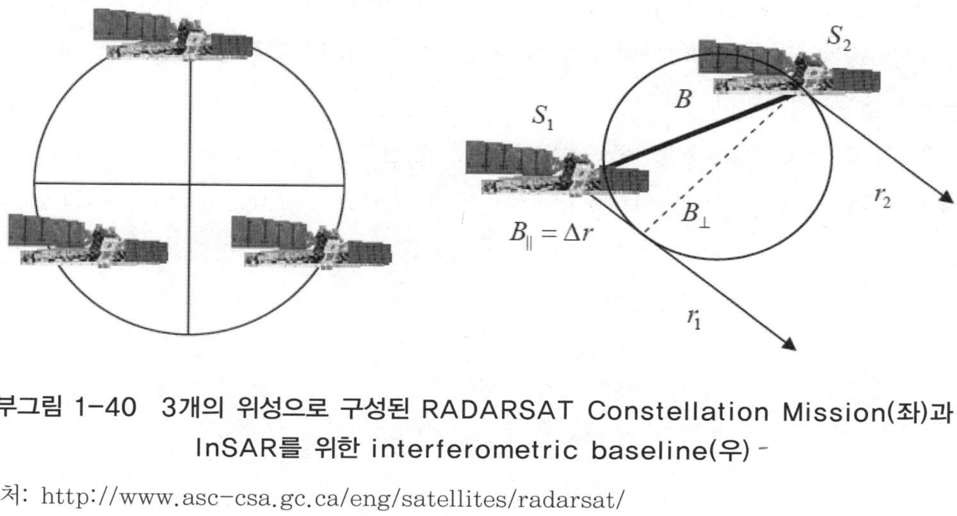

부그림 1-40 3개의 위성으로 구성된 RADARSAT Constellation Mission(좌)과 InSAR를 위한 interferometric baseline(우)

※ 출처: http://www.asc-csa.gc.ca/eng/satellites/radarsat/

RADARSAT Constellation 완성은 2014~2015년으로 계획하고 있으며, RADARSAT Constellation은 두가지 빔모드를 지원하는데 ScanSAR mode는 관측폭이 350×500㎞이고 해상도는 50m이다.

고해상도 Stripmap모드는 관측폭이 20㎞이고 해상도는 5m이며, 3개의 위성은 같은 궤도에 동일한 간격으로 배치될 예정이다(약 32분 간격).

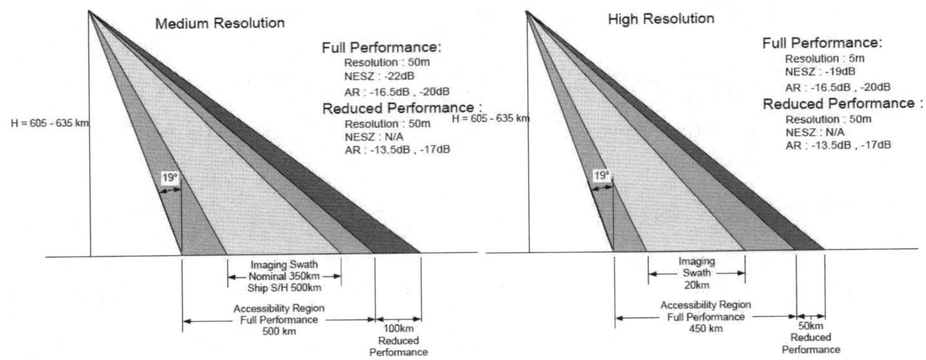

부그림 1-41 ScanSAR모드(좌측)와 Stripmap 모드(우측)

(6) MapSAR

브라질과 독일이 공동으로 L밴드 SAR 위성을 개발할 예정이고, MapSAR 위성을 개발하기 위한 A단계 연구는 2006년 중순에 마쳤으며, 2015년 발사할 예정이다. 궤도고도는 600~620㎞로 계획하고 있다.

해상도는 4, 10, 20m, 관측폭은 20~55㎞, 편광모드는 SPM(Single Polarization Mode), DPM(Dual Polarization Mode), QPM(Quad Polarization Mode)을 지원할 예정이다.

부그림 1-42 MapSAR 위성

부표 1-38 MapSAR 위성 제원(1)

구 분	내 용
밴드	L-band
편광	Single, dual and quad
Incidence Interval	20~45°
해상도	3~20m
관측폭	20~55km
Orbit Inclination	Sun-synchronous
Coverage	Global
Look Direction	Ascending/descending
방문주기	매주
Data Access	Near real time
Additional Requirement	Stereoscopy and Interferometry

부표 1-39 MapSAR 위성 제원(2)

Parameter	HR Mode High Resolution SPM		MR Mode Medium Resolution DPM		LR Mode Low Resolution QPM	
Access region	near	far	near	far	near	far
Resolution Range/m	4.7	3.1	10	10	20	20
Resolution Azimuth/m	3.1	3.1	10	10	20	20
Incidence angle/°	20.3	47.6	20.0	48.1	20.0	36.8
Ground swath width/km	38.3	20.5	45.1	35	43.4	28
PRF/Hz	2650	2718	2660	2680	5320	5320
Pulse bandwidth/MHz	85	85	42.5	21.25	21.25	21.25
Sampling freq./MHz	96	96	2×48	2×24	2×24	2×24
Pulse length/μs	25	25	10	10	10	10
Data rate/Mbit/s	262	300	267	300	247	249
RF peak power/W	1000	1000	1000	1000	1000	1000
Average DC power/W	−490	−500	−440	−440	−440	−440
NESZ/db						
Image center	−23.6	−19	−28.29	−25.4	−34.6	−33.3
Image edge	−17.0	−18.3	−19.9	−23.3	−26.6	−30.9

2 단위계, 도량형 환산표 및 그리스 문자표 (SI Unit and Greece Character)

1) 국제 단위계(SI 단위계)

SI 단위는 1971년 국제도량형 총회(國際度量衡總會)의 결의에 따라 7개의 기본단위, 2개의 보조단위, 그리고 이들로부터 유도되는 19개의 조합단위를 요소로 하는 일관성 있는 단위의 집합과 이들 단위에 SI접두어(20개)를 붙여서 구성되는 10의 정수배(整數倍)로 활용된다.

(1) 기본단위

관측량	길이	질량	시간	전류	열역학적온도	물량	광도
관측단위	meter	kilogram	second	ampere	kelvin	mol	candela
기호	m	kg	s	A	K	mol	cd

① 길이 : 1m=무한히 확산되는 평면전자기파(平面電磁氣波, plane electromagnetic wave)가 1/299, 792, 458초 동안 진공 중을 진행하는 길이

② 질량 : 국제 kg원기(原器)를 기준으로 한다. 1879년에 백금 90%, 이리듐 10%의 합금으로 만들어서 국제도량형국(國際度量衡局, Berea Internationale des Poids et Measures, BIPM)에서 보관중이다.

③ 시간 : 원자시(原子時) 1초=CS^{133}의 바닥상태에 있는 두 개의 초미세준위(超微細準位) 사이의 천이(遷移)에 대응하는 방사선의 9,192,631,770주기의 지속시간

④ 전류 : 1A=무시할 정도로 작은 단면적과 무한대의 길이를 가진 두 개의 서로 평행한 직선도체가 진공 중에서 1미터 떨어져 있고 여기에 일정한 전류가 흐를 때 상호작용하는 힘이 1미터마다 2×10^{-7}뉴턴(N)이 될 때의 전류

⑤ 열역학적 온도 : 1K=물의 삼중점(三重點)에서 열역학적 온도의 1/273.16

⑥ 물량 : 1mol=C^{12}의0.012킬로그램에 포함되어 있는 원자 수만큼 많은 기본 구성체를 포함하는 어떤 체계의 물량

⑦ 광도 : 1cd＝주파수 540×1012헤르츠의 단색광(單色光)을 방출하는 광원(光源)의 복사체(輻射體)가 매 스테라디안당 1/683 와트일 때의 광도(光度)

(2) 보조단위

① 라디안(평면각의 SI단위)

$$1\text{rad} = \frac{1(\text{호의길이})}{1\text{m}(\text{반경})} = 1\text{m/m}$$

② 스테라디안(입체각의 SI단위)

$$1\text{sr} = \frac{1\text{m}^2(\text{구의 일부 표면적})}{1\text{m}^2(\text{구의 반경의 제곱})} = 1\text{m}^2/\text{m}^2$$

(3) 조합단위(組合單位)

양	명칭	기호	정의
주파수	헤르츠	HZ	s^{-1}
힘	뉴턴	N	$m \cdot kg \cdot s^{-2}$
압력, 응력	파스칼	Pa	N/m^2
에너지, 일량, 열량	줄	J	N · m
공률(工率), 방사속(放射束)	와트	W	J/s
전기량, 전하	쿨롱	C	A · s
전압, 전위	볼트	V	W/A
정전용량	패럿	F	C/V
전기저항	옴	Ω	V/A
컨덕턴스	지멘스	S	A/V
자속(磁束)	웨버	Wb	V · s
자속밀도	테슬라	T	$Wb \cdot m^2$
인덕턴스	헨리	H	Wb/A
섭씨온도	섭씨온도	℃	t℃=(t−273.15)K

양	명칭	기호	정의
광속(光束)	루멘	lm	cd · sr
조도	룩스	lx	lm/m^2
방사능	베크렐	Bq	s^{-1}
흡수선량	그레이	Gy	j/kg
선량(線量), 당량(當量)	시버트	Sv	J/kg

(4) 접두어(接頭語)

배수	접두어	기호	배수	접두어	기호
10^{24}	요타(yotta)	Y	10^{-1}	데시(deci)	d
10^{21}	제타(zetta)	Z	10^{-2}	센티(centi)	c
10^{18}	엑사(exa)	E	10^{-3}	밀리(milli)	m
10^{15}	페타(peta)	P	10^{-6}	마이크로(micro)	μ
10^{12}	테라(tera)	T	10^{-9}	나노(nano)	n
10^{9}	기가(giga)	G	10^{-12}	피코(pico)	p
10^{6}	메가(mega)	M	10^{-15}	펨토(femto)	f
10^{3}	킬로(kilo)	k	10^{-18}	아토(atto)	a
10^{2}	헥토(hecto)	h	10^{-21}	젭토(zepto)	z
10^{1}	데카(deca)	da	10^{-24}	욕토(yocto)	y

2) 도량형 환산표(度量衡 換算表)

(1) 길이

단위	cm	m	인치	피트	야드	마일	자	간	정	리
1cm	1	0.01	0.3937	0.0328	0.0109	…	0.033	0.0055	0.0009	…
1m	10.0	1	39.37	3.2808	1.0006	0.0006	3.3	0.55	0.00997	0.00025
1인치	2.54	0.0254	1	0.0823	0.0278	…	0.0838	0.0140	0.0002	…
1피트	30.48	0.3048	12	1	0.3333	0.00019	1.0058	0.1676	0.0028	…
1야드	91.438	0.9144	36	3	1	0.0006	3.0175	0.5029	0.0083	0.0002
1마일	160930	1609.3	63360	5280	1760	1	5310.8	885.12	14.752	0.4098
1자(尺)	30.303	0.303	11.93	0.9942	0.3314	0.0002	1	0.1667	0.0028	0.00008
1간(間)	181.818	1.818	71.582	5.965	1.9884	0.0011	6	1	0.0167	0.0005
1정(町)	10909	109.091	4294.9	357.91	119.304	0.0678	360	60	1	0.0278
1리(里)	392727	2927.27	154619	12885	4295	2.4403	12960	2160	36	1

* 1해리(海里, nautical mile)= 1,852m

1길(丈)=10자(尺)=100치

(2) 넓이

단위	평방자	평	단보	정보	m^2	아르(a)	ft^2	yd^2	acre
1평방자	1	0.02778	0.00009	0.000009	0.09182	0.00091	0.98841	0.10982	…
1평	36	1	0.00333	0.000033	3.3058	0.03305	35.583	3.9537	0.00081
1단보	1080	300	1	0.1	991.74	9.9174	10674.9	1186.1	0.24506
1정보	10800	3000	10	1	9917.4	99.174	106749	11861	2.4506
$1m^2$	10.89	3025	0.001008	0.0001	1	0.01	10.764	1.1958	0.00024
1a	1089	30.25	0.10083	0.01008	100	1	1076.4	119.58	0.02471
$1ft^2$	1.0117	0.0281	0.00009	0.000009	0.062903	0.000929	1	0.1111	0.000022
$1yd^2$	9.1055	0.25293	0.00084	0.00008	0.83613	0.00836	9	1	0.000207
1acre	44071.2	1224.2	4.0806	0.40806	4046.8	40.468	43560	4840	1

(3) 부피

단위	홉	되	말	cm^3	m^3	리터(l)	in^3	ft^3	yd^3	gal(미)
1홉	1	0.1	0.01	180.39	0.00018	0.18039	11.0041	0.0066	0.00023	0.04765
1되	10	1	0.1	1.8039	0.00180	1803.9	110.041	0.0637	0.00234	0.47656
1말	100	10	1	18039	0.01803	18.039	1100.41	0.63707	0.02359	4.76563
1cm^3	0.00554	0.00055	0.00005	1	0.00001	0.001	0.06102	0.00003	0.00001	0.00026
1m^3	5543.52	554.325	55.4352	1000000	1	1000	611027	35.3165	1.30802	264.186
1l	5.54352	0.55435	0.05543	1000	0.001	1	611.027	0.03531	0.00130	0.26418
1in^3	0.09083	0.00908	0.00091	16.386	0.00001	0.01638	1	0.00057	0.00002	0.00432
1ft^3	156.966	15.6666	1.56966	28316.8	0.02931	28.3169	1728	1	0.03703	7.48051
1yd^3	4238.09	423.809	42.3809	764511	0.76561	764.511	46656	27	1	301.974
1gal	20.9833	2.0983	0.20983	3875.43	0.00378	3.78543	231	0.163368	0.00495	1

(4) 무게

단위	g	kg	t	그레인	온스(oz)	파운드(lb)	돈(匁)	근(斤)	관(貫)
1g	1	0.001	0.0000001	15.432	0.03527	0.0022	0.26666	0.00166	0.000265
1kg	1000	1	0.001	15432	35.273	2.20459	266.666	1.6666	0.26666
1t	1000000	1000	1	…	25273	2204.59	266666	1666.6	266.666
1그레인	0.06479	0.00006	…	1	0.00228	0.00014	0.01728	0.00108	0.000017
1온스	28.3459	0.02835	0.000028	437.4	1	0.0625	7.56	0.0473	0.00756
1파운드	453.592	0.45359	0.00045	7000	16	1	120.96	0.756	0.12096
1돈	3.75	0.00375	0.000004	47.872	0.1323	0.00827	1	0.00625	0.001
1근	600	0.6	0.006	9259.556	21.1647	0.32279	160	1	0.16
1관	3750	3.75	0.00375	57872	132.28	8.2672	1000	6.25	1

3) 그리스 문자표

문자		명칭		문자		명칭	
A	α	alpha	(알파)	N	ν	nu	(뉴)
B	β	beta	(베타)	Ξ	ξ	xi	(크싸이[크시])
Γ	γ	gamma	(감마)	O	o	omicron	(오미크론)
Δ	δ	delta	(델타)	Π	π	pi	(파이[pail])
E	ϵ	epsilon	(입실론)	P	ρ	rho	(오우)
Z	ζ	zeta	(제타)	Σ	σ	sigma	(시그마)
H	η	eta	(에타)	T	τ	tau	(타우)
Θ	θ	theta	(쎄타)	Υ	υ	upsilon	(윱실론)
I	ι	iota	(아이오타)	Φ	ϕ	phi	(피, 파이[fai])
K	κ	kappa	(카파)	X	χ	chi	(카이)
Λ	λ	lambda	(람다)	Ψ	ψ	psi	(사이)
M	μ	mu	(뮤우)	Ω	ω	omega	(오메가)

색 인

ㄱ

ㄴ

ㅁ

ㅂ

ㅅ

ㅇ

ㅈ

ㅊ

ㅋ

ㅌ

ㅍ

E

F

G

H

I

S

T

참고문헌

1. 유복모, 「사진측량학」 제5판 문운당, 2007
2. Yeu, Bock-Mo, Toni SHENK, 「Modern Digital photogrammetry」, Prentice Hall, 2002
3. 유복모, 유연공저 「지형공간정보학개관」, 동명사, 2011
4. 유복모, 「측량공학」 제6판, 박영사, 2006
5. 유복모, 「건조물측량」, 대가, 2007
6. 장연근, 최규홍 「인공위성과 우주」, 1010, 2000
7. 오덕길, 신민수, 이병선, 강준석, 주인권, 주인원 「훤히 보이는 위성세계」, 전자신문사, 2010
8. Lillesand·Kipper&Chipman, Willey, Remote Sensing and Image Interpretation 6th Ed, 2008
9. Paul R. Wolf&Charles D·Ghilani, Prentice Hall, Elementary Surveying An Introduction to Geomatics, 10th Ed, 2002
10. John R·Jensen 「Remote Sensing of the Environment」, sigma press, 2003
11. John R·Jensen 「Introductory Digital Image Processing A Remote Sensing Perspective」, sigma press, 2005
12. Underwood, E., Ustin, S.and D. Dipietro, 「Mapping Nonnative Plants Using Hyperspectral Imagery」, Remote Sensing of Environment, 86: 150~161, 2003
13. William, A.P. and E.R. Hunt, 「Estimation of leafy Spurge Cover from Hyperspectral Imagery Using Mixture Tuned Matched Filtering」, Remote Sensing of Environment, 82: 446~456, 2002
14. Lunetta, R. S. and J.G. Lyons(Eds.), 「Geospatial Data Accuracy Assessment, Las Vegas: Environmental Protection Agency, Report No, EPA/600/R-03/064」, 2003
15. Thenkabail, P. S., Smith, R. B. and E. De Paww, 「Hyperspectral Vegetation Indices and Their Relationships with Agricultural Crop Characteristics」, Remote Sensing of Environment, 71: 158~182, 2000

저자약력

• 유복모(柳福模 : Yeu, Bock_Mo)

▮ 약력

서울대학교 공과대학 토목공학과 학사 졸
네덜란드 ITC에서 사진측량학 수학
1975년 6월 19일 일본, 동경대학에서 공학박사 학위수여
연세대학교 공과대학 토목공학과 교수역임(1976.3~2001.2)
서울대학교 공과대학 토목공학과, 환경대학원 강사역임
(1978~1980, 1980~1984, 1986~1992)
1982년 토목분야 측량 및 지형공간정보기술사 취득

IUGG의 IAG 한국분과위원장 역임(1987~1993)
한국지형공간정보학회 회장 역임(1993~1997)
한국전통조경학회 회장 역임(1995~1996)
대한토목학회 회장 역임(1997~1998)
한국측량학회 회장 역임(1998~2000)
서울시 문화상 수상(1999. 10. 28 건설 부문)
홍조근정훈장수여(2000. 3. 30 제 5609 호)
현 재단법인 석곡관측과학기술연구원 이사장
현 연세대학교 명예교수(2001.2~현재)
현 미국, 사진측량 및 원격탐측학회 명예회원[Emeritus Member of ASPRS(American Society of Photogrammetry & Remote Sensing)

▮ 주요저서

측량공학(박영사 간),1977 초판, 2006 6판, 911쪽
도시계획(문교부간),1979 초판, 227쪽
측량학원론(I)(박영사 간),1984 초판, 1995 개정판, 692쪽
측량학원론(Ⅱ)(박영사 간), 1989 초판, 2004 3판, 863쪽
사진측량학(문운당 간), 1991 초판, 2007 5판, 512쪽
지형공간정보학(동명사 간), 1994 초판, 2001 3판, 491쪽
경관공학(동명사 간), 1996 초판, 2003 3판, 305쪽
현대 디지털 사진측량학(Toni F. Schenk 공저, Prentice Hall 간), 2003 초판, 444쪽
건조물측량학(대가 간), 2007 초판, 270쪽
지형공간정보학개관 , 유연공저(동명사 간), 2011 초판, 650쪽
측량학개관, 유연공저(박영사 간), 2012 초판, 947쪽
외 6권 출간

• 유 연 (柳 然 : Yeu, Yeon)

▮ 약력

서울대학교 공과대학 토목공학과 학사 졸
2011년 6월 12일 미국 OSU (The Ohio State University)에서 Geodetic Science 전공으로 공학석사 및 공학박사 학위수여
(재단법인)석곡관측과학기술연구원 선임연구위원

▮ 주요저서

지형공간정보학개관, 유복모 공저(동명사 간), 2011 초판, 650쪽
측량학 개관, 유복모 공저(박영사 간), 2012 초판, 947쪽

영상탐측학개관

2012년 9월 20일 초판인쇄
2012년 9월 25일 초판발행

• 저 자 유 복 모
유 연
• 발행인 최 국 주
• 발행처 동 명 사

경기도 파주시 회동길 50, 파주출판단지(문발동)
전 화 : 031) 955-7200(代), 955-7201~4, 7203 (편집부)
팩시밀리 : 031) 955-7205
출판등록 : 1950년 11월 1일(제1-76호)
E-mail : dms723@chol.com
홈페이지 : www.dmsbook.com

정가 30,000원

ISBN 978-89-411-8107-1 93530